国家出版基金项目
NATIONAL PUBLICATION FOUNDATION

民机先进制造工艺技术系列

主 编 林忠钦

民用飞机构件
先进成形技术

Advanced Forming Technology for Civil Aircraft Components

黄卫东 陈保国 张卫红 许庆彦 杨 合
孙志超 李 恒 王 猛 娄延春 陈彦宾 等编著
柯黎明 李涤尘 林 鑫

上海交通大学出版社
SHANGHAI JIAO TONG UNIVERSITY PRESS

内容提要

　　本书凝聚了 3 个国家重点实验室主任、5 位长江学者教授的科研团队的创新成果和实践经验，系统化介绍了民用飞机构件先进成形技术，包括已经在飞机制造过程中获得应用的先进塑性成形技术、铸造技术、焊接技术和作者认为未来可能在飞机制造中获得应用的增材制造技术等。

　　本书针对的阅读对象是航空领域的研究生、制造企业工艺技术人员和设计院所工程设计人员。

图书在版编目(CIP)数据

民用飞机构件先进成形技术 / 黄卫东等编著. —上
海：上海交通大学出版社，2016
(大飞机出版工程)……ISBN 978 - 7 - 313 - 16293 - 9

Ⅰ.①民…　Ⅱ.①黄…　Ⅲ.①民用飞机-飞机构件
Ⅳ.①V222

中国版本图书馆 CIP 数据核字(2016)第 309779 号

民用飞机构件先进成形技术

编　　著：黄卫东　陈保国　张卫红　许庆彦　杨　合　孙志超　李　恒
　　　　　王　猛　娄延春　陈彦宾　柯黎明　李涤尘　林　鑫　等
出版发行：上海交通大学出版社　　　　　　　地　　址：上海市番禺路 951 号
邮政编码：200030　　　　　　　　　　　　电　　话：021 - 64071208
出 版 人：郑益慧
印　　制：上海盛通时代印刷有限公司　　　　经　　销：全国新华书店
开　　本：787 mm×1092 mm　1/16　　　　印　　张：33.5
字　　数：633 千字
版　　次：2016 年 12 月第 1 版　　　　　　印　　次：2016 年 12 月第 1 次印刷
书　　号：ISBN 978 - 7 - 313 - 16293 - 9/V
定　　价：210.00 元

大飞机出版工程

丛书编委会

总主编

顾诵芬（中国航空工业集团公司科技委副主任、中国科学院和中国工程院院士）

副总主编

金壮龙（中国商用飞机有限责任公司董事长）

马德秀（上海交通大学原党委书记、教授）

编　委（按姓氏笔画排序）

王礼恒（中国航天科技集团公司科技委主任、中国工程院院士）

王宗光（上海交通大学原党委书记、教授）

刘　洪（上海交通大学航空航天学院副院长、教授）

许金泉（上海交通大学船舶海洋与建筑工程学院教授）

杨育中（中国航空工业集团公司原副总经理、研究员）

吴光辉（中国商用飞机有限责任公司副总经理、总设计师、研究员）

汪　海（上海市航空材料与结构检测中心主任、研究员）

沈元康（中国民用航空局原副局长、研究员）

陈　刚（上海交通大学原副校长、教授）

陈迎春（中国商用飞机有限责任公司常务副总设计师、研究员）

林忠钦（上海交通大学常务副校长、中国工程院院士）

金兴明（上海市政府副秘书长、研究员）

金德琨（中国航空工业集团公司科技委委员、研究员）

崔德刚（中国航空工业集团公司科技委委员、研究员）

敬忠良（上海交通大学航空航天学院常务副院长、教授）

傅　山（上海交通大学电子信息与电气工程学院研究员）

民机先进制造工艺技术系列

编 委 会

主　编

林忠钦（上海交通大学常务副校长、中国工程院院士）

副主编

姜丽萍（中国商飞上海飞机制造有限公司总工程师、研究员）

编　委（按姓氏笔画排序）

习俊通（上海交通大学机械与动力学院副院长、教授）

万　敏（北京航空航天大学飞行器制造工程系主任、教授）

毛荫风（中国商飞上海飞机制造有限公司原总工程师、研究员）

孙宝德（上海交通大学材料科学与工程学院院长、教授）

刘卫平（中国商飞上海飞机制造有限公司副总工程师、研究员）

汪　海（上海市航空材料与结构检测中心主任、研究员）

陈　洁（中国商飞上海飞机制造有限公司总冶金师、研究员）

来新民（上海交通大学机械与动力工程学院机械系主任、教授）

陈　磊（中国商飞上海飞机制造有限公司副总工程师、航研所所长、研究员）

张　平（成飞民机公司副总经理、技术中心主任、研究员）

张卫红（西北工业大学副校长、教授）

赵万生（上海交通大学密歇根学院副院长、教授）

倪　军（美国密歇根大学机械工程系教授、上海交通大学密歇根学院院长、教授）

黄卫东（西北工业大学凝固技术国家重点实验室主任、教授）

黄　翔（南京航空航天大学航空宇航制造工程系主任、教授）

武高辉（哈尔滨工业大学金属基复合材料与工程研究所所长、教授）

总　序

　　国务院在 2007 年 2 月底批准了大型飞机研制重大科技专项正式立项，得到全国上下各方面的关注。"大型飞机"工程项目作为创新型国家的标志工程重新燃起我们国家和人民共同承载着"航空报国梦"的巨大热情。对于所有从事航空事业的工作者，这是历史赋予的使命和挑战。

　　1903 年 12 月 17 日，美国莱特兄弟制作的世界第一架有动力、可操纵、比重大于空气的载人飞行器试飞成功，标志着人类飞行的梦想变成了现实。飞机作为 20 世纪最重大的科技成果之一，是人类科技创新能力与工业化生产形式相结合的产物，也是现代科学技术的集大成者。军事和民生对飞机的需求促进了飞机迅速而不间断的发展和应用，体现了当代科学技术的最新成果；而航空领域的持续探索和不断创新，为诸多学科的发展和相关技术的突破提供了强劲动力。航空工业已经成为知识密集、技术密集、高附加值、低消耗的产业。

　　从大型飞机工程项目开始论证到确定为《国家中长期科学和技术发展规划纲要》的十六个重大专项之一，直至立项通过，不仅使全国上下重视起我国自主航空事业，而且使我们的人民、政府理解了我国航空事业半个世纪发展的艰辛和成绩。大型飞机重大专项正式立项和启动使我们的民用航空进入新纪元。经过 50 多年的风雨历程，当今中国的航空工业已经步入了科学、理性的发展轨道。大型客机项目其产业链长、辐射面宽、对国家综合实力带动性强，在国民经济发展和科学技术进步中发挥着重要作用，我国的航空工业迎来了新的发展机遇。

　　大型飞机的研制承载着中国几代航空人的梦想，在 2016 年造出与波音 B737 和空客 A320 改进型一样先进的"国产大飞机"已经成为每个航空人心中奋斗的目标。然而,大型飞机覆盖了机械、电子、材料、冶金、仪器仪表、化工等几乎所有工业门类,集成了数学、空气动力学、材料学、人机工程学、自动控制学等多种学科,是一个复杂的科技创新系统。为了迎接新形势下理论、技术和工程等方面的严峻挑战,迫切需要引入、借鉴国外的优秀出版物和数据资料,总结、巩固我们的经验和成果,编著一套以"大飞机"为主题的丛书,借以推动服务"大型飞机"作为推动服务整个航空科学的切入点,同时对于促进我国航空事业的发展和加快航空紧缺人才的培养,具有十分重要的现实意义和深远的历史意义。

2008 年 5 月,中国商用飞机有限公司成立之初,上海交通大学出版社就开始酝酿"大飞机出版工程",这是一项非常适合"大飞机"研制工作时宜的事业。新中国第一位飞机设计宗师——徐舜寿同志在领导我们研制中国第一架喷气式歼击教练机——歼教 1 时,亲自撰写了《飞机性能及算法》,及时编译了第一部《英汉航空工程名词字典》,翻译出版了《飞机构造学》《飞机强度学》,从理论上保证了我们飞机研制工作。我本人作为航空事业发展 50 年的见证人,欣然接受了上海交通大学出版社的邀请担任该丛书的主编,希望为我国的"大型飞机"研制发展出一份力。出版社同时也邀请了王礼恒院士、金德琨研究员、吴光辉总设计师、陈迎春副总设计师等航空领域专家撰写专著、精选书目,承担翻译、审校等工作,以确保这套"大飞机"丛书具有高品质和重大的社会价值,为我国的大飞机研制以及学科发展提供参考和智力支持。

编著这套丛书,一是总结整理 50 多年来航空科学技术的重要成果及宝贵经验;二是优化航空专业技术教材体系,为飞机设计技术人员培养提供一套系统、全面的教科书,满足人才培养对教材的迫切需求;三是为大飞机研制提供有力的技术保障;四是将许多专家、教授、学者广博的学识见解和丰富的实践经验总结继承下来,旨在从系统性、完整性和实用性角度出发,把丰富的实践经验进一步理论化、科学化,形成具有我国特色的"大飞机"理论与实践相结合的知识体系。

"大飞机"丛书主要涵盖了总体气动、航空发动机、结构强度、航电、制造等专业方向,知识领域覆盖我国国产大飞机的关键技术。图书类别分为译著、专著、教材、工具书等几个模块;其内容既包括领域内专家们最先进的理论方法和技术成果,也包括来自飞机设计第一线的理论和实践成果。如：2009 年出版的荷兰原福克飞机公司总师撰写的 *Aerodynamic Design of Transport Aircraft*（《运输类飞机的空气动力设计》），由美国堪萨斯大学 2008 年出版的 *Aircraft Propulsion*（《飞机推进》）等国外最新科技的结晶；国内《民用飞机总体设计》等总体阐述之作和《涡量动力学》《民用飞机气动设计》等专业细分的著作；也有《民机设计 1 000 问》《英汉航空双向词典》等工具类图书。

　　该套图书得到国家出版基金资助，体现了国家对"大型飞机项目"以及"大飞机出版工程"这套丛书的高度重视。这套丛书承担着记载与弘扬科技成就、积累和传播科技知识的使命，凝结了国内外航空领域专业人士的智慧和成果，具有较强的系统性、完整性、实用性和技术前瞻性，既可作为实际工作指导用书，亦可作为相关专业人员的学习参考用书。期望这套丛书能够有益于航空领域里人才的培养，有益于航空工业的发展，有益于大飞机的成功研制。同时，希望能为大飞机工程吸引更多的读者来关心航空、支持航空和热爱航空，并投身于中国航空事业做出一点贡献。

2009 年 12 月 15 日

序

制造业是国民经济的主体，是立国之本、兴国之器、强国之基。《中国制造2025》提出，坚持创新驱动、智能转型、强化基础、绿色发展，加快从制造大国转向制造强国。航空装备，作为重点发展的十大领域之一，目前正处于产业深化变革期；加快大型飞机研制，是航空装备发展的重中之重，也是我国民机制造技术追赶腾飞的机会和挑战。

民机制造涉及新材料成形、精密特征加工、复杂结构装配等工艺，先进制造技术是保证民机安全性、经济性、舒适性、环保性的关键。我国从运-7、新支线 ARJ21-700 到正在研制的 C919、宽体飞机，开展了大量的工艺试验和技术攻关，正在探索一条符合我国民机产业发展的技术路线，逐步建立起满足适航要求的技术平台和工艺规范。伴随着 ARJ21 和 C919 的研制，正在加强铝锂合金成形加工、复合材料整体机身制造、智能自动化柔性装配等技术方面的投入，以期为在宽体飞机等后续型号的有序可控生产奠定基础。但与航空技术先进国家相比，我们仍有较大差距。

民机制造技术的提升，有赖于国内五十多年民机制造的宝贵经验和重要成果的总结，也将得益于借鉴国外的优秀出版物和数据资料引进。因此有必要编著一套以"民机先进制造工艺技术"为主题的丛书，服务于在研大型飞机以及后续型号的开发，同时促进我国制造业技术的发展和紧缺人才的培养。

本系列图书筹备于 2012 年，启动于 2013 年，为了保证本系列图书的品质，先后召开三次编委会会议和图书撰写会议，进行了丛书框架的顶层设计、提纲样章的评审。在编写过程中，力求突出以下几个特点：① 注重时效性，内容上侧重在目前民机研制过程中关键工艺;② 注重前沿性,特别是与国外先进技术差距大的方面;③ 关注设计,注重民机结构设计与制造问题的系统解决;④ 强调复合材料制造工艺,体现民机先进材料发展的趋势。

该系列丛书内容涵盖航空复合材料结构制造技术、构件先进成形技术、自动化装配技术、热表特种工艺技术、材料和工艺检测技术等面向民机制造领域前沿的关键性技术方向,力求达到结构的系统性,内容的相对完整性,并适当结合工程应用。丛书反映了学科的近期和未来的可能发展,注意包含相对成熟的内容。

本系列图书由中国商飞上海飞机制造有限公司、中航工业成都飞机工业(集团)有限责任公司、沈阳飞机设计研究所、北京航空制造工程研究所、中国飞机强度研究所、沈阳铸造研究所、北京航空航天大学、南京航空航天大学、西北工业大学、上海交通大学、西安交通大学、清华大学、哈尔滨工业大学和南昌航空航天大学等单位的航空制造工艺专家担任编委及主要撰写专家。他们都有很高的学术造诣,丰富的实践经验,在形成系列图书的指导思想、确定丛书的覆盖范围和内容、审定编写大纲、确保整套丛书质量中,发挥了不可替代的作用。在图书编著中,他们融入了自己长期科研、实践中获得的经验、发现和创新,构成了本系列图书最大的特色。

本系列图书得到 2016 年国家出版基金的资助,充分体现了国家对"大飞机工程"的高度重视,希望该套图书的出版能够真正服务到国产大飞机的制造中去。我衷心感谢每一位参与本系列图书的编著人员,以及所有直接或间接参与本系列图书审校工作的专家学者,还有上海交通大学出版社的"大飞机出版工程"项目组,正是在所有工作人员的共同努力下,这套图书终于完整地呈现在读者的面前。我衷心希望本系列图书能切实有利于我国民机制造工艺技术的提升,切实有利于民机制造行业人才的培养。

2016 年 3 月 25 日

前　　言

　　民用飞机是当今世界众所瞩目的高技术前沿，代表着一个国家或地区的核心竞争力。迄今为止，美国波音公司和欧洲空中客车公司雄霸世界，占据了民用飞机市场绝大部分份额。我国在中长期科技发展规划纲要中确立了大型飞机重大科技专项，C919 大型商用飞机将代表我国首先进入世界民用飞机市场竞争的大舞台。民用飞机构件先进成形技术是支撑大飞机设计和制造的关键技术，为了使我国的大飞机制造从业者和研究人员了解民用飞机构件先进成形技术发展前沿和我国在此领域的技术现状，以便更好地服务于我国民用飞机设计和制造事业，我们按照本丛书编委会的安排组织了本书的写作。

　　本书主要介绍民用飞机构件先进成形技术，包括已经在飞机制造过程中获得应用的和作者认为未来可能在飞机制造中获得应用的先进成形技术。本书针对的阅读对象是航空领域的研究生、制造企业工艺技术人员和设计院所工程设计人员。本书的主要目的，是帮助上述读者群比较全面地了解当前民用飞机制造技术的发展前沿，并对其研究和工程实践起到有效的指导作用。由于构件先进成形技术涉及面非常宽，而本书的篇幅有限，不可能包罗无遗，因此只精选了一部分先进成形技术。每一种述及的先进成形技术都力求写作精简扼要。但为了能对读者的研究和工程实践有实际的帮助，又要求每一种述及的技术的原理、效能和应用案例有足够完整和深入的介绍。

　　本书共分五篇 11 章：

　　第一篇分三章介绍了民用飞机构件先进成形技术的一些共性基础，包括第 1 章"民用飞机主要结构材料及相关的成形技术"，第 2 章"航空结构创新构型拓扑优化设计"和第 3 章"成形工艺数字化仿真技术"。

　　第二篇"先进塑性成形技术"，包括第 4 章"钛合金大型复杂整体构件等温局部加载近净成形"和第 5 章"高性能轻量化弯管件数控弯曲精确成形"。

　　第三篇"先进铸造技术"，包括第 6 章"钛合金铸造"和第 7 章"反重力铸造"。

　　第四篇"先进焊接技术"，包括第 8 章"激光焊接"和第 9 章"搅拌摩擦焊"。

第五篇"增材制造技术",包括第 10 章"增材制造的技术原理与方法"和第 11 章"增材制造的航空应用"。

参与本书写作的都是我国在相关技术领域处于领先水平的研究团队,相关章节的内容包括了这些团队自己的研究成果和对世界范围内各领域技术发展的总结,可以代表我国在相关技术领域的发展水平和反映世界范围内各相关技术领域发展前沿的现状。

本书是集体著述的结晶,我国先进成形技术领域大量高水平研究人员参与了本书写作。由于封面空间有限,无法把所有参与本书写作的作者都列入封面署名,只能每一章选取一位主要作者署名在封面上,我在此对未能在封面署名的作者表示歉意!

参与本书各章节写作的作者和提供素材的人员如下:

第一篇篇首语由西北工业大学黄卫东撰写。第 1 章由中国商用飞机公司上海飞机制造厂陈保国撰写,成都飞机公司张平提供了素材;第 2 章由西北工业大学张卫红、朱继宏、高彤撰写;第 3 章由清华大学许庆彦,西北工业大学郭良刚、马良和魏雷撰写。

第二篇篇首语由西北工业大学詹梅撰写。第 4 章和由西北工业大学杨合、孙志超撰写;第 5 章由西北工业大学李恒撰写。

第三篇篇首语和第 6 章由沈阳铸造研究所集体撰写,由娄延春总负责,具体参与写作的人员与分工如下:钛部总负责赵军,检测总负责李兴捷,统稿刘时兵;各小节具体分工:6.1 概述:刘时兵;6.2 铸造钛合金:刘时兵、刘鸿羽、张有为;6.3 熔铸技术:张有为、刘时兵;6.4 造型技术:包春玲、游涛、刘宏宇、杨晓曦、闫平;6.5 清理、精整及热处理:史昆、包宪宇;6.6 质量检测:朱智、张震、刘洋、赵立文、王志明。第 7 章由西北工业大学王猛撰写,介万奇提供了素材。

第四篇篇首语由哈尔滨工业大学陈彦宾撰写。第 8 章由哈尔滨工业大学陈彦宾和陶汪撰写;第 9 章由南昌航空大学柯黎明和邢丽撰写,南昌航空大学陈玉华、黄春平、毛育青和中航工业北京制造工程研究所栾国红提供了素材。

第五篇篇首语由黄卫东撰写。第 10 章和第 11 章由西安交通大学李涤尘、西北工业大学林鑫和黄卫东撰写,西北工业大学杨海欧和熊江涛提供了素材。

全书由黄卫东审校修改,并与相关章节作者协商定稿。

由于作者水平有限,加之时间仓促,书中存在的不当之处,敬请读者指正。

黄卫东

2016 年 10 月

缩　略　语

ICME	integrated computing materials engineering	集成计算材料工程
CA	cellular automaton	元胞自动机
FD	finite difference	有限差分
FE	finite element	有限元
HRS	high rate solidification	高速凝固法
KMAS	king-mesh analysis system	高新金网格分析系统
CAD	computer aided design	计算机辅助设计
CAE	computer aided engineering	计算机辅助工程
CAM	computer aided manufacturing	计算机辅助制造
PDM	product data management	产品数据管理
CET	columnar to equiaxed transition	柱状晶向等轴晶转变
PF	phase field	相场
CWM	computational welding mechanics	计算焊接力学
LENS	laser engineered net shaping	激光近净成形
LSF	laser solid forming	激光立体成形
R/D	radius/diameter	相对弯曲半径
HAZ	heat affected zone	热影响区
WD	weld zone	焊缝区
FSW	friction stir welding	搅拌摩擦焊
FSSW	friction stir spot welding	搅拌摩擦点焊
SRPT FSW	self-reacting pin tool	双轴肩搅拌摩擦焊技术
FFW	friction flow welding	流动摩擦焊接
SSFSW	stationary shoulder friction stir welding	静轴肩搅拌摩擦焊接
TSW	thermal stir welding	热搅拌焊接方法
UAFSW	ultrasonic assisted friction stir welding	超声辅助搅拌摩擦焊

DC - LSND	dynamically controlled low stress no	动态控制低应力无变形
FSW	distortion friction stir welding	搅拌摩擦焊方法
UWFSW	underwater friction stir welding	水下搅拌摩擦焊
AS	advancing side	前进边
RS	retreating side	返回边

术　　语

拓扑优化(topology optimization)——在给定区域内设计材料空间分布形式，满足一定载荷工况下特定性能与材料用量等指标要求、实现结构创新构型的设计方法。

设计变量(design variable)——优化设计的参数或自变量称为设计变量，拓扑优化的设计变量为描述材料空间分布的密度变量或形状变量。

柔顺度(compliance)——采用结构变形后的应变能度量，在结构优化中用于量化结构刚度，载荷一定时，柔顺度越小，则结构刚度越大，结构的整体变形越小。

固有频率(natural frequency)——物体自由振动时，其位移随时间按正弦或余弦规律变化，振动频率与初始条件无关，而仅与系统的固有特性有关(如质量、形状、材质等)，称固有频率，又称自然频率。

工艺约束(manufacturing constraint)——结构优化时考虑到各种制造工艺手段的限制，如分模面、切削刀具可达性、增材制造材料堆积等，结构中材料的空间分布需要呈现一定的方向性。

热力耦合(thermal-mechanical coupling)——热力耦合过程是应力场与温度场两个物理场之间相互影响的过程，在结构优化中需要考虑热应力对结构承载性能和力学行为的影响。

热应力系数(thermal stress coefficient)——材料的基本属性，定义为材料杨氏模量与热膨胀系数的乘积，在结构优化中可以更直观地表征热应力载荷与设计变量的数学描述。

动力学响应(dynamic response)——结构在动力学激励下产生的位移、加速度等响应称为动力学响应，其中简谐激励下产生简谐响应，随机激励下产生随机响应。

钉载(joint load)——飞机结构装配采用大量螺钉、铆钉等连接件，结构受载时连接件中产生的剪切和拉伸载荷称为钉载，为避免连接失效和结构件在连接处破坏，结构优化需要考虑抑制钉载大小。

保形(shape preserving)——飞行器结构设计和装配过程中，部件间相对变形、局部弹性变形导致结构变形不协调,发生局部翘曲变形现象,结构优化中抑制这类变形的设计方法称为保形设计。

单晶铸造高温合金(single crystal superalloys)——是指整个铸件由一个晶粒组成的铸造高温合金。单晶铸造高温合金作为新型航空发动机叶片材料得到广泛应用。

定向凝固(directional solidification)——在熔模铸造型壳中建立特定方向的温度梯度,使熔融合金沿着与热流相反的方向按照要求的结晶取向凝固的一种铸造工艺。定向凝固技术最突出的成就是在航空工业中的应用。

数值模拟(numerical simulation)——也叫计算机模拟。依靠电子计算机,结合有限元、有限差分或有限容积等方法,通过数值计算和图像显示的方法,达到对工程问题和物理问题乃至自然界各类问题研究的目的。

元胞自动机(cellular automaton)——是一类离散模型的统称。通过定义一系列作用规则反映元胞之间的短程或长程作用(对金属凝固而言,即是通过定义相邻/相近单元之间的空间关系和固、液相状态转化等一系列的熔体形核与生长规则),从而实现微观组织演化过程的模拟。

塑性成形工艺(plastic forming process)——利用材料的塑性,在工模具的外力作用下来加工制件的少切削或无切削的工艺方法。通常可分为体积成形和冲压板金成形两大类,按工艺温度又可分为冷加工、热加工和介于冷热加工的温热加工。

环件轧制(ring rolling)——又称环件辗扩或扩孔,是借助环件轧制设备(环轧机,又称辗扩机或扩孔机)使环形毛坯产生壁厚减小、直径扩大、截面轮廓成形的塑性成形工艺。

塑性成形工艺建模仿真(plastic forming process modeling and simulation)——通过对塑性成形工艺物理过程的数字化模型描述与科学计算,实现对塑性成形工艺过程的设计、开发、分析与优化的重要方法。

材料本构模型(materials constitutive model)——是对材料热力耦合作用下宏微观行为特征的数学描述,比如应力-应变关系模型、晶粒尺寸模型等。材料本构模型,是保证塑性成形过程模拟仿真精度和可靠性的重要研究内容。

熔池(melting pool)——高能激光束作用在金属基板上形成的微小液态区域,熔池是高能激光束、金属基板和金属粉末相互作用形成的瞬态区域,激光束移开后,熔池立刻凝固形成熔覆道。

热应力(heat stress)——在增材制造过程中,材料在循环热载荷的作用下,由于外在约束以及内部各部分之间的相互约束,使材料各部分不能完全自由膨胀而产生的内在应力。

凝固微观组织(solidification microstructure)——凝固微观组织是指借助于显微镜观察到的合金凝固晶粒内部的结构形态,如树枝晶、胞状晶等。

等温成形(isothermal forming)——金属材料(坯料)在变形过程中和模具保持

同一温度的一种塑性成形方式。

局部加载成形(local loading)——对坯料局部施加载荷,通过变形积累实现整个构件的成形。

不均匀变形(unequal deformation)——变形体在外力作用下产生的塑性变形沿不同部位分布不均的现象。

模具(die)——工业生产上用铸造、锻压等方法得到所需产品的各种模子和工具。

预成形(preforming)——使坯料形状产生部分变化,以获得更适合于进一步塑性变形的形状。

充填不满(underfilling)——变形体在成形过程中未充满模具型腔的一种现象。

流线(Streamline folding)——金属成形后形成纤维组织,即塑性杂质延伸长方向呈纤维状分布,使金属组织呈一定的方向性,这种因成形而使金属形成的具有一定方向性的组织称为锻造流线。

开裂(cracking)——指制品受内应力、外部冲击或环境条件等的影响而在其表面或内部所产生的裂纹。

管材数控弯曲(tube numerical control bending, tube NC bending)——传统管材绕弯工艺结合机床工业和数控技术发展而产生的一种先进管材弯曲加工技术,该技术既可大幅提高生产效率,又可保证成形过程稳定性,提高零件成形精度。

弯曲半径(bending radius)——弯管几何中性面到弯曲中心的曲率半径。

弯曲角度(bending angle)——管材弯曲成形过程中,弯曲端围绕弯曲中心发生的偏转角度。

截面扁化(cross-section flattening)——管材弯曲成形过程中,弯管截面相对于初始管材截面发生扁化现象。

起皱(wrinkling)——管材弯曲成形过程中,弯管内侧受到压应力作用产生的波纹状起皱现象。

壁厚减薄/增厚(wall thinning/thickening)——管材弯曲成形过程中,弯管内外侧发生壁厚扁化,其中外侧壁厚减薄,内侧壁厚增厚。

回弹(springback)——管材弯曲成形过程中,当模具和外部载荷移除后,弯管件受弹性驱动发生的形状变化,包括弯曲角度、弯曲半径和弯管截面扁化等。

弯管成形极限(tube bending limit)——多缺陷多目标约束下管材能达到的最小弯曲半径。

数控热弯(heat rotary draw bending)——在管材室温弯曲成形基础上,部分成形模具通过一定方式加热,并通过模具与管材传热使成形管材达到成形温度,在局部热力耦合加载下实现管材弯曲成形。

反重力铸造(counter gravity casting)——金属液在外力作用下逆重力方向流

动,以可控流速充填铸型,并在一定压力下凝固从而获得铸件的一种方法,金属液逆重力方向流动及充型流速可精确调控是反重力铸造方法的显著特点。

真空吸铸(vacuum suction casting)——一种将坩埚液面置于常压环境下,通过在型腔内形成真空,将金属由下而上地吸入型腔,以完成凝固成形的铸造方法。

低压铸造(low pressure casting)——将铸型置于常压环境下,在可控外力下使金属液自下而上流动进入铸型型腔,并在一定压差作用下强化补缩,以实现凝固成形的铸造方法,所采的外力可包括气压驱动或和电磁泵驱动两种不同形式。

差压铸造(counter pressure casting)——将铸型及金属液分别置于上压室和下压室内,同时向上、下压室通入压缩气体建立同步压力,而后在上下室之间形成压差,使金属液在压差作用下沿升液管流动,自下而上充填铸型,并使金属液在一定压力下凝固成形的铸造方法。

调压铸造(adjusting pressure casting)——一种适合于复杂薄壁铸件成形的新型反重力铸造技术,其工艺实现步骤包括:首先使型腔和金属液处于真空状态,对金属液进行温度及负压保持;型腔保持真空,对坩埚金属液面施加压力,将金属液沿升液管压入型腔实现充型;充型结束后迅速对两压室加压,同时保持金属液和型腔间的压力差恒定,避免铸型中未凝固金属液回流;保持加压状态至金属液在压力下完全凝固获得铸件。

金属型(permanent mold)——用金属材料制成的铸型,可采用的材料包括模具钢、铸铁、铜等,因这类铸型可多次反复使用,也称为"永久型"。

砂型(sand mold)——在铸造生产中用原砂、黏结剂及其他辅助原料制成的铸型,是应用最为广泛的传统铸型类别,所采用的原砂可包括石英砂、锆砂、镁砂、铬铁矿砂等,所采用的黏结剂可包括黏土、树脂、水玻璃等。

石膏型(plaster mold)——以石膏为主要物料构成的铸型,首先制备模样并以石膏浆料灌注,待浆料凝结干燥后脱除模样,即可获得石膏型。

浇注系统(filling system)——铸型内将金属液引入型腔的通道,一般由浇口杯、直浇道、横浇道、内浇道构成,其主要作用是控制金属液的充型速度和流动方向,阻止气体、熔渣和其他夹杂物进入型腔,使金属液平稳、有序进入型腔,并形成一定的温度场分布。

冒口(riser)——为避免铸件缺陷而在铸件上方或侧面附加的部分,在铸型上表现为对应位置附加的储存补充金属液的空腔,冒口具备防止缩孔、缩松、排气和集渣的作用。

铸型涂料(casting coating)——涂覆在铸型内腔表面的耐火材料粉粒,具有减缓金属液与铸型冲击、改善铸件表面质量、延长铸型使用寿命等作用。某些情况下也可通过涂料实现铸件表面合金化、调控铸件冷却速率和凝固顺序的目的。

保温炉(holding furnace)——反重力铸造设备中用于容纳并保持金属液温度的装置,通常采用电阻发热方式提供热量。

压室（pressure chamber）——反重力铸造设备中用于安放铸型或坩埚,实现压力调控的封闭腔体结构。

升液管（riser tube）——反重力铸造设备中,用于引导金属液自下而上流动的管道结构,可以铸铁、耐热钢及陶瓷材料制成。

匙孔（keyhole）——深熔焊过程中产生金属蒸气流,其反冲压力使液态金属面下凹而形成的细长孔腔。

等离子体（plasma）——当足够功率密度的激光辐照在固体样品上时,样品很快被气化,进而形成的一种由自由电子和带电离子为主要成分的物质形态。

残余应力（residual stress）——在焊接过程中,热应力、相变应力、加工应力等超过屈服极限,以致冷却后焊件中留有未能消除的应力。

热影响区（heat affected zone）——在焊接热循环作用下,焊缝两侧处于固态的母材发生明显的组织和性能变化的区域。

咬边（undercut）——指由于焊接参数选择不当,或操作方法不正确,沿焊趾的母材部位产生的凹陷缺陷。

未熔合（incomplete fusion）——指焊缝金属与母材金属,或焊缝金属之间未熔化结合在一起的缺陷。

沉淀强化（precipitation strengthening）——指金属在过饱和固溶体中溶质原子偏聚区和（或）由之脱溶出微粒弥散分布于基体中而导致硬化的一种热处理工艺。

偏析（segregation）——焊接熔池一次结晶过程中,由于冷却速度快,已凝固的焊缝金属中化学成分来不及扩散,造成分布不均匀的现象。

过时效（overaging）——指当时效温度超过峰值硬度时所对应的温度及时间。

穿晶断裂（transcrystalline fracture）——试件在加载过程中,裂纹穿过晶粒内部扩展而引起的断裂。

沿晶断裂（intercrystalline fracture）——当金属或合金沿晶界析出连续或不连续的网状脆性相时,在外力的作用下,这些网状脆性相将直接承受载荷,很易于破碎形成裂纹并使裂纹沿晶界扩展。

疲劳辉纹（fatigue striation）——略呈弯曲并相互平行的沟槽状花样,与裂纹扩展方向垂直,是裂纹扩展时留下的微观痕迹。

搅拌摩擦焊（friction stir welding）——由一个圆柱体或其他形状（如带螺纹圆柱体）的搅拌针伸入到待连接工件的接缝处,通过搅拌头的高速旋转,使其与焊接工件材料摩擦,从而使连接部位的材料温度升高软化,在搅拌头的压力作用下使被焊接材料成为一个整体的焊接方法。

搅拌头（stir tool）——搅拌摩擦焊中用于焊接的工具,通常由具有特殊形状的搅拌针、轴肩和圆柱形夹持柄组成。

搅拌针（stir pin）——搅拌摩擦焊中搅拌头插入被焊接材料连接面内的部分,

其形状可以是圆柱体、圆锥体且其表面可以是光滑面、螺纹面,也可以是其他异形形状,在焊接过程中起破碎连接处金属、引导金属填充其后方空腔的作用。

轴肩(tool shoulder)——搅拌摩擦焊中搅拌头与被焊接材料上表面接触摩擦的部分,其形状为圆形,可以是平表面、简单下凹光滑面、具有单个或多个螺旋槽的下凹面,也可以是其他异形形状,在焊接过程中起摩擦产热使金属软化、引导高温金属沿搅拌针向下运动、对搅拌针后方高温金属施加压力以形成致密焊缝的作用。

轴肩下压量(shoulder penetration)——搅拌摩擦焊中搅拌头轴肩压入被焊接材料的深度。

轴肩压力(shoulder pressure)——搅拌头通过轴肩对被焊接材料施加的压力,其大小影响焊核冶金致密性。

搅拌头倾角(stir tool inclination)——搅拌头旋转轴线与被焊接板材法线之间沿焊接反方向向后方的倾斜角。

搅拌针端部间隙(stir tip clearance)——搅拌针端部距被焊接板材下表面的距离。

焊接缺陷(welding defect)——焊接接头中存在的且对焊接接头使用有不利影响的冶金学不连续状态。

焊核(nugget)——焊缝中存在于搅拌针所在位置且与周边组织有明显界线的细晶组织。

热力影响区(thermal mechanical affected zone)——搅拌摩擦焊焊核外侧受到焊接过程中热和力的作用、晶粒发生变形的区域。

热影响区(thermal affected zone)——焊接接头中受到焊接热循环的作用导致金相组织或理化性能发生变化的母材区域。

"洋葱瓣"花纹(onion ring)——搅拌摩擦焊焊核特有的、形如洋葱横截面形貌的金相组织。

匙孔(keyhole)——搅拌摩擦焊焊缝终端搅拌针抽出后未得到塑性金属的填充而在焊缝尾部形成的孔洞,它是由搅拌摩擦焊接过程的固有特征决定的。

增材制造技术(additive manufacturing,AM)——一种通过 CAD 设计数据,全程由计算机控制将材料逐层累加制造实体零件的技术,相对于传统的材料去除(切削加工)技术,是一种"自下而上"材料累加的制造方法。

光固化成形(stereo-lithography)——光固化采用的是将液态光敏树脂或者其他光固化材料固化(硬化)到特定形状。以光敏树脂为原料,在计算机控制下,激光按零件各分层截面的轮廓及其填充线对液态树脂逐点扫描,使扫描区的树脂薄层产生光聚合反应,从而形成零件的一个薄层截面。

熔丝沉积成形(fused deposition modeling)——材料在喷头内被加热熔化,喷头沿零件截面轮廓和填充轨迹运动,同时将熔化的材料挤出,材料迅速凝固,并与周围的材料凝结,逐层叠加,获得三维实体零件。

选择性激光烧结(selective laser sintering)——利用高能激光束的热效应使材料软化或熔化而黏接成形一系列薄层并逐层叠加,获得三维实体零件。

激光选区熔化(selective laser melting)——利用高能束激光,直接熔化金属或合金粉末,层层选区熔化与堆积,最终成形具有冶金结合、组织致密的金属零件。

电子束熔丝增材制造技术(electron beam additive manufacturing)——一种利用丝材作为填充金属,以电弧、电子束或激光等高能束为热源,对大型复杂金属结构进行低成本近净成形的增材制造技术。

风洞试验模型(model for wind tunnel testing)——是风洞试验的测试对象,根据相似理论设计生产的物理模型,是被试验飞行器的在风洞中的替代物。

相似理论(similarity theory)——是研究各种相似现象的相似性的学说,用以发展将个别现象的结论推广到所有相似现象的科学方法,是风洞试验模型设计的理论基础。

电沉积(electro-deposition)——是在金属和非金属零件表面通过电化学的方法使金属化合物还原为金属并形成致密金属层的过程,可以提高树脂模型的强度。

自动铺丝技术(automated fiber placement technology)——通过数字化控制技术,采用专用设备对多束碳纤维预浸窄带进行自动化输送与集束操作,根据零件形状随时增加或裁剪成不同宽度的纤维预浸带,再热压铺放到模具表面上定型,获得复合材料预成型体。

预浸带(prepreg tape)——在严格温度与压力控制条件下,用树脂基体浸渍连续纤维或织物,制成的一种树脂与纤维均匀分布的带状组合物。

干丝纤维铺技术(automated dry fiber placement technology)——通过数字化控制技术,采用专用设备将干纤维逐层铺设为需要形状,并在铺放的同时激活纤维表面的胶黏剂使干纤维相互黏结定型,从而得到纤维预成型体。

原位固化(in-situ curing process)——由高效能量源如电子束、紫外光等激发引发剂分子后形成活性种,从而引发树脂或有机预聚物交联反应而固化。

铸造钛合金(casting titanium alloy)——可被加热熔化形成熔液并注入铸型获得一定形状铸件的一类钛合金,通常要求具有良好的熔炼特性、流动性和充填性能。

α相(α phase)——钛的一种同素异晶体,具有密排六方晶体结构,出现在β转变点以下。

β相(β phase)——钛的一种同素异晶体,具有体心立方晶体结构,出现在α转变点以上。

自耗电极(self consuming electrode)——采用钛合金制备而成的具有一定长度的母合金铸锭,通常为圆形。工作时,该铸锭与其下方的水冷铜坩埚在低电压高电流直流电作用下产生电弧使自身加热并熔化形成合金熔液。

型壳(mold skull)——采用耐火材料制备的与铸件几何结构凹凸相反的铸型,

其内部型腔与铸件几何结构一致,用于浇注钛合金熔液以获得铸件。

面层(surface layer)——型壳制备过程中,处于最底层的耐火材料统称。其在浇注成形过程中与钛合金熔液直接接触,一般要求面层具有良好的高温热稳定性和高温化学惰性。

焙烧(roasting)——在一定温度下对制作完成的型壳进行烧结处理,去除型壳水分、残余模料,同时改变型壳组织,提高型壳高温性能,使型壳在浇注时具有低的发气性和良好的透气性。

离心浇注(centrifugal pouring)——钛合金浇注时,将铸型放射状地安置在中心浇道的四周,全部铸型绕中心浇口旋转,然后将钛熔液注入铸型,利用离心作用提高钛合金成形和补缩能力以获得铸件的方法。

熔模精密铸造工艺(investment precision casting process)——采用蜡或塑料等低熔点模料制作模型,然后在其表面涂挂一定层数的耐火材料,经干燥后加热使模料熔化流出或燃烧尽,从而得到由耐火材料形成的空腔型壳,再将熔融钛液灌入,待冷却后破碎铸型获得铸件的方法。

机加工石墨型工艺(machining graphite mold casting process)——一种采用高纯度人造石墨作为造型材料,通过机械加工和少量手工方法制备分块铸型,再进行烘烤和脱气处理后组装成整体铸型进行浇注获得铸件的一种钛合金铸造方法。

热等静压工艺(hot isostatic pressing process)——将钛合金铸件放置到密闭的容器中,向铸件施加各向同等的压力,同时施以高温,在高温高压的作用下,钛合金发生蠕变,内部孔洞缺陷尺寸减小或闭合,热应力得到逐步消除的一种热处理工艺。

喷砂(sand blasting)——采用压缩空气为动力,以形成高速喷射束将喷料高速喷射到需处理钛合金铸件表面,以去除表面附着物和表面污染层、提高铸件表面质量和清洁度的一种机械处理方法。

焊补(welding repair)——采用与基体相同或相似材料作为弥合材料,并采用焊接加热方法将弥合材料输送到缺陷位置并与基体形成冶金结合从而消除缺陷的一种铸件修复方法。

激冷(shock chilling)——钛合金熔液在充型过程中,由于石墨良好的导热性,使与石墨型接触的钛熔液急速冷却的现象。

冷隔(cold shut)——钛合金浇注充型时,因钛熔液流动性和充型性能降低,在铸件表面上产生穿透或不穿透的,边缘呈圆角状的缝隙。多出现在远离浇口的大平面或薄壁出,金属流汇合处,以及冷铁等激冷部位。

无损检测(non-destructive testing)——以不损害预期实用性和可用性的方式来检查材料或零部件的技术方法的开发和应用,其目的是为了探测、定位、测量和评定损伤,评价完整性、性质和构成,测量几何特性。

目　　录

第一篇　民用飞机构件先进成形技术基础

第二篇　先进塑性成形技术

第三篇　先进铸造技术

第四篇 先进焊接技术

第五篇 增材制造技术

第一篇
民用飞机构件先进成形技术基础

　　本书共分五篇来叙述民用飞机构件的先进成形技术,后面的四篇分别涉及四大类别具体的材料成形技术,本篇则在展开叙述这些具体成形技术之前,用三章的篇幅先行介绍民用飞机构件成形的一些共性的基础知识,为读者更好地理解后续各篇内容做好铺垫。

　　第1章首先简要介绍民用飞机主要结构材料及相关成形技术的发展概况、现状与趋势。民用飞机构件成形技术与飞机发展的需求和新型结构材料的应用相辅相成,相互促进。所有的材料成形技术都是与特定的材料密切关联的,成形技术必定是随着民用飞机所用材料的发展而发展的,而针对飞机性能提升而采用新型结构材料的可行性又依赖可否实现该材料构件的顺利成形。本章对民用飞机所用主要结构材料的发展历史和趋势作概要介绍,给出了目前世界上一些代表性的民用飞机所用的主要结构材料及典型应用部位。构件成形技术也有自身的发展规律,本章论述了民用飞机构件成形技术的三大发展趋势:大型轻量化整体结构制造技术,数字化、自动化和智能化制造以及精益生产。

　　第2章介绍航空结构创新构型拓扑与形状优化设计。传统的飞机结构设计是一种经验设计方法体系,在很大程度上依赖可否实现构件的成形制造,而传统制造技术存在大量技术实现方面的困难,对飞机结构设计施加了大量可行性限制,从而显著制约了飞机结构减重和功能提升。拓扑优化设计技术作为一种给定设计约束下的数学最优解,可以提供最大限度地实现飞机结构减重和功能提升的最优设计。这种数学最优解不依赖制造经验,因而在传统制造技术体系中往往缺乏制造可行性,使得这项革命性的创新设计技术难以在飞机结构的设计和制造中有效地发挥作用。传统的材料成形技术如何提升制造技术水平,实现拓扑优化设计的最优结构的成形制造,这为传统制造技术的发展方向提供了一种新的指引。当然,拓扑优化设计也努力将传统制造技术的工艺特点纳入设计约束中,使所设计的最优化结构在传统制造技术体系内具有更好的制造可行性。然而,彻底解决拓扑优化设计最优结构制造难题的根本出路,在于突破传统制造技术体系的框架,去寻求全新的材料成形技术。增材制造技术可以实现近乎任意复杂结构制造的技术能力,为拓扑优化设计提供了最佳的技术实现途径。增材制造因此成为未来先进的民用飞机构件成形最受关注的技术发展方向。

　　第3章介绍了铸造、塑性成形和增材制造三种成形工艺的数字化仿真技术。材料成形工艺是涉及多物理场和化学场,具有从纳观、微观、介观到宏观尺度的多层次结构,包含极多变量的极端复杂的过程。依赖实验测量和定性科学理论的传统科学框架,只能对材料成形工艺做出非常简单、粗糙的科学指导,因此在应对具有极高性能要求的非常复杂结构的飞机构件的成形制造时总是捉襟见肘,使得新型航空产品的研制周期越来越长,成本越来越高。材料成形工艺的数字化仿真是从根本上解决这一难题的技术途径,已经有大量案例证明数字化仿真技术对航空结构件制造过程缩短研制周期、降低制造成本的显著效益。材料成形工艺的数字化仿真技术经历了从只考虑温度场、速度场、变形场的旨在预测形状、尺寸、轮廓的宏观尺度仿真,到以预测组织、结构、性能为目的的单一工艺过程的多尺度模拟仿真,再到最近蓬勃发展的全息反映成形制造全过程的集成计算材料工程,数字化仿真技术已经从最初作为制造过程的辅助手段,发展成为显著提升材料成形工艺水平不可或缺的科学和技术支撑。更进一步,智能制造是包括飞机构件成形制造在内的所有制造工艺共同的发展方向,它将从更高的高度提升民用飞机构件的成形制造技术水平,而数字化仿真正是智能制造必不可少的基础。

1 民用飞机主要结构材料及相关的成形技术

1.1 民用飞机结构材料应用和发展趋势

随着飞机设计理念的发展和对性能要求的不断提升,对飞机结构材料性能的要求也越来越高。"一代材料,一代飞行器"是航空工业发展的生动写照,航空材料从最初的木材发展到以铝合金为代表的金属材料,直至最近普遍采用以碳纤维复合材料为代表的非金属材料或者以铝锂合金、钛合金为代表的新型高强合金材料。如波音公司的 B787 飞机和空客公司的 A380,复合材料的使用量分别达到 50% 和 25%,钛合金使用量达到 10% 以上。但是,民用飞机材料的选择需要综合考虑使用性能、制造工艺性能、成本和可维修性等,并在飞机关键部位才能适量选用成本高昂的新型材料。因此,以铝合金、合金钢为代表的传统金属材料,由于具有成熟的工艺性能和较低的成本,在航空应用中继续占有重要地位。现代民用飞机结构中最广泛应用的结构材料有铝合金、钛合金、钢等传统金属材料,复合材料和其他非金属材料。随着近 20 年的发展,民用飞机结构材料呈现以下特点。

1) 传统金属材料继续担纲

尽管复合材料具有高比强度、比刚度和疲劳强度等很多性能优点,但机械性能不稳定、各向异性等性能缺点、高昂的制造成本和回收成本,均是复合材料大规模应用不可回避的问题,短时间内还不能广泛取代传统金属材料在民用飞机结构上的应用。在过去很长的历史时期内,基于传统金属材料凝结了大量的研究成果,也积累了丰富的使用经验,在设计、制造、维修等方面均可实现低成本控制,在未来一段时间内,传统金属材料还将占有统治地位。当然,金属材料也需要不断地改进,通过优化冶金组分、改进制造工艺方法和流程等手段以提高它们的性能,满足当代民用飞机不断提高的抗腐蚀、抗断裂、高温服役性能以及减重等目标。其中近年来最重要、发展较快的有铝锂合金,通过添加 1% 的锂元素使得重量比传统的铝合金约轻 10%,而刚度却高 10% 左右。当采用铝锂合金替代现有飞机设计中的传统合金,飞机可以减重 8%～10%,如果将其应用到新设计的飞机中,则可实现 15% 的减重效果。此外,如铝铁钼锆合金,其高温下的性能(高达 600°F)可与钛相媲美。

2) 新型材料不断涌现

现代高新技术的发展,例如纳米技术,为航空材料的发展开拓了新的广阔前景。纳米改性复合材料的研究已全方位开展,典型的例子是用片状的纳米黏土改性的环氧树脂、双马来醚亚胺树脂和聚醚亚胺树脂等,纳米改性铝合金的研究也不断深入。期望在性能上获得显著提高,英、德等国对碳纳米管增强的树脂基复合材料开展了许多研究工作。结果表明,无论力学性能还是电磁性能均有改进。纳米技术的发展有力地带动了航空材料的发展,其应用包括雷达罩纳米防雨涂层以及隐身材料的纳米化等。

随着计算材料学、新型试验技术和材料数据库三个方面的长足发展,航空材料的开发进入新的时代,使得未来出现高性能、低成本的材料成为可能。最经典的实例为 GE 公司开发的燃气涡轮机用 GTD262 高温合金,借助 GE 公司强大的材料结构模型和材料性能等经验数据库,以现有材料 GTD22 为基础,在其成分附近,通过计算材料学的应用,一次到位地设计出 GTD262 合金,使得研发成本降低到 20%左右。

3) 材料性能不断提升

提高材料的力学性能、工艺性能及使用性能是民用飞机结构材料发展的主要方向。以铝合金材料为例,飞机结构中于 1920 年就开始使用 2000 系列铝合金,20世纪 40 年代,由于更高拉伸强度的需求导致了 7000 系列铝合金的应用。在 1960年之前应力腐蚀一直是铝合金中未得到解决的难题,直到 T73 双时效热处理技术的出现,该问题才得以解决。但是该热处理方法使得材料的拉伸强度降低了约10%,这促使人们对其进行进一步的研究,以保证材料具有满意的强度和抗应力腐蚀能力,由此导致了拥有较高整体综合性能的 7050 在 20 世纪 70 年代初的出现。之后随着几起严重的飞行事故,铝合金的疲劳失效成为结构材料中的一个突出问题,同时面对与具有很高的比强度、比刚度性能复合材料的相竞争巨大压力,催生了由铝合金改进而来的铝锂合金材料,该材料比传统的铝合金约轻 10%,而刚度却提高 10%,因此被美国 Alcoa 公司列入双 20 计划,即在未来 20 年以内,将现有飞机的铝合金结构减重 20%,达到复合材料的水平。

4) 低成本和可维修性成为趋势

由于飞机结构材料具有品种多、批量小等特点,很难通过大批量生产降低成本,这样飞机结构材料必然是高成本的。对于民用飞机,成本是飞机研制中不可回避的主要问题之一,设计人员必须综合考虑成本和性能。"成本与性能同样重要"已成为国外飞机选材的指导思想。

但对于现有产品,降低航空产品成本的主要途径是改变设计概念、采用低成本材料和成形加工技术等。目前及今后相当长时期,复合材料低成本化的重点是工艺的低成本化,如大力推广自动铺带、自动纤维铺放等自动化工艺,目标是降低成本。金属材料低成本化的途径是大力开发及推广近净成形,如开发性能相当于锻件的铸钛工艺,开发钛合金的压铸、增材制造,铝合金的激光焊接以及搅拌摩擦焊等。

　　航空产品在选材时不仅要考虑使用性能,而且还必须考虑可维修性。如航空产品的全寿命成本及维修费用为采购成本的 2 倍时,就需重新考虑选材问题。发展高可靠性、维修性能好的航空材料,以延长构件使用寿命和简化维修越来越受到重视。

　　航空材料众多,如何将材料用于合适结构中,是飞机设计人员必备的知识。通常材料的选择需要综合考虑力学性能、成本、制造工艺特性等方面以及结构受力情况,经过折中最终确定较为合理的选材结果。以力学性能指标为例,进行材料的选择是随着飞机结构设计理论的发展逐步变化的,初期飞机结构设计按照静强度设计,只考虑材料强度;后来随着飞机飞行速度的提高,飞机机翼采用薄翼型和后掠翼,使气动弹性问题变得突出起来,要求飞机结构不仅要有足够的静强度,而且还应有足够刚度,由此要求同时考虑材料强度和刚度;之后,飞机相继发生由疲劳破坏而造成的灾难性事故,使得材料疲劳性能成为材料选择时的重要指标(安全寿命设计);后来,大量事实证明,结构材料在使用前已经存在缺陷,这些缺陷是在材料本身、生产制造、运输和装配过程中不可避免地存在或产生的,因此,需根据使用过程中在不危及飞机安全的情况下所能承受小损伤的能力(断裂韧性)来选材。随着飞机设计理论的完善和飞机发展水平的提高,现在,材料选择已经积累了一定经验,表 1-1 给出了常用材料的建议使用范围。对于民用飞机典型结构主要由机翼、尾翼、机身、短舱/吊挂和起落架组成,如图 1-1 所示。如机翼下蒙皮由于长期受拉应力作用而容易发生疲劳断裂,因此一般选用疲劳性能优异的 2024-T3 铝合金,而对于机翼上蒙皮,由于飞行过程中机翼向上弯曲,主要受压应力,故一般选用静强度高、抗应力腐蚀能力高的 7075-T76 铝合金。

表 1-1　典型结构材料的应用

结构材料	代　表　材　料	典型应用部位
铝合金	2024-T3、2524-T3、7075-T76	中机身、前机身
铝锂合金	2099-T83、2060-T8、2196-T83	中机身、机身尾端
钛合金	Ti6Al4V、TC1、TC4、CP-3	发动机吊挂、机翼、起落架
钢合金	300M、321、15-5PH、17-7PH	起落架
复合材料		机翼、起落架

1.2　民用飞机结构材料成形技术现状和发展趋势

　　民用飞机结构材料成形技术与飞机的发展、新型结构材料的应用相辅相成,相互促进。一方面,成形技术的成熟和发展对保证飞机产品性能,缩短研制周期、降

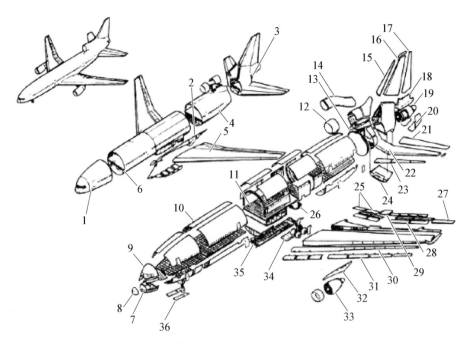

图 1-1 民用飞机总体结构分解图(牛春匀,《实用飞机结构工程设计》)

1—前机身;2—整流罩;3—机身尾端;4—后机身;5—机翼;6—中机身;7—驾驶舱下部组件;8—雷达天线罩;9—驾驶舱上部组件;10—四分之一机舱壁板;11—机身中段;12—发动机进气口;13—后隔框;14—S形进气道;15—前缘;16—垂直安定面;17—方向舵;18—发动机支架;19—后发动机;20—发动机整流罩;21—升降舵;22—水平安定面;23—前缘;24—辅助动力装置舱门和壁板;25—扰流板;26—中隔框;27—外侧副翼;28—襟翼;29—内侧副翼;30—前缘;31—前缘缝翼;32—吊架;33—翼装发动机;34—主起落架舱门;35—龙骨组件;36—前起落架舱门

低成本、提高可靠性起着重要的作用,推动新型结构材料的应用;另一方面,飞机的不断发展逐步提高了对飞机产品性能和功能的要求,促使新型结构材料的使用和推广,进而导致成形技术的创新和革命。以 3D 打印技术为例,在 20 世纪 90 年代,随着激光技术和计算机技术的成熟,解决了直接制造金属结构件的能量源、数据源问题,使得 3D 打印技术产业化成为可能。航空工业在评估其性能满足使用要求的前提下,成功地将该技术应用于飞机钛合金结构件制造中,展示出显著节省材料和缩短制造周期的优势。典型应用包含某型号飞机前起落架整体支撑框、C919 接头窗框等。为了减轻机体重量,提高机体寿命,降低制造成本,飞机结构中大型整体金属构件的应用越来越多,如机身整体框、大型复杂接头、起落架等,该类构件传统制造方法为锻造后再机械加工,由于高昂的模具费用、较长的制造周期,难以满足新型号的快速低成本研制的需求,因此进一步促使 3D 打印技术向着面对大尺寸、结构复杂零件的快速成形、高性能和低成本制造方向发展,由此美国、英国、德国、中国等均投入大量经费到大型金属结构件增材制造技术的研发中。

根据制造过程中材料增减情况,可将民用飞机结构件成形技术分为去除材料加工方法(去材制造或减材制造)、材料不变的加工方法(等材制造)和增加材料加工方法(增材制造)等三种不同的成形原理。传统的机械加工(包括化学铣切和电解加工等特种加工技术)采用减材成形原理,加工件的体积和质量在加工过程中不断减少。激光切割等现代高能束加工技术也属于减材成形技术原理。传统的热加工,包括铸造、锻造、焊接和粉末冶金等技术,采用的是等材成形原理,加工件的体积和质量在制造过程中保持不变。新近发展起来的3D打印技术采用的是增材成形原理,所以称为增材制造技术,是光固化(SL)、熔融沉积成形(FDM)、喷墨成形(JP)、选区激光烧结/熔化(SLS/M)、激光熔覆成形(LCF)和高能束熔丝沉积(EBAM和WAAM)等一大类技术的总称。

航空制造技术的发展趋势主要有以下三个方向:

1) 大型轻量化整体结构制造技术

重量控制是飞机设计和制造的最重要任务之一。传统的铆接结构件为保证连接处的力学性能要求,铆钉和连接处增加了许多额外重量。从20世纪50年代开始,飞机中开始采用整体结构解决上述问题。随着整体结构技术的应用,发现其不仅能够减轻结构重量,还能够减少零件数量和装配工作量、提高零件整体性能,对制造成本和周期也有重要影响。目前,整体结构一般应用到机翼、机身框、接头等部位。

整体结构件材质有金属和复合材料两种。金属整体结构件制造方法包括以先进的连接技术代替铆接,如焊接、超塑成形扩散连接技术等;改变结构件形式,以铸造、锻造、增材制造等工艺直接加工出最终零件;或者通过机械加工、喷丸成形或时效成形获得整体结构件。

当前在飞机制造中,上述技术均有应用,以焊接技术为例,激光焊接机身壁板首先在欧洲空客公司的A318飞机上得到应用(见图1-2):采用CO_2激光双光束焊接将A318机身两块下壁板的蒙皮(6013-T6铝合金)与筋条(6013-T6511)焊

图1-2　空客A318飞机上焊接壁板的制造

接成整体机身壁板,代替铆接结构。焊接技术在随后的 A340,A350,A380 等型号上均得到了应用。研究表明,由于 A380 机身壁板采用了 6013/6056 激光焊接结构设计,省去了加筋条时用于与蒙皮连接的弯边,从而减轻了 5%～10% 的结构重量,降低了 15% 的成本。

喷丸成形和时效成形是获得机翼整体零件的主要方法,国内外对两种方法同样重视,空客公司在 A380 机型中,机翼下壁板采用预应力喷丸成形技术制造,而上壁板采用了时效成形技术制造(见图 1-3)。我国于 2006 年支线飞机 ARJ21 的机翼壁板采用了喷丸成形制造技术。

图 1-3 时效成形用于制造 A380 整体机翼壁板

复合材料具有比强度和比刚度高、抗疲劳性能和耐腐蚀性能好以及整体成形性好等优异特性,非常适合制造大型整体航空零件。进入 21 世纪,复合材料在民用飞机领域的应用日益广泛,如空客 A380 客机大量使用了各种复合材料,仅碳纤维复合材料的用量就达到 32 t,占结构总重的 15%(见图 1-4),主要应用在中央翼盒、上蒙皮壁板、机身后段、机身尾端、地板梁、垂尾、整流罩和舱门等,其中中央翼盒是首次采用复合材料制成的连接机身和机翼的重要的主体结构件,长度为 7 m,宽度为 6 m,高度为 2 m,重量达到 10 t,比传统的铝结构减轻 1.8 t。

采用超塑成形扩散连接技术研制的波音 737-NG 的反推力热保护壳体,与原

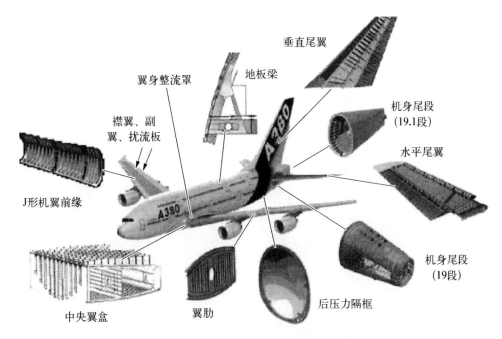

图 1-4　A380 采用的大型碳纤维复合材料构件

来的铆接结构相比,零件数量从 32 个减少到 3 个,减重 27.3 lbf,成本降低 68%,如图 1-5 所示。

2) 数字化、自动化、智能化制造

当今,智能制造技术是制造行业,尤其航空工业的主要发展方向。智能制造技术是指利用计算机模拟制造专家的分析、判断、推理、构思和决策等职能活动,并将这些职能活动与智能机器有机地融合起来,将其贯穿整个制造企业的各种子系统,以实现整个制造企业

图 1-5　B737-NG 的反推力热保护壳体

经营运作的高度柔性化和集成化,从而取代或延伸制造环境中专家的部分脑力劳动,可极大地提高生产效率、降低生产成本的先进制造技术。美国提出“工业互联网计划”,德国提出“工业 4.0”以及我国提出“中国制造 2025”计划,均是利用信息技术,实现先进制造技术的信息化、数字化,以达到缩短产品研制周期、降低生产成本、提高产品竞争力的目的。航空工业于 20 世纪 90 年代以来开始采用数字化制造技术,发展到现在的计算机集成制造系统、柔性制造系统、虚拟制造、敏捷制造和智能制造等方式。

波音 737 飞机是首个研制过程采用 100% 的数字化技术,而且把数字化技术作

为主要的设计和制造手段的机型。采用数字化工艺，可在计算机虚拟环境中对整个生产过程进行仿真、评估和优化，可在实际加工制造之前，优化和核查各种工艺过程，并及时发现存在的问题，提高资源利用率，改善材料制造流程和生产性，减少返工并降低项目风险。

我国 ARJ21 客机(见图 1-6)的研制也全面采用了三维数字化设计技术和并行工程方法，实现了大部段对接一次成功，飞机上天一次成功。采用主制造商-供应商模式，由供应商异地、并行制造完成前机身、中机身、机翼等部段的制造，然后在上海完成总装生产，大大缩短了制造周期。

图 1-6　我国的 ARJ21 飞机

为减少工装数量、提高生产效率、满足航空产品的小批量生产，对航空业大量采用柔性化制造技术，如柔性工装、自动制孔铆接、数字化检测、自动化辅助运输等。目前，柔性制造技术已在航空领域获得了广泛应用，还将进一步快速发展。最为典型的为 3D 打印技术，该技术具有可制造复杂物品、无需组装、设计灵活、制造方便等特点，可在缩短生产周期的同时大幅降低成本。

3) 精益生产

精益生产是美国麻省理工学院国际汽车计划组织对日本丰田生产系统的赞誉之称。精的含义是不投入多余的生产要素，只是在适当的时间生产必要数量的市场急需产品(或下一道工序急需产品)；益的含义是所有经营活动都要有效益，即消除一切非增值环节，达到最大的经济型。精益生产是当前工业界公认最佳的一种生产组织体系。

精益生产于 20 世纪 80 年代就引起了波音公司的重视，通过 20 年左右的发展，波音公司实现了包含日本横滨橡胶公司、土耳其航空工业公司等众多合作企业的整个供应链上的精益生产。精益化技术的实施，为飞机制造方式带来了重大变革：

（1）改变了其传统流程，飞机基于拉动式的按节拍稳定流动的单件生产，实现了按需生产。

（2）通过采用移动生产线、机器人、可视化管理等先进手段，大大降低了零组件流通时间、大幅度降低了库存，进而在提升效率、降低成本方面发挥重要作用。如桁条类零件制造厂工作流时间由 9 天减少到 5 天，导致库存减半。蒙皮类零件制造厂工作流时间由 11 天减少到 7 天，导致库存减少 43%。

（3）波音公司推动供应商的精益化，同样取得了重大突破。如威奇托分公司，为波音公司提供 737 整体型框，重量减少了 7%，成本下降了 9%，零件数量减少了 49%。

2 航空结构创新构型拓扑优化设计

2.1 概述

2.1.1 拓扑优化技术简介

蓬勃发展的结构拓扑优化理论与方法以其重大的工程应用价值与显著的应用效果成为近二十多年来计算力学、应用数学等众多学科领域的研究热点,该方法的日渐成熟改变了航空航天领域的传统设计模式,引发了创新设计方法上的革命性变革,在先进航空航天飞行器研制中发挥着日益凸显的重要作用。

拓扑优化以材料的空间分布优化为出发点,根据特定载荷工况、特定性能与材料用量等指标要求,实现结构的创新构型设计,突破了现有尺寸优化与形状优化方法的设计极限,为最大限度地发挥材料与结构的承载潜力、实现结构的轻量化与高性能设计提供了新方法。

对拓扑优化技术的研究最早可以追溯到 1904 年,Michell 采用解析法研究了应力约束下桁架结构的最优设计问题,并提出了桁架结构设计著名的 Michell 准则[1]。随着数值计算技术的进步,Dron 等人于 1964 年提出基结构(ground structure)的概念并成功应用于桁架结构的拓扑优化设计[2]。此后,桁架结构拓扑优化技术取得了很大的进展。

由于工程实际中大量的结构并非桁架形式而是连续体结构,因此连续体结构拓扑优化逐渐引起了许多学者的研究兴趣,已成为拓扑优化的主要研究领域。自 20 世纪 80 年代起,经过 30 余年的发展,连续体结构拓扑优化理论与方法的研究呈现出丰富多彩的发展局面,形成了系列各具特色的解决方法。拓扑优化近年来主要学术研究的发展可参考综述文章[3,4]。从研究思路来看,连续体结构拓扑优化技术大致可分为以下两类方法。

1) 密度法

密度法采用有限元网格单元作为拓扑优化的基本设计要素,将连续体结构的拓扑优化问题等价转换为结构有限元模型中离散单元的保留与删除问题,适用于宏观结构优化、材料微结构设计乃至材料与结构的一体化设计。密度法主要包括密度变量法[5,6]、渐进优化方法[7]、独立变量映射方法[8]等,此类方法以其物理概念清晰简洁、易于软件实现的优点成为拓扑优化理论研究与工程应用中最为广泛的一类方法，也是目前大部分商业软件所采用的方法。

密度变量法通过引入均匀化方法[9]或材料插值模型[5,6,10]将有限元模型中单元材料有无的离散优化问题转化为便于求解的连续变量问题，是提出最早、应用最多的拓扑优化方法。密度变量法从最初的简单静力结构设计开始，研究方向已扩展到传热、热力耦合、流固耦合、压电结构、电磁场等多种复杂物理场的结构布局设计问题。在航空航天和机械工程领域，密度变量法也已经涵盖了静力学和动力学、刚度和强度设计，进而扩展到组件布局与结构拓扑协同优化、复材铺层与结构拓扑协同优化等更为复杂的设计问题。

密度变量法从连续到离散的转换带来了一些数值问题，主要包括有限元模型中材料与空洞交替分布的棋盘格效应和材料密度的非 0/1 灰度分布，如何有效避免优化结果的这些数值不稳定现象一直以来是学术界的研究热点。解决棋盘格效应和材料密度灰度分布的主要技术手段包括灵敏度过滤[11]、密度设计变量过滤[12]、实体/空洞单元界面周长约束控制[13]等方法。此外，密度变量法基于有限元固定网格定义设计变量，优化后结构边界轮廓为单元边界连接构成的锯齿状，通常需要对设计结果进行光顺。

2）水平集方法

水平集方法[14,15]是一类广义形状优化方法，通过结构轮廓边界的相互融合与形状变化达到优化结构拓扑构型的目的，类似方法还包括相场法[16]。此类方法优化过程独立于计算网格，能够直接得到边界清晰且光顺的设计结果，实现了结构拓扑优化与形状优化的统一。由于数学描述复杂、实现困难，水平集方法目前还处于学术研究阶段。

水平集方法与传统形状优化方法的关键区别在于：该类方法采用水平集隐式函数取代以往的边界参数化描述方法。对于材料与空洞并存的被切割有限元网格单元，通过单元模量属性的平均近似或采用扩展有限元方法替代有限元方法，避免了传统有限元贴体网格必须与结构轮廓边界变化同步刷新的复杂过程以及灵敏度分析的速度场计算。

拓扑优化作为一种结构数值优化，与其他优化问题相比具有鲜明的特点。首先，优化问题设计变量数目庞大。密度法的这一特点尤为明显，通常设计变量数目不少于设计空间内有限元单元数目，工程设计问题通常以万计；水平集方法相对而言设计变量数目大大减少，但为了获得足够精细的结构布局形式，设计变量也不能太少，通常也需要达到以百计的规模。其次，计算效率是制约拓扑优化工程应用的关键因素。拓扑优化通常是多次迭代的设计过程，而每次迭代都需要更新结构模型并进行结构性能分析，但工程问题有限元分析又非常耗时。因此，拓扑优化几乎只能采用寻优效率高但不具备全局寻优能力的梯度驱动算法。对一些复杂的非线性拓扑优化问题，梯度驱动算法可能无法收敛。同时，设计目标和约束函数的梯度

（或称为灵敏度）必须能够高效求解，通常需要推导出显式表达式，或采用仅需有限次额外有限元分析即可计算灵敏度的伴随法。这就导致一些工程设计要求难以直接包含在拓扑优化模型中，必须仔细构造等效的数学描述，保证其灵敏度的高效计算。

总而言之，与水平集方法相比，密度法相对成熟并且在工程中已经得到成功应用，因此下文介绍均采用密度法。

2.1.2　拓扑优化与构件先进成形技术

传统拓扑优化设计结果通常是复杂的多联通域形式，采用传统的制造技术难以甚至无法加工，这也是制约拓扑优化技术工程应用的关键瓶颈之一。国内外研究人员针对这一问题开展了大量研究工作，典型工作包括以下两类：

（1）针对铸造工艺的拓扑优化技术，重点考虑铸造中脱模方向限制，避免出现在脱模方向存在孔洞而无法脱模的结构形式。这一技术目前较为成熟，已有多种方法能够实现这一功能[17]，商业软件中也有集成。

（2）针对复合材料构件制造中的工艺性限制的拓扑优化技术，主要包括：层间铺层角变化限制、同一铺层角连续堆叠层数等[18,19]。这一技术目前尚处在研究阶段，存在的难题主要是工艺性限制的显式数学描述过于复杂、优化问题收敛困难。

增材制造与拓扑优化技术的结合为机械的创新设计与制造提供了前所未有的组合技术手段。目前设计师主要是基于传统制造技术来设计结构件，在一定的使用性能约束之下，可制造性是结构设计的决定性因素。由于传统制造技术的可制造性有很严格的限制，大多数结构设计不是满足使用需要的最理想的结构形式。增材制造技术提供了几乎可以制造任意复杂结构的可能性，因而有可能按照最理想的结构形式来设计零件结构，从而在最大限度地满足使用功能的条件下，还可以显著减轻结构重量和提高可靠性。利用增材制造的多材料任意复合特性，还可以在零件的化学特性和力、声、光、电、磁、热等物理特性方面进行优化设计和制造。因此，基于增材制造技术和拓扑优化技术的创新设计和快速制造的组合技术，正在成为飞行器结构设计与制造的革命性技术手段，为我国航空工业提供了一条跨越式发展、赶超发达国家的切实可行的新途径。

相比传统制造技术，增材制造技术大大削弱了对拓扑优化设计结构件的工艺性限制，但目前仍存在一些需要在设计中考虑或采取特殊工艺方法解决的问题，主要包括：

（1）铺粉增材制造需要避免出现封闭孔洞。

（2）构件倾斜角度过大的部分需要增加工艺性支撑，后期加工再将其切除。

（3）多材料复合增材制造对各材料间的焊接性能有一定要求。

近年来，部分商业软件（如 Altair 公司的 HyperWorks）将拓扑优化设计与增材制造模块进行了集成，实现了拓扑优化设计结果的自动化建模与光顺，并最终直接输出可用于增材制造的几何模型,这也是增材制造与拓扑优化面向工程应用的必然发展方向。

采用增材制造直接加工拓扑优化设计的零件已有一些成功案例。例如 A320 吊舱铰链支架(见图 2-1),与原机械加工零件相比,拓扑优化设计、增材制造加工的零件实现减重 64% 的显著效果。

图 2-1　A320 吊舱铰链支架[20]

2.2　拓扑优化技术的应用现状

2.2.1　商业化软件

拓扑优化技术的广阔应用前景已经逐渐在工程界得以体现,近年来发展尤为迅速。西方发达国家纷纷推出商业化的通用拓扑优化软件,如 OptiSrtuct(美国 Altair 公司)、TOSCA(德国 FE-Design 公司)、OptiShape(日本 Quint 公司)、Genesis(美国 VR&D 公司)等。许多传统的工程数值分析软件(如 NASTRAN、ANSYS)也纷纷集成拓扑优化功能;一些传统的通用优化软件平台,如 Boss Quattro(德国 Siemens 公司),也将应用领域扩展到结构拓扑优化。

近年来,国际著名飞机制造公司与各大软件公司合作,在一系列新型民机和军机的设计中采用拓扑优化技术,公布了一批成功应用案例,展示了拓扑优化技术在创新构型设计和减重方面的卓越效果。军机方面,美国洛克希德·马丁 F35 早期样机严重超重,大量零部件采用拓扑优化技术进行重新设计,结合其他减重措施,最终实现减重约 1 000 kg 的惊人效果。民机方面,空中客车公司在 A380 和 A350 设计中实现了成组构件和部件级结构的拓扑优化设计,获得了与经验设计大相径庭的设计方案,取得了创纪录的减重效果,显著提高了结构承载能力。

2.2.2　标准结构拓扑布局设计

工程应用中,拓扑优化的主要目的是在概念或方案设计阶段获得结构的布局形式,即在给定载荷边界条件和最大材料用量条件下,获得材料在设计空间内的最佳分布形式或最有效的传力路径。目前比较成熟的连续体拓扑优化主要为以下两类问题。

1) 刚度最大化(柔顺度最小化)问题

拓扑优化通常以结构的整体性能作为优化问题的目标函数,如结构的整体柔顺度。柔顺度越小,结构刚度越大,结构的整体变形也越小。以结构刚度最大为目标的拓扑优化问题通常定义为

$$\text{find} \quad \boldsymbol{\eta} = (\eta_1, \eta_2, \cdots, \eta_i, \cdots, \eta_{n_d}), \quad 0 < \eta_i \leqslant 1, i = 1, 2, \cdots, n_d$$

$$\min \quad C = \frac{1}{2}\boldsymbol{u}^{\mathrm{T}}\boldsymbol{K}\boldsymbol{u} \tag{2-1}$$

$$\text{s. t.} \quad \begin{cases} \boldsymbol{f} + \boldsymbol{G} = \boldsymbol{K}\boldsymbol{u} \\ V \leqslant V_{(\mathrm{U})} \end{cases}$$

式中:η_i 为描述有限元单元 i 有无材料的伪密度变量,也是优化问题的设计变量,取值为 0 表示该单元无材料,取值为 1 表示该单元有材料;n_d 为设计变量数目,其数值通常等于设计空间所划分的有限元单元数目;优化问题的目标函数定义为结构的整体柔顺度 C,约束条件包括有限元结构分析的平衡方程和给定的材料体积约束;平衡方程中,$\boldsymbol{f}$ 和 $\boldsymbol{G}$ 分别表示机械载荷和惯性载荷对应的节点载荷向量;$\boldsymbol{K}$ 为结构的整体刚度矩阵;$\boldsymbol{u}$ 为节点位移向量;V 表示结构的实际使用的材料体积;$V_{(\mathrm{U})}$ 为约束上限。

拓扑优化中,优化目标和设计约束必须与设计变量建立关联。可利用微结构结合均匀化方法或材料插值模型,由于后者简单易用,目前已成为应用最广的方法。对以上刚度最大化问题,只需要建立材料杨氏模量的插值模型,最常用的 SIMP[5] 模型表示如下:

$$E_i = \eta_i^p E_0 \tag{2-2}$$

式中:E_0 为实体材料的杨氏模量。为了得到收敛至 0~1 的优化结果,需要 $p > 1$,通常取 $p = 3$。

值得注意的是考虑结构自身惯性力的情况。惯性力是在加速度作用下产生的与结构质量直接相关的一种体积力。根据加速度的形式不同,可分为两种:线性加速度产生的惯性过载(包括结构自重)和旋转角速度作用下产生的离心力。显然,惯性载荷与材料的有无直接相关,是典型的设计相关载荷,具有"没有材料则没有载荷"的特点。惯性载荷与材料密度有关,如果采用 SIMP 插值模型可能会导致弱材料单元刚度不足以支撑其自身的惯性载荷,优化结果边界不清晰、存在所谓寄生效应[21]。这一问题可通过改进材料插值模型予以解决,杨氏模量采用 RAMP 模型[8]或双参数惩罚模型[22]、密度采用线性插值。例如,采用 RAMP 模型:

$$E_i = \frac{\eta_i}{1 + p(1 - \eta_i)} E_0 \tag{2-3}$$

$$\rho_i = \eta_i \rho_0$$

式中：ρ_0 为实体材料的密度。

2) 固有频率最大化问题

工程设计中对结构动力学性能的要求通常是给定结构固有频率的范围，例如给定一阶固有频率下限，相应的拓扑优化即为固有频率最大化问题。由振动的动力学特征方程，最大化第 j 阶自然圆频率 $\omega_{(j)}$ 的拓扑优化问题可定义为

$$\text{find} \quad \boldsymbol{\eta} = (\eta_1, \eta_2, \cdots, \eta_i, \cdots, \eta_{n_d}), \quad 0 < \eta_i \leqslant 1, \ i = 1, 2, \cdots, n_d$$

$$\max \quad \omega_{(j)} \tag{2-4}$$

$$\text{s. t.} \quad \begin{cases} (\boldsymbol{K} - \omega_{(j)}^2 \boldsymbol{M}) \boldsymbol{u}_{(j)} = 0 \\ V \leqslant V_{(U)} \end{cases}$$

式中：$\boldsymbol{M}$ 为结构的整体质量矩阵；$\boldsymbol{u}_{(j)}$ 为第 j 阶模态相应的振型。

固有频率最大化问题中，当在孔洞区域内采用某种弱材料单元而不是直接去除这些单元时，材料插值模型必须保证不会出现局部模态问题。局部模态可通过改进材料插值模型予以消除，杨氏模量采用 RAMP 模型或双参数惩罚模型、密度采用线性插值。局部模态及上述解决方案的效果可用以下简单算例说明。正方形结构尺寸如图 2-2(a)所示，深色部分为实体材料，浅色部分为孔洞区域。当孔洞区域没有单元时，结构的 1 阶模态振型如图 2-2(b)所示，此时相应的 1 阶自然频率为 0.841 Hz。当孔洞区域采用 SIMP 插值模型时可能产生局部模态，如图 2-2(c)中深色实体部分基本不产生变形，而弱材料区域产生了明显的变形；此时计算得

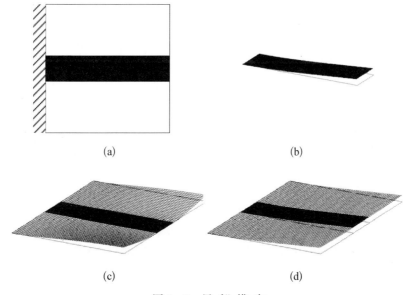

(a) (b)

(c) (d)

图 2-2 局 部 模 态

(a) 模型 (b) 真实结构振型 $f_{(1)} = 0.841$ Hz (c) 带弱材料结构振型（SIMP 模型）$f_{(1)} = 0.073$ Hz (d) 带弱材料结构振型（RAMP 模型）$f_{(1)} = 0.840$ Hz

到的 1 阶自然频率很小(0.073 Hz)。孔洞区域单元采用 RAMP 插值模型时,有限元分析得到的结构 1 阶模态如图 2-2(d)所示,实体部分的变形与图 2-1(b)非常相似;此时结构自然频率为 0.840 Hz,与图 2-1(b)相差无几。

上述结构拓扑布局设计在包括民用飞机在内的航空飞行器设计中已经得到了成功应用。基于密度法的拓扑优化设计通常只输出粗糙或概念性的材料布局方案,需要经过后处理,将锯齿状或不清晰的边界重构为具有光顺边界的 CAD 模型。一些学者提出了借助单元密度变量等值线实现自动化的光顺后处理技术[22,23],所得到的最终设计结果甚至优于非光顺的结果。然而,考虑到目前成熟的拓扑优化技术能够处理的工程设计要求仍然有限,工程应用尤其是复杂设计问题,人工干预进行光顺后处理仍然是有必要的。在拓扑优化设计结果的基础上,设计人员根据设计经验、参照工程设计标准,重构具备工程特征、可制造、便于装配的构件几何模型,这一设计工作可利用绝大部分现有 CAD 软件平台实现。重构构件几何模型后,通常还需要对构件进行形状和尺寸优化设计,进一步改善构件性能,尤其是拓扑优化中没有或难以考虑的设计要求,例如局部应力集中、屈曲、疲劳寿命等。

拓扑优化在航空航天飞行器设计中的应用研究可参考综述文章[24]。以下分别介绍拓扑优化方法在单一构件和部件整体布局设计中的典型成功案例。

2.2.2.1　零件的拓扑优化设计

空中客车公司的 A380 客机的整体翼肋结构采用了拓扑优化技术进行设计。图 2-3 给出了拓扑优化设计的结果和重构的几何模型。拓扑优化设计结果中,浅灰色表示有材料、深灰色表示无材料。对比可以发现,拓扑优化结果的重构充分考虑了制造性限制,浅灰色部分重构为直加强筋,而大面积深灰色区域重构为多边形形状的开孔并在转角处进行了倒角。

图 2-3　A380 翼肋拓扑优化结果与重构的几何模型[25]

除了对单一构件进行拓扑优化设计,也可以对一组构件同时进行拓扑优化设计。A380 机翼前缘翼肋采用拓扑优化和重构得到的设计方案如图 2-4 所示,该方案由结构形式各不相同的 13 个肋板组成。最终设计方案达到了对结构重量的设计要求并满足了所有的应力和屈曲标准,并通过了各种测试(包括凸缘的屈曲、疲劳和鸟撞等),为每一架 A380 飞机减重约 500 kg,减重效果达到了创纪录的 45%。

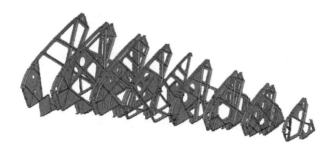

图 2-4　A380 前缘翼肋设计结果[25]

2.2.2.2　部件的拓扑优化设计

部件结构拓扑优化设计主要应用于概念设计阶段,其主要目的是获得部件的材料布局方案,对部件中各零件的形状细节、零件间的连接方式等暂不考虑。

发动机吊挂用于将发动机安装并连接在机翼上,是一种典型的部件结构。图 2-5(a)给出了一种典型的大型运输机吊挂拓扑优化的设计空间有限元模型和设计结果。吊挂与机翼有两处连接点,发动机有三个悬挂点。设计载荷主要为发动机推力及发动机过载的等效力,综合考虑两种不同工作状态的载荷工况,拓扑优化设计结果呈现出类桁架结构。SAMTECH 公司(现已被 Siemens 公司收购)为空客 A350 设计的发动机吊挂也是类似的结构布局形式[见图 2-5(b)]。不同的发动机吊挂得到了类似的、与传统结构形式截然不同的结构布局方案,这一结果并非偶然。吊挂自身过载与发动机推力和发动机过载相比可以忽略,因此吊挂承受的主

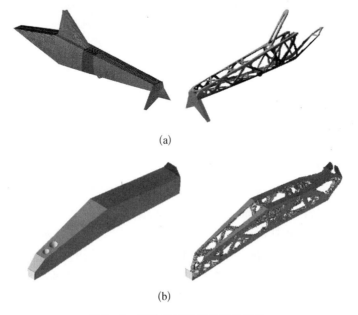

(a)

(b)

图 2-5　发动机吊挂拓扑优化设计

(a) 某大型运输机发动机吊挂拓扑优化设计　(b) A350 发动机吊挂拓扑优化设计[26]

要载荷可等效为作用在发动机悬挂点的集中力,而传递集中力最高效的传力路径就是类桁架结构。

空客 A350 后机身第 19 段连接垂直尾翼和水平尾翼,其设计是在 A330 的基础上进行改进。为了进一步减重并提高结构的性能,采用拓扑优化获得的布局方案抛弃了传统的框式结构,而是一种包含剪力墙和空间压杆的混合式结构(见图 2-6),同时减少了框的数目。这一方案相比 A330 整体减重达 20%,同时结构的应力水平也明显降低。

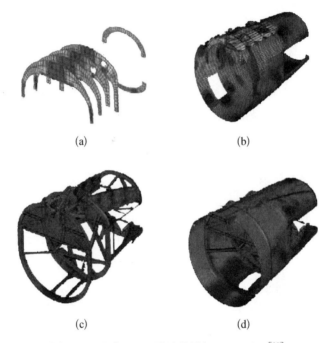

(a)　　　　　　　　　　(b)

(c)　　　　　　　　　　(d)

图 2-6　空客 A350 设计结果与 A330 对比[27]

(a) A330 框的应力分布　(b) A330 蒙皮的应力分布　(c) A350 框的应力分布
(d) A350 蒙皮的应力分布

2.2.3　加筋结构拓扑布局设计

加筋结构是飞机结构的典型布局形式,与标准的结构拓扑优化设计相比,加筋结构布局设计有其自身特点和难点。首先,加强筋通常是为了防止薄壁结构屈曲,而屈曲问题在连续体拓扑优化虽然有一些研究成果[28],但尚未完全解决,距离工程应用还有一定距离。其次,加筋结构设计中需要考虑结构的可制造性,因而在拓扑优化问题定义中必须额外增加制造性约束,如类似铸造工艺的拔模约束。这些原因使得加筋结构布局设计成为一类与标准拓扑优化不同的布局设计问题。

在标准拓扑优化设计中,拓扑优化结果往往也会处理成为加筋结构(见图 2-3),但这一方法通常只适用于相对厚度较小的构件优化设计。例如,拓扑优化中设计域构造为板壳结构,并未直接体现加强筋这一结构形式;在重构过程中,设计人员参照标准拓扑优化设计结果、根据设计经验将有材料部分重构为加强筋。

然而,构件厚度相对较大时,不能采用以上简化模式,必须将设计空间构造为三维实体,同时考虑可制造性,增加拔模约束实现加筋结构设计。

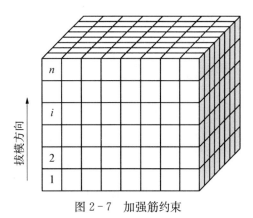

图 2-7 加强筋约束

三维连续体拓扑优化中,拔模约束可以通过对给定方向上每列单元设计变量的相对大小关系加以描述,具体可分为两类。第一类,等高度加强筋,沿拔模方向每列单元设计变量相等。如图 2-7 所示,等高度加强筋拔模约束可表示为

$$\eta_1 = \eta_2 = \cdots = \eta_i = \cdots = \eta_n \qquad (2-5)$$

为简化优化问题,可直接令每一列单元共用同一设计变量。第二类,变高度加强筋,每列单元设计变量必须沿拔模方向依次递减,保证加强筋上不会出现孔洞,其数学描述为[17]

$$\eta_1 \geqslant \eta_2 \geqslant \cdots \geqslant \eta_i \geqslant \cdots \geqslant \eta_n \qquad (2-6)$$

这一约束显然会在优化问题中引入大量约束,使优化求解效率低下。目前已有多种技术方案能够间接实现变高度加强筋的控制[29,30]。

图 2-8 给出了多工况作用下发动机喷管调节片加筋布局优化设计结果。

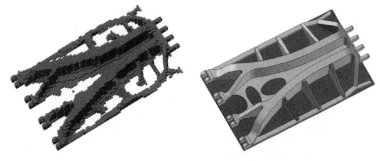

图 2-8 发动机喷管调节片加筋布局优化设计[30]

Fairchild Dornier 728 飞机舱门支撑臂(见图 2-9)最初设计是综合舱门锁定、紧急开门等多个工况给出的最大刚度方案;采用拓扑优化技术,同时考虑结构的可制造性,获得了加筋结构形式。与传统的、规则的加筋设计相比,新设计方案在没有降低结构刚度的基础上减重 20%,开发周期从原来的三个月缩短到三个星期。

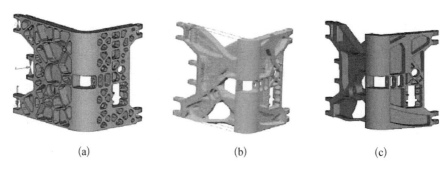

（a）　　　　　　　　　　（b）　　　　　　　　　　（c）

图 2-9　舱门支撑臂的设计优化[31]

（a）支撑臂初始设计　（b）拓扑优化设计结果　（c）最终设计方案

2.3　拓扑优化技术最新发展

拓扑优化研究涵盖了机械和飞行器设计中的各类问题,但技术完善、达到商业化应用的方法仍然比较有限。目前商业应用的成功案例主要是承受静力载荷、尤其是等效为集中力结构的设计。本节着重介绍几种与飞机设计密切相关、发展迅速、有望在不远的将来广泛进入工程应用的拓扑优化问题的最新发展。

2.3.1　考虑静强度的拓扑优化设计

强度设计在拓扑优化中通常表述为应力约束,即进行有限元离散后,每一个设计域单元的 Von Mises 应力不超过许用应力:

$$\sigma_i^{\mathrm{VM}} \leqslant \bar{\sigma}, \quad i = 1, 2, \cdots, n_{\mathrm{d}} \qquad (2-7)$$

基于密度法的连续体拓扑优化方法,应力约束的处理存在两个主要困难:设计域应力的奇异性和应力的局部性。

所谓的"奇异性",数学上是指优化问题的可行域包含多个低维退化子区域(即奇异区域),而全局最优解往往刚好位于这些退化的子可行域中。应力优化奇异现象最早由 Sved 和 Ginos 在研究多工况应力约束下桁架结构设计时发现[32],而同样的问题也存在于一般连续体结构的拓扑优化中。在力学中,应力的奇异性可理解为当结构的材料被去除时(即单元密度趋于 0),局部应力仍为大于 0 的有限值。奇异性导致数学规划算法无法进入奇异区域,从而难以找到全局最优解,各种局部解也依赖于设计变量的初始值。针对应力奇异问题,研究者提出了多种不同的解决方案,详细讨论可参考文献[33,34]。

"局部性"是指应力属于局部量,进行有限元离散后,设计域单元的应力在优化过程中依附于每一个单元,与单元的形状、位置、材料以及周围单元的材料分布等相关。实际优化中若逐一考虑每个单元的应力约束,将导致优化问题的约束数目过于庞大,从而灵敏度计算和优化求解都极其耗时。解决这一问题目前主要有两种方法。其一,将大量局部应力凝聚为单一的全局化应力约束。这一思路目前应用最广泛的模型为 P 范数[35]和 KS 函数方法[36]。其二,利用主动约束集削减局部应力约束数目,即主动应力约束方法。该方法在每步迭代中筛选应力数值等于(即该单元应力约束为主动约束)或接近其上限的单元,优化问题中只包含这些单元的应力约束而忽略其他距离约束上限较远的应力约束。

此外,应力约束(包括凝聚后的全局化应力约束)通常具有高度非线性特征,现有梯度驱动优化算法可能失效或迭代产生振荡、难以收敛。在实际应用中,也可将全局应力最小作为优化目标。

平面 L 梁结构是强度设计拓扑优化方法的典型测试算例,如图 2-10 所示。刚度最大拓扑优化设计结果在 L 梁内拐角处存在明显的直角,必然存在应力集中。应力最小拓扑优化设计结果在 L 梁内拐角处材料分布发生了显著变化、没有了尖角,同时最大应力下降了 43%。

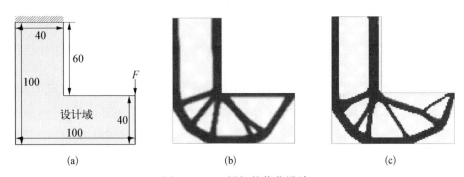

图 2-10　L 梁拓扑优化设计
(a) L 梁模型　(b) 刚度最大优化结果　(c) 应力最小优化结果

2.3.2　热力耦合结构拓扑优化设计

工业装备通常工作在复杂的多场条件下,如力场、温度场、电磁场、流场等,多场耦合或多种不同类型载荷共同作用给结构优化设计提出了更高的要求和挑战。热力耦合(即考虑温度场产生的热应力)是一种最常见的多场耦合问题,例如工作在高温环境中的航空发动机结构,热应力是影响其结构刚度、强度和寿命的最重要因素之一。

目前,热力耦合结构分析模型主要有三类,即热弹性模型、本构耦合模型和运动耦合模型。其中后两种模型同时考虑热载荷和机械载荷响应的相互影响,即温度场变化使结构内部产生热应力,从而影响结构的力学响应,结构在机械载荷作用下产生的变形同样会对温度场分布产生影响。因此,这两种模型也称为双向强耦合模型。比较而言,热弹性模型仅考虑温度场产生的热应力对力学响应的影响,因此属于单向的弱耦合模型。强耦合模型更接近实际,但耦合关系复杂,处理困难;弱耦合模型虽然存在一定的近似简化但分析过程简单,便于进行优化设计。

热应力载荷是典型的设计相关载荷,具有"没有材料就没有载荷"的特点。与惯性载荷类似,可采用 RAMP 或双参数惩罚建立材料插值模型。一般的拓扑优化问题只涉及材料的杨氏模量这一种固有属性,而热力耦合问题至少同时包含了热膨胀系数和杨氏模量两种材料属性,如果在优化迭代中考虑温度场的更新还必须考虑热传导系数。为了建立更直观的热应力载荷与设计变量的数学描述,可引入热应力系数并建立其插值模型[37]。热力耦合问题中,采用 RAMP 模型建立的杨氏模量和线性热应力系数插值模型可表示为

$$E_i = \frac{\eta_i}{1+p(1-\eta_i)}E_0 \qquad (2-8)$$
$$\beta_i = \eta_i\beta_0$$

式中:β_0 为实体材料的热应力系数,定义为材料杨氏模量与热膨胀系数之积($\beta_0 = E_0\alpha_0$)。

传统的纯机械载荷问题中,柔顺度与结构整体弹性应变能是完全等价的;热力耦合问题中,两者存在显著不同,以弹性应变能为目标函数得到的拓扑优化结果类似全局应力最小的设计结果[38]。

发动机喷管调节环工作在高温环境中,其拓扑优化是典型的热力耦合问题。如图 2-11(a)所示,调节环是典型的循环对称结构,具有 15 对耳片,因此整个结构划分为 15 个单胞。考虑 4 种载荷工况,调节环单胞拓扑优化设计结果如图 2-11所示。显然,温度场(即热应力载荷)对优化构型具有显著影响。

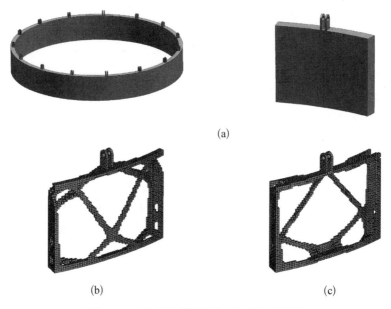

(a)

(b)　　　　　　　　　　　　(c)

图 2-11　发动机喷管调节环拓扑优化设计

(a) 模型　(b) 拓扑优化结果(不考虑温度场)　(c) 拓扑优化结果(考虑温度场)

2.3.3　考虑动力学响应的结构拓扑优化设计

动力学优化设计前期研究大多通过尺寸优化、形状优化方法对结构的固有频率进行优化设计。在拓扑优化设计方法提出以后，关于动力学拓扑优化问题的研究主要集中于两个方面。其一，结构动力特性优化问题，以固有频率最大化问题为代表，此类问题技术比较成熟。其二，动力学响应优化问题。事实上，对结构动力特性优化的最终目的仍然是保证结构响应满足设计要求，因此可以看作是动响应的间接优化方法。

动力学激励可分为确定性振动和随机振动两大类。确定性振动指运动时间历程可以用确定性函数来描述的振动，又可以分为周期振动和非周期振动。在周期性振动中简谐振动是非常常见的振动形式，一方面在装有发动机、电机、离心机等设备的旋转类机械上简谐振动广泛存在，另一方面简谐振动又是一种常用的试验载荷形式，常用来测试结构的振动性能。更广泛的周期性载荷可以通过傅里叶级数展开转换为一系列简谐激励之和，因此对简谐载荷的研究也可以看作是周期性载荷作用下结构优化设计问题的基础。随机振动则难以用确定性函数来描述，而是借助统计特性来描述。对于飞机来说，喷气噪声、大气湍流、附面层压力波动等都属于随机激励。

目前动力学响应优化问题研究主要包括简谐响应拓扑优化和随机响应拓扑优化两大类。与结构动力特性优化相比，动力响应的直接拓扑优化在工程中针对性更强，效果更加明显，但是也更为困难。首先，动力学响应的求解过程比动力特性求解更加复杂，灵敏度分析也更加困难，算法中必须兼顾精度与效率。其次，动力学响应函数的复杂性和非线性造成拓扑优化过程的稳定性和收敛性较差。以下分别介绍两类动力学拓扑优化问题最新研究进展。

2.3.3.1　考虑简谐响应的结构拓扑优化设计

简谐激励下结构拓扑优化目前大多研究经典阻尼结构在简谐力激励作用下的稳态整体变形（或称为动柔顺度）或关键点位移响应幅值最小化问题。这一问题相对简单，是研究动强度设计等更复杂问题的基础。考虑体积约束、简谐力作用下、以结构关键点位移幅值最小为目标的拓扑优化问题可定义为

$$\text{find}\quad \boldsymbol{\eta} = (\eta_1, \eta_2, \cdots, \eta_i, \cdots, \eta_{n_d}), \quad 0 < \eta_i \leqslant 1,\ i = 1, 2, \cdots, n_d$$

$$\min\quad \| x_s(t) \| \tag{2-9}$$

$$\text{s. t.}\quad \begin{cases} \boldsymbol{M}\ddot{\boldsymbol{x}}(t) + \boldsymbol{C}\dot{\boldsymbol{x}}(t) + \boldsymbol{K}\boldsymbol{x}(t) = \boldsymbol{f}(t) \\ V \leqslant V_{(U)} \end{cases}$$

式中：C 为结构的整体阻尼矩阵。

简谐力激励作用下的结构动力学运动方程可采用多种不同的方法求解。最常用的模态位移法在大规模拓扑优化问题中难以兼顾精度与效率，特别是在高频激励下误差较大，因此不建议用于结构拓扑优化设计[39]。

对单一频率激励问题,完全法是精确算法并且效率高,是动力学分析方法的最佳选择[39]。图 2-12 给出了一种典型结构在单一频率简谐激励作用下、以加载点位移幅值最小为目标的拓扑优化设计结果。

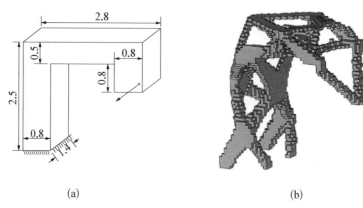

(a)　　　　　　　　　　　　　　(b)

图 2-12　单一频率简谐激励下支架结构拓扑优化设计[39]

(a) 模型　(b) 拓扑优化结果

频段激励问题在响应分析时必然需要对频段进行离散处理,需要在大量采样点处进行特定激励频率下的响应分析。完全法必须对每一个采样点进行一次单独的分析,效率低;模态加速度法作为模态位移法的一种改进,仅增加少量计算量却能大幅提高分析精度。因此,频段激励问题中建议采用模态加速度法进行响应分析[39]。当然,其他简谐分析方法如果能够兼顾分析精度与计算效率,也可以采用。图 2-13 给出了悬臂梁结构在不同频段简谐激励作用下、以加载点位移幅值最小为目标的拓扑优化设计结果。显然,激励频段范围对优化结果存在显著的影响。在低频简谐激励下,动响应拓扑优化设计结果与静力问题设计结果非常相似;如果涉及高频激励,动响应拓扑优化构型会产生明显变化,且与具体频段范围有关。

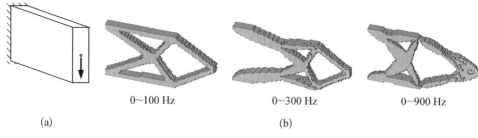

0～100 Hz　　　　　　　0～300 Hz　　　　　　　0～900 Hz

(a)　　　　　　　　　　　　　　(b)

图 2-13　频段简谐激励下结构拓扑优化设计[39]

(a) 模型　(b) 拓扑优化结果

2.3.3.2　考虑随机响应的结构拓扑优化设计

随机激励下结构拓扑优化问题相关研究非常有限,现有工作大多研究平稳随机激励作用下的结构随机响应拓扑优化问题。激励通常以功率谱密度形式描述,

响应大多选用关键点位移幅值,约束为材料体积。典型的随机激励下结构拓扑优化问题可定义为

$$\text{find} \quad \boldsymbol{\eta} = (\eta_1, \eta_2, \cdots, \eta_i, \cdots, \eta_{n_d}), \quad 0 < \eta_i \leqslant 1, \ i = 1, 2, \cdots, n_d$$

$$\min \quad \| x_s(t) \| \tag{2-10}$$

$$\text{s. t.} \quad \begin{cases} \boldsymbol{M}\ddot{x}(t) + \boldsymbol{C}\dot{x}(t) + \boldsymbol{K}x(t) = \boldsymbol{b}p(t) \\ V \leqslant V_{(U)} \end{cases}$$

式中:$p(t)$ 是作用在结构上的平稳随机激励向量,其功率谱密度可表示为 $\boldsymbol{S}_p(\omega)$;$\boldsymbol{B}$ 为转换矩阵,用于将随机激励向量转换为激励分布向量。

在随机响应拓扑优化问题研究中,完全二次结合法是最常用的随机响应分析方法。然而,由于其分析精度不足,常常造成优化迭代难以收敛,因此无法用于大规模工程设计问题。虚拟激励法[40]将随机激励作用下的位移功率谱密度的求解转换为虚拟简谐响应问题的求解,大大简化了随机响应的求解过程、提高了计算效率。同时,虚拟激励法是与完全二次结合法完全等价的表达形式,理论上没有精度损失。更重要的是,这一转换使得虚拟激励法能够进一步提高分析精度。同时,采用模态加速度法替换传统虚拟激励法中的模态位移法,能够在不增加模态分析阶数的条件下,大幅提高分析精度[41]。因此,虚拟位移法与模态加速度法的结合,能够同时保证分析精度和计算效率,使得大规模问题的随机响应拓扑优化成为可能[41]。

图 2-14 给出一种薄壁支架结构在随机激励下的拓扑优化设计结果。结构底面固定,下部方盒四壁为设计域,其他部分均为非设计域。考虑两种工况:其一,两立柱顶端分别作用 x 方向白噪声激励;其二,两立柱顶端分别作用 y 方向白噪声激励。在频段分别为 0～100 Hz 和 0～300 Hz 的随机白噪声激励作用下,以结构两加

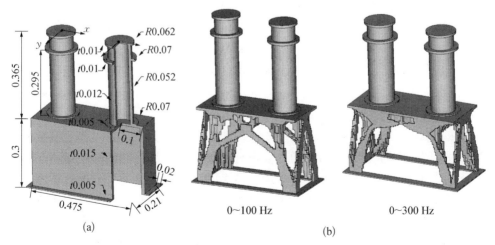

图 2-14 随机激励下结构拓扑优化设计

(a) 模型 (b) 拓扑优化结果

载点位移响应之和最小作为优化目标,拓扑优化结果如图 2-14 所示。

2.3.4　整体式多组件结构拓扑优化设计

飞行器结构系统中,各种功能元件、仪器设备组件等有效载荷(称为组件)通过合理的空间布局和支撑结构被固定在带有蒙皮的锥体、柱体等形状的空间内部。服役过程中,飞行器结构系统均承受着惯性载荷以及来自气动噪声、发动机的冲击、振动等复杂载荷。显然,组件的摆放和结构的构型两方面布局因素从根本上决定了系统的综合力学特性,为了保证飞行器的平衡与稳定性并避免设备或结构的损坏,需要对这两种布局问题进行合理优化设计。

上述两种布局问题引出了两类设计概念:一方面以组件的空间位置布局为设计对象,旨在满足系统的质量布局和紧凑性;另一方面以结构的拓扑构型为设计对象,旨在满足结构的刚度、强度和动力学性能。在现有的飞行器结构系统设计过程中,组件空间布局优化和结构拓扑优化串行开展,目前已取得了显著的成效。

然而,组件与结构之间存在着必然的耦合关系,进行整体式结构系统的协同布局优化设计是设计方法进一步发展的必然方向。这种新的整体式设计理念不仅体现在组件和结构的一体化安装,更体现在整个系统的承载、振动等力学性能的一体化设计,兼顾以上因素而进行的结构系统匹配设计就构成了协同布局优化技术。该模式从组件的几何空间布置以及支撑连接结构的构型形式两个基本层面协同,从机械承载和动力学环境两类工况考虑,改善结构刚度、强度、振动响应等设计指标,解决飞行器关键部件结构的快速优化设计问题。

与传统拓扑优化相比,组件与结构布局协同设计存在一些特殊的关键技术。首先,设计中各组件应当保证不会干涉或重叠,即必须有效控制组件干涉。对此,可采用有限包络圆方法近似描述组件外形,将几何干涉约束转化为包络圆圆心之间的距离约束,解决几何干涉问题[42];水平集方法可以非常方便地判断封闭曲线曲面的距离,因此也可以利用水平集方法描述组件、建立组件干涉约束的数学描述[43,44]。此外,组件与支撑结构的连接形式对载荷的传递具有显著的影响,因此连接形式在优化过程中应当有所体现,例如嵌入式可近似描述焊接[42]、多点约束可近似描述铆接和螺栓连接[45]。

在一箭多星航天器结构设计中,每个卫星往往被视为一个组件,各个卫星组件在舱内按照一定的规则排布,并通过多星分配器或者多星发射装置连接到火箭箭体上。以多星分配器结构设计为例,为了最大限度地减轻卫星与火箭的动力耦合作用,需要提高系统的固有频率,从而保证航天器结构稳定性与可靠性。在卫星数目、卫星内部结构形式已经确定的情况下,如何设计卫星安装位置和多星分配器的结构形式,将是提高结构固有频率的关键。以如图 2-15(a)所示的一箭四星系统为例,四颗卫星均属同一型号,单颗卫星的质量为 1 000 kg,体积为 $80\times80\times$

$100\ cm^3$,以一上三下的形式分布在卫星舱内。为了满足结构整体重心的要求,下面的三颗卫星分别分布在$0°$、$120°$和$-120°$方向,其位置沿径向可调。在拓扑优化有限元模型建立过程中,四颗卫星均使用集中质量模型进行简化,并通过刚性连接方式连接到四颗卫星支撑框上。下面的三颗卫星通过直接节点连接到拓扑优化设计域(实体圆台)上,而上面的一颗卫星则通过一段筒形的中心立柱连接到拓扑优化设计域上。为了改善结构的振动特性,优化的目标函数选为结构的前六阶特征值倒数的加权之和,这样通过最小化目标函数,可以有效地提高整体结构的自振频率。优化约束为体积分数约束,即拓扑设计域的30%。拓扑优化的设计结果如图2-15(b)所示,结构布局呈现出清晰的支撑框架,下方三颗卫星也寻找到合适的径向位置。经过重构及形状、尺寸优化设计的最终方案如图2-15(c)所示。

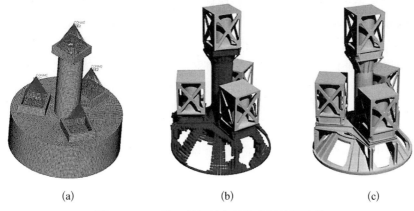

(a)   (b)   (c)

图 2-15   一箭四星组件与结构布局协同优化

(a) 有限元模型   (b) 组件与结构布局协同优化结果   (c) 最终设计方案

在优化结果中,结构最终的目标函数响应值比初始设计下降了41.7%,而结构的前六阶自振频率均有不同程度的提升,其中第一阶自振频率从$21.8\ Hz$提升到$35.5\ Hz$,显示了整体布局优化在改善结构振动特性方面的优势。

2.3.5 多相材料结构拓扑优化设计

随着增材制造技术的发展,多材料复合结构逐步走向工程应用。2014年NASA公开报道了一种利用增材制造加工的两相金属材料零件[46]。因此,多种金属复合结构的增材制造为多相材料拓扑优化的工程化奠定了基础。除了金属多材料结构外,复合材料结构尤其是纤维增强材料结构也可以转化为多相材料拓扑优化设计问题[47],其基本思路为:将不同铺层角的复合材料作为独立的虚拟各向异性材料,其材料属性可通过铺层角和坐标变换计算得到;建立虚拟多相材料拓扑优化问题,即可实现结构宏观布局和纤维铺层角的协同优化设计。这一思路甚至可以将不同纤维、不同基体的复合材料同时设计。但这一方法目前在制造性约束、细观失效等方面还存在一些问题有待进一步深入研究。

与单相材料拓扑优化问题相比,多相材料问题的核心在于建立有效的插值模型。多相材料插值模型通常表示为可用材料属性的加权和并且加权系数需要满足一定限制条件:

$$c_i = \sum_{j=1}^{m} w_{ij} c_i^{(j)}$$

$$0 \leqslant w_{ij} \leqslant 1$$

$$\sum_{j=1}^{m} w_{ij} \leqslant 1 \qquad\qquad (2-11)$$

$$w_{i\xi} = 0 (\xi \neq j), \quad w_{ij} = 1$$

式中:$c^{(j)}$ 表示第 j 相材料的某种材料属性;c_i 为单元 i 的材料属性。这些限制条件保证在收敛后每个单元中只可能有一种材料被选用。目前主要的多相材料插值模型有 DMO 类模型[47] 和 SFP/BCP 模型[48,49]。

多相材料拓扑优化问题中材料用量约束是需要特别说明的问题。对单相材料问题,控制材料重量和体积完全等价;但多相材料问题中,各相材料密度可能并不相同,控制每相材料的体积并不符合工程要求,控制整个结构的重量更为合理[50]。

目前,多相材料拓扑优化已涵盖了多种不同的设计问题,如热力耦合的刚度最大化问题(见图 2-16)、动力学响应问题(见图 2-17)、复合材料结构设计问题等(见图 2-18)。

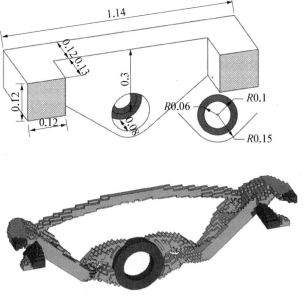

图 2-16　两相材料结构热力耦合拓扑优化设计[51]
(深灰色表示钢,浅灰色表示钛合金)

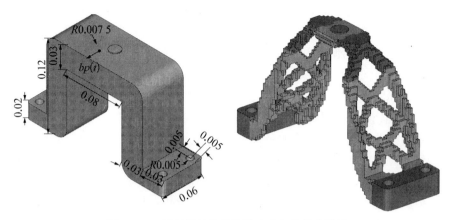

图 2-17 两相材料结构简谐响应拓扑优化设计

（深灰色表示钛合金，浅灰色表示铝合金）

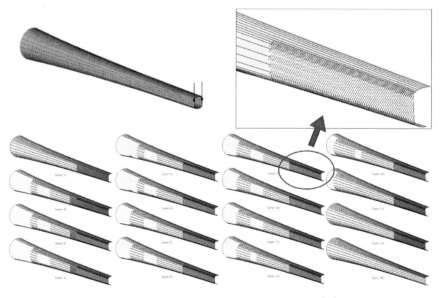

图 2-18 复合材料叶片主轴结构优化设计[47]

2.3.6 考虑特殊工程要求的结构拓扑优化设计

以上简要介绍了部分通用的拓扑优化设计问题。然而在飞机设计中还存在一些特殊的设计要求，对这些问题的研究能够为飞机设计提供一些新的思路和方法。以下介绍两类特殊设计问题。

2.3.6.1 考虑钉载约束的结构拓扑优化设计

机械连接是飞行器结构中的主要连接形式和载荷传递途径。大量重要的承力构件均通过螺栓、铆钉等紧固件与其他结构相连接。含多个紧固件的连接结构是高度超静定问题，每个连接件所传递的内力不仅与紧固件本身参数有关，而且还与被连接结构的局部刚度有关,这就使紧固件连接问题变得非常复杂。通常,飞机机翼承受着很大的翼面载荷,导致翼面连接件载荷较大。特别是在翼梁根部附近,由于蒙皮与翼梁结构件刚度差异大,在连接件中产生较大的剪切载荷,可能引发连接件失效。此时,传统设计模式通常需要优化布置连接位置,或者采用数目更多、更强的紧固件并同时增加连接附近结构的尺寸。这一措施虽然可以保证结构强度和连接强度,但也增加了结构冗余重量,不利于结构承载性能的发挥。

在现有拓扑优化设计工作的基础上,将铆钉内部的钉载作为设计约束,能够合理分配结构件刚度和传力路径,在保证结构刚度设计和满足轻量化要求的同时,能有效降低连接载荷,从而达到结构性能设计和避免连接失效的双重设计效果[52]。

在钉载仿真计算中,可以选用三维实体单元或一维单元来进行连接件建模。虽然三维单元能够较为准确地预测连接结构力学性能和行为,但其中包含大量的非线性计算,效率低,难以进行优化设计。采用弹簧单元模拟连接结构,虽然计算效率高,但弹簧单元节点仅有一个自由度,无法传递弯矩和扭转。与实体单元和弹簧单元相比,梁单元节点具有六个方向自由度,能较好模拟剪切载荷和弯矩,并且具有合适的建模和计算效率。因此,选取梁单元模拟连接件。

在以结构整体刚度为设计目标、材料用量为约束的拓扑优化问题中引入连接件上的剪切载荷作为设计约束,相应的优化问题可以表述为

$$\text{find} \quad \boldsymbol{\eta} = (\eta_1, \eta_2, \cdots, \eta_i, \cdots, \eta_{n_d}), \quad 0 < \eta_i \leqslant 1, \ i = 1, 2, \cdots, n_d$$

$$\min \quad C = \frac{1}{2}(\boldsymbol{f} + \boldsymbol{G})^{\mathrm{T}}\boldsymbol{u} \tag{2-12}$$

$$\text{s. t.} \quad \begin{cases} \boldsymbol{f} + \boldsymbol{G} = \boldsymbol{K}\boldsymbol{u} \\ F_j \leqslant F_0, \quad j = 1, 2, \cdots, m \\ V \leqslant V_{(\mathrm{U})} \end{cases}$$

式中:F_j 是第 j 个连接件上切向载荷,F_0 是钉载约束上限;V 是结构总体积,V_0 是体积上限。

图 2-19(a)展示了一种与飞机加强框连接的翼梁结构,简化的载荷与边界条件参照图 2-19(b)。设计域为机翼梁腹板结构。框结构在框平面内左右对称,利用对称性,模型取对称面一侧半框结构。梁与框通过耳片和两个螺栓相连,传递弯矩和剪力。模型主要考虑主梁接头处的载荷分布情况,因此主梁梁体只选取了一段,并进行了简化。主梁根部所承受的载荷以等效的原则施加在主梁的自由端。由机翼传来的载荷主要有竖直方向载荷和面内弯矩,弯矩在机翼根部转化为接头耳片的拉压力并由螺栓传递给加强框,上耳片受压,下耳片受拉。主梁上下面覆有蒙皮,梁上下缘分别通过两列连接件与蒙皮连接。有无钉载约束的翼梁结构拓扑优化结果及相应的连接载荷如图 2-19 所示。显然,有无钉载约束对腹板材料布局

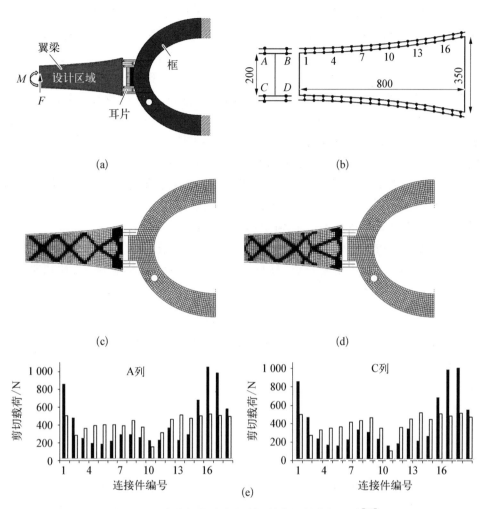

图 2-19 考虑钉载约束的翼梁结构拓扑优化设计[52]

（a）翼梁结构 （b）主梁结构 （c）无钉载约束的翼梁结构材料布局 （d）有钉载约束的翼梁结构材料布局 （e）有钉载约束设计结果的连接载荷对比

具有显著影响。加入钉载约束，连接件上的载荷显著减小，分布也更加均匀。

2.3.6.2 考虑局部保形的结构拓扑优化设计

在飞行器结构设计和装配过程中，部件间的相对变形、局部弹性变形如果不能严格受到控制，将会导致结构变形不协调，发生局部翘曲变形现象。因此，为防止局部结构失效、改善设备安装和机体结构装配准确协调性，如何抑制结构在外载作用下的翘曲变形这一问题需要在结构设计过程中重点考虑。在拓扑优化设计过程中引入位移约束，可以实现对结构变形的控制。但是此类设计大多采用单点或多点位移的大小约束定义，这些位移约束难以简单定量地描述结构的翘曲变形并控制其变形行为。

上述翘曲变形抑制问题可以归纳为一类多点位移协调约束问题,称为多点保形问题。与已有位移约束不同,多点保形并不关注单点或多点的位移大小,而需要重点衡量多点间相对位置的变化程度和变形协调问题。

结构设计域内,需要进行保形设计的一个或多个局部区域,可能是孔洞区域或者实体区域甚至是两者混合的区域(如元器件、设备等)。在载荷作用下,保形区域会发生翘曲变形,而多点保形则体现在这些保形区域内多个控制点的位移协调。需要指出的是,当多点保形的控制点包括了保形区域内全部节点时,多点保形就简化为区域整体保形。因此,区域整体保形事实上是多点保形的特殊情形,但是在很多基于点定位的结构安装、连接、装配情形下,多点保形在约束结构变形行为方面比区域整体保形更加灵活。另外,当保形控制点包括整个结构的所有节点时,多点保形将最终退化为常规的结构整体刚度设计问题。

以下给出一种多点保形的数学描述方法[53]。结构上某局部区域 Ω 在载荷作用下的变形表述为区域内上节点位移向量 $\boldsymbol{u}_\Omega$,其中包含了刚体位移 $\boldsymbol{u}_{\Omega R}$ 和翘曲变形 $\boldsymbol{u}_{\Omega W}$ 两部分,具体表述为

$$\boldsymbol{u}_\Omega = \boldsymbol{u}_{\Omega R} + \boldsymbol{u}_{\Omega W} \tag{2-13}$$

发生刚体位移时结构不存在弹性变形,因此在保形设计过程中着重考虑对结构的翘曲变形进行限制,达到变形协调的效果。针对这一特征,可利用区域的变形能对其翘曲变形程度进行定量描述。考虑到刚体位移不产生变形能,因此翘曲变形程度可表示为

$$C_\Omega = \frac{1}{2}\boldsymbol{u}_{\Omega W}^{\mathrm{T}}\boldsymbol{K}_\Omega\boldsymbol{u}_{\Omega W} \tag{2-14}$$

理论上,完美的保形效果是结构自身不发生任何弹性翘曲变形,仅产生刚体位移,此时该区域变形能值为零。考虑到实际工程结构无法获得理想设计效果,可给定一个大于零的较小上界 ε 来表征结构的翘曲变形程度。结构受载变形后,变形能值满足下式时,认为该区域的翘曲变形在允许范围内,具有较好的保形效果。

$$C_\Omega \leqslant \varepsilon \tag{2-15}$$

对多点保形约束问题,可引入仅与保形区域结构外形相关的人工附加弱单元(artificial weak elements, AWE)来处理。AWE 附加在原结构上,其节点依据结构保形控制点而生成,并与保形控制点自由度相互耦合。在优化设计过程中通过计算该多点组成的 AWE 单元变形能,可以衡量多点间的翘曲变形和位移协调程度。在定义 AWE 的材料属性过程中,考虑到保形约束仅需得到其变形能 C_{AWE},因此仅需定义 AWE 的弹性模量和泊松比。而为了保证附加 AWE 后,对于原有结构的力学性能的影响可忽略,AWE 的刚度必须相对较弱。

考虑多点保形约束的结构拓扑优化问题表达式可以定义如下:

$$\text{find} \quad \boldsymbol{\eta} = (\eta_1, \eta_2, \cdots, \eta_i, \cdots, \eta_{n_d}), \quad 0 < \eta_i \leqslant 1, i = 1, 2, \cdots, n_d$$

$$\min \quad C = \frac{1}{2}(\boldsymbol{f} + \boldsymbol{G})^{\mathrm{T}}\boldsymbol{u} \qquad (2-16)$$

$$\text{s. t.} \quad \begin{cases} \boldsymbol{f} + \boldsymbol{G} = \boldsymbol{K}\boldsymbol{u} \\ C_{\mathrm{AWE}} \leqslant \varepsilon \\ V \leqslant V_{(\mathrm{U})} \end{cases}$$

前机身舱段后侧与机身中段连接,整体受到气动载荷作用。此处通常需要考虑前风挡玻璃的翘曲变形问题,以保证机身受载条件下不会导致风挡玻璃的破碎。建立包含风挡每条边上节点作为保形控制点的 AWE,将前机身结构布局作为拓扑优化设计对象,分别采用传统仅考虑整体刚度最大化的拓扑优化和带有风挡多点保形约束的拓扑优化,设计结果如图 2-20(a)、(b)所示。对比两种材料布局,可以看到在保形优化结果中,同等材料用量下前挡四周的材料明显加强,局部刚度得到明显提高,以保证主要受力的迎风面具有较小的翘曲变形;而在受力情况较弱的前挡尾部与机身连接处,保形优化改变了结构传力路径,避免风挡处承受较大载荷。相比传统单一的刚度拓扑优化设计,保形优化结果虽然在前机身整体刚度上有一定的损失(约5%),但风挡的保形效果有 4 倍以上的提升,保证了保形区域的变形协调性。

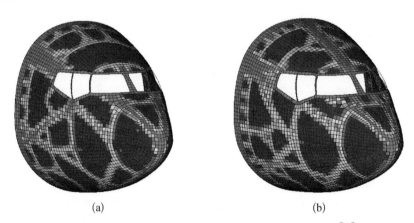

(a)   (b)

图 2-20 前机身舱段前风挡的局部保形拓扑优化设计[53]

(a) 无保形机身蒙皮加强筋的材料布局   (b) 有保形机身蒙皮加强筋的材料布局

参考文献

[1] Michell A. The limits of economy of materials in frame structures[J]. Philosophical

Magazine, 1904, 8(47): 589 - 597.

[2] Dorn W, Gomory R, Greenberg M. Automatic design of optimal structures[J]. Jounral de mecanique, 1964, 3: 25 - 52.

[3] Deaton J, Grandhi R. A survey of structural and multidisciplinary continuum topology optimization: Post 2000[J]. Struct Multidisc Optim, 2014, 49(1): 1 - 38.

[4] Sigmund O, Maute K. Topology optimization approaches: A comparative review[J]. Struct Multidisc Optim, 2013, 48(6): 1031 - 1055.

[5] Bendsøe M P. Optimal shape design as a material distribution problem[J]. Struct Multidisc Optim, 1989, 1(4): 193 - 202.

[6] Rozvany GIN, Zhou M, Birker T. Generalized shape optimization without homogenization [J]. Struct Optim, 1992, 4(3 - 4): 250 - 252.

[7] Xie Y, Steven G P. A simple evolutionary procedure for structural optimization[J]. Comput Struct, 1993, 49(5): 885 - 896.

[8] 杨德庆,刘正兴,隋允康. 连续体结构拓扑优化设计的 ICM 方法[J]. 上海交通大学学报, 1999, 33(6): 734 - 736.

[9] Bendsøe M P, Kikuchi N. Generating optimal topologies in structural design using a homogenization method[J]. Comput Methods Appl Mech Eng, 1988, 71(2): 197 - 224.

[10] Rietz A. Sufficiency of a finite exponent in SIMP (power law) methods[J]. Struct Multidisc Optim, 2001, 21(2): 159 - 163.

[11] Sigmund O. On the design of compliant mechanisms using topology optimization[J]. Mech Struct Mach, 1997, 25(4): 493 - 524.

[12] Bourdin B. Filters in topology optimization[J]. Int J Numer Methods Eng, 2001, 50(9): 2143 - 2158.

[13] Haber R B, Jog C S, Bendsøe M P. A new approach to variable-topology shape design using a constraint on perimeter[J]. Struct Multidisc Optim, 1996, 11(1): 1 - 12.

[14] Sethian J A, Wiegmann A. Structural boundary design via level set and immersed interface methods[J]. J Comput Phys, 2000, 163(2): 489 - 528.

[15] Wang M Y, Wang X, Guo D. A level set method for structural topology optimization[J]. Comput Methods Appl Mech Eng, 2003, 192(1 - 2): 227 - 246.

[16] Wang M Y, Zhou S. Phase field: A variational method for structural topology optimization [J]. Comput Model Eng Sci, 2004, 6(6): 547 - 566.

[17] Zhou M, Fleury R, Shyy Y - K, et al. Progress in topology optimization with manufacturing constraints[S]. AIAA - 2002 - 4901.

[18] Bruyneel M, Beghin C, Craveur G, et al. Stacking sequence optimization for constant stiffness laminates based on a continuous optimization approach[J]. Struct Multidisc Optim, 2012, 46(6): 783 - 794.

[19] Kennedy G, Martins JRA. A laminate parametrization technique for discrete ply-angle problems with manufacturing constraints[J]. Struct Multidisc Optim, 2013, 48(2): 379 - 393.

[20] Tomlin M, Meyer J. Topology optimization of an additive layer manufactured (ALM) aerospace part[C]. The 7th Altair CAE Technology Conference, UK, May 10, 2011.

[21] Bruyneel M, Duysinx P. Note on topology optimization of continuum structures including

self-weight[J]. Struct Multidisc Optim, 2005, 29(4): 245 - 256.

[22] Sigmund O. Morphology-based black and white filters for topology optimization[J]. Struct Multidisc Optim, 2007, 33(4 - 5): 401 - 424.

[23] Bendsøe M P, Sigmund O. Topology Optimization: Theory, Methods and Applications [M]. Springer-Verlag Telos, 2003: 271.

[24] Zhu J H, Zhang W H, Xia L. Topology optimization in aircraft and aerospace structures design[J]. Arch Comput Method E, 2015: 1 - 28.

[25] Krog L, Tucker A, Rollema G. Application of topology, sizing and shape optimization methods to optimal design of aircraft components[R]. Bristol: Altair Engineering, 2011.

[26] Remouchamps A, Bruyneel M, Fleury C, et al. Application of a bi-level scheme including topology optimization to the design of an aircraft pylon[J]. Struct Multidisc Optim, 2011, 44(6): 739 - 750.

[27] Altair. Optimizing aircraft structures. Secondary Optimizing aircraft structures[R/OL]. http: //www. altair. com. cn/ResLibDownload. aspx? file_id = 103&from_page = %2fResourceLibrary. aspx%3fcategory%3dCase%2bStudies%23191.

[28] Buhl T, Pedersen C B W, Sigmund O. Stiffness design of geometrically nonlinear structures using topology optimization [J]. Struct Multidisc Optim, 2000, 19 (2): 93 - 104.

[29] Gea H C, Luo J. Automated optimal stiffener pattern design[J]. Mech Struct Mach, 1999, 27(3): 275 - 292.

[30] Zhu J H, Gu X, Zhang W H, et al. Structural design of aircraft skin stretch-forming die using topology optimization[J]. J Comput Appl Math, 2013, 246(0): 278 - 288.

[31] Altair. 仿真流程化的飞机舱门研发 [R/OL]. http: //www. altair. com. cn/ ResLibDownload. aspx? file_id = 816&from_page = %2fResourceLibrary. aspx% 3fcategory%3dCase%2bStudies%232150.

[32] Sved G, Ginos Z. Structural optimization under multiple loading[J]. Int J Mech Sci, 1968, 10(10): 803 - 805.

[33] Cheng G D, Guo X. E-relaxed approach in structural topology optimization[J]. Struct Optim, 1997, 13(4): 258 - 266.

[34] Le C, Norato J, Bruns T, et al. Stress-based topology optimization for continua[J]. Struct Multidisc Optim, 2010, 41(4): 605 - 620.

[35] Duysinx P, Bendsøe M P. Topology optimization of continuum structures with local stress constraints[J]. Int J Numer Methods Eng, 1998, 43(8): 1453 - 1478.

[36] Yang R J, Chen C J. Stress-based topology optimization[J]. Struct Optim, 1996, 12(2 - 3): 98 - 105.

[37] Gao T, Zhang W H. Topology optimization involving thermo-elastic stress loads[J]. Struct Multidisc Optim, 2010, 42(5): 725 - 738.

[38] Zhang W, Yang J, Xu Y, et al. Topology optimization of thermoelastic structures: Mean compliance minimization or elastic strain energy minimization[J]. Struct Multidisc Optim, 2014, 49(3): 417 - 429.

[39] Liu H, Zhang W, Gao T. A comparative study of dynamic analysis methods for structural topology optimization under harmonic force excitations[J]. Struct Multidisc Optim, 2015,

51(6): 1321 - 1333.

[40] Lin J. A fast CQC algorithm of PSD matrices for random seismic responses[J]. Comput Struct, 1992, 44(3): 683 - 687.

[41] Zhang W H, Liu H, Gao T. Topology optimization of large-scale structures subjected to stationary random excitation: An efficient optimization procedure integrating pseudo excitation method and mode acceleration method[J]. Comput Struct, 2015, 158 (0): 61 - 70.

[42] Zhu J H, Zhang W H, Beckers P. Integrated layout design of multi-component system [J]. Int J Numer Methods Eng, 2009, 78(6): 631 - 651.

[43] Zhang J, Zhang W H, Zhu J H, et al. Integrated layout design of multi-component systems using XFEM and analytical sensitivity analysis[J]. Comput Methods Appl Mech Eng, 2012, 245 - 246: 75 - 89.

[44] Kang Z, Wang Y. Integrated topology optimization with embedded movable holes based on combined description by material density and level sets[J]. Comput Methods Appl Mech Eng, 2013, 255: 1 - 13.

[45] Zhu J H, Gao H H, Zhang W H, et al. A multi-point constraints based integrated layout and topology optimization design of multi-component systems[J]. Struct Multidisc Optim, 2015, 51(2): 397 - 407.

[46] Hofmann D C, Roberts S, Otis R, et al. Developing gradient metal alloys through radial deposition additive manufacturing[R]. Sci Rep, 2014, 4: 5357.

[47] Lund E, Stegmann J. On structural optimization of composite shell structures using a discrete constitutive parametrization[J]. Wind Energy, 2005, 8(1): 109 - 124.

[48] Gao T, Zhang W H, Duysinx P. A bi-value coding parameterization scheme for the discrete optimal orientation design of the composite laminate[J]. Int J Numer Methods Eng, 2012, 91(1): 98 - 114.

[49] Bruyneel M. SFP - A new parameterization based on shape functions for optimal material selection: Application to conventional composite plies[J]. Struct Multidisc Optim, 2011, 43(1): 17 - 27.

[50] Gao T, Zhang W H. A mass constraint formulation for structural topology optimization with multiphase materials[J]. Int J Numer Methods Eng, 2011, 88(8): 774 - 796.

[51] Gao T, Xu P, Zhang W H. Topology optimization of thermo-elastic structures with multiple materials under mass constraint[J]. Comput Struct, 2016, 173: 150 - 160.

[52] Zhu J H, Hou J, Zhang W H, et al. Structural topology optimization with constraints on multi-fastener joint loads[J]. Struct Multidisc Optim, 2014, 50(4): 561 - 571.

[53] Zhu J H, Li Y, Zhang W H & Hou J. Shape preserving design with structural topology optimization[J]. Struct Multidisc Optim, 2016, 53 (4): 893 - 906.

3　成形工艺数字化仿真技术

　　先进材料、工艺的开发及其在新产品中的应用，是美国等工业发达国家在全球竞争中占据显著优势的重要因素之一。21 世纪初美国率先提出集成计算材料工程（Integrated Computational Materials Engineering，ICME）的概念[1]，以推动材料研发及其成形制造技术的发展。ICME 把计算材料学和组织性能模型的最新成果与计算力学、计算传热学、数据库技术等集成起来，共同应用于材料成形制造的全过程，通过全息地反映材料微结构及其在成形制造中的演化，缩短从材料到产品的研发周期，降低研发费用，提升人们的认知能力。ICME 的概念一出现就引起了学术界和工业界的高度重视，形成了一个快速发展的新兴学科和充满潜力的技术领域。

　　在航空航天领域，美国波音公司（Boeing）将 ICME 成功应用于飞机的研发过程，将已经获得的验证分析工具与模拟设计优化结合起来，获得集成计算分析的解决方案[2]。利用 ICME，多种机体形状可以在数天内开发完成，研发效率大大提高。美国通用电气（GE）通过与工业伙伴密切合作，领导开展了一系列的 ICME 研发项目[3]。例如将 ICME 的设计理念成功应用于镍基高温合金 René 88 DT 涡轮盘的研发过程。研发过程中将涡轮盘力学性能和微观组织甚至上游热处理过程的模拟计算工具和模型通过反馈机制有机集成起来，优化涡轮盘的性能，有效缩短其研发时间并降低研发成本。欧洲也在 ICME 领域取得了重要进展。全球著名的航空发动机制造商、英国罗罗（Rolls-Royce，RR）公司与剑桥大学、帝国理工等高校合作，开发 ICME 技术应用于先进航空发动机涡轮盘制造全流程模拟[4]。通过建立集成计算模型模拟从铸锭制备直至热处理的微观组织演化及特征，提高了航空发动机关键部件的研发效率。

　　我国装备制造业的制造技术特别是成形制造技术薄弱，已严重影响制造强国的建设及自主创新能力的提高。例如，大飞机中航空发动机的涡轮盘和单晶叶片等关键零部件的成形制造技术与国外工业发达国家相比，仍存在阶段性差距。信息化、数字化是提高成形制造技术水平的重要手段，而数字化仿真则是数字化成形制造的核心技术，在先进制造技术领域占有举足轻重的地位。针对我国航空、航天、国防、能源、造船、汽车等基础及支柱产业的发展，将集成计算材料工程（ICME）应用在高端成形制造行业，是用信息化促进及提升我国成形制造行业的整体技术水平,特别是先进精确成形制造技术水平的重要举措。对于全面提升我国装备制造业的自主创新能力,解决产业发展中瓶颈技术制约,促进产业技术持续发展具有十分重要的实际意义。

数字化仿真技术是提高成形零部件质量的重要手段,并在金属成形领域得到广泛应用,已成为金属成形制造研究与开发不可缺少的关键环节,对于大型与复杂构件的近净成形成性过程研究与开发更是如此。美国、欧洲及日本等工业发达国家均把成形制造数字化仿真作为最优先资助和发展的领域,并已经将计算机模拟仿真大量应用于飞机、导弹等产品的设计和成形制造等研发过程,研究成形制造过程的数字化仿真技术,有效帮助实现成形制造零部件的成分设计及成形制造过程的优化控制,预测零件性能和使用寿命等。在金属成形领域,数字化仿真的研究工作已开始由建立在温度场、速度场、变形场基础上的旨在预测形状、尺寸、轮廓的宏观尺度模拟进入到以预测组织、结构、性能为目的的多尺度模拟仿真。

经过近三十年的发展,我国在成形制造数字化仿真方面,取得了巨大的进步[5]。特别是近一二十年来,我国成形制造数字化仿真技术不断向广度、深度发展,由以预测温度场、流场、应力场等过程物理量为目的的宏观尺度模拟发展到以预测组织、结构、性能为目的的微观尺度模拟,由单一尺度模拟发展到多尺度耦合模拟,由单一环节模拟发展到全过程集成模拟。

本章主要介绍数字化仿真技术在我国航空工业典型产品及其制造工艺中的应用情况。涉及的制造工艺包括铸造、塑性成形以及近年来的热点之一——增材制造。首先对各种工艺条件下的成形制造过程数字化仿真技术发展、软件开发及应用情况做一简单的介绍,然后对成形制造过程数字化仿真在典型航空零件及其工艺上的应用做比较具体的介绍,使读者能清晰地了解数字化仿真的有关理论模型、数值求解方法、计算结果分析、工艺优化等技术细节,为促进数字化仿真技术在航空工业的进一步应用和提高我国航空业制造技术水平奠定坚实的基础。

3.1　铸造工艺模拟仿真

3.1.1　引言

铸造过程数字化仿真技术建立在经典的凝固、传热、流动以及组织演化等理论研究的基础上,利用数值分析方法、数据库、计算机图形技术对铸件形成过程和微观组织进行模拟,并对铸件质量进行预测[6,7]。利用数字化仿真技术模拟分析凝固和微观组织形成过程,在计算机上形象地显示铸件的凝固传热、缺陷形成以及微观组织演化过程,可以有效帮助技术人员深入理解凝固过程,优化生产工艺,防止或减少铸造缺陷,提高铸件内部质量,而且可以缩短试制周期,降低生产费用,因此具有重要的理论意义和应用价值[8-10]。

早在 20 世纪 60 年代,国外就开展了凝固数值模拟研究,世界各国都投入了大量精力进行相关的研究,并取得了一定的成果。与国外相比,我国铸造工艺数字化仿真研究起步稍晚。清华大学在国内很早就开始了铸造工艺数值模拟研究,并将研究成果应用于工程实际生产中,取得了很大的社会效益。目前,国内从事数值模拟研究的单位还包括华中科技大学、西北工业大学、哈尔滨工业大学、大连理工大学等很多单位。

计算机数值模拟的核心是建立相关物理模型、数学方程,模拟液态金属流动、凝固、溶质分配、晶粒形核和生长的过程。由于实际物理模型所涉及的计算域为连续的,为了模拟液态金属的铸造成形过程,通常需要对计算域进行离散化处理。按照处理方法的不同,计算方法主要分为有限差分法(FDM)、有限元法(FEM)、边界元法(BEM)、有限体积法(FVM 等)。根据这几种不同的计算域离散方法,目前国内外主要的商品化软件如表 3-1 所示。

表 3-1 国内外主要铸造模拟软件[11]

软 件 名 称	国 别	算 法
AF Solid	美国	FEM
FIDAP	美国	FEM
Flow-3D	美国	FVM/FDM
Fluent	美国	FEM
RAPID-CAST	美国	FDM
ProCAST	法国(ESI)	FEM
SIMULOR	法国	FVM
MAGMA soft	德国	FDM/FEM
CAPS-3D	英国	FVM
LS-DYNA3D	英国	FEM
PHOENICS	英国	FVM
SolStar	英国	FVM
CALCOM	瑞士	FEM
NovaCAST	瑞典	FVM
华铸 CAE	中国	FDM
FT-Star	中国	FDM
CASTEM	法国	FDM
HICASS	日本	FDM
SOLIDA	日本	DFDM
Stefan	日本	FDM
Anycasting	韩国	FDM

3.1.2 数值模拟技术在航空发动机涡轮叶片上的应用

航空发动机是飞机的心脏,直接决定着飞机的性能。而涡轮叶片则是航空发动机中的关键零部件之一。随着人们对发动机推重比等性能的要求不断提高,对涡轮叶片也提出了越来越苛刻的要求[12,13]。目前,先进镍基高温合金单晶叶片工作温度已经达到1 100℃,发动机燃烧室涡轮前燃气温度已经达到1 800℃。

早期的涡轮叶片使用的都是变形高温合金,通过挤压、锻造的手段制造成形。20世纪60年代以后,随着熔模精密铸造技术的发展和合金成分的改变,铸造高温合金得到了广泛使用,并经历了等轴晶、定向凝固柱状晶和单晶叶片三个发展阶段。

航空发动机涡轮叶片的运行经验表明,涡轮叶片大多数裂纹都是沿着垂直于叶片主应力方向的晶粒边界即横向晶界上产生和发展的;消除这种横向晶界,可大大提高叶片抗裂纹生长能力[14]。1964年,定向凝固叶片最早在美国JT8D军用发动机上试验成功,1969年正式使用,20世纪70年代以后广泛使用于军用飞机和民用飞机发动机,包括F-15、F-16、Boeing 747等。与等轴晶叶片相比,定向凝固柱状晶叶片工作温度提高约50℃,疲劳寿命提高10倍以上。后来美国和苏联都研发了定向凝固空心涡轮叶片,使得叶片工作温度再提高50℃,疲劳寿命延长2倍。20世纪70年代,单晶叶片正式投入使用,各国都开发了相应单晶叶片专用高温材料。单晶叶片完全消除了晶界的有害作用,叶片工作温度达到了熔点的90%,大大提高了叶片性能和寿命。美国和苏联的第二代和第三代单晶合金都发展成为低铬、高铼、低碳或者无碳的专用合金,如美国的PWA1480、俄罗斯的ЖС-36。目前使用单晶叶片的飞机包括F-16、Boeing 767、Airbus 310、Su-27等。

但是,单晶高温合金叶片对于制造工艺有很高的要求。在定向凝固单晶叶片铸件中,经常会存在各种各样的缺陷,如双晶和多晶(Bigrains and Multigrains)、杂晶(Misoriented Grains)、雀斑(Freckles)、伪晶(Spurious Grains)等[15,16]。缺陷的存在对于高温合金叶片的性能产生了极为不利的影响,在生产中需要严格控制。定向凝固单晶叶片铸件生产工艺复杂、控制要求高[17],因而通过实验研发高温合金单晶叶片的成本较高,且研发周期长。随着现代计算机软硬件技术的发展,数值模拟技术发展迅速,在工业领域得到了广泛的应用[18,19]。通过数值方法可模拟航空发动机涡轮叶片的定向凝固过程、预测最终的微观组织和缺陷情况,能够优化定向凝固生产工艺,提高叶片质量,降低研发成本,缩短研发时间[20,21]。

3.1.2.1 定向凝固数值模拟研究现状

1) 国外研究现状

温度场的研究是进一步进行热应力和组织模拟的基础,发展相对较为成熟。国外在定向凝固工艺及其数值模拟方面研究开展较早,特别是在数值模拟方面,做了许多基础性的理论研究和开发工作。有限差分法、有限元法和边界元法等相继得到应用并发展成熟,出现了大批如 MAGMA、ProCAST 等应用广泛的大型商业模拟软件。

国外针对定向凝固过程的数值模拟研究始于 20 世纪 80 年代,主要针对宏观温度场的模拟计算。Fu 和 Wilcox 等人[22]计算了 Bridgman 定向凝固装置内铸件的温度场,并分析了挡板厚度对界面扰动敏感性和固液界面前沿温度梯度的影响。Jasinski 等人[23,24]计算了一维情况下 Bridgman 定向凝固过程热量传输过程。Naumann[25-27]计算了一维情况下水平 Bridgman 定向凝固过程横向加速度引起的轴向加速度的稳定性,并在此基础上模拟了二维温度和溶质的分布情况。Bussac 和 Gandin[28]分析了 Bridgman 定向凝固生产单晶叶片过程中温度梯度和拉速对斑点缺陷形成的影响。Ouyang 等人[29]模拟了 Bridgman 定向凝固 β-NiAl 合金的温度场分布,模型考虑了相变动力学、导热、对流、辐射、物性参数以及系统复杂几何形状的影响,并分析了重要工艺参数对固液界面前沿温度梯度的影响。Schneider 等人[30]基于多相流模型模拟了镍基高温合金单晶叶片的偏析和斑点缺陷的形成。Wang 和 Overfelt 等人[31]考虑辐射因素模拟了二维条件下的定向凝固过程。

20 世纪 90 年代以来,定向凝固过程中微观组织演变的数值模拟成为研究热点。Gandin 和 Rappaz[32]基于 CA-FE 方法模拟了二维条件下 Al-Si 合金 Bridgman 定向凝固的晶粒生长过程。Kermanpur 和 Varahram 等人[33]基于 CA-FE 方法模拟了液态金属冷却(LMC)定向凝固工艺条件下单晶涡轮叶片的晶粒长大,研究了工艺参数对单晶组织生长和缺陷的影响。Wang 等人[34]基于 CA-FD 方法,模拟了不同工艺参数条件下枝晶的生长过程,并研究了叶片截面形状突变对单晶生长造成的不利影响。Zhu 等人[35]采用规则/非规则混合网格的方法模拟了单晶叶片的定向凝固过程。

2) 国内研究现状

国内在温度场数值模拟领域虽然起步较晚,但是发展较快,从最开始主要借鉴和使用国外的技术和软件,到目前为止也开发了一系列商用软件,如清华大学 FT-Star 等,这些模拟软件大多采用有限差分方法为主,并且与生产实际紧密结合,对工艺改进和技术进步起到了重要的作用。刘世忠、李嘉荣等人[36,37]采用 ProCAST 有限元模拟软件计算了单晶合金试板的定向凝固过程温度场。薛明等人[38]采用 ProCAST 软件模拟分析了空心涡轮叶片在定向凝固过程中陶瓷芯内部的温度分布,研究了陶瓷芯定位以及与型壳热物性参数匹配的影响。谢洪吉[39]采用 ProCAST 对复合倾斜单晶导向叶片定向凝固过程进行数值模拟,与实验结果吻合良好,并研究了不同蜡模组合方式对导向叶片定向凝固过程的影响。作者等人建立了基于 Monte Carlo 法的射线追踪模型,用来处理定向凝固过程中的辐射散热问题,模拟了不同抽拉速度下定向凝固过程温度场,与测温实验结果进行了对比且吻合较好[40,41]。基于 CA 模型、枝晶生长机理和基本的热量、溶质传输方程,提出了定向凝固单晶叶片三维数值模拟模型;考虑了多叶片之间以及与加热炉之间复杂的辐射换热,模拟了不同抽拉速度下叶片内部的温度分布;并采用分层算法模拟了定向凝固及单晶叶片的微观组织演变[42,43]。

3.1.2.2　定向凝固过程三维多尺度耦合模拟的数理建模

1)高速凝固法(HRS)定向凝固过程简化模型

高速凝固法(HRS)是国内外主要采用的定向凝固方法,其炉体设备简化模型如图3-1所示,主要包括加热区、挡板、冷却区和水冷结晶器共4个部分。

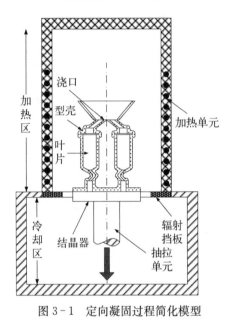

图3-1　定向凝固过程简化模型

定向凝固过程中,首先完成型壳预热与合金熔炼;随后将高温金属液浇注入型壳中并静置短暂时间,此过程中位于型壳底部的金属液在水冷结晶器的激冷作用下开始形核和生长;随后铸型与结晶器开始向下抽拉,高温型壳及金属液从炉体加热区经过挡板进入到炉体冷却区,此过程中在铸型内形成了单向的温度梯度,凝固组织开始定向生长,直至全部凝固。对于单晶叶片组织定向凝固过程,首先完成选晶过程凝固,进而组织生长进入叶身部位,再完成缘板及榫头凝固,最终完成整个组织凝固过程。对于HRS定向凝固过程,由于冷却区的辐射散热效率不高,因此在整个凝固过程中,开始阶段的散热方式主要为底部的水冷结晶器热传导散热,该方式热阻小、金属热导率高,因此散热速度快,定向温度梯度较高;当组织生长到达较高位置时,随着糊状区与底部水冷结晶器距离的增大,其热传导散热效率减小,而主要的散热方式转变为侧向的辐射散热,因而整体散热效率降低,凝固温度梯度相应减小。

2)定向凝固过程宏观传热模型

定向凝固过程的能量传输过程较为复杂,其中传热方式包括:① 炉体热区对型壳的热辐射作用;② 炉体冷却区对型壳的辐射散热;③ 水冷结晶器对型壳及铸件的热传导散热;④ 多模组情况下,型壳间的辐射换热;⑤ 型壳内部热传导换热;⑥ 型壳与铸件热传导换热;⑦ 铸件内部热传导换热;⑧ 空心叶片型芯与其他部件的热传导换热及型芯内部热传导换热。而在多种能量传输过程中,导热和辐射换热为主要换热方式。

(1)能量传输模型。

能量传输模型包括多种情况,如型壳内部能量传输、金属内部能量传输、型芯内部热量传输及结晶器、炉壁内部热量传输,其换热过程可以采用统一的控制方程描述,即

$$c\rho \frac{\partial T}{\partial t} = \left[\frac{\partial}{\partial x}\left(\lambda \frac{\partial T}{\partial x} \right) + \frac{\partial}{\partial y}\left(\lambda \frac{\partial T}{\partial y} \right) + \frac{\partial}{\partial z}\left(\lambda \frac{\partial T}{\partial z} \right) \right] + Q_M + Q_R$$

$$(3-1)$$

式中：c 为材料比热容；ρ 为材料密度；T 为温度；λ 为材料导热系数；f_s 为体积固相率；Q_R 为辐射换热源项；Q_M 为材料结晶潜热源项，当材料为型壳、型芯等无潜热释放材料时，Q_M 为 0；当材料为金属时，$Q_M = \rho L \cdot \partial f_s / \partial t$，其中 L 为金属结晶潜热。

（2）辐射换热计算模型。

高温合金叶片的定向凝固生产过程在真空环境中进行，凝固过程中型壳表面与定向凝固炉炉壁之间以及型壳表面彼此之间的辐射换热对叶片内部的等温面分布有着重要影响。定向凝固过程中叶片和型壳一直随着结晶器向下抽拉，型壳与炉壁之间的相对位置关系和辐射情况也一直处于动态的变化过程，因而在实际生产中如何控制型壳与炉壁间的辐射以获得叶片内部理想的等温面分布是一个极富挑战性的难题。

采用 Stefan‑Boltzman 定律研究两灰体（α 和 β）表面的辐射换热量，其控制方程为

$$Q_{\alpha\text{-}\beta} = \sigma(T_\alpha^4 - T_\beta^4) \Big/ \left(\frac{1-\varepsilon_\alpha}{\varepsilon_\alpha}\frac{1}{A_\alpha} + \frac{1}{\varphi_{\alpha\text{-}\beta}}\frac{1}{A_\alpha} + \frac{1-\varepsilon_\beta}{\varepsilon_\beta}\frac{1}{A_\beta} \right) \quad (3-2)$$

式中，A_α 和 A_β 为灰体单元表面面积；T_α 和 T_β 为灰体单元表面温度；ε_α 和 ε_β 为灰度值；$\varphi_{\alpha\text{-}\beta}$ 为 α 和 β 表面间的辐射角系数。其中，$\varphi_{\alpha\text{-}\beta}$ 的解析方法表达式如下

$$\varphi_{\alpha\text{-}\beta} = \frac{C_V}{A_\alpha} \int_{A_\beta} \int_{A_\alpha} \frac{\cos\theta_\alpha \cos\theta_\beta}{\pi R^2} \mathrm{d}A_\alpha \mathrm{d}A_\beta \quad (3-3)$$

采用数学方法从积分角度解决定向凝固过程的辐射散热角系数会带来巨大的计算量和内存占用，导致凝固散热过程无法完成。作者等提出了基于 Monte Carlo 的射线追踪法处理热辐射[40,41]，其基本原理如图 3‑2 所示。通过法向射线加密提高了炉壁辐射的计算精度，并采用叶片三维有限差分网格和炉壁二维网格混合使用的方法减小计算规模、提高计算效率。

图 3‑2 中对特定表面单元 i，计算其辐射换热源项 Q_R 值：首先将 i 的法向可见半球空间划分为 n 个子空间，子空间终点

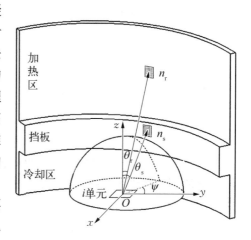

图 3‑2　射线追踪法

可能位于炉壁热区(n_r子空间),也可能位于挡板区(n_s子空间),也可能位于其他型壳表面(n_t子空间)。计算中采用发自单元 i 表面的射线连接所有可见子空间表面中心,并以子空间表面中心温度值作为该空间表面平均温度值,同时通过坐标 (θ, ψ, l) 确定一个子空间,其中 θ 为射线与 z 轴夹角,ψ 为射线在 xOy 平面投影与 y 轴的夹角;l 为 i 单元中心到子空间中心距离。从而计算 i 单元与子空间的辐射换热能量可将式(3-2)简化为

$$Q_{i\text{-}\beta} = A_i \sigma (T_i^4 - T_\beta^4) \Big/ \left(\frac{1 - \varepsilon_i}{\varepsilon_i} + \frac{1}{\varphi_{i\text{-}\beta}} \right) \tag{3-4}$$

此时,根据子空间坐标参量 (θ, ψ, l) 及式(3-3)可计算获得两可见表面之间角系数 $\varphi_{i\text{-}\beta}$,从而获得单元 i 与子空间 β 之间的辐射换热量。当遍历 i 单元与所有子空间之间辐射换热量,并进行代数和即可获得单元 i 的辐射换热源项 Q_R^i,其表达式为

$$Q_R^i = \sum_{n=1}^{n} Q_{i\text{-}n} \tag{3-5}$$

3) 定向凝固过程介观晶粒组织演化的数学模型

(1) 定向凝固晶粒形核及生长模型。

晶体形核类型可分为均质形核和异质形核两种。其中实际定向凝固过程所出现晶体形核主要为异质形核过程,包括凝固开始时底部晶粒的激冷形核和凝固过程中的杂晶形核。异质形核过程主要发生在不同基底或者悬浮颗粒表面上,其中异质形核的形核临界半径表达为式(3-6),其形核 Gibbs 自由能可表示为式(3-7):

$$r_h^0 = \frac{-\sigma_{LS} T_m}{L \Delta T} \tag{3-6}$$

$$\Delta G_h^0 = \frac{16}{3} \frac{\pi \sigma_{LS}^3 T_m^2}{L^2 \Delta T^2} f(\theta_{ag}) \tag{3-7}$$

式中,

$$f(\theta_{ag}) = \frac{1}{4} (1 + \cos \theta_{ag})(1 - \cos \theta_{ag})^2 \tag{3-8}$$

式(3-6)、(3-7)和(3-8)中,ΔG_h^0 为异质形核自由能;σ_{LS} 为液相与固相晶核之间界面能;T_m 为平衡结晶温度;ΔT 为过冷度;L 为结晶潜热;θ_{ag} 为液相与基底界面的润湿角。

式(3-7)中,当 $\theta = 180°$ 时为完全不润湿状态,即为均质形核过程,所需形核自由能最大;当 $\theta = 0$ 时为完全润湿状态,原子不需要形成晶核即可在基底表面堆垛生

长。因此,异质形核较均质形核过程的自由能多一个 $f(\theta)$ 系数,且满足 $f(\theta) \in [0,1]$,因此异质形核较均质形核要容易得多,也是定向凝固过程的主要形核方式。

高温合金定向凝固过程的底部激冷形核作用较为复杂,液态熔体受到结晶器激冷作用,大尺寸原子团簇依附结晶器表面形核生长,但是伴随着液流冲刷作用,部分晶粒处于游离或者重熔状态。对于该形核过程,主要采用瞬时形核模型[44]进行描述,其表达式为

$$\frac{\mathrm{d}N}{\mathrm{d}t} = K_1(n_0 - n_t)\exp\left(-\frac{K_2}{T(\Delta T^2)}\right) \tag{3-9}$$

式中:$\mathrm{d}N/\mathrm{d}t$ 为金属形核率;K_1 为碰撞频率常数;K_2 为与界面能相关的常数;n_0 为初始异质形核基底密度;n_t 为 t 时刻的晶粒密度;T 为 t 时刻的温度。该模型反映了金属形核率与已经形核密度和熔体过冷度相关,而过冷度的影响对形核率的影响呈指数关系。因此,对定向凝固过程当激冷作用温度降低至一定值时将出现大量形核。

高温合金单晶定向凝固过程的另一种形核方式为固液界面前沿过冷熔体内部形核。这种晶核主要依附于其他介质表面形核生长,如型壳、型芯、铂铑定位针等表面。根据式(3-7),这种形核方式所需的过冷度较小,在熔体内部温度出现波动时可能发生。因此,研究中采用考虑异质形核作用的连续形核模型进行描述:

$$\frac{\partial N_{\Delta T}}{\partial(\Delta T)} = \frac{N_{\max}}{\sqrt{2\pi}\Delta T_\sigma} \cdot \exp\left[\frac{-\Delta G_A}{k_B T} + \frac{4\pi J^3(\Delta T - \Delta T_N)^2 f'(\theta)}{3(\Delta T_\sigma L_m/\rho)^2 k_B T}\right] \tag{3-10}$$

式中:$N_{\Delta T}$ 为晶核体密度;$\partial N_{\Delta T}/\partial(\Delta T)$ 为金属形核体密度随过冷度变化率;ΔG_A 为金属原子的扩散激活能;$N_{\max}$ 为最大形核密度;ΔT_N 为平均形核过冷度;ΔT_σ 为形核率分布标准偏差;其中,$f'(\theta)$ 为润湿角影响系数,其表达式如下:

$$f'(\theta) = 2 - 3\cos\theta + \cos^2\theta \tag{3-11}$$

当熔体过冷度确定时,可根据式(3-10)对 $\partial N/\partial(\Delta T)$ 进行积分,获得在该过冷度条件下的形核数,其表达式如下:

$$N_{\Delta T} = \int_0^{\Delta T}\left[1 - f_S(\Delta T)\right]\frac{\partial N}{\partial(\Delta T)}\mathrm{d}(\Delta T) \tag{3-12}$$

式中:$1 - f_S(\Delta T)$ 为单位体积液相分数。

介观条件下的定向凝固晶体生长主要受凝固温度及溶质分布控制,其物理过程包括固/液界面的推移以及不同取向晶粒在晶界的竞争生长过程。晶体生长的驱动力主要来自固液转变的体积自由能 G_V 和表面自由能 G_J 两部分:

$$\Delta G = G_{\mathrm{V}} + G_{\mathrm{J}} = -\frac{VL\Delta T_v}{T_{\mathrm{L}}} + \sum (S_{\mathrm{SL}}J_{\mathrm{SL}} + S_{\mathrm{SS}}J_{\mathrm{SS}}) \tag{3-13}$$

叶片整体组织模拟需要考虑晶粒竞争生长的大规模计算,其中在介观尺度热过冷度 ΔT_{L} 对晶粒生长起决定性作用,其直接影响固液界面形状及介观尺度晶界分布。采用基于枝晶尖端生长动力学简化模型计算枝晶生长速度[45],其表达式为

$$v_{\mathrm{n}} = a_2(\Delta T_{\mathrm{L}})^2 + a_3(\Delta T_{\mathrm{L}})^3 \tag{3-14}$$

式中: v_{n} 为晶粒尖端法向生长速度; a_2 和 a_3 为速度系数。该式主要表述了在介观尺度晶粒生长速度受温度分布影响。

(2) CA 算法模型。

元胞自动机(CA)方法是通过定义一系列作用规则反映元胞之间的短程或长程作用,从而实现模拟微观组织的演化过程。本研究采用元胞自动机方法,考虑上述晶体介观尺度组织生长过程进行数值模拟。恰当选择微观组织模拟的网格尺寸是合理描述介观尺度晶粒竞争生长的基础。凝固过程的组织演化 CA 模型可以表述为

$$\zeta_{i,j,k}^{t} = \prod_{x=T,\Delta T,C,V\cdots} f(x_{i,j,k}^{t}) \times \prod_{\tau=l}^{\Gamma_{\mathrm{s}}} f^{t-\tau\Delta t}(\zeta_{i-l,j-m,k-n}^{t-n\Delta t})$$
$$l \in [-L_{\mathrm{s}}, L_{\mathrm{s}}], \ m \in [-M_{\mathrm{s}}, M_{\mathrm{s}}], \ n \in [-N_{\mathrm{s}}, N_{\mathrm{s}}] \tag{3-15}$$

式中: $\zeta_{i,j,k}^{t}$ 为 t 时刻 (i,j,k) 单元的状态变量值; $f(x)$ 为元胞自动机所规定的变换规则; $x_{i,j,k}^{t}$ 为 t 时刻 (i,j,k) 单元的具体物理量,可能为 T(温度)、ΔT(温度变化)、C(溶质)、V(体积)等; Γ_{s} 表示时间作用域大小; L_{s}, M_{s}, N_{s} 表示空间作用域大小; Γ_{s}, L_{s}, M_{s}, N_{s} 都为正整数。

对于有限差分(FD)方法选择正六面体单元作为元胞,令 Ψ 为耦合不同维度的参数,则其表达式为

$$\Psi = L + M + N \tag{3-16}$$

当 $\Psi \leqslant 1$ 时,组成作用域为 von Neumann 类型元胞;当 $\Psi \leqslant 2$ 时,组成作用域为摩尔类型元胞; $\Psi \leqslant 3$ 时,组成作用域为所有邻接元胞。CA 模型在多种尺度系统都是适用的,而具体适用尺度由式(3-16)中的整数单位所确定。

图 3-3 为 CA 单元二维捕获规则示意图[46]。在图中,晶体择优生长[10]方向与 x 轴夹角为 θ。当晶体形核过程完成时,首先沿晶体择优方向[10]和[01]方向进行单元捕获,该过程将按照基本捕获原理完成,如图 3-3(a)所示。但是在单元随后的捕获过程中出现了对角单元的直接捕获,如图 3-3(a)所示的对角捕获单元;而在与[10]和[01]方向的垂直方向上的单元仍然为液相单元,并且不再有该单元的捕获行为,因此必须对基本捕获规则进行修正,根据枝晶粗化的连续性条件,添

加了额外捕获单元,实现了对枝晶择优方向的完整描述。该修正的网格捕获规则被用于介观晶粒和微观枝晶的捕获描述。

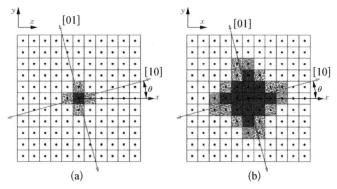

图 3-3　CA 单元二维捕获规则

(a) 基本生长捕获过程　(b) 侧向单元补充捕获过程

(3) 晶粒生长分层算法模型。

全叶片尺度的晶粒生长模拟单元尺度约为 0.1 mm,对于一般叶片尺寸(15 mm×20 mm×200 mm),采用 0.1 mm 步长单元对其叶片整体离散化,网格量将达到上千万,其计算量和内存占用在目前计算条件下还难以实现。本研究采用晶粒生长分层算法模型克服铸件整体剖分造成大计算量的困难,在有限内存占用条件下实现对全叶片的介观尺度晶粒模拟,获得了叶片整体组织分布形貌。

图 3-4 为晶粒生长分层算法模型。在模拟过程中,首先完成宏观温度分布计算,获得凝固糊状区。糊状区是固/液相转变的关键区域,其分布特征直接影响组

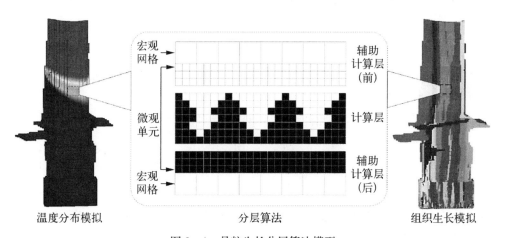

温度分布模拟　　　　分层算法　　　　组织生长模拟

图 3-4　晶粒生长分层算法模型

织生长。针对该区域对宏观温度计算网格进行加密剖分,使剖分后单元步长达到组织生长要求尺度即 0.1 mm,本研究称其为介观网格,随后实现对组织生长的模拟。

晶粒生长计算过程中,各介观网格温度值来源于宏观计算网格插值,晶粒组织生长计算主要发生在计算层中。为保持组织生长的连续性,加入对前后多层介观网格的温度分布及溶质扩散计算。当完成当前计算层的组织计算遍历后,继续跳转至下一层进行组织生长计算,此时当前计算层的组织凝固不一定完成,而需要在下一组织计算周期中进一步完成,直至当前计算层中单元完全凝固,进而再次计算温度,使糊状区移动完成下一个糊状区的组织凝固计算。

由上述模型可见,在晶粒生长分层算法模型中,热平衡计算和组织生长计算同步穿插进行。在定向凝固过程中,根据凝固稳定性条件,热平衡计算时间步长要明显大于组织生长计算时间步长,即在一个热平衡计算中将出现组织计算的多次循环。而晶粒生长分层算法大大减小了参加计算的介观网格数目和计算量,最终成功实现定向凝固及单晶全叶片的介观晶粒生长的模拟预测。

4) 定向凝固微观枝晶生长的数学物理模型

(1) 定向凝固三维枝晶生长模型。

高温合金定向凝固过程中热传输过程和溶质传输过程均影响了微观枝晶的生长。其中热扩散过程影响范围较广,其特征尺度 λ_T 约为 10^{-3} m 量级,大于定向凝固枝晶生长尺度量级 10^{-4} m;而溶质扩散特征尺度 λ_D 约为 10^{-5} m,溶质平衡过程对枝晶形貌特征影响更为显著。枝晶生长的三维模拟耦合考虑凝固过程的能量传输和溶质传输。其中溶质传输可根据式(3-17)计算:

$$\frac{\partial C_i}{\partial t} = D_i \left(\frac{\partial^2 C_i}{\partial x^2} + \frac{\partial^2 C_i}{\partial y^2} + \frac{\partial^2 C_i}{\partial z^2} \right) \quad i = L, S \qquad (3-17)$$

式中: C_i 为 i 相的溶质; t 为时间; D_i 为 i 相的扩散系数;L 代表液相;S 代表固相。

在固液界面,满足溶质分布平衡:

$$C_S^* = k_e C_L^* \qquad (3-18)$$

式中: C_S^* 为固液界面前沿固相溶质浓度; C_L^* 为固液界面前沿液相溶质浓度; k_e 为溶质平衡分配系数。

随着凝固过程推进,满足溶质守恒,如式(3-19)所示:

$$v_n C_L^* (1 - k_e) = D_L \left(\frac{\partial C_L}{\partial x} + \frac{\partial C_L}{\partial y} + \frac{\partial C_L}{\partial z} \right) - D_S \left(\frac{\partial C_S}{\partial x} + \frac{\partial C_S}{\partial y} + \frac{\partial C_S}{\partial z} \right)$$

$$(3-19)$$

式中: v_n 为枝晶法向推进速度; C_L 为液相溶质浓度; C_S 为固相溶质浓度; D_L 为液相扩散系数; D_S 为固相扩散系数。

其中,固液界面前沿的液相浓度由式(3-20)计算[47]:

$$C_L^* = C_0 + \frac{1}{m_L} \cdot [T^* - T_{Liq} + \Gamma \kappa f(\theta_i)] \qquad (3-20)$$

式中: T^* 为固液界面温度; $T^* - T_{liq}$ 项为热过冷项; $\Gamma \kappa f(\theta_i)$ 项为曲率过冷项; T_{liq} 为液相线温度; Γ 为 Gibbs-Thomson 系数,满足 $\Gamma = \gamma_V / \Delta S$, γ_V 为单位体积界面能, ΔS 为熔化熵; κ 为界面曲率; $f(\theta_i)$ 为界面各向异性函数:

$$\kappa = \frac{1}{a_m} \left[1 - \frac{2}{125} \sum_{i=1}^{125} f_S(i) \right] \qquad (3-21)$$

$$f(\theta_i) = \prod_{i=l,\,m,\,n} [1 + \gamma \cos(K_i \theta_i)] \qquad (3-22)$$

式中: $f_S(i)$ 为邻近第 i 元胞的固相率; a_m 为微观单元步长; γ 为各向异性强度; K_i 为各向异性模数; θ_i 为界面各向异性角[48]。

其中将枝晶法向速度 v_n 投影至 x, y 和 z 三个方向上,在生长周期 δt 内,固相率的增量 δf_S 由下式计算获得[49],

$$\delta f_S = \frac{\delta t}{a_m} (v_x + v_y + v_z) - \frac{\delta t^2}{a_m^2} (v_x v_y + v_x v_z + v_y v_z) + \frac{\delta t^3}{a_m^3} v_x v_y v_z \qquad (3-23)$$

式中: v_x, v_y 和 v_z 分别为 v_n 在 x, y 和 z 三个方向上投影的速度值。在算法中,随着单元 δf_S 的积累,当固相率 f_S 增大至 1 时,该单元即可继续捕获周围单元。

(2) 温度场影响下的枝晶竞争生长。

理想的定向凝固条件温度场呈水平均匀分布,温度梯度方向与 z 轴(定向凝固抽拉方向)完全重合。HRS 定向凝固初期,主要散热方式为底部的水冷结晶器热传导散热,散热效率较高,基本满足等温面水平,近似为理想定向凝固条件。此时的枝晶定向生长关系符合 Walton 等[50]提出的枝晶竞争生长原理。图 3-5 为温度场影响下的晶粒竞争生长示意图,图中 A_1、B 和 A_2 表示不同晶粒; v_1 和 v_1' 表示晶粒 A_1 在不同过冷度条件下的生长速度; v_2 和 v_2' 表示晶粒 B 在不同过冷度条件下的生长速度; $v_{1-\theta}$ 和 $v_{2-\theta}$ 分别表示晶粒 A_1 和 B 生长速度在 z 方向的分量; ΔZ_1, ΔZ_2, ΔZ_3, $\Delta Z_1'$, $\Delta Z_2'$ 和 $\Delta Z_3'$ 分别表示液相线与枝晶尖端的距离; T_1, T_2, T_3 和 T_4 表示不同的等温线温度值; T_{liq} 表示液相线; θ_{2D} 表示晶粒 B[001]方向与 z 轴的夹角; θ_{2D}' 表示晶粒 A_1[001]方向与 z 轴的夹角; β_{1-2} 表示晶粒 A_1 和 B 形成晶界与 z 方向夹角; β_{2-3} 表示晶粒 A_2 和 B 形成晶界与 z 方向夹角; G 和 G_θ 表示温度梯度。

图 3-5(a)所示的晶粒二维竞争生长在 Walton 等[50]及 Zhou 等[51]的研究中均

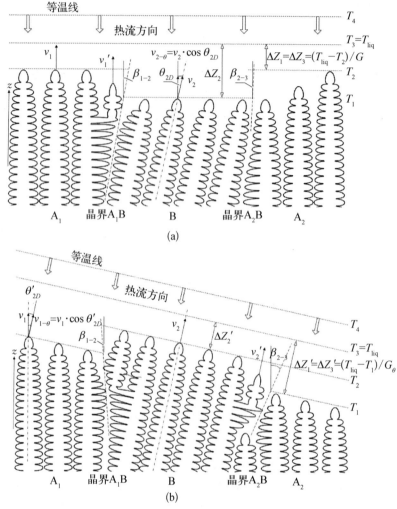

图 3-5　温度场影响的晶粒竞争生长

（a）等温线水平　（b）等温线倾斜

有详细分析。当等温线垂直于 z 方向时，热流方向与 z 方向相反，晶粒 A_1 和晶粒 A_2 的[001]取向与热流方向平行，其枝晶尖端生长速度为 v_1 或 v_3（$v_1 = v_3$），满足公式(3-24)；晶粒 B 的[001]取向与热流方向有一定夹角，其枝晶尖端生长速度为 v_2，满足公式(3-25)。

$$\begin{cases} v_i = f(\Delta T_i) \\ \Delta T_i = G \cdot \Delta Z_i \end{cases} \quad (i = 1, 3) \tag{3-24}$$

$$\begin{cases} v_2 = f(\Delta T_2) \\ \Delta T_2 = G \cdot \Delta Z_2 \end{cases} \tag{3-25}$$

式中：v_1、v_2 和 v_3 分别为晶粒 A_1、晶粒 B 和晶粒 A_2 的枝晶尖端生长速度，满足 $v_1 = v_3$；ΔT_1、ΔT_2 和 ΔT_3 分别为枝晶前端过冷度，满足 $\Delta T_1 = \Delta T_3$；ΔZ_1、ΔZ_2 和 ΔZ_3 分别为当等温线与 z 轴垂直时，凝固界面前沿与等温线的垂直距离，且满足 $\Delta Z_1 = \Delta Z_2$；G 为等温线与 z 轴垂直时，凝固界面前沿的温度梯度。当各晶粒生长稳定时，满足式(3-26)：

$$v_1 = v_{2-\theta} = v_2 \cdot \cos\theta_{2D} \tag{3-26}$$

式中：θ_{2D} 为晶粒 B 的[001]取向与 z 方向的夹角。

由式(3-26)可知 $v_1 < v_2$，晶粒 A_1 和 A_2 比晶粒 B 在热流反方向生长高出的距离为 $\Delta Z_2 - \Delta Z_1$，且保持该距离不变。生长较快的晶粒 A_1 和 A_2 在高出晶粒 B 的部分位置将发生二次臂的生长粗化，致使晶粒 A_1 和 B 的晶界、晶粒 B 和 A_2 的晶界发生偏转。由图 3-5(a)可知，当此生长状态一直持续，两个晶界不断延伸扩展，直至相交，最终晶粒 B 的生长将被淹没。

但是在实际的定向凝固中后期中，主要散热方式由底部的热传导方式转变为炉体冷区的辐射散热方式，散热效率有所降低；同时炉体侧壁的冷却辐射导致等温面发生倾斜。当等温线不垂直于 z 轴时，晶粒竞争生长的情况发生变化。热流方向与 z 轴有一定夹角(小于 90°)时，晶粒 A_1 和 A_2 的[001]取向与热流反方向产生 θ'_{2D} 的夹角，如图 3-5(b)所示[52]，其枝晶尖端生长速度为 v_1，满足式(3-27)；晶粒 B 的[001]取向与热流方向平行，其枝晶尖端生长速度 v_2 满足式(3-28)。

$$v_i = f(\Delta T_i), \quad \Delta T_i = G_\theta \cdot \Delta Z'_i, \quad i = 1,\ 3 \tag{3-27}$$

$$v_2 = f(\Delta T_2), \quad \Delta T_2 = G_\theta \cdot \Delta Z'_2 \tag{3-28}$$

式中：$\Delta Z'_1$、$\Delta Z'_2$ 和 $\Delta Z'_3$ 分别为当热流方向与 z 轴存在 θ'_{2D} 夹角时 3 个枝晶的凝固界面前沿与等温线的垂直距离，且满足 $\Delta Z'_1 = \Delta Z'_3$；$G_\theta$ 为热流方向与 z 轴存在 θ'_{2D} 夹角时，凝固界面前沿沿热流方向的温度梯度。

当各晶粒生长稳定时，满足式(3-29)：

$$v_2 = v_{1-\theta} = v_1 \cdot \cos\theta'_{2D} \tag{3-29}$$

由此可知，$v_2 < v_1$，晶粒 B 比晶粒 A_1 和 A_2 在热流反方向生长高出的距离为 $\Delta Z'_1 - \Delta Z'_2$ 的距离，且保持该距离不变。

生长较快的晶粒 B 在高出晶粒 A_1 和 A_2 的部分位置将发生二次臂的生长粗化，致使晶粒 A_1、B 的晶界、晶粒 B、A_2 的晶界同时发生偏转，如图 3-5(b)所示。当此生长状态一直持续，两个晶界不断延伸扩展，最终晶粒 A_1 和 A_2 的枝晶前端将被晶粒 B 的枝晶生长所抑制。

结合上述，镍基高温合金沿[001]取向快速生长特征致使不同取向晶粒的生长速度不同，当等温面(三维情况)与 z 轴不垂直时，部分[001]择优取向与热流方向接近或者平行的晶粒沿热流反方向生长最快,同时枝晶前端二次臂生长粗化,以致发生三次臂的生长、粗化,并进一步转变为新生一次臂;部分[001]择优取向与热流方向夹角较大的晶粒生长将被抑制,直至完全淘汰。因而,倾斜的等温面将有利于选择[001]择优取向与z轴夹角较大的晶粒,如图3-5(b)所示,最终导致[001]择优取向与z轴夹角平行或较小的晶粒被抑制淘汰。而选择出的多数晶粒[001]择优取向与z轴夹角大于15°或者更多,不符合工程要求[52]。

3.1.2.3　工艺仿真实例分析与模拟结果

1) 涡轮叶片定向凝固过程的温度场模拟[53]

图3-6所示为模拟得到的定向凝固过程中型壳表面及定向凝固炉炉壁纵截面的温度分布,其中z轴方向为定向凝固炉的轴向(抽拉方向的反向)。抽拉过程中,定向凝固炉炉壁的挡板区域中温度变化最为显著,挡板上表面由于受到加热区高温炉壁的辐射保持在很高的初始温度,挡板下表面由于受到下方冷却区的辐射散热作用温度较低。

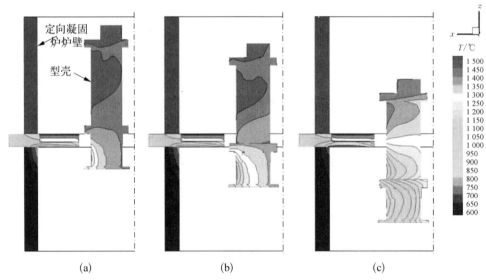

图3-6　型壳及定向凝固炉炉壁温度场分布

(a) $t=330$ s　(b) $t=600$ s　(c) $t=1\,650$ s

图3-7所示模拟得到的定向凝固过程中叶片中心截面温度场及糊状区(黄色区域)分布结果。可见,整个抽拉过程中叶片内部等温面呈现上下两部分截然不同的分布特点。叶片位于加热区的部分,靠近炉壁侧温度较高而靠近炉子中心侧温度较低,越靠近叶片顶部等温线倾斜程度越大;叶片位于挡板下半部和冷却区的部分,靠近炉壁侧温度较低而远离炉壁侧温度较高,越靠近叶片底部等温线倾斜程度越大。叶片位于挡板中部的部分,靠近炉壁侧和远离炉壁侧的温度差别很小,等温线接近水平。

图3-8为抽拉过程中叶片沿z向的温度梯度的分布和变化情况。抽拉过程中

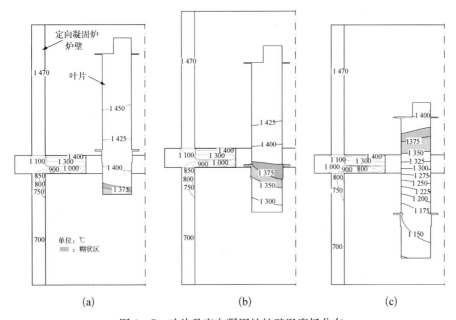

图 3-7 叶片及定向凝固炉炉壁温度场分布

(a) $t=330$ s，$f_s=8\%$　(b) $t=600$ s，$f_s=23\%$　(c) $t=1650$ s，$f_s=86\%$

（f_s—固相率）

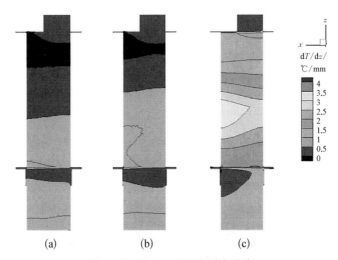

图 3-8 叶片 z 向温度梯度分布

(a) $t=330$ s　(b) $t=600$ s　(c) $t=1650$ s

叶片内部 z 向温度梯度分布整体比较均匀。

2）单晶高温合金叶片选晶过程的数值模拟研究[43,54,55]

目前国内外广泛使用的单晶叶片生产技术是螺旋选晶法。因此，选晶器在单晶叶片的生产中具有举足轻重的地位。整个选晶器由位于下部的引晶段、中部的螺旋段和上部的过渡段组成。选晶器的选晶作用主要依靠其自身的几何形状和结构实现。从形状上分，选晶器可以分为单螺旋、双螺旋等。螺旋的螺距、直径等都对选晶作用有直接的影响。

　　图 3-9 为选晶器内的温度场分布模拟结果。图中所示坐标系的 x 轴方向为结晶器半径方向，x 坐标值越大表明该点位置越靠近定向凝固炉炉壁；z 轴方向为抽拉的相反方向。可以看出随着抽拉的进行，选晶器内温度从下至上逐渐降低。不同抽拉时刻引晶段内等温面的分布接近水平，螺旋段内的温度分布较均匀，有利于晶粒在选晶器内的平稳生长。

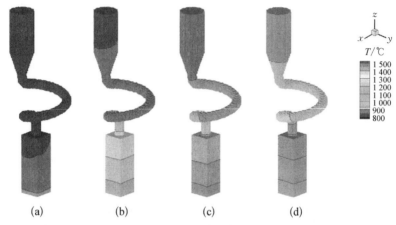

图 3-9　不同时刻选晶器内温度场模拟结果

(a) $t=1$ min　(b) $t=5$ min　(c) $t=10$ min　(d) $t=15$ min

　　图 3-10 为选晶器内的 z 轴方向温度场梯度分布的模拟结果。引晶段内温度梯度等值面分布接近水平且彼此间隔均匀，温度梯度的分布和变化比较均匀；抽拉后期

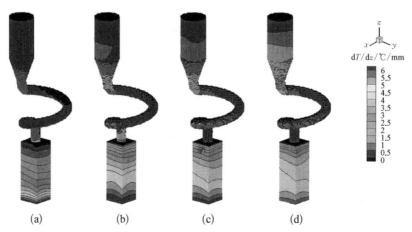

图 3-10　不同时刻选晶器内 z 向温度梯度模拟结果

(a) $t=1$ min　(b) $t=5$ min　(c) $t=10$ min　(d) $t=15$ min

阶段,引晶段内温度梯度等值面与水平面间的倾斜角增大,且彼此间的间隔变化较大。

图 3-11 为选晶器内晶粒竞争生长过程的模拟结果。图中采用深浅程度不同的灰色区分不同的晶粒,以显示晶粒的形貌。

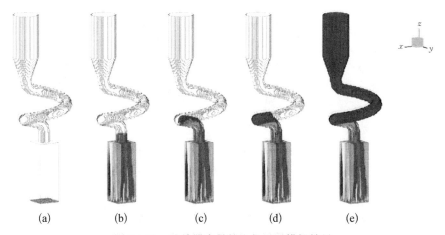

图 3-11 选晶器内晶粒生长过程模拟结果

(a) $t=1$ min　(b) $t=5$ min　(c) $t=10$ min　(d) $t=15$ min　(e) $t=20$ min

图 3-12 为引晶段表面微观组织的模拟与实验结果对比。引晶段底面以上一段距离内存在大量细小的晶粒。从底面向上,晶粒数量迅速减少且晶粒宽度逐渐增大,最后出现一定数量的粗大柱状晶一直延伸到引晶器的顶部。模拟获得的引晶器表面微观组织形貌与实验结果非常接近。

3) 单晶叶片试件定向凝固组织的数值模拟[56]

在不同抽拉速度条件下,单晶叶片试件凝固约 20% 时的晶体生长界面形状特征如图 3-13 所示。在抽拉速度低时,晶体生长界面形状较为平坦,没有明显的下凹弯曲,随着抽拉速度的不断提高,晶体生长界面开始呈现下凹弯曲,且界面下凹曲率逐渐增大,当抽拉速度提高后,界面呈现出明显的月牙形,叶身水平方向

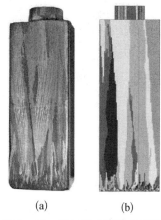

图 3-12 引晶段表面微观组织实验与模拟结果

(a) 实验　(b) 模拟

上两侧部位优先于中部生长。在晶体生长界面不断向前推进过程中,界面形状基本保持稳定,界面下凹曲率没有发生明显变化。

图 3-14 所示为单晶叶片试件凝固约 60% 时晶体生长界面形状,此时晶体生长界面接近缘板位置,对比不同抽拉速度条件下的结果看出,抽拉速度低时,初始晶粒的生长界面较为平坦,缘板边角位置没有新形核晶粒产生;抽拉速度增大时,在初始晶粒向缘板空腔延伸生长之前,在缘板边角部位产生了三个新形核晶粒。如果抽拉速度过大,不但缘板边角部位出现新晶粒形核,甚至在叶身与螺旋选晶器

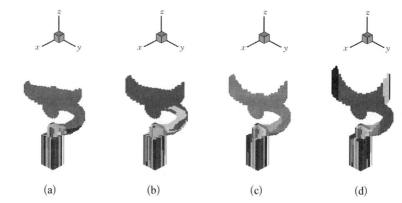

图 3-13　单晶叶片试件凝固约 20% 时晶体生长界面形状

(a) 拉速 1　(b) 拉速 2　(c) 拉速 3　(d) 拉速 4

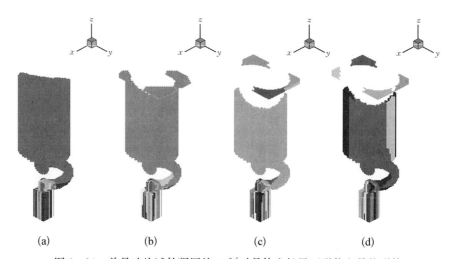

图 3-14　单晶叶片试件凝固约 60% 时晶体生长界面形状和晶粒形核

(a) 拉速 1　(b) 拉速 2　(c) 拉速 3　(d) 拉速 4

的连接段就发生新晶粒形核现象。

　　图 3-15 为采用分层计算法得到的某抽拉速度时叶片的微观组织演变[57]。在图（c）所示的时刻，在缘板处形成了杂晶。杂晶的出现意味着固液界面推进的速度低于温度下降的速度。当枝晶未充满缘板时，缘板其中一个角的温度即达到了形核温度，从而导致新晶粒形核、长大，形成了杂晶。

　　4）定向凝固三维枝晶生长模拟[58]

　　本研究中枝晶生长模拟不考虑枝晶生长的历史相关性影响[59,60]，枝晶演化主要受定向凝固过程温度梯度、冷却速度及溶质分布影响。伴随抽拉过程进行温度场、溶质场不断变化，温度场和溶质场的局域不平衡将造成部分枝晶快速生长和粗化，同时也将导致部分枝晶生长减慢，并最终被淘汰。

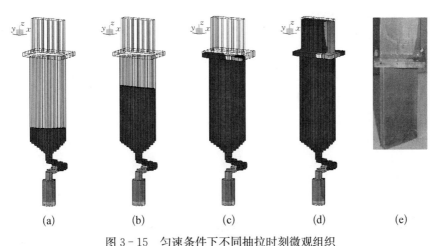

图 3-15　匀速条件下不同抽拉时刻微观组织

(a) 15 min　(b) 20 min　(c) 25 min　(d) 30 min　(e) 实验结果

图 3-16 为棒状试样的局部位置枝晶生长三维模拟结果。该单元为定向凝固起始位置，宏观单位位置距底部水冷结晶器距离为 12 mm，平均温度梯度为 8 K/mm，温度梯度较高。当热扩散和溶质扩散达到局域动态平衡，枝晶出现稳定生长，枝晶一次臂间距不再改变，如图 3-16(b)、(c) 所示。枝晶二次臂间距受冷却速率、温度梯度等多种因素影响。许多学者对二次臂也进行了深入的理论及实验研究[61-63]，而其中部分模型是对实验结果的统计分析。本研究中，模拟计算过程耦合考虑宏观冷却速率、温度梯度等条件再现枝晶二次臂的生长粗化行为，反映二次臂的生长及形貌特征。

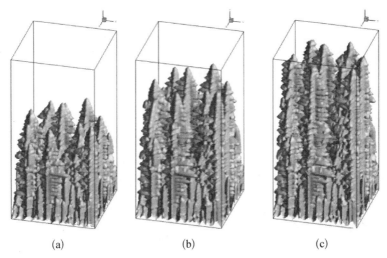

图 3-16　高温合金枝晶定向生长过程模拟

(a) f_s=20%　(b) f_s=40%　(c) f_s=60%

定向凝固过程中,随着固液界面向前推进,低熔点溶质被固相排出,并扩散梯度分布于枝晶尖端及侧向。同时,溶质在这些位置的不断富集降低了枝晶的粗化速度。

图3-17为枝晶生长过程中的横截面及纵截面溶质分布图,从图3-17(a)、(b)可见在枝晶定向生长过程中,其树枝状特征明显,部分二次臂粗化伸长,而部分则被抑制。图3-17(c)、(d)为不同高度横截面溶质分布,在凝固底层如图3-17(c),竞争生长剧烈,枝晶花样大小不均,部分枝晶将在随后的生长中被抑制而淘汰,而图3-17(d)中枝晶生长基本趋于稳定,表示了该凝固条件下的枝晶分布特征。

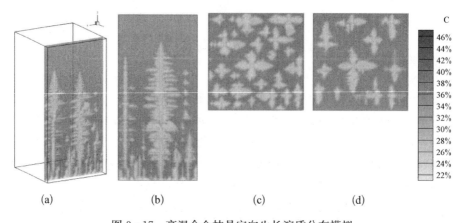

图3-17　高温合金枝晶定向生长溶质分布模拟
(a) 纵切面 $y=54$　(b) 纵切面 $x=30$　(c) 横切面 $z=30$　(d) 横切面 $z=62$

定向凝固枝晶在不同温度分布条件下的生长情况如图3-18所示。从图3-18(b)可知,当枝晶[001]最优生长方向与热流方向平行(θ_{heat} 为 0)时,枝晶簇整体向前生长推进。此时枝晶尖端生长高度差异主要由温度及溶质分布波动引起,各枝晶生长高度基本近似,等溶质面受宏观温度分布影响并不发生整体的倾斜。

当枝晶[001]最优生长方向与热流方向有一定夹角(θ_{heat} 不等于 0)时,在相同凝固高度,枝晶前沿过冷度不同,枝晶生长高度各异,如图3-18(d)所示。此时枝晶生长高度有较大差异,主要因等温面倾斜分布所致。同时,倾斜的等温面也影响等溶质面整体发生一定倾斜,如图3-18(f)所示,而等溶质面的分布同时受温度分布及枝晶尖端高度耦合作用影响,在局部位置出现波动。

5) 多尺度耦合计算

基于上述模型和定向凝固过程的数值模拟研究,作者等提出了多尺度耦合的模拟思路,将宏观、介观和微观的模拟计算联系起来[53,64]。定向凝固过程的枝晶生长在长程上受宏观凝固传热及介观晶粒结构影响。图3-19为棒状试样宏观凝

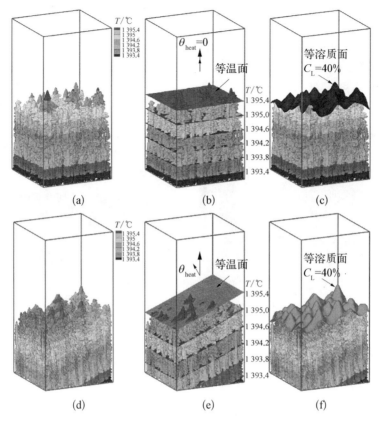

图 3-18 温度分布对枝晶生长的影响
(a)(b)(c) 水平等温面分布的枝晶生长分析
(d)(e)(f) 倾斜等温面分布的枝晶生长分析

温度场及晶粒生长过程模拟结果。其中,图 3-19(a)为宏观温度场的模拟结果,为微观模拟提供基本温度分布信息;图 3-19(b)所示为介观尺度晶粒竞争生长模拟,为微观枝晶生长模拟提供晶粒取向及结构分布等信息。根据宏/介/微观信息通信,最终实现对微观枝晶生长的模拟。

3.1.3 小结

镍基高温合金单晶叶片是高推重比先进航空发动机的关键部件之一,其优越的高温抗蠕变性能是传统等轴晶叶片和柱状晶叶片所不可比拟的。美国已将镍基合金单晶叶片大量应用在军、民用航空发动机上。但叶片制造过程中容易出现杂晶、多晶等结晶缺陷,严重制约了单晶叶片在航空发动机中的应用,影响了高推重比发动机的研制。

传统的试错法研制单晶叶片成本高、周期长,而且无法确知叶片凝固过程中温度梯度和凝固速度的实际变化。为解决高温合金单晶叶片研制和生产中的缺陷问题,国外(如英、美、德等)早已将实验研究与建模仿真密切结合,进行了大量的基础

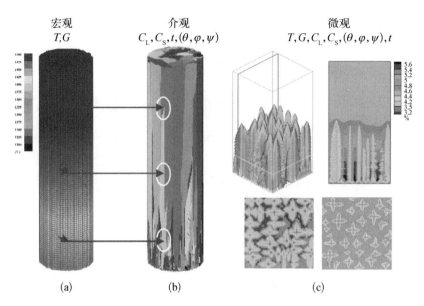

图 3-19　棒状试样宏微观耦合模拟

(a) 凝固温度场　(b) 凝固晶粒生长　(c) 枝晶生长模拟

性研究工作,揭示了工艺参数与温度梯度、凝固速度、微观组织之间的内在关系,并据此指导工艺参数的制订,最终提高了单晶叶片的合格率。近年来发达国家更是加强了这方面的研究工作。

迄今为止,针对高温合金叶片定向凝固过程的数值模拟研究已经取得较大的研究进展,但是很多方面还有待改进和继续深入研究。例如:

(1) 定向凝固炉的结构非常复杂,但为了简化问题,在模拟仿真过程中做了很多简化,对炉内复杂换热现象的处理有待于进一步提高。

(2) 高温合金组元多达十种以上,相互作用复杂。目前的研究仍然停留在二元、三元的合金水平,无法真正反映和描述晶体生长中的复杂现象,与实际情况尚有较大差距。

(3) 目前的镍基高温合金微观组织模拟大多只考虑了单相的生长过程,未考虑低熔点相、二次相的析出等。

应该说,国内外研究者在单晶叶片的定向凝固过程数值模拟方面开展了大量卓有成效的工作,并取得了长足的进步和巨大的成绩。但是,解决上述问题将使人们对单晶叶片的定向凝固过程理解得更深刻,可更好地控制单晶叶片的质量。因此,通过数值模拟和实验研究相结合的方法,进一步对定向凝固过程中高温合金的热力学与动力学、枝晶的生长、溶质的再分配等现象进行数值模拟,真正实现工艺可控、晶体生长可控,在这方面还有较长的路要走,需要我们在将来的研究工作中付出更大的努力。

3.2 塑性成形工艺模拟仿真

3.2.1 引言

塑性成形工艺,是坯料在力场、温度场等多能场耦合作用下,产生累积塑性变形和组织的复杂演变历程,从而获得高性能优质零部件的先进成形制造技术,是一个集材料、几何、边界三重非线性于一体的复杂过程。采用传统的理论解析和实验研究方法,难以全面、深入解决塑性成形工艺设计与优化控制的难题。而基于有限元法的塑性成形工艺模拟仿真,已成为获取知识、认识规律、实现塑性成形过程优化设计与稳健控制、新材料新工艺开发研究等不可或缺的强大手段。这是因为,该方法主要有以下优点:

(1) 功能强,精度高,解决问题的范围广。理论上,各种金属材料的各类塑性成形过程都可以用有限元法进行分析。

(2) 可以采用不同形状、大小和类型的单元来描述复杂形状的变形体和工模具。

(3) 可以方便地处理各种复杂边界条件,包括:摩擦边界、温度边界、动态变化的载荷、位移、速度边界以及连接约束边界等。

(4) 可以建立丰富的材料模型库,方便地处理材料硬化效应与速度敏感性等材料属性。

(5) 能够获得成形过程多种场变量的历史信息,如位移场、应变场、应力场、速度场、温度场等,为塑性成形过程的系统深入研究提供翔实、可靠的信息。

(6) 可以虚拟试验现实,对塑性成形过程进行全方位的预测,如预测金属变形规律;结合材料失稳准则,可以预测成形缺陷发生的时刻和位置;结合成形过程和成形参数的优化设计,可以使得塑性成形试制过程力争一次成功,从而缩短周期、降低成本,提高质量。

由于塑性有限元技术的强大优势,近几十年来得到了迅速而深入的发展,并得到了日益广泛的应用,比如,环轧过程模拟[65-67]、旋压过程模拟[68-69]、弯管过程模拟[70-72]等。这些难变形材料航空航天构件塑性成形过程的数值建模与仿真研究,为提升航空航天高性能轻量化构件的塑性成形制造能力、水平与国际竞争力做出了巨大贡献。

目前,国际上已涌现出许多比较成熟的有限元分析商用软件,如:ABAQUS、ANSYS、DEFORM、DYNAFORM、SIMUFACT 等,其中 DEFORM、DYNAFORM、SIMUFACT 等是用于成形过程仿真的专用有限元软件,基于 ABAQUS 等通用软件平台的二次开发也大量应用于塑性成形过程的模拟仿真。我国塑性成形技术建模仿真与优化方面已进行了大量研究工作,但主要以引进和消化国外的技术为主,同时也开始推出自主版权的软件,如 CADEM 和 KMAS 等。它们的成功应用,推动着塑性成形过程的数值模拟技术坚实地走向实际应用。

3.2.2 数值模拟技术在航空航天领域环锻件辗轧成形中的应用

航空航天装备关键构件的塑性成形制造，其能力、水平代表着国际竞争力的制高点。如何实现航空航天装备关键构件(如航空发动机机匣环件、重型火箭贮箱用超大型铝合金环件等)的成形成性一体制造，是突破航空航天关键装备瓶颈制造技术的关键。然而，这些核心构件的塑性成形制造过程，经历着复杂的变形和组织演变历程，是一个集材料、几何、边界三重非线性于一体的多因素耦合交互作用的复杂系统，对其制造工艺的开发与优化，单纯采用理论解析和实验试错的方法，难以解决问题。而塑性成形过程的数值模拟技术，能够开展理论解析和实验难以做到的研究，获得成形过程应力、应变、温度、组织等过程信息，为工艺的设计和优化提供了强大的手段，因而在航空航天装备关键构件的塑性成形制造中起着越来越重要的作用。下文将首先介绍塑性成形工艺仿真的国内外研究现状，然后以航空航天领域广泛应用的环锻件辗轧成形为例，介绍环件辗轧成形过程的数值模拟仿真研究进展。

3.2.2.1 塑性成形工艺仿真的国内外研究现状

由于塑性成形过程的几何、物理、边界三重高度非线性特点，使得该领域主要面临如下挑战[5]：

(1) 材料成形性能试验及理论分析的尺度大多停留在宏观层次，对细观和微观尺度的试验与分析较少，对全过程多尺度建模仿真缺乏系统深入研究。

(2) 材料在塑性加工中的断裂损伤的物理模拟研究应进一步深入，否则难以有效建立预测材料断裂损伤的模型和参数，大大降低数值模拟的准确性。

(3) 对复杂大变形模拟精度和效率有待进一步提高；现有 CAE 软件都是解决正向问题，即给定设计方案后进行仿真分析，帮助设计者判断设计是否合理，难以给出合理的设计方案。

面对挑战，要使塑性有限元模拟技术达到高可靠性和高效率，依赖于所涉及的诸多关键技术问题的合理解决。其研究的热点、难点和发展趋势如下：

1) 材料宏微观耦合本构关系及基本方程

材料本构关系是对材料热力耦合作用下宏微观行为特征的数学描述。材料模型的描述方法及准确性，既影响计算精度，又影响计算效率，比如考虑变弹性模量和各向异性的材料本构关系，是提高板、管成形过程回弹预测精度的重要问题；考虑材料在多场耦合作用下的组织演变的材料本构关系，是实现航空航天核心构件精确塑性成形仿真优化的瓶颈问题。因此，针对不同的已有材料及新开发材料，建立其准确的材料宏微观耦合本构模型及其数据库，仍然是未来塑性有限元模拟技术研究的重要方向和基础内容。

2) 动态边界接触问题的处理

接触问题所包含的基本内容为接触判定和摩擦模型的建立。前者考虑接触的几何机制,后者是接触的物理机制。在塑性成形过程中,工具与坯料接触面间的摩擦现象十分复杂,受到坯料成分、温度和润滑条件等诸多因素的影响。目前对摩擦机理以及影响摩擦的因素尚未完全认识清楚。在塑性有限元模拟中,常采用的接触摩擦模型主要有:库仑摩擦模型、常摩擦模型、反正切摩擦模型等。开发高精度、高效率的接触算法,针对不同的塑性成形过程建立符合实际情况的摩擦模型,仍是塑性有限元模拟技术的研究难点和热点。

3) 网格重划技术

在金属成形过程的有限元分析中,当工件的某些边界网格与模具边界相干涉时,将会使模拟结果产生误差;此外,在大变形过程中,网格将会逐渐产生畸变,导致计算精度降低,引起不收敛甚至不能继续进行计算。因此,对于复杂大变形塑性成形过程,当网格变形到一定程度后,必须停止计算,重新划分适合于计算的网格,再继续进行计算。针对有限元网格重划的困难性,近几年来发展了塑性成形过程无网格法数值模拟方法,由于该方法不需要节点连接信息,能提供连续性好、形式灵活的场函数,不需要网格重划等优点,一度成为国内外研究热点之一,但该方法在复杂塑性成形方面的适用性和可靠性有待深入研究。

4) 计算方法的改善与开发

目前,对于二维问题的塑性有限元模拟技术已日趋完善,并已在工程中得到成功的应用。但对于三维问题以及多场耦合等复杂问题,由于数学模型及图形处理上的复杂程度大大增加,导致计算量猛增。这对塑性有限元模拟的计算效率提出了越来越高的要求。因此,目前重视以提高计算效率和精度为目标的热成形基础理论、新的数理模型、新的算法、前后处理、精确的基础数据获得与积累等基础性研究,是塑性有限元模拟技术得以进一步突破以达到实用化的基础和前提。

5) 多场耦合下多尺度宏微观模拟技术

金属在高温下的塑性成形是一个复杂的热力学过程,存在应力场、应变场、温度场等多场的耦合交互作用。同时,变形材料在复杂的变形条件下,将产生硬化、再结晶、晶粒组织变化等多种物理、化学过程。因此,对于热塑性成形过程的模拟,不仅要对工艺进行宏观模拟以获得满足形状、尺寸精度的几何形状,更重要的是要进行微观模拟,以预测、控制变形材料内部缺陷的产生,并揭示缺陷产生的机理,从而有效保证所加工零件具有所需要的力学性能,实现塑性成形过程的形/性一体化调控。因此,塑性成形多场耦合全过程、多尺度有限元建模理论与技术,是当前研究前沿与热点,也是难点,是今后塑性成形过程计算机模拟的重要发展方向之一。

6) 反向模拟技术

对于某一给定的成形工艺,最终产品的材料状态和几何形状取决于诸多成形条件参数(加载条件、模具形状、模具润滑条件、初始坯料几何尺寸等),若考虑某些工艺参数固定不变,则通过对另一些工艺参数的反复模拟和修改,以得到所希望得到的最终产品的材料状态和几何尺寸,成形工艺的设计可认为是对于初始坯料和随后的各预成形坯及模具的设计,但这种反复迭代的方法需要花费大量的计算时间,是极不经济的。20世纪80年代中期,Kobayashi[73]等系统研究了这一问题,提出了反向模拟技术(Backward Tracing Technique),即从一个给定的最终形态,沿着相反的加载路径,反向模拟实际的工艺过程。该方法为工艺设计开辟了一条新的途径。然而,近二十多年来,反向模拟技术虽然得到了一定的进展和应用,但始终没有取得突破性进展。主要原因在于反向模拟技术中的关键技术问题的解决没有普适性,包括:初始速度场的生成,脱模准则的建立,终止条件的确定和最终形状的修正等;因此,三维塑性成形过程反问题、优化与质量控制研究发展方兴未艾。

7) 塑性成形过程 CAE 与制造系统的集成

塑性成形过程的计算机模拟,是制造系统的一个核心环节,但只有将这一环节与先进制造系统的其他各个环节(如 CAD、CAM、PDM、并行工程、知识工程等)有机集成,才能最终实现塑性成形过程低成本、高质量、高效率、环境友好等目标。因此,随着计算机软硬件的迅速发展,以及制造业的数字化、信息化与智能化的要求,塑性成形过程 CAE 与 CAD、CAM 等系统之间的信息集成研发意义重大。

3.2.2.2　航空航天环锻件辗轧成形过程数值模拟研究

环形锻件广泛应用于航空航天领域,如航空发动机机匣、重型运载火箭贮箱用超大型铝合金环件、战略导弹用异形截面筒形件等。环件径轴向双向辗轧,是成形这类高性能环锻件不可替代的塑性成形制造技术之一。

研究发现精确塑性成形过程中变形体与模具的动态接触约束条件随时空变化,使得不均匀变形与组织控制异常困难。因此,如何实现精确塑性成形过程多模具约束柔性控制有限元建模,已成为国际先进塑性成形前沿领域的挑战性难题。其中难变形材料大型环件径轴向双向辗轧过程是这方面最具难点的代表性成形过程。

在环件径轴向轧制过程中,存在着驱动辊与环坯外表面的接触、芯辊与环坯内表面的接触、导向辊与环坯外表面的接触和锥辊与环坯端面的接触,接触边界非常复杂。特别是导向辊和锥辊与环坯的接触,在成形过程中随着环坯的长大而不断发生变化,是一种高度的非连续边界非线性。另一方面,环坯双变形区的大小以及变形区中场变量都随着变形过程的进行不断发生变化,因此,该过程是一个非稳态变形过程。基于上述环件径轴向轧制过程的特点,以及隐式、显式算法各自的特点及其适用范围,采用基于动力显式算法的 ABAQUS/Explicit 分析模块建立环件径轴向轧制过程的三维热力耦合有限元模型。

大型环件双向辗轧过程的动态变形特征使得导向辊和锥辊的运动需要根据环坯的长大行为实时对其进行调控,一方面确保成形过程能够顺利进行并保持稳定性,另一方面保证成形环件的几何精度(圆度、断面质量等)满足要求。因此,导向辊和锥辊运动的控制是大型环件双向辗轧过程有限元建模的瓶颈问题。由于大型、复杂、精密环件辗轧技术的发展与要求,过去通过事先确定导向辊和锥辊运动轨迹等方法用于该过程的有限元建模的技术已不再适用。考虑到实际生产中导向辊和锥辊的液压控制特点,研究建立基于液压控制的多约束柔性控制有限元模型,实现对材料塑性变形金属流动和过程运动控制的双重模拟仿真,是对大型环件双向辗轧过程进行优化设计与稳健控制的重要途径。

综上可见,大型环件双向辗轧成形过程的有限元建模涉及的关键技术,除了算法选择、材料建模、几何与装配建模、网格划分、载荷施加等之外,最重要的就是要解决导向辊、锥辊与环坯之间随时空变化的动态接触的建模与仿真。因此,下文着重介绍基于液压的导向辊柔性控制建模仿真方法。

1) 柔性控制建模仿真方法

导向辊在环件轧制过程中起到稳定成形过程和定心(保证环件圆度)的作用,更重要的是,降低环轧设备系统的振动效应,提高设备寿命(设备在高频率动态效应下容易损坏,成形环件的精度也难以保证)和产品精度。因此,如何合理控制导向辊对环坯的作用,是环件轧制实际生产中要解决的关键难题之一,也是环件轧制过程建模与仿真的关键技术问题之一。

以往的环件轧制过程数值模拟研究中,有关导向辊的处理有以下方法:

(1) 不考虑导向辊的作用:这种方法仅适用于小变形程度轧制过程,且模拟精度差。

(2) 单辊固定:这种方法会导致环件偏心,也仅适用于小变形程度轧制过程,模拟精度差。

(3) 计算导向辊运动轨迹,实现对导向辊的控制:这对于简单截面环轧过程不失为一种简单高效的方法,但对于大型复杂环件径轴向轧制过程,则显得无能为力。

针对上述各方法的不足,根据工业应用中实际的导向辊控制方式,提出一种导向辊的柔性控制建模方法。该方法在有限元建模中涉及的单元类型简单,数量少,计算效率高,更重要的是,和实际情况更加相符。

在实际生产中,导向辊的控制机构如图 3-20 所示。导向辊在液压系统和连杆机构的共同作用下,对成形中的环坯施加适当的作用力,起到定心、保证环件圆度的作用。导向辊对环坯作用力的大小取决于连杆机构的几何构型和液压缸中的控制压力。当连杆机构的几何构型(设计比较简单,保证有足够的工作空间即可)确定后,则完全取决于液压缸中的控制

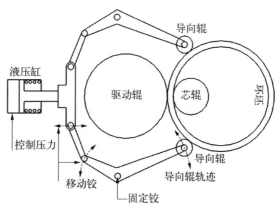

图 3-20　导向辊控制机构原理

压力。

根据上述导向辊控制机构原理可知,该导向辊控制机构包括两部分:一是与导向辊相连的连杆机构部分;二是液压系统部分,由于液压系统的存在,可实现对导向辊的柔性控制。因此,要实现上述导向辊柔性控制机构的建模与仿真,关键在于两点:① 如何实现连杆机构的建模与仿真;② 如何实现连杆机构控制系统(液压控制)的建模与仿真。

采用 ABAQUS 的 Connector 单元技术和基于表面的流体建模(Surface - based fluid modeling)技术解决了上述两个问题,如下所述。

(1) 连杆机构的建模与仿真。

连杆机构的建模与仿真,一方面,设计连杆机构的几何结构,保证连杆机构有足够的工作空间;另一方面,建立连杆机构各连杆之间的连接行为模型,如移动铰、固定铰,如图 3 - 21 所示。

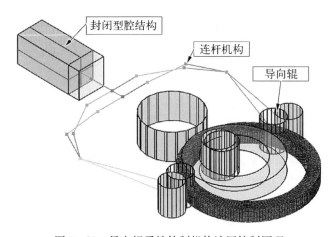

图 3 - 21 导向辊柔性控制机构液压控制原理

基于 Abaqus 的 Connector 单元技术,采用单个梁单元(beam)模拟各个连杆,采用焊接单元(weld)模拟连杆间的固定铰连接行为,采用铰接单元(hing)模拟连杆间的移动铰连接行为。最后结果如图 3 - 21 所示。连杆机构的工作空间根据连杆机构设计原理以及环件轧制环坯及环件的尺寸确定。

(2) 连杆机构控制系统(液压控制)的建模与仿真。

当导向辊连杆机构设计完成后,导向辊对环坯的抱紧力取决于连杆机构的液压控制系统,如何建立液压系统的液压模型,使得导向辊对环坯施加合适的抱紧力,是导向辊柔性控制机构建模仿真的难点。

采用 ABAQUS 中基于表面的流体建模(surface-based fluid modeling)技术,解决了导向辊连杆机构柔性控制系统液压行为模型建立的问题。其原理是:通过封闭型腔结构形状的变化与封闭型腔中流体压力之间的耦合交互作用,来对封闭流体腔中的压力进行控制。

如图 3-21 所示,随着环坯长大,导向辊被撑开,然后通过连杆机构,把环坯作用于导向辊的力传递给内部充满流体的封闭型腔结构右端。该封闭型腔结构左端固定,由于其右端受到外力作用,发生变形(长度减小,但截面保持不变),体积减小,导致型腔内流体压力增大;随着环件轧制过程的进行,环坯外径逐渐增大,封闭型腔体积越来越小,这时流体腔流体压力将越来越大,导向辊作用于环坯的力也越来越大,此力达到一定程度,将会使得成形中的环坯被压扁;因此,需要对封闭型腔中流体的压力进行合理调节与控制,才能保证环坯不被压扁,同时又起到稳定和定心作用。

为此,在导向辊连杆机构控制系统的建模与仿真中,一方面,随着成形过程的进行,封闭型腔结构发生变形,体积不断减小,型腔内压力不断增大;另一方面,设计封闭流体腔中流体以某种方式排出,以缓解由于封闭流体腔体积减小导致的压力增大。关键问题是,如何使得这矛盾的两个方面达到一个动态平衡状态,最终确保导向辊作用于成形中环坯的力既能起到稳定和定心的作用,又不至于压扁环坯,这就是所提到的导向辊柔性控制机构液压行为模型建立的问题。下面给出解决该问题的思路和步骤:

① 根据环件轧制过程环坯失稳条件,估算使得环坯不被压扁的临界导向辊抱紧力 F_b;

② 根据导向辊连杆机构,估算传递给封闭型腔右端的最大力 $F_c = kF_b$,系数 k 取决于连杆机构的几何结构与尺寸;

③ 以 F_c/S 为封闭型腔流体流出型腔的压力阀值 p_f(S 为封闭型腔右端面的面积),即当流体腔中压力 p 大于 p_f 时,封闭型腔中的流体则以某质量流出速率 $\dot{m}$ 排出,以缓解由于体积减小导致的型腔压力增大,达到一个动态平衡;当流体腔压力 p 小于 p_f 时,则流体腔流体不排出;

④ 采用试凑法确定质量流出速率 $\dot{m}$,一般来说,只要每一时间增量内排出的流体质量不超过流体腔中的总质量,$\dot{m}$ 取值越大,越容易达到动态平衡,对导向辊的柔性控制效果越佳。

图 3-22 反映了上述导向辊柔性控制机构液压行为模型及液压控制流程。采用 ABAQUS 的基于表面的流体建模(surface-based fluid modeling)技术可以有效实现该模型的建立及仿真。

考虑到环件径轴向双向辗轧过程中,存在三套独立控制的轧辊(2 个导向辊、驱动辊与芯辊,2 个锥辊)与环坯动态接触从而对环坯施加随时空变化的载荷,因此环坯载荷施加也是多约束柔性控制建模仿真的重要内容。下面简介环坯载荷施加的关键技术内容。

(3) 环坯载荷施加。

环坯载荷施加,是通过定义各个成形辊的运动方式以及成形辊与环坯的接触,由接触面来传递成形辊对环坯的载荷。

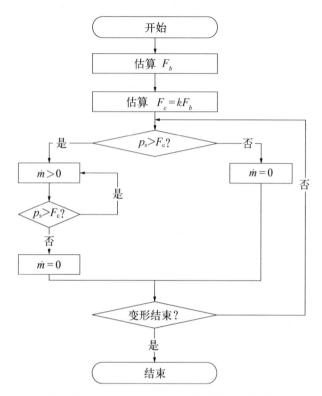

图 3-22 导向辊柔性控制系统液压行为控制流程

环件轧制过程中,各个成形辊的运动是通过定义各个成形辊的参考点(RP)的各个自由度的速度/角速度边界确定的。

在某一坐标系下,自由度的定义如图 3-23 所示。自由度 1、2、3 分别为沿坐标轴 1、2、3 方向的平动;自由度 4、5、6 分别为绕坐标轴 1、2、3 的转动。U、V、A、UR、VR、AR 分别表示位移、速度、加速度、角位移、角速度和角加速度。

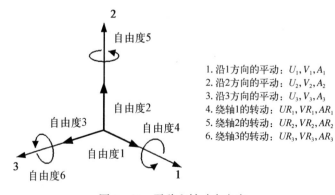

图 3-23 平移和转动自由度

在同一坐标系下,定义各个成形辊在各个自由度的约束情况,则可确定各个成形辊的运动方式,各个成形辊在各自的运动下,共同对环坯施加载荷,使环坯产生所需要的塑性变形。可见,各成形辊的运动方式以及它们之间的协调与配合,是环件轧制过程顺利实现,并获得满足要求的环件的关键。各成形辊的运动的设计与确定,实际上就是该成形过程各个成形参数的设计,主要包括:驱动辊转速设计、芯辊进给速度设计、导向辊运动控制、锥辊的转速、轴向进给速度和后撤速度设计等。

驱动辊在成形过程中,只能绕其轴线作旋转轧制运动,为此,在全局坐标系下,约束驱动辊参考点的除 VR_2 以外的所有自由度（$V_1 = 0$, $V_2 = 0$, $V_3 = 0$, $VR_1 = 0$, $VR_3 = 0$）,而驱动辊绕其轴向的轧制运动则由 VR_2 的变化规律确定。

芯辊在成形过程中,既有向着驱动辊方向的进给运动,又有由于环坯对其的摩擦作用而导致的从动旋转运动。在图 3 - 23 中的全局坐标系下,芯辊沿－1 方向做进给运动,同时绕 2 轴做旋转运动。因此,对芯辊参考点的约束为:$V_2 = 0$, $V_3 = 0$, $VR_1 = 0$, $VR_3 = 0$,放开 VR_2 自由度,V_1 自由度即为芯辊的进给速度,根据芯辊运动轨迹确定。

导向辊在成形过程中,在图 3 - 23 中的全局坐标系下,可绕其轴向（2 方向）做旋转运动,并随着环坯的长大,存在 1,3 平面内的平移运动,因此,对导向辊的约束为:$V_2 = 0$, $VR_1 = 0$, $VR_3 = 0$,放开 VR_2 的自由度,使其自由运动,V_1 和 V_3 的变化规律,完全由导向辊的柔性控制机构确定。

锥辊的运动包括绕其轴线的转动、环坯轴向的进给运动以及随着环坯长大的后撤运动。锥辊运动设计与确定的基本原则如下:

① 锥辊转速要与环坯转速保持一致,使得锥辊与环坯在接触区域的线速度尽量匹配,这样锥辊既不会阻碍环坯进入轴向孔型,又不会由于拽入力太大（摩擦作用）而使环坯扁化变形;

② 锥辊平移速度要与环坯长大速度同步,使得环坯和锥辊在平移方向尽量没有相对滑动,避免摩擦的不利影响。

另外,在轧制过程开始时刻,要使得环坯内外表面线速度都与锥辊接触处线速度相匹配,这样可使得锥辊与环坯接触的整个区域内,锥辊线速度与环坯端面线速度尽可能同步。

2）模型及可靠性验证

图 3 - 24 为根据上述导向辊柔性控制建模方法及相关关键技术,建立的环件双向辗轧过程三维热力耦合有限元模型。该模型中,导向辊在其控制连杆机构及液压作用下对环坯施加随时空变化的柔性约束;锥辊随环件长大的后移速度则根据图中定位球（location ball）测定的运动速度而确定,而定位球的运动由与其相连的液压缸确定,该液压缸中压力不能太大,只要保证定位球紧靠环坯即可。同时,如果材料模型中同时考虑塑性、断裂以及组织的演变,则该模型不仅能预测变形与温

度,也可预测损伤及组织的变化,关键是要建立相应的材料模型。另外,需要强调的是,过去采用事先确定各轧辊运动轨迹的方法建立的模型,难以预测成形过程的稳定性,而采用基于液压的多约束柔性控制建模方法,可根据导向辊沿环轧机对称平面法线方向的位移-时间曲线来描述轧制过程的稳定性。后面将简介该模型在成形过程稳定性预测方面的独特作用。

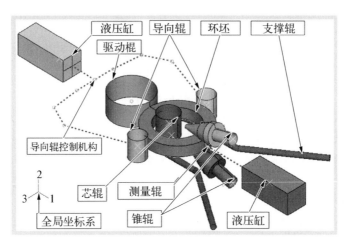

图 3-24　环件径轴向轧制过程三维有限元模型及其几何装配结构

为了验证所建立的环件径轴向轧制过程柔性控制三维有限元模型的适用性和可靠性,从环坯的瞬时外径尺寸,径向轧制力和轴向轧制力三个方面对模型进行了验证。

试验条件:试验设备为 Wagner Banning 公司的 ϕ3 000 mm 径轴向数控环轧机;试验材料为 GH4169 合金 ϕ220 mm 棒材,经下料、墩粗、冲孔、机械加工后制成尺寸为 ϕ483.1 mm×ϕ360 mm×84.8 mm(外径×内径×高度)的环坯,最终环件尺寸为 ϕ600 mm×ϕ500 mm×80 mm;轧制过程径轴向变形量呈线性关系,$\tan\alpha = 0.42$;芯辊以恒定进给速度 $v_f = 0.98$ 进给,驱动辊转速为 $n_1 = 12.6 + 0.42t$(r/min);成形温度范围 $980° \sim 1\,040°$ 根据上述试验条件,建立了环件径轴向轧制过程的三维有限元分析模型,通过大量计算模拟,环坯的瞬时外径尺寸、径向轧制力、轴向轧制力的模拟结果与试验数据的对比情况如下所述。

(1) 环坯瞬时外径。

环坯瞬时外径的模拟值与试验值的比较如图 3-25 所示。从图中可看出,环坯瞬时外径模拟值与试验值吻合良好,这说明所建立的环件径轴向轧制过程三维有限元模型对与环坯变形的模拟是可靠的,精度也比较高。

(2) 径向轧制力。

图 3-26 给出了环件径轴向轧制过程中,径向轧制力的模拟值与试验值的比较情况。从图中可以看出,两者基本吻合。从数量上分析,模拟值比试验值偏小,误

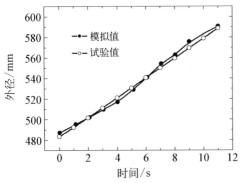

图 3-25　环坯瞬时外径模拟值与试验值的对比

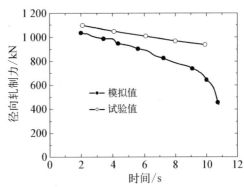

图 3-26　径向轧制力模拟值与试验值比较

差的来源主要有两个方面:一是材料模型存在误差,特别是模拟中轧制温度与实际上可能存在较大误差,从而导致材料性能与实际相差较大;二是模拟中有关摩擦润滑、几何、工艺参数等与实际情况存在差异;另外,有限元本身是一种近似计算方法,不可避免存在误差。

径向轧制力模拟值比试验值偏小的原因,主要是由于模拟中温度偏高引起的。图 3-27 为环件温度分布云图,可以看出,环坯温度在 992°～1 161°之间,最大温度超过了环坯的成形温度范围上限 1 040°。而且,由于环坯与环境的热交换导致的温降小于环坯塑性功(径向轧制变形相对于轴向轧制变形占主导地位)导致的温升,因此成形力模拟值比试验值始终偏小。

图 3-27　环件温度分布云图

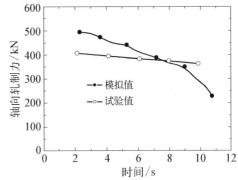

图 3-28　轴向轧制力模拟值与试验值比较

(3) 轴向轧制力。

图 3-28 给出了环件径轴向轧制过程中,轴向轧制力的模拟值与试验值的比较情况,从图中可以看出,二者基本吻合。二者在数量上的误差原因,与上述径向轧制力类似。

不同的是,在轧制开始时刻,轴向轧制力模拟值比试验值高,而在轧制后期,又低于试验值。这是由于在开始时刻,环坯与环境进行热交换,使得环坯温度降低,但由于轴向塑性变形相对径向变形小，塑性功导致的环坯温升不及温降，因而此时成形力模拟值较大；但随着成形过程的进行，轴向参与塑性变形的金属越来越多，塑性功导致环坯温升增大，因而成形力模拟值减小。可见，成形中，温度模拟的精度，对于成形力的模拟精度具有重要影响。

综上所述，所建立的环件径轴向轧制柔性控制模型，能够比较精确地模拟环坯的变形，也能对成形力进行比较准确的预测，成形力的预测精确，在很大程度上取决于成形过程温度模拟的精度，这与实际情况也是相符的，说明所建立的模型是有效、可靠的。

3.2.2.3　工艺仿真的实例分析与模拟结果

1) 环轧过程塑性变形行为仿真研究

通过数值模拟仿真，获得了成形环件在三种不同计算条件下等效塑性应变沿壁厚方向的分布规律。对所获得的等效塑性应变沿壁厚方向的分布规律进行全面分析，发现在环件辗轧成形过程中，存在三种不均匀塑性变形行为（见图 3-29），如下所述：

（1）当平均每转进给量 $\overline{\Delta b}$ 处于较大值时（如 $\overline{\Delta b}=0.81$ mm/r），变形区材料在辗轧过程开始阶段便完全进入塑性变形状态，如图 3-29(a)所示。

（2）当平均每转进给量 $\overline{\Delta b}$ 减小到较小值时（如 $\overline{\Delta b}=0.14$ mm/r），变形区材料在辗轧过程中逐渐进入塑性变形状态，如图 3-29(b)所示。

（3）当平均每转进给量 $\overline{\Delta b}$ 继续减小时（如 $\overline{\Delta b}=0.08$ mm/r），环坯壁厚方向中层附近在辗轧过程结束时刻仍存在只发生弹性变形或处于小塑性应变状态的刚性区，如图 3-29(c)所示。

由此可见，随着平均每转进给量 $\overline{\Delta b}$ 的逐渐减小：在环件辗轧成形过程中塑性变形行为存在一个从(1)到(3)的转变过程。

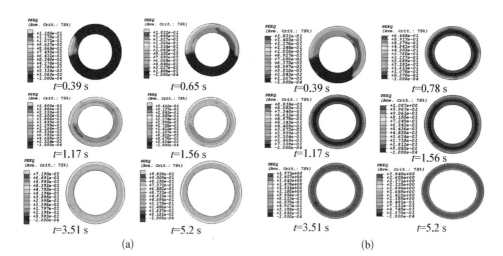

(a)　　　　　　　　　　　　　　　　(b)

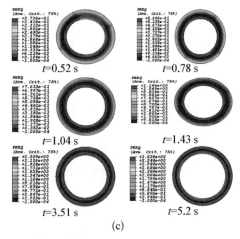

(c)

图 3-29　成形环件壁厚方向等效塑性应变云图

(a) $\overline{\Delta b}=0.81\,(\mathrm{mm/r})$,对应于塑性变形行为(1)
(b) $\overline{\Delta b}=0.14\,(\mathrm{mm/r})$,对应于塑性变形行为(2)
(c) $\overline{\Delta b}=0.08\,(\mathrm{mm/r})$,对应于塑性变形行为(3)

2)环轧过程稳定性模拟预测

由于导向辊液压柔性控制建模技术的引入,可以采用导向辊沿环轧机对称平面法线方向的位移-时间曲线来描述轧制过程的稳定性,该位移-时间曲线波动越大,表示成形过程稳定性越差。基于上述大型环件辗轧多约束柔性控制有限元模型,通过计算得到不同成形条件下过程导向辊的位移时间曲线如图 3-30 所示。从图中可以看出,保持环件匀速长大,有利于轧制过程的稳定成形;环坯在根据大型环件辗轧稳定成形域确定方法得到的极限长大速度情况下,辗轧过程失稳,而在长大速度极限范围内,成形过程稳定性良好。

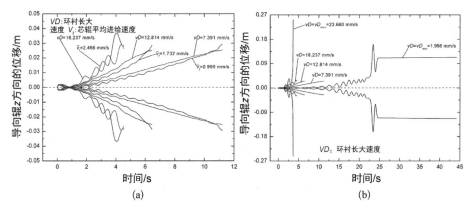

图 3-30　大型环件双向辗轧过程稳定性分析

(a) 保持环件匀速长大,有利于轧制过程的稳定成形　(b) 环坯极限长大速度情况下辗轧过程失稳,在长大速度极限范围内,成形过程稳定

3.2.3 小结

塑性成形工艺模拟仿真优化,是提高零件成形质量、节约时间和成本、实现塑性加工过程多约束优化控制不可或缺的关键主流技术,对飞机、火箭、导弹、核电等高端装备领域核心构件的成形成性一体化制造发挥着越来越重要的作用。随着现代科技的日新月异和先进制造技术的迅猛发展,对塑性成形工艺模拟仿真也提出了更高的要求,主要体现在:

(1) 由面向单点工艺过程,建立在温度场、变形场、速度场等基础上的旨在预测形状、尺寸、轮廓的宏观尺度模拟,进入到以预测组织、结构、性能为目的的全流程多尺度模拟仿真与优化。

(2) 由低效率的基于试错的开环控制的塑性成形过程仿真优化,向高效率的基于闭环控制的塑性成形过程智能仿真优化方向发展,使得塑性成形工艺过程的优化建立在基于目标(变形、温度、组织等)实时控制的基础之上。

3.3 增材制造工艺模拟仿真

3.3.1 引言

增材制造(additive manufacturing,AM)过程是一个高能激光束周期性、剧烈、非稳态、循环加热和冷却的过程,是一个涉及短时非平衡多道次固态相变的复杂冶金过程。增材制造数值模拟技术是增材制造从工艺走向科学的重要手段,然而由于增材制造过程物理本质的复杂性,其过程仿真一直存在着很大的困难。例如,增材制造三维模型中网格数量庞大,计算周期难于满足工程实际需要;严重的几何非线性、材料非线性导致求解过程收敛困难;高温区和极高温度梯度的存在使得数值模拟的精度和稳定性存在困难。

增材制造过程,尤其是金属的增材制造过程,以同步送粉为主要技术特征的激光立体成形(LSF)技术和以粉末床为主要技术特征的选区激光熔化(SLM)技术,其物理模型与焊接过程的物理模型非常类似,都涉及材料的熔化/凝固的物理过程,但是增材制造过程是多道、多层的叠加过程,当前熔覆层会对已经凝固的熔覆层产生影响,其本身的热应力情况比焊接过程更为复杂,因此建立一个能够准确预测增材制造过程的仿真模型是该领域的研究热点和难点。

金属增材制造过程仿真模型按照尺度以及考虑的物理本质的不同,主要可分为三个层次:微观层次(microscopic scale)、介观层次(mesoscopic scale)、宏观层次(macroscopic scale)。微观层次以熔池为研究对象,综合考虑熔池对流、热传导/辐射、元素挥发、表面张力等物理现象,深入研究激光与粉末材料相互作用的机理,揭示增材制造工艺参数对熔化和凝固过程的影响规律;介观层次一般不考虑熔池内部的复杂物理现象,将熔池简单考虑为一个热源(典型的为高斯热源或者双椭球热源模型),采用顺序耦合分析的方法研究金属增材制造过程的温度场和热应力场演化规律,该尺度模型主要研究不同的扫描策略对增材制造过程瞬时热应力场及最终残余应力场的影响规律;由于金属增材制造构件较大(增材制造的钛合金构件可达到数米,重量达到几百千克),而熔池较小(典型的熔池长宽厚 2 mm×2 mm×0.2 mm),采用微观和介观尺度的分析模型来计算一个实际的金属构件非常耗时,往往以年为计算单位,因此采用简化分析模型,即宏观层次,采用逐道或者逐层,甚至多层同时施加热源,重点考察结构件沿不同沉积方向的变形规律,为余量设计、支撑和辅助结构设计提供基本数据。

金属增材制造的微观组织模拟通常仅通过温度场信息结合 Thermol - Calc 软件预测凝固微观组织的相分布,以及根据熔池温度梯度和冷却速率预测一次枝晶间距等信息。上述方法无法给出凝固微观组织随熔池温度梯度产生的枝晶转向等现象,也无法给出熔池浓度场分布等信息,需要凝固微观组织数值模拟技术直接模拟凝固微观组织。最近已经有很多国内外研究者采用相场法(phase field, PF)或元胞自动机(cellular automaton, CA)法模拟了激光增材制造、激光熔覆以及焊接熔池的凝固微观组织。CA 模型与 PF 模型相比,由于 CA 模型受到网格各向异性的影响,导致 CA 模型精度不如 PF 模型。但 PF 模型计算量大,仅能模拟有限的凝固区域。金属高性能增材制造的熔池有几毫米的宽度,因此对于 PF 法而言计算量过大,无法满足模拟的需要,而 CA 模型计算速度快,模拟的尺度相对较大。

介观尺度和宏观尺度的仿真分析主要以有限元(finite element, FE)的计算方法为主,一般采用商用有限元程序(Ansys, Abaqus, Comsol, MARC),结合二次开发,主要使用单元生死、移动热源、材料子程序等技术手段建模。其中,采用 Ansys 通用有限元程序,结合 APDL 二次开发接口,进行增材制造仿真分析,这种方案在国内比较常见,主要由于 APDL 比较易于上手,但是在材料子程序、非线性分析上不如 Abaqus 灵活强大。Abaqus 采用 Python 为前后处理二次开发语言,易于实现参数化建模和后处理自动分析,同时也提供了求解器级别的二次开发接口,使用 Fortran 语言作为接口语言,能够进行材料 UMAT、复杂边界条件 DFLUX 等的二次开发,操作灵活,功能强大。另外,面向增材制造的专用有限元分析软件也不断涌现,具有代表性的如 3DSim 公司的 exaSIM,该软件能够对增材制造过程的支撑设计、变形趋势进行预测;Project Pan 公司推出的 CUBES 软件能够自动从 STL 模型进行建模和网格划分,采用自适应网格和单元生死技术动态的对激光熔池进行细化,在保证精度的情况下,极大地提高了计算速度。

3.3.2　增材制造数值模拟技术在航空航天领域的应用

增材制造技术已经在航空航天领域取得了快速的发展,美国 Boeing 公司自 2000 年以来开始将 LSF 大型钛合金零件应用于 F - 18 和 F - 22 战斗机,并于 2015 年申请了相关飞机零件增材制造完整体系的美国专利。欧洲 AirBus 公司自 2006 年以来开始尝试飞机起落架的 LSF,并已将拓扑优化设计与 SLM 技术相结合,实现了钛合金发动机短舱铰链的优化制造。美国 GE 公司则走在了 SLM 技术研究和应用的前列,其采用 SLM 技术制造的 GE90－94B 航空发动机用的 T25 发动机传感器壳体通过了美国联邦航空管理局认证,批准航空应用。西北工业大学已建立了包括材料、工艺、装备和应用技术在内的完整的激光增材制造技术体系,针对大型钛合金构件的激光增材制造,服务于中国商飞 C919、欧洲 Airbus A380 大型客机和美国 GE 公司航空发动机研制,实现一次性整体 LSF 制造了国际最大尺寸(3 100 mm)钛合金构件。北京航空航天大学突破飞机钛合金等高性能难加工金属大型整体主承力结构件 LSF 工艺、装备及应用关键技术并创建了完整的技术标准体系,实现了飞机钛合金大型整体关键主承力构件的 LSF 制备,并已经在多个型号中获得应用。

　　增材制造在上述各行业中的广泛应用,离不开科学计算的贡献,从三维模型的拓扑优化设计,到打印过程的再设计(成形方向优化、支撑结构生成、打印策略规划、变形预测及余量设计等),以及工艺优化(激光功率、扫描速度等匹配)等各个环节。例如,Project Pan 公司为 Sciaky 公司提供了增材制造过程变形计算服务,对 12 英尺长的 TC4 合金的电子束送丝成形过程进行了仿真分析,准确快速地预测了零件的变形,并采用优化方法减少了 91% 的变形量。西北工业大学对 C919 中央翼 ♯1 肋椽条零件进行了仿真分析,对成形路径和工艺进行了优化,使得一次成形 3 米长椽条零件,整体变形量控制在 2 mm 以内。

3.3.2.1　增材制造工艺仿真的国内外研究现状

1) 宏观尺度热应力数值模拟现状

　　激光增材制造过程是粉末流、激光束、基体三者交互的多因素耦合过程,是一个涉及移动熔池、快速非平衡凝固、固态相变的复杂冶金过程,具有非线性、非稳态、多道次、长历程、热力耦合的特征,是一个几何、物理、边界三重非线性的复杂过程。针对激光增材制造过程的非均匀快速热－力耦合和变形行为,国际上开展了一系列的研究工作,主要集中在激光增材制造的温度场、热应力和位移场,以及熔池形貌和显微组织研究方面。

　　Louisville 大学 B. Stucker 教授团队采用 FFD－AMRD(Feed-Forward Dynamic Adaptive Mesh Refinement and De-refinement)方法,实现对激光增材制造 SLM 的温度场演化过程的快速求解[74]。通过采用自适应动态网格策略,结合有效刚度矩阵装配,极大地提高了增材制造过程温度场仿真速度,计算效率几乎提高 100 倍。K. Zeng 使用全新动态网格划分技术的 3DSim 软件进行了 SLM 热过程的仿真分析,与均匀网格计算的温度场结果进行了对比,并进行了试验验证,还与通用有限元分析软件 Ansys 的计算结果进行了横向比较,发现采用全新动态网格划分技术的载荷迭代收敛步效率几乎是 Ansys 软件的 10 倍以上。Louisville 大学 B. Stucker 教授团队在增材制造热-应力过程的快速仿真计算方面独树一帜。

　　宾夕法尼亚州立大学 J. C. Heigel 和 P. Michaleris 等人采用原位温度、变形量实时测量方法,结合有限元热-应力顺序耦合分析模型,对 TC4 钛合金同步送粉增材制造的热-应力演化过程进行了数字化仿真研究,并对 Inconel 625 同步送粉和送丝直接沉积热-应力演化过程进行了对比分析[75]。在美国商务部下属机构美国国家标准与技术研究院的资助下,宾夕法尼亚州立大学于 2015 年发布了增材制造材料战略路线图,规划了未来 10 年增材制造材料的发展方向,旨在在材料-结构-性能一体化、新一代增材制造材料与工艺等方面取得突破,并推动美国组建一个"增材制造材料联盟"。

密苏里大学 Jingwei Zhang 等人采用耦合 FE - CA 模型对 TC4 激光增材制造过程的热-组织演化过程进行了仿真研究,该模型不仅能够预测增材制造过程宏观的热演化历史,而且能够对晶粒形貌等微观情况进行跨尺度仿真[76]。

美国劳伦斯利弗莫尔国家实验室 W. E. King 等人针对金属增材制造过程内在特点,重点阐述了粉末尺度和零件尺度的数值模拟现状和进展,对各自尺度模型存在的物理、计算和材料等挑战进行了系统的研究。提出了通过设计物理和计算实验,并采用数据挖掘(data mining)和不确定性量化(uncertainty quantification, UQ)等手段实现对金属增材制造过程的预测和优化[77]。

西北工业大学林鑫,马良等人[78]采用通用有限元分析工具建立了激光增材制造热应力仿真模型。谭华等人[79]采用数值模拟的方法建立了粉末流输送的数学模型,并利用 Fluent 软件进行求解,研究发现相同送粉工艺条件下,粒径分布范围不同则粉末流颗粒质量浓度有明显差异。北京航空航天大学孟牧等人[80]为了研究激光立体成形过程中搭接区温度场的变化规律,建立了具有搭接结构的零件模型,通过 Ansys 软件模拟了零件成形过程的温度场,结果表明热量并未在搭接区发生累积。南京航空航天大学戴东华等人[81]针对 W - Cu 复合体系激光增材制造 SLM 过程,建立了三维瞬态定点和移动热源下的熔化-凝固数学模型,研究了不同激光功率和扫描速度下的熔池表面的温度场及熔池中 W 颗粒周围熔体的流场和受力情况。华中科技大学的姚化山等人[82]利用 Ansys 软件对激光增材制造 SLM 成形过程的三维瞬态温度场的分布变化进行了数值模拟,模拟结果表明随着扫描时间的增加,由于热累积效应,熔池的温度越来越高,热影响区也随之增大,模拟结果与实验结果吻合。华南理工大学师文庆等人[83]为了优化铜磷合金粉末激光增材制造 SLM 工艺参量,采用 Ansys 分析软件对其温度场进行了模拟,结果表明,其温度场的等温线分布为椭圆形,用模拟遴选的工艺参量实现了激光增材制造 SLM 的快速成形。

2)熔池尺度的热对流及凝固微观组织数值模拟现状

比利时鲁汶大学的 Verhaeghe 等人[84]发现,若不考虑熔池内的流场,计算的熔池尺寸和形貌与实验观察不相符。可以看到,近年来激光增材制造研究者已发现耦合熔池的对流对于准确把握熔池形貌至关重要。

(1)金属增材制造与流场数值模拟。

德国埃尔朗根-纽伦堡大学 Gurtler 等人[85]采用了三维流体体积法(volume of

fluid，VOF)的计算流体力学(computational fluid dynamics，CFD)模型模拟了 SLM 制造过程。模型考虑了金属粉末的熔化，润湿，熔池内的液相流动，以及气孔等缺陷的形成。美国佐治亚理工学院 Acharya 等人[86]采用有限体积法 CFD 模型建立了激光修复镍基高温合金单晶叶片的温度场、流场数值模型，该模型分析考虑了 Marangoni 对流对熔池形貌的影响，分析了激光修复过程中柱状晶/等轴晶转变(columnar to equiaxed transition，CET)过程。美国宾夕法尼亚大学 DebRoy 研究团队在长期研究焊接熔池数值模拟基础上，建立了 Ti‐6Al‐4V 合金激光增材制造过程的传热和熔池对流的模型，并研究了不同工艺参数对熔池形貌和温度场分布的影响[87]。在此基础上建立了 316L 不锈钢单道多层的金属增材制造传热和对流模型，研究结果表明，在相同工艺参数条件下，随着沉积层数的增加，熔池逐渐变大，冷却速度逐渐降低[88]。熔池内合金液体流动的速度为 400～600 mm/s，表明对流换热是熔池内热传输的主要机制。最近，DebRoy 团队与美国密歇根大学的 Mazumder 教授合作[89]，采用多道多层的传热和熔池对流数值模型研究了 IN718 高温合金增材制造过程的凝固纹理(solidification texture)。传热和熔池对流模型对理解不同激光扫描方式下的凝固纹理有重要作用。

另外，Chatterjee 等人[90]采用格子玻尔兹曼方法(lattice‐Boltzmann method，LBM)模拟了对流条件下固/液界面生长的行为。采用焓‐多孔介质法(enthalpy‐porosity technique)对固/液界面进行追踪，温度场、流场采用 LBM 法求解。德国埃尔朗根‐纽伦堡大学 Attar 和 Körner 等人[91]建立了基于 LBM 法的自由表面流体流动数值模型，液/固相变的数值模型采用了 Chatterjee 等人的模型。Körner 和 Attar 等人[92]采用上述模型研究激光选区熔化粉末床的自由表面，模拟了粉末熔化，润湿以及球化等现象。Körner，Scharowsky 和 Klassen[93]采用 LBM 研究了金属增材制造过程中 Ti‐6Al‐4V 合金熔池内流体流动及材料蒸发的现象，研究结果表明材料蒸发的质量损失及其反冲压力(recoil pressure)对熔池表面有重要影响。

(2)金属增材制造与凝固微观组织数值模拟。

Fallah[94]采用 PF 法模拟了 Ti‐Nb 合金金属增材制造的凝固微观组织(见图 3‐31)，其中，熔池的温度场由有限元(finite element method，FEM)模型计算。在熔池固‐液界面，根据 FEM 模型计算的温度梯度，Fallah 将其简化成局部定向凝固的形式研究 Ti‐Nb 合金金属增材制造的凝固微观组织演化行为。

Yin[95]则采用 CA 法模拟了 Fe‐0.13%(质量分数)C 合金的金属增材制造的组织演化，并考察了金属增材制造工艺参数对熔池凝固枝晶一次间距的影响，如图 3‐32 所示。

通过对比上述 Fallah 和 Yin 的工作，可以发现，目前无论是采用 PF 模型还是 CA 模型，其对金属增材制造过程的凝固组织数值模拟基本上都是采用有限元方法计算出熔池的温度场和熔池形貌。而有限元模型忽略了流体的流动以及粉末在熔池内的运动和熔化过程。忽略熔池内的流场，则该模型无法模拟熔池自由表面的

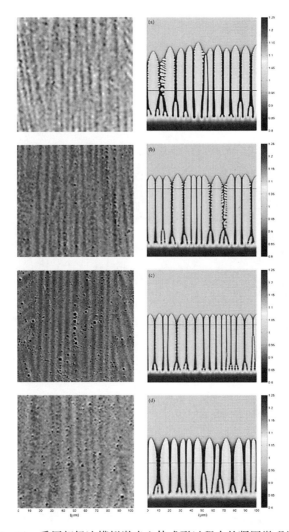

图 3-31 采用相场法模拟激光立体成形过程中的凝固微观组织

形状,即气-液界面。而事实上,金属增材制造制造零件的表面质量和精度很大程度上由熔池自由表面的形状来控制。忽略熔池内的流场及粉末与熔池的相互作用,则该模型无法深入研究金属增材制造技术的熔池冶金过程,也因此无法准确揭示金属增材制造过程中的缺陷产生的原因和机理。在有限元模型的基础上,根据熔池固-液界面处的温度梯度建立定向凝固的生长条件,从而以定向凝固的微观组织间接描述熔池内的凝固微观组织。这种方法可以确定枝晶一次间距等凝固信息,但无法真实反映熔池内自基材外延生长的枝晶取向研究,以及随熔池温度梯度变化而产生熔池顶部的枝晶转向或 CET 现象。

(3)流场与凝固微观组织耦合模拟。

近年来,随着流场格子玻尔兹曼方法(lattice-Boltzmann method,LBM)的发

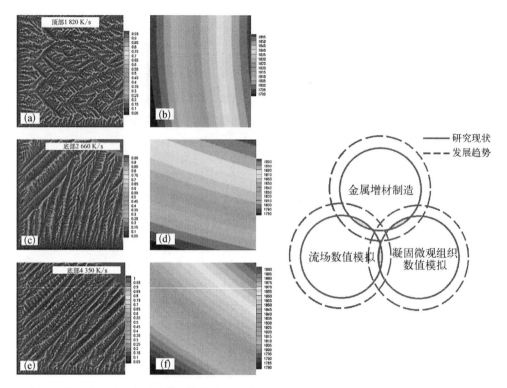

图 3 - 32　采用元胞自动机模型模拟激光立体 　　图 3 - 33　金属增材制造、流场数值模拟
　　　　　成形过程中的凝固微观组织 　　　　　　　　　　　　和凝固微观组织数值模拟研
　　　　　　　　　　　　　　　　　　　　　　　　　　　　　究现状

展,国际上已逐渐开始将 LBM 模型与 CA 模型相结合,开展对流条件下的凝固组织模拟。东南大学朱鸣芳课题组[96]一直以来致力于数值模拟研究对流条件下凝固微观组织演化,孙东科和朱鸣芳等人建立了 LBM - CA 模型,计算结果与 Lipton - Glicksman - Kurz(LGK)模型吻合很好。Yin 等人在 LBM - CA 模型的基础上,与传统 FE - CA 模型的计算效率进行了比较。结果表明网格数目越大,LBM - CA 计算效率越高。300×300 的网格下,LBM - CA 比 FE - CA 模型计算效率高约 50 倍。Jelinek 等人[97]将并行计算技术应用在 LBM - CA 模型上,在41 472个 CPU 核心上,计算了二维 17.28 cm×8.64 cm 区域的 1 128 万个枝晶在流场下的生长行为。Eshraghi 等人[98]建立了三维大尺度 LBM - CA 模型,模拟了 1 mm³ 区域的柱状晶生长。可以看出,随着并行计算技术的发展,使得耦合对流的相对大尺度凝固组织模拟逐渐成为可能。

　　总体来说,金属增材制造、流场数值模拟和凝固微观组织数值模拟形成相互交叉的研究现状,如图 3 - 33 的示意图所示。可以预见,金属增材制造、流场数值模拟和凝固微观组织数值模拟会在未来的发展中深度融合。

3.3.2.2 增材制造工艺仿真的数理建模

1) 微观尺度数学物理模型

元胞自动机(cellular automaton)是物理体系的一种理想化,是一类离散模型的统称,或者可以说是一种建立模型的基本思想和方法。元胞自动机最早是由冯·诺依曼作为生物机体的一种可能的理想模型而提出的,随后它们被逐渐引入到数学、物理和材料科学等更加广泛的领域,其中元胞自动机在材料科学上的应用是近十几年来发展起来的。

(1) 元胞自动机的定义。

一般地,元胞自动机要求:

规整的元胞网格覆盖 d 维空间的一部分;

归属于网格的每个格位 r 的一组布尔变量 $\Phi(r, t) = \{\Phi_1(r, t), \Phi_2(r, t), \cdots, \Phi_m(r, t)\}$ 给出每个元胞在时间 $t = 0, 1, 2, \cdots$ 的局部状态;

演化规则 $\boldsymbol{R} = \{R_1, R_2, \cdots, R_m\}$ 按下列方式指定状态 $\Phi(r, t)$ 的时间演化过程:$\Phi_j(r, t+1) = R_j[\Phi(r, t), \Phi(r+\delta_1, t), \Phi(r+\delta_2, t), \cdots, \Phi(r+\delta_q, t)]$,式中 $r+\delta_k$ 指定从属于元胞 r 的给定邻居元胞。

按上述定义,演化规则 $\boldsymbol{R}$ 对所有格位都是同一的,且同时应用于它们中的每个元胞,由此得到同步动力学。

(2) CA 的邻居。

按定义,CA 演化规则是局部的,对指定元胞的状态进行更新只需要知道其近邻元胞的状态。某元胞需在其内搜索的空间域叫做邻居。原则上,对邻居的大小没有限制,只是所有元胞的邻居大小都要相同。而实际上往往只由邻接的元胞构成邻居,如果邻居太大,则演化规则的复杂性可能是不可接受的。

通常,二维元胞自动机考虑两种邻居:一是冯·诺依曼(von Neumann)邻居,由一个中心元胞(要演化的元胞)和 4 个位于其邻近东西南北方位的元胞组成;另一是摩尔(Moore)邻居,相比冯·诺依曼邻居,它还包括次近邻的位于东北、西北、东南和西南方位的 4 个元胞,共 9 个元胞,如图 3-34 所示。可以看出,邻居元胞的选取必定会对界面元胞的演化产生重要影响。同时,可以看到,

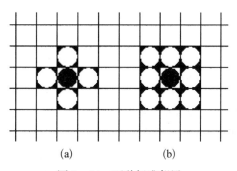

图 3-34　两种标准邻居

(a) 冯·诺依曼邻居　(b) 摩尔邻居

这些元胞的选取都是网格相关的,因此容易导致枝晶生长元胞自动机模拟所得的界面形态也是网格相关的,并有可能淹没真实的物理过程。

(3) 温度场和浓度场。

考虑三维枝晶生长,温度场的控制方程为

$$\frac{\partial T}{\partial t} = \alpha\left(\frac{\partial^2 T}{\partial x^2} + \frac{\partial^2 T}{\partial y^2} + \frac{\partial^2 T}{\partial z^2}\right) + \frac{L}{\rho C_\mathrm{p}}\frac{\partial f_\mathrm{s}}{\partial t} \qquad (3-30)$$

式中：T 是温度；t 是时间；α 是导热系数；L 是凝固潜热；C_p 是热容；ρ 是密度。如果计算二维枝晶生长，则不考虑 z 方向的扩散。

对于合金凝固，浓度场的控制方程为

$$\frac{\partial C_i}{\partial t} = D_i\left(\frac{\partial^2 C_i}{\partial x^2} + \frac{\partial^2 C_i}{\partial y^2} + \frac{\partial^2 C_i}{\partial z^2}\right) \qquad (3-31)$$

式中：C 是浓度，下标 i 代表固相或者液相；D_i 表示溶质扩散系数。如果计算二维枝晶生长，则不考虑 z 方向的扩散

由于浓度场在固液界面是不连续的，不同的 CA 模型对固液界面有着不同的处理方法。模型中，仅计算液相浓度场扩散，固相作无扩散处理。

（4）边界条件及固液界面的处理。

考虑过冷熔体的枝晶生长，温度场采用第一类边界条件

$$T_\Gamma = T_0 \qquad (3-32)$$

式中：T_Γ 为边界的温度值；T_0 为过冷熔体的初始温度。

浓度场的边界条件采用零通量条件。

温度场和浓度场在固液界面上还同时应满足如下条件：

$$T^* = T_\mathrm{L}^{\mathrm{eq}} + (C_\mathrm{L}^* - C_0)m_\mathrm{L} - \Gamma K f(\varphi,\,\theta) \qquad (3-33)$$

$$C_S^* = k_0 C_L^* \qquad (3-34)$$

$$T^{n+1} = T^n + \frac{L}{c_\mathrm{p}}\Delta f_\mathrm{s} \qquad (3-35)$$

$$C_l^{n+1} = C_l^n \times (1 + (1-k_0) \times \Delta f_\mathrm{s}/(1-f_\mathrm{s})) \qquad (3-36)$$

式中：T^* 为界面温度；$T_\mathrm{L}^{\mathrm{eq}}$ 为纯物质熔点；m_L 为液相线斜率；Γ 是 Gibbs - Thomson 系数；K 为界面曲率；$f(\theta,\varphi) = 1 - 15\varepsilon\cos 4(\theta - \varphi)$；$\varepsilon$ 为界面能各向异性系数；k_0 为溶质分配系数；L 为凝固潜热；f_s 为固相分数。

以上四个条件是基于界面能量、质量守恒和界面局域平衡假设推导出来的。模拟中要求枝晶在凝固过程中必须满足上述界面条件，但是计算过程的离散化导致枝晶连续的生长行为变成一种离散间断的生长行为。因此，计算过程中主要是在离散的时间步长内，用这些界面条件来修正生长过程的界面行为，使之符合基本的物理条件。其中最关键的自变量就是凝固过程中界面前沿固相分数的变化 Δf_s。Δf_s 的变化不仅影响界面温度变化，同时也导致界面及邻居元胞的溶质浓度变化，因此获得一个合理的 Δf_s 是枝晶生长元胞自动机算法的核心内容。

对于合金凝固,朱鸣芳等[96]基于合金凝固过程中溶质扩散比热扩散慢很多的原则,以溶质扩散作为影响枝晶生长的主要决定因素,进而采用计算后的界面元胞液相溶质浓度 C_l^* 与初始元胞的液相溶质浓度 C_l 之间的差值作为计算 Δf_s 的依据。但该方法对纯物质凝固模拟不适用,并且当合金的成分很小时,枝晶的生长驱动力将主要由热扩散控制,因此以溶质扩散作为影响枝晶生长的主要决定因素的条件将不再成立。

为此,可以采用了一种在纯物质凝固和合金凝固中均适用的生长动力学模型。对 Δf_s 的求解主要采用离散化迭代的方法。首先给予 Δf_s 一个微小的变化,在这个微小的 Δf_s 基础上,根据式(3-35)的潜热释放,以及式(3-36)的排出溶质量去修正 T^* 以及 C_l^*。然后根据修正的 T^* 以及 C_l^* 去验证是否满足式(3-33)的界面局域平衡条件。如果不满足,继续增加一个微小的 Δf_s,直到满足式(3-33)的界面局域平衡条件。这种迭代的方法虽然增加了一些计算量,却避免了仅考虑溶质扩散带来的误差。而且该方法仅依赖于界面平衡条件,其适用性不仅仅可以满足纯物质凝固,而且对二元乃至多元合金的更为复杂的凝固问题同样适用。

(5) 曲率计算。

枝晶生长中,固液界面的曲率过冷度是很重要的一个影响因素。固液界面的曲率过冷度由界面能各向异性系数,以及固液界面曲率等参量综合决定。如果固液界面曲率值的计算误差比较大,那么计算所得固液界面的曲率过冷度无法体现微小界面能各向异性系数的影响。因此如何精确而有效的计算界面曲率,在枝晶生长的元胞自动机模型中显得尤为重要。

目前应用比较广泛的计算界面曲率的方法是数元胞(counting cells)法:

$$\bar{K}(A) = \frac{1}{\Delta s}\left[1 - 2\frac{f_s + \sum_{i=1}^{n} f_s(i)}{n+1}\right] \qquad (3-37)$$

式中: $\bar{K}$ 是平均曲率; $\Delta s = \Delta x = \Delta y$ 是元胞的尺寸; f_s 是界面处元胞的固相分数, f_s^k 是邻居元胞的固相分数, n 是界面元胞周围的邻居总数。这种界面曲率的计算方法仅与固相分数的大小有关,而与元胞之间的相对位置无关。

另一种计算曲率的方法是将界面元胞的固相分数对界面处单位法向量求散度,并对散度方程进行离散化求解

$$K = \frac{2\dfrac{\partial f_s}{\partial x}\dfrac{\partial f_s}{\partial y}\dfrac{\partial^2 f_s}{\partial x \partial y} - \left(\dfrac{\partial f_s}{\partial y}\right)^2\dfrac{\partial^2 f_s}{\partial x^2} - \left(\dfrac{\partial f_s}{\partial x}\right)^2\dfrac{\partial^2 f_s}{\partial y^2}}{\left[\left(\dfrac{\partial f_s}{\partial x}\right)^2 + \left(\dfrac{\partial f_s}{\partial y}\right)^2\right]^{3/2}} \qquad (3-38)$$

式(3-38)这种算法在数学上是严格的,但在离散化求解该方程时,如果使用通常意义上的有限差分法求解固相分数的各个偏导数,那么在数值上将可能导致较

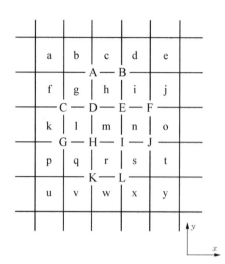

图 3-35　采用双线性插值法求解固相
分数的偏导数

（a-y 表示元胞的固相分数，A-L 表示
周围四个元胞固相分数的平均值）

大的偏差。这主要是因为在元胞自动机模型中，固液界面只有一层元胞。固相分数在界面处的变化总是从液相元胞（固相分数为0），变化到界面元胞某一个百分数值，然后直接变化到固相元胞的 100%。固相分数在界面处的不连续，使得通常的有限差分法求解的偏导数容易产生较大的数值误差，进而影响了界面曲率的计算精度。

针对以上问题，通过采用双线性插值（bilinear interpolation），魏雷等[99] 提出了一种有效的求解固相分数偏导数的离散化方法。采用双线性插值的曲率计算方法，如图3-35 所示。其中 a-y 表示元胞的固相分数，A-L 表示周围四个元胞的平均固相分数。若求元胞 m 处固相分数梯度在 x 轴的分量，采用中心有限差分的计算公式为 $(n-l)/(2\mathrm{d}x)$，其中 $\mathrm{d}x$ 表示网格的尺寸。事实上，由于固液界面仅存在于界面元胞内部，因此固相分数在界面元胞处不满足微分条件，仅以元胞 n 和元胞 l 的固相分数值确定固相分数梯度在 x 轴的分量是很不精确的。为了弥补界面处固相分数不连续的缺点，假设固相分数呈线性分布，则元胞交界处的固相分数值可表示为周围四个元胞固相分数的线性平均值，如：$A=(b+c+g+h)/4$ 等。这样，式（3-39）即为固相分数各阶偏导数的离散方程，然后按照式（3-38）即可计算界面曲率：

$$\tilde{h} = (A+B+D+E)/4$$
$$\tilde{n} = (E+F+I+J)/4$$
$$\tilde{r} = (H+I+K+L)/4$$
$$\tilde{l} = (C+D+G+H)/4$$
$$\tilde{m} = (D+E+H+I)/4$$
$$\frac{\partial f_{\mathrm{s}}}{\partial x} = (\tilde{n}-\tilde{l})/(2\mathrm{d}x)$$
$$\frac{\partial f_{\mathrm{s}}}{\partial y} = (\tilde{h}-\tilde{r})/(2\mathrm{d}x)$$
$$\frac{\partial^2 f_{\mathrm{s}}}{\partial x \partial y} = (E+H-D-I)/(\mathrm{d}x)^2$$
$$\frac{\partial^2 f_{\mathrm{s}}}{\partial x^2} = (\tilde{n}+\tilde{l}-2\tilde{m})/(\mathrm{d}x)^2$$

$$\frac{\partial^2 f_s}{\partial y^2} = (\tilde{h} + \tilde{r} - 2\,\tilde{m})/(\mathrm{d}x)^2 \tag{3-39}$$

式中：$\tilde{h}$，$\tilde{n}$，$\tilde{r}$，$\tilde{l}$，$\tilde{m}$ 分别表示线性修正后的元胞 h，n，r，l，m 的固相分数。

2）宏观尺度数学物理模型

（1）宏观热应力数学模型。

增材制造热应力仿真最早可追溯到计算焊接力学（Computational Welding Mechanics，CWM）模型的建立[100-104]，20 世纪 70 年代，焊接领域首先提出了基于有限元方法的热应力模拟模型，早期模型主要对焊接过程中热应力的演化以及材料属性变化等问题开展研究工作，主要用来预测焊接零件的最终变形和残余应力状态。为了能够对复杂的焊接过程进行模拟，早期模型首先对焊接过程的热-应力-材料属性的耦合关系进行简化，主要的简化包括：

① 忽略应力应变对温度场的影响，仅考虑温度场作用下的应力应变；

② 忽略应力应变导致的材料显微结构和材料属性的改变。

经过上述基本简化后，对温度场和应力应变场就多采用间接耦合的计算方法，即首先计算整个焊接过程中的温度场演化，然后再计算在该温度场演化载荷下的热应力应变演化，从而大大降低了直接耦合的计算难度和计算时间。

具有内热源和瞬时温度场的固体导热微分方程为

$$\rho c\,\frac{\partial T}{\partial t} = \frac{\partial}{\partial x}\left(k\,\frac{\partial T}{\partial x}\right) + \frac{\partial}{\partial y}\left(k\,\frac{\partial T}{\partial y}\right) + \frac{\partial}{\partial z}\left(k\,\frac{\partial T}{\partial z}\right) + \dot{\Phi} \tag{3-40}$$

式中：$T[\text{℃}]$ 为物体的瞬态温度；$t[\text{s}]$ 为过程进行的时间；$k[\text{W/m}\cdot\text{℃}]$ 为材料的导热系数；$\rho[\text{kg/m}^3]$ 为材料的密度；$c[\text{J/kg}\cdot\text{℃}]$ 为材料的定压比热容；$\dot{\Phi}[\text{W/m}^3]$ 为材料的内热源强度；$x[m]$，$y[m]$，$z[m]$ 为直角坐标。

给上述偏微分方程附加边界条件和初始条件（统称为定解条件），将会得到固体导热微分方程的定解，即温度场分布。一般来说，边界条件可以划分为三大类：第一类边界条件、第二类边界条件和第三类边界条件，如图 3-36 所示。

上述热传导控制方程在数学上属于抛物型偏微分，该偏微分方程定解问题的主要数值方法有两种：差分方法和有限元方法。这两种方法

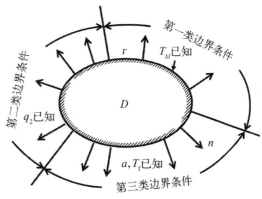

图 3-36 温度场的边界条件

的共同点是首先都必须把连续微分方程定解问题离散化，从而转化为有限形式的线性方程组。采用有限元方法已成为解决此类问题的主要数学工具。

当物体各部分温度发生变化时,将导致物体各个部分收缩或膨胀,若外部的约束或内部的变形协调要求而使膨胀或收缩不能自由发生时,结构中就会出现附加应力。这种因温度变化而引起的应力称为热应力,热应力是增材制造过程零件变形的主要原因。

应力应变关系在弹性区全应变增量可表示为

$$\{d\varepsilon\} = \{d\varepsilon\}_e + \{d\varepsilon\}_T \tag{3-41}$$

式中:$\{d\varepsilon\}_e$ 是弹性应变增量,$\{d\varepsilon\}_T$ 是热应变增量。弹性区内考虑材料性能依赖于温度的增量应力应变关系。如果热应力超过了材料的屈服极限,零件将会发生塑性变形,这种物理现象需要使用塑性流动法则进行描述,此时,全应变增量可以分解为 $\{d\varepsilon\} = \{d\varepsilon\}_p + \{d\varepsilon\}_e + \{d\varepsilon\}_T$,$\{d\varepsilon\}_p$ 为塑性应变增量,根据流动法则有

$$\{d\varepsilon\}_p = \xi\left\{\frac{\partial f}{\partial \sigma}\right\} \tag{3-42}$$

目前商用有限元软件已经提供了材料参数设定、网格划分、边界/初始条件设定、单元刚度组装、线性方程组计算和后处理等各种模块,有限元模型的建立就是要确定上述各个模块的具体参数。

(2)基于通用有限元软件建模技术。

采用通用有限元分析工具,对激光增材制造过程热应力场演化过程进行建模和方针已经成为一种重要的研究手段,下面从模型网格划分、光源模型、移动载荷和单元生死几个关键方面介绍这种建模方法。

① 几何模型和网格划分。

几何模型和网格划分对于数值模拟有重要的影响,网格划分的好坏直接影响数值计算的精度和分析效率。金属激光增材制造是在一块厚大基板上开始进行沉积的,基板尺寸一般较大,而由于激光增材制造过程温度场、应力场分布较为复杂,通常不具有典型的对称性,很难简化模型,所以需要建立完整的 3D 模型。另一方面,由于金属激光立体成形过程中温度场、应力场变化剧烈,尤其在激光成形的路径上,其变化更为剧烈,所以在成形路径经过的位置上需要较细的网格划分,否则将会降低计算精度,甚至导致热应力计算不收敛。上述矛盾导致,如果采用较稀疏的网格划分,则计算精度无法保证,计算不易收敛;而如果统一采用较细的网格划分,则单元数目很多,极其耗费计算资源。

最基本的解决方法是采用过渡网格,即在温度场、应力场变化剧烈的位置采用精细网格,而在温度场、应力场变化不大的地方采用粗大网格,如图 3-37 所示。对于模型尺寸较大情况时,由于增材制造的点—线—面—体的成形特点,仍然会导致较大的网格数量和节点数量,采用过渡网格仍然力不从心,目前有研究者通过动态自适应网格,即每次仅在激光熔池附近采用加密网格,而其他位置均采用粗大网格,这样可以最大限度地减少网格数量,但是该技术的难点是动态自适应网格在每

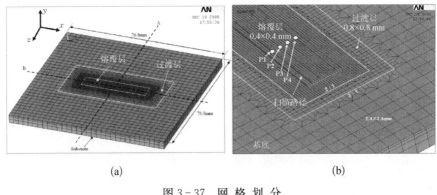

图 3 - 37　网 格 划 分
(a) 整体视图　(b) 局部视图

一个载荷步都需要重新计算位置,采用通用有限元软件实现较为繁琐。

② 激光输入模型。

对于激光输入模型,最简单的方法就是将激光模拟为第一类边界条件,这样能够快速进行温度场计算,主要的问题是无法反应熔池温度的变化,模拟结果与实际偏差较大。因此,研究者们多采用第二类边界条件,也就是将激光束模拟为热流输入,一般使用高斯分布来对激光输入进行仿真,高斯分布公式如下:

$$q = \frac{2Q_1 \alpha_a}{\pi R_1^2} e^{-\frac{2R^2}{R_1^2}} \tag{3-43}$$

式中: Q_1 为激光功率; α_a 为熔池对激光束的吸收率; R_1 为激光光斑半径; R 为空间一点到激光光斑中心的距离。由于要采用高斯分布,一个熔池至少需要划分为 2×2 个网格,因此采用高斯分布的激光热源网格数目会较多。

Goldak[105]等人提出了双椭球热源模型,该模型是对激光输入更为精确的模拟,最新的增材制造技术发表的文章中也采用该模型来对金属激光增材制造的热源进行仿真[106]。

③ 热源移动和单元生死。

金属激光立体成形是一种通过不断堆积金属材料成形零件的添材制造工艺,为了仿真金属材料不断堆积过程,需要使用单元生死技术,即通过控制单元的"生"与"死"来仿真激光成形过程。对于 Ansys 是采用 APDL 来控制单元的激活过程,对于 Abaqus 是采用用户子程序来实现上述功能。

在热应力场循环求解开始时,首先杀死所有熔覆层单元,然后根据激光扫描路径,依次激活熔覆层单元,用来仿真激光动态熔覆过程。图 3 - 38(a)和(b)分别为第一载荷步和第二载荷步时高斯热源加载和单元生死的示意图。如图 3 - 38(a)所示,在第一个载荷步时,激光照射的区域内,以前杀死的熔覆层单元被重新激活,并在激活的单元上施加高斯分布的能量载荷;图 3 - 38(b)为第二个载荷步时的情况,与第一步不同的是,第二个载荷步是在第一个载荷步的基础上前进了一个单元长度(0.4 mm),这就要就在进行第二步分析时,首先要删除第一步高斯分布的能量载荷,然后根据第二步的位置重新确定每个激活单元的能量载荷,具体施加情况如图所示。后续的载荷步与第二步类似。

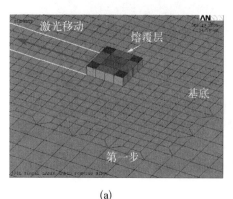

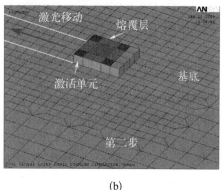

(a)   (b)

图 3 - 38   热源移动与单元生死

(a) 第一载荷步   (b) 第二载荷步

3.3.2.3   增材制造工艺仿真的实例分析

1) 激光立体成形过程熔池及其凝固微观组织数值模拟

魏雷等人[107]采用自适应网格宏微观耦合技术结合元胞自动机模型模拟了激光立体成形过程的熔池及凝固微观组织。在不考虑 marangoni 对流的情形下,以增加熔池内热传导率的大小,来近似模拟流动对熔池内温度场的影响。

模型建立中忽略激光立体成形过程中粉末添加过程,因此针对激光立体成形的数值模拟等同于激光熔凝过程。基材合金采用的是 Fe - 0.1%C 合金。基材设为单晶,晶体取向与坐标轴相同。计算中采用的激光功率为 1 000 W,光斑直径 2 mm,扫描速度 15 mm/s。二维计算的区域为 8.192 mm×32.768 mm,网格尺寸最小为 1 μm,时间步长为 $1×10^{-5}$ s。计算初始时,基材的温度设为室温,激光光斑垂直向下照射基材,并从基材的右边向基材的左边移动。在计算中设定,如果基材中某个网格单元的温度高于 Fe - C 合金的熔点 1 490℃,则该网格由固相转变为液相;反之,如果熔池中某个网格单元温度低于熔点,则该网格的凝固过程由 CA 模型计算。由于采用了自适应网格技术,模拟计算效率很高。所有计算结果均在个人计算机单核 AMD Phenom 3.30GHzCPU 中计算完成,计算时间小于 24 小时。

计算结果如图 3 - 39 所示。图 3 - 39(a)中,浅灰色表示气相,黑色表示基材,中灰色表示激光熔凝产生的熔池。图 3 - 39(b)表示计算过程中的温度场分布。图 3 - 39(c)为激光熔凝过程中的浓度场分布。图 3 - 39(d)为计算过程中的自适应网格分布。可以看出,在激光移动过程中,基材受热形成熔池。在熔池移动过程中,形成了细小的凝固微观组织[见图 3 - 39(c)]。自适应网格技术很好地完成了基材宏观温度场和微观凝固组织的耦合。计算过程中,网格尺寸从最大 $1\,024\,\mu m$,逐渐细化为熔池附近的 $1\,\mu m$ 网格[见图 $3-39(d)$]。

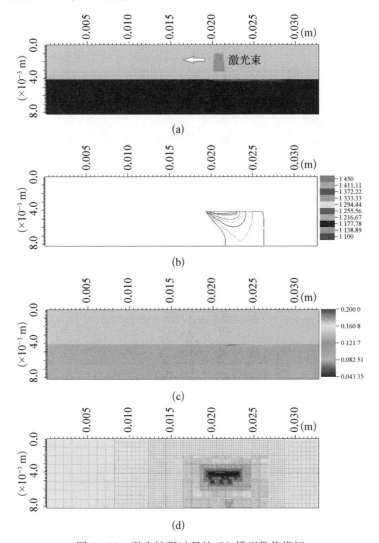

图 3-39　激光熔凝过程的 CA 模型数值模拟

(a) 相分布(浅灰色为气相,黑色为固相,中灰色为液相)　(b) 温度场分布　(c) 浓度场分布　(d) 自适应网格分布

图 3-40 为图 3-39 中熔池形貌和凝固微观组织的细致描述。可以看出激光熔凝过程中,熔池有 2.5 mm 长,0.35 mm 深。凝固微观组织在熔池尾部形成。图 3-40(a)中,基材的熔凝深度保持稳定,说明激光扫描已经达到稳态。在图 3-40 (c)中,可以清晰地看到熔池底部的平界面生长状态。在 x 坐标从 15.7 mm 到 16.0 mm 的 0.3 mm 区间内的熔池底部均为平界面生长状态。在 x 坐标为 16.0 mm 到 16.6 mm 的区间,平界面开始失稳形成了胞晶,并通过竞争生长形成了

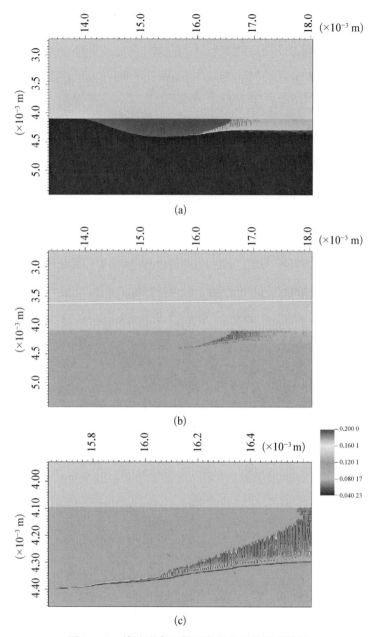

图 3-40　熔池形态和凝固微观组织的细致描述
（a）熔池形貌　（b）激光熔凝后的基材浓度场分布　（c）熔池尾部的凝
固微观组织和浓度场分布

稳定的枝晶列。熔池底部的平界面生长形成一条窄带，也被称为"白亮带"。"白亮带"在铁、镍等金属材料激光立体成形过程中经常在熔池底部出现[108]。在计算中，"白亮带"从熔池底部开始生长，当生长到 10 μm 左右的厚度时，平界面开始失稳，胞晶组织出现。初始扰动产生的胞晶在熟化机制的作用下，相互融合进一步增加了"白亮带"的厚度。从熔池尾部可以看出，最终"白亮带"厚度约为 20 μm。李延民[109]在激光立体成形 316L 不锈钢的实验中，发现熔池底部出现"白亮带"，他采用凝固理论分析，认为"白亮带"是由平界面失稳演化过程形成的，与计算结果一致。在"白亮带"的上面，由于基材晶体取向为坐标轴方向，产生了自下而上外延生长的枝晶列。Zhang[110]在激光立体成形 SS 316 实验过程中，枝晶一次间距在 10 μm 的量级范围内。计算的枝晶一次间距同样为 10 μm 的量级，与实验结果吻合。熔池顶部温度梯度的变化，使得垂直生长的枝晶转向为水平生长的枝晶。

　　为了研究基材晶体取向对熔池凝固微观组织的影响，分别计算了基材晶体取向与坐标轴同向和基材晶体取向与坐标轴呈 45°的激光立体成形过程。可以看出，当基材晶体取向与坐标轴同向时，外延生长的枝晶列的取向也与坐标轴同向，如图 3-41 所示；当基材晶体取向与坐标轴呈 45°时，外延生长的枝晶列的取向也与坐标

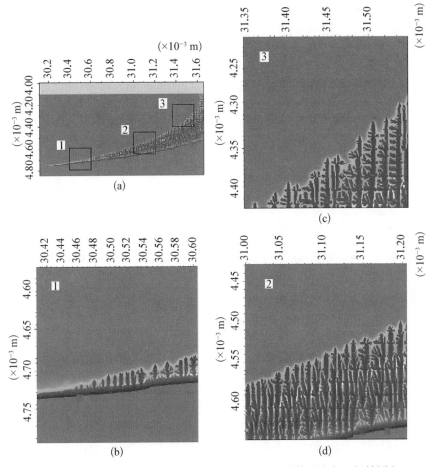

图 3-41　基材晶体取向对凝固微观组织的影响，晶体取向与坐标轴同向

(a) 整个熔池的凝固微观组织　(b) 熔池底部的凝固微观组织　(c) 熔池中部的凝固微观组织　(d) 熔池上部的凝固微观组织

轴呈 45°,如图 3-42 所示。比较图 3-41(a)和图 3-42(a),发现当基材晶体取向不同时,熔池自身的形貌则没有明显变化。

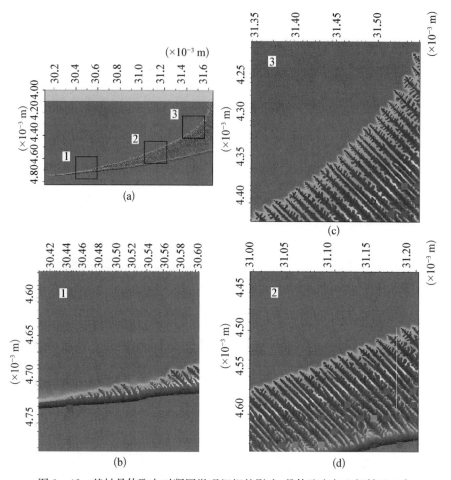

图 3-42　基材晶体取向对凝固微观组织的影响,晶体取向与坐标轴呈 45°

(a) 整个熔池的凝固微观组织　(b) 熔池底部的凝固微观组织　(c) 熔池中部的凝固微观组织　(d) 熔池上部的凝固微观组织

　　熔池形貌与激光工艺参数的关系对优化激光立体成形过程工艺参数数有重要意义。采用建立的模型可以计算激光工艺条件下不同时刻的熔池形貌。图 3-43 为激光从计算区域右边向左边扫描时,不同时刻的熔池形貌。其中图 3-43(a)-(d)分别对应的时刻为:0.2 s,0.3 s,0.4 s 和 0.5 s。当激光扫描时间小于 0.2 s 时,基材中没有产生熔池。随着时间的推移,熔池开始产生,如图 3-43(a)。当熔池开始产生时,熔池尾部的深度大于熔池前端的深度。熔池随着激光扫描速度向左推进时,熔池尾端的形状发生了变化,逐渐变细长,并且凝固微观组织开始生长,如图 3-43(c)和(d)所示。在激光照射基材 0.5 s 的后,稳态的熔池形貌开始形成。

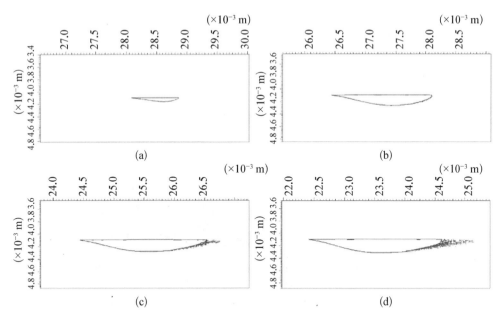

图 3-43　激光从右向左以 15 mm/s 的速度扫描后,不同时刻的熔池形态

(a) 0.2 s　(b) 0.3 s　(c) 0.4 s　(d) 0.5 s

由图 3-43 分析可知,在激光扫描室温的 Fe-C 基材时,在距离基材右边界 0.37 mm 处开始形成熔池,因此基材的右边界不会熔化,也因而不产生坍塌。上述计算结果解释了激光立体成形单道多层实验中,激光扫描开始处的边界成形质量高,而激光扫描结束处的边界成形质量不好的原因。因为在激光扫描结束时,很难精确控制激光参数使其不熔化基材边界,从而导致液态金属像"蜡滴"一样在基材边界处塌陷;而激光扫描开始的边界要形成熔池往往需要一定时间。由于没有耦合计算流体力学(Computational Fluid Dynamics,CFD)模型,无法模拟熔池内金属液的流动和熔池自由表面的形状。将目前的低网格各向异性 CA 模型与 CFD 模型耦合是未来工作的重点。耦合计算流体力学 CFD 模型,还可以模拟熔池内的金属粉末添加过程,进而建立更为真实模拟激光立体成形过程的数值模型。

模拟了 Fe-C 合金在激光立体成形下的熔池形貌和凝固微观组织。计算结果揭示了激光立体成形过程中熔池底部的"白亮带"产生过程,"白亮带"上面的枝晶列一次间距等特征尺度与实验结果吻合。考察了不同基材晶体取向对凝固微观组织的影响。

2) 激光立体成形过程热应力数值模拟

贾文鹏等人[111]对空心叶片的激光立体成形过程的热应力场进行了仿真研究,如图 3-44 所示。发现激光快速成形空心叶片温度沿 Z 轴方向成梯度分布,在基座中温度随高度的增加梯度较小,而在叶片中沿 Z 轴方向温度上升较快;随高度的不同,热循环曲线的循环震荡幅值不断减小,温度波峰值不断降低,同时温度波谷值经历一个温度上升、平稳和下降的过程;空心叶片激光快速成形熔池温度梯度从根部到顶部依次减小,根部熔池温度梯度最大,顶部熔池温度梯度最小;随熔覆高度的增加,熔池逐渐远离基座,散热路径加长,高温区持续扩大,熔池温度梯度减小;由于基座的约束作用和新熔覆层熔池对前熔覆层应力的释放作用,应力/应变沿 Z 轴方向呈梯度分布,叶根等效应力最大,叶片顶部等效应力最低,在叶片头部和尾部等效应力相对于腹部及背部有应力集中现象。通过上述研究摸清了空心叶片的激光成形热应力演化的基本规律,为航空航天常用的空心叶片及类似形状零件的激光立体成形提供了理论模型和基本规律借鉴。

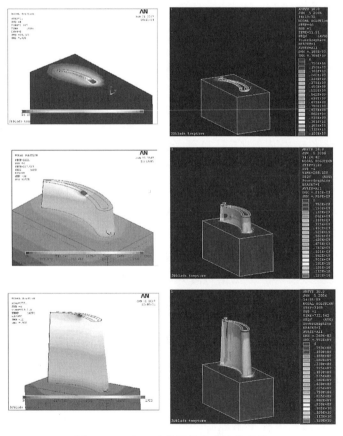

图 3-44　空心叶片的热应力演化规律

　　增材制造过程中变形是影响零件成形成败的关键问题之一,王波等人[112]研究了激光功率、扫描速度、基板预热温度对成形过程热应力场的影响规律,并研究了光栅式、轮廓偏置式及 Hilbert 分形三种扫描路径对成形过程温度场应力场的影响,如图 3-45 和图 3-46 所示。发现,对于 304L 不锈钢多道单层激光立体成形过程,当功率 $P=1\,800\sim2\,000$ W,扫描速度 $v=350\sim400$,基板预热温度为 $300\sim400℃$时,试样残余拉应力且基板的翘曲变形较小,是最佳工艺参数的选取范围。

通过对比分析三种成形路径对基板与熔覆层结合处残余拉应力分布和基板残余变形的影响,发现,光栅式扫描所产生的残余应力最大而基板变形最小,Hilbert 分形扫描残余应力小而变形较大。通过基板预变形的研究发现,预变形可以有效地改善基板翘曲变形,对于 162 mm×27 mm×6 mm 尺寸的 304L 不锈钢梁形基板,当单层多道的熔覆层尺寸为 120 mm×15 mm×0.5 mm,预变形尺寸为 0.003 5 m 时,成形件的平整度最高。

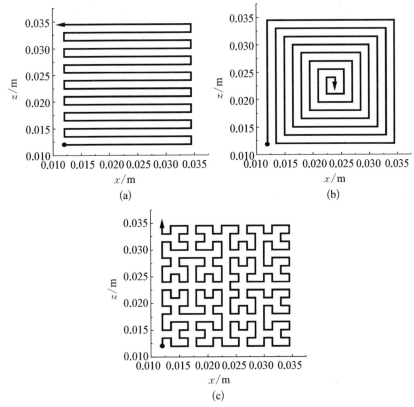

图 3-45　激光立体成形的三种路径图
(a) 光栅式　(b) 轮廓偏置式　(c) Hilbert 分形

姜亚琼等人[113]针对我国 C919 飞机翼肋钛合金 T 型缘条构件的激光立体成形,构建了形状相似的 T 型缘条缩小件进行定性分析,探究了 Ti-6Al-4V 钛合金 T 型缘条激光立体成形过程中热/应力演变过程,并通过对比分析不同成形路径下缘条的温度及应力场演变规律,揭示沉积路径对激光立体成形 T 型缘条件的热/应力场的影响,如图 3-47 所示。发现,采用短光栅路径沉积时,随着熔覆沉积的进行,缘条的瞬态温度梯度呈小幅度振荡变化,不过其整体小于采用长光栅和轮廓偏置路径沉积。四种沉积路径下缘条的瞬态热应力随热源的周期性移动呈现先下降后上升的周期性变化,最终趋于恒定值。激光立体成形结束

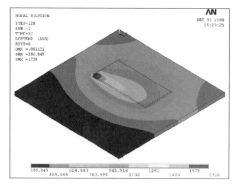

(a)

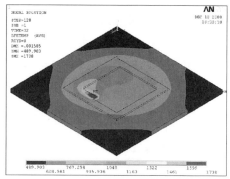

(b)

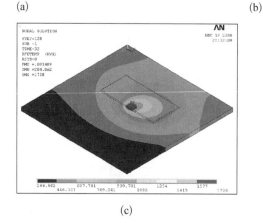

(c)

图 3 - 46　激光立体成形 32 s 时温度场分布

(a) 光栅式　(b) 轮廓偏置　(c) Hilbert 分形扫描

后,T 型缘条上最大残余应力都分布在横向缘条边缘靠近根部位置。采用短光栅和交叉光栅路径沉积时 T 型缘条残余应力值较小且整体应力分布最均匀,且交叉光栅沉积路径时变形量最小,所以交叉光栅沉积路径是 T 型缘条激光立体成形最优沉积路径,其次是短光栅路径;而长光栅沉积路径应力值和变形量都最大。

采用有限元方法对增材制造热应力模拟能够从宏观上反应零件的变形和应力状态,但是对更为细节的组织模拟和性能预测,对深入认识增材制造过程是非常有益的。元胞自动机模型能够对熔池的组织生长进行精细模拟,通过有限元计算热应力场作为边界条件,然后交互使用元胞自动机模型对成形过程组织进行模拟,能够为成形零件的组织和性能预测提供数据。

3.3.2.4　增材制造工艺仿真的发展趋势

1) 热应力耦合及变形模拟

金属增材制造的零件通常有复杂的残余应力。其中拉伸残余应力可以对零件的性能有不利的影响,因为它们降低了结构的有效疲劳和拉伸性能。此外,零件的

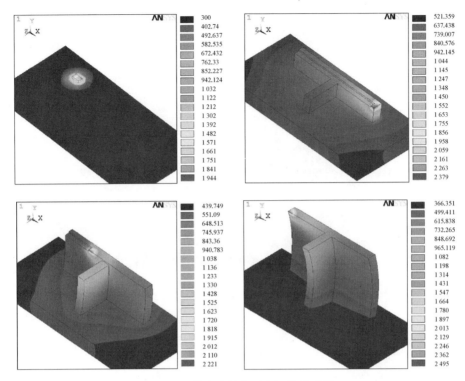

图 3-47 钛合金橡条温度场演化过程

残余应力可以使得零件产生变形,从而使金属增材制造的零件形状与设计的零件形状不匹配。计算机模拟金属增材制造过程中的残余应力通常选用有限元的方法,以有限元模型单元生死的方式模拟增材过程。

　　Yu-Ping Yang 和 Sudarsanam S. Babu[114]采用集成了温度,微观组织和热机械的数值模型研究了激光熔覆技术修复 Inconel 667 发动机叶片的过程,如图 3-48所示。其中,温度场和应力场采用商业有限元软件 ABAQUS,将温度场的信息作为初始条件由 Thermol-Calc 软件计算材料的微观组织。

　　虽然有限元模型对金属增材制造的热应力计算有巨大的优势,但当金属增材制造零件的尺寸越来越大时,有限元模型也面临计算量过大而无法满足实际需要的情况。为了显著减小有限元模型的计算量,J. Ding[115]等人提升了有限元方法的计算效率,从而模拟了 500 mm×60 mm×12 mm 的大尺寸软钢材料在增材制造过程中的残余应力和变形,如图 3-49 所示。在模型中,温度场的计算采用了 Eulerian 方式的有限元模型计算稳态的温度场分布,从而显著减小了温度场的计算量。材料应力计算则采用了 Camilleri's[116,117] 的方法,从而也显著减小了应力计算量。综合来看,J. Ding 的有限元模型比通常的瞬态有限元模型节省了 90% 的计算量,但缺点是仅能模拟简单的零件形状。

　　选区激光熔化已经成为一项关键的金属增材制造方法,NachiketPatil[118]等人

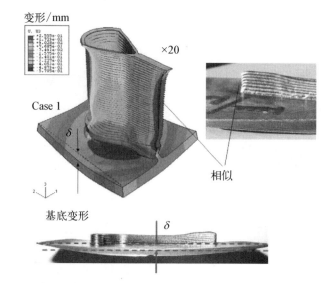

图 3-48　激光立体成形技术加工 Inconel 667 合金零件的热应力分布

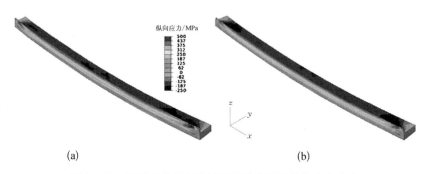

图 3-49　采用高效率有限元模型计算零件的热应力分布

提出了动态自适应网格算法,通过在两个不同尺度中对熔池和远离熔池区域进行网格划分,并进行计算和数据交互,能够对 SLM 过程熔池移动过程中的温度场、应力场进行快速、精确模拟,为 SLM 过程的实时闭环控制提供了可能的虚拟实验手段。

除此之外,Kai[119,120]等人针对光固化增材制造过程建立了实时测量系统,并提供了模拟参数确定的方法,从而构建可靠的光固化增材制造仿真模型。为了实现增材制造零件性能可控,需要对增材制造过程进行闭环控制,而快速模拟是过程闭环控制的一项重要手段,最近研究报告[121,122]了一个多尺度材料属性和制造过程模型,能够对增材制造过程的温度场、应力场和变形进行预测。J. C. Heigela[123]针对625 镍基合金的激光熔覆过程进行了原位检测,对成形/修复过程基板关键部位的温度、变形情况进行了实时检测,发现纵向的翘曲与横向的折叠同时起作用,共同导致了基板的变形。在原位测量实验的基础上,他们提出了 Ti6Al4V 同步送粉式增材制造的热应力场分析模型,并着重对对流换热边界条件对计算准确度进行了评估,提出了更为准确的对流换热边界条件模型。

2)增材制造过程中气孔等缺陷计算机模拟

(1)气孔在熔池内运动的数值模型。

Donghua Dai 和 Dongdong Gu[124]采用有限体积法模拟了金属增材制造过程中熔池的 Marangoni 对流,并研究熔池内气泡的产生和运动方式与激光工艺参数的关系,如图 3-50。他们计算出不同能量密度(linear energy density,LED)条件下,熔池内 Marangoni 对流形式具有很大的区别。如果 Marangoni 对流中存在涡流(vortex)则金属液中的气泡被流体捕获,从而金属增材制造的零件中气孔较多;如果 Marangoni 对流能使金属液中的气泡逃离熔池,则零件中气孔减少。

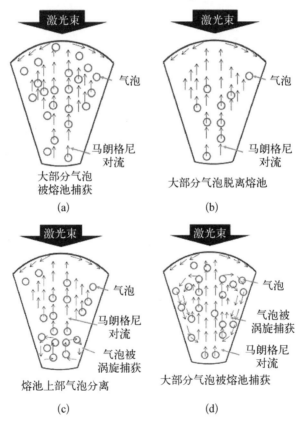

图 3-50　激光立体成形技术中熔池内流场对气泡的捕捉

(2)金属粉末在熔池内运动和熔化的数值模型。

模拟熔池内金属粉末的运动和熔化过程,需要考虑熔池内液-固两相流(粉末与熔池相互作用,包含粉末熔化过程)的数值模型。目前为止,文献中还没有金属增材制造过程的两相流数值模拟,但粉末颗粒在流场中的运动和熔化过程的模拟[125]常见于在化学工程(Chemical Engineering)的流化床反应器[126-128](fluidized bedsreactor)等领域中。化学工程中,流化床反应器是一种利用气体或液体通过颗粒状固体层而使固体颗粒处于悬浮运动状态,并进行气-固相反应过程或液-固相反应过程的反应器。在计算机模拟技术中,使用较为广泛的方法是 CFD - DEM 方法,其中 CFD 表示计算流体力学(Computational Fluid Dynamics)用于计算流体的流动,DEM 表示离散元方法(Discrete Element Method)用于计算颗粒的碰撞和运动。CFD - DEM 耦合方法的基本思路是:通过 CFD 技术求解流场,使用 DEM 方法计算颗粒系统的运动受力情况,二者以一定的模型进行质量、动量和能量等的传递,实现耦合。该方法的优势在于,无论流体还是颗粒,都可以采用更适合自身特点的数值方法进行模拟,将颗粒的形状、材料属性、粒径分布等都考虑进来,更准确地描述颗粒的运动情况及其与流场的相互影响。图 3 - 51 为化学工程中模拟大量冰的球形颗粒在水中的运动和熔化过程,其中的温度场分布如图所示。

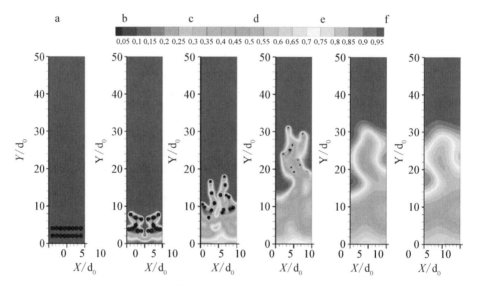

图 3 - 51　液-固两相流模型模拟冰的球形颗粒在过热水中的运动和熔化

(3) 气孔和熔合不良缺陷对材料疲劳性能影响的数值模型。

前两节的数值模型可以模拟金属增材制造在一定工艺参数条件下,熔池内产生气孔和粉末熔合不良缺陷产生的过程。气孔和粉末熔合不良缺陷如何影响零件的使用性能,尤其是在零件疲劳性能上的影响,一直是金属增材制造研究的重点。Yibin Xue 和 Tong Li[129]采用细观力学模拟(micromechanical simulation)的方法研究了金属增材制造过程中的缺陷(粉末熔合不良和气孔)是如何影响疲劳损伤的,如图 3 - 52 所示。细观力学是用连续介质力学方法分析具有微观结构的材料力学问题。

3) 增材制造中熔池凝固微观组织与热应力耦合模拟

Cyril Bordreuil 和 AurélieNiel[130]采用 CA 模型模拟了焊接过程中的残余应力

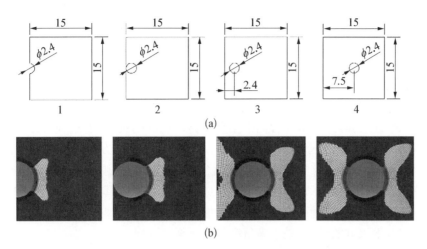

图 3-52 采用细观力学模拟气孔对材料疲劳性能的影响

和热裂行为,如图 3-53 所示。虽然在结论中表示模型在凝固微观组织模拟上还需进一步优化,而且没有考虑金属液相的流动过程,他们的模型还是能够在一定程度上描述焊接熔池内的热裂行为。

    Takuya Ueharaa, MotoshiFukuib 和 NobutadaOhnoc[131] 采用相场法模拟了枝晶自由生长时的应力分布。他们研究发现不同枝晶生长方向具有不同的应力分布,也就是凝固微观组织对应力分布具有重要影响,如图 3-54 所示。

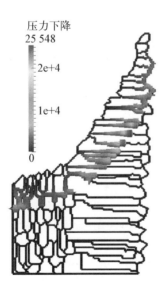

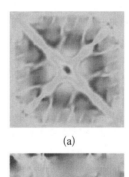

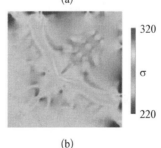

图 3-53 采用元胞自动机模型　　　图 3-54 采用相场模型模拟不同
　　　模拟焊接过程中的残　　　　　　　枝晶生长取向产生不同
　　　余应力和热裂行为　　　　　　　　的应力分布

3.3.3 小结

对于多道多层增材制造过程仿真技术而言,对物理过程的准确建模和仿真,对建立模型的快速计算,以及跨尺度多场耦合是该领域的热点和难点。对于模型的准确性方面,目前研究主要集中在基于原位测量和模型参数的修正方面,通过利用中子衍射准确测量增材制造零件的残余应力,并借此修正模型参数,提高模型的正确性。在快速计算方面,研究者们采用动态自适应网格技术,通过在熔池附近采用加密网格,而远离熔池区域采用粗网格,从减少网格数量方面,提高计算效率;另外,研究者们也从并行计算方面开展研究工作,通过采用刚度矩阵分解和多 GPU并行计算方面,提高计算效率。在增材制造热应力过程仿真深入研究的同时,增材制造过程的缺陷模拟、凝固组织模拟及性能预测等方面也展开了研究,旨在对增材制造过程有更深刻的理解,是未来研究的主要努力方向。

参考文献

[1] Allison John, Backman Dan, Christodoulou Leo. Integrated Computational Materials Engineering: A New Paradigm for the Global Materials Profession[J]. JOM. 2006, 58 (11): 25 - 27.

[2] Ret P L. What Barriers Prevent ICME from Becoming Part of the Designer's Toolbox? [C]. 1st World Congress on Integrated Computational Materials Engineering. Edited by: John Allison, Peter Collins and George Spanos. TMS (The Minerals, Metals & Materials Society), 2011: 247 - 252.

[3] Backman Daniel G, Wei Daniel Y, Whitis Deborah D, et al. ICME at GE: Accelerating the Insertion of New Materials and Processes[C]. JOM. 2006, 58 (11): 36 - 41.

[4] Kermanpur A, Lee P D, Tin S, et al. Integrated Modeling for the Manufacture of Ni-Based Superalloy Discs from Solidification to Final Heat Treatment[J]. Metallurgical and materials Transactions A. , 2004, 25(36): 2493 - 2504.

[5] 国家自然科学基金委员会工程与材料学部. 机械工程学科发展战略报告(2011—2020) [R]. 北京:科学出版社,2011.

[6] Ohnaka I, Nagasaka Y. Beyond computer simulation of casting[C]. Proceedings of the third international conference on modeling of casting, welding and advanced solidification processes. Beijing: International Academic Pub, 1996: 8 - 12.

[7] Berry J T, Pehlke R D, Beffel M J. CAD/CAM in the foundry of the future[C]. Modeling and control of casting and welding process Ⅲ. Warrendale: Metallurgical Society, 1986: 315 - 345.

[8] Niyama E, Uchida T, Morikawa M, et al. Method of shrinkage prediction and its application to steel casting practice[J]. AFS Int Cast Met J, 1982, 7(3): 52 - 63.

[9] Rodgers R C. Optimizing the Casting Process[J]. Foundry, 1991(9): 58 - 62.

[10] Liu Baicheng, Xiong Shoumei, Xu Qingyan. Study on macro and micro-modeling of solidification process of aluminum shape casting [J]. Metallurgical and Materials

Transactions B, 2007, 38: 525 – 532.

[11] 荆涛. 凝固过程数值模拟[M]. 北京：电子工业出版社, 2005.

[12] Kear B H, Thompson E R. Aircraft gas-turbine materials and processes[J]. Science, 1980, 4446: 847 – 856.

[13] Perepezk J H. The hotter the engine, the better[J]. Science, 2009, 326: 1068 – 1069.

[14] Roger C R. The superalloys: fundamentals and applications[M]. Cambridge: Cambridge University Press, 2006.

[15] Pollock T M, Murphy W H. Breakdown of single-crystal solidification in high refractory nickel-base alloys[J]. Metallurgical and Materials Transactions A: Physical Metallurgy and Materials Science, 1996, 27: 1081 – 1094.

[16] McLean M, Lee P D, Shollock B A. Origins of solidification defects during processing of Nickel-base superalloys[C]. Advanced Materials and Processes for Gas Turbines, 2003: 83 – 90.

[17] 傅恒志. 先进材料定向凝固[M]. 北京：科学出版社, 2008: 591 – 596.

[18] 柳百成. 铸件凝固过程的宏观及微观模拟仿真研究进展[J]. 中国工程科学, 2000, 2(9): 29 – 37.

[19] 熊守美, 许庆彦, 康进武. 铸造过程模拟仿真技术[M]. 北京：机械工业出版社, 2004.

[20] Wang W, Lee P D, McLean M. A model of solidification microstructures in nickel-based superalloys: Predicting primary dendrite spacing selection[J]. Acta Materialia, 2003, 51 (10): 2971 – 2987.

[21] Xu Qingyan, Zhang Hang, Liu Baicheng. Multiscale modeling and simulation of single crystal superalloy turbine blade casting during directional solidification process[J]. China Foundry, 2014, 11(4): 268 – 276.

[22] Fu T W, Wilcox W R. Influence of insulation on stability of interface shape and position in the vertical Bridgman-Stockbarger technique[J]. Journal of Crystal Growth, 1980, 48(3): 416 – 424.

[23] Jasinski T, Rohsenow W M, Witt A F. Heat transfer analysis of the Bridgman-Stockbarger configuration for crystal growth: I. Analytical treatment of the axial temperature profile[J]. Journal of Crystal Growth, 1983, 61(2): 339 – 354.

[24] Jasinski T, Witt A F, Rohsenow W M. Heat transfer analysis of the Bridgman-Stockbarger configuration for crystal growth: II. Analytical treatment of radial temperature variations[J]. Journal of Crystal Growth, 1984, 67(2): 173 – 184.

[25] Naumann R J. An analytical approach to thermal modeling of Bridgman-type crystal growth: II. Two-dimensional analysis[J]. Journal of Crystal Growth, 1982, 58(3): 569 – 584.

[26] Naumann R J. Modeling flows and solute redistribution resulting from small transverse accelerations in Bridgman growth[J]. Journal of Crystal Growth, 1994, 142(1 – 2): 253 – 267.

[27] Naumann R J. Stabilizing/destabilizing effects of axial accelerations in Bridgman growth [J]. Journal of Crystal Growth, 1996, 165(1 – 2): 129 – 136.

[28] de Bussac A, Gandin C A. Prediction of a process window for the investment casting of dendritic single crystals[J]. Materials Science & Engineering A, 1997, A237(1): 35 – 42.

[29] Ouyang H, Shyy W, Levit V I, et al. Simulation and measurement of a vertical Bridgman growth system for β–NiAl crystal[J]. International Journal of Heat and Mass Transfer, 1997, 40(10): 2293-2305.

[30] Schneider M C, Gu J P, Beckermann C, et al. Modeling of micro-and macrosegregation and freckle formation in single-crystal nickel-base superalloy directional solidification[J]. Metallurgical and Materials Transactions A: Physical Metallurgy and Materials Science, 1997, 28(7): 1517-1531.

[31] Wang D, Overfelt R A. Computer heat transfer model for directionally solidified castings [C]. Proceedings of the Conference on Computational Modeling of Materials, Minerals and Metals Processing. San Diego: Computational Modeling of Materials, Minerals and Metals Processing, 2001, 461-470.

[32] Gandin C A, Rappaz M. Coupled finite element-cellular automation model for the prediction of dendritic grain structures in solidification processes[J]. Acta Metallurgica et Materialia, 1994, 42(7): 2233-2246.

[33] Kermanpur A, Varahram N, Davami P, et al. Thermal and grain-structure simulation in a land-based turbine blade directionally solidified with the liquid metal cooling process[J]. Metallurgical and Materials Transactions B, 2000, 31(6): 1293-1304.

[34] Wang W, Kermanpur A, Lee P D, et al. Simulation of dendritic growth in the platform region of single crystal superalloy turbine blades[J]. Journal of Materials Science, 2003, 38(21): 4385-4391.

[35] Zhu J, Ohnaka I, Kudo K, et al. Solidification simulation with consideration of thermal radiation by using a new regular-irregular-mixed mesh system[C]. Destin: Modeling of Casting, Welding and Advanced Solidification Processes - X. Proceedings of the Tenth International Conference, 2003, 447-454.

[36] 刘世忠,李嘉荣,唐定忠,等. 单晶高温合金定向凝固过程数值模拟[J]. 材料工程,1999,7: 40-42.

[37] 刘世忠,李嘉荣,钟振纲. 第二代单晶高温合金空心涡轮叶片凝固过程数值模拟研究[J]. 材料科学与工艺,1999,7(S1): 136-138.

[38] 薛明,曹腊梅,刘世忠,等. 定向凝固过程中型芯型壳温度场数值模拟[J]. 铸造,2007,56 (3): 287-289.

[39] 谢洪吉. DD6 单晶导向叶片定向凝固过程数值模拟[D]. 北京: 北京航空材料研究院,2010.

[40] 崔锴,许庆彦,于靖,等. 高温合金叶片定向凝固过程中辐射换热的计算[J]. 金属学报, 2007,43(5): 465-471.

[41] 于靖,许庆彦,李嘉荣,等. 镍基高温合金多叶片定向凝固过程数值模拟[J]. 金属学报, 2007,43(10): 1113-1120.

[42] Pan D, Xu Q Y, Yu J, et al. Numerical simulation of directional solidification of single crystal turbine blade casting[J]. International Journal of Cast Metals Research, 2008, 21 (1-3): 308-312.

[43] Pan Dong, Xu Qingyan, Liu Baicheng. Modeling of grain selection during directional solidification of superalloy single crystal turbine blade casting[J]. JOM, 2010, 62(5): 30-34.

[44] Hunt J D. Steady state columnar and equiaxed growth of dendrites and eutectic[J]. Mater Sci Eng, 1984, 65: 75 - 83.

[45] Thevoz P, Desbiolles J L, Rappaz M. Modeling of equiaxed microstructure formation in casting[J]. Metallurgical Transactions A, 1989, 20(2): 311 - 322.

[46] 于靖. 高温合金叶片定向凝固过程微观组织数值模拟[D]. 北京: 清华大学, 2007.

[47] Nastac L. Numerical modeling of solidification morphologies and segregation patterns in cast dendritic alloys[J]. Acta materialia, 1999, 47(17): 4253 - 4262.

[48] 梁作俭. 高温合金熔模精密铸件凝固过程及微观组织数值模拟[D]. 北京: 清华大学, 2003.

[49] 潘冬. 定向凝固及单晶涡轮叶片铸件组织形成与演变的数值模拟[D]. 北京: 清华大学, 2010.

[50] Walton D, Chalmers B. The origin of the preferred orientation in the columnar zone of ingots [J]. Transactions of The American Institute of Mining aand Metallurgical Engineers, 1959, 215(3): 447 - 457.

[51] Zhou Y Z, Volek A, Green N R. Mechanism of competitive grain growth in directional solidification of a nickel-base superalloy[J]. Acta Materialia, 2008, 56: 2631 - 2637.

[52] 张航. 单晶高温合金叶片定向凝固多尺度数值模拟及工艺优化[D]. 北京: 清华大学, 2014.

[53] Zhang H, Xu Q Y, Tang N, et al. Numerical simulation of microstructure evolution during directional solidification process in directional solidified (DS) turbine blades[J]. Science China: Technological Sciences, 2011, 54(12): 3191 - 3202.

[54] 张航, 许庆彦, 孙长波, 等. 单晶高温合金螺旋选晶过程的数值模拟与实验研究一: 引晶段[J]. 金属学报, 2013, 49(12): 1508 - 1520.

[55] 张航, 许庆彦, 孙长波, 等. 单晶高温合金螺旋选晶过程的数值模拟与实验研究二: 螺旋段[J]. 金属学报, 2013, 49(12): 1521 - 1531.

[56] Xu Q Y, Liu B C, Liang Z J, et al. Modeling of unidirectional growth in a single crystal turbine blade[J]. Mater. Sci. Forum, 2006, 508: 111 - 116.

[57] Yu Jing, Xu Qingyan, Liu Baicheng, et al. Numerical simulation of solidification process of single crystal Ni-based superalloy investment castings [J]. Journal of Materials Science & Technology, 2007, 23(1): 47 - 54.

[58] 张航, 许庆彦, 史振学, 等. DD6 高温合金定向凝固枝晶生长的数值模拟研究[J]. 金属学报, 2014, 50(3): 345 - 354.

[59] Liu B, Xu Q, Jing T, et al. Advances in multi-scale modeling of solidification and casting processes[J]. JOM, 2011, 63(4): 19 - 25.

[60] Huang Weidong, Geng Xingguo, Zhou Yaohe. Primary spacing selection of constrained dendritic growth[J]. Journal of Crystal Growth, 1993, 134(1 - 2): 105 - 115.

[61] Li Q, Beckermann C. Evolution of the sidebranch structure in free dendritic growth[J]. Acta Materialia, 1999, 47(8): 2345 - 2356.

[62] Halder E, Exner H E. Coarsening of secondary dendrite arms in a temperature gradient [J]. Acta Metallurgica, 1988, 36(7): 1665 - 1668.

[63] Yoshioka H, Tada Y, Hayashi Y. Crystal growth and its morphology in the mushy zone [J]. Acta Materialia, 2004, 52(6): 1515 - 1523.

[64] Xu Qingyan, Zhang Hang, Qi Xiang, Liu Baicheng. Multiscale modeling and simulation of directional solidification process of turbine blade casting with MCA method [J]. Metallurgical and Materials Transactions B, 2014, 45(2): 555 - 561.

[65] Guo L G, Yang H, Zhan M. Research on plastic deformation behaviour in cold ring rolling by FEM numerical simulation [J]. Modelling and Simulation in Materials Science and Engineering, 2005, 13(7): 1029 - 1046.

[66] Yang H, Wang M, Guo L G, et al. 3D coupled thermo-mechanical FE modeling of blank size effects on the uniformity of strain and temperature distributions during hot rolling of titanium alloy large rings [J]. Computational Materials Science, 2008, 44(2): 611 - 621.

[67] Guo L G, Yang H. Towards a steady forming condition for radial - axial ring rolling [J]. International Journal of Mechanical Sciences, 2011, 53(4): 286 - 299.

[68] Zhan M, Yang H, Zhang J H, et al. 3D FEM analysis of influence of roller feed rate on forming force and quality of cone spinning [J]. Journal of Materials Processing Technology, 2007, 187 - 188: 486 - 491.

[69] Yang H, Huang L, Zhan M. Coupled thermo-mechanical FE simulation of the hot splitting spinning process of magnesium alloy AZ31 [J]. Computational Materials Science, 2010, 47(3): 857 - 866.

[70] Zhan M, Yang H, Huang L, et al. Springback analysis of numerical control bending of thin-walled tube using numerical-analytic method [J]. Journal of Materials Processing Technology, 2006, 177(1 - 3): 197 - 201.

[71] Li H, Yang H, Zhan M, et al. Deformation behaviors of thin-walled tube in rotary draw bending under push assistant loading conditions [J]. Journal of Materials Processing Technology, 2010, 210(1): 143 - 158.

[72] Yang H, Li H, Zhan M. Friction role in bending behaviors of thin-walled tube in rotary-draw-bending under small bending radii [J]. Journal of Materials Processing Technology, 2010, 210(15): 2273 - 2284.

[73] Park J J, Rebelo N, Kobayashi S. A new approach to preform design in metal forming with the finite element method [J]. International Journal of Machine Tool Design and Research, 1983, 23(1): 71 - 79.

[74] Patil N, Stucker B. A Generalized Feed Forward Dynamic Adaptive Mesh Refinement and Derefinement Finite Element Framework for Metal Laser Sintering Part I: Formulation and Algorithm Development [J]. Journal of Manufacturing Science and Engineering, 2015, 137(4): 1 - 15.

[75] Heigela J C, Michalerisa P, Reutzel E W. Thermo-mechanical model development and validation of directed energy deposition additive manufacturing of Ti - 6Al - 4V [J]. Additive Manufacturing, 2015, 5: 9 - 19.

[76] Zhang Jingwei, Liou Frank, Seufzer William, et al. A coupled finite element cellular automation model to predict thermal history and grain morphology of Ti - 6Al - 4V during direct metal deposition(DMD) [J]. Additive Manufacturing, 2016, 11: 32 - 39.

[77] King W, Anderson A T, Ferencz R M, et al. Overview of modelling and simulation of metal powder bed fusion process at Lawrence Livermore Natioinal Laboratory [J]. Materials Science and Technology, 2015, 32: 8, 957 - 968.

[78] 马良,黄卫东,于君,等.金属激光立体成形热应力场参数化有限元模型[J].中国激光,2009,(12):3226－3232.

[79] 谭华,张凤英,温如军,等.激光立体成形粉末流输送的数值模拟研究[J].中国激光,2011,10:52－59.

[80] 孟牧,王华明.激光快速成形钛合金零件的温度场数值模拟.中国宇航学会光电技术专业委员会、浙江工业大学.2009 年先进光学技术及其应用研讨会论文集(上册)[C].中国宇航学会光电技术专业委员会、浙江工业大学,2009:7.

[81] 戴冬华,顾冬冬,李雅莉,等.选区激光熔化 W－Cu 复合体系熔池熔体运动行为的数值模拟[J].中国激光,2013,11:82－90.

[82] 姚化山,史玉升,章文献,等.金属粉末选区激光熔化成形过程温度场模拟[J].应用激光,2007,06:456－460.

[83] 师文庆,杨永强,黄延禄,等.选区激光熔化快速成型过程温度场数值模拟[J].激光技术,2008,04:410－412.

[84] Verhaeghe F, Craeghs T, Heulens J, et al. A pragmatic model for selective laser melting with evaporation[J]. Acta Mater. , 2009, 57: 6006－6012.

[85] Gurtler F J, Karg M, Leitz K H, et al. Simulation of laser beam melting of steel powders using the three dimensional volume of fluid method[J]. Phys Procedia. , 2013, 41: 881－886.

[86] Acharya R, Bansal R, Gambone J J, et al. A Coupled Thermal, Fluid Flow, and Solidification Model for the Processing of Single-Crystal Alloy CMSX－4 Through Scanning Laser Epitaxy for Turbine Engine Hot-Section Component Repair (Part I)[J]. Metal. Mater. Trans. B. , 2014, 45: 2247－2261.

[87] Raghavan A, Wei H L, Palmer T A, et al. Heat transfer and fluid flow in additive manufacturing[J]. Journal of Laser Applications, 2013, 25: 1207－1216.

[88] Manvatkar V, De A, DebRoy T. Spatial variation of melt pool geometry, peak temperature and solidification parameters during laser assisted additive manufacturing process[J]. Materials Science and Technology, 2015, 31: 924－930.

[89] Wei H L, Mazumder J, DebRoy T. Evolution of solidification texture during additive manufacturing[R]. Scientific reports, 2015, 5: 16446.

[90] Chatterjee D, Chakraborty S. A hybrid lattice Boltzmann model for solid-liquid phase transition in presence of fluid flow[J]. Physics Letters A, 2006, 351: 359－367.

[91] Körner C, Attar E, Heinl P. Mesoscopic simulation of selective beam melting processes [J]. Journal of Materials Processing Technology, 2011, 211: 978－987.

[92] Attar E, Körner C. Lattice Boltzmann model for thermal free surface flows with liquid－solid phase transition International[J]. Journal of Heat and Fluid Flow, 2011, 32: 156－163.

[93] Klassen A, Scharowsky T, Körner C. Evaporation model for beam based additive manufacturing using free surface lattice Boltzmann methods[J]. Journal of Physics D-Applied Physics, 2014, 47: 275303.

[94] Fallah V, Amoorezaei M, Provatas N, et al. Phase-field simulation of solidification morphology in laser powder deposition of Ti－Nballoys[J]. Acta Materialia, 2012, 60: 1633－1646.

[95] Yin H, Felicelli S D. Dendrite growth simulation during solidification in the LENS process [J]. Acta Materialia, 2010, 58: 1455 - 1465.

[96] Zhu M, Sun D, Pan S, et al. Modelling of dendritic growth during alloy solidification under natural convection[J]. Mod. Simul. Mater. Sci. Eng., 2014, 22(3): 384 - 387.

[97] Jelinek B, Eshraghi M, Felicelli S, et al. Large-scale parallel lattice Boltzmann-cellular automaton model of two-dimensional dendritic growth[J]. Comput. Phys. Commun., 2014, 185: 939 - 947.

[98] Eshraghi M, Jelinek B, Felicelli S D. Large-Scale Three-Dimensional Simulation of Dendritic Solidification Using Lattice Boltzmann Method [J]. JOM, 2015, 67: 1786 - 1792.

[99] Wei L, Lin X, Wang M, et al. A cellular automaton model for the solidification of a pure substance[J]. Applied Physics A, 2011, 103: 123 - 133.

[100] Ueda Y, Yamakawa T. Analysis of thermal elastic - plastic stress and strain during welding by finite element method[J]. Trans. Jpn. Weld. Res. Inst., 1971, 2(2): 90 - 100.

[101] Hibbitt H, Marcal P. A numerical thermo-mechanical model for the welding and subsequent loading of a fabricated structure[J]. Comput. Struct., 1973, 3: 1145 - 1174.

[102] Friedman E. Thermomechanical analysis of the welding process using the finite element method[J]. ASME J. Press. Vess. Technol. 1975, 97 (3): 206 - 213.

[103] Rybicki E F, Schmneser D W, Storesifer R W, et al. A finite element model for residual stresses in girth-butt welded pipes. in: Numerical Modeling of Manufacturing Processes [C]. ASME Winter Annual Meeting, 1977.

[104] Andersson B A B. Thermal stresses in a submerged-arc welded joint considering phase transformations[J]. ASME J. Engrg. Mater. Technol., 1978, 100: 356 - 362.

[105] Goldak J, Chakravarti A, Bibby M. A new finite element model for welding heat sources [J]. Metall. Trans. B, 1984, 15B: 299 - 305.

[106] Heigela J C, Michalerisa P, Reutzel E W. Thermo-mechanical model development and validation of directed energy deposition additive manufacturing of Ti - 6Al - 4V[J]. Additive Manufacturing, 2015, 5: 9 - 19.

[107] 魏雷,林鑫,王猛,等. 激光立体成形中熔池凝固微观组织的元胞自动机模拟[J]. 物理学报, 2015, 64(1): 018103.

[108] Li Y M, Huang W D, Feng L P, et al. The multi-layer laser cladding of Nibo alloy[J]. Acta Metall. Sinica (English Letters), 1999, 12(5): 1025 - 1028.

[109] 李延民. 激光立体成形工艺特性与显微组织研究[D]. 西安:西北工业大学博士论文, 2001.

[110] Zhang K, Wang S, Liu W, et al. Characterization of staincess steel parts by Laser Metal Deposition Shaping[J]. Materials & Design, 2014, 55(6): 104 - 119.

[111] 贾文鹏,林鑫,谭华. TC4 钛合金空心叶片激光快速成形过程温度场数值模拟[J]. 稀有金属材料与工程, 2007, 36(7): 1193 - 1199.

[112] 王波. 激光立体成形过程热及应力的模拟[D]. 西安:西北工业大学, 2009.

[113] 姜亚琼,林鑫,马良,等. 沉积路径对激光立体成形钛合金 T 型缘条热/应力场的影响[J]. 中国激光, 2014, 41(7): 58 - 66.

[114] Yang Yu-Ping, Babu Sudarsanam S. An Integrated Model to Simulate Laser Cladding Manufacturing Process for Engine Repair Applications[J]. Welding in the World, 2010, 54(9 - 10): R298 - 307.

[115] Ding J, Colegrove P, Mehnen J, et al. A computationally efficient finite element model of wire and arc additive manufacture[J]. Int. J. Adv. Manuf. Technol., 2014, 70: 227 - 236.

[116] Camilleri D, Comlekci T, Gray TGF. Computational prediction of out-of-plane welding distortion and experimental investigation[J]. J Strain Analysis, 2004, 40: 161 - 176.

[117] Camilleri D, Mollicone P, Gray TGF. Computational methods and experimental validation of welding distortion models[C]. Proceedings of the Institution of Mechanical Engineers, Part L: Journal of Materials: Design and Applications, 2007, 221: 235 - 249.

[118] Nachiket Patil, Deepankar Pal, Khalid Rafi H, et al. A generalized feed forward dynamic adaptive mesh refinement and derefinement finite element framework for Metal Laser Sintering: Part I (Formulation and Algorithm Development) [J]. Journal of Manufacturing Science and Engineering, 2015, 137(4): 1 - 15.

[119] Xu K, Chen Y. Curing temperature study for curl distortion simulation in mask image projection based stereolithography [C]. in: ASME Computers and Information in Engineering Conference, American Society of Mechanical Engineers, 2014.

[120] Xu K, Chen Y. Deformation control based on in-situ sensors for mask projection based stereolithography[C]. in: Proceeding of the 2014 International Manufacturing Science and Engineering Conference, American Society of Mechanical Engineers, 2014, 1239 - 1245.

[121] Pal D, Patil N, Zeng K., et al. An integrated approach to additive manufacturing simulations using physics based, coupled multiscale process modeling[J]. Journal of Manufacturing Science and Engineering, 2014, 136 (6): 061022.

[122] Pal D, Stucker B. A study of subgrain formation in al 3003 h - 18 foils undergoing ultrasonic additive manufacturing using a dislocation density based crystal plasticity finite element framework[J]. Journal of Applied Physics, 2013, 113(20): 64.

[123] Heigela J C, Michalerisa P, Palmer T A. In situ monitoring and characterization of distortion during laser cladding of Inconel 625 [J]. Journal of Materials Processing Technology, 2015, 220: 135 - 145.

[124] Dai Donghua, Gu Dongdong. Thermal behavior and densification mechanism during selective lasermelting of copper matrix composites: Simulation and experiments [J]. Materials and Design, 2014, 55: 482 - 491.

[125] Dierich F, Nikrityuk P A, Ananiev S. 2D modeling of moving particles with phase-change effect[J]. Chemical Engineering Science, 2011, 66: 5459 - 5473.

[126] Tsuji Y, Kawaguchi T, Tanaka T. Discrete particle simulation of two-dimensional fluidized bed[J]. Powder Technol, 1993, 77: 79 - 87.

[127] Zhu H P, Zhou Z Y, Yang R Y, et al. Discrete particle simulation of particulate systems: A review of major applications and findings[J]. Chemical Engineering Science, 2008, 63: 5728 - 5770.

[128] Deen N G, van SintAnnaland M, van der Hoef M A, et al. Review of discrete particle modeling of fluidized beds[J]. Chemical Engineering Science, 2007, 62: 28 - 44.

[129] Xue Yibin, Li Tong. Micromechanical simulations for fatigue damage incubation mechanisms of LENSTM processed steel [J]. Procedia Engineering, 2010, 2: 1165 - 1172.

[130] Bordreuil Cyril, Niel Aurélie. Modelling of hot cracking in welding with a cellular automaton combined with an intergranular fluid flow model[J]. Computational Materials Science, 2014, 82: 442 - 450.

[131] Uehara Takuya, Fukui Motoshi, Ohno Nobutada. Phase field simulations of stress distributions in solidification structures[J]. Journal of Crystal Growth, 2008, 310: 1331 - 1336.

第二篇
先进塑性成形技术

塑性成形技术的应用已经有三千多年的历史,在人类文明史上,塑性成形一直是高质量和高性能的代名词。它一直是高端制造业的重要组成部分,并以独特的优势成为国民经济中不可或缺的重要制造技术。

先进飞行器,特别是民用客机,对可靠性和经济性的需求日益苛刻,而所采用构件的高性能、高可靠性和轻量化是保证飞行器性能的前提。塑性成形能够在获得形状的同时,改变材料内部组织,实现其性能的提升,是高性能轻量化构件成形成性一体化的制造技术,在航空制造工业中应用十分广泛。同时,塑性成形还具有工艺过程稳定可控,产品尺寸精度高,形状、尺寸和性能一致性好,成形效率高、材料利用率高等技术优势,是稳定、高效、批量、低成本的节约型制造技术,使其重要性和作用愈加显著。经过塑性成形的构件在航空飞行器中占金属构件的 60%~70%,通过该技术制造的高性能轻量化件更是保障先进飞机服役性能的核心基础。先进飞机中的关键承力构件,如隔框、翼梁、起落架以及管路、蒙皮等大都采用塑性加工的方法制造。

先进飞机制造是最具前沿引领性和带动性的国家战略性产业,也是先进塑性成形技术发展的源动力。为满足其不断发展的需求,轻质高强难变形材料和整体、薄壁、复杂结构的极限成形技术已经成为先进塑性成形研发的前沿和重点。采用轻质高强的高性能轻合金材料是航空关键构件实现高性能轻量化的首选。如波音 777 客机中采用轻合金材料(钛合金、铝合金)占机体重量的77%。高性能轻合金的用量正逐渐增加,如钛合金具有比强度高、耐腐蚀、与复合材料相容性好等优势,越来越多地应用于先进飞机以替代铝合金和钢,客机钛合金的用量从波音 737 的 2.2%上升到波音 787 的 15%。而为进一步降低重量系数、提高性能和可靠性,高性能轻量化构件在设计上往往采用大型整体化、形状复杂化、壁厚薄壁化、形状高精度化,且大尺寸和小尺寸极端结合等轻量高效结构。如 F-22 采用的钛合金整体隔框锻件尺寸达 3.8×1.7 m,投影面积达 5.16 m^2,锻件重量达 1 590 kg,而隔框锻件上筋的宽度仅数十毫米(零件筋宽仅数毫米),特征尺寸相差百倍;B-777 主起落架载重梁整体钛合金锻件重量达 3 175 kg;俄罗斯安-22 运输机机身采用 20 个大型隔框锻件,减少 800 种零件,减轻飞机重量 1 吨。空客 A380 机翼 7055 铝合金壁板长 33 m,宽 2.8 m,成形精度小于 1 mm。

轻质高强材料的难变形性和整体薄壁复杂结构的难成形性的结合,使塑性成形中会产生剧烈的不均匀变形,引起载荷增大,易引发起皱开裂等成形缺陷,且宏微观演化机制复杂,对加载条件敏感,表征、预测与控制极难,使得成形质量极难控制。这使得难变形材料复杂构件精确成形成性一体化面临着多方面的挑战。主要包括:

(1) 如何提升成形能力。塑性成形构件在形状、尺寸和组织性能要求上的日益提高,使现有成形装备和工艺难以满足要求。如制约钛合金大型复杂整体构件成形能力的因素之一是不均匀变形导致成形载荷的激增,我国目前的万吨等温锻压力机能稳定制造投影面积约 1 m² 左右的钛合金锻件,但未来的需求将达到 3～5 m²;又如飞机中常用的大口径薄壁数控弯管件,由于成形时外侧受拉易破裂,内侧受压易起皱,其国际公认的最小相对弯曲半径一般大于 1.5,若要获得更小的弯曲半径以减重并提高空间利用率,则需要技术与模具的创新及工艺的优化控制。

(2) 如何实现宏观形状和微观结构一体化制造。难变形材料复杂构件在宏观上易出现充填不满、折叠、穿流、开裂、起皱等缺陷,在微观上可能出现粗晶、混晶、非目标组织等缺陷。宏观成形和微观结构制造均已十分困难,实现成形成性一体化则更具难度。如在钛合金整体隔框类构件锻造成形中,其高筋薄腹结构使变形极不均匀,构件充填困难,且易产生折叠等缺陷,此外,不均匀变形还可能导致局部温升、流动失稳、次生相球化等现象,使得组织不均匀,因而成形成性一体化制造难。

(3) 如何实现成形制造过程优化设计与稳健控制。难变形材料复杂构件精确塑性成形过程复杂,可能涉及高温多场耦合作用,多道次加热冷却,多模具约束作用,材料的不均匀变形行为和组织演变历程复杂,且对加载条件十分敏感,使得工艺的优化设计与稳健控制极难。如钛合金构件从铸坯到锻件要经过多火次开坯、改锻、预锻、终锻和热处理的过程,组织则经历从铸态组织、魏氏组织、等轴组织、双态/三态组织的转变。每一火次的加热温度、保温时间、变形量、冷却速度等均会对构件的形状尺寸和组织性能产生影响。全过程参数优化设计很难。在管材数控弯曲中,管坯在弯曲模、芯棒、芯头、夹持模、压力模的作用下变形,多模具与管坯的间隙、摩擦、弯曲和助推速度等工艺参数对壁厚减薄、起皱、截面扁化等不均匀变形导致的缺陷的影响复杂,控制难度大。

为应对上述挑战,塑性成形原理、技术和装备都必须不断地创新与进步。局部加载成形技术即是其中的典型代表。传统塑性成形理论认为不均匀变形是引发成形缺陷、降低成形极限与精度、制约变形潜力的根源。然而,研究表明,通过恰当的变形方式和变形条件,主动协调和利用不均匀变形,能够抑制缺陷产生、提高成形极限和精度,可作为模具优化设计和过程精确控制的依据,并可能成为开发新的精确塑性成形原理和技术的有效途径。局部加载,通过模具与坯料的局部接触累积局部塑性变形实现零件成形,能够省力、柔性、有效地调控不均匀变形,是实现高性能轻量化构件成形成性一体化的有效技术手段。典型的局部加载成形工艺,如旋压、单点增量成形、数控绕弯、增量锻造等,在难变形材料复杂构件成形成性一体化制造中发挥着不可替代的作用。

塑性成形问题的复杂性和成形成性一体化的需求,使得先进塑性成形技术的研发面临挑战。塑性成形全过程多尺度建模仿真与理论分析和实验研究的有机结合，已经成为研究塑性成形过程的主流方法。将全过程多尺度仿真建模与 CAD、数据库等技术结合，数字化、智能化地设计成形工艺与装备，可进一步降低研发周期和生产成本，实现对尺寸形状和组织性能的精确控制，也是先进塑性成形技术十分重要的前沿研究方向。

本篇针对塑性成形技术在航空中的需求，以钛合金复杂大件等温局部加载近净成形和高性能轻量化弯管件数控弯曲精确成形两种典型的局部加载成形技术为重点，介绍其发展趋势、技术方法和应用。

4 钛合金大型复杂整体构件等温局部加载近净成形

4.1 引言

钛合金大型复杂整体构件(如隔框、梁、整体盘、风扇机匣等),从材料和结构两方面易于实现构件高性能轻量化而成为民用飞机和航空航天高端装备核心和关键部位的必然选择。然而,该类构件所采用的钛合金材料变形抗力大、塑性差、难变形又十分昂贵,并采用大型、整体、薄壁、大小尺寸极端结合、复杂的难成形结构;同时作为关键承力构件,对其服役性能要求苛刻。由此导致对成形技术与装备成形能力的需求不断提高,成形成性一体化更是面临巨大的挑战。因此如何提升钛合金大型复杂构件的成形制造能力,并实现成形成性一体化制造,是发展钛合金大型复杂构件先进成形技术迫切需要解决的重大关键问题[1-4]。

提升成形能力的思路之一就是建造更为巨大的装备,如我国已建成了4~8万吨模锻压力机,但这需要初次投入巨资,并需要大量费用以保障运行和维护。另一极具潜力的思路是通过工艺的创新降低成形载荷,以小吨位装备低成本制造大型复杂构件,如等温局部加载技术。即使采用大吨位装备,也需要发展与之配套的成形成性一体化技术才能够制造出形状和性能合格的构件。

等温局部加载技术,即在等温的条件下,对坯料局部施加载荷,通过变形积累实现整个构件的成形,它集成了等温成形和局部加载两者的优势,从而为提升钛合金大型复杂构件的成形能力,实现成形成性一体化提供了有效的途径。然而,钛合金大型复杂构件等温局部加载过程是一个多工步、多道次、多模具和多参数耦合的复杂高温过程,材料发生复杂的不均匀变形和微观组织演化过程,有可能会产生多种宏、微观成形缺陷,从而使得钛合金大型复杂整体构件宏观形状和微观结构一体化热制造、等温局部加载过程优化设计与精确控制面临挑战[5]。

本章首先论述了钛合金大型复杂整体构件等温局部加载成形原理,然后论述局部加载材料宏观不均匀变形特征、缺陷预测控制、全过程组织演变机制与主动调控、大型复杂预成形毛坯和大型组合模具优化设计、等温局部加载成形工艺优化与过程实现等关键问题的最新研究进展。

4.2 钛合金大型复杂整体构件等温局部加载成形原理

4.2.1 钛合金大型复杂整体构件等温局部加载成形基本原理

钛合金大型复杂整体构件等温局部加载,即在等温条件下通过多道次不断变换加载位置,采用分块模具对坯料不同局部区域施加载荷,再通过不断协调和累积局部变形,并控制不均匀变形与组织性能,最终实现整个构件的整体成形,如图4-1所示。图4-1中的等温局部加载成形过程包括2道次,每个道次包括3个加载步,局部加载通过3个分块上模实现,在每个加载步仅1个分块上模对坯料实施加载,其他分块上模对坯料产生一定的约束作用,可通过调节未加载区模具与坯料之间的间隙,改变约束的大小。可见在每个局部加载步,存在着加载区、未加载区和过渡区,其中过渡区起着协调加载区和未加载区的作用[6,7]。

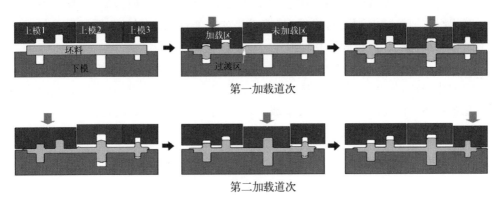

第一加载道次

第二加载道次

图4-1 等温局部加载成形原理(2个道次,3个加载步)

局部加载可减少工件与模具的接触面积和所受约束,有效降低成形载荷,还能拓宽成形尺寸的范围[8];等温成形能够降低材料的变形抗力、提高材料的塑性流动能力、成形件尺寸精度和组织性能均匀性。通过局部加载与等温成形的结合,融合了等温成形和局部加载成形两方面技术的优势,并与优化设计预成形坯料及控制成形温度相结合,可进一步降低模具的接触面积和所受约束、降低钛合金的变形抗力、调整应力状态使材料更容易进入塑性变形,并更有效降低流动应力、充分发挥材料成形潜力、控制材料的变形、实现成形与组织性能控制,具备了省力、柔性、"成形"和"成性"三方面的优势。为提升钛合金大型复杂整体构件的成形能力,并实现成形成性一体化制造提供了重要途径。

4.2.2 钛合金大型复杂整体构件等温局部加载成形面临的挑战

然而,在钛合金大型复杂整体构件等温局部加载成形中,一方面由于局部加载多道次、多工步、多模具、多参数、多场耦合等复杂成形特点;同时钛合金材料难变形、组织对变形敏感,结构难成形,成形过程高度非线性,使得成形过程中不均匀变形十分剧烈。一方面,易产生充填不满、流线折叠、穿流、开裂等成形缺陷,使得钛合金大型复杂整体构件宏观成形制造十分困难;另一方面,组织演变机制与规律复杂,可能产生多种组织,从而导致构件性能多样化,微观结构调控难。研究发现,钛合金成形过程可能产生 5 种组织(等轴组织、网篮组织、魏氏组织、双态组织、三态组织),其中三态组织综合了等轴组织和网篮组织的优势,能很好满足航空高性能大型复杂构件对室温性能、热稳定性、高温性能、断裂韧性和抗裂纹扩展能力综合匹配的要求。但是,三态组织对各构成相含量和形态要求苛刻,如何在等温局部加载成形中获得目标三态组织面临极大挑战。

等温局部加载是一个高温多场耦合、多次加热冷却的几何、材料和边界条件三重高度非线性耦合的复杂物理过程;又对材料、几何、工艺等参数及其耦合作用极为敏感,这使得钛合金大型复杂整体构件等温局部加载同一道次各加载区和过渡区之间以及同一加载区不同道次之间复杂的不均匀变形如何协调,不均匀变形和微观组织如何协同控制面临挑战,其核心是如何实现钛合金复杂等温局部加载成形过程的优化设计与精确控制。

为此,迫切需要深刻理解与解决等温局部加载下材料宏观不均匀变形与微观组织演化,缺陷预测与控制,模具、坯料和工艺优化设计等关键问题,突破钛合金大型复杂整体构件局部加载等温成形成性一体化制造的瓶颈难题,推动钛合金大型复杂整体构件等温局部加载成形技术的进步。

4.3 等温局部加载多道次成形宏观变形与微观组织演化

4.3.1 等温局部加载不均匀变形特征

为了满足轻量化和高性能的要求,钛合金大型复杂构件通常设计成复杂的高筋薄腹类结构。图 4-2 所示是一个 TA15 合金双面带筋结构件,其上筋和下筋完全对称,筋条的高宽比最大约为 6,在环形筋的包围内有数十条不同高度和宽度的加强筋和凸台。图 4-3~图 4-5 为通过数值模拟获得的此 TA15 钛合金构件等温

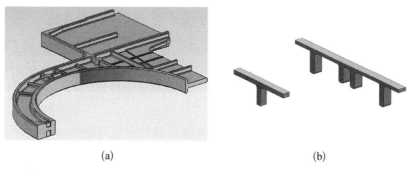

(a)   (b)

图 4-2　大型复杂构件三维模型及特征结构

(a)三维模型　(b)特征结构

局部加载成形结果,局部加载过程包括 2 个加载步。

图 4-3 为第一局部加载步中的应力场变化模拟结果。加载区筋部的等效应力率先达到屈服状态;随后环形筋区域、腹板较薄的区域应力上升,然后整个表面进

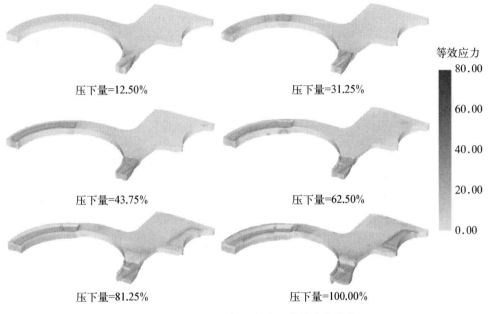

等效应力

压下量=12.50%   压下量=31.25%

压下量=43.75%   压下量=62.50%

压下量=81.25%   压下量=100.00%

图 4-3 第一局部加载步中的等效应力分布

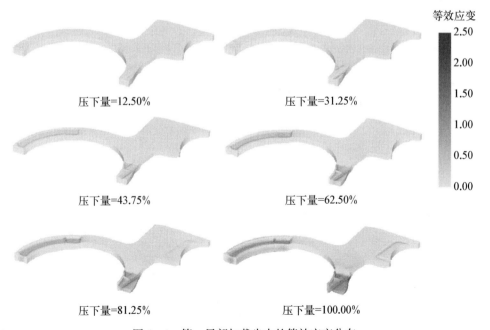

等效应变

压下量=12.50%   压下量=31.25%

压下量=43.75%   压下量=62.50%

压下量=81.25%   压下量=100.00%

图 4-4 第一局部加载步中的等效应变分布

入塑性状态;接着塑性区域由表面向中间扩散,接近分模位置的未加载区的部分金属可能进入屈服状态。在第二局部加载步中,应力的分布与演化也存在着类似的规律。虽然应变是一个累积的结果而应力不是,但是应变场分布特征及其演化与

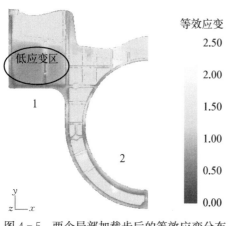

图 4-5　两个局部加载步后的等效应变分布

应力场相似,如图 4-4 所示。在第二局部加载步结束之后,工件的应变分布如图 4-5 所示,在凸耳区域存在一个明显的低应变区域。由于局部加载特征,加载区的金属将先后完全屈服产生塑性变形;大部分未加载区域应力很小,没有进入塑性变形状态;而与加载区连接的区域,虽然没有主动施加载荷,但也可能达到屈服状态。在局部加载成形中存在三种典型的区域:绝对屈服变形区,未产生塑性变形区,由绝对屈服变形区向未产生塑性变形区过渡的变形过渡区。

4.3.2　等温局部加载不同加载区和过渡区微观组织与性能

图 4-6 和图 4-7 为模拟获得的等温局部加载不同加载步后构件各场变量分布图。发现复杂构件在局部加载中先加载区、后加载区和过渡区的变形和温度变化历史极不均匀,是造成组织差异的重要原因。在第二加载步中先加载区变形量较小,扩散生长有限,该区初生 α 相体积分数较小,腹板和筋板相交处变形大于筋顶区域而温降又相对较慢,因而体积分数稍大。后加载区在第二加载步中发生较大程度变形,其初生 α 相体积分数较大。后加载区不同位置变形量差异较大造成了该区体积分数分布不均匀。各区晶粒尺寸差距较小,过渡区略大于先加载区和后加载区,在多道次变形细化、动态长大和扩散生长的共同作用下,局部加载后初

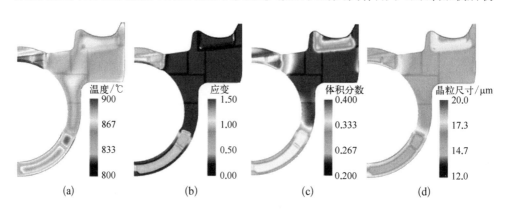

图 4-6　第一加载步后构件各场变量分布
(a) 温度　(b) 应变　(c) 初生 α 相体积分数　(d) 晶粒尺寸

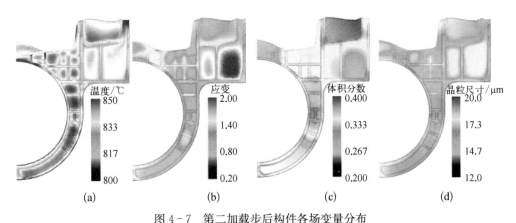

图 4-7 第二加载步后构件各场变量分布

(a) 温度 (b) 应变 (c) 初生 α 相体积分数 (d) 晶粒尺寸

生 α 相的晶粒尺寸与初始组织相比略有增大。

图 4-8 为构件金相观测位置,图 4-9~图 4-11 分别为先加载区、后加载区和过渡区的典型微观组织金相照片。

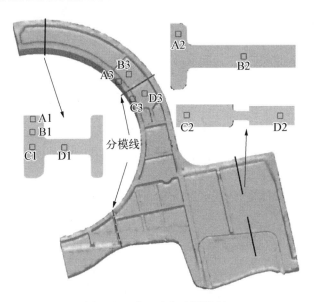

图 4-8 各区金相观测位置

局部加载近 β 成形后的组织主要由初生等轴 α 相、次生 α 相(片层或者等轴状)和转变 β 基体(金相图中颜色较深的区域,由细小的片层 α 相和残余 β 基体构成)。在先加载区筋部,由于变形量较小而冷却速度较快,次生 α 相细长成簇,体积分数较大,转变 β 基体主要位于片层间,分布较分散;先加载区腹板处次生 α 相片层厚度较大但较混乱,所占比例较小,转变 β 基体的分布也较集中。后加载区筋部的变形和温度历史与先加载区相应位置基本一致,其组织特点也类似。在腹板上,随着在

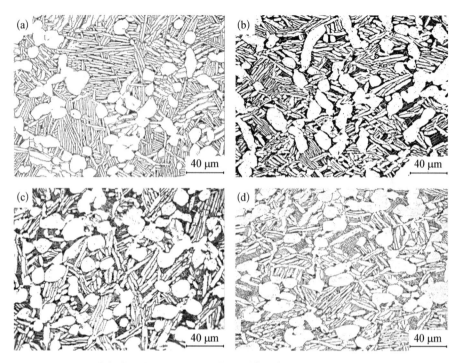

图 4 - 9   先加载区的微观组织（金相观测位置如图 4 - 8 中 A1～D1 所示）

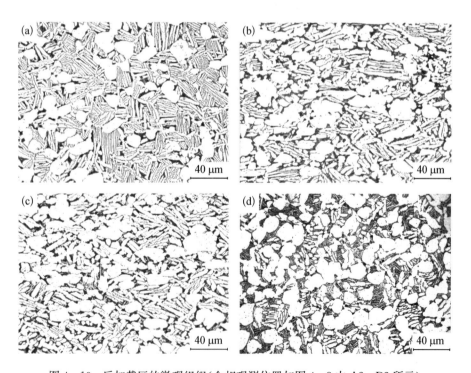

图 4 - 10   后加载区的微观组织（金相观测位置如图 4 - 8 中 A2～D2 所示）

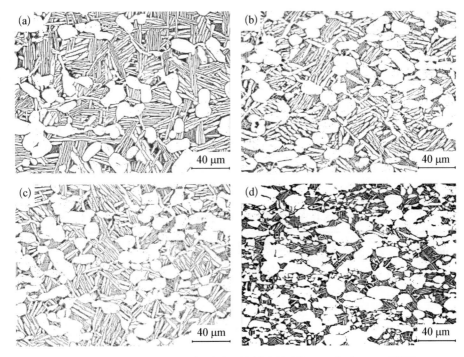

图 4-11　过渡区的微观组织（金相观测位置如图 4-8 中 A3～D3 所示）

第二加载步中变形量的增加，次生 α 相发生一定程度的球化，体积分数也有所减小，转变 β 基体的体积分数有所增加，并逐渐呈块状分布。过渡区腹板从先加载区一侧向后加载区一侧组织次生 α 相逐渐球化，体积分数逐渐减小，组织形态变化较明显。而筋部组织形态的变化则不太明显。

由于变形历史影响等轴 α 相扩散生长、次生 α 相析出以及次生 α 相的球化，从而可能在局部加载近 β 成形中产生 4 种类型的组织。各组织的构成和产生条件如下：① 初生等轴 α 相＋簇状次生片层 α 相＋转变 β 基体（类型 I），初生等轴 α 相体积分数较少，次生片层 α 相较多且平直细长，转变 β 基体也呈片层状分布于条状 α 相之间，这种组织主要是在构件筋部两加载步均变形较小（累积总应变一般不超过0.4）的条件下产生的；② 初生等轴 α 相＋粗大混乱次生片层 α 相＋转变 β 基体（类型 II），初生等轴 α 相含量高于类型 I 组织，次生片层 α 相含量较少，转变 β 基体分布更加集中，这种组织主要分布在第一加载步变形较大（真应变 0.8 以上）而第二加载步变形较小的先加载区腹板上；③ 初生等轴 α 相＋部分球化的次生 α 相＋转变 β 基体（类型 III），次生 α 相含量较高，转变 β 基体的分布与类型 I 组织接近，主要位于第二加载步发生一定程度变形的后加载区腹板处（第二加载步真应变约 0.4～0.8）；④ 初生等轴 α 相＋球化的次生 α 相＋转变 β 基体（类型 IV），初生等轴 α 相含量高于其他三种组织，次生 α 相含量小，转变 β 基体较多且积聚成块，这种组织主要是在第二加载步中发生较大程度变形后产生的（真应变 1.0 以上）。

表 4-1～表 4-3 给出了局部加载成形锻件上不同组织对应的力学性能（室温拉伸性能、高温拉伸性能和冲击韧性）。由表 4-1 可知，各种类型组织的室温拉伸性能较为接近；由表 4-2 发现，组织 I 的高温拉伸抗拉强度和屈服强度较低，但延伸率和断面收缩率较高，而组织 IV 的强度最高。因而，后加载区的高温性能略好于先加载区。锻件的冲击韧性如表 4-3 所示，组织 I 和 II 中含有较多粗大的次生片层 α 相，裂纹不易穿过，其冲击韧性较高，而组织 III 和 IV 中次生片层 α 相较少并一定程度的球化，转变 β 基体中的魏氏 α 集束小，裂纹易于穿过，等轴 α 含量的增加也为裂纹的扩展提供了通道，因而其冲击韧性相对较低。因此，先加载区的冲击韧性高于后加载区。

表 4-1　不同组织对应的室温拉伸性能

组织类型	抗拉强度 /MPa	屈服强度 /MPa	延伸率 /%	断面收缩率 /%
I	965	886	17.4	45.4
II	963	900	18.8	46.1
III	972	913	18.4	47.8
IV	967	914	17.8	47.1

表 4-2　不同组织对应的高温拉伸性能

组织类型	抗拉强度 /MPa	屈服强度 /MPa	延伸率 /%	断面收缩率 /%
I	644	489	28.0	67.3
II	660	508	22.8	64.3
IV	684	531	25.3	68.0

表 4-3　不同组织对应的冲击韧性

组织类型	I	II	III	IV
冲击韧性 /(J/cm²)	52.0	50.3	44.3	47.2

4.4　等温局部加载宏观成形缺陷预测与控制

4.4.1　等温局部加载宏观成形缺陷形式

局部加载成形中存在绝对屈服变形区和未产生塑性变形区，以及两者之间存在着一个协调这两种变形状态的变形过渡区。局部加载成形过程中的局部加载状态是由坯料、模具的几何结构特征所决定的，因此变形过渡区包括由于模具分区导致的加载区和未加载区之间变形过渡区以及由于坯料厚度变化所导致的变形过渡区。变形过渡区起着不均匀变形协调的作用,加载变形区通过它使未加载区产生附加应力场和附加速度场,从而易于导致毛刺、错移、折叠、鼓包、流线紊乱、穿筋等成形缺陷(见图 4 - 12)[9,10]。

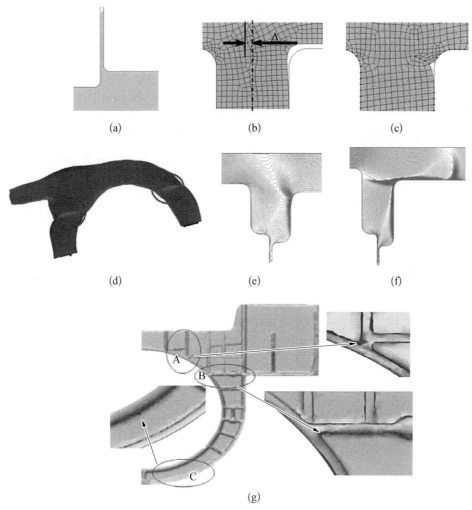

图 4 - 12　局部加载成形中可能产生的成形缺陷
(a) 毛刺　(b) 错移　(c) 折叠　(d) 鼓包　(e) 流线紊乱　(f) 流线断裂　(g) 折叠可能出现的位置

4.4.2　等温局部加载宏观成形缺陷预测与控制

4.4.2.1　坯料变厚度区的成形缺陷产生机制及控制方法

根据局部加载特征和构件结构特点,在筋板类构件局部加载成形中,变厚度区的分布位置有三种情况:模具分区位置附近(见图 4 - 13 变厚度区Ⅱ)、远离分区位置的腹板位置(见图 4 - 13 变厚度区Ⅰ)、筋型腔附近。变厚度区域的过渡形式可采

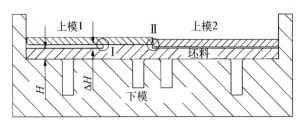

图 4-13　不等厚坯料局部加载

用圆角过渡和倒角过渡。

　　当坯料变厚度区分布在模具分区位置附近时,变厚度区 Ⅱ 几何形状演化如图 4-14 所示,在上模分区位置的坯料变厚度区,会出现两种 V 型空腔:横卧着的 V 型空腔和正立着的 V 型空腔。如果增加未加载区的约束间隙或不施加约束,则横 V 型空腔可能会避免,但未加载区会失稳,如图 4-15 所示。在临近模具分区位置形成横 V 型空腔处,材料极易形成类似"缩孔"的缺陷进而发展成折叠。未加载区正立着的 V 形空腔在第二局部加载步中可能形成类似"缩孔"的缺陷,进一步发展成折叠。

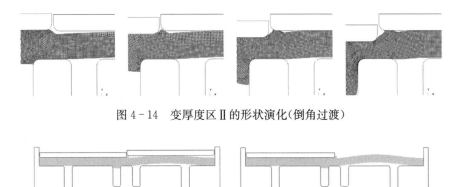

图 4-14　变厚度区 Ⅱ 的形状演化(倒角过渡)

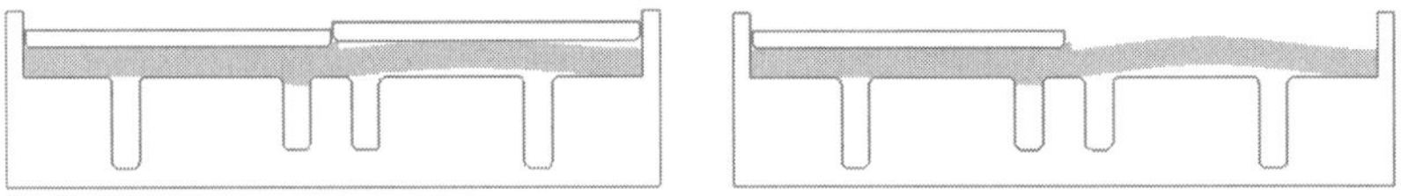

图 4-15　未加载区失稳

(a) 约束间隙 2.5 mm　　(b) 未加载区无约束

　　当坯料变厚度区分布在筋型腔附近[见图 4-16(a)],变厚度区 Ⅳ 在局部加载过程中产生 V 型空腔,并发展成折叠缺陷,如图 4-16(b)所示;而在第二局部加载步中,变厚度区 Ⅲ 在筋型腔区域形成倒 V 型空腔,该空腔在筋顶位置形成折叠,如图 4-16(c)所示。为了减小和消除折叠缺陷,不等厚坯的变厚度区应当避免设置在模具分区附近;在筋型腔附近设置变厚区应当十分谨慎,应当根据加载次序和成形过程中的 V 型空腔形成的位置来确定具体的位置。

　　4.4.2.2　模具分区处的成形缺陷产生机制及控制方法

　　为了进一步详细分析加载区对未加载区的影响,研究模具分区附近的变形行

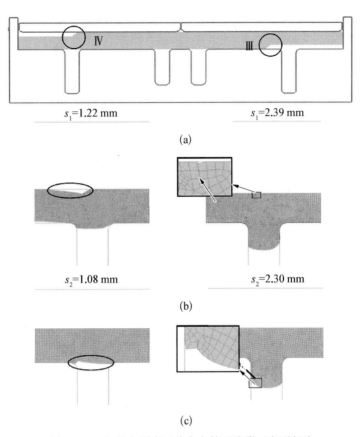

图 4-16 坯料变厚度区分布在筋型腔附近变形行为

(a) 加载前 (b) 第一局部加载步中的变厚度区Ⅳ (c) 第二局部加载步中的变厚度区Ⅲ

为,提取设计了如图 4-17 所示的特征结构;对于图 4-17 所示结构,根据其具体模具分区方式及尺寸建立相应的有限元模型,其坯料厚度采用等厚坯(其长和高设计尽量保证 Rib1 和 Rib3 的充填),其两端面施加法向速度约束。同时

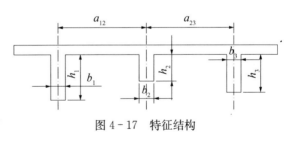

图 4-17 特征结构

为简化分析,采用图 4-18(b)所示的局部加载工艺,其中未加载区的约束间隙 $c=$ 1 mm。

由于局部加载特征,局部加载成形过程中加载区内有一部分材料流向未加载区,这部分材料若过多或没有及时分流,极容易出现大量材料沿着一个方向(水平方向)移动的情况。在第一局部加载步中,未加载区是未成形区域,若涌向未加载区的材料过多,开始充填筋型腔,则随后的材料沿着水平方向继续流动,容易在该处产生流线紊乱。在筋上分区模式下,分区筋更容易产生流线紊乱[见图 4-19

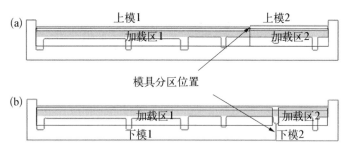

图 4-18　单面带筋构件的局部加载成形

(a) 腹板分区　(b) 筋上分区

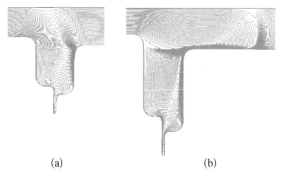

图 4-19　模具分区边界处筋的流线

(a) 流线紊乱　(b) 纤维断裂

(a)]，甚至金属纤维断裂[见图 4-19(b)]。

　　若未加载区是已成形区域，如第二局部加载步中图 4-18 所示的加载区 1，流向未加载区的材料会导致已成形筋的错移。错移量 Δ 是筋中心线偏离筋型腔中心线的距离，如图 4-20(a)所示。图 4-20 给出了第二局部加载步中图 4-18(a)所示的加载区 1 中靠近模具分区边界第一个成形筋根部折叠形成过程。当加载区（见图 4-18 中的加载区）型腔完全充满后，多余的材料一部分继续形成纵向飞边和分区位置处的毛刺，增加了成形载荷和载荷波动；另一部分涌向未加载区加速折

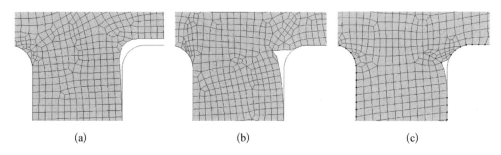

图 4-20　第二局部加载步中已成形筋根部的形状演化

(a) 压下 1.40 mm　(b) 压下 2.38 mm　(c) 压下 2.87 mm

叠。一般来说,由错移导致的折叠缺陷易出现在未加载区距模具分区边界最近的筋条根部,不会出现在未加载区其他的筋条位置。

加载区对未加载区影响主要是由流向未加载区的材料引起的,其主要影响模具分区边界到未加载区首个完整筋型腔之间的区域。减少加载区对未加载区的不利影响主要是控制流向未加载区的材料,有两种方法:一是减少流向未加载区的材料体积,二是增加模具分区位置到未加载区首个筋条区域容纳材料的空间。通过坯料厚度设计和改变模具分区位置,可以适当减少流向未加载区的材料。通过增加未加载区的约束间隙也可增加容纳外流材料的能力,但是增加约束间隙会增加错移量;而且过大的约束间隙会导致未加载区的翘曲或拱起等失稳现象(见图4-21)。这些不利于后续加载过程的实现,或会形成折叠缺陷而影响构件的成形质量。

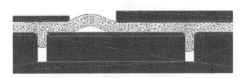

图4-21 模具间隙处可能的失稳拱起缺陷

4.5 钛合金大型复杂整体构件等温局部加载成形过程优化控制

4.5.1 大型复杂整体构件不等厚坯料优化设计

4.5.1.1 坯料优化设计思路和方法

钛合金大型复杂构件等温局部加载中容易出现折叠和充填不满等缺陷。调控局部加载参数能够一定程度上改善形腔的充填,但大型复杂整体构件中由于型腔位置分布的不均匀,仅通过调控局部加载参数难以获得充填良好的锻件,需优化坯料厚度重新分配体积改善充填,因此合理的不等厚坯料优化设计是钛合金大型复杂构件等温局部加载成形的一个关键环节。

结合筋板类大型复杂整体构件的结构特点及局部加载成形特征提出了如图4-22所示的不等厚坯料优化设计思路。先以特征结构简捷快速预测模型为基础,实现型腔充填的快速预测,采用解析分析快速设计初始不等厚坯料形状,获得关键设计变量;随后根据整体构件全过程的有限元模拟结果结合局部加载流动特征分析,调整修改坯料几何参数,最终获得合理的不等厚坯料。

4.5.1.2 大型复杂构件局部加载等温成形不等厚坯料设计

根据构件形状选择典型横截面,应用所建立的快速预测系统分析横截面上的材料流动和型腔充填情况,根据分析计算结果设计一个初步完成材料体积分配的初始不等厚坯料。在初始不等厚坯料的基础上根据三维有限元分析结果优化不等厚坯料获得最终的坯料形状。

分析图4-23(a)所示隔框的结构特征可以发现,上下筋条分布是对称的,在分析所选择的横截面时只取一半结构进行分析。TA15钛合金在近β锻造温度

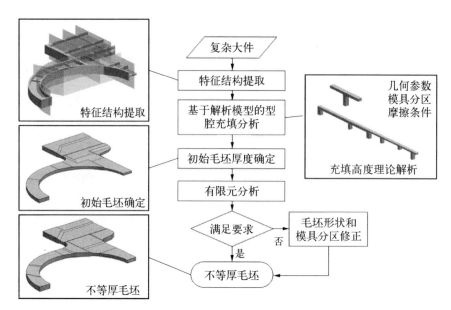

图 4 - 22 大型复杂整体构件局部加载成形不等厚坯料优化设计思路

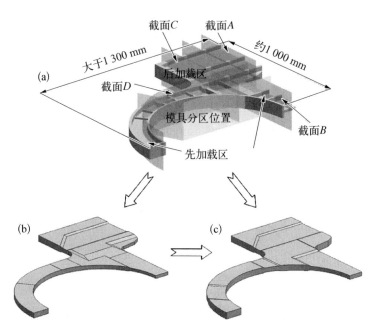

图 4 - 23 初始不等厚坯料设计

(a) 构件形状　(b) 仅考虑横向/径向截面的坯料形状　(c) 初始不等厚坯料(坯料 1)形状

（970℃）下以 0.2 mm/s 加载成形时的摩擦因子约在 0.2～0.5 的范围内，选取一个中间值 $m = 0.3$ 进行计算分析。

当仅考虑横向/径向截面（如截面 A、截面 B、截面 C）的材料流动和充填行为时,可得到如图 4-23(b)所示的坯料形状。在此基础上,考虑纵向/环向截面(如截面 D)的材料流动和充填行为,设计了图 4-23(c)所示的初始不等厚坯料(坯料 1),坯料结构是上下对称的。对于变厚度区,其过渡条件约为 $R_b = 2 \sim 5^{[11]}$。

采用初始不等厚坯料(坯料 1),完成两个局部加载步后锻件上下表面的形状如图 4-24 所示。位于第一局部加载区内的区域 A/A' 以及区域 B/B' 筋型腔明显充不满,其他大部分区域的筋型腔都能够充满。除了区域 A 内凸台的形状和区域 A' 内凸台的形状有所不同外,其他区域上下面的筋条形状基本是对称的。

区域 A/A' 未充满的原因主要是在初始不等厚坯料设计时没有充分考虑到区域 A/A' 内的凸台(见图 4-24);同样的区域 B/B' 未充满主要因为在初始不等厚坯料设计时没有充分考虑到区域 B/B' 内的环形筋。

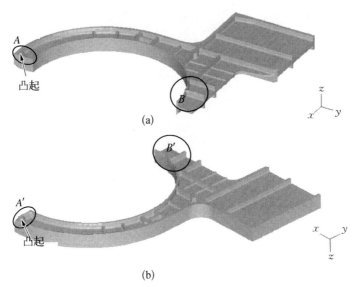

图 4-24 两个局部加载步结束后隔框锻件表面情况(采用坯料 1)

(a) 上表面 (b) 下表面

在此基础上,根据体积不变原理和有限元模拟结果不断调整坯料各个区域的厚度,得到了如图 4-25(c)所示的不等厚坯料(坯料 3),该坯料最薄处的厚度为 25 mm,最厚处的厚度为 46 mm。采用坯料 3[见图 4-25(c)],获得的第二加载步后的锻件形状以及局部区域的材料充填情况如图 4-26 所示,整个构件充填良好。

4.5.1.3 不等厚坯料预成形初始毛坯和放置位置优化设计[12]

解决了大型复杂整体构件局部加载条件下变厚度预制坯的设计问题后,如何顺利成形所设计的预制坯成为另一关键问题,为此提出了采用等距偏置逆向修正、逐步优化的思路进行预成形初始毛坯和放置位置优化。具体步骤如下:

第一步,分析坯料形状,确定修正平面。

第二步,等距偏置修正平面。等距偏置是将预锻件外轮廓等距离负向偏置,得

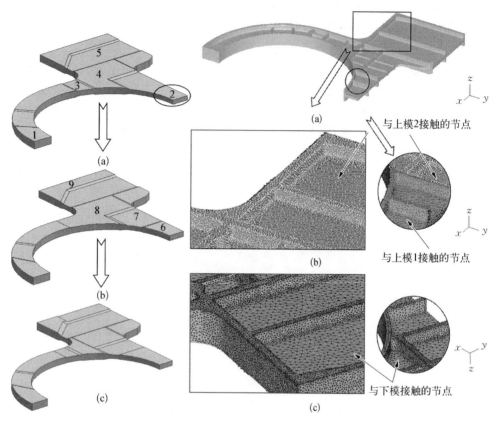

图 4-25　不等厚坯料形状

(a) 坯料1　(b) 坯料2　(c) 坯料3

图 4-26　第二局部加载步后(坯料 3)隔框锻件形状及同模具接触情况

(a) 锻件形状　(b) 放大区域的接触情况(上侧)　(c) 放大区域的接触情况(下侧)

到外轮廓相似但尺寸较小的坯料,然后根据体积不变原理确定偏置后坯料高度,考察成形最后阶段各部分材料的流动速度及分布规律。如图 4-27(a)所示,偏置距离过小时,处于尖角、突起等一些体积较小部分(图中 1 区)坯料尚未发生明显变形时,处于大体积区域(图中的 2 和 3 区)的坯料前沿已经过早靠模,材料的流动速度及分布情况发生急剧变化,导致收集的速度及分布数据失真;偏置过大时如图 4-27(b)所示,坯料外形发生较大改变,已不能准确反映最后时刻坯料前沿的速度及分布情况。图 4-27(c)为最终的等距偏置结果。

　　第三步,根据坯料各部分材料的流动速度和分布规律对坯料进行局部修正,并对修正后的坯料进行有限元建模计算。

　　等距偏置后的坯料经模拟计算,得到图 4-28(a)所示的成形最后时刻速度矢量分布。坯料中有一条明显的分流线,距分流线越近的区域速度越小,越远速度越大。图 4-28(b)是成形最后时刻速度分布云图,整个 2 号凸角的流动速度大致相

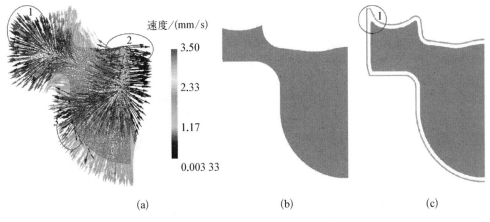

图 4-27　不同等距偏置状态的坯料

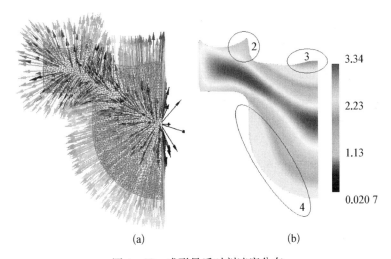

图 4-28　成形最后时刻速度分布

同说明该区域材料的流动主要依靠心部材料的外推作用。这增加了材料流动的阻力,因此在局部修正时应该削减坯料的尖锐部分。3 号区域是整个坯料内流动速度最大的区域,为了提高靠模的一致性,在局部修正时应考虑 3 号区域需要较大的偏置。依据成形最后时刻速度分布云图,4 号区域的二次偏置也应保持较高水平。二次修正后的坯料形状如图 4-29(a)所示。

第四步,反复修正得出优化的坯料形状。

经过一系列修正得到最终优化的坯料形状,其填充过程如图 4-30 所示。坯料的靠模次序首先是圆弧前沿的点最先接触,然后逐渐平缓的向两侧扩张,最后充填难度最大的 1 号、2 号凸角和 4 号区域的最底端在成形的最后阶段同一时刻靠模。这不但减少了不必要的材料流动,对于减少模具磨损和降低成形载荷都有积极的意义。

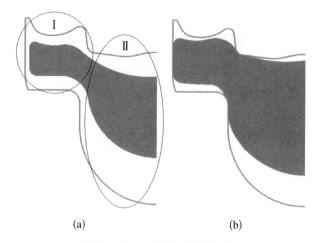

图 4 - 29   二次修正后的坯料

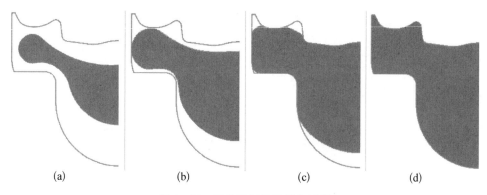

图 4 - 30   优化后坯料的填充过程

通过试验考察了经过优化的坯料形状在实际预锻成形中的可靠性。试验采用等温闭式模锻,变形温度 970℃,采用玻璃润滑剂,上模压下速度 0.5 mm/s。试验结果表明预锻件各部分填充饱满,未发生折叠缺陷,图 4 - 31 是试验结果与模拟结果的对比图。

图 4 - 31   试验结果与模拟结果的对比

4.5.2   等温局部加载全过程工艺参数优化与控制

全过程工艺参数的合理匹配是实现钛合金大型复杂整体构件等温局部加载成形成性一体化制造的关键技术。本节提出采用局部加载近 β 锻结合常规锻并采用普通退火的方法获得三态组织,在此基础上对其工艺参数进行优化。

4.5.2.1 加热温度对组织的定量影响规律

图4-32为初始等轴组织(等轴α相含量约48%)在不同加热温度下组织参数的定量演变规律。发现随着加热温度的升高,总α相和等轴α相体积分数均在下降,但两者下降趋势又有所不同。总α相体积分数随加热温度升高呈指数型降低,而等轴α相体积分数则随加热温度升高呈"三段式"降低:在低温几乎不变、两相区下部缓慢降低、两相区上部加速降低。两条曲线的差代表了片层α相体积分数的变化。只有当片层α向β的转变接近完全时等轴α相的转变才更为显著。定量分析结果表明,片层α相的转变速率可达等轴α相的5~8倍。片层α相通常在两相区中部完全转变为β相,剩余为等轴α相。

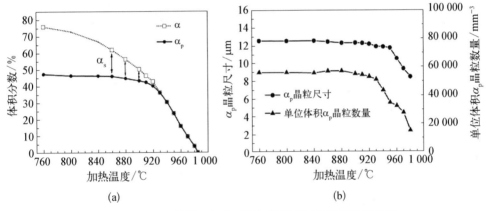

(a)   (b)

图4-32 初始等轴组织在不同加热温度下的微观组织参数

(a)α相和等轴α相体积分数 (b)等轴α相晶粒尺寸和晶粒数目

两相区的加热对等轴α相含量的影响很小,变化在3%以内。而片层α相含量对温度十分敏感,如图4-33所示。随着温度的升高,片层α相含量迅速减少,但平

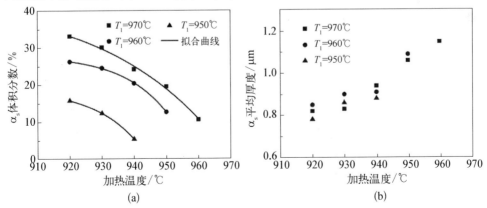

(a)   (b)

图4-33 初始双态组织在不同加热温度下片层α相的定量分析

(a)α_s体积分数 (b)α_s平均厚度

均厚度不断增加。在近β变形温度下30~40℃,可保留约25%~30%的片层α相,在随后的热处理中,其体积分数还将增加,从而形成三态组织中的所需的约50%的片层α相。

4.5.2.2　保温对组织的定量影响规律[13]

在保温过程中,主要发生晶粒粗化现象,即α和β晶粒的长大。两相区晶粒尺寸随保温时间变化如图4-34所示。在两相区下部(900℃),粗化指数为4.5,由晶界扩散控制,在此条件下晶粒尺寸的分布不再满足自相似性。在两相区中部和上部(940℃和970℃),粗化指数为3.4和3.3,表明粗化是由体扩散控制,晶粒尺寸分布随时间演变满足自相似性。元胞自动机模拟结果表明:在两相区随着温度的升高,粗化机制由晶界扩散向体扩散转变,α相体积分数减小,使得α-α晶界扩散通道减少,弹性畸变能减小,且溶质原子扩散距离增加,这导致粗化率常数减小[13]。

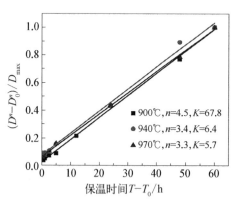

图4-34　TA15合金在900℃、940℃及970℃的条件下静态粗化晶粒尺寸与时间关系

以减少保温时间。

由于等温局部加载过程要经历多火次的加热,且每一加载步中变形量有限,难以通过变形来细化晶粒。为尽量降低粗化对组织和性能的不利影响,应尽量降低保温时间。钛合金锻造时推荐保温时间为0.6~1.0 min/mm,可取下限并采用炉温到达预设温度一次直接高温区加热,

4.5.2.3　变形参数对微观组织的定量影响[14]

在近等温条件下,钛合金大型复杂整体构件局部加载成形中后加载区第二道次大变形导致初生等轴α相的扩散生长以及片层α相的扩散是导致组织不均匀的主要因素。为提高组织的均匀性,可增加变形道次,减少单道次的变形量。图4-35对比了1道次变形(含2加载步)和2道次变形(含4加载步)变形后锻件初生等轴α相体积分数。

采用两道次局部加载变形后,各加载区和过渡区初生等轴α体积分数均减小,各区体积分数的分布更加均匀,先加载区和后加载区的差异减小。在等温条件下,减小最后一道次的变形量

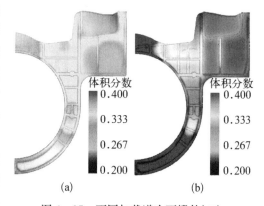

图4-35　不同加载道次下锻件初生
等轴α体积分数
(a)1道次　(b)2道次

可避免片层 α 球化,提高组织均匀性。

此外,增加加载道次将使变形火次增加(每道次变形含两个加载步,每一个加载步需要一个火次完成),这大大地增加了构件处于高温状态下的时间,经多次反复的加热和保温,晶粒粗化现象将十分显著。而成形构件所需的累积总变形量变化不大,即塑性变形对组织的破碎变化不大,因而在多道次加载成形后构件的晶粒尺寸相对粗大,如图 4-36 所示。两道次变形已经能

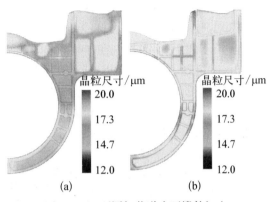

图 4-36　不同加载道次下锻件初生等轴 α 晶粒尺寸

(a) 1 道次　(b) 2 道次

够获得较为均匀的组织,而继续增加变形道次则带来生产成本的提高和组织的粗化。因此,对于此类钛合金隔框构件的成形(总压下量约 60%),采用两道次局部加载保证组织的均匀性。

在近等温条件下,变形速度对组织的均匀性也有较大影响,如图 4-37 所示。随着变形速度的增大,各区中等轴 α 体积分数均减小,均匀性也都有所提高,且对后加载区的影响更加显著。这是因为提高变形速度,缩短了变形时间,使得扩散生长不能充分进行,降低了等轴 α 体积分数。同时,不均匀变形和温度历史差异对扩散生长的影响也因变形时间的缩短大大降低,因而各区组织均匀性有所提高。但在完全等温条件下,由于此时不发生相转变,可忽略变形速度对组织均匀性的影响。

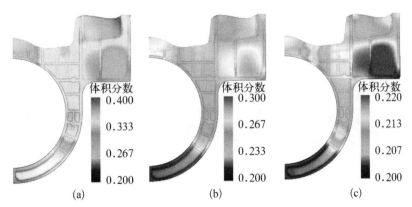

图 4-37　不同变形速度下锻件初生等轴 α 体积分数

(a) 0.2 mm/s　(b) 1 mm/s　(c) 5 mm/s

4.5.2.4　冷却过程对微观组织的定量影响

TA15 合金从两相区温度冷却到一定温度并淬火的组织如图 4-38 所示。α 相生长经历了四个过程，首先在 β 晶界出现晶界 α 核心，然后晶界 α 核心长大并且连成一片，α 相完全包裹住 β 相；接着在晶界 α 相和等轴 α 相上出现新的 α 相核心，核心向 β 相晶粒内部伸长形成魏氏 α 相。钛合金在两相区保温一定时间，由于 α 相的牵制作用，β 相没有过度长大，最终魏氏 α 相可以贯穿整个 β 晶粒或者与从晶界其他部位生长的魏氏 α 相接触。

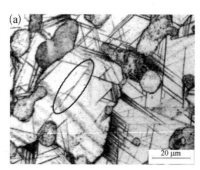
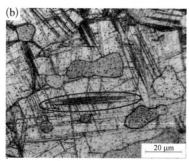

图 4-38　TA15 合金冷却 60 s 淬火后微观组织

在空冷、风冷等冷却速率较大的情况下，从两相区冷却后由于魏氏 α 相的阻碍作用，等轴 α 相的尺寸没有太大的变化，冷却后原来的 β 相的体积几乎完全被魏氏 α 相占据。在较高冷速下，魏氏 α 相的形核率控制了由 β 相转变成 α 相的相变速率，并且魏氏 α 相形核率的大小确定了魏氏 α 相的厚度。可以认为魏氏 α 相形核率与厚度在某种程度上存在反比的关系。在局部加载近 β 成形中，应提高冷却速率，从而细化片层 α 相并提高其混乱程度。而为了促进转变 β 相中析出次生 α 相，应该降低常规锻变形的冷却速率，这同时也有利于减小温度应力和热处理形变。因而，局部加载近 β 锻可选择风冷或者水冷，常规锻可采用空冷（见图 4-39）。

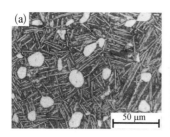

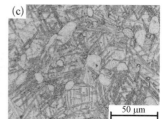

图 4-39　冷却方式对等温局部加载钛合金组织的影响
（a）空冷＋空冷　（b）水冷＋空冷　（c）空冷＋水冷

4.5.2.5　全过程工艺参数优化与控制

根据上述工艺条件对钛合金大型复杂整体构件等温局部加载成形微观组织的

作用规律,综合确定了钛合金大型复杂整体构件等温局部加载合理成形工艺条件,如图 4 - 40 所示。即在最后一个道次采用近 β 锻和常规锻结合的成形方式,该道次中绝对变形一般不大于 20%。近 β 锻加热温度为相变点以下 10～20℃,以控制等轴 α 相含量,近 β 锻后风冷,以细化片层 α 相;近 β 锻加热温度为相变点以下 40～50℃,以控制片层 α 相含量,锻后空冷以获得转变 β 相基体。局部加载后采用普通退火,即可获得均匀的三态组织。

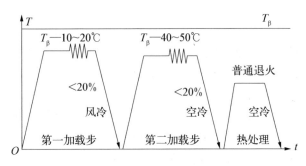

图 4 - 40 局部加载工艺流程图

4.5.3 大型组合模具优化设计与运动控制

4.5.3.1 钛合金大型复杂整体构件等温局部加载模具优化设计

1) 模锻方式

根据有无飞边,等温局部加载成形的模锻方式可分为开式模锻和闭式模锻两种。图 4 - 41(a) 所示为开式模锻,开式模锻由于飞边的设置,对锻件的成形和锻模的保护有好处,然而锻件有着较大的余量,给随后的机械加工带来了繁重的压力,使得零件的生产成本增加,材料利用率降低。同时,机械加工使得锻件内部的纤维流线可能被切断,内部的微小缺陷外露和加工刀痕都有可能降低零件的使用性能。图 4 - 41(b) 所示为闭式模锻,闭式模锻则不仅大幅度地减少了后继机械加工的工

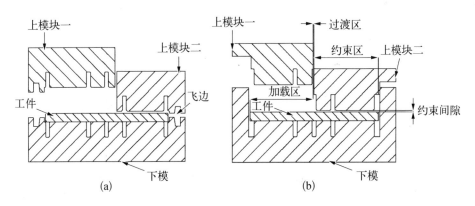

图 4 - 41 筋板件局部加载成形示意图[15,16]

(a) 腹板分区模式下开式模锻　(b) 筋上分区模式下闭式模锻

时和工装套数,还减少了材料和能量消耗,提高了锻件的性能,但是对坯料和模具提出了更高的要求。

根据上、下模块分模面对应的筋板件位置不同,分为腹板分模[见图4-41(a)]和筋顶分模[见图4-41(b)]。上、下模具之间的分模应该尽量采用直线分模,避免上、下模之间的错移;同时分模面的选择应该使锻件内部的流线连续完整,流线外形与锻件外形相符[17]。

大型筋板件为工字型闭式断面的锻件,即筋条位于锻件的两侧时,如果分模面设在腹板与筋的过渡区域,即采用腹板分模,成形后期较易在筋顶部形成涡流、在筋与腹板的连接处产生穿筋等流线缺陷;如果将分模面移至筋的上部,即采用筋顶分模,工字型闭式断面采用反挤法成形,金属均流向筋顶,流向一致,流动性好,锻件组织均匀,同时锻件的流线缺陷将大大降低。

大型筋板件为近环形锻件时,若把分模面与腹板置于同一平面,则容易引起流线紊乱;若将分模面与腹板错开,则可以获得较为连续的流线。

大型筋板件为工字型闭式断面近环形锻件,故采用筋顶分模模式。

通过对比大型复杂整体构件的成形质量,发现模锻方式对材料的整体变形影响不大(见图4-42),闭式模锻所需要的终锻力大于开式模锻,但闭式模锻相对于开式模锻,能够更好地避免成形过程中材料横向流动导致的穿筋缺陷(见图4-43)。综合考虑,在设备吨位满足终锻力要求的前提下采用闭式模锻[18]。

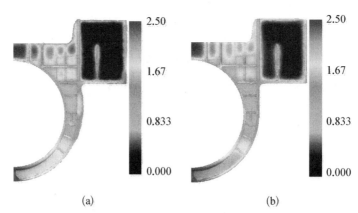

图4-42　不同模锻方式下等效应变分布(分区筋中间分区)

(a) 腹板分区模式下开式模锻　(b) 筋上分区模式下闭式模锻

2) 加载分区

局部加载成形是通过逐步累积局部塑性变形最终实现工件的整体成形,成形过程不同阶段工件与模具的接触情况不同。根据分区对应的筋板件上的不同结构(即筋条和腹板),分区形式可分为筋上分区和腹板分区两种模式(见图4-41,图4-44),分区位置对应的筋条为分区筋。

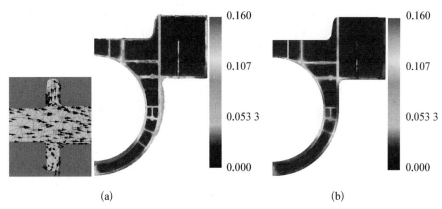

图 4 - 43　不同模锻方式下损伤因子(分区筋中间分区)

(a) 开式模锻　(b) 闭式模锻

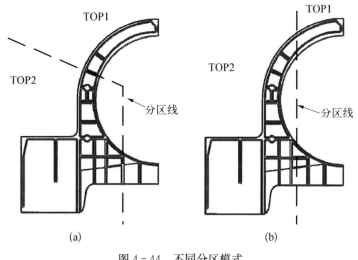

图 4 - 44　不同分区模式

(a) 筋上分区　(b) 腹板分区

　　局部加载变形过程,过渡区材料受到加载区材料的牵制而发生变形,上模块之间存在着配合间隙,采用腹板分区成形过程易在过渡区腹板上产生毛刺或鼓包等缺陷,如图 4 - 45(a)所示,同时腹板分区过渡区材料为剪切变形。这些均不利于局部加载过程的实现,进而会影响锻件的质量。若把分模面设在筋上,未加载区变形之前,部分材料在此集聚,对于未成形筋来说相当于聚料过程,使得后充填筋的充填更容易。同时也避免了毛刺等的产生,如图 4 - 45(b)所示。因而选用筋上分区有利于提高成形质量[19]。

　　通过综合分析不同模锻形式及分模方式下的优缺点(见表 4 - 4),确定了闭式模锻和筋上分区的较优模具基本形式。

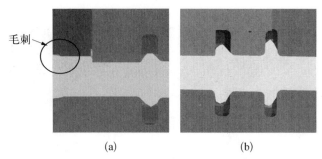

(a)   (b)

图 4-45　不同分区方式过渡区

(a) 腹板分区　(b) 筋上分区

表 4-4　不同模锻形式和分模方式对成形质量的影响规律

	模　锻　形　式		分　模　方　式	
	开　式	闭　式	筋上分模	腹板分模
优点	成形力小 毛坯形状要求低	不易穿筋	毛刺小	筋条流线好
缺点	易穿筋错移 材料利用率低	成形力大 毛坯形状精确	分模筋易 流线紊乱	毛刺大 偏载严重

　　根据分区线相对于分区筋条的位置分为分区筋的左侧分区、中间分区和右侧分区。图 4-46 给出了分区筋上不同位置分区等效应变分布规律的统计情况。在成形终了时，采用分区筋右侧分区，等效应变平均值为 0.821，等效应变标准差为 0.263；采用分区筋左侧分区，等效应变平均值为 0.866，等效应变标准差为 0.292；采用分筋中间分区等效应变平均值 0.842，标准差为 0.281［见图 4-42(b)］。分区筋左侧分区时，材料的整体变形程度最大，变形的分布也最不均匀，但相差不大。

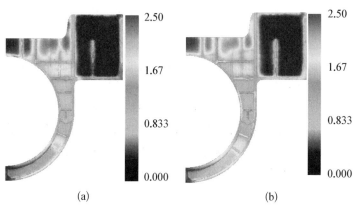

(a)   (b)

图 4-46　分区筋不同位置分区等效应变分布规律

(a) 分区筋右侧分区　(b) 分区筋左侧分区

图 4-47 给出了分区筋上不同位置分区损伤因子分布规律,损伤因子较大的区域为横筋、分模纵筋和处于加载区的环形筋位置。加载后期易成形区筋条已经充填完整,继续下压易成形区材料横向流动导致横筋位置发生"穿筋"流线缺陷;分模纵筋损伤因子较大主要是因为第二加载步加载区材料向未加载区错移流动引起的"穿筋"流线缺陷。同时由横筋和环形筋组成的封闭区域为独立的充填区域[见图 4-47(c)]。最后阶段材料流动困难,导致此区域损伤较大。

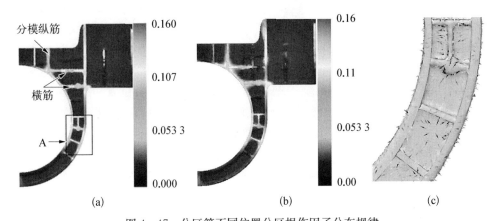

图 4-47 分区筋不同位置分区损伤因子分布规律
(a) 分区筋右侧分区 (b) 分区筋左侧分区 (c) 独立充填区域速度矢量图

在成形终了时,采用分区筋右侧分区,损伤因子平均值为 0.029 7[见图 4-47(a)];采用分区筋左侧分区,损伤因子平均值为 0.027 4[见图 4-47(b)];采用分区筋中间分区,损伤因子平均值为 0.028 5[见图 4-43(b)]。分区筋左侧分区第二加载工步成形过程分模纵筋位于加载区,即材料的错移流动对分模纵筋的"穿筋"流线缺陷影响最小。

即相同的加载条件下,分区筋左侧分区更好地减小了材料错移造成的分区筋的"穿筋"流线缺陷,提高了材料的流动性,材料的变形性能更好;同时对应材料的损伤因子最小。故加载分区采用筋上分区模式下分区筋左侧分区。

在上述研究基础上,确定了局部加载过程加载分区的设计应遵循下列原则[20]:

(1) 应尽量使得锻模中心与压力机的压力中心一致,减小锻造成形过程中设备的偏载,以达到提高模具和设备使用寿命的目的。

(2) 应保证成形过程中各组合模块所受错移力最小原则,同时分区的设计应该使得局部加载成形过程中未加载区材料的错移尽可能地小。

(3) 应使得对应的组合模具能够满足强度要求和相应的装夹要求;同时便于实现组合模具模块之间的相对位置调整和运动控制。

(4) 应保证材料能够满足型腔的充填要求,且力求工件变形更加均匀。

（5）应使得各加载工步对应的成形载荷趋于均匀，从而保证整体上较低的成形载荷。

针对所研究的构件，通过优化设计最终确定了如图4-48所示的分模线位置。

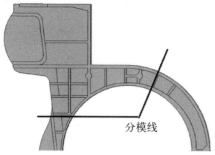

图4-48　较优分模线位置示意

4.5.3.2　钛合金大型复杂整体构件等温局部加载模具运动控制及应用

高温条件下成形装置的设计及其运动控制方法是等温局部加载技术应用的难点之一。局部加载是通过对分块模具的运动控制实现的，实现模具的运动控制一种方法是：将分块模具分别安装在不同的滑块上，每个滑块由独立的液压系统控制，这样分块模具的相对位置可任意调节；该方法可实现模具相对位置的任意调节，且调整时不需要将整个成形装置冷却，可在高温下一次完成，但是需要具有两套液压系统的双动压力机，对设备的要求很高。

针对现有通用的单动压力机，提出了在分块模具与模座之间设置垫板，通过垫板调节分块模具沿加载方向的相对位置实现局部加载的方法，如图4-49所示。这种方法对设备没有特殊要求，且模具设计更简单。

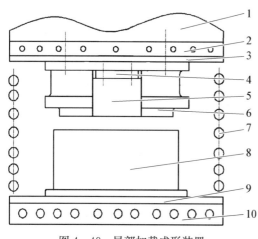

图4-49　局部加载成形装置

1—活动横梁；2—水冷板；3—隔热板；4—垫块；5—上模1；
6—上模2；7—加热炉；8—下模块；9—隔热板；10—水冷板

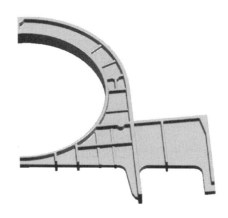

图4-50　TA15大型复杂整体隔框件（局部）

针对图4-50所示的典型的TA15钛合金隔框，提出将上模分成中模和边模两个模块，在中模与模座之间施加垫块调整分块模的相对位置，而下模采用整体模块的模具运动控制方法，如图4-49所示。

在此基础上，与宝钢特钢技术中心合作，设计并制造了等温局部加载成形用模具(见图 4-51 和图 4-52)。
制订了钛合金整体隔框锻件从开坯
到最终热处理的全过程工艺规范
(见表 4-5)。依据此方案成功试制
了钛合金复杂隔框锻件(见
图 4-53),其投影面积达到 2.1 m²,
成形载荷小于 3 000 t,远小于整体
加载成形所需载荷(约 8 000 t),单
边余量仅 3~5 mm,极大地提高了材
料利用率,为我国小吨位设备获得
的最大投影面积钛合金精锻件。成

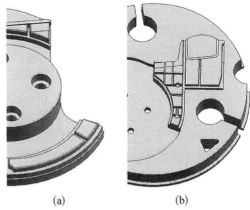

（a） （b）

图 4-51 等温局部加载成形用分块模具(局部)
(a) 中模 (b) 边模

形件的力学性能满足航空锻件的要
求(见表 4-6),实现了钛合金复杂整体锻件省力成形成性一体化制造,成形能
力提高 2 倍多。

图 4-52 镍基高温合金模具实物

表 4-5 TA15 钛合金整体隔框锻件各工步工艺参数

工 步	工 艺 参 数
开坯	高—低—高三火变形:$T_\beta+150\sim200℃/35\%$;$T_\beta-35\sim50℃/2/>30\%$;$T_\beta+50\sim100℃/30\%\sim40\%$
改锻	两相区变形:$T_\beta-35\sim50℃/>50\%/AC$
自由锻制坯	两相区变形:$T_\beta-20\sim40℃$,2~3 火次
模锻制坯	两相区变形:$T_\beta-20\sim30℃/AC$
局部加载终锻	第一道次:$T_\beta-40\sim50℃/1.5\ h$/总变形量 80%/AC 第二道次:$T_\beta-15\sim20℃/1.5\ h/+T_\beta-40\sim50℃/1.5\ h/AC$
热处理	普通退火:850℃/1.5 h/AC

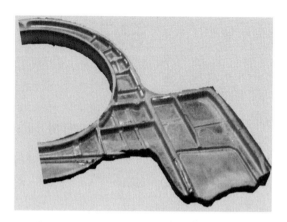

图 4 - 53　TA15 钛合金整体隔框样件(局部)

表 4 - 6　TA15 钛合金整体隔框样件性能指标

性　能　指　标	实　测　值	航　空　要　求
抗拉强度/MPa	940～1 000	930～1 130
延伸率/%	16.0～20.0	>10
断面收缩率/%	43.0～53.5	>25
500℃抗拉强度/MPa	645～690	>630
冲击韧性/(J/cm²)	43～60	>40
持久(500℃,470 MPa)/h	>51	>50

参考文献

[1]　国家自然科学基金委员会工程与材料科学部. 机械工程学科发展战略报告(2011—2020)
[M]. 北京：科学出版社,2010.

[2]　杨合,孙志超,詹梅,等. 局部加载控制不均匀变形与精确塑性成形研究进展[J]. 塑性工程
学报,2008,15(2)：6 - 14.

[3]　曹春晓. 航空用钛合金的发展概况[J]. 航空科学技术,2005,(4)：3 - 6.

[4]　曹春晓. 一代材料技术,一代大型飞机[J]. 航空学报,2008,29(3)：701 - 706.

[5]　Yang H, Gao P F, Fan X G, et al. Some advances in plastic forming technologies of
titanium alloys[J]. Procedia Engineering. 2014, 81：44 - 53.

[6]　Yang H, Fan, X G, Sun, Z C, et al. Some advances in local loading precision forming of
large scale integral complex components of titanium alloys [J]. Materials Research
Innovations, 2011, 15(S1)：493 - 496.

[7]　Yang H, Fan X G, Sun Z C, et al. Recent developments in plastic forming technology of
titanium alloys[J]. Science China Technological Sciences, 2011, 54(2)：490 - 501.

[8]　宋玉泉. 连续局部塑性成形的发展前景[J]. 中国机械工程,2000,11(1 - 2)：65 - 67.

[9]　Sun Z C，Yang H. Mechanism of unequal deformation during large-scale complex integral component isothermal local loading forming[J]. Steel Research International，2008，79(Special Edition 1)：601－608.

[10]　孙念光.钛合金筋板类构件等温局部加载成形规律及缺陷研究[D].西安：西北工业大学,2008.

[11]　Zhang D W，Yang H，Sun Z C，et al. Deformation behavior of variable-thickness region of billet in rib-web component isothermal local loading process[J]. The International Journal of Advanced Manufacturing Technology，2012，63(1)：1－12.

[12]　Zhou W J，Sun Z C，Zuo S P，et al. Shape optimization of initial billet for TA15 Ti-alloy complex components preforming[J]. Rare Metal Materials and Engineering，2011，40(6)：951－956.

[13]　Wu C，Yang H，Li H W. Modeling of static coarsening of two-phase titanium alloy in the $\alpha+\beta$ two-phase region at different temperature by a cellular automata method[J]. Chinese Science Bulletin，2013，58(24)：3023－3032.

[14]　Fan X G，Yang H，Gao P F. Through-process macro-micro finite element modeling of local loading forming of large-scale complex titanium alloy component for microstructure prediction[J]. Journal of Materials Processing Technology，2014，214：253－266.

[15]　孙志超,杨合,孙念光.钛合金整体隔框等温成形局部加载分区研究[J].塑性工程学报,2009,16(1)：138－143.

[16]　孙念光,杨合,孙志超.大型钛合金隔框等温闭式模锻成形工艺优化[J].稀有金属与工程,2009,38(7)：1296－1300.

[17]　吕岩.精密塑性体积成形技术[M].北京：国防工业出版社,2003.

[18]　Shan D B，Zhang Y Q，Wang Y，et al. Defect analysis of complex-shape aluminum alloy forging[J]. Transactions of Nonferrous Metals Society of China，2006，16（S3）：1574－1579.

[19]　孙志超,杨合,李志燕.TA15合金H型构件等温局部加载成形工艺研究[J].稀有金属材料与工程,2009,38(11)：1904－1909.

[20]　暴志峰,孙志超,杨合.钛合金筋板类构件等温局部加载模具应力分析[J].塑性工程学报,2009,16(5)：30－35.

5 高性能轻量化弯管件数控弯曲精确成形制造技术

5.1 引言

航空、航天、汽车和能源等高端装备的发展,尤其是大飞机 C919 等的研制,对装备的大运力、低能耗、长寿命提出了更高的要求,这就必然要求其关键零部件具备高性能和轻量化。用于液压、燃油、环控等系统的弯管件在上述高端装备上起着"血管/生命线"作用的关键构件,而且量大面广(一架飞机约几千项不同材料不同规格的弯管件),因此实现弯管件的高性能、轻量化和精确成形制造显得尤为必要和迫切。

弯管件的高性能轻量化主要通过轻质高强管材、大口径薄壁小弯曲半径整体结构和精确塑性成形来实现。其中,轻质高强管材主要有钛合金、高强铝合金、高强钢和高温合金等,其比强度高、塑性变形能力有限,是难变形材料;大口径薄壁小弯曲半径整体结构,使得不均匀变形加剧,是难成形的复杂结构,进一步加剧了管材的成形难度;而传统绕弯工艺结合数控技术发展的数控弯曲是实现上述难变形管材精确弯曲的先进成形技术。

然而,作为最具难点的多模具约束体加载成形过程,难成形结构、难变形管材的数控弯曲是多因素多场耦合作用下(小弯曲半径弯管可能需要局部加热弯曲)的三重高度非线性复杂物理过程,在弯曲加载下管材内外侧分别产生剧烈的拉压不均匀变形,极易导致管材发生内侧失稳起皱、外侧减薄拉裂、截面过度扁化以及大卸载回弹等多种缺陷,严重影响难变形管材的成形质量和成形极限[1]。

因此,如何通过多约束主动调控弯管内外侧拉压区域不均匀变形,提高成形极限和成形质量,通过数控弯曲精确成形使得难变形管材实现高性能轻量化制造,已经成为国际塑性成形前沿领域的挑战性难题。

这一难题的突破,有待解决五方面的关键问题:① 难变形管材数控弯曲不均匀变形和成形缺陷产生机理;② 难变形管材数控弯曲多缺陷多约束成形极限预测和提高技术;③ 难变形管材数控弯曲卸载回弹预测和控制方法;④ 高性能轻量化数控弯管全过程多目标多参数优化设计方法;⑤ 难变形管材数控弯曲模具工装设计与制造技术。本章在介绍数控弯曲成形原理和难变形管材弯曲性能的基础上,将从以上五个方面给出难变形管材精确数控弯曲成形技术的最新研究进展。

5.2 数控弯曲成形原理及难变形管材弯曲性能

掌握大口径薄壁管、高强钛管等难成形结构难变形管材的弯曲性能是实现精确数控弯曲成形的前提和关键。本节首先介绍管材数控弯曲成形原理,在此基础上,针对难变形管材,研究提出了管材弯曲性能的测试和分析方法。

5.2.1 数控弯曲成形原理

薄壁管数控弯曲成形原理如图5-1(a)所示。管材在夹块和弯曲模的共同夹持下,被约束在弯曲模圆槽内发生转动,绕过弯曲切点与弯曲模内槽面接触发生弯曲变形而形成所需弯曲半径,并被连续拉入弯曲区域至预设弯曲角度。夹块的作用是将管坯的一端在弯曲模上固定,保持一定夹紧力,使管坯、弯曲模、夹块三位一体地转动,从而使管坯弯曲成所需的半径。压块不仅压住管坯的外半部,为管材弯曲提供一定的弯矩,同时在侧推装置的作用下,在弯曲成形过程中与管坯一起沿弯曲方向移动,在管坯外侧施加一定助推力,改变管坯截面上的应力分布,使中性层外移,以减少外侧壁变薄量和截面畸变程度。防皱块可以防止管内侧壁紧靠切点处的变形区在弯曲过程中因受压应力作用而起皱,特别是在大口径薄壁管的小半径弯曲过程中必须使用防皱块。芯模(包括芯棒和柔性芯头)在弯曲过程中从内壁支撑管坯,避免管坯在弯曲处起皱和过度的截面畸变。这些成形模具和装置需要协调作用和严格配合,使管材不同部位受到期望的动态摩擦和接触作用,进而完成管材塑性弯曲的精确成形制造,得到符合要求的精确成形弯管件,并可使弯管零件的成形极限和成形质量得到提高。完成弯曲后,芯模后撤,夹块和压块同时松开进行卸载回弹,从而完成一次完整的加载弯曲-卸载回弹的过程。

数控弯管工艺可大幅度提高弯曲精度。设备主体由主驱动装置(弯曲模及转臂)、夹持装置、侧推装置(压块侧推模块)、尾架装置(用于芯模调节)、电控装置以及定位测量机构等组成。设备配套模具相对位置如图5-1(b)所示。弯曲时所用

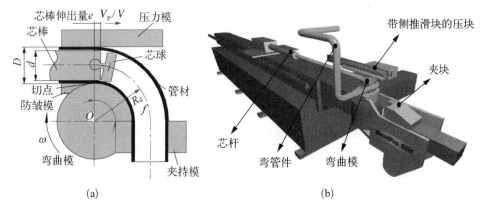

(a)   (b)

图5-1 数控弯管成形示意图

(a) 数控绕弯成形原理 (b) 数控弯管机整体

到的模具一般由弯曲模(镶块装配在弯曲模上)、夹块、压块(带侧推滑块)、防皱块及带多个柔性芯头的芯模等五种模具构成,为进一步提高弯曲质量还可施加顶推装置。镶块作用是配合夹块夹紧管材使管材绕弯曲模一起转动,压块装配在侧推滑块上,弯曲过程中在随侧推滑块向前移动的同时对管材施加压力,配合防皱块防止管材起皱。

5.2.2　难变形管材弯曲性能

针对不同规格的铝合金管/不锈钢管/高强不锈钢管/高强钛合金管/非匀质焊管等管材的性能和几何结构特点,通过物理实验、理论分析和数值建模技术,在已有管材弧形试样和管段试样拉伸实验方法基础上,本节给出了适用于数控弯曲成形应力应变特点的不同规格轻量化薄壁管材弯曲性能的测试分析方法。

1) 大直径薄壁管轴向/环向拉伸实验方法

为了克服管材试样在装夹时容易发生偏移和避免管材试样夹持端被夹平所引起的管材性能变化,如图 5-2 所示,提出了采用一对有弧形齿面的凹模垫块和凸模垫块,采用这种夹具能够避免管材试样夹持端被夹平所引起的管材性能变化,从而能够更为准确地测试管材的拉伸性能,为材料与模具设计加工、有限元仿真提供可靠的材料力学性能参数。

对于大口径管材(直径>203.2 mm)(ASTM A370),其环向拉伸性能通常是将管材沿环向加工的"狗骨型"试样压平后进行单向拉伸试验测得。然而用于胀形及弯曲成形的管材一般直径为 60~152.5 mm,对于此类管材,在压平过程中管材将发生严重的加工硬化而使得测量结果不可靠,不能准确反映环向整体的力学性能。为克服现有技术中存在的测试成本高、管材环向拉伸性能测量精度低的不足,提出了一种管材环向拉伸性能试验夹具,如图 5-2 所示。

2) 薄壁管高温拉伸试验的试样、夹具和方法

为了制订合理的数控热弯工艺参数以及实现准确的数值建模分析,需要在高温下对管材弧形试样进行拉伸试验以获得相应温度下管材的材料性能参数。但是由于管材壁厚薄(壁厚小于 1 mm),采用 GB/T 4338—1995 设计的高温拉伸试样的标距段宽度大于承力孔直径,导致高温拉伸试验过程中试样承力孔边缘容易产生失稳起皱,且标距段与凸台采用的直角过渡形式更易产生应力集中而使试样断裂;同时由于传统简易的高温拉伸试样夹具不能夹紧试样且定位不够准确和试验过程不稳定等问题,难以抑制薄壁管材高温拉伸试验过程中承力孔区域的起皱失稳,严重影响测试数据的准确性。因此,基于以上问题,需要对高温拉伸试样进行有效改进,对高温拉伸夹具进行合理设计,以使薄壁管弧形试样在高温拉伸中无应力集中、变形均匀且过程稳定。

如图 5-3 所示,为了克服高温拉伸过程中试样易产生应力集中、变形不均匀的缺陷,对高温拉伸试样进行了有效改进;同时为了消除高温拉伸薄壁管材试样出现

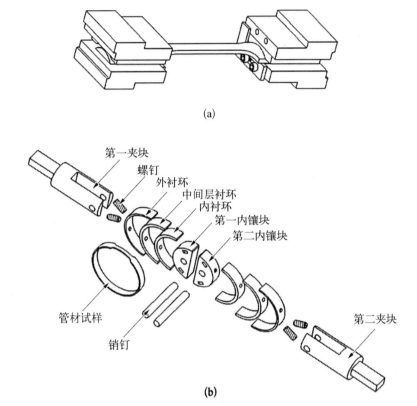

图 5-2 大直径薄壁管轴向/环向拉伸实验方法

（a）带弧形齿面的薄壁管材单向拉伸夹具和方法 （b）薄壁管材环向拉伸性能试验夹具

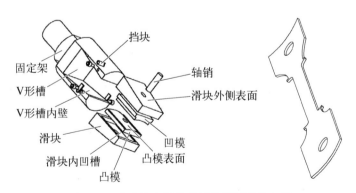

图 5-3 薄壁管高温拉伸试验的试样及夹具

承力孔起皱变形、夹持松动和定位不准等缺陷，提出了具有互锁结构的用于高温拉伸试验的夹具。高温拉伸试样包括标距段、标距段与凸台的过渡圆角、凸台、夹持端和承力孔。高温拉伸试样标距段的宽度较传统高温拉伸试样窄，宽度与承力孔的直径相同；凸台与标距段采用圆角过渡形式，过渡圆角半径的大小等于改进前的标距段宽度与承力孔直径差值的一半。具有互锁结构的用于高温拉伸试验的夹具包括固定架、滑块和凹凸模具等。

3）复杂应力状态下管材性能参数的测试方法及试样

普通无孔弧形拉伸试样拉伸测试得到的材料参数仅表现在试样长度方向的单向拉伸应力应变，无法得到管材塑性加工过程中真实的复杂拉/压应力，导致后续管材弯曲有限元模拟由于材料参数设置不合理而使得模拟结果不准确。为了克服现有测试方法不能准确全面获得管材在复杂应力状态下的性能参数的问题，提出了一系列用于测试复杂应力状态下管材性能参数的测试方法及相应试样。如图 5-4 所示，在常用的单向拉伸弧形试样上加工有椭圆形通孔，形成带椭圆孔弧形拉伸试样；椭圆孔长轴的中心线与拉伸试样长度方向的中心线重合；椭圆孔的圆心与试样的形心重合。椭圆孔的引入迫使试样在拉伸过程中应力集中产生平面应力应变，而椭圆孔的长轴与试样的轴线重合，比起圆孔具有更大的应变范围，所得到的材料参数更加符合管材塑性加工过程中弯曲外侧所受到的平面应力应变属性。

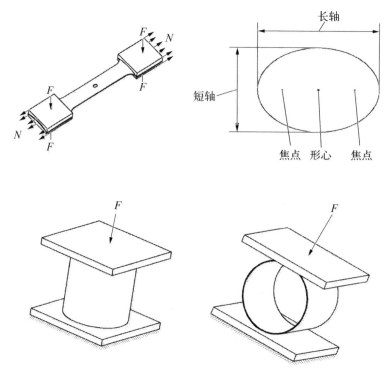

图 5-4　用于诱发复杂应力的薄壁管测试方法

管材压缩试样是直接从管材上截取的管段，通过轴向或侧向的压缩而产生复杂的压缩应力应变。如图 5-4 所示，轴向压缩测试是通过将试样进行简单的轴向压缩，迫使管材试样产生压缩失稳，试样压缩失稳后会产生褶皱；侧向压缩测试是通过将试样进行简单的侧向压扁，使塑性变形最大的部分集中在管材试样的侧向压缩方向的中间部分，在塑性变形过程中，这一部分中性层外侧受拉应力,中性层内侧受压应力,顶点处受双向拉应力。通过设计的带椭圆孔弧形拉伸试样和管材压缩试样经过普通拉伸试验机的简单拉/压加载诱发出不同应力应变状态,更加符合管材塑性加工过程中的复杂应力,进而综合利用有限元模拟、回归分析和神经网络算法,进行参数反求,获得管材性能参数,具体过程如图5-5所示。

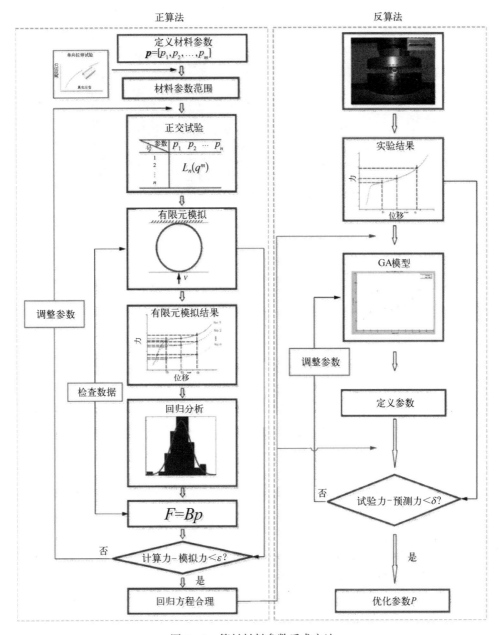

图5-5 管材材料参数反求方法

4）测试评估数控弯管边界条件的管材-模具摩擦性能的方法

针对铝合金管/不锈钢管/高强不锈钢管/中强钛合金管/高强钛合金管/非匀质焊管等管材的特点，依据库仑摩擦定律，通过常温/高温扭转-压缩摩擦试验，获得不同压力、不同温度下以及不同转速下薄壁管和不同硬度、粗糙度模具材料间的摩擦性能，从而获得数控整体多弯多模具约束下的管材-模具摩擦接触条件。图 5-6 所示为常温/高温摩擦-磨损试验原理和装置。

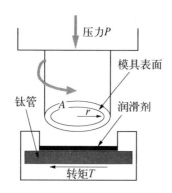

图 5-6　摩擦性能试验原理

5.3　拉压区不均匀变形与成形缺陷特征

本节首先讨论管材数控弯曲成形过程中拉压区不均匀变形特征，在此基础上，进一步阐述难变形管材弯曲过程中多种缺陷的产生机理及其影响因素。

5.3.1　数控弯曲拉压区不均匀变形特征

管材弯曲成形方法较多，有滚弯、推弯、压弯、拉弯、热弯、激光弯曲、热应力弯曲、自由弯曲及绕弯（也叫旋转拉伸弯曲）等多种方法[2-4]。由于弯管需求的多样性，管材截面有圆管、扁管、矩形截面和其他异型截面等多种形式。不同的弯曲方式和不同截面具有不同的加载方式和成形特点，而不同加载条件导致管材弯曲变形时的受力不同，出现的问题和弯曲难度也有所不同。一般说来，管材在弯曲过程中要经历复杂的应力应变场，并与弯曲方式、材料特性、工艺参数以及工模具间的配合状态等密切相关。但无论是采取何种弯曲方式，管材在弯曲过程中都表现出内外侧拉压区不均匀应力、应变分布特征，即抽象为图 5-7 所示的典型应力应变状态。

在弯曲加载的初始阶段，管材处于弹性弯曲变形阶段时，管材仅在切向产生较大的应力，理论分析时可忽略周向应力和厚向应力。应力与应变遵循胡克定律，可认为应力中性层和应变中性层相互重合且经过截面中心。随着弯曲变形程度的增大，管材由弹性变形转变为弹-塑性和塑性变形，应力和应变不再呈简单的线性关系，应力中性层和应变中性层不再重合，也不再经过截面中心。弯曲变形时几何中

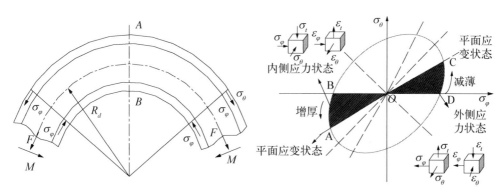

图 5-7 管材弯曲变形时典型应力应变分布

性层外侧发生减薄,内侧发生增厚现象,应力中性层和应变中性层逐渐向弯曲曲率中心方向移动,并且应力中性层半径 ρ_σ 小于应变中性层半径 ρ_ε。当变形程度继续增大时,周向应变 ε_θ 相应增大,对管材的变形规律影响增大,便不能再忽略。管材弯曲变形区应力/应变状态转变为空间状态。

对于数控弯曲,管材变形是在模具严格配合和协调作用下,通过模具-管材不同部位间动态接触作用完成的,这导致数控弯管拉压变形区应力/应变均呈现不均

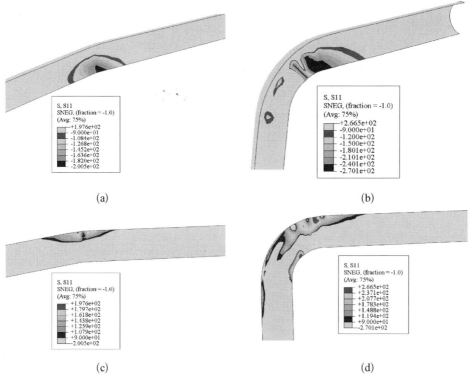

图 5-8 铝合金弯管拉压变形区不同阶段切向应力云图

(a)、(b) 压缩变形区应力分布　(c)、(d) 拉伸变形区

匀、非对称的特点。根据 Tresca 屈服条件 $|\sigma_\varphi - \sigma_t| = |\sigma_\varphi| = \sigma_{0.2}$ 可获得图 5-8 所示的铝合金弯管不同加载变形阶段受压变形区的历史云图。可以看出,在弯曲变形一开始,管材受压塑形变形区即达到较大区域,不但包括弯曲切点后待弯曲变形的直线段区域,而且包括弯曲切点附近局部弯曲段区域;而随着弯曲角度的增大,直线段受压变形区基本保持不变,而弯曲段受压区则有所减小并很快达到稳定状态,即内侧塑性变形区形状、大小和位置均保持基本一致,不再随弯曲过程的进行而发生变化。之所以弯曲段受压区有所减小,是由于随着弯曲过程进行,内侧已弯曲部分材料面积不断增大并不断与弯曲模凹槽贴合,管材与模具的摩擦使得内侧弯曲段管材受到切向拉应力作用而导致受压区减小。进一步研究表明,不但切向压应力及内侧受压变形区的变化历史表现了以上特点,而且等效应力及外侧切向拉应力等均表现出以上局部加载变形特点。正是管材的这一成形特点决定着管材起皱、减薄和回弹等缺陷的发生特点。研究表明,当弯曲角小于 10° 时,弯管回弹角与弯曲角呈非线性关系,而当弯曲角大于 10° 时回弹角与弯曲角呈线性关系,在此基础上建立了两段直线回弹模型。这实质上正是数控弯管局部渐进弯曲变形的特点导致的。

5.3.2　数控弯曲成形缺陷特征

　　管材数控弯曲成形是一个多重非线性的复杂物理过程,需要多模具的精确配合和严格的工艺参数控制。由管件弯曲应力应变状态分析可知,弯曲中性层外侧由于受到切向拉应力作用产生拉伸变形,外层纤维被拉长,壁厚减薄;中性层内侧由于受到切向压应力作用而发生压缩变形,使壁厚增厚[2]。如图 5-9 所示,成形参数选取不当时,管材极易出现外侧壁厚过度减薄、内侧起皱及严重的截面扁化等缺陷。对于难成形结构难变形管材弯曲,由于多模具约束下管材内外侧拉压不均匀变形更为复杂,以上缺陷更易发生和难以控制。这些缺陷共同决定着薄壁管数控弯曲的成形精度和成形极限。

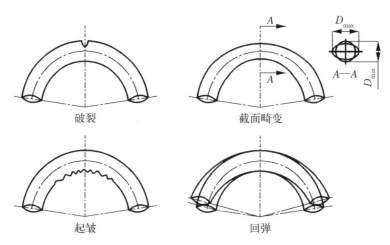

破裂　　　　　　　　　　截面畸变

起皱　　　　　　　　　　回弹

图 5-9　管材数控弯曲主要成形缺陷

1）外侧壁厚减薄拉裂特征

管件壁厚减薄会降低管件承受内压的能力，影响管件的使用性能。因此，生产中常采取必要措施以控制管壁的减薄率。管件壁厚的减薄与其弯曲变形程度有关，而管件的弯曲变形程度取决于相对弯曲半径 R/D 的大小。相对弯曲半径越小，表示弯曲变形程度越大，中性层外侧纤维单位长度的伸长量也就越大。当变形程度过大时，外侧管壁会因纤维过度伸长而破裂。

可能导致管材在数控弯曲中出现管壁破裂的主要原因有：① 压力模速度与弯曲速度的匹配百分比过小，压力模不能对管件提供足够大的推力，甚至当匹配百分比小于 100% 时，压力模对管件的摩擦力方向与弯管成形方向相反，非但不能减小弯管外侧所受的拉应力，反而起反作用，使得壁厚减薄急剧恶化。② 压力模的压紧力过大，会增大芯模、防皱模等模具对管件的摩擦阻力，又会使得管件圆弧外侧受到的拉应力增大，造成弯管的外侧减薄。压紧力越大，阻力也越大，减薄也越严重。③ 管件与防皱模、芯棒之间润滑不良，使得模具对管件的摩擦阻力加大，进而造成弯曲阻力过大，使得弯管外侧减薄率大。④ 芯棒伸出量过大，增加弯管弯曲成形阻力，从而使得弯管外侧减薄率大。⑤ 芯棒尺寸太大，管件套入后过紧，增加弯管弯曲成形阻力，使得弯管外侧减薄率大，容易发生拉裂。⑥ 压力模压力大，但是夹持模压力不够；压力模、夹持模或者管件表面、模具表面摩擦过小，造成打滑断裂。⑦ 弯曲速度过大，管件发生不均匀变形，也易发生断裂。

以小弯曲半径条件下的铝合金薄壁管数控弯曲为例，研究发现，成形过程中，除了通常情况下管材弯曲段过度减薄而拉裂，还易出现弯曲前段破裂和弯曲末端破裂（见图 5-10、图 5-11 和图 5-12）。

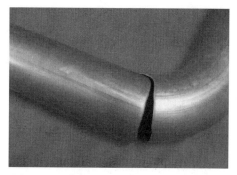

图 5-10 $\phi50 \times 1 \times 1.5D$ 弯曲前段破裂

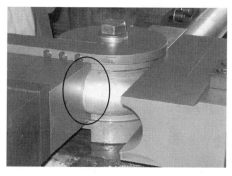

图 5-11 $\phi50 \times 1 \times 1.25D$ 夹持模末端颈缩

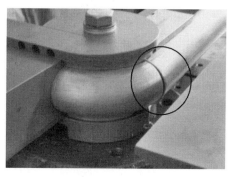

图 5-12 $\phi50 \times 1 \times 1.25D$ 弯曲段尾端破裂

2) 截面畸变特征

管件在数控弯曲过程中必然会产生截面形状畸变的现象,截面畸变现象是管件中性层两侧所受切向拉应力和切向压应力共同作用的结果。如图 5-13 所示,管件数控弯曲过程中,在弯矩 M 作用下,弯曲变形区中性层外侧受切向拉应力,内侧受切向压应力。外侧切向拉应力的合力 N_1 向下,内侧切向压应力的合力 N_2 向上,两者共同作用使弯曲变形区的截面法向直径减小,横向直径增加,弯管截面畸变。通常变形程度越大,截面畸变越严重。

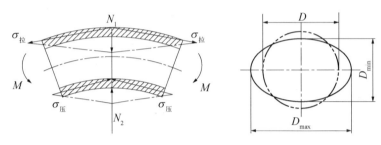

图 5-13　截面畸变示意图

管材弯曲件截面形状的扁化,一方面可能引起截面积的减小,从而增大流体流动的阻力,另一方面也影响管件在结构中的功能效果。因此,管材弯曲加工时,必须采取各种措施防止截面形状的过度扁化,将扁化量控制在尽可能小的范围内。一般情况下,弯管的使用性能不同,所要求的最大允许截面畸变率也不同。在厚壁管的弯曲成形过程中,无需使用芯模,但对于小弯曲半径条件下的铝合金薄壁管数控弯曲成形,为了减小弯管的截面畸变,必须使用芯模。仿真模拟发现,小弯曲半径条件下铝合金薄壁管数控弯曲需要采用带芯球的芯模,且芯球个数至少为 2 个或以上,否则会因为芯模对管件内壁的支撑面不够而出现如图 5-14 所示的严重截面畸变甚至截面塌陷。

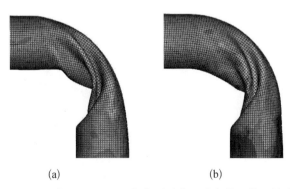

(a)　　　　　　　　　　　(b)

图 5-14　$\phi 50 \times 1 \times 1.5D$ 仿真严重截面畸变甚至截面塌陷
(a) 不使用芯球　(b) 仅使用一个芯球

3）内侧失稳起皱特征

对于管材纯弯过程，其起皱现象一旦发生，则发生在弯曲段中央并对称分布。但由图5-15所示，在薄壁数控弯管中起皱发生部位表现为多样性，可能发生在直线段、弯曲段、全段（包括直线段和弯曲段）、弯曲段前端以及弯曲段上下侧不对称等多种部位。这正是由于数控弯管多模具约束下导致弯管受力和变形的不均匀导致的。起皱波形发生在管材弯曲切点后的直线段和切点前的部分弯曲段，而弯曲段部分则由于与弯曲模内槽和活动芯头接触而被"熨平"，但通过肉眼仍可明显看到起皱发生的痕迹，而在实际弯管过程中观察不到起皱的发生。

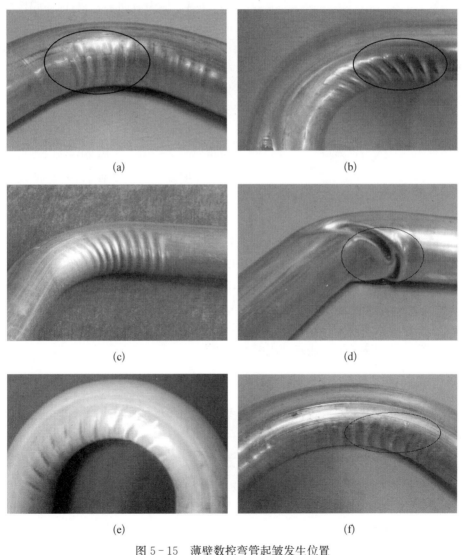

(a)　　　　　　　　　　　　　　　(b)

(c)　　　　　　　　　　　　　　　(d)

(e)　　　　　　　　　　　　　　　(f)

图5-15　薄壁数控弯管起皱发生位置

（a）直线段　（b）弯曲段　（c）全段　（d）弯曲前端　（e）弯曲段上半侧　（f）弯曲段下半侧[5]

以大口径薄壁铝合金管数控弯曲为例,通过实验研究发现,小弯曲半径条件下铝合金薄壁管数控弯曲成形过程中发生的失稳起皱可分为以下 4 种:弯曲段整段起皱、弯曲段中心起皱、弯曲段后端起皱和弯曲段不对称起皱。其中,弯曲段不对称起皱出现几率较大,消除较为困难。

4)回弹和伸长特征

弯管时,管的两端受到弯矩 M 和轴向力 F 的作用发生弯曲,如图 5 - 16 所示,在变形区内,管的外侧由于受到拉应力,纵向纤维伸长,管壁变薄,内侧受压,纵向纤维缩短,管壁增厚。由于弯曲时内外区内、外纵向应力方向不一致,因而弹性恢复时方向也相反,即外区受压应力而缩短,内区受拉应力而伸长,弯管内外侧材料回弹效应相互叠加,使得弯管角度减小,半径增加,从而使得弯管的回弹相对于别的成形方式更为显著。

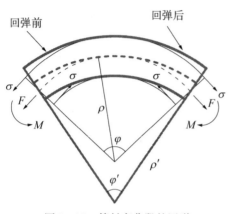

图 5 - 16   管材弯曲段的回弹

管材弯曲过程中,弯曲段管材受到沿切向方向的拉应力作用,变形结束后,管材轴线长度发生一定的伸长,管材轴线长度的增大称为伸长量。管材弯曲伸长量不仅与管材弯曲段有关,还与两端直线段有关。由于材料本身延伸率不是决定变形伸长的唯一因素,还要考虑弯曲变形中的复杂成形参数,因此目前对于管材弯曲伸长的理论解析很少,很难通过理论解求解。

回弹和伸长是管件不可避免的问题,回弹和伸长会降低管件装配精度,影响导管的连接。生产中采用回弹和伸长补偿的方法提高管件精度。一般根据经验或理论公式来预测回弹大小,多次试弯后得到弯曲角与回弹角和伸长量的对应关系,再采取补偿回弹和伸长的方法来解决此类问题。

5.4   成形极限预测与提高技术

本节着重给出难变形管材数控弯曲成形多缺陷约束下的成形极限预测和提高技术。

5.4.1   多缺陷约束成形极限预测方法

在管材弯曲成形领域,同时满足起皱、减薄和截面扁化质量要求的最小弯曲半径是表征管材弯曲成形极限的重要指标[6],而采用小弯曲半径弯管件是实现装备高性能、轻量化和高功效的一个重要方面。管材多缺陷约束下数控弯曲成形极限的准确预测是实现小弯曲半径弯管件应用的前提和基础。

管材弯曲时不产生缺陷所允许的变形程度,称为弯曲成形极限,通常用最小弯

曲因子 $(R_0/D)_{min}$ 表示，$(R_0/D)_{min}$ 越小，管材的可实现的弯曲变形程度越大。由于管材数控弯曲过程中不可避免地出现内侧壁厚增厚、外侧壁厚减薄和截面扁化问题。当管材弯曲变形程度较大（$(R_0/D)_{min}$ 较小）时，则可能出现内侧失稳起皱、外侧过度减薄甚至断裂以及过度截面扁化等问题。因此，管材数控弯曲的最小弯曲因子 $(R_0/D)_{min}$ 将分别受到管材起皱因子 $I_w = T/U_{min}$、最大壁厚减薄率 I_t 以及最大截面扁化率 I_d 三个成形指标的共同作用，可表示为上述三指标的函数，如下式所示：

$$(R_0/D)_{min} = \varphi(I_w,\ I_t,\ I_d) \tag{5-1}$$

在弯曲中上述三个成形指标分别是管材的几何参数（D/t，R_0/D）、工艺参数（f，c）以及材料参数（m）的函数，可分别表示如下：

$$\begin{cases} I_w = \varphi(m,\ D/t,\ R_0/D,\ f,\ c) \\ I_t = \varphi'(m,\ D/t,\ R_0/D,\ f,\ c) \\ I_d = \varphi''(m,\ D/t,\ R_0/D,\ f,\ c) \end{cases} \tag{5-2}$$

式中：材料参数 m 包括管材的应变硬化指数 n 以及强度系数 K 等。

由式（5-1）和式（5-2）可知，保持管材的材料参数 m、几何参数（D/t）不变，对应于任一组的工艺参数组合 $(f,\ c)^{(i)}$（i 为工艺参数组合的标记），随着弯曲因子（R_0/D）减小，将同时满足起皱（I_w）、减薄（I_t）和扁化（I_d）三个成形指标的最小弯曲因子（R_0/D）$_{min}$，定义为在该工艺参数条件下的数控弯管成形极限。在管材数控弯曲中，管材的（R_0/D）$_{min}$ 首先要考虑起皱问题。但管材弯曲如果不起皱，而管材的减薄或扁化指标却超出临界值，这时管材的（R_0/D）$_{min}$ 则由减薄和扁化来决定。若工艺参数组合 $(f,\ c)^{(i+1)}$ 下的最小弯曲半径小于 $(f,\ c)^{(i)}$ 下的最小弯曲半径，则表明工艺参数组合 $(f,\ c)^{(i+1)}$ 可以提高数控弯管成形极限。

鉴于管材数控弯曲成形极限受起皱、减薄和扁化共同约束的特点，文献[7]提出了管材最小弯曲因子 $(R_0/D)_{min}$ 的搜索方法。首先给定管材的材料参数 m、几何参数 $(D/t)^{(k)}$、初始的管材弯曲因子 $(R_0/D)_{min}^{(0)}$ 以及弯管初始工艺参数组合 $(f^{(j)},\ c^{(j)})$，建立管材数控弯曲有限元模型并进行分析，若管材的各成形指标均达标，则可以进一步减小管材的弯曲因子，否则将进一步增加管材的弯曲因子。从搜索精度和效率考虑，弯曲因子的变化步长 ΔR 设为 0.1。对上述过程反复迭代，可以建立不同尺寸管材在不同工艺参数组合下，弯曲因子 R_0/D 分别与起皱（I_w）、减薄（I_t）和扁化（I_d）三个成形指标的关系，进而可以分别确定出与上述三个成形指标临界值对应的弯曲因子，$(R_0/D)_w^{(i)}$，$(R_0/D)_t^{(i)}$ 和 $(R_0/D)_d^{(i)}$，管材的最小弯曲因子则为 $\{(R_0/D)_w^{(i)},\ (R_0/D)_t^{(i)},\ (R_0/D)_d^{(i)}\}_{max}$。

对失稳起皱、减薄拉裂和截面畸变等缺陷进行精准的预测一直是塑性加工领域的挑战性难题和关键。

对于失稳起皱，以最小能量原理为基础，目前主要有理论解析法、有限元直接数值模拟法、理论解析-有限元数值模拟结合法、引入微缺陷的解析-有限元数值模拟四大类方法，这些方法有不同的适用性。薄壁管数控弯曲成形受到复杂的多模具约束作用，如弯曲的外侧受到弯曲模、防皱模、夹块和压块的接触与约束，而内侧又受到芯棒和多芯球的接触与约束。因此，分布于圆管内弧面的压应力区不再是均匀和几何规整的，理论解析法极难求解，因而采用基于理论解析-有限元数值模拟建立的失稳起皱预测模型，并采用起皱因子 $f_\mathrm{w} = T/W_\mathrm{min}$（$T$ 为外力功，W_min 为起皱最小变形能）作为衡量起皱趋势和发生的判据：如果 f_w 大于 1，则起皱发生；反之，则不会发生；起皱因子 f_w 越大，起皱可能性越大。而引入微缺陷的起皱数值预测方法则进一步能实现数控弯管过程起皱的准确预测[8]。

对于薄壁管数控弯曲减薄、颈缩和拉裂的预测主要采用非耦合或耦合损伤断裂模型并结合有限元数值模拟进行准确预测[9]。而对于截面扁化，可采用显式有限元算法，考虑柔性芯模等多种模具的动态约束作用，从而建立管材数控弯曲有限元模型实现其可靠预测（见图 5-17）；文献[10]基于力平衡方程和能量原理，推导得到了最大扁化程度 δ，为探究截面扁化机理提供了直接高效的方法：

$$\delta = \frac{9}{128} \frac{D^5}{R_\mathrm{d}^2 t^2} \left(\frac{2R_\mathrm{d} b}{D} \right)^n \left\{ \frac{\sqrt{\pi}}{(n-3)} \frac{\Gamma\left(1-\dfrac{n}{2}\right)}{\Gamma\left(\dfrac{1}{2}-\dfrac{n}{2}\right)} - \frac{n}{(n-2)(n-4)} \right\}$$

$$(5-3)$$

式中：Γ 为 Gamma 方程；D 为管材外径；t 为管材壁厚；R_d 为弯曲半径；$b = (\sigma_0/K)^{1/n}$。

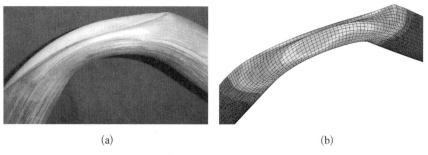

(a)   (b)

图 5-17　不带芯模时的实验与模拟结果对比

(a) 实验件　(b) 模拟件

5.4.2　成形极限提高技术

提高管材的数控弯曲成形极限可从管材规格、材料参数和几何参数等多方面来考虑，同时针对不同规格和材料的管材，其数控弯曲约束成形极限的主要缺陷不同，可从不同角度入手。对于大直径薄壁管，内侧失稳起皱是其弯曲的主导缺陷，同时也受外侧壁厚减薄和截面扁化的共同影响；而对于小口径高强钛管，由于弯曲件要承受较大内压，对其截面扁化的要求较高（内压大于 7 MPa 时要求小于3％[11]），因此，截面扁化为约束其成形极限提高的主要缺陷。本节通过大直径薄壁铝管和小口径高强钛管等为例给出管材数控弯曲成形极限的提高技术。

1）大直径薄壁铝管弯曲成形极限提高技术

在小弯曲半径数控弯曲过程中，直径 D 和壁厚 t 对弯曲成形性能影响的敏感度不同，直径 D 是"尺寸效应"的主导因素，壁厚 t 是"尺寸效应"的次要因素。研究表明，内侧失稳起皱是大直径薄壁铝管在小弯曲半径数控弯曲过程中的主导缺陷，管材厚向异性指数 R 对失稳起皱有明显影响，管材内径尺寸精度波动引起管-模间隙改变，管-模间隙增大极易引起失稳起皱[5]。为了提高大直径薄壁铝管的数控弯曲成形极限，需要采用严格的管模接触条件以降低管件起皱的可能性。然而，这种措施又可能会引起管材在弯曲过程中出现过度减薄和扁化的缺陷。因此，获得成形参数对于失稳起皱、壁厚减薄和截面畸变的交互耦合影响规律是提高大直径薄壁铝管成形极限基础，同时，应全面考虑管材"尺寸效应"的影响。

（1）成形参数基础对不同缺陷的交互耦合作用。

由于管材参数众多，并且失稳起皱、壁厚减薄和截面畸变的发生机制不同，使得成形参数对不同缺陷的影响不同，甚至相反。成形参数对不同缺陷的交互耦合作用规律简述如下。

a. 增大弯曲速度易诱发大直径薄壁铝管数控弯曲失稳起皱，同时增大弯曲速度将导致管材壁厚减薄程度增大，但对截面畸变影响较小。

b. 压力模助推匹配速度对管材失稳起皱影响不大，但是小的压力模助推匹配速度会增大壁厚减薄和截面畸变程度。

c. 芯模参数对失稳起皱、壁厚减薄和截面畸变的影响均非常显著。增大芯模直径即减小了芯模与管材内径之间的间隙，有助于抑制起皱，但壁厚减薄程度加剧，对截面变形的影响不明显；芯棒伸出量增大对起皱影响不大，但壁厚减薄量增大，同时改善了截面变形程度；增加芯头个数会降低起皱趋势并大大改善截面质量，但却会增大壁厚减薄程度。

d. 管材-模具间的摩擦直接影响压力模助推效果、防皱模防皱效果、管材弯曲是否打滑以及芯模对降低起皱、壁厚减薄和截面畸变的作用。如增大芯模-管材摩擦导致压力模-管材打滑而起皱并加剧壁厚减薄和截面变形程度；增大管材-压力模间的摩擦则可有效降低壁厚减薄和截面变形程度；减小管材-夹模摩擦将会导致弯管过程失败。

e. 管件-模具间隙对失稳起皱的影响很大，同时会对壁厚减薄造成一定的影响，但对截面变形的影响相对较小。如管材-芯模间隙以及管材-防皱块间隙过大将导致失稳起皱发生，过小会引起壁厚减薄程度加剧，甚至有时造成管材-夹持模相对滑动而发生管材弯曲前段起皱。

f. 几何尺寸波动-管材内径尺寸波动对起皱、壁厚减薄和截面畸变均有显著影响,几何尺寸波动过大,管材弯曲成形难度大,易发生缺陷。

g. 材料的厚向异性指数 R 对管材的起皱和壁厚减薄具有显著影响,但对截面畸变影响不大。

h. 各显著性工艺参数对失稳起皱的影响显著性排序为:管材-芯模间隙>管材-防皱模间隙>压力模助推匹配速度>管材-压力模间隙>芯模参数;各显著性工艺参数对壁厚减薄的影响显著性排序为:相对弯曲半径>管材-防皱模间隙>压力模摩擦系数>管材-压力模间隙>管材-芯模间隙>芯棒摩擦系数。

根据不同约束条件下几何参数、材料参数、管材-模具摩擦和间隙等因素对弯管失稳起皱和破裂的影响机制和规律,存在一个合理的工艺参数组合范围,当成形参数组合在该范围变化时,管材成形质量将同时满足起皱、减薄和扁化指标。

(2) 考虑"尺寸效应"的大直径薄壁铝管弯曲成形极限提高方法。

根据成形缺陷产生机制及交互耦合影响规律,考虑"尺寸效应"对成形缺陷的影响(见图 5-18),提出了基于"尺寸效应"的大直径薄壁铝管数控弯曲成形极限提高方法。在此过程中,需要考虑大直径薄壁铝管在数控弯曲过程中管材尺寸对失稳起皱、壁厚减薄和截面畸变的"尺寸效应",兼顾管材的材料参数波动和几何尺寸波动,并基于缺陷产生机制及多种缺陷交互作用,规定出成形极限提高方法,如图 5-19 所示。具体步骤阐述如下。

a. 首先,对于给定弯曲参数信息几何参数(D、t)、弯曲参数(相对弯曲半径 R_d/D 和弯曲角度 α)、管材材料参数波动和几何尺寸波动等进行成形性能评估,得出主要成形缺陷和次要成形缺陷,兼顾材料波动和几何尺寸波动分析产生缺陷原因及解决方案(见图 5-18)。

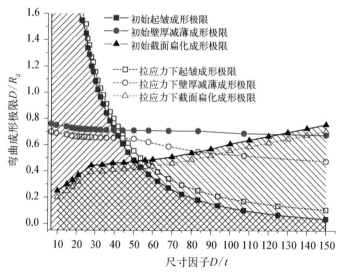

图 5-18　缺陷约束下成形极限随管材"尺寸因子"变化

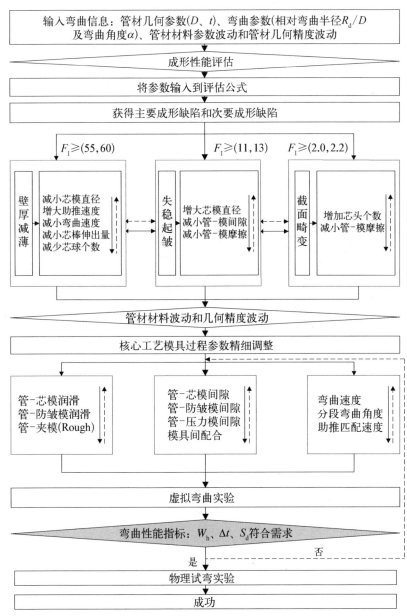

图 5-19 成形极限提高流程

W_h—波纹高度；Δt—壁厚减薄率；S_d—截面畸变率

b. 核心工艺模具过程参数精细调整：优先解决主要成形缺陷，然后在保证主要成形缺陷不发生的前提下消除次要成形缺陷，由于大直径薄壁铝管数控弯曲过程中产生的缺陷是相互影响相互制约的，因此其精细调整过程需要反复进行，不断试验才能最终得到理想的结果。

　　c. 精细调整完成之后进行虚拟实验,虚拟实验结果符合弯曲性能标准,并且进行试弯实验合格,那么参数精细调整成功,如果虚拟实验结果不符合弯曲性能标准,并且试弯实验不合格,进一步进行参数精细调整,直到成功为止。

　　针对大直径薄壁铝合金管结构稳定性差,可采用顶推作用下避免破裂与起皱的调模与改善措施。基于管坯长度对大直径薄壁铝合金管小弯曲半径数控弯曲成形质量影响,可采用短毛坯提高管件弯曲成形质量和成形极限的方法。同时,采用弯管过程管材-模具润滑条件进行主动控制的方法以提高大直径薄壁铝管的成形质量和成形极限[12]。

　　实现了直径 50～150 mm 的大直径薄壁铝合金管小弯曲半径精确数控弯曲成形,相对弯曲半径最小达 1.25。图 5-20 为典型的大口径薄壁铝合金弯管件,弯曲过程中无起皱发生、壁厚减薄率及椭圆度均满足技术指标要求。

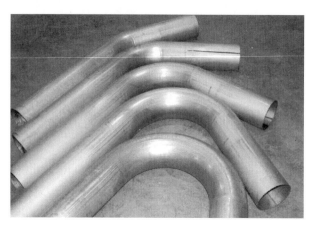

图 5-20　大口径薄壁铝管小弯曲半径(相对弯曲半径小于等于 1.75)弯管样件

　　2) 小口径高强钛管数控弯曲成形极限提高技术

　　(1) 小口径高强钛管数控弯曲制约成形极限提高的主要因素。

　　高强钛合金弯管构件主要用于飞机液压系统,管材强度高,塑性变形能力较差,直径通常小于 25 mm,弯曲过程中对其截面变形程度的要求较高。在高强钛合金管材弯曲过程中,如果成形参数选择不合理,很容易造成各种缺陷,例如弯曲段内侧近弯曲切点处的"凸包",管材表面的划痕,截面畸变和"鹅头"现象。为了有效控制这些缺陷,需要深入分析各种缺陷形成的机理,从而为其成形极限的提高提供理论依据。

　　a. 弯曲段内侧近弯曲切点处的"凸包"或"隆起"现象:

　　在对不配置防皱模的高强导管数控弯曲过程的模拟分析和实验研究中发现,随着弯曲过程的进行,弯曲内壁逐渐增厚,材料会逐渐在弯曲切点后方附近堆积起来,形成"隆起"现象,如图 5-21 所示。且 R/D 越小,这种现象越严重。由于该区域没有模具的约束,材料很容易堆积在弯曲切点后方的空隙里,弯曲角度越大,"隆起"现象越明显。尤其是当压力模助推速度过快（明显大于弯曲中心线的切向速度），此时过多的材料向弯曲段转移，其中一部分就逐渐在弯曲切点后方堆积起来，加剧"凸包"或"隆起"缺陷。其原因在于，在弯曲内侧靠近弯曲变形区的区域受到较大的切向压应力、厚向和周向较小的拉应力作用下，由于周向的变形约束使材料只有沿厚度方向向外突出所致。因此，要减小内侧凸包缺陷，需从减小弯曲切向的压应力入手。如通过增加防皱模来改善弯曲段内侧的成形质量，但需要注意的是增加防皱模后，管件减薄率和截面扁化会有所增加，而且由于高强钛管的优良耐磨性还会造成防皱模的快速磨损，因此同样应该引起重视。另一方面，也可通过调节助推速度与弯曲速度匹配，以减小或消除"凸包"或"隆起"缺陷。

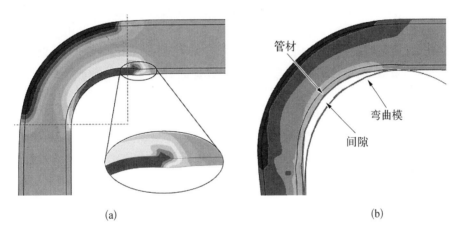

图 5 - 21 高强钛管数控弯曲中的缺陷

(a)"凸包"现象 (b) 内壁脱模现象

b. 管材外壁划痕严重，并且弯管件内壁脱模：

由于压力模助推速度过快会导致高强钛管数控弯曲过程中的脱模现象，如图 5 - 21 所示。当助推速度略大于弯曲中心线的切向速度时，管材外侧受到沿弯曲进给方向的推力，可以有效控制外侧壁厚减薄。但当助推速度过大时，压力模与管坯间明显的相对运动会划伤管件外壁并留下划痕，而且弯曲过程中管材一端受到夹持作用，在助推较大的推力作用下弯曲段会发生剪切变形，自然脱离模具。

研究成形参数对弯管成形质量的影响规律时，在较为保守的范围内选取助推速度水平 f_v，避免过大导致的"脱模"现象，过小导致的壁厚过度减薄现象。经反复验证，尽量使助推速度与弯曲速度匹配，即使助推水平 $V=100\%$。

c. 弯曲段截面扁化严重甚至出现畸变现象：

截面扁化也是高强钛合金导管数控弯曲过程中不可避免的一种现象。因为弯曲段外侧受到三向拉应力作用，内侧主要受压应力作用，两者的合应力指向管材中心并且方向相反，这种合力便造成了管材横截面不同程度的扁化，直到管材自身的刚度足以抵抗拉压应力的合力或通过添加的芯棒可以抑制截面扁化为止。

d. 弯曲段外侧"鹅头":

当高强导管数控弯曲工艺中配置芯棒时,芯棒伸出量必须在合理的范围取值,取值过小,不足以支撑弯曲段的变形,截面仍会发生扁化;过大就会产生"鹅头"缺陷。这是因为,芯棒伸出过长,使弯曲段直径增大,同时弯曲段没有芯棒支撑,直径仍保持原来的尺寸,在交界处就形成了"鹅头"。而且芯棒伸出量过长,外侧的拉应力也明显增加了,并且由于阻碍了材料的补给,会造成外侧壁厚减薄过度,甚至会造成拉裂。因此"鹅头"区域也是容易断裂的危险区域。研究成形参数对弯管成形质量的影响规律时,在较为保守的范围内选取芯棒伸出量,避免伸出量过大导致的"鹅头"现象出现。

(2) 小口径高强钛管数控弯曲成形极限提高方法。

综上可知,高强钛管数控弯曲过程中产生的"凸包"、截面扁化和"鹅头"现象等截面畸变是影响管材成形质量和约束成形极限提高的主要因素。而防皱模和芯模的使用是改善高强钛管弯曲成形质量,提高其弯曲成形极限的关键因素。在进行高强钛管数控弯曲芯模设计时,减小芯棒伸出量且使用芯球会降低截面扁化,同时防止"鹅头"现象的产生。但高强钛合金管材直径小,强度高,加工困难,且芯球连接强度有限,数控弯曲过程中芯球连接极易发生断裂。而采用不带芯球、前端为圆角的芯棒作为芯模(见图 5-22),可有效避免小口径高强钛管数控弯曲过程中"鹅头"现象的产生,同时降低截面扁化,从而可提高高强钛管的数控弯曲成形极限。

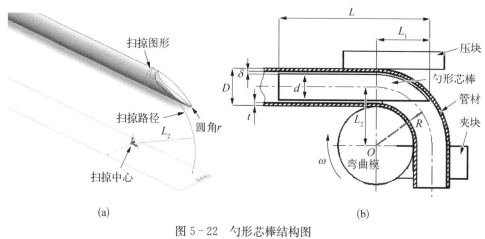

(a)   (b)

图 5-22 勺形芯棒结构图

(a) 勺形芯棒   (b) 芯棒安装位置

获得钛管弯曲件相对弯曲半径 R/D 不超过 3,最小达 2。典型规格包括:$\phi 6 \times 0.5 \times 12(\text{mm})$、$\phi 6 \times 0.5 \times 18(\text{mm})$、$\phi 25 \times 1.8 \times 50(\text{mm})$、$\phi 25 \times 1.8 \times 75(\text{mm})$ 等(见图 5-23)。弯曲过程中无起皱发生、壁厚减薄率及椭圆度均满足技术指标要求。气密性试验、耐压试验、爆破试验表明弯管件的性能合格,并可以承受 28 MPa 高的工作压力。

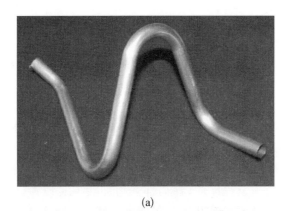

(a)

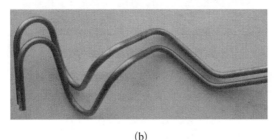

(b)

图 5 - 23 高强钛管典型样件

(a) $\phi 12 \times t0.9 \times 2D$ (b) $\phi 12 \times t0.9 \times 3D$

3）大直径薄壁纯钛管数控热弯成形极限提高方法

（1）大直径薄壁纯钛管数控弯曲成形特点。

如表 5 - 1 所示，相对于铝管和钢管，大直径薄壁纯钛管室温条件下的屈服强度较高、硬化指数较小，管材内侧抗失稳的能力较弱，在弯曲成形过程中更易发生起皱缺陷[13]；且由于管材屈服强度较高，管材内侧起皱产生后难以被芯模和防皱模抑制，起皱波纹极易卡在芯球间隙之间，阻碍弯曲变形的顺利进行，使得管材产生截面畸变，严重时会导致芯球的断裂。管材/模具间的间隙和摩擦条件对纯钛管弯曲起皱缺陷的趋势有重要影响，可通过采用减小管模间隙和不同模具施加不同摩擦条件方法降低管材的起皱可能性，但由于纯钛管硬化指数较小，这又将导致管材发生壁厚过度减薄或截面过度扁化。随着大直径薄壁纯钛管壁厚因子 D/t 的增加和

表 5 - 1 不同材料管材力学性能对比

管 材 材 料	CP - Ti[14]	Al - 5052O[15]	1Cr18Ni9Ti[15]
屈服应力 $\sigma_{0.2}$/MPa	344	88	213
抗拉强度 σ_b/MPa	485	206	689
硬化指数 n	0.16	0.25	0.54

弯曲半径 R_d 的减小,管材弯曲不均匀变形程度大大提高,在室温下进行数控弯曲成形更易出现内侧管壁起皱、外侧过度减薄甚至破裂和横截面过度畸变等缺陷。

　　研究表明,纯钛材料加热后变形抗力可显著下降,且在一定温度区间内具有良好的断裂延伸率[16]。因此,在室温数控弯曲基础上发展热弯成形技术为大直径薄壁纯钛管成形质量和成形极限的提高提供了一种新途径。如图 5-24 所示,管材数控热弯成形技术是在室温数控弯曲的基础上,在部分弯曲成形模具(如压力模、芯棒、防皱模和弯曲模等)上开设加热孔和测温孔,在温度控制系统的控制下通过电阻加热棒对模具进行加热,通过模具与管材的热传导作用对管材进行加热。待管材待弯区域温度达到一定程度后,在局部热力加载下实现管材的数控弯曲成形。采用数控热弯成形技术,可望实现大直径薄壁纯钛管的小弯曲半径精确成形,提高其弯曲成形极限。

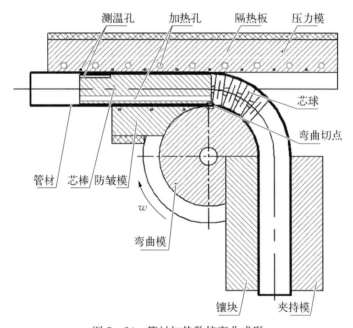

图 5-24　管材加热数控弯曲成形

注:加热孔和测温孔中分别放置加热棒和热电偶,并连接温度控制系统,对加热弯曲过程的温度进行控制。

　　(2) 大直径薄壁纯钛管热弯成形极限提高方法。

　　根据大直径薄壁纯钛管数控热弯成形极限受起皱、减薄和扁化约束的特点,以及温度和成形参数对以上成形指标的耦合影响,图 5-25 给出了确定大直径薄壁纯钛管数控热弯成形极限的逐步搜索方法。

　　第一步,获得大直径薄壁纯钛管各部分的合适温度范围,采用加热过程有限元模型进行模具加热方式和加热参数设计,获得适合的模具加热方式及模具局部加热参数。在管材合理温度范围内,基于热弯过程的热力耦合有限元模型,采用虚拟正交实验的方法获得成形参数对管材弯曲成形指标的影响规律、显著性顺序以及综合考虑各成形指标的优化成形参数组合。

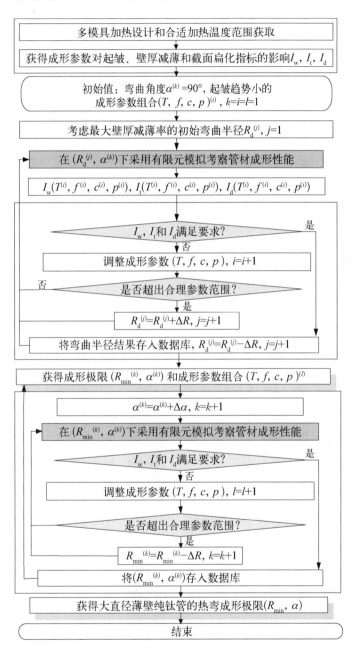

图 5 - 25　提高大直径薄壁纯钛管数控弯曲成形极限的逐步搜索方法

第二步,在弯曲角度 $\alpha^{(1)}=90°$ 条件下,采用起皱趋势较小的温度参数和优化的成形参数组合,根据最大壁厚减薄率设计初始弯曲半径 $R_{d(1)}=1.2D$,建立热力耦合有限元模型并进行分析,若管材的各成形指标满足要求,记录弯曲半径以及对应温度和成形参数组合,并进一步减小管材的弯曲半径进行模拟,否则在参数调节范围内调整温度参数和成形参数,若依然不满足成形指标,则增加管材的弯曲半径,弯曲半径的变化步长 ΔR 设为 $0.1D$。通过以上步骤可以获得 $\alpha^{(1)} = 90°$ 条件下的最小弯曲半径 $R_{\min}^{(1)}$ 以及对应的温度参数和成形参数组合。

第三步,在上一步获得的 $R_{\min}^{(1)}$ 以及对应的温度参数和成形参数组合的基础上,增大管材弯曲角度,建立热力耦合有限元模型并进行分析,弯曲角度的变化步长 $\Delta \alpha$ 设为 $30°$。若获得的各成形指标满足成形质量要求,则 $R_{\min}^{(1)}$ 为该弯曲角度下最小弯曲半径,否则,调整温度参数和成形参数,若仍不满足要求则减小弯曲半径进行进一步模拟。通过以上步骤可以获得不同弯曲角度下最小弯曲半径 $R_{\min}$。

根据以上所述方法,可获得内侧起皱、外侧壁厚减薄和截面扁化三种成形缺陷下的大直径薄壁纯钛管数控热弯成形极限,并最大限度地提高管材的成形能力。

(3) 大直径薄壁纯钛管热弯成形极限。

研究表明,为提高大直径薄壁纯钛管热弯成形质量和成形极限,待弯区域管材内侧温度范围为 $170℃ \leqslant T_{in} \leqslant 280℃$,待弯区域外侧温度应不小于管材内侧温度。在管材待弯区域外侧温度为 $290℃$,内侧温度为 $200℃$ 条件下,图 5-26 为 $\phi 76.2 \times t1.07(mm)$ 大直径薄壁纯钛管 $90°$ 不同弯曲半径下热弯过程热力耦合模拟结果。从图中可以看出,随着弯曲半径的减小,弯管件的等效塑性应变逐渐增大,且在不

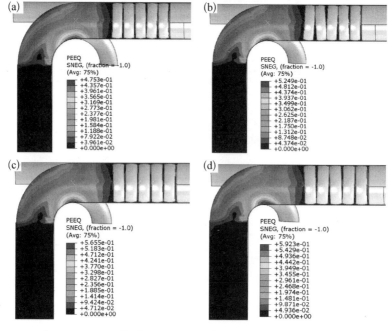

图 5-26 不同弯曲半径下 90° 热弯后纯钛管的等效应变分布

(a) $R_d = 1.2D$ (b) $R_d = 1.1D$ (c) $R_d = 1.0D$ (d) $R_d = 0.9D$

同弯曲半径条件下管材均未出现起皱现象。因此,在热弯条件下,起皱已不是制约管材成形极限提高的主要缺陷。图 5-27 为 90°弯曲时不同弯曲半径下大直径薄壁纯钛管的壁厚减薄率和最大截面扁化率。从图中可以看出,随着弯曲半径的减小,管材的壁厚减薄率逐渐增大,而由于芯模的支撑和模具的约束,管材的截面扁化率变化不大。因此,外侧壁厚减薄率是制约大直径薄壁纯钛管热弯成形极限提高的主要缺陷。

在初始模具温度和成形参数设置条件下,当弯曲半径 $R_d=0.9D$ 时纯钛管的最大壁厚减薄率达到 23.1%,超出了最大许可壁厚减薄率 22.5%。调整压力模助推匹配速度 V_p 为 105%,纯钛管的最大壁厚减薄率降到了 22.3%,且未发生起皱,截面扁化率为 2.06%,满足成形要求。采用调整后的成形参数组合,当弯曲半径 $R_d=0.8D$,纯钛管未出现起皱,截面扁化率为 2.03%,但最大壁厚减薄率达到 25.8%,超出许可最大壁厚减薄率 22.5%。通过模具温度和成形参数调整,纯钛管的最大壁厚减薄率均难以达到许可壁厚减薄率。因此,对于 $\phi76.2\times t1.07(mm)$ 大直径薄壁纯钛管 90°弯曲,数控热弯时的最小弯曲半径 $R_{min}=0.9D$(见图 5-27)。

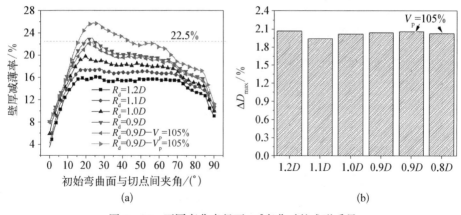

图 5-27 不同弯曲半径下 90°弯曲时的成形质量
(a) 壁厚减薄率 (b) 最大截面扁化率

在大直径薄壁纯钛管 90°弯曲成形极限基础上,采用提高大直径薄壁纯钛管热弯成形极限的逐步搜索方法,获得的 $\phi76.2\times t1.07(mm)$ 大直径薄壁纯钛管 120°、150°和 180°弯曲时的成形极限 R_{min} 均为 1.0D。在 $R_{min}=1.0D$ 时,不同弯曲角度条件下管材的最大壁厚减薄率和截面扁化率如表 5-2 所示。

表 5-2 $R_{min}=1.0D$ 时不同弯曲角度下纯钛管的弯曲成形质量

弯曲角度	$\Delta te_{max}/\%$	$\Delta D_{max}/\%$
120°	20.3	2.06
150°	20.6	2.82
180°	21.0	3.77

　　图 5-28 为 $\phi76.2\times t1.07$(mm)大直径薄壁纯钛管室温条件下弯曲半径 2.0D 的数控弯曲成形件,在 45°弯曲时,可成功获得满足成形质量要求的弯曲成形件,然而,在进行 90°弯曲时,在管材弯曲后端出现了起皱现象,且导致了芯头的断裂。因此,在室温弯曲时,管材 90°时的最小弯曲半径小于 2D。图 5-29 为 $\phi76.2\times t1.07$ (mm)大直径薄壁纯钛管小弯曲半径热弯成形件。可以看出在不同弯曲角度和弯曲半径下,管材内侧均未发生起皱现象,$R_d=2.0D$、$\alpha=180°$时纯钛热弯管件外侧最大壁厚减薄率为 12.46%,截面扁化率为 4.20%;$R_d=1.5D$、$\alpha=180°$时纯钛热弯管件外侧最大壁厚减薄率为 16.70%,截面扁化率为 4.50%,均满足成形质量要求。较室温弯曲成形,热弯条件下大直径薄壁纯钛管的成形极限可得到很大的提高。

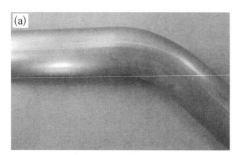
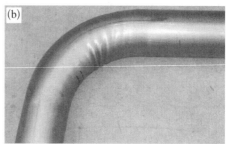

图 5-28　2D 弯曲半径下纯钛管室温弯曲成形件

(a) 45°　(b) 90°

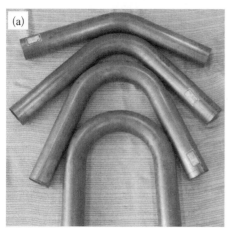
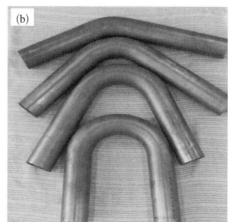

图 5-29　纯钛管小弯曲半径热弯成形件

(a) $R_d=2.0D$　(b) $R_d=1.5D$

5.5　卸载回弹预测和控制技术

　　回弹是影响管材数控弯曲成形精度的一个主要因素,当回弹量超过误差所允许的范围时,管材数控弯曲的尺寸精度和形状精度就难以满足应用要求,从而会影响弯管件的使用[17,18]。本节着重给出难变形管材数控弯曲加载成形-卸载回弹预测和控制技术。

5.5.1 回弹预测方法

在管材数控弯曲成形过程结束后,变形体中的弹性变形会发生卸载,弯管件发生回弹,弯管角度减小,弯曲半径增加。如果没有弯管回弹预测和控制理论,特别是数值模拟方法的支撑,在生产弯管模具时就需要反复试模以确定合理的模具尺寸,同时在生产中还需要反复试验获得合理的工艺参数以控制弯管回弹量,这延长了弯管的生产周期,增加了生产成本。特别是对于轻质高强难变形管材,如高强钛管和高强钢管等,由于具有高屈弹比,管材弯曲后会产生显著的回弹现象,且回弹角各不相同,如图 5-30 所示[1],严重影响弯管件的形状和尺寸成形精度。因此,对弯曲回弹进行分析和预测,从而对其进行合理控制,是发展数控弯曲精确成形及发挥其技术优势的关键[19]。

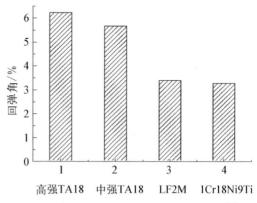

图 5-30 不同材料管材数控弯曲回弹角[1]

实现管材数控弯曲回弹精确控制的关键在于建立可靠、准确的回弹预测模型。目前,除了显隐式结合的加载成形-卸载回弹全过程预测模型外,理论解析模型、解析-数值模型可以直观、快速地研究获得数控弯管回弹规律,为实现回弹的有效控制提供理论基础。下面给出管材数控弯曲回弹预测理论解析模型,建立回弹角和回弹半径之间的定量关联关系,为回弹的控制提供了理论指导。

管材数控弯曲回弹预测理论解析模型是根据塑性变形理论,同时考虑回弹角和回弹半径而提出的。虽然难以考虑摩擦等多模具约束条件,但可以用于直接对弯管回弹的形成机理进行分析,特别是获得回弹角和回弹半径的关联关系,为后面提出回弹的顺序补偿方法提供理论依据。推导过程简述如下,图 5-31 为管材数控弯曲应力分布和几何特征示意图。

总回弹角 $\Delta\varphi$ 可以表述为

$$\Delta\varphi = \Delta\varphi_b + \Delta\varphi_s \tag{5-4}$$

式中:$\Delta\varphi_b$ 为管材弯曲段对应的回弹角;$\Delta\varphi_s$ 为管材直线段对应的回弹角。

回弹前后管材纤维长度可表示为

$$\rho\varphi = \rho'\varphi' = (\rho + \Delta\rho)(\varphi - \Delta\varphi_b) \tag{5-5}$$

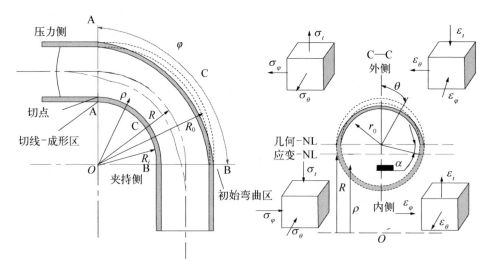

图 5-31 管材数控弯曲应力分布和几何特征

式中：回弹半径 $\Delta\rho$ 和管材弯曲段回弹角 $\Delta\varphi_b$ 通过胡克定律得到。

管材弯曲时的弯矩为

$$
M = 2\int_0^{D/2} \sigma_\varphi y \mathrm{d}A = 2\int_0^\pi \sigma_\varphi (r_0 \cos\theta)(r_0 t \mathrm{d}\theta)
$$
$$
= C\int_0^\pi \left[\varepsilon_0 + M\ln\frac{R + cr_0\cos\theta}{\rho}\right]^n \cos\theta \mathrm{d}\theta \tag{5-6}
$$

式中：轴向应力为

$$
\sigma_\varphi = LK\left(\frac{1+r}{r} - \frac{rr}{1+rr}\right)(M\varepsilon_\varphi + \varepsilon_0)^n \tag{5-7}
$$

轴向应变为

$$
\varepsilon_\varphi = \ln\frac{(R_d + cr_0\cos\theta)\varphi}{\rho\varphi} = \ln\left(\frac{R_d + cr_0\cos\theta}{\rho}\right) \tag{5-8}
$$

常数为

$$
C = 2LKtr_0^2\left(\frac{1+r}{r} - \frac{rr}{1+rr}\right), \quad L = \frac{(1+r)r}{1+2r}M^{-1} \tag{5-9}
$$

$$
M = \frac{1+r}{\sqrt{1+2r}}\sqrt{1 + \frac{rr^2}{(1+rr)^2} - \frac{2r \cdot rr}{(1+r)(1+rr)}} \tag{5-10}
$$

式中：C 为扁化系数，等于管材-芯模间隙与管材直径的比值；rr 为周向应变与壁厚应变的比值，类似于厚向异性指数的定义，其值通过实验测得为 $1/3$，应变中性层

曲率半径 $\rho = \sqrt{(R_0 - \Delta t)R_i}$。

卸载回弹后,应力和应变的变化值为

$$\Delta\sigma_\varphi = Mr_0/I, \quad \Delta\varepsilon_\varphi = \frac{r_0}{\rho} - \frac{r_0}{\rho'} \tag{5-11}$$

式中:$I = \pi(D_o^4 - D_i^4)/64$ 为圆管材料的惯性力矩。

根据胡克定律 $\Delta\sigma_\varphi = E\Delta\varepsilon_\varphi$,卸载前后管材曲率变化为

$$\frac{1}{\rho} - \frac{1}{\rho'} = \frac{M}{EI} \tag{5-12}$$

则卸载后的曲率半径为

$$\rho' = \frac{\rho}{1 - \dfrac{C\displaystyle\int_0^\pi \left[\varepsilon_0 + M\ln\dfrac{R + cr_0\cos\theta}{\rho}\right]^n \cos\theta\,\mathrm{d}\theta}{EI}\rho} \tag{5-13}$$

因此,回弹半径为

$$\Delta\rho = \rho' - \rho = \frac{\rho}{1 - \dfrac{C\displaystyle\int_0^\pi \left[\varepsilon_0 + M\ln\dfrac{R + cr_0\cos\theta}{\rho}\right]^n \cos\theta\,\mathrm{d}\theta}{EI}\rho} - \rho \tag{5-14}$$

由式(5-15),管材弯曲段对应回弹角 $\Delta\varphi_b$ 可以得到:

$$\Delta\varphi_b = \left(1 - \frac{\rho}{\rho'}\right)\varphi = \frac{C\displaystyle\int_0^\pi \left[\varepsilon_0 + M\ln\dfrac{R + cr_0\cos\theta}{\rho}\right]^n \cos\theta\,\mathrm{d}\theta}{EI}\rho\varphi \tag{5-15}$$

5.5.2 回弹控制技术

管材数控弯曲回弹的控制可以从两个方面着手,一是减小管材数控弯曲回弹,二是对管材数控弯曲回弹进行补偿。

1) 弯曲回弹减小方法

通过控制管材数控弯曲成形的工艺参数可减小弯管的回弹,除此之外,抽芯和给管材施加轴力也可减小弯曲回弹。

(1) 多次抽芯减小弯曲回弹。

图 5-32 为弯管后端直线段回弹角随弯曲角的变化曲线,分别为考虑抽芯时和不考虑抽芯时的管材弯曲回弹角,两者相差可达一倍以上,即考虑加载/弯曲—抽芯—卸载/回弹全过程,采用显-隐式结合算法,使得多约束管材弯曲回弹预测精度提高了1倍多。因此,抽芯过程会减小管材数控弯曲回弹。而管材数控弯曲的多

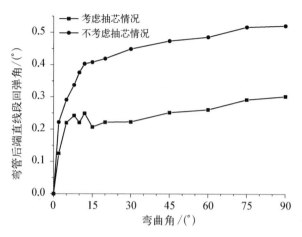

图 5-32 弯管后端直线段回弹角随弯曲角的变化

次抽芯是在一次抽芯过程结束后，将芯棒重新塞入，再次抽芯，从而实现两次、三次和四次抽芯。研究表明，随抽芯次数的增多，这种减小作用越来越小。为了减小管材数控弯曲回弹，实际生产中可以采用三次抽芯的方法。

（2）施加轴力减小弯曲回弹。

给管材施加轴力可以减小弯管的回弹。考虑到管材数控弯曲的实际成形条件，施加的轴力可以作用在弯管的后端，轴向压力可以通过顶推块施加，轴向拉力可以通过锁紧装置借助摩擦力施加。需要特别声明的是，这里施加的轴力是实际施加在弯管后端的力，而不是弯管弯曲段截面的轴力。

轴力的施加可以在弯曲前、弯曲时和弯曲后，研究表明在弯曲前给管材后端施加轴力对弯曲回弹的影响很小。弯曲时，随轴向拉力和轴向压力的增大，管材弯曲回弹会减小，轴向拉力对管材数控弯曲回弹的减小作用更为明显。通过在薄壁管弯曲后给管子后端施加轴向拉力来减小弯管回弹不能一味地增大拉力。轴向压力对薄壁管弯曲回弹角的影响较小，而且轴向压力会增大弯管的回弹半径，因此，不能通过在薄壁管弯曲后给管子后端施加轴向压力来减小弯管回弹。

2）弯曲回弹顺序补偿方法

目前，实践中通常基于试错法，采用过弯对回弹角补偿，这不仅消耗大量财力、物力及时间，且往往没有考虑回弹半径的补偿，不能满足航空标准对于高精度管件的几何尺寸要求。

在对弯管回弹进行补偿时，同时考虑回弹半径和回弹角的双水平顺序补偿方法，克服了现有回弹补偿技术中存在的耗费财力物力且没有考虑回弹半径的缺陷。由于回弹半径与弯曲角度无关，而回弹角度却随弯曲角度和弯曲半径的变化而变化。因此，要更快更准确地补偿回弹，先对回弹半径进行补偿，在成形半径满足成形精度后，再在成形半径下进行回弹角的补偿。弯管回弹半径的补偿采用修正模具法，通过减小弯曲半径使得弯管回弹后的成形半径满足精度要求；弯管回弹角的补偿采用过弯法,通过过弯一定角度使得弯管回弹后的成形角度满足精度要求。

具体补偿步骤如下:

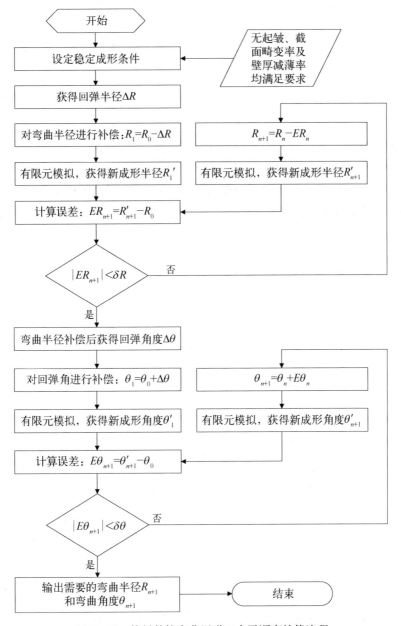

图 5-33 管材数控弯曲回弹双水平顺序补偿流程

步骤1,设定稳定成形条件。稳定成形条件是指满足管材弯曲后不出现内侧起皱、凸包等缺陷,并且最大截面畸变率和最大壁厚减薄率均满足航空导管使用要求的成形条件。

步骤 2,判断是否已知稳定成形条件下的管材回弹半径回弹规律。如果没有掌握管材回弹半径规律,则进行步骤 3;如果已知管材回弹半径规律,则直接进行步骤 4。

步骤 3,获得确定回弹半径。在稳定成形条件下进行模拟计算,获得回弹半径 ΔR。

步骤 4,更新弯曲半径 R_1。通过下式,根据得到的回弹半径 ΔR 更新弯曲半径 R_1:

$$R_1 = R_0 - \Delta R \qquad (5-16)$$

式中: R_0 为预定要实现的弯曲半径; R_1 为更新后的弯曲半径; ΔR 为回弹半径。

步骤 5,确定弯管件的成形半径 R_1。对更新弯曲半径 R_1 后的管材数控弯曲及回弹过程进行有限元模拟,得到弯管件的成形半径 R_1。

步骤 6,确定弯管件的成形半径误差 ER_1。通过下式,在更新后的弯曲半径 R_1 下得到弯管件的成形半径误差 ER_1:

$$ER_1 = R_1' - R_0 \qquad (5-17)$$

式中: ER_1 为管件 1 次成形半径误差。

步骤 7,判断成形半径误差是否满足误差容限。

$$|ER_1| > \delta R \qquad (5-18)$$

如果管件的成形半径误差 ER_1 大于误差容限 δR,则成形半径不满足精度要求,回到步骤 4,对管材的弯曲半径 R_1 进行再次更新;通过下式,以获得新的弯曲半径 R_n, $n = 2, 3, 4, \cdots$

$$R_{n+1} = R_n - ER_n \qquad (5-19)$$

式中: ER_n 为管件的 n 次成形半径误差,直至管材的成形半径误差 ER_n 小于等于误差容限 δR。

当管件的成形半径误差 ER_n 小于等于误差容限 δR 时,成形半径满足精度要求,得到此时管件的回弹角度 $\Delta \theta$。

步骤 8,更新弯曲角度 θ_1。通过下式,根据得到的回弹角度 $\Delta \theta$ 更新弯曲角度 θ_1:

$$\theta_1 = \theta_0 + \Delta \theta \qquad (5-20)$$

式中: θ_0 为预定要实现的弯曲角度; θ_1 为弯曲角度; $\Delta \theta$ 为回弹角度。

步骤 9,确定弯管件的成形角度 θ_1。对更新弯曲角度 θ_1 后的管材数控弯曲及回弹过程进行有限元模拟,得到弯管件的成形角度 θ_1'。

步骤 10,确定弯管件的角度误差 $E\theta_1$。通过下式在更新后的弯曲角度 θ_1 下得到弯管件的 1 次成形角度误差 $E\theta_1$:

$$E\theta_1 = \theta'_1 - \theta_0 \tag{5-21}$$

式中：$E\theta_1$ 为管件的成形角度误差。

步骤 11，判断成形角度误差是否满足误差容限：

$$|E\theta_1| > \delta\theta \tag{5-22}$$

如果管件的成形角度误差 $E\theta_1$ 大于误差容限 $\delta\theta$ 时，则成形角度不满足精度要求，返回步骤 8，对管材的弯曲角度 θ_1 进行再次更新；通过下式，以获得新的弯曲角度 θ_n，$n=2, 3, 4, \cdots$

$$\theta_{n+1} = \theta_n - E\theta_n \tag{5-23}$$

式中：$E\theta_n$ 为管件的 n 次成形角度误差，直至管材的成形角度误差 $E\theta_n$ 小于等于误差容限 $\delta\theta$。

当管件的成形角度误差 $E\theta_n$ 小于等于误差容限 $\delta\theta$ 时，成形角度满足精度要求，补偿过程结束。则实际成形中弯曲半径为 R_n，弯曲角度为 θ_n。

补偿流程如图 5-33 所示。

5.6 工模具设计与调模技术

高性能轻量化弯管件数控弯曲精确成形需要多模具的严格匹配和精密协调，因此，需要针对不同材料、极端尺寸和不同应用环境的高性能轻量化弯管件，研发大适用范围的精确数控弯曲成形实验设备、工模具设计和调试成套技术。

5.6.1 数控弯曲工模具选材

由此可以看出，管材数控弯曲成形本质上是依靠管材与各个不同模具之间的接触摩擦作用而完成的，管材/模具摩擦交互边界条件改变着变形材料局部甚至全局变形域的应力应变状态，从而对塑性弯曲过程，特别是失稳起皱、壁厚变化和截面畸变等缺陷的发生产生重要影响。从成形原理角度来看，模具选材应遵循以下原则：夹持模对管件的夹持作用依靠夹持模与管件的摩擦实现，因此管件/夹持模间摩擦必须足够大，不允许管件与夹持模间产生相对滑动，该摩擦类型为静摩擦；压力模的助推作用同样依靠其与管件表面的摩擦来施加，管件/压力模间摩擦情况直接影响着助推的效果，该摩擦一般为动摩擦；管件/防皱模间摩擦、管件/芯模间摩擦以及管件/弯曲模间摩擦同样影响着管件各部分的塑性变形，继而影响到整个变形情况。在实际弯曲中，为了保证成形的稳定精确成形，应针对不同位置模具选择不同的模具材料和润滑状态。

研究表明，润滑剂种类和施加对于摩擦系数影响很大，如干摩擦（不加润滑剂）和润滑状态下所测摩擦系数相差很大，不锈钢拉深油对应摩擦系数比二硫化钼对应摩擦系数变化稳定。相比之下，不锈钢拉深油和某型号机油的摩擦系数较小且稳定。另外，接触材料也会对摩擦系数产生较大影响，如在不锈钢拉深油润滑条件下,LF2M 铝合金/45 钢、不锈钢/铝青铜及 TA18 钛合金/铝青铜对应的摩擦系数最小也最稳定。根据模具材料特性和与管材间的摩擦系数,不同材料管材数控弯曲时模具材料的选择如表 5-3 所示。

表 5-3　不同材料管材数控弯曲模具材料选择

管材材料	钢	铝合金	钛合金
压力模材料	Cr12MoV	45 钢	Cr12MoV
弯曲模材料	Cr12MoV	45 钢	Cr12MoV
夹持模材料	Cr12MoV	45 钢	Cr12MoV
防皱模材料	铝青铜	45 钢	铝青铜

5.6.2　薄壁管小弯曲半径数控弯曲柔性芯模结构设计方法

对于航空航天用高性能轻量化弯管件数控弯曲成形,为了提高成形质量和成形极限,本节研究提出了一系列工模具设计方法。

弯管芯模种类较多,有圆柱芯模、圆柱圆头芯模、链式芯模和软轴芯模等。构造是由芯头体、芯头、链接装置连接而成。弯管成形时根据管材的直径、壁厚、弯曲半径等参数要求选用合适的芯模。但是,不锈钢、铝合金、钛合金等大口径薄壁管小弯曲半径(壁厚小于 1 mm,壁厚因子大于 50,相对弯曲半径小于 1.5)成形对芯模有着更高的要求,而目前所使用的芯模结构由于芯头套和连接装置的设计局限,造成结构不够紧凑、灵活,不能适应薄壁管小半径弯曲,很容易造成管件破裂。

为了克服现有的弯管芯模结构不够紧凑,相对弯曲半径不够小的缺陷,本节提出并实现了一种柔性弯管芯模的设计,所设计的芯模可以增加芯模在弯管过程中的转动程度。包括芯头体和多个窝球节,芯头套和卡环,并且芯头套和卡环的数量同窝球节的数量,其中窝球节为轴对称形状,其数量根据弯管的弯曲角度和弯曲半径确定。图 5-34 所示为有紧密连接芯球的柔性芯模,该芯模能够克服薄壁管容易截面扁化的缺陷,因此成为薄壁管小半径弯曲的首选芯模。

而随着铝合金管直径的增加以及弯曲半径的减小,铝合金大直径薄壁管在数控弯曲中发生起皱的可能性将越来越大。目前,常采用减小管材与模具间接触间隙的方法,减小管材起皱的可能性,但是,这又将增大管材的减薄和扁化程度。在大直径薄壁铝合金管数控弯曲成形过程中,芯模参数对管材的起皱、减薄和扁化均产生重要的影响。传统的薄壁管数控弯曲的芯模芯头结构,普遍采用对称式结构,该结构的特点是球心 O 位于芯头中心,芯头间采用球窝式结构连接,芯头能随着管材的弯曲变形做一定角度的转动。该结构的缺点是,由于对称式结构的特点,芯头与芯头间在转动时发生干涉的范围较大,弯曲过程中芯头可转动的角度范围不大,管材在弯曲中无法实现与小弯曲半径的变形协调;同时,由于对称式芯头结构容易

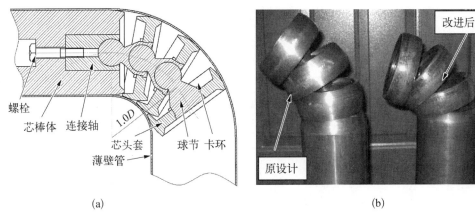

图 5-34　薄壁内凹式柔性芯模

（a）设计图　（b）实物照片

产生与管材外弧面的过度接触，从而增大管材的壁厚减薄程度。因此，在上述柔性对称芯模基础上，提出了一种铝合金大直径薄壁管数控弯曲的偏心芯头（见图 5-35）及其设计方法。包括偏心芯头、芯模芯杆和芯头间连接件，芯头间采用球窝式结构连接，其特征在于，偏心芯头的球心在芯头体内的位置不在芯头的几何中心。

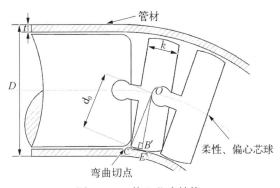

图 5-35　偏心芯头结构

上述柔性芯模的设计，改善了管内外侧接触边界的切向和法向应力，既重构了弯管拉压区应力应变场分布，又增加了空心结构抗失稳能力，显著提高了弯管抗起皱和截面畸变的极限，使得大直径薄壁铝合金管数控弯曲的最小弯曲半径达到 $1.25D$。

5.6.3　薄壁钛管数控热弯成形模具设计方法

为了克服现有技术难以实现大直径薄壁钛管数控热弯成形的不足，提高直径 $D > 40$ mm 的薄壁钛管弯曲成形质量/成形极限，需采用数控热弯成形技术。本节给出了一种薄壁钛管数控加热弯曲成形模具设计方法。

薄壁钛管数控加热弯曲成形模具如图 5-36 所示，包括压力模、夹持模、镶块、弯曲模、防皱模和芯模；所述的芯模包括芯棒和芯球；压力模的一侧表面为凹弧形的压力模成形面，另一侧表面是与机床配合的装配面；具体特征如下：

（1）在压力模的上表面，沿该压力模的长度方向均布有多个压力模加热孔，在

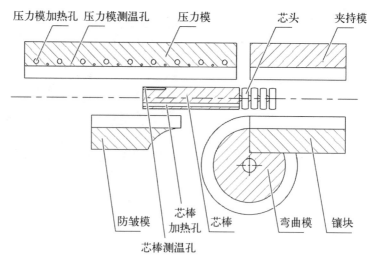

图 5-36　热弯模具示意图

各相邻的两个压力模加热孔之间有压力模测温孔；压力模加热孔和压力模测温孔的数量根据压力模的质量、加热时间、加热温度及加热棒功率通过下式确定：

$$n_{ph} = \frac{C_p m_p \Delta T}{W_p t_p}, \quad n_{pt} = n_{ph} - 1 \tag{5-24}$$

式中：n_{ph} 为压力模加热孔的数量；n_{pt} 为压力模测温孔的数量；C_p 为压力模材料的比热容；m_p 为压力模的质量；ΔT 为升高的温度；W_p 为单个压力模加热棒的功率；t_p 为压力模的加热时间。

（2）压力模加热孔和压力模测温孔分布在压力模的成形面与机床配合面之间，并且压力模测温孔较压力模加热孔更靠近压力模成形面；压力模加热孔的中心线与所述压力模成形面的弧底面之间的距离为 20～50 mm。

（3）在芯棒的端面上沿圆周均布有多个芯棒加热孔和芯棒测温孔，并且各芯棒测温孔位于各相邻的芯棒加热孔之间；芯棒测温孔的位置较芯棒加热孔的位置更靠近芯棒的外表面；各芯棒加热孔和芯棒测温孔的中心线与芯棒的中心线平行；所述的芯棒加热孔和芯棒测温孔的数量根据芯棒的质量、加热时间、加热温度及加热棒功率通过下式确定：

$$n_{mt} = n_{mh} = \frac{C_m m_m \Delta T}{W_m t_m} \tag{5-25}$$

式中：n_{mh} 为芯棒加热孔数量；n_{mt} 为芯棒测温孔数量；C_m 为芯棒材料的比热容；m_m 为芯棒的质量；ΔT 为升高的温度；W_m 为单个芯棒加热棒的功率；t_m 为芯棒的加热时间。

（4）芯棒的直径比室温弯曲时的直径稍小，通过下式确定：

$$d(1-\alpha\Delta T)\leqslant d_{h}\leqslant d\left(1-\frac{1}{2}\alpha\Delta T\right) \tag{5-26}$$

式中：d 为室温弯曲芯棒的直径；d_{h} 为加热弯曲芯棒的直径；α 为芯棒材料的热膨胀系数；ΔT 为升高的温度。

压力模加热孔和芯棒加热孔为贯通孔，压力模测温孔和芯棒测温孔为盲孔。

5.6.4 基于 KBE/FE 的数控弯管模具设计与成形性评估系统

以数控弯管模具的自动化设计为主要内容，研发了一套适用于导管数控弯曲的自动化模具设计系统（见图 5-37），并通过有限元数值仿真对导管弯曲进行模拟以验证模具可靠性，为实现数控弯管高效精确成形提供重要的技术支撑。

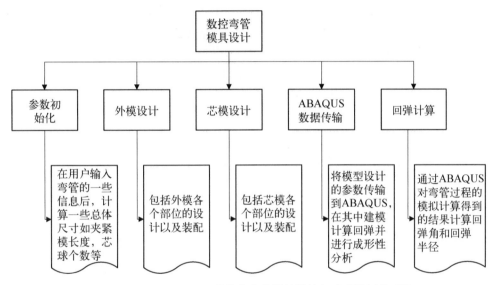

图 5-37 基于 KBE/FE 的数控弯管模具设计与成形性评估系统

（1）研究解决了数控弯管多模具参数化设计的关键问题，获得了外模和内模（芯模）各部分的几何尺寸特征，提取了两百余个参数来表征模具几何结构。以 VB 语言对 CATIA 的二次开发为手段，实现了数控弯管模具在 CATIA 环境下的参数化建模。

（2）研究解决了基于知识的数控弯管模具自动化设计关键技术，建立了包括大量经验数据、理论公式在内的模具设计知识准则，提出了知识驱动的数字化模具设计方法。

（3）研究建立了基于有限元的成形性评估方法，将基于 ABAQUS 的弯管前后处理模块嵌入模具自动化生成系统，实现回弹、起皱、截面畸变和壁厚减薄的预测，在此基础上研究建立了包括回弹半径和回弹角的补偿模块，实现模具设计和成形性评估的集成化闭环设计。

（4）研究开发了基于 KBE/FE 的数控弯管模具设计与成形性评估系统，分别对不同材料不同规格的弯管过程设计模具以验证可靠性。结果表明，该系统所设计的模具能够可靠地实现导管弯曲、避免产生重大缺陷，极大地提高了模具成形的效率和质量。图 5-38 为模具设计界面。

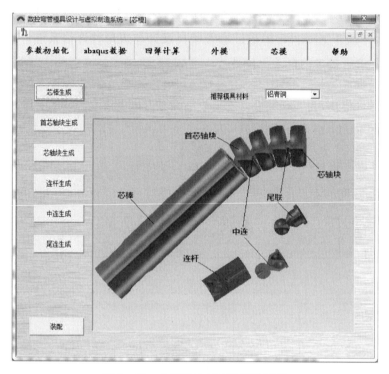

图 5-38　内部模具（芯模）设计界面

5.7　成形过程优化与控制技术

本节着重给出难变形管材数控弯曲多目标多参数多约束成形过程优化与控制技术。

5.7.1　多目标多参数多约束优化数学模型

1）优化目标

难变形管材数控弯曲过程的优化设计问题为：在给定管材规格、材料条件以及要求的相对弯曲半径下，成形性能如何，即成形参数取何值时能获得所要求的弯曲半径并保证和提高成形质量。因此，成形质量满足标准可以确立为优化目标。在此基础上，再分析选择优化设计变量和确定约束条件。弯管成形质量的衡量指标包括壁厚减薄率、截面扁化率、起皱波纹度、回弹量等。在不同的使用环境下，以上指标的具体标准往往是不同的。本章涉及的成形指标如下：

（1）最大壁厚减薄率 T 为衡量壁厚减薄的一个指标，内侧最大壁厚增厚率 TK

作为参考的衡量指标,如下式:

$$T = \frac{t_0 - t_{\min}}{t_0} \times 100\%\qquad(5-27)$$

$$TK = \frac{t_{\max} - t_0}{t_0} \times 100\%\qquad(5-28)$$

式中:$t_{\min}$指的是外侧最小壁厚;$t_{\max}$为内侧最大壁厚。

根据航标规定,对于低压管,弯曲后管件的壁厚减薄量一般不得大于管件公称厚度的25%;对于高压管,弯曲后管件的壁厚减薄量一般不得大于管件公称厚度的20%。

(2) 以最大截面畸变率 Q 为衡量截面扁化量的指标,如下式所示:

$$Q = \frac{D_0 - D_{\min}}{D_0} \times 100\%\qquad(5-29)$$

式中:$D_{\min}$为最小截面直径。

一般情况下,弯管的使用性能不同,所要求的最小截面扁化量也不同。根据航标规定,弯曲半径>$3D_0$,允许 $Q \leqslant 5\%$;弯曲半径$\leqslant 3D_0$,允许 $Q \leqslant 8\%$。

(3) 管件弯曲时最内侧管壁将会产生增厚现象,当增厚现象很严重时,将导致管件起皱,失稳起皱将影响管材质量和管内流体流动速度,如图 5-39 所示。

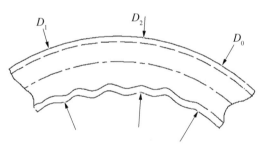

航空制造标准规定,低压导管弯曲后内侧所产生的波纹高度值不得超过导管公称外径的 2%。波纹高度的计算公式如下:

图 5-39　弯管最内侧的起皱波纹高度值计算

$$W = D_1 - D_2\qquad(5-30)$$

式中:D_1为导管弯曲段的最大截面直径;D_2为导管弯曲段的最小截面直径。

(4) 由于回弹可以通过后期的补偿预测来控制,因此本节不作为优化目标,而以不产生失稳起皱或起皱波纹高度满足要求作为约束条件,最大壁厚减薄率最小或最大截面畸变率最小作为优化的目标。则优化的数学模型为

$$
\begin{aligned}
&\min f(X)\\
&\text{s. t. } g(X) - a \leqslant 0,\\
&W(X) - b \leqslant 0,\\
&x_i^{\mathrm{L}} \leqslant x_i \leqslant x_i^{\mathrm{U}}
\end{aligned}
\qquad(5-31)
$$

$$X = (x_1, x_2, \cdots, x_i)^{\mathrm{T}}$$

式中：$f(X)$ 为目标函数，根据生产质量要求，可以为最大壁厚减薄率 T 与设计变量 X 间的响应函数 $T(X)$，或者是最大截面畸变率 Q 与设计变量 X 间的响应函数 $Q(X)$；$g(X)$ 为约束函数，当 T 为目标时，$Q(X)$ 为约束函数，当 Q 为目标函数时，以 $T(X)$ 为约束函数，a 为成形质量要求的最大壁厚减薄率或者最大截面畸变率；b 为要求的起皱波纹高度的最大值；X 为设计变量，x_i^{L} 为设计变量下界，x_i^{U} 为设计变量上界，i 为设计变量的数目。

2) 设计变量

如前所述，难变形管材数控弯曲成形需要多种模具的严格配合和相互协调。模具包括：弯曲模、夹紧模、压力模、防皱模、芯模（芯棒连接若干芯头，球窝式结构）等。因此在给定的管材、弯曲半径、弯曲角度的情况下，影响薄壁管数控弯曲成形质量的成形参数包括模具参数、工艺参数。其中模具参数指模具形状及尺寸等，主要包括各模具长度、各模具凹槽直径、芯模尺寸（包括芯头厚度 k、芯头孔心间距 p、芯棒直径 d_{m}、芯棒圆角半径 r_{nose}、芯头个数 n 等），芯模结构如图 5 - 38 所示；工艺参数包括弯曲模切线线速度 v_{b}、助推速度 v_{p}、芯棒伸出量 e、管件与各模具间的摩擦系数、管件与各模具间间隙、系统压力、管夹压力、助夹压力等。实际中，由于管材材料、管材与各模具间的摩擦、管材与各模具间间隙存在波动，为不可控的噪声因素。

难变形管材数控弯曲过程的优化问题就是通过对这些成形参数进行分析和优化设计，找出模具参数和工艺参数的合理的甚至最佳组合，以提高成形质量和设计效率。为了减少优化过程的复杂性，同时兼顾考虑优化结果的可靠性，需对这些成形参数进行选择和优化，即选取可控的、对成形质量影响显著的参数作为优化设计变量。

(1) 在成形参数选取范围内，以规格为 $\phi50 \times 1 \times 75 (\mathrm{mm})$ 的铝合金薄壁管弯曲为对象，得到芯模参数对成形质量的影响（见图 5 - 40）。由影响分析结果得到芯头厚度 k 在合理范围内对壁厚减薄影响不大；芯头孔心间距 p 越大，壁厚减薄越大，截面畸变越小；芯棒圆角半径越大，壁厚减薄越大，而其对截面畸变影响不大。图 5 - 40 为芯模几何参数对成形质量影响的标准化效应 Pareto 图，可以表明哪些参数对壁厚减薄和截面畸变的影响效应是显著的。Pareto 图是确定显著效应的一个有用工具，可用 Pareto 效应图比较主效应和交互作用效应的相对量值与统计显著性。图中的参考线为判断因素是否显著的标准线。

结果表明芯模直径/半径是影响壁厚减薄和截面畸变的最显著因素，芯头孔心间距、芯头厚度、芯棒圆角半径对成形质量的影响较小，而芯头孔心间距是其中影响最为显著的因素。因此，在优化设计中首先需要优化得到芯模直径的值，也即确定了芯模与管之间的初始间隙，然后根据芯模直径设计芯头孔心间距，再根据芯头孔心间距的值确定芯头厚度和芯棒圆角半径。

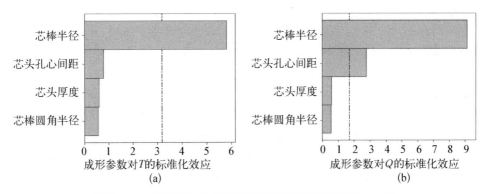

图 5-40　芯模参数对成形质量影响的标准化效应 Pareto 图
(a) 最大壁厚减薄率　(b) 最大截面畸变率

（2）管材数控弯曲过程中，根据管件受到的弯曲模、夹紧模、压力模、防皱模和芯模的共同接触约束作用，确定在给定管几何尺寸、材料和弯曲半径时能够实际校正或改进的 9 个工艺参数：压力模与管间的摩擦系数（f_p），压力模与管间间隙（c_p），防皱模与管间的摩擦系数（f_w），防皱模与管间间隙（c_w），弯曲模与管间的摩擦系数（f_b），弯曲模与管间间隙（c_b），芯模与管间的摩擦系数（f_m），芯棒伸出量（e）及助推速度（v_p）为优化设计的主要工艺参数。

仍选取规格 $\phi50\times1\times75$(mm) 的 5052O 铝合金管弯曲为参考工艺。获得 f_p，f_w，f_m，f_b，c_b，c_p，c_w，e 和 v_p 对最大壁厚减薄率 T 和最大截面畸变率 Q 的影响。为了有效减少有限元计算的次数，采用析因设计 $2_{\mathrm{III}}^{(9-5)}$ 来设计虚拟实验，从而分析工艺参数对成形质量影响的显著性。

图 5-41 为工艺参数影响 T 和 Q 的标准化效应 Pareto 图。结果表明，f_w 和 c_w 对 T 和 Q 的影响一致，即防皱模与管间的摩擦越大，壁厚减薄和截面畸变越大，防皱模与管间间隙越大，壁厚减薄和截面畸变越小；防皱模与管间间隙 c_w 对壁厚减薄

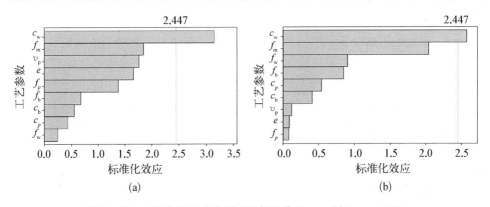

图 5-41　工艺参数对响应影响的标准化 Pareto 图（$\alpha = 0.05$）
(a) T　(b) Q

的影响显著,但对于截面畸变是个不显著因素,c_w 越大,壁厚减薄和截面畸变越小,但是同时起皱风险越大,因此应该首先确定它的值以确保不起皱;其他参数对壁厚减薄和截面畸变影响不显著,因此可以通过主效应分析获得它们最优值;管与芯模间摩擦系数 f_m 越小,成形质量越好;管与弯曲模间间隙 c_b 越小越好;压力模助推速度的最优值要大于弯曲模的最大线速度($v_p \geqslant v_b$,$k_{vp} \geqslant 1.00$);芯棒伸出量 e 在一定范围内对成形质量影响不大。因此,确定在工艺参数优化设计中,防皱模与管间间隙是优化设计的重要因素,需要首先确定它的最优值。

(3) 实际成形过程中,由于材料参数的波动而使得成形质量不稳定,从而可能会影响到模具的设计、工艺参数的选取,因此本文分析了噪声因素对材料参数波动的影响,筛选出了影响显著的材料参数作为稳健设计中考虑的主要因素。

根据单向拉伸、打孔单拉实验获得的材料参数[9],获得铝合金管材料参数波动范围,从而选取铝合金管材料参数水平。只考虑因素的主效应,选用 Plackett - Burman 试验设计方法。Plackett - Burman 设计是分辨率Ⅲ级别的两水平部分因子设计,主要针对因子数较多,且未确定众因子相对于响应变量的显著性而制订的试验设计方法。通过比较各个因子两水平的差异与整体的差异来确定因子的显著性,其不能区分主效应与交互作用的影响,但对显著影响的因子可以确定,从而达到筛选的目的。采用该种试验设计方法可以有效减少计算时间,对于 6 因素两水平试验需要试验次数 20 次,以试验设计组合建立有限元模型,通过后处理获得成形质量指标响应。

根据获得的材料参数波动对响应均值的影响以及标准化效应的 Pareto 图进行直观分析和统计分析,获得材料参数对成形质量影响的显著性结果:材料参数波动对壁厚减薄的影响不大,相对来说厚向异性指数波动影响稍大;弹性模量和硬化指数波动对壁厚增厚影响显著;硬化指数和厚向异性指数波动对截面畸变影响显著;硬化指数波动对起皱影响显著。根据以上结果,选取硬化指数和厚向异性指数作为主要的噪声因子,在稳健设计中,仅考虑这两个参数波动对模具参数、工艺参数设计的影响。

(4) 通过以上的分析,结合已有的研究结果,得到影响起皱的主要模具和工艺参数为芯模直径 d_m,防皱模与管间间隙 c_w,芯头孔心间距 p,芯头厚度 k,芯棒圆角半径 r_{nose},芯模与管摩擦系数 f_m,芯棒伸出量 e,芯头个数 n[8]。

影响壁厚减薄的主要模具参数的显著性由大到小次序为:芯模直径,芯头孔心间距,芯头个数,芯头厚度,芯棒圆角半径。影响壁厚减薄的主要工艺参数的显著性由大到小次序为:防皱模与管间间隙,芯模与管间摩擦系数,助推速度,芯棒伸出量。

影响截面畸变的主要模具参数的显著性由大到小次序为:芯头个数,芯模直径,芯头孔心间距,芯头厚度。影响截面畸变的主要工艺参数的显著性由大到小次序为:芯模与管间摩擦,防皱模与管间间隙,芯棒伸出量,助推速度。

根据参数对缺陷影响的综合分析得到:芯模直径是影响所有成形质量最显著的参数,芯模直径越大越能抑制起皱,越能减小截面畸变;芯头个数是影响截面畸变的显著因素,芯头个数越多截面畸变越小;芯头孔心间距越大,壁厚减薄越大,截面畸变越小,越易产生失稳起皱;防皱模与管间间隙越大,越易产生失稳起皱,而壁厚减薄越小;芯模与管之间的摩擦越小越好;助推速度增大能够起到一定的减少壁厚减薄的作用。

因此,在优化设计中,主要对模具参数:芯模直径、芯头孔心间距、芯头厚度、芯头个数进行优化设计,主要优化设计工艺参数:防皱模与管间间隙、芯模与管材间摩擦、芯棒伸出量、助推速度。根据参数对成形质量影响的显著性,首先优化确定影响最为显著的参数:芯模直径、防皱模与管间间隙,然后对其他参数进行进一步精确的优化设计。如前面的研究中,在材料参数中,硬化指数、厚向异性指数对成形质量影响最大,因此在后续章节稳健优化设计中,主要考虑这两个材料参数的波动对优化设计的影响。

3)约束条件

薄壁铝管数控弯曲精确成形过程包含的可能约束条件有成形质量、成形条件、几何约束等多方面。

(1)成形质量要求。

对于不同的规格、材料以及不同的用途,所要求的成形质量标准不同。如对于大直径薄壁铝管小弯曲半径数控弯曲,壁厚减薄的要求更为严格,相较于大弯曲半径弯曲,更关注弯管的起皱情况和壁厚减薄情况,截面畸变的要求以及不产生失稳起皱可以作为约束条件。而对于某些大弯曲半径薄壁弯管件,可能更关注截面质量情况,以壁厚减薄和不起皱的要求作为约束。因此针对不同的成形质量要求,需要选取不同的优化方法对成形参数进行优化设计。

(2)成形条件要求。

成形条件包括大量的模具和工艺设计知识。如针对不同规格的需要,选取不同的弯曲设备,而针对不同的弯管设备,需要选取与设备参数匹配的模具几何尺寸;模具的凹槽直径与管件外径匹配,公差范围通常在 $0.03 \sim 0.08$ mm 以内;弯曲半径越小,芯模与管间间隙范围越小,即芯模直径越大,通常对于大直径薄壁管小弯曲半径弯曲,芯模与管间间隙为 $(10\% \sim 15\%)t_0$ 以内;在实际弯曲中管件与芯模、防皱模之间应保持足够的润滑,管件与压力模之间为干摩擦,模拟中摩擦系数的取值可根据实际情况取在 $0 \sim 0.50$ 之间,夹紧模与管件之间的摩擦保证不打滑;此外,由生产中的经验得到,弯管内的芯模的芯头两个承压点的间距不大于 $30°$,截面质量才能满足要求,同时 $90°$ 弯曲时,芯模支撑管材内壁的部分必须伸入到 $45°$ 左右,才能达到控制截面畸变的要求。

(3)几何约束要求。

几何约束包括模具装配时的模具间、管与模具间的配合,也包括模具本身结构存在的几何约束关系。如夹紧模与压力模间长度的匹配；夹紧模、压力模、防皱模、芯模凹槽中心线的重合；防皱模与弯曲模间的贴合接触约束；芯模的芯棒与芯头间的联接约束，芯头间的联接约束。

薄壁铝管数控弯曲过程的优化设计问题的特点是多变量、多目标、多约束，如何对这些变量进行筛选，从而获取影响显著的成形参数作为主要的设计变量，同时获取成形参数的设计知识，是解决问题的关键。为解决这一问题则需要对材料参数、模具参数、工艺参数对成形质量的影响进行综合的分析，获取各成形参数设计的知识准则，为优化设计提供解决方案。

5.7.2　薄壁管数控弯曲参数确定性优化设计方法

为此，根据管材数控弯曲多模具、多因素、多参数影响和多缺陷约束的特点，本节提出了针对不同要求对薄壁铝管数控弯曲成形参数逐步优化设计策略和方法，并针对大直径薄壁铝管小弯曲半径弯曲和大弯曲半径弯曲不同的成形特点，对芯模参数、工艺参数的优化分别提出了具体的优化设计方法。

（1）确定成形参数的选取范围，并获得成形参数的初始值。根据成形参数对成形质量影响的显著性分析，以成形参数对成形质量影响的显著性次序作为优化设计的次序。

（2）通过有限元软件建立相应的有限元模型，提取出目标函数值，并对优化结果进行验证。

（3）根据参数对成形质量的影响关系，选择是否可以通过响应面拟合参数与成形质量指标间关系的目标函数关系式，判断函数关系式是否显著，不显著则直接通过有限元搜索迭代获得最优值；显著则结合优化算法获取最优值。

（4）采用不同的优化方法进行优化。根据获得的成形参数选取范围，不同的规格及不同的质量要求选择不同的优化方法进行优化设计：当成形参数选取范围相对较小时，无法建立设计变量与优化目标间的近似函数关系，则采用单目标优化搜索方法确定最优值；当成形参数选取范围相对较大，且参数与成形质量间存在明显的函数关系，能够建立参数与成形质量指标间的响应关系，如果需要单目标优化，则采用有约束的非线性优化算法——序列二次规划算法进行确定性优化设计；对于需要满足多目标要求的情况，则采用遗传算法进行优化设计。

以大口径薄壁铝合金管数控弯曲优化设计问题为例，进行说明：

（1）针对大直径薄壁铝管小弯曲半径弯曲（$R_b < 2D_0$，R_b为弯曲半径，D_0为管初始外径）极易产生拉裂、失稳起皱的成形特点，提出了以最大壁厚减薄率最小为目标，不产生失稳起皱，截面畸变满足要求为约束，通过有限元直接搜索迭代对芯模参数（包括芯模直径、芯头孔心间距、芯头厚度、芯棒圆角半径）、防皱模与管间间隙进行优化设计的方法。

（2）针对大直径薄壁铝管大弯曲半径弯曲（$R_b \geqslant 2D_0$）弯曲成形参数选取范围较大

的特点,提出了分别以壁厚减薄和截面畸变最小为目标,采用有限元模拟结合多种方法对成形参数进行逐步优化的方法,即根据虚拟试验设计的结构,分别建立芯模直径、芯棒伸出量和助推速度与各成形质量指标(最大壁厚减薄率、最大截面畸变率、最大起皱波纹高度)的近似响应面模型,根据不同规格弯管件的质量要求,当要求满足单目标时采用序列二次规划算法,当要求满足多目标时采用遗传算法对芯模直径、芯棒伸出量和助推速度进行优化设计。该优化设计方法的提出为实现薄壁铝管数控弯曲参数的确定性优化提供了解决方案。

5.7.3 大直径薄壁管数控弯曲稳健性优化设计方法

在大直径薄壁管数控弯曲成形过程中,管材的材料性能存在波动,管材和模具的几何尺寸存在误差,且工艺参数也存在一定的波动,这些因素均为噪声因素。尤其是材料性能波动和摩擦性能波动难以精确控制,这些对成形质量的稳定性产生重要影响。因此在优化设计中,需要考虑这些参数的波动,选择影响显著的噪声因素作为不可控因子,对可控因子进行优化设计。通过设计稳健设计表,进行稳健性分析,实现稳健优化设计[20]。

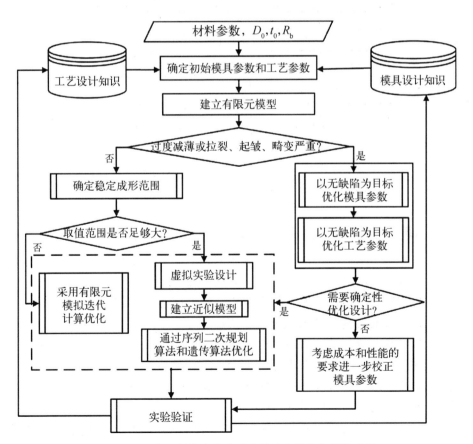

图 5-42 管材数控弯曲成形参数确定性优化设计过程

1) 可控因子和不可控因子选取

可控因子为在实验中可以控制且对实际成形质量影响显著的参数,包括芯模直径、芯棒伸出量、助推速度。材料参数中影响管材数控弯曲成形质量的主要因素为硬化指数和厚向异性指数[5],故可把这两个因素作为不可控因子,它们的波动范围通过单向拉伸实验获得的材料力学性能参数得到;而对于实际弯曲过程中无法准确控制的摩擦参数,也应选取为不可控因子。

2) 稳健优化设计过程

在确定性优化设计参数之后,规划稳健优化设计方法及过程如图 5-43 所示。

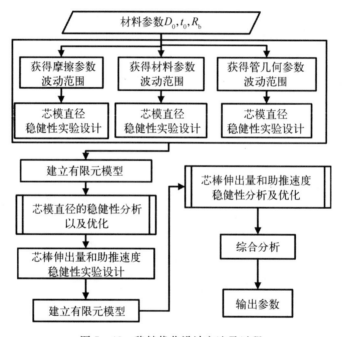

图 5-43　稳健优化设计方法及过程

(1) 确定摩擦因素波动范围,以芯模直径为可控因子,设计稳健设计表。

(2) 分析信噪比,获得能使信噪比最大的芯模直径的最优值。

(3) 方法同上,考虑材料参数波动时芯模直径设计的稳健设计。

(4) 确定管几何参数的波动范围,分析芯模直径设计的稳健设计。

(5) 建立有限元模型,获得目标函数值。

(6) 以芯模与管间的摩擦的波动、芯模直径的制造精度波动、材料参数的波动为噪声因素,芯棒伸出量、助推速度为可控因子,设计稳健设计表。

(7) 更改有限元计算的输入文件,提交计算,分析信噪比,获得在噪声因素波动下的芯棒伸出量、助推速度的最优值。

(8) 与确定性优化获得的结果比较分析,通过综合的分析判断,获得能使成形质量更为稳定的成形参数。

参考文献

［1］ Yang H，Li H，Zhang Z Y，et al. Advances and trends on tube bending forming technologies[J]. Chinese Journal of Aeronautics，2012，25：1－12.

［2］ 王同海.管材塑性加工技术[M].北京：机械工业出版社，1998.

［3］ Luo X N. Modeling，measurement，and control of the multi-axis bending process[D]. Minnesota：University of Minnesota，1995.

［4］ 管延锦，张建华，赵国群，等.管材激光弯曲成形有限元工艺仿真的技术处理研究[J].应用激光，2004，24(2)：73－76.

［5］ 李恒.多模约束下薄壁管数控弯曲成形过程失稳起皱行为研究[D].西安：西北工业大学，2007：3－4，26－63，159－160.

［6］ Yan J，Yang H，Zhan M，et al. Forming limits under multi-index constraints in NC bending of aluminum alloy thin-walled tubes with large diameters[J]. Science China Technological Sciences，2010，53：326－342.

［7］ 闫晶.铝合金大直径薄壁管数控弯曲成形规律研究[D].西安：西北工业大学，2010：62－87.

［8］ Li H，Yang H，Zhan M. A study on plastic wrinkling in thin-walled tube bending via an energy-based wrinkling prediction model[J]. Modelling and Simulation in Materials Science and Engineering，2009，17(17)：35007－35039.

［9］ Li H，Fu M W，Lu J，et al. Ductile fracture：experiments and computations[J]. International Journal of Plasticity，2011，27(2)：147－180.

［10］ Paulsen F，Welo T. An analytical model for prediction of tube ovalization in bending[C]. In：Brucato V，editor. ESAFORM 2003：Proceedings of the sixth ESAFORM conference on material forming. Salerno，Italy，2003：775－778.

［11］ 国防科学技术委员会.中华人民共和国航空行业标准导管弯曲半径[S]. HB－4－55－2002：1－6.

［12］ Yang H，Li H，Zhan M. Friction role in bending behaviors of thin-walled tube in rotary-draw-bending under small bending radii[J]. Journal of Materials Processing Technology，2010，210(15)：2273－2284.

［13］ Yang H，Lin Y. Wrinkling analysis for forming limit of tube bending processes[J]. Journal of Materials Processing Technology，2004，152：363－369.

［14］ Li H，Yang H，Zhang Z Y，et al. Bendability of large diameter thin-walled CP-Ti tube under Rotary-Draw-Bending with small bending radius[C]. Proceedings of the 10th International Conference on Technology of Plasticity. 10th International Conference on Technology of Plasticity，September 25－30，Aachen，Germany. 2011：293－298.

［15］ Li H，Yang H，Yan J，et al. Numerical study on deformation behaviors of thin-walled tube NC bending with large diameter and small bending radius[J]. Computational Materials Science，2009，45：921－934.

［16］ Zhang Z Y，Yang H，Li H，et al. Quasi-static tensile behavior and constitutive modeling of large diameter thin-walled commercial pure titanium tube[J]. Materials Science and Engineering A，2013，21：401－412.

［17］ Jiang Z Q，Yang H，Zhan M，et al. Coupling effects of material properties and the bending angle on the spring back angle of a titanium alloy tube during numerically controlled bending[J]. Materials and Design, 2010, 31: 2001 - 2010.

[18] 王艳,杨合,李恒,等. 数控弯曲下 TA18 高强钛管回弹对壁厚减薄和截面畸变的影响[J]. 稀有金属材料与工程,2012,41(7): 1221 - 1225.

[19] Yang H, Fan X G, Sun Z C, et al. Recent developments in plastic forming technology oftitanium alloys[J]. Science China-Technological Sciences, 2011, 54(2): 490 - 501.

[20] 茆诗松,周纪芗,陈颖. 试验设计 DOE - 学习指导与习题[M]. 北京: 中国统计出版社, 2005: 253 - 267.

第三篇
先进铸造技术

未来 5 年是我国航空事业发展的重要机遇期,国家将大力推进发展新支线飞机、大型飞机、先进发动机和机载设备。未来 20 年,我国航空制造业将呈现爆炸式增长。据中国商飞公司发布的全球民用飞机市场预测报告显示,到 2029年,全球共需要 30 230 架干线和支线飞机,其中双通道飞机 6 916 架,单通道飞机 19 921 架,涡扇支线飞机 3 396 架。而飞机是由大量零部件组装而成的,一架民用飞机应用的零部件多达 300～500 万个,如一架波音大飞机零部件数量约450 万个、一架国产大飞机零部件数量多达 500 万个,航空零部件应用需求量巨大。

飞机的生产制造离不开零部件的制造,铸造是飞机各类零部件的重要制造方法之一,其在成形形状灵活性和尺寸规格适用性等方面具有其他成形手段不可替代的技术优势。铸件在飞机上具有大量应用,如发动机的轮盘、后轴颈、叶片、机翼的翼梁、机身的肋筋板、轮支架和起落架的内外筒体等都有涉及飞机安全的重要铸件。航空铸件甚至有"飞机的骨骼"的美誉。

航空铸件的性能和质量对飞机的安全性和可靠性至关重要。而铸件的性能和质量与其铸造技术直接相关。在过去的十几年间,为满足航空领域对高性能、高精度、高可靠性铸件及复杂铸件的急需,国内外在铸件的铸造技术方面投入了大量人力、物力、财力,开展了大量技术攻关和创新研究,并形成了一大批先进的铸造新材料、新技术和新工艺。

如在铸造合金开发方面,国外发达国家针对航空用高强度铸造铝、镁合金材料,通过开发先进的熔体处理技术(如熔体净化技术、变质细化技术、防燃保护技术等),并以其为基础开发出众多牌号的新型高性能铸造合金,如 A356、A357、D357、A201、242、WE54、WE43 等。以 D357 合金为例,D357 合金是美国的优质高强度铸造铝合金牌号。该铝合金是在 $Al-7\%Si-Mg$ 系列合金基础上通过降低杂质提高合金纯度、增加 Mg 含量加强析出强化、进一步优化成分并降低合金液含气量和氧化夹杂含量形成。美国 D357 铸造铝合金铸件的质量再现性已经和锻造铝合金工件相当。目前 D357 型合金在发达国家的飞机制造中得到广泛应用,例如飞机电子仪器舱门、波音 767 客机着陆装置上锁紧门支撑件等。在铸造钛合金方面,欧美、俄罗斯等国开发了一批高性能的新型合金,如高强高韧钛合金、高温钛合金、阻燃钛合金、钛铝合金等。新型高强高韧钛合金最具代表性的有 Ti153、Beta-C、β21S、BT35 等。高温钛合金主要有 Ti1100、IMI834、Ti6242、TiAl 合金等。TiAl 合金是近十几年新发展起来的一种极有应用前景的高温结构材料,铝含量占到 50% 左右。与常规钛合金相比,钛铝合金密度更小,具有高温强度高、抗氧化性强、刚性好等优点,最高工作温度可以达到 900℃ 以上。但 TiAl 合金锻造困难,目前其铸造合金更适合于应用。此外,针对航空发动机热端部件的铸造高温合金也有很大程度发展,如定向凝固高温合金、单晶高温合金等。

在铸造成形方面,在传统砂型铸造的基础上,根据不同合金的特点,已有大量新工艺、新技术被开发出来,如熔模精密铸造、金属型铸造、压力铸造、反重力铸造、挤压铸造、离心铸造以及消失模铸造、快速铸造、定向凝固技术、细晶铸造技术等。

熔模精密铸造是通过使用低熔点材料制成与零件相同的模型,然后在模型上涂挂由耐火材料(石英、刚玉等)及高强度黏结剂(硅酸乙酯等)组成的涂料,并撒砂制成一定厚度的型壳,然后加热熔失模型,模壳经高温焙烧后再浇注获得铸件的过程。其最大优点是铸件尺寸精度很高(CT4～6)、表面粗糙度低($Ra1.6～3.2 \mu m$),只需在零件上要求较高的部位留少许加工余量即可,甚至某些铸件只留打磨、抛光余量,不必机械加工即可使用。采用熔模铸造可大量节省机床设备和加工工时,并大幅度节约金属材料。熔模铸造的另一个优点是,它可以铸造各种合金的复杂铸件。如飞机发动机的叶片,其流线型外廓与冷却用内腔,用机械加工工艺几乎无法形成,用熔模铸造工艺不仅可实现精密成形,还可做到批量生产,保证了铸件的一致性。

金属型铸造是将金属液通过重力浇入金属制成的铸型中以获得铸件的方法,铸型可重复使用。与砂型铸造相比,金属型铸造实现了"一型多铸"(几十次至几万次),节约了大量的材料和工时,生产率效率高,成本低。同时,金属型具有冷却快、逐渐结晶组织细密、力学性能和致密度高的特点。如铝合金铸件的抗拉强度比砂型铸造提20%以上,铸件尺寸精度可达 IT14～IT12,表面粗糙度达 $Ra12.5～6.3 \mu m$,加工余量为 0.8～1.6 mm。

消失模铸造,是一种近无余量、精确成形的铸造工艺方法。它是采用泡沫塑料制作成与铸件形状、尺寸一样的实体泡沫模样,经涂挂耐火涂料、干燥后,进行散砂振动紧实或有黏结剂型砂紧实,然后浇入金属液使模样受热气化消失,得到与模样形状一致的金属零件的铸造方法。消失模铸造的工艺过程比传统的黏土砂铸造工艺简单得多,其特点是:① 铸件的表面粗糙度低、尺寸精度高,是一种近无余量、精确成形工艺。铸件尺寸精度和表面粗糙度接近熔模铸造水平。② 铸件结构设计灵活,自由度高。采用泡沫塑料作模样,无需起模,无分型面和型芯,复杂铸件可以整体铸出,省去了砂芯制造工序。③ 容易实现清洁生产。与传统铸造方法相比,消失模铸造的噪声、有害气体和硅石粉尘危害明显减少,环境显著改善,易实现清洁生产。

压力铸造是在高压力作用下,将金属熔液以较高的速度压入型腔内,以获得优质铸件的高效率铸造方法。在有色金属的各种精密铸造工艺中,压力铸造所占的比例最大。压力铸造的尺寸精度可达 IT13～IT11,表面粗糙度 $Ra3.2～0.8 \mu m$,可实现少、无切削加工。因大多数压铸件不需切削加工即可直接进行装配,所以省工、省料,成本低。压力铸造的生产率比其他铸造方法都高,并易于实现半自动化、自动化。铸件强度和表面硬度高,组织细密,其抗拉强度比砂型铸件提高约 25%~40%。

　　反重力铸造是 20 世纪初发展起来的铸造新方法。该技术的基本特征是金属液充填铸型的驱动力与重力方向相反,金属液沿与重力相反方向流动。该工艺中金属液实际上是在复合力的作用下充型,即重力和外加驱动力。外加驱动力在金属液充填过程中是主导力,它使金属液克服其自身重力、型腔内阻力以及其他外力的作用完成充填铸型。该工艺技术主要包括低压铸造、差压铸造和调压铸造三种铸造工艺方法。

　　挤压铸造,也称为液态模锻,是一种集铸造和锻造特点于一体的精确成形铸造技术。由于能有效地提高铸件的补缩和成形能力,因此具有减少或消除缩孔和缩松,使铸件组织致密,提高铸件力学性能的优点。目前主要有 2 种工艺方法,即间接挤压铸造和双重挤压铸造。间接挤压铸造是将压室内液态金属上的冲头压力经浇道传递到凝固的铸件上,这种方式可充分利用压室中液态金属的热容量,使铸件易于成形和在压力下对零件进行补缩,适合生产形状复杂、壁厚差较大、尺寸精度和表面粗糙度要求高的铸件,代表着挤压铸造技术的发展方向。双重挤压铸造是继"直接挤压"和"间接挤压"之后,一种正在发展的挤压铸造新形式,它实际上是将"直接挤压"和"间接挤压"两种形式结合起来,靠间接挤压法成形毛坯,用直接挤压法(闭式模锻)对凝固中的铸件实施第二次挤压(锻压)直至将铸件压实并完全凝固。由于兼有直接挤压和间接挤压的优点,其组织致密,形状尺寸精确,表面光洁度好,近年发展很快。

　　金属半固态成形技术是继金属液态成形和固态成形之后发展起来的又一全新的金属加工成形技术,由美国麻省理工学院发明,其工艺流程是介于传统的液态成形(铸造)和固态成形(锻造)之间的一种新形金属成形技术,既有铸造成形工艺良好的复杂形状的成形性,又有锻造成形材料的致密性和力学性能,最终成形的零件表面质量好且显微组织均匀,力学性能高,并在尺寸和精度能达到或接近净终成形,被称为"21 世纪新一代金属成形制造技术",目前已成为一项研究最热门、最有潜力的新技术。

　　细晶铸造技术(FGCP)是在普通熔模精密铸造工艺基础上,通过强化合金凝固过程中的形核机制,使合金形成大量结晶核心,从而阻止晶粒长大,获得平均晶粒尺寸小于 1.6 mm 的细小、均匀、各向同性的等轴晶铸件,其典型晶粒度通常为美国标准 ASTM 0-2 级。细晶铸造技术主要用于燃烧室、涡轮盘、机匣等关键热端部件的铸造。常用的细晶铸造方法有热控法(VCP 法)、动力学法和化学法三类。热控法是在静态铸型条件下,通过控制铸型温度,并较大幅度地降低浇注速度,增大铸件冷却速度,限制晶粒长大和细化晶粒。该方法工艺简单,但铸件容易欠铸,晶粒度不均匀,典型晶粒尺寸为 0.18～1.60 mm,适宜形状简单的小尺寸铸件。动力学法是在浇注和凝固过程中施加外力强制合金液产生振动、搅动等运动,使已凝固枝晶破碎并遍布于整个熔液中,从而形成更多的有效晶核,并限制晶粒的长大。该方法制备的典型晶粒尺寸为 0.36～0.07 mm,具有晶粒度均匀、合金纯净度高、成形能力好的特点,适宜厚大截面和回转体铸件。化学法是通过向熔液中加入形核剂,形成大量非均匀质核心而使晶粒细化,其晶粒尺寸为 0.12～0.25 mm。该方法工艺简单,但容易引进杂质,改变合金成分。

定向凝固是目前航空发动机叶片制备的主要技术,包括水冷结晶快速定向凝固技术(HRS)和液态金属冷却(LMC)定向凝固两种。HRS 方法是基于 Bridgman 铸型移出技术,利用辐射挡板来隔离炉子的冷热区,从而有效提高温度梯度。该方法具有设备结构简单、工艺稳定等优点,特别适合制备航空发动机叶片等小型铸件,已经相当成熟;其缺点是温度梯度随凝固过程进行很快下降,使大尺寸工业燃气轮机(IGT)叶片制备在使用传统的 HRS 定向凝固设备上难以实现。LMC 方法是通过将铸型浸入低熔点液态金属(通常为锡或铝液),对流换热比真空辐射散热显然更加有效。研究认为,LMC 方法可减少甚至消除单晶雀斑缺陷,从而提高铸件的力学性能,其小角度晶界出现概率也显著降低,并且不会形成断晶等缺陷。美、俄等发达国家十分重视该项技术的研究及其工程化应用前景。美国 GE、HOWMET 公司和全俄航空材料研究院等均采用 LMC 技术制备出叶片试制件。LMC 技术目前已成为国内外高温合金制备技术的研究前沿和国际竞争的热点。高温合金的 LMC 工艺目前还处于工程应用的初始阶段,国内外对于 LMC 高梯度定向凝固的精密成形技术都缺乏深入研究,复杂形状的叶片件的 LMC 工艺研究还很少,发动机和燃气轮机叶片高梯度定向凝固的研究在国内还处于尝试中。

上述先进铸造技术均具有其各自独特的优点和应用条件要求,在国内外飞机铸件的制造上均有应用。其中,熔模精密铸造、离心铸造、金属型铸造、快速铸造主要应用于钛合金铸件的研制和生产,消失模铸造、挤压铸造、压力铸造、反重力铸造等主要应用于铝合金、镁合金铸件的研制和生产,细晶铸造和定向凝固技术主要用于航空高温合金铸件的研制和生产。

随着现代航空技术的快速发展,航空铸件朝着大型化、复杂化、薄壁化发展,航空铸件的铸造技术也随之正在快速发展。尤其是近年来数字技术、网络技术、3D制造技术的快速发展,给铸造技术的发展带来了新的创新元素,新的铸造技术、铸造工艺正不断得到开发和应用。本篇将针对航空铸件的成形特点和未来应用趋势,重点介绍其中的钛合金铸造和反重力铸造技术。

6 钛合金铸造技术

6.1 概述

钛合金具有密度小、强度高、耐高温、抗腐蚀、无磁性、膨胀系数低等特点,是现代工业极其重要的结构材料,广泛应用于航空、航天、舰船、汽车、石油、化工、医疗、体育等领域,在现代科技文明发展中发挥着重要作用。钛合金最早应用于航空领域,是伴随着航空工业的发展而快速发展起来的,直至目前,航空仍然是钛合金材料的最大应用领域。钛合金的使用量和应用水平已成为衡量现代飞机先进性的重要标志之一。

钛合金在航空领域主要应用于军用飞机。据报道,美国 F-22 战斗机的钛用量达到 41%[1],法国幻影 2000 战斗机用钛量为 23%,俄罗斯 CY-27CK 战斗机则达到 18%[2]。我国军用战斗机起步较晚,目前列装的歼-10 用钛量约为 3%[2]。除军用战斗机外,军民两用的大型运输机也大量使用钛合金,如美国 C-17 运输机的用钛量达到 10.3%,俄罗斯伊尔-76 运输机的用钛量达到 12%[2],我国最新研制的运-20 也应用了大量钛合金。在民用客机领域,钛合金用量也在不断增加,尤其是近年来,由于钛合金在军用飞机上应用的巨大成功,民用客机用钛量出现飞跃性增加。如欧洲空中客车公司的 A380 用钛量已从第四代 A340 的 6%猛增到 10%[2],最新研制的 A350 客机的钛用量进一步提高至 15%。美国波音公司 2010 年推出的 B787"梦想飞机",为实现大幅减重以达到降低 20%油耗的目标,大量使用钛合金,其用量从 B777 的 8%提高到 15%[2]。俄罗斯正在研制的新一代客机 MS-21 的钛合金用量更是高达 25%[3],在 2016 年前推向市场,是目前用钛量最大的民用客机。我国最新研制的 C919 大飞机用钛量则达到 9.3%[3],超过 B777 的用钛量。加拿大庞巴迪 C 系列(CS100 和 CS300 型)飞机,作为即将服役的新机,其钛合金的用量达到了 8%的较高比例[4]。图 6-1 为国际典型民用飞机用钛合金量的变化情况,图 6-2 为波音飞机的应用钛合金分布情况及具体部件[5]。图 6-3、图 6-4 分别为波音和空客系列飞机所应用的材料比例情况。表 6-1 为欧美先进航空发动机应用钛合金情况。

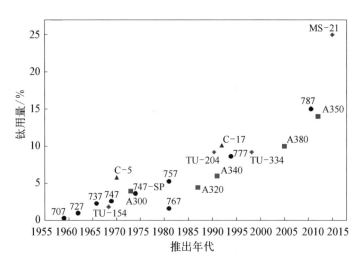

图 6-1　典型民用飞机应用钛合金情况[5]

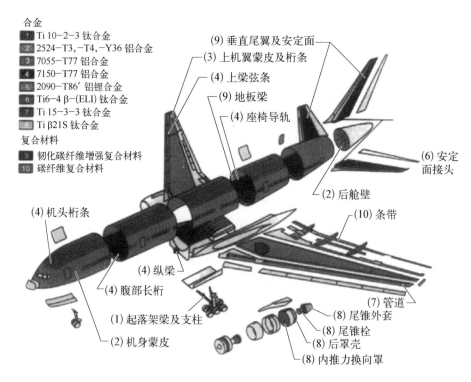

图 6-2　波音飞机应用钛合金分布情况[5]

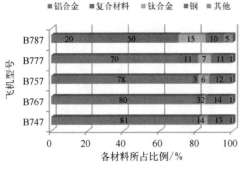

图 6-3 波音系列飞机材料比例　　图 6-4 空客系列飞机结构材料的比例

表 6-1 欧美先进航空发动机应用钛合金情况

发动机型号	推出年代	装备民用机型	钛合金用量/%
FT3D/TF33	1960	B-707	15
TF36	1965	C-5A	32
TF39	1968	C-5A、C-5B	33
JT90	1969	B-747、B-767	25
CF6	1985	A-330、B-747、B-767	27
V-2500	1989	A-320、A-321	31

　　航空用钛合金部件成形方法目前主要有铸造、粉末冶金、变形加工、超塑成形、增材制造等几种。其中,铸造由于可实现钛合金的近净成形、整体成形和复杂成形,且材料利用率高,铸件具有结构紧凑、尺寸精度高、稳定性好等优点,成为民用飞机部件研制、生产的重要手段之一,国际上的先进民用飞机均大量应用钛合金铸件。如苏联生产的图-144 全球首架超声速客机应用的钛合金铸件多达 1 120 个,占整个飞机结构重量的 18%[6]。波音系列飞机大量应用了钛合金铸件,其中 B757 上共有 45 种(包括 2037 发动机的压气机匣等),B767 共有 68 种[7-8],主要是 Ti-6Al-4V 铸件,并试用了 Ti-10V-2Fe-3Al 铸件。图 6-5 为用于 B767 货舱操纵系统的 Ti-6Al-4V 托架典型铸件[8]。B777 通过在发动机上应用钛合金后安装框架铸件,首次实现了钛合金精铸件在民用飞机上的成功应用[5]。此外,由于钛与碳纤维复合材料(CFRP)结构相容性好(电位差小、热膨胀系数小),副翼及起落架支撑门的接头大量采用钛合金铸件代替铝合金部件。图 6-6 为 B777 应用的 Ti-6Al-4V 引擎排风管钛合金铸件[9]。空客公司的 A 系列飞机也大量应用钛合金铸件。A330/A340 的内着陆襟翼系统的耳轴和支撑架即采用了钛合金铸件。A380 客机的钛合金刹车扭力管通过采用离心熔模精密铸造技术,成功获得了高质量铸件,在欧洲首次实现了钛合金刹车扭力管精铸件取代以往的锻件[5]。

图 6-5　B767 货舱操纵系统应用的　　　图 6-6　B777 应用的引擎排风管
　　　　钛合金铸件[8]　　　　　　　　　　　　　钛合金铸件[9]

民用飞机通过应用铸件,可大幅减轻重量、降低成本,并提高结构精度。如 HOWMET 公司、波音公司等选择 C-17 运输机挂架的鼻帽和防火封严件为对象,各用一个整体铸件取代由 17 个 Ti-6Al-4V 合金钣金件组成的鼻帽和由多个零件和紧固件组成的防火密封件。60 个鼻帽铸件在整个寿命期可节约 320 万美元,防火密封件改用铸件后,成本降低 70% 以上[5]。一架中等大小的民航飞机的预冷却器从钣金件改为铸件后,200 多个单件整合为一个整体件,生产成本降低 35% 以上。一架双发运输机的 5.9 kg 热屏蔽部件,采用 Ti-6Al-4V 钛合金铸造后,成为一个四合一的整体零件。由 33 个零件以及 100 多个紧固件装配而成的吊挂头锥帽,改用铸件后,只需两个铸件,部件重量显著降低,尺寸精度和结构稳定性大幅提高[10]。

钛合金铸件用途广泛,但钛合金作为一种高温活性极其活泼的高熔点金属,相对黑色金属和常规有色金属,其熔炼和铸造条件十分苛刻,制造难度极大。美、俄、德等西方国家由于较早投入钛合金材料及精密成形的开发,相关基础理论研究深入、技术开发经验丰富、装备实力强,目前已形成规模化生产能力。早在 1986 年,德国 TiAl 公司通过安装 100 t 大型压蜡机、250 kg 机械手、3 000 mm 雨淋式撒砂机和自动悬链,就具备了大尺寸整体钛合金精铸结构件的研制和生产能力。2000 年左右,美国生产了最大直径约 ϕ1 320 mm,重量约 182 kg 的发动机风扇框架钛精铸件。20 世纪 80 年代,美国 PCC 公司制造了直径达 2 000 mm 的 GE90 发动机风扇轮毂,其铸造尺寸公差可达 ±0.13 mm,最小壁厚达 1.0～2.0 mm。此外,HOWMET 公司和 PCC 均能浇出 730～770 kg 的工件。而我国于 20 世纪 60 年代中期开始进行钛合金铸造技术研究,起步较晚。目前,国内从事钛及钛合金铸造技术研究和产业发展的主要有沈阳铸造研究所、北京航空材料研究院、洛阳船舶材料

表6-2　铸造钛合金化学成分

铸造钛及钛合金代号	化学成分/%																	
	主要成分									杂质,不大于						其他元素	
	Ti	Al	Sn	Mo	V	Zr	Nb	Ni	Pd	Fe	Si	C	N	H	O	单个	总和
ZTA1	余量	—	—	—	—	—	—	—	—	0.25	0.10	0.10	0.03	0.015	0.25	0.10	0.40
ZTA2	余量	—	—	—	—	—	—	—	—	0.30	0.15	0.10	0.05	0.015	0.35	0.10	0.40
ZTA3	余量	—	—	—	—	—	—	—	—	0.40	0.15	0.10	0.05	0.015	0.40	0.10	0.40
ZTA5	余量	3.3~4.7	—	—	—	—	—	—	—	0.30	0.15	0.10	0.04	0.015	0.20	0.10	0.40
ZTA7	余量	4.0~6.0	2.0~3.0	—	—	—	—	—	—	0.50	0.15	0.10	0.05	0.015	0.20	0.10	0.40
ZTA9	余量	—	—	—	—	—	—	—	0.12~0.25	0.25	0.10	0.10	0.05	0.015	0.40	0.10	0.40
ZTA10	余量	—	—	0.2~0.4	—	—	—	0.6~0.9	—	0.30	0.10	0.10	0.05	0.015	0.25	0.10	0.40
ZTA15	余量	5.5~7.0	—	0.5~2.0	0.8~2.5	1.5~2.5	—	—	—	0.30	0.15	0.10	0.05	0.015	0.20	0.10	0.40
ZTA17	余量	3.5~4.5	—	—	1.5~3.0	—	—	—	—	0.25	0.15	0.10	0.05	0.015	0.20	0.10	0.40
ZTB32	余量	—	—	30.0~34.0	—	—	—	—	—	0.30	0.15	0.10	0.05	0.015	0.15	0.10	0.40
ZTC4	余量	5.50~6.75	—	—	3.5~4.5	—	—	—	—	0.40	0.15	0.10	0.05	0.015	0.25	0.10	0.40
ZTC21	余量	5.5~6.5	4.0~5.0	1.0~2.0	—	—	1.5~2.0	—	—	0.30	0.15	0.10	0.05	0.015	0.20	0.10	0.40

研究所、贵州安吉精密铸造公司、哈尔滨工业大学等单位。经过几十年的沉淀和发展,我国钛合金精密铸造技术得到快速发展,水平得到了较大提高。但同美、德等工业发达国家相比我国钛合金精铸件在尺寸、壁厚、单件重量、生产规模和工艺水平等方面均有较大差距。

近十年来,随着新技术、新工艺的不断涌现,民用飞机用钛合金的铸造技术也随之取得了显著进步,并呈现日新月异的发展趋势。本章从合金材料、熔铸技术、造型工艺、后处理、质量控制等方面对当前民用飞机钛合金结构件的先进铸造技术进行介绍。

6.2　先进铸造钛合金

一代材料,一代飞机。先进钛合金材料的发展在一定程度上决定了航空工业的发展。铸造钛合金作为航空装备研制、生产的重要合金类型之一,在航空领域发挥重要作用,并成为研究、开发的热点。国内外目前已研制出一大批高性能铸造钛合金,如高强度钛合金、高温钛合金、损伤容限钛合金、阻燃钛合金等。大部分铸造合金沿用了变形合金的成分,高温钛合金、阻燃钛合金主要用于发动机的结构件,高强度和损伤容限钛合金常用于机身结构件。

虽然开发的钛合金种类较多,但目前正式纳入标准的铸造合金较少。美国《ASTM367‐09钛及钛合金铸件》标准规定了12种铸造钛合金的化学成分和力学性能,我国军用标准《GJB2896A—2007钛及钛合金熔模精密铸件规范》规定了8种铸造合金,最新修订的国标《GB/T 15073—2014铸造钛及钛合金》,通过补充完善,其铸造合金达到12种(见表6‐2),《GB/T 6614—2014钛及钛合金铸件》规定了12种铸造钛合金的力学性能(见表6‐3)。

表6‐3　钛及钛合金铸件室温力学性能

代　号	牌　号	抗拉强度 R_m /MPa,不小于	屈服强度 $R_{p0.2}$ /MPa,不小于	伸长率 A /%,不小于	硬度 HBW /不大于
ZTA1	ZTi1	345	275	20	210
ZTA2	ZTi2	440	370	13	235
ZTA3	ZTi3	540	470	12	245
ZTA5	ZTiAl4	590	490	10	270
ZTA7	ZTiAl5Sn2.5	795	725	8	335
ZTA9	ZTiPd0.2	450	380	12	235
ZTA10	ZTiMo0.3Ni0.8	483	345	8	235
ZTA15	ZTiAl6Zr2Mo1V1	885	785	5	—
ZTA17	ZTiAl4V2	740	660	5	—
ZTB32	ZTiMo32	795	—	2	260
ZTC4	ZTiAl6V4	835(895)	765(825)	5(6)	365
ZTC21	ZTiAl6Sn4.5Nb2Mo1.5	980	850	5	350

注:括号内的性能指标为氧含量控制较高时测得。

6.2.1 高强度钛合金

高强度钛合金一般指抗拉强度在 1 000 MPa 以上的钛合金。根据钛合金从 β 相区淬火后的亚稳态相组织构成,目前在国际先进水平飞机上应用的高强度钛合金材料主要有亚稳定 β 型、近 β 型以及 α＋β 型钛合金三类(见表 6-4)。

表 6-4　几种高强度铸造钛合金的名义成分

牌　号	类　型	主　成　分	国　家
Ti-1023	近 β 型	Ti-10V-2Fe-3Al	美　国
Ti-15-3	近 β 型	Ti-15V-3Cr-3Al-3Sn	美　国
β-21S	β 型	Ti-14.7Mo-2.7Nb-3Al-0.2Si	美　国
Ti-5553	近 β 型	Ti-5Al-5V-5Mo-3Cr	欧　洲
BT22	α＋β 型	Ti-5Al-5V-5Mo-1Fe-1Cr	俄罗斯
BT35	近 β 型	Ti-15V-3Cr-1Mo-0.5Nb-3Al-3Sn-5Zr	俄罗斯
TB10	近 β 型	Ti-5Mo-5V-2Cr-3Al	中　国

Ti-15-3 钛合金由美国 TIMET 公司开发,国内牌号为 TB5,β 转变温度为 (760±20)℃,固溶处理温度一般在 800℃,时效温度一般在 500℃以上,时效后 α 相直接从 β 相中析出。铸件经过热等静压和固溶时效处理后的抗拉强度达到 1 200～1 240 MPa[12-13]。该合金已应用于 B777 飞机襟翼驱动机构中的万向接头、货物装卸系统的货物导板以及喷射引擎的震动隔音板中[8-9],另外还应用于制动装置的扭矩管铸件[9](见表 6-5)。

表 6-5　Ti-15-3 钛合金化学成分的质量分数/%

主　要　成　分					杂质,不大于					其他元素	
V	Al	Cr	Sn	Ti	Fe	C	O	N	H	单个	总和
14～16	2.5～3.5	2.5～3.5	2.5～3.5	余量	0.25	0.05	0.13	0.05	0.015	0.1	0.3

Ti-10-2-3 钛合金由美国 TIMET 公司开发,国内对应牌号为 TB6,β 转变温度为(805±25)℃,固溶处理温度一般在低于 β 转变温度 28～56℃范围内选定,时效温度一般在 482～593℃范围内选定,时效后析出弥散分布的片状次生 α 相。该合金铸件已应用于 B757 飞机的轴承套筒和辅助襟翼滑轨、B737 飞机的短舱接头等[8](见表 6-6)。

β-21S 钛合金由美国 TIMET 公司开发,国内相近牌号为 TB8,β 转变温度为(815±10)℃,固溶温度一般在 850℃,固溶后组织为均匀的 β 相和少量弥散颗粒分布的淬火 ω 相和 Ti_5Si_3 相[14]。合金时效温度一般为 480～595℃,时效后 β 相中析

出 α 相。该合金还具有良好的高温性能(540℃以下长期工作)和抗氧化性。该合金铸件已应用于 B777 发动机舱衬套的相关部件[15-16](见表 6-7)。

表 6-6　Ti-10-2-3 钛合金化学成分的质量分数/%

主 要 成 分				杂质,不大于							
Al	V	Fe	Ti	C	N	H	Y	O	其他元素		
									单个	总和	
2.6~3.4	9~11	1.6~2.2	余量	0.05	0.05	0.015	0.005	0.13	0.1	0.3	

表 6-7　β-21S 钛合金化学成分的质量分数/%

主 要 成 分				杂质,不大于						
Mo	Al	Nb	Si	Ti	Fe	O	C	N	H	其他元素
										单个　总和
14~16	2.5~3.5	2.4~3.2	0.15~0.25	余量	0.4	0.17	0.05	0.05	0.015	0.1　0.4

　　BT22 钛合金由俄罗斯航空材料研究院开发,国内对应牌号为 TC18,β 转变温度为(870±20)℃,合金退火状态下含有数量大致相等的 α 相和 β 相,退火态室温抗拉强度大于 1 100 MPa,可在双重退火后下使用,长期工作温度达到 400℃[17]。该合金也可以在固溶时效后使用,固溶温度一般在 690~780℃,时效温度在 480~560℃。该合金目前已应用于伊尔-86 运输机等飞机的机身、机翼和其他高承载部件[18](见表 6-8)。

表 6-8　BT22 钛合金化学成分的质量分数/%

主 要 成 分						杂质,不大于						
Al	Mo	V	Cr	Fe	Ti	C	Si	Zr	O	N	H	其他杂质总和
4.4~5.7	4.0~5.5	4.0~5.5	0.5~1.5	0.5~1.5	余量	0.10	0.15	0.3	0.18	0.05	0.015	0.3

　　Ti-5553 钛合金由波音公司与俄罗斯 VSMPO 公司共同开发,β 转变温度为(850±20)℃,合金固溶温度一般在 790℃,时效温度一般在 560℃。波音公司与 HOWMET 公司对通过铸造隔框件并进行热等静压和热处理[5],合金铸造性能与 Ti-15-3(Ti-15V-3Cr-3Al-3Sn)合金相当。该合金的强度及疲劳性能优于其他铸造钛合金,特别是优于 Ti-6Al-4V 合金(见表 6-9、表 6-10)。

表 6-9 Ti-5553 钛合金化学成分的质量分数/%

主 要 成 分						杂质,不大于					
Al	V	Fe	Mo	Cr	Ti	Si	Zr	O	H	C	其他杂质总和
4.4~5.7	4~5.5	0.3~0.5	4.0~5.5	2.5~3.5	余量	0.15	0.3	0.18	0.015	0.1	0.3

表 6-10 Ti-5553 与 Ti-6Al-4V 的力学性能对比[5]

合 金	R_m/MPa	$R_{p0.2}$/MPa	A/%	压缩强度/MPa	t/MPa
Ti-5553	1 159	1 055	9	1 138	690
Ti-6Al-4V	976	928	8.9	897	455

6.2.2 高温钛合金

6.2.2.1 常规高温钛合金

高温钛合金主要应用于航空发动机压气机盘、叶片和机匣等中高温工作部位[19]。高温钛合金长时间工作于 300~600℃,衡量高温钛合金的性能指标主要是高温强度、蠕变强度、疲劳性能和断裂韧性等。国外高温钛合金主要有 Ti1100、IMI834、BT3-1、BT36 等[20]。

Ti1100 合金名义成分为 Ti-6Al-2.75Sn-4Zr-0.4Mo-0.45Si,O 含量要求低于质量分数 0.07%,Fe 含量要求低于 0.02%,该合金是美国研制的高热强性近 α 钛合金,具有较低的韧性和较低的疲劳扩展速率,使用温度可达 600℃,该合金已用于制造莱康明(LYCOMING)公司 T55-712 改型发动机的高压压气机轮盘和低压涡轮叶片等零件。

IMI834 名义成分为 Ti-5.8Al-4Sn-3.5Zr-0.7Nb-0.5Mo-0.35Si,是英国研制的近 α 高温钛合金,合金中添加质量分数为 0.5% 的 Mo 和 0.7% 的 Nb,在有效保证热稳定性的同时,最大限度地提高了合金的强度。该合金现已用于 B777 飞机的大型发动机 Trent700 上,包括高压压气机的轮盘、鼓筒及后轴部件等。EJ200 发动机的高压压气机转子、普惠公司 PW350 发动机、国外涡桨发动机离心叶轮同样采用了 IMI834 合金[21]。

俄系高温钛合金体系成熟、完善,不同使用温度具有不同的应用合金,BT8、BT9 和 BT8-1 使用温度为 500℃ 以下,BT25、BT25y 使用温度为 550℃,BT18y、BT36 使用温度为 600℃,BT3-1 使用温度为 400~450℃。BT36 名义成分为 Ti-6.2Al-2Sn-3.6Zr-0.7Mo-0.15Si-5W,其含有质量分数为 5% 的 W 有效提高了热强性和热稳定性,其综合性能与美国 Ti1100 合金和英国 IMI834 合金接近。

表 6-11 列出了国外典型高温钛合金使用温度和化学成分[21]。

表 6-11　国外高温钛合金的使用温度和化学成分[21]

国　别	合金牌号	最高使用温度/℃	化 学 成 分/%						
			Al	Sn	Zr	Mo	Nb	Si	其他
美 国	Ti64	350	6						4V
	Ti6246	450	6	2	4	6			
	Ti6242	450	6	2	4	2			
	Ti6242S	520	6	2	4	2		0.1	
	Ti1100	600	6	2.7	4	0.4		0.45	
英 国	IMI550	425	6	2		4		0.5	
	IMI679	450	2	11	5	1		0.2	
	IMI685	520	6		5	0.5		0.25	
	IMI829	580	5.5	3.5	3	0.3	1	0.3	
	IMI834	600	5.5	4	4	0.3	1	0.5	0.06C
俄罗斯	BT3-1	400~450	6.5			2.5		0.3	0.5Fe,1.5Cr
	BT8	500	6.5			3.5		0.2	
	BT9	500~550	6.5	2		3.5		0.3	
	BT18	500~600	8.0		8	0.6	1	0.22	0.15Fe
	BT18Y	550~600	6.5	2.5	4	0.7	1	0.25	
	BT25	500~550	6.8	2	1.7	2		0.2	0.7W
	BT25Y	500~550	6.5	2	4	4		0.2	1.0W
	BT36	600	6.2	2	3.6	0.7		0.15	5.0W

　　国内开发的高温钛合金目前主要有 Ti55、Ti60、Ti600 等几种[22]。

　　Ti55 钛合金名义成分为 Ti-5Al-4Sn-2Zr-1Mo-0.25Si-1Nd,是一种近 α型高温钛合金。Ti55 合金可在 550℃下长期使用的,使用温度与英国 IMI829 合金和俄罗斯 BT25、BT25y 合金相近。该合金可用于制造发动机高压压气机盘、鼓筒和叶片等。

　　Ti60 钛合金名义成分为 Ti-5.8Al-4.8Sn-2Zr-1Mo-0.35Si-0.85Nd,是在 Ti55 合金基础上改型设计的一种近 α型热强钛合金。该合金通过添加稀土元素Nd,改善了合金的综合性能,可长时间工作在 600℃。该合金具有较好的工艺塑性,可采用铸造、锻造、轧制、冲压等传统手段加工成形。Ti60 常用于制造航空发动机高压压气机盘、鼓筒和叶片等零件。

　　Ti600 钛合金名义成分为 Ti-6Al-2.8Sn-4Zr-0.5Mo-0.4Si-0.1Y,是一

种新型近 α 高温钛合金,综合性能好,可长时间工作于 600℃。Ti600 合金室温、高温力学性能与 IMI834、Ti1100、BT36 相当,且蠕变性能优势明显。

表 6-12 为国内开发的典型高温钛合金的化学成分及使用温度,表 6-13 为国内外典型高温钛合金的力学性能[23]。

表 6-12 国内高温钛合金使用温度和化学成分

合金牌号	最高使用温度/℃	化 学 成 分/%					
		Al	Sn	Zr	Mo	Si	其 他
TC11	500	6.5		1.5	3.5	0.3	
Ti55	550	5	4	2	1	0.25	1Nd
Ti60	600	5.8	4.8	2	1	0.35	0.85Nd
Ti600	600	6	2.8	4	0.5	0.4	0.1Y

表 6-13 国内外典型高温钛合金的力学性能

合金牌号	室温力学性能				高温力学性能(600℃)				600℃蠕变		
	R_m/MPa	$R_{p0.2}$/MPa	A/%	Z/%	R_m/MPa	$R_{p0.2}$/MPa	A/%	Z/%	σ/MPa	t/h	ε/%
Ti60	1 068	1 050	11	13	745	615	16	31	150	100	0.03
Ti600	1 100	1 030	11	18	700	580	14	27	150	100	0.1
BT36	1 080	—	10	15	640	—	—	—	147	100	0.2
IMI834	1 070	960	14	20	680	550	15	50	150	100	0.1
Ti1100	960	860	11	18	630	530	14	30	150	100	0.1

典型高温钛合金的性能特点如表 6-14 所示[24]。

表 6-14 典型高温钛合金的性能特点[24]

合金类型	Al 当量	Mo 当量	(α+β)/β 相转变温度 T_β/(℃)	密度/(g/cm³)	性 能 特 点
Ti6242S	8.3	2.0	995±10	4.54	热稳定性与蠕变强度结合良好
IMI834	8.7	0.7	1 045±10	4.55	良好的变形能力;良好的疲劳性能和蠕变性能匹配
Ti1100	8.6	0.4	1 015	4.50	良好的高温蠕变性能;较低的韧性和较大的疲劳裂纹扩展速率
BT36	8.5	2.7	1 000~1 025	4.59	良好的高温蠕变性能;非常细小的显微组织
Ti60	8.5	1.0	1 025	4.5	良好的热稳定性和高温抗氧化性

6.2.2.2　Ti-Al 合金

有序强化的 Ti-Al 系金属间化合物具有高的比强度、比刚度,较高的蠕变抗力以及优异的抗氧化性和阻燃性能,成为 600℃ 以上温度使用的极具潜力的候选材料。其中,Ti_3Al 基合金可长期工作在 650~700℃,TiAl 基合金工作温度区间可以达到 760~800℃。表 6-15 列出了普通钛合金、Ti_3Al 基合金、TiAl 基合金、Ni 基高温合金性能[25]。

表 6-15　普通 Ti 合金、Ti_3Al 基合金、TiAl 基合金、Ni 基高温合金性能比较[25]

性　　能	Ti 合金	Ti_3Al 基合金	TiAl 基合金	Ni 基高温合金
晶体结构	hcp/bcc	DO_{19}	L_{10}	fcc/L_{12}
密度/$g \cdot cm^{-3}$	4.5	4.5~5.3	3.7~4.2	7.9~8.5
屈服强度/MPa	380~1 150	700~990	350~600	800~1 200
抗拉强度/MPa	480~1 200	800~1 140	500~800	1 250~1 450
室温塑性/%	10~25	2~10	1~4	3~25
高温塑性/%	12~50	(10~20)/660℃	(10~60)/870℃	(20~80)/870℃
抗氧化极限温度/℃	600	650	800~900	870~1 090
抗蠕变极限温度/℃	600	750	750~800	800~1 090
弹性模量/GPa	95~115	110~145	160~180	206
持久断裂寿命 (760℃,270 MPa)/h	—	20	100~300	60

Ti_3Al 基合金是 Ti-Al 系金属间化合物的一种,最具应用前景的成分是 Ti-(22~25)Al-(8~27)Nb。目前,美国较成功的 Ti_3Al 基合金为 Ti-21Nb-14Al 和 Ti-24Al-14Nb-3V-0.5Mo,前者用于高压压气机机匣、高压涡轮支撑环、导弹尾翼和燃烧室喷管密封片等。

TiAl 基合金是 Ti-Al 系金属间化合物中使用温度最高、发展潜力最大的合金。TiAl 基合金至今为止发展了三代[25](见表 6-16)。

TiAl 基合金已研制出多种工程应用合金,成形方法主要有粉末冶金、铸锭冶金和精密铸造等[26]。美国 GE 公司的 Ti4822 合金既可用于铸造生产,也可进行变形加工;HOWMET 公司开发的 Ti-47Al-2Mn-2Nb-0.8TiB₂ 合金,ABB 公司的 Ti-47Al-2W-0.5Si 合金,GKSS 研究所的 Ti-47Al-3.5Cr-0.8Si 合金则是用于铸造成形。

主要的发动机制造商如 GE、PWA、R-R 等对 TiAl 合金铸件进行了广泛的研究,铸件主要由 HOWMET 及 PCC 提供。PWA 研究用于 4084 发动机的 TiAl 低压涡轮叶片,以取代铸造高温合金 Inconel713 叶片。GE 对 Ti4822 钛铝合金进行了系统研究,确定其使用温度可达 760℃,并对 CF6-80C 发动机的第五级低压涡

表 6-16　TiAl 基合金的发展[25]

发展次序	合金成分(原子分数)	制备工艺	研究者
第一代	Ti-48Al-1V-0.3C	实验室研究	M. Blackburn
第二代	Ti-48Al-2(Cr,Mn)-2Nb	铸造合金	GE
	Ti-(45~47)Al-2Nb-2Mn-0.8TiB₂	铸造合金	HOWMET
	Ti-47Al-3.5(Nb,Cr,Mn)-0.8(B,Si)	铸造合金	GKSS
	Ti-47Al-2W-0.5Si	铸造合金	ABB
	Ti-46.2Al-2Cr-3Nb-0.2W(K5)	变形合金	Y. W. Kim
第三代	Ti-47Al-5(Cr,Nb,Ta)	铸造合金	GE公司
	Ti-(45~47)Al-(1~2)Cr-(1~5)Nb-(0~2)(W,Ta,Hf,Mo,Zr)-(0~0.2)B-(0.03~0.3)C-(0.03~0.2)Si-(0.1~0.25)O-X	锻造合金	Y. W. Kim

轮叶片成功试验了 1 500 个模拟飞行周期。铸造钛铝合金在技术上是可靠的材料,经改进后可取代高温合金用于高温端的发动机部件。

当使用温度达到 800℃时,高温钛合金的典型代表为高 Nb-TiAl 基合金,其中以北京科技大学研发的高 Nb-TiAl 基合金 Ti-45Al-(8~10)Nb 最为典型[27]。

6.2.3　阻燃钛合金

阻燃钛合金是为解决钛合金在发动机中的燃烧问题而开发的,衡量钛合金阻燃性能的指标目前主要有摩擦着火温度、高温疲劳、蠕变性能等几种。美国、俄罗斯、英国、中国等主要航空发动机制造国均专门开展了阻燃钛合金的研究[28],大致分为 Ti-V-Cr 系和 Ti-Al-Cu 系两类合金,包括 Alloy C、BTT-1、BTT-3、Ti40、BuRTi 等,在铸造领域均有应用。

Alloy C 钛合金名义成分为 Ti-35V-15Cr[23,28-30],又称 Tiadyne 3515 或 Ti 1270,属于 Ti-V-Cr 系,钼当量47.5,为全 β 型合金。该合金的 β 相变点不高于 315℃,具有良好的室温、高温塑性、蠕变和疲劳性能,阻燃性能优异,但抗氧化能力较差,最高使用温度为600℃。Alloy C 合金可应用变形加工、铸造等多种成形工艺。但由于合金化程度高,且合金化元素熔点差异大,铸造过程中容易产生偏析。

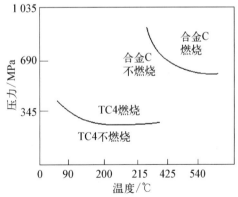

图 6-7　Alloy C 与 Ti-6Al-4V 燃烧性能对比[29]

BTT-1 和 BTT-3 为俄罗斯研制的阻燃钛合金,属 Ti-Cu-Al 系,工作温度约 450℃。两种合金均具有较高的 Cu 元素含量,Cu 对提高合金的阻燃性能起关键作用。Cu元素具有较高的导热性能,并在高温下形成低熔点共晶体Ti_2Cu,显著降低了固/液相线温度,使摩擦方式从干摩擦转变为滑动摩擦。BTT-1合金具有良好的热加工性能,可通过铸造成形制造各类复杂结构的发动机零件,如压气机机匣、叶片等。BTT-3合金阻燃能力高于BTT-1,且工艺塑性更好,除铸造应用外,还可轧制呈板材、箔材等[18,23]。

　　Ti40钛合金名义成分为Ti-25V-15Cr-0.4Si,属Ti-V-Cr系,具体成分如表6-17所示,是国产的一种全β型阻燃钛合金,含有大量β稳定元素V和Cr,钼当量达42.8,最大使用温度500℃。与美国Alloy C合金相比,主要降低了V含量,增加了Si。Si的添加可使合金在高温下析出Ti_5Si_3相,Ti_5Si_3相的析出有利于提高合金的高温蠕变性能。该合金阻燃性能优良,但变形加工困难,锻造时极易开裂[23],铸造应用是该合金的重要发展趋势。

表6-17　Ti40钛合金的化学成分的质量分数(%)

主　要　成　分				杂质,不大于						
Ti	V	Cr	Si	Fe	C	N	H	O	其他元素	
									单个	总和
基	24~28	13~17	0.2~0.5	0.25	0.10	0.05	0.015	0.15	0.10	0.40

　　BuRTi合金名义成分为Ti-25V-15Cr-(2~3Al),是英国针对Alloy C合金高成本而研制的一种低成本阻燃钛合金。该合金也减少了10%的V元素含量,并增加了少量的Al元素,成本只有Alloy C合金的1/4左右,但仍具有相当优良的阻燃性[30]。

　　典型阻燃钛合金的力学性能如表6-18所示。

表6-18　典型阻燃钛合金的力学性能

合　　金	Alloy C	BTT-1	BTT-3	Ti40
摩擦着火温度/℃	—	650	>800	—
弹性模量/GPa	115	120	115	91.5
拉伸强度/MPa	996(R.T.) 800(538℃)	1 150(R.T.) 640(500℃)	600~750	967(R.T.) 785(540℃)
屈服强度/MPa	900(R.T.) 640(538℃)	1 100(R.T.) 330(500℃)	420~460	942(R.T.) 678(540℃)
延伸率/%	17~21(R.T.) 10(538℃)	4~8	10	19(R.T.) 16(540℃)
断面收缩率/%	24(R.T.) 20(538℃)	10	—	19(R.T.) 48(540℃)

（续表）

合　金	Alloy C	BTT-1	BTT-3	Ti40
低周疲劳($N=10^4$)/MPa	—	600 $K_t=2.2$	300 $K_t=2.6$	—
高周疲劳/MPa	400 (10^7)	480 (2×10^7)	380 (2×10^7)	—
100 h持久强度/MPa	—	720(350℃) 550(450℃) 300(500℃)	320 (350℃)	540℃， 340 MPa， 146 h
蠕变强度/MPa	345(538℃， 0.1/100 h)	370(450℃， 0.2/100 h)	—	551(482℃， 0.1/100 h)

6.2.4　损伤容限钛合金

损伤容限钛合金是指具有很高断裂韧性和很慢裂纹扩展速率的一类高性能钛合金。目前，损伤容限钛合金主要分为非 ELI 级和 ELI 级两大类，非 ELI 级的有 Ti-6-22-22S、TC21，ELI 级的有 Ti-6Al-4V ELI、TC4-DT。损伤容限钛合金大都具有良好的铸造性能。

Ti-6-22-22S 钛合金名义成分为 Ti-6Al-2Sn-2Zr-2Mo-2Cr-0.2Si，是美国 RMI 公司研制的一种 α+β 型损伤容限钛合金。该合金具有良好的强韧性匹配，经热处理后力学性能 $R_m \geqslant 1\,035$ MPa、$K_{IC} \geqslant 77$ MPa·m$^{1/2}$[2]。该合金目前已在多种型号发动机中成功应用。

TC21 钛合金名义成分为 Ti-6Al-3Mo-2Nb-2Sn-2Zr-1Cr，是西北有色金属研究院研制的一种高强度损伤容限型钛合金，具有优良的强度、塑性、韧性和低的裂纹扩展速率匹配。经固溶(($T_\beta+20\sim50$℃)×1 h AC)+时效(600℃×4 h AC)处理后，其组织是由等轴 α 和网篮组织共同构成的双态组织，其力学性能 $R_m \geqslant 1\,100$ MPa、$R_{p0.2} \geqslant 1\,000$ MPa、$A \geqslant 15\%$、$Z \geqslant 43\%$、$K_{IC} \geqslant 70$ MPa·m$^{1/2}$[2]，具有良好的综合性能，适合制造大型整体框、发动机附近挂架、梁、接头、起落架部件等重要承力构件[31]。

Ti-6Al-4V ELI(β-ELI)钛合金是间隙元素(C、N、H、O)含量控制到较低水平的一类 Ti-6Al-4V 合金，属于 900 MPa 强度级别的损伤容限型钛合金，美国开发，主要力学性能 $R_m \geqslant 895$ MPa、$R_{p0.2} \geqslant 795$ MPa、$A \geqslant 8\%$、$Z \geqslant 15\%$、$K_{IC} \geqslant 75$ MPa·m$^{1/2}$[2,23]。相对普通 Ti-6Al-4V 合金，具有更高的断裂韧性、疲劳裂纹扩展抗力和疲劳裂纹扩展门槛值等损伤容限性能。该合金目前已成功应用于民用飞机的安全寿命级关键结构件中，如 B767 第一号驾驶舱挡风玻璃骨架、B777 的安定面接头等。

TC4-DT 钛合金是我国自主研制的一种中高强度损伤容限钛合金。该合金对间隙元素进行了严格限制，并首次对 Y 元素上限进行控制。该合金主要力学性能 $R_m \geq 825$ MPa，$R_{p0.2} \geq 745$ MPa，$A \geq 8\%$，$Z \geq 15\%$，$K_{IC} \geq 90$ MPa·m$^{1/2}$，具有中强、高韧、高可焊性、高损伤容限和高疲劳寿命等特点，适合制造飞机的关键承力构件，如大型整体框、梁、接头等[14]。

除上述合金外，近年来，国内沈阳铸造研究所还在变形合金的基础上，通过成分优化和工艺试验，开发出三种铸造型 ELI 级损伤容限钛合金，其成分范围和主要性能如表 6-19～表 6-21 所示。三种合金的主要特点是间隙杂质含量极低，成分范围相对 GB6614-2014、GJB2896A-2007 缩小，铸造应用时，合金的塑性、韧性和强度较高，成分和力学性能波动范围小，稳定性好。目前，三种合金铸件已成功应用于多个国产重点型号发动机的传动系统和管线系统。

表 6-19　ZTA7 ELI 与国军标化学成分及力学性能对比

合金牌号	主元素质量分数/%		间隙杂质质量分数/%				室温力学性能		
	Al	Sn	C	N	H	O	R_m/MPa	A/%	KU_2/J
ZTA7, GJB2896A	4.5～5.75	2.0～3.0	≤0.10	≤0.05	≤0.015	≤0.15	≥760	≥5	—
ZTA7 ELI	4.5～5.5	2.0～3.0	≤0.03	≤0.03	≤0.010	≤0.05	≥790	≥16	67

表 6-20　ZTC4 ELI 与国军标化学成分及力学性能对比

合金牌号	主元素质量分数/%		间隙杂质质量分数/%				室温力学性能		
	Al	V	C	N	H	O	R_m/MPa	A/%	KU_2/J
TC4, GJB2896A	5.5～6.5	3.4～4.5	≤0.10	≤0.05	≤0.015	≤0.20	≥835	≥5	—
ZTC4 ELI	5.5～6.5	3.4～4.5	≤0.05	≤0.03	≤0.010	≤0.05	≥930	≥12	60

表 6-21　ZTA15 ELI 与国军标化学成分及力学性能对比

合金牌号	主元素质量分数/%				间隙杂质质量分数/%				室温力学性能		
	Al	Zr	Mo	V	C	N	H	O	R_m/MPa	A/%	KU_2/J
TA15, GJB2896A	5.5～7.1	1.5～2.5	0.5～2.0	0.8～2.5	≤0.08	≤0.05	≤0.015	≤0.15	≥885	≥5	—
ZTA15 ELI	5.5～6.5	1.5～2.5	1.0～2.0	1.5～2.5	≤0.05	≤0.03	≤0.012	≤0.08	≥1 000	≥12	59

表 6-22 为典型损伤容限钛合金在国内外民用飞机上的应用情况。

表 6-22 典型损伤容限钛合金在民用飞机上的应用[31]

飞机型号	使用的损伤容限钛合金	应 用 部 件
B767	Ti-6Al-4V ELI	No·1 cabin hood framework
B777	Ti-6Al-4V ELI	Horizontal tail pivot shaft
A380	Ti-6Al-4V ELI	Pylon engine affachment
A350	Ti-6Al-4V ELI	Pylon engine affachment
C-17	Ti-6-22-22S、Ti-6Al-4VELI	Horizontal tail pivot shaft, pylon frack etc.

6.3 钛合金熔铸技术

钛是一种化学性质十分活泼的金属,熔融状态下可以与间隙元素氢、氧、氮和碳、卤族元素及常规的耐火材料发生反应,因此钛及钛合金的熔炼和铸造过程必须在真空或者惰性气氛保护下进行。钛合金的熔炼方法根据热源分为真空自耗电极电弧凝壳熔铸法、真空感应熔铸法、电子束熔铸法和等离子束熔铸法等[32-33]。

6.3.1 真空自耗电极电弧凝壳熔铸

水冷铜坩埚真空自耗电极电弧凝壳炉(简称"凝壳炉")是钛合金铸件普遍采用的熔铸装备。通常是在真空或惰性气氛下,在自耗电极和铜坩埚两端施加低电压、大电流,实现气体自激导电产生弧光放电,借助直流电弧的高温性能(约 5 000 K)使钛合金熔化。熔化的钛合金进入铜坩埚后在水冷套的强制作用下形成一定厚度的凝壳,有效防止熔化的钛合金被坩埚污染,液态钛合金通过坩埚翻转浇入铸型中获得铸件,再通过离心盘装置,有效提高铸件的致密度。该类装备具有容量大、熔铸效率高、金属液纯净、易操作等特点。根据其用途在结构形式上可分为卧式炉、立式炉、异形炉、双(多)室炉等。

目前国内铸钛生产绝大多数采用卧式凝壳炉(见图 6-8),主要由炉体、电极传动机构、坩埚及翻转机构、离心浇注机构、真空系统、水冷系统、气动系统、高架平台、控制系统、熔炼过程的观察系统、熔炼过程的数据采集及记录分析数字化系统等部分组成。图 6-9 为容量 600 kg 的卧式真空自耗电极电弧凝壳炉。

凝壳炉熔铸法是钛及钛合金铸件的主要制造方法,该方法的实质是将预制好的自耗电极在真空条件下,通过电弧放出的热量,使电极边熔化、边在水冷铜坩埚内形成稳定熔池、边结晶的无杂质反应的重熔重铸过程。该熔铸方法的主要任务是重熔金属,浇注成铸件。

6.3.1.1 自耗电极制备

生产钛及钛合金自耗电极的原料包括海绵钛、钛及钛合金返回炉料、纯金属以

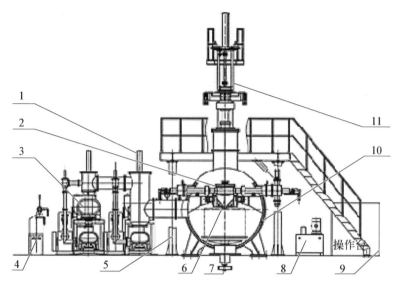

图 6-8　真空自耗电极电弧凝壳炉主要结构组成

1—气动系统；2—坩埚和翻转机构；3—真空系统；4—水控制系统；5—高架平台；6—浇口杯及支架；
7—离心机构；8—液压系统；9—电控系统；10—炉体装配；11—电极传动系统

图 6-9　600 kg 真空自耗电极电弧凝壳炉

及中间合金添加剂。真空自耗电极电弧熔炼炉是目前为凝壳炉提供自耗电极的主
要设备，其工作基本流程为：混料→压制电极→电极和残料焊接成自耗电极→熔
炼→铸锭处理→检验。

具体工艺流程：

（1）将经过处理后符合要求的海绵钛与合金元素均匀混合，压制成棒状或块状
坯料，电极块要求合金元素分布均匀。

（2）将压制好的电极块组焊成一定长度的一次熔炼自耗电极，保证电极平直且

具有足够的强度、导电性,经过真空自耗(一次或二次)熔炼获得预制自耗电极。

(3) 小尺寸铸锭($\phi200\sim300$ mm)可直接用于凝壳炉重熔的自耗电极;大尺寸铸锭($\geqslant\phi300$ mm)需经过锻造开坯成小尺寸棒料,经过后续加工成合适尺寸才能作为自耗电极。

6.3.1.2 熔炼工艺参数确定

1) 真空度的选择及漏气率的控制

凝壳炉熔炼的真空度通常保持在 $6.7\sim0.67$ Pa 范围内,真空度过高会导致蒸气压高的合金元素挥发;过低会使合金增氧,同时引发辉光放电,漏气率同真空度一样需要严格控制。

2) 电极直径与坩埚直径

熔炼过程中,电极直径 d 与坩埚直径 D 之比关系到炉子熔炼操作的安全性和熔池的过热度。d/D 过大,熔炼过程中易引发侧弧,使坩埚被击穿的危险性增大;d/D 过小,电极表面与坩埚壁间间隙过大,熔池热量损失增大进而导致熔池过热度低,液态金属流动性和充填性变差,不利于铸件充满。目前凝壳炉熔炼的电极直径 d 与坩埚直径 D 的比值通常在 $0.4\sim0.75$,且电极表面与坩埚壁间的间隙应在 $40\sim60$ mm 范围内。

3) 熔炼电参数的选择

凝壳炉熔炼通常选用低电压、大电流,未起弧前熔炼电压为 $45\sim80$ V,起弧后的熔炼电压为 $30\sim45$ V,一般情况下,该数值与炉子采用的电源特性和熔炼电弧长度有关。

熔炼过程中,熔炼电压的变化是很小的,功率的调节主要靠熔炼电流。通常情况下凝壳炉熔炼的熔炼速度与熔炼电流和电压成正比。即

$$v = KIV \tag{6-1}$$

式中:v 为熔炼速度(g/s);K 为常数(系数)其值为 0.33(g/s·kW);V 为熔炼电压(V);I 为熔炼电流(kA)。

熔炼电流的变化可以影响钛合金的熔化速度,同时也影响着熔池的深度,一般情况下,两者的关系可以表示为

$$h \approx \frac{1.5 \times I}{1\,000} \approx 1.5 \times 10^{-3} I \tag{6-2}$$

式中:h 为熔池深度(cm);I 为熔炼电流(A)。

4) 金属的熔化量

凝壳炉熔炼过程中,熔炼初期、正常熔炼期、熔炼后期三个时期的熔化量均各不相同。熔炼初期,电能主要消耗在电极预热及凝壳过程;正常熔炼期,金属熔炼较稳定,电能主要用于电极熔炼;熔炼后期,由于电极变短且已经被加热,熔炼速度加快。一般情况下,在确定熔炼金属量后,增加 $3\%\sim5\%$ 安全系数,即可确定熔化

时间,据此确定总金属熔化量。

5) 熔池的过热度

凝壳炉熔炼的最大缺点是浇注温度难以调节和控制,金属过热度不高,导致钛和钛合金的流动性和补缩能力差。熔池过热度不易准确测定,目前有采用快速反应的远红外光学高温计和在坩埚浇注位置处设置热电偶进行测量的,但因浇注速度过快、时间短、准确度差、数据分散,没有获得广泛应用。

6.3.1.3　熔炼及浇注过程

凝壳炉的熔炼浇注过程可分为准备期、引弧期、熔炼及浇注期、铸件冷却期四个阶段,图 6-10 为熔炼及浇注过程。

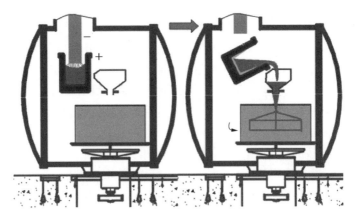

图 6-10　熔炼及浇注过程

1) 准备期

熔炼前,用砂布除掉坩埚内吸附的杂物,再用蘸有酒精或丙酮的棉布彻底擦洗坩埚及电极杆;该项每炉进行一次,炉膛每开 5～10 炉清理一次。同时对凝壳炉坩埚、电极升降机构及控制系统、水冷系统等认真检查,无故障后方可装炉。

安装电极过程中,首先确认电极材料,然后检查表面氧化皮,去除表面黏覆杂物,将清理后的电极和同材质焊条与钛卡头焊接并装入炉内,调整使其对准坩埚中心。若不是首炉,可在坩埚内放入与熔化电极材质相同的凝壳,再把同材质的屑或块放入凝壳炉内作为起弧料,其重量一般在 0.2～5 kg 之间,不同型号炉子选择起弧料量不同。

2) 引弧期

高压合闸,激磁调节起弧电流至 2 000～3 500 A,启动差速器,调节电极缓慢下降至起弧,起弧 30 秒后至 1 分钟内将激磁调至所需电流(不同型号炉子所需电流不同)进行正常熔化,熔化电压控制在 35～50 V 之间。

3) 熔炼及浇注期

引弧结束后,随着熔炼电流的增加,即转入正常熔炼期。熔炼期间操作者要紧密配合,当熔化至所需重量时,操作者与看弧者相互配合,操作者按下自动浇注按钮浇注。熔炼期间,每分钟记录一次熔炼电流、电压、坩埚、电极杆水温、真空度及总水压。浇注过程中应注意监控坩埚、电极冷却水进出温度,通常出水温度控制在55℃以下。

浇注完毕后将坩埚恢复到熔炼的位置,并将剩余电极下降至合适位置,同时停止离心盘转动。

4) 铸件冷却

浇注完毕后,冷却30～90 min后,待铸件在真空或者惰性气氛条件下冷却至400℃以下,关闭真空阀,停止二级、一级罗茨泵、机械泵、水泵及气泵,取出铸件。

国内目前拥有凝壳炉的单位主要有沈阳铸造研究所、北京航空材料研究院、中船重工725所、航天海鹰钛业公司等单位。各单位应用和在制的凝壳炉情况如表6-23所示。

表6-23 国内目前应用和在制的凝壳炉分布情况

序 号	生 产 单 位	凝壳炉数量及最大容量	
		数量/台	最大容量/kg
1	沈阳铸造研究所	5	1 200
2	北京航空材料研究院	7	500
3	洛阳船舶材料研究所	3	800
4	贵州安吉航空精密铸造有限责任公司	2	150
5	北京钢铁研究总院	1	200
6	中国航天科工集团三院159厂	2	500
7	航天海鹰(哈尔滨)钛业有限公司	4	500
8	上海钢铁研究所	1	100
9	深圳奇丽田高尔夫球头制品公司	1	100
10	广东顺龙球头公司	3	150
11	台湾复盛运动器材事业部	8	50
12	台湾远东高尔夫球头制品公司	—	25
13	台湾钜明高尔夫球头制品公司	—	25

真空自耗电极电弧凝壳熔铸法通常在真空条件下进行熔炼和浇注,其缺点是在高温、高真空条件下,低熔点元素易蒸发损失,造成铸件化学成分波动大,铸件性能和质量不稳定,尤其是在熔铸TiAl合金等含Al量大的合金时。为解决该问题,沈阳铸造研究所首次开发了惰性气氛低压自耗凝壳熔铸技术,即在惰性气氛低压条件下进行合金熔炼,通过保持一定压力减少低熔点元素蒸发,然后在真空下进行快速浇注,避免气体卷入熔体造成气阻和缺陷,实现铸件高质量成形。该技术目前

已实现工程化应用,并取得良好效果。

6.3.2　真空感应熔铸法

真空感应熔铸法是一种利用真空感应熔炼炉熔铸金属的方法。熔炼过程是在一个彼此不导电的水冷弧形块或铜管组合的金属坩埚里进行,这种组合式坩埚的最大特点是每两个水冷块间的间隙都是一个增强的磁场,通过磁压缩效应引起强烈搅拌,合金组分和温度瞬间可达均衡,无需制作电极,也避免了陶瓷坩埚感应熔炼的杂质污染。工作原理和熔炼情况如图 6-11、图 6-12 所示。目前,美国、俄罗斯、德国等一些先进国家的冷坩埚感应熔炼工艺已步入工业化生产规模,最大坩埚直径达 500 mm 以上,容量已达百公斤级。图 6-13 为哈尔滨工业大学于 20 世纪 90 年代从德国进口的 30 kg 真空感应熔铸炉[34]。

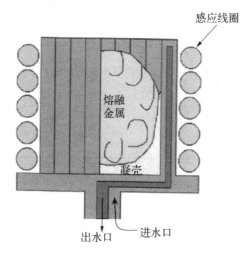

图 6-11　水冷铜坩埚感应炉的工作原理

图 6-12　感应炉熔炼的钛合金

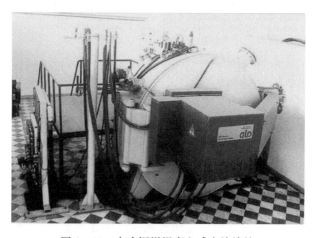

图 6-13　水冷铜坩埚真空感应熔炼炉

真空感应加热过程是一个能量转化的过程,即电能→磁场能→电能→热能。真空感应熔铸法具有以下优点:

(1)对熔炼炉料无特殊要求,有很强的适应性;

(2)合金熔炼均匀,可获得较高的过热度,有利于薄壁件的充型;

(3)熔炼温度可控,可长时间保温,为熔炼难熔金属提供条件;

(4)熔炼时间短,可有效控制成本。

但该方法长时间使用后存在以下问题:

(1)熔炼过程中,电源利用率较低,只有0.2~0.3左右;

(2)浇注薄壁的钛及钛合金铸件成品率较低;

(3)该方法使用的真空感应熔炼炉容量小,没有类似凝壳炉的大容量设备。

6.3.3　电子束熔铸法

电子束熔炼(EBM)是应用广泛的钛合金熔炼方法,是利用真空条件下,受热的阴极表面发射的电子流,在高压电场的作用下高速运动,通过聚焦、偏转使高速电子流准确地射向阳极,将动能转化为热能使阳极金属熔化。图6-14为电子束熔铸炉的结构简图。

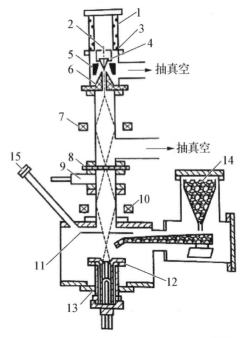

图6-14　电子束炉的结构及工作原理[35]

1—电子枪罩;2—钽阴极;3—钨丝;4—屏蔽极;5—聚焦极;6—加速阳极;7、10—聚焦线圈;8—挡孔板;9—阀门;11—隔板;12—结晶器;13—铸锭;14—料仓;15—观察孔

电子束熔炼同其他熔炼方法相比较具有以下优点:

(1)高真空条件保证了在熔炼温度下,气态或蒸气压较高的杂质易被除去,可以很好地净化金属液;

(2)熔炼速度和加热速度可以在大范围内调节;

(3)功率密度高,可达$1\sim10^8$ W/cm^2,且熔池表面温度可调,同时电子束的扫描作用也起到了搅拌作用;

(4)电子束熔炼的金属铸锭凝固于水冷铜坩埚中,因此熔融的金属不会被耐火材料污染;

(5)电子束熔炼温度高,可以熔化难熔金属,甚至非金属。

电子束熔炼除上述优点外,还有以下缺点:

(1)熔炼合金时,低熔点合金元素易于挥发,合金成分及均匀性不容易控制;

(2)电子束炉结构复杂,需要采用直流高压电源,运行费用较高;

（3）电子束炉熔炼过程中，伴随着对人体有害的 X 射线，故需要采取特殊的保护。

除上述几种主要钛合金熔铸方法外，其他还有等离子凝壳熔铸、压力熔铸等先进熔铸技术。

6.4　造型工艺与技术

6.4.1　主要造型工艺

由于钛及钛合金特殊的物理化学和冶金特性，决定了对零件造型方法、造型材料要求的特殊性。作为钛铸造用造型材料和造型方法，当前国内外普遍采用的是机加工石墨型、熔模铸型和金属型等。表 6-24 列出了各种工艺的技术特点。

表 6-24　各种造型工艺的技术特点

工 艺 分 类			技 术 简 介	产　能	适应铸件类型
硬型铸造工艺	机加工石墨型工艺	常规石墨型工艺	采用普通机加工或数控加工技术结合少量手工制作	单件或小批	厚壁简单～复杂小型～大型
		特种涂层石墨型工艺	采用机加工制作石墨型，在型腔内表面涂覆特种涂料		
		石墨型陶瓷芯复合工艺	采用机加工制作石墨型，型芯采用陶瓷材料压制	批量	
	金属型工艺	金属型工艺	采用普通机加工或数控加工制作	单件或小批	厚壁简单小型
		金属型-石墨芯复合工艺	采用普通机加工或数控加工制作金属外型，型芯采用机加工石墨型芯		
		金属型-陶瓷芯复合工艺	采用普通机加工或数控加工制作金属外型，型芯采用压制的陶瓷型芯	批量	
熔模精密铸造工艺	石墨面层工艺		面层涂料采用石墨粉作为耐火骨料	批量	各类复杂结构、2 000 mm 以下中小型尺寸
	钨面层工艺		面层涂料采用钨粉作为耐火骨料		
	氧化物面层工艺		面层涂料采用氧化物作为耐火骨料		
	低成本面层工艺		面层涂料采用氧化铝作为耐火骨料	研究阶段	

6.4.1.1 石墨硬型铸造工艺

石墨是一种热稳定材料,在冶金工业领域常用于制造熔炼用坩埚。由于石墨对熔融状态下的钛具有良好的惰性,因此成为钛合金铸造领域一种重要的造型材料。钛铸造工程中一般使用人造石墨块作为铸型原材料,它具有足够的强度和良好的机加工成形能力,可根据需要加工成各种结构,并且铸型表面可得到较好的光洁度。钛合金铸造用人造石墨的主要技术特性如表 6-25 所示[32]。目前,航空用钛合金铸件铸造生产常用的石墨硬型铸造工艺主要有机加工石墨型工艺、特种涂层石墨型工艺、石墨型-陶瓷芯复合铸造工艺等几种。图 6-15 为典型的石墨型铸造工艺流程。

表 6-25 人造石墨主要性能

项 目 名 称	技 术 特 性
常用规格(截面尺寸/mm)	$\leqslant\phi600$,$\leqslant500\times500$
含碳量(质量分数/%)	$\geqslant99$
灰分(质量分数/%)	$\leqslant0.5$
真比重/(kg/m³)	2 190~2 300
假比重/(kg/m³)	1 500~1 700
孔隙度/%	22~32
氧化起始温度/℃	430
抗压强度/MPa	20.0
常温热导率 λ/(W/mK)	75
传热系数/(m²/C×10⁴)	0.172

1) 机加工石墨型工艺

机加工石墨型工艺是一种采用高纯度人造石墨电极作为造型材料,通过机械加工和少量手工方法制备分块铸型,在进行烘烤和脱气处理后组装成整体铸型进行浇注获得铸件的一种钛合金铸造方法,属于硬模铸造。由于石墨的热化学稳定性好,熔融金属与铸型接触时一般不发生化学作用,铸件表面质量好;石墨型受热尺寸变化小,不易发生弯曲、变形,故铸件尺寸精度高。其优点是铸型激冷能力强,浇注铸件的晶粒精细,力学性能高。缺点是仅适合生产小批量形状复杂程度不高的铸件。

目前,钛铸件的结构正向着大型、复杂、薄壁、异形的方向发展,普通铸型加工设备已无法满足不规则曲面异形铸件的加工要求。随着数控加工技术的普及,一些钛铸造企业已开始使用数控加工中心制作具有复杂空间曲面结构的石墨铸型,并成为铸型精密加工重要发展方向。这种加工方法可实现大型复杂石墨铸型的整体加工,铸型可获得较高尺寸精度,弥补了熔模精密铸造工艺在大型钛铸件应用方

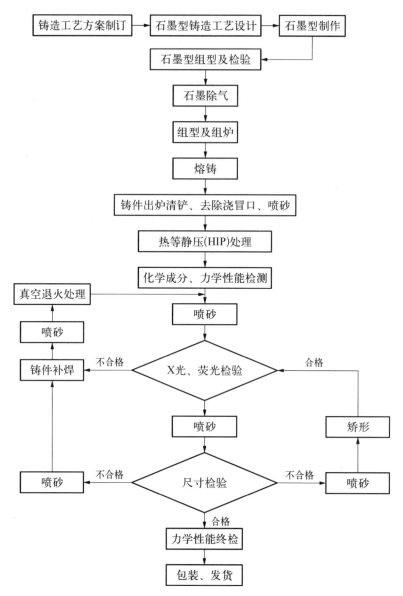

图 6 - 15　典型石墨型铸造工艺流程

面的不足。图 6 - 16 为用于石墨铸型加工的数控加工中心，图 6 - 17 为采用数控加工中心制作的复杂结构石墨铸型。

机加工石墨型类似于金属模具的制作，但由于石墨材料的特性，石墨型的制作具有自身的特点，在设计和加工石墨型时应注意以下方面：

（1）石墨型结构设计应尽量简单，组型方便。铸型尽量采用普通机械加工加手工加工的方法制作。

（2）对于结构复杂的铸件可采用组合式的铸型，各分块铸型之间要有可靠的定

图 6-16　石墨型数控加工中心　　　图 6-17　数控加工的复杂石墨铸型

位结构,例如定位止口、定位销-定位孔等,防止在钛金属液的冲击力和离心浇注时的离心力作用下石墨型之间发生相对位移。

(3) 出于经济性考虑,铸型或部分铸型尽量设计成可回收重复使用的结构。例如型面较为平整的石墨外型,在铸件发生收缩后容易拆离而不易损坏,铸型的型腔面经过适当的打磨和修整后可以继续使用。一般情况下,石墨铸型可以重复使用3~8次,具体使用寿命还需结合实际。

(4) 对于带有内腔的铸件,可采用机加工石墨芯或者陶瓷芯。芯子的定位可采用单芯头或多芯头方式,对于悬臂芯可将芯头加长,以保证芯子的定位精度。对于尺寸较大的芯子,可在其表面固定与铸件等壁厚的石墨芯撑,防止型芯移位造成铸件壁厚超差,铸件在芯撑处形成的孔洞可在铸造后进行补焊。对于高度不高的回转体结构铸件,若其内环面没有凸起等结构,可考虑使用无芯铸型。

(5) 对于钛合金来说不希望选择热容量太大的铸型,在保证铸型强度及刚性的前提下,铸型壁厚应尽量小一些,表6-26列出了不同尺寸铸型的壁厚推荐值。

表 6-26　铸型的壁厚推荐值

铸型尺寸/mm	最小壁厚/mm
<300	15~20
300~600	20~30
600~1 000	30~40
>1 000	40~60

(6) 由于石墨具有很强的吸气能力,再加上其内部有发达的空隙,因此石墨型经常附着有一定量的水蒸气以及灰分等有害气体及杂质,所以浇注前必须进行真空高温除气,以去除内部影响铸件质量的气体及杂质[36]。石墨型的常用真空除气制度为:先抽真空,后加热至 850~900℃,保温 2 h,随炉冷到 300℃以下打开炉门,

如图 6-18 所示。

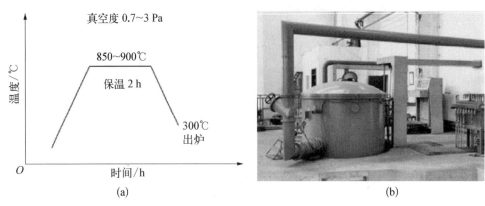

(a)　　　　　　　　　　　　　　(b)

图 6-18　典型的石墨铸型真空除气工艺及设备
(a) 真空除气工艺　(b) 真空除气热处理炉

除气后的石墨型立即组装,熔铸。不能马上浇注的铸型要在真空状态下保存。

2) 特种涂层石墨型工艺

由于石墨的激冷作用,钛铸件表面经常发生流痕及冷隔等缺陷。为提高铸件的表面质量,沈阳铸造研究所开发了一种特种涂层石墨型铸造工艺。这种工艺主要是采用手工或热喷涂的方法,将预先调制好的特种涂料涂敷在铸型型腔的内表面(见图 6-19),形成一层厚度在 30 μm 左右的涂层,该涂层对钛合金熔体具有较高的化学惰性并且具有一定的隔热保温能力。采用该工艺获得的铸件表面光洁度较好,提高了一次性通过表面检测的几率(见图 6-20)。

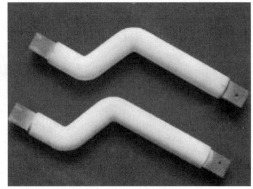

图 6-19　已加工特种涂层的石墨型及型芯

3) 石墨型陶瓷芯复合工艺

石墨铸型主要依靠机械加工配合手工制作,对于批量生产时生产效率很难有所突破。另外对于具有三维空间曲面复杂结构的铸型,采用机加工方法费时、费料。沈阳铸造研究所发明了一种石墨型陶瓷芯复合铸造工艺:铸型外型采用石墨

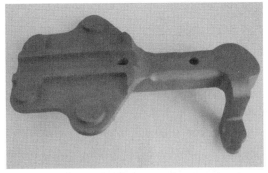

图 6-20　采用特种涂层石墨型制造的波音飞机用钛合金铸件及表面

型,型芯使用模具压制的陶瓷材料型芯(见图 6-21)。该型芯的制备方法[37]:用莫来石粉 35%～44.7%、Al₂O₃ 43%～54.7%、CaO 0.1%～0.3% 和硅溶胶制成复合型芯原坯,将 25%～40% 的分散氧化铝溶液倒入容器中,再加入 5%～8% 的 Y₂O₃粉和 52%～70% 的 ZrO₂ 粉混匀,制成涂料。将制成的复合型芯原坯放入上述涂料中,取出后风干 24 h,再在 500～600℃下烘烤 1 h,最后将挂涂料的复合型芯表面抛光,并放入焙烧炉内在 1 200～1 300℃下烧结 3～5 h,炉冷至室温后重新抛光打磨,即得到所需型芯(见图 6-22)。

图 6-21　陶瓷型芯　　　　　　　图 6-22　石墨型与陶瓷芯组合

　　该工艺结合了石墨铸型激冷和陶瓷型壳保温的优点:利用石墨激冷形成细晶层,并通过冲刷形成形核质点,细化晶粒,提高性能;陶瓷型芯导热率低,具有保温效果,可显著提高小通径部位的成形质量;陶瓷型芯具有尺寸精度高、表面光洁的特点,可提高成形质量及尺寸精度;相对于精密铸造型壳,陶瓷型芯不涂挂任何涂料,可避免内部夹杂缺陷。

　　此外,采用机械加工的石墨型芯由于受加工设备性能和操作人员技术水平限制,芯子的尺寸一致性也较差,且生产效率较低,而采用模具批量压制的陶瓷材料型芯,其尺寸精度高、一致性好,生产效率可大大提高。

6.4.1.2 熔模精密铸造工艺

钛及钛合金熔模精密铸造技术是为满足航空、航天技术发展的需要而发展起来的,是目前钛合金产品铸造生产的主要工艺方法之一。该工艺可解决形状、结构复杂构件的成形问题,可实现近净成形,对多件或批量生产,效率高、成本低,尤其是近年来,随着大型、薄壁、复杂钛合金整体熔模精密铸造工艺技术的发展,使得熔模精密铸造技术的先进性和经济性显得更加突出。

熔模精密铸造工艺的产生可追溯到四千年前我国的殷商时期,精密的青铜制品即采用"失蜡"法进行铸造[33],然而直到 20 世纪 50 年代,钛及钛合金铸件熔模精密铸造工艺技术才开始得到研究,并逐步开展工业应用。从 70 年代开始,钛精铸件开始正式应用到航空领域,从此,钛合金熔模精密铸造技术得到迅猛发展,目前,航空工业中使用的 90% 以上的钛铸件是采用熔模精密铸造技术生产的。

1) 钛合金熔模精密铸造流程及工艺特点

钛合金熔模精密铸造工艺典型流程如图 6-23 所示。

钛合金熔模精密铸造工艺的型壳制备过程基本与钢精铸的工艺过程相似,与钛合金其他造型技术或成形技术相比,具有以下特点:

(1) 铸件尺寸精度高、表面质量好。钛合金熔模精铸件的尺寸精度可达到 CT4~6 级,表面粗糙度可达 $Ra3.2~6.3~\mu m$,可大大减少后续机械加工余量,甚至无余量铸造,可有效降低生产成本。

(2) 可实现复杂钛合金构件铸造成形。采用熔模精密铸造工艺可铸出形状、结构复杂,难以用其他成形工艺方法制得的钛合金构件,如叶轮、空心叶片、箱体结构等铸件,产品壁最薄可达 0.5 mm,孔径最小可达 1 mm。对于大尺寸钛合金构件也可采用精铸工艺生产,不但可以提高产品整体精度,而且减少了加工、焊接等中间环节,可提高生产效率,降低生产成本。

(3) 生产适应性好,尤其适合批量生产。钛合金熔模精铸工艺不但可满足研制阶段单件、小批量生产需要,而且尤其适用于大批量生产。对于批量生产的构件,可采用金属模具压制蜡模进行,对于单件或少量生产也可采用快速成形高聚物材料代替蜡模,满足不同批量产品的需要。

2) 模料选择与模样制备

钛合金熔模精密铸造工艺模料选择时一般考虑如下因素:

(1) 良好的涂挂性。由于面层和邻面层采用的黏结剂大多是水溶性的,表面张力较大,对模料的润湿性不好,因此模料需要有良好的涂挂性。

(2) 具有合适的熔点、软化点及良好的流动性。模料一般采用压蜡设备制作,由于钛合金铸件产品尺寸大小不一,尤其针对大尺寸薄壁结构铸件,需要模料具有合适的熔点、软化点以及良好的流动性。

(3) 灰分要小。模料中的灰分会在脱蜡、焙烧后存留在型壳中,且灰分会与熔融钛液发生反应,从而影响铸件质量,因此模料要严格控制灰分含量。

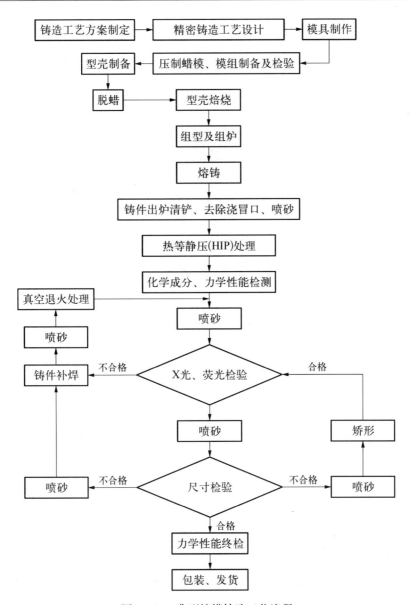

图 6-23　典型熔模铸造工艺流程

（4）具有较小的线收缩率和体收缩率。

（5）良好的化学稳定性。模料不能与面层黏结剂发生化学反应,否则会影响铸件质量。

（6）良好的力学性能及合适的韧性,既要保证蜡型尺寸稳定,又不能易于损坏。

（7）无毒性,保证操作人员身体健康。

结合不同蜡料的熔点、线收缩率、强度等性能特点,钛合金熔模精密铸造一般选用低温蜡或中温蜡,最常见为石蜡-松香基或石蜡-树脂基模料（见图 6-24）。对于单件或少量生产也可采用快速成形高聚物材料代替蜡模,一般为聚苯乙烯、乙烯-醋酸乙烯共聚物等材料。

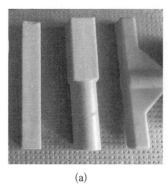

(a) (b) (c)

图 6-24 不同使用用途的蜡料

(a) 中强度结构蜡 (b) 高强度结构蜡 (c) 黏结蜡

模样制备目前主要有模具压蜡和激光快速成形两种。模具压蜡采用液体蜡,通过压蜡模具和射蜡机[见图 6-25(a)]压制成形,激光快速成形是目前流行的 3D 打印技术的一种,无需模具,采用数字模型通过激光快速成形机[见图 6-25(b)]进行激光加热分层烧结成形。

(a) (b)

图 6-25 用于模样制备的设备

(a) 100 吨压蜡机 (b) SLS 快速原型设备

3) 型壳制备工艺

目前,国际上用于钛合金熔模精密铸造型壳制备工艺有石墨型壳工艺、难熔金属面层工艺、氧化物陶瓷型壳工艺及新一代低成本难熔氧化物型壳工艺等,其各自的工艺特点如表 6-27 所示。

表 6-27　钛合金各种熔模精密铸造工艺特点

分　类	石墨熔模型壳	难熔金属面层型壳	氧化物陶瓷型壳	难熔化合物型壳
优点	工艺较简便,原料价格低	稳定性好,表面无 α 脆性层,尺寸精度好	表面光洁度好,尺寸精度好	价格低,表面质量好
缺点	铸件有渗碳层,表面易有微裂纹	成本高,浆料保存困难,工艺复杂	成本较高,易于产生气孔,需进行热等静压处理	工艺不成熟,易于氧化
应用范围	中小型铸件	大型铸件	各种尺寸复杂铸件	试验阶段

(1) 石墨型壳工艺。

石墨型壳工艺是钛合金精铸件最早采用的精铸工艺方法。该工艺最早是由美国的 HOWMET 公司进行开发研究,并于 1966 年获得了第一个用于钛合金精密铸造的型壳制备专利[38],该工艺方法的成功应用为美国航空工业提供了早期的航空钛合金熔模精密铸件。我国于 20 世纪 60 年代末期开始进行该工艺研究,并为我国航空工业及民用工业提供了大量熔模精密钛合金铸件产品。

由于石墨的热导率高,浇注时会产生激冷作用,铸件表面会出现微裂纹,同时铸件表面会形成厚度约为 0.2~0.3 mm 的高硬度 α 脆化层,需用喷砂、酸洗等方法去除,否则可能在应力作用下引发裂纹的产生和扩展。此外,石墨型壳的热稳定性有一定的限度,当石墨与钛液接触时,在达到反应激活能的条件下,有可能发生急剧的化学放热反应,因此石墨型壳不宜浇注大型复杂钛合金铸件。

(2) 难熔金属面层工艺。

为解决航空钛合金精密铸件表面 α 脆化层问题,美国 REM 公司于 20 世纪 70 年代开发了该工艺,我国于 80 年代初引入了该项技术,实现了国产化,并应用于大型复杂的、尺寸精度要求较高的航空钛合金精密铸件。该工艺主要采用难熔的金属钨粉末作为型壳面层材料,并以金属有机化合物,W、Hf 的卤化物或胶体金属氧化物作黏结剂。

该工艺的优点是化学稳定性高、表面污染层小,因此主要用于生产表面光洁、无 α 脆性层、内部致密的航空用钛合金精密铸件。缺点是这种型壳导热性高,铸件易产生冷隔缺陷,同时该工艺涂料浆配制价格昂贵,保存较困难,涂挂工艺过程复杂,控制要求极高。

(3) 氧化物陶瓷型壳工艺。

氧化物陶瓷型壳工艺面层耐火材料及黏结剂均由难熔金属氧化物组成。美国的 PCC 公司是最早开展该工艺研究的机构并应用于钛合金铸件生产中,最早应用作为面层材料的是氧化钍(ThO_2)。氧化钍耐火度高、强度好,与钛液接触时较稳定,但由于具有放射性,因此已经不被采用。经过多年的研究与发展,用作面层耐火材料的氧化物有 CaO、ZrO_2、Y_2O_3 等。

CaO 对熔融金属钛具有较好的稳定性,因此其面层工艺研究启动较早,但由于 CaO 极易吸收空气中的水分,发生水解,型壳工艺控制困难,很难应用于大型钛合金精铸件生产中,目前也仅处于少量应用及改进阶段。

目前主要用于规模生产的是氧化锆工艺及氧化钇工艺。ZrO_2 具有良好的惰性,且价格上低于氧化钇。普通 ZrO_2 在加热至 1 182℃时,由单斜晶体转变为四方晶体,发生同素异形体转变,型壳易开裂,因此一般采取向 ZrO_2 中加入少量的氧化钇或氧化钙,经高温煅烧或电熔后得到稳定的 ZrO_2。

Y_2O_3 由于其出色的稳定性,是目前最受认可的钛合金铸造面层材料,经稳定处理(如电熔处理)后的 Y_2O_3 材料制作出的型壳,浇铸出的钛合金铸件表面光洁,轮廓清楚,α 脆性层小,在国内生产中应用最为广泛。但同时以 Y_2O_3 为基本材料制作的涂料中含有钇溶胶、硅溶胶、二醋酸锆等,涂料对 pH 值比较敏感,当 pH 值出现较大变化时易凝胶,因此在制作涂料过程中需要严格控制 pH 值,增加了制作涂料的工艺难度,加上 Y_2O_3 较为昂贵的价格,使得涂料的成本偏高,这也是 Y_2O_3 面层材料在钛铸件生产应用中的主要缺点。

氧化钇陶瓷型壳工艺一般生产过程如下:将氧化钇粉与黏结剂混合搅拌均匀,形成浆料,并在准备好的蜡模组上涂覆面层,涂挂均匀后淋撒氧化钇砂后存放干燥。一般来说,面层及邻面层采用氧化钇涂料涂挂,干燥后即可用普通的氧化物填料与黏结剂(如硅溶胶)混合作为浆料,采用普通氧化物砂涂挂背层,经过数次涂挂后,经脱蜡、高温焙烧后即可用于浇注。

图 6-26 为正处于涂挂的模组,图 6-27 为最终获得的氧化物陶瓷型壳。

图 6-26 模组涂挂   图 6-27 焙烧后的陶瓷型壳

氧化物陶瓷工艺制作的型壳具有以下特点：高温稳定性好,高温强度高;型壳的收缩率较小,尺寸精度较高;氧化物型壳的热传导性差,钛液冷却速度较慢,提高钛合金液充型能力,适用于大型薄壁钛合金铸件的生产;氧化物陶瓷型壳在浇铸前需经烧结排除型壳中的水分以及加强型壳强度,但对环境要求较低,不需要在此过程中加以气体保护或真空保护。综上所述,氧化物陶瓷型壳工艺是目前国内应用最广泛的钛合金熔模精密铸造工艺(见图6-28)。

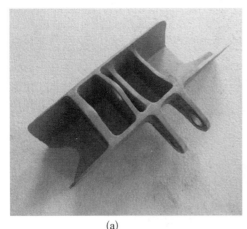

(a)   (b)

图6-28 采用氧化物熔模工艺制造的波音飞机 Ti-6Al-4V 钛合金铸件

(a) 支架 (b) 管道

(4) 新一代精铸型壳工艺。

近年来国内外研究人员逐步开展新型低成本精密铸造型壳制备技术。如 CaO 型壳的优势在于高温下具有很好的稳定性,浇铸时与钛合金金属液反应小,浇铸出的铸件质量较好,但在正常空气湿度下,该型壳极易吸收水分,发生水解。目前国内外的研究多集中于提高 CaO 型壳的抗水性,使此种型壳能够适应广泛应用。由于原材料低成本、来源广的特点,CaO 在钛合金氧化物型壳材料中有较好的发展前景。此外科技人员对 CeO、Gd_2O_3、Sm_2O_3 等氧化物也进行了大量研究,尝试采用廉价材料替代或部分替代昂贵的 Y_2O_3 等材料。

难熔化合物型壳工艺是一种新兴的精铸工艺,该工艺是采用难熔化合物包括碳化物、硼化物、硫化物、氮化物等作为型壳材料,利用难熔化合物较好的化学惰性及其低密度等特性,可以获得表面质量较好的高性能钛合金铸件。但此种工艺在焙烧过程中和难熔金属一样,存在空气中易氧化的缺点,需要进行真空焙烧,且在涂挂过程中有许多工艺问题需解决,尚有待于进一步研究。

4) 精铸制壳过程自动化

近年来以工业机器人应用为代表的铸造自动化设备在铸造领域中的应用越来越广泛,工业机器人技术是综合了计算机、控制论、机构学、信息和传感技术、人工智能、仿生学等多学科而形成的高新技术，并不是在简单意义上代替人工的劳动，而是综合了人的特长和机器特长的一种拟人的电子机械装置，既有人对环境状态的快速反应和分析判断能力，又有机器可长时间持续工作、精确度高、抗恶劣环境的能力，从某种意义上说它也是机器的进化过程产物，是先进成形技术领域不可缺少的自动化设备。

在钛合金熔模精密铸造领域中，这种机器自动化设备主要体现在机器人自动化制壳生产线。精密铸造机器人自动化制壳生产线主要包括 6 轴机器人（见图 6 - 29）、沾浆机、淋砂机和干燥悬挂链。以六轴机器人为中心周围放置有淋砂机和沾浆机，通过操作台直接控制六轴机器人，进行在悬挂链上钩取模组的运动，来完成整个制壳过程的沾浆与淋砂，之后再通过六轴机器人放置回干燥悬挂链上进行模组的干燥。没有干燥悬挂链的可以用简单的装卸载站来代替（见图 6 - 30）。精密铸造中机器人制壳，其技术特点：实现了柔性化生产，夹具灵活，手动自动无缝连接，设备防护好，定位准确等。

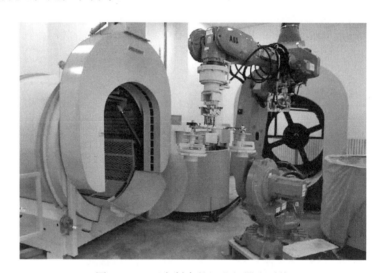

图 6 - 29　正在制壳的工业机器人系统

采用自动化机器人制壳优势显著：

（1）提高了生产率。采用自动化机器人挂壳实现产品的批量生产，能有效降低单位制造成本。通过输入给定的工艺值，来保证生产工艺和产品质量的稳定，提升产品的产量。

（2）稳定了产品的生产与工艺。采用自动化机器人挂壳，能够实现柔性化生产，通过机器人自动化系统的定位精准实现产品的一致性，使工艺控制更严格，实现产品生产和工艺的稳定性。

（3）改善工作条件及安全性。采用自动化机器人挂壳，减少了人员在挂壳工序的配置，同时也减少了粉尘对挂壳人员的影响，改善了工作条件，同时也减少了会

图 6-30 精铸悬挂链自动干燥线

出现在人员挂壳操作中的安全问题。

（4）高效能。采用自动化机器人挂壳，提升了产品的制成率和工作效率，降低了工人操作水平的要求，降低了次品率和返工率，同时也降低了成本。

6.4.1.3 金属型工艺

金属型铸造是硬模铸造的一种，它是将液体金属浇入金属铸型以获得铸件的一种铸造方法。钛合金铸造用金属型通常采用铸铁、铸钢、铸铜（纯紫铜或黄铜）以及极少量难熔金属（例如钼）制造。除难熔金属外，其他材质的熔点都低于钛的熔点，它们之所以能用做钛的铸型，其原因在于：

（1）金属型的热导率和热容量大，钛液浇进铸型后产生的热量迅速被传走。

（2）钛的热导率低，钛液浇入铸型与型面接触后，立即凝固形成一层薄壳[39]，凝壳对型腔内的钛液起到了隔热、保温的作用，使钛液能在一定时间内仍保持液态，直至充型完毕。

上述几种金属铸型材料应用最多的是铸铁，它的成本低、强度高、易加工、寿命长。由于铸铁含有石墨组织，因此对钛液具有良好的润湿性，利于钛液的充型完整。但由于铸铁的热膨胀系数高、熔点低，它只适用于制作铸型的外型，不适宜制作型芯。钢制铸型与铸铁铸型特点相似，但强度要比铸铁型高很多，但变形倾向更严重。因此钢制铸型在浇注后必须重新检查尺寸，一旦发生变形可使用热矫形的方法校正。金属铸型的设计应注意以下问题：

（1）金属型型腔及型芯表面使用前必须喷刷涂料减缓铸件的凝固冷却速度，防止铸件开裂。

（2）金属型不透气，而且无退让性，易造成铸件浇不足、开裂等缺陷，必须采用一定的措施导出型腔中的气体。

（3）金属型铸造时，铸型的工作温度、合金的浇注温度和浇注速度、铸件在铸型中停留的时间以及所用的涂料等，对铸件的质量影响甚为敏感，需要严格控制。

金属型铸造具有精度和表面光洁度高、铸件的工艺收得率高、生产效率高等特点，主要适用于形状简单、壁厚较厚、大批量生产的铸件（见图6-31）。

图6-31　适于金属型铸造的铸件

金属型铸造的缺点是铸件表面有时会出现冷隔、流痕等缺陷。为了提高金属型使用寿命和降低金属型的造价，通常把金属型与机加石墨型结合，不好起模和易损坏的型腔部分可采用镶嵌石墨块，所有的浇注系统都可采用机加石墨型。

6.4.2　铸造工艺设计

铸件工艺设计的一般流程如图6-32所示。

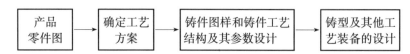

图6-32　钛合金铸件铸造工艺设计流程

6.4.2.1　确定工艺方案

根据零件的形状结构、尺寸和精度、最小壁厚、铸件的重量以及各项技术参数和要求，确定合理的工艺方案，即选用造型工艺。

（1）壁比较厚、尺寸较大、表面精度要求较高，但尺寸一致性要求不高，需要数量比较少，选用捣实（砂）石墨型比较经济合理。但不适用于高大而细长的铸件。

（2）尺寸比较大、壁也较厚、形状较简单，表面精度要求不高，尺寸及力学性能要求较高，可选用机加工石墨型或两者结合的工艺。尤其是对于一些高度不高的环形件，可采用机加石墨型无芯离心浇注。

（3）壁很薄，形状复杂，利于型壳制备，尺寸和表面精度要求很高的铸件，必须采用熔模精铸工艺[30]。

6.4.2.2　铸件结构设计

1）外形结构设计

铸件的结构特点是关系到能否获得优质钛铸件产品的重要因素之一，因此需要飞机部件设计人员在设计之初就考虑到零部件是否具有较好的铸造工艺性能。

钛合金铸件的结构设计遵循一般铸件的基本原则,但也有自身的特点。

(1) 由于钛合金熔炼时的过热度较低以及石墨型和金属型的激冷作用等原因,钛铸件的最小壁厚一般不小于 5 mm,加强筋等横截面和纵截面较小的结构最小壁厚不小于 3 mm。铸件的外形尺寸越大,其最小壁厚应尽量增大。

(2) 铸件壁厚应尽量均匀,避免出现壁厚差的突变,或者在薄壁与厚壁之间设计足够的过渡结构,防止金属液在凝固和冷却过程中形成应力集中使铸件发生变形[见图 6 - 33(c)]。

(3) 铸件结构应尽量有利于顺序凝固,减少铸件的热节,以降低铸件内部产生缩松、缩孔等缺陷的几率[见图 6 - 33(a)]。

(4) 铸件的结构应考虑到防变形能力,防止铸件浇铸及后续处理过程中发生变形、开裂[见图 6 - 33(d)]。

(5) 铸件各相交面形成的内外夹角,尤其是内夹角应设计圆角过渡,防止在尖角或夹角处形成应力裂纹和粘砂等缺陷。钛铸件的铸造圆角一般不小于 R3[见图 6 - 33(b)]。

(6) 由于钛合金充型能力的限制,钛铸件允许铸孔和铸槽尺寸比常规金属铸造要大一些。表 6 - 28 给出了钛铸件可铸孔经验值。表 6 - 29 给出了钛铸件可铸槽的经验值。

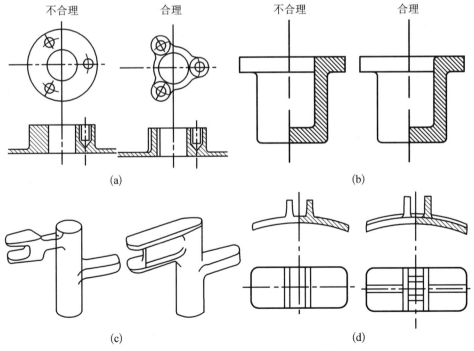

图 6 - 33 钛合金铸件典型结构设计[40]

表 6 - 28　钛铸件可铸孔经验值(单位: mm)

铸 孔 直 径	通 孔 长 度	盲 孔 长 度
10～20	≤20	≤10
20～40	20～50	10～30
40～60	50～120	30～80
>60	≤200	≤100

表 6 - 29　钛铸件可铸槽的经验值(单位: mm)

槽宽　　W		5	10	15	20	
最大槽深 H 或槽厚 b	石墨型工艺	5	20	50	100	
	熔模精铸工艺	10	25	50	80	

2) 铸件尺寸精度要求

铸件的尺寸精度决定着最终零件的尺寸精度及使用效果,因此提高铸件的尺寸精度、减少加工量是改进铸造技术的重要方向。但由于钛合金铸件的铸型一般需要进行高温焙烧,并且浇注时经历高速离心旋转,后续还要经受热等静压处理,这些因素使钛铸件的尺寸精度控制更加困难。铸件设计时对尺寸精度的要求既要满足部件的加工及装配要求,又要考虑到工艺能力以及经济性。

航空铸件产品的尺寸精度要求一般按照标准《HB6103—2004 铸件尺寸公差和机械加工余量》执行,表 6 - 31 为上述标准所规定的铸件尺寸公差等级范围。采用不同的铸造成形工艺铸件的尺寸精度是不同的,一般来讲采用石墨型工艺比熔模铸造工艺要低 2～3 公差等级。表 6 - 30 列出了国内部分钛铸造企业石墨型工艺和熔模铸造工艺生产钛铸件所能达到的公差等级。

表 6 - 30　国内部分企业的钛合金铸件公差等级

基本尺寸/mm	机加工石墨型工艺	熔模铸造工艺
<100	CT8	CT6
100～250	CT8	CT6
250～400	CT8	CT7
400～630	CT9	CT7
630～1 000	CT9	CT8
1 000～1 600	CT10	CT8
1 600～25 000	CT10	CT9

表6-31 铸件尺寸公差(单位：mm)

铸件基本尺寸 大于	至	公差等级 CT 1	2	3	4	5	6	7	8	9	10	11	12	13	14	15	16
—	10	0.09	0.13	0.18	0.26	0.36	0.52	0.74	1.00	1.50	2.00	2.80	4.20	—	—	—	—
10	16	0.10	0.14	0.20	0.28	0.38	0.54	0.78	1.10	1.60	2.20	3.00	4.40	—	—	—	—
16	25	0.11	0.15	0.22	0.30	0.42	0.58	0.82	1.20	1.70	2.40	3.20	4.60	6.00	8.00	10.00	12.00
25	40	0.12	0.17	0.24	0.32	0.46	0.64	0.90	1.30	1.80	2.60	3.60	5.00	7.00	9.00	11.00	14.00
40	63	0.13	0.18	0.26	0.36	0.50	0.70	1.00	1.40	2.00	2.80	4.00	5.60	8.00	10.00	12.00	16.00
63	100	0.14	0.20	0.28	0.40	0.56	0.78	1.10	1.60	2.20	3.20	4.40	6.00	9.00	11.00	14.00	18.00
100	160	0.15	0.22	0.30	0.44	0.62	0.88	1.20	1.80	2.50	3.60	5.00	7.00	10.00	12.00	16.00	20.00
160	250	—	0.24	0.34	0.50	0.70	1.00	1.40	2.00	2.80	4.00	5.60	8.00	11.00	14.00	18.00	22.00
250	400	—	—	0.40	0.56	0.78	1.10	1.60	2.20	3.20	4.40	6.20	9.00	12.00	16.00	20.00	25.00
400	630	—	—	—	0.64	0.90	1.20	1.80	2.60	3.60	5.00	7.00	10.00	14.00	18.00	22.00	28.00
630	1000	—	—	—	0.72	1.00	1.40	2.00	2.80	4.00	6.00	8.00	11.00	16.00	20.00	25.00	32.00
1000	1600	—	—	—	0.80	1.10	1.60	2.20	3.20	4.60	7.00	9.00	13.00	18.00	23.00	29.00	37.00
1600	2500	—	—	—	—	—	—	2.60	3.80	5.40	8.00	10.00	15.00	21.00	26.00	33.00	42.00
2500	4000	—	—	—	—	—	—	—	4.40	6.20	9.00	12.00	17.00	24.00	30.00	38.00	49.00
4000	6300	—	—	—	—	—	—	—	—	7.00	10.00	14.00	20.00	28.00	35.00	44.00	56.00
6300	10000	—	—	—	—	—	—	—	—	—	11.00	16.00	23.00	32.00	40.00	50.00	64.00

注1：公差等级 CT1 和 CT2 仅用于特殊场合。
注2：基本尺寸小于或等于 16 mm 的不采用 CT13～CT16 的一般公差，应标注个别公差。
注3：公差等级 CT16 仅适用于一般公差规定为 CT15 的壁厚。

6.4.2.3　铸件工艺结构及其参数设计

铸件工艺设计就是对铸件进行仔细分析研究,采用具体工艺措施确保该铸件达到预期设计的各项技术指标和要求,是整个铸造及工装设计中最基本而又最重要的部分。铸造工艺方案设计的内容主要有:① 浇注方式的选择;② 确定铸件收缩率;③ 浇注系统的设计;④ 分型面的选择;⑤ 铸件加工基准面的选择;⑥ 铸造工艺设计有关工艺参数及型、芯的选择与设计等。

1) 加工余量的选择

为满足零件的加工及装配需要,对需要加工保证的尺寸预留足够的加工余量。另外对于一些非加工面,为了保证尺寸精度和表面粗糙度,可能也需要进行适当的加工,因此也要对这些表面预留一定量的加工余量,这就需要零部件设计人员与铸造工艺人员进行及时和全面的技术沟通。石墨型铸件表面由于存在一定的流痕、冷隔、毛刺等,因此在设计工艺时也应考虑在铸件的非加工表面增加一定量的打磨量。表 6-32 列出了工程中使用的一些加工余量参考值。

表 6-32　钛铸件加工余量参考值(单位: mm)

工 艺 方 法	铸 件 尺 寸	最小单边加工余量
机加工石墨型工艺	≤200	3
	200～500	3～4
	500～1 000	4～5.5
	≥1 000	5.5～8
熔模精密铸造工艺	≤500	2～3
	500～1 000	4～5
	≥1 000	5～7

2) 确定铸件收缩率

铸件的收缩是金属收缩及其他多种收缩的总和。铸件的收缩率与铸件的形状结构、尺寸、造型工艺和浇注系统的设置、铸件在铸型中的位置等因素有关。根据生产类似铸件的实际经验,并通过多次试验、局部加工艺补贴量等才能给出比较准确的收缩率。用不同的造型工艺成形的钛和钛合金铸件的收缩率如表 6-33 所示[32]。

表 6-33　不同造型工艺成形的钛和钛合金铸件的线收缩率(%)

造 型 工 艺	自 由 收 缩	受 阻 收 缩
机加工石墨型(包括金属型)铸造	1.0～1.8	0.5～1.5
捣实(砂)石墨型铸造	1.5～2.5	0.5～2.2
熔模石墨型壳铸造	3.5～4.8	1.5～3.5
熔模陶瓷型壳铸造	1.0～2.5	0.5～1.8

3）浇注系统的设计

浇注系统的设计与浇注方式的选择是保证铸件表面无裂纹、内部致密、无弯曲变形的重要条件。因钛及钛合金的特殊性，其浇注系统应满足以下要求。

（1）浇注位置的选择。

a. 铸件的重要部位应置于下部。

b. 保证铸件的充型能力。

c. 铸件的重要加工面和大平面应朝下、呈直立或倾斜状态。

（2）浇注系统的设计。

a. 通常采用底注式浇注系统，必要时也可采用侧注的浇注系统以及综合式的浇注系统。

b. 钛及钛合金铸件生产中，浇冒口系统设计的工艺参数及浇冒口形式是：

（a）一般采用的浇注系统比例为：$F_内 ： F_横 ： F_直 = 1 ： 2 ： 2$，直浇道的直径通常是钛铸件平均壁厚的 2～3 倍；设置内浇道时，应注意避免金属直接冲刷型腔，同时还要注意避免通过单位截面内浇道的金属液流量过大，延续时间过长，致使该区域急剧过热，造成严重粘砂，甚至发生化学反应。

（b）一般采用的冒口尺寸为：冒口的直径与铸件补缩部分壁厚的比值为（2～3）：1，冒口的高度为补缩部位壁厚的 3～4 倍；它的斜度一般取 8°～10°。

（c）浇道的形状有：直型、弯型。

（d）冒口的形状有：圆柱形、环状形。

（e）引入位置有：顶注、底注和侧注。

c. 有利于铸件的补缩。

d. 铸件的大平面应位于下部或倾斜。

e. 浇冒系统放置方便，易清理。

4）分型面的选择

分型面的选择原则：

（1）技术要求条件较高的应尽量放在底面。

（2）根据零件形状特点尽量减少铸型数量，减少铸型的积累误差造成铸件尺寸不合格。

（3）节省原材料。

（4）使造型到下芯的整个过程方便。

（5）使铸型结构简单，减少、降低加工难度等。

（6）尽可能使铸件全部或大部分置于同一类型，保证产品的尺寸精度。如尽量把有尺寸精度要求的部分设在同一铸型上以减小制造和装配误差等。

（7）保证型腔的顺利排气。如分型面尽可能与最后充填满的型腔表壁重合，以利于型腔排气。

5) 基准面的选择

基准面是铸件制造和验收时需要参照的重要条件,基准面的确定应由零件设计、零件加工、铸造工艺设计共同商定。钛铸件基准面的选择原则是:

(1) 尽量选择非加工面作为基准面。

(2) 基准面应尽量平整、尺寸稳定。

(3) 基准面不宜过小,尽量选择面积较大的面。

(4) 避免在基准面上设置浇注系统。

(5) 铸件检查、模具设计、铸件加工尽可能选择同一个基准面。

6) 铸造工艺设计有关工艺参数及型、芯的选择与设计等

铸件型、芯的工艺设计应注意以下问题:

(1) 使用机加工石墨型铸型模具生产钛合金铸件,在铸型模具结构设计和制造工艺上采取特殊措施,可以做到一副外模型多次使用,降低生产成本。

(2) 若铸型分块较多,保证铸件壁厚均匀是工艺设计的关键。在钛合金机加工石墨型铸造过程中,当芯子分型数量比较多,又悬空放置,采用石墨垫片可以起到固定型芯、保证壁厚的作用,是解决结构复杂的薄壁铸件壁厚均匀性的有效措施。

(3) 型腔芯子形成铸件的内腔,孔和铸件外形不能出型的部位,可以采用局部下镶块的方式。

(4) 型腔局部有特殊性能要求的部分,有时可能使用能满足要求的特殊型芯替代;由于机加工石墨型的导热性好,加之钛的比热小容易凝固的特点,常会使钛铸件表面产生冷隔、流痕等缺陷,尤其是在铸件内腔的非加工表面,最终造成铸件表面或尺寸不合格。

7) 浇注方式的选择

钛及钛合金的浇注方式直接关系到铸件的质量和工艺出品率的高低。目前,钛及钛合金在工业生产上采用的浇注方式主要是:重力浇注和离心浇注两种。

(1) 重力浇注适用于重量和尺寸比较大,壁厚>6 mm,形状简单或形状比较特殊(如各种直径比较大的长管子)铸件。重力浇注的铸件内外表面光滑,外形尺寸一致,操作简单,环境污染小,是最早应用的一种浇注方式,主要应用于中等尺寸、壁厚较大并且结构相对简单的石墨型铸件。

(2) 离心浇注适用于重量和尺寸适中(因炉子尺寸限制)的铸件。尺寸较大、结构复杂并且壁厚较小的钛铸件,采用静止浇注很难保证铸件的成形完整及内部质量。目前,工程中应用最多的是立式离心浇注工艺:它利用离心力将定量的钛液高速旋转至铸型型腔内充填型腔。因此选择离心铸型的转速时,主要应考虑两个问题:① 离心铸型的转速起码应保证液体金属在进入铸型后立刻能形成圆筒形,绕轴线旋转;② 充分利用离心力的作用,保证得到良好的铸件内部质量,避免铸件内产生缩孔、缩松、夹杂和气孔。

离心浇注时,转速的选择取决于铸件的结构和铸型的强度,通常按照下式计算[31]:

$$n = 299\sqrt{\frac{G}{R_0}}$$

式中:n 为离心转速,r/min;G 为重力系数;R_0 为离心半径,cm。

经验证明,当 $G > 10$ 时即可获得成形完整、组织致密的钛铸件。

6.5 钛合金铸件的清理、精整与热处理

6.5.1 清理、精整

钛和钛合金铸件浇完冷却到 300℃ 以下就可以出炉,出炉后进行铸型清理、并将铸件浇注系统去除,然后对铸件进行打磨处理、去应力退火、消除缺陷等处理。

精整铸件表面最常使用的是各种风动和电动打磨工具。根据待精整铸件位置,合理选用不同直径的手提式风动砂轮、电动旋转锉等工具进行作业。另外,小型风钻配 $\phi 6 \sim \phi 10$ mm 砂轮磨头和异型铣刀专修铸件上圆角、沟槽和复杂内腔等,其空载转速可超过 1 000 r/min,具有很高的磨削效率。

民用航空钛合金铸件表面质量要求高,尤其铸件非加工面的表面精整打磨质量更是重中之重,通过选用新型的打磨抛光工具(见图 6-34)精整铸件,针对铸件的曲面位置,采用相似弧度的打磨磨头进行精整,能有效防止过度打磨,有效控制打磨表面粗糙度,大大提高铸件表面质量。对于大型铸件异形曲面表面精整后,需用线切割等加工方式制作样板与铸件表面进行比对或用三维测量设备测量铸件打磨面,确认是否存在过度打磨。钛合金铸件精整打磨后,需对铸件重新进行喷砂。

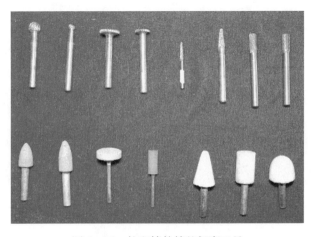

图 6-34 航空铸件精整打磨工具

　　喷砂是以压缩空气或水为动力,驱动大量砂粒高速喷击铸件表面,去掉残余型砂及氧化皮,使铸件表面清洁,光泽均匀,并降低铸件表面粗糙度,如图 6-35 所示。高压水喷砂时依靠高压水泵输出 10~60 MPa 高压水形成的高速射流,冲击铸件上的铸型或型芯,使之脱除的方法。其优点是不易损坏铸件,湿法作业无粉尘危害,清理效果好,缺点是生产效率不及压缩空气干喷砂(见图 6-36)。砂料粒度和喷砂压力参数如表 6-34 所示。

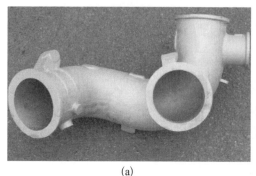
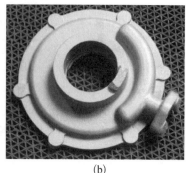

(a) 　　　　　　　　　　　　　　　　　(b)

图 6-35　经表面喷砂处理获得的钛合金铸件

(a) 航空进气管铸件　(b) 航空发动机零件

(a) 　　　　　　　　　　　　　　　　　(b)

图 6-36　钛合金铸件表面喷砂处理

(a) 干喷砂　(b) 精细水喷砂

表 6‑34 钛合金表面喷砂工艺参数

喷砂方式	砂粒度/目		喷射压力/MPa
	刚玉砂	石英砂	
压缩空气喷砂	20~40	50~75	0.3~0.6
高压水喷砂	75~100	120~220	0.1~0.2

6.5.2 钛合金铸件的焊接修复

6.5.2.1 钛及钛合金铸件的补焊特点

1) 氧、氮、氢对钛铸件补焊的影响

在钛及钛合金铸件的补焊过程中,必须重点考虑补焊过程中钛对气氛的高活性,由于钛合金对于氧、氢、氮具有极高的亲和力,钛在大气中,250℃吸氢、400℃吸氧、600℃吸氮。在补焊过程中,若补焊位置、热影响区与以上气氛直接接触,直接导致氧、氮与钛形成间隙固溶体,降低金属的塑性,提高其硬度。另外,氢在钛中的溶解度达33%,钛吸收了氢形成了氢化钛,使韧性急剧下降,引起焊缝脆性断裂,俗称氢脆。

2) 杂质对钛铸件补焊的影响

在实际生产过程中,铸件补焊前的准备工作十分重要,待焊位置及热影响区位置的金属表面若有油脂、树脂化合物、其他碳氢化合物、铁杂质等污染物存在,将严重影响补焊质量。因此,在焊前准备和补焊过程中使用专用的打磨工具进行表面清理,如硬质合金旋转锉等。待焊区表面打磨清理后,对表面进行酸洗净化处理,酸洗技术条件如表 6‑35 所示。另外,焊工佩戴的手套应使用非棉的化学纤维手套,劳动保护用具应保持清洁干燥,在封闭室内进行作业。

表 6‑35 铸件清理工序及设备和技术要求[41]

工 序	工艺方法与设备	技 术 要 求
脱壳(型)	手锤或风铲 震动落砂机(脱壳机)	勿损伤铸件 —
切除浇冒口	氧乙炔火焰切割 砂轮机切割	切口与铸件间距大于 10 mm 切口与间距大于 2 mm
抛丸或喷砂	抛丸(钢球)机与喷砂(氧化铝或碳化硅)机	清除残留型壳与粘砂
水力清砂	水力清砂机水压约 10 MPa	清除型孔、内角粘砂
盐浴处理	活性金属盐浴槽	清除钨面层型壳铸件粘砂及氧化皮
手工铣	气动手工铣刀	铣削铸件浇冒口残根及表面缺陷
手工磨	气动手工磨具	磨削铸件表面缺陷与修整外形

（续表）

工 序	工艺方法与设备	技 术 要 求
机床加工	车床、铣床、磨床、锯床、钻床	切削浇冒口，铣、磨铸件局部缺陷
喷砂	喷砂机砂粒度约 0.15 mm	均匀的去除铸件表面的 α 污染层
酸洗	槽液配比： HNO₃（质量分数为 65%）18.5%（体积分数） HF（质量分数为 40%）5%（体积分数） H₂O 余量 工艺： 清理性酸洗 3～5 min，腐蚀性酸洗速度：0.05～0.07 mm/min，酸洗量：≤0.2～0.4 mm	槽液温度控制在 20～35℃，槽液变深蓝色时（含钛量＞25 g/L），更换槽液，铸件应不断搅动，以防渗氢。

3）惰性气体保护对钛铸件补焊的影响

目前钛铸件的补焊操作方法多数为惰性气体保护手工钨极氩弧焊（TIG）。钛铸件的补焊工作大多数在保护气氛的真空充氩焊箱内由焊工操作完成，尤其是航空、航天及一些重要用途的部件（见图 6-37）。

图 6-37　真空充氩焊箱

4）热处理对钛铸件补焊的影响

为了改善补焊对钛合金铸件的性能影响，需要焊后及时进行热处理来消除残余应力以及稳定补焊位置的组织和性能，改善塑性，防止脆化。

民用航空铸件 α 和近 α 合金焊后主要进行去应力退火，退火温度控制在 550～720℃，保温 1～4 h，冷却方式为随炉冷却。

民用航空铸件 α＋β、β 合金焊后一般进行稳定化退火，退火温度控制在 550～

750℃,保温1～4 h,并设定过渡保温台阶,保温台阶应不少于1 h,冷却方式为随炉冷却。

6.5.2.2 钛合金铸件的补焊工艺

1) 铸件缺陷的排除方法

钛合金铸件补焊前需对铸件进行喷砂去除α污染层,然后用X光或荧光渗透检测,确定铸件缺陷的类型和尺寸大小,并标记缺陷位置及范围。根据缺陷所处位置壁厚和缺陷的特点,应先使用硬质合金旋转锉或机械摇臂钻床去除缺陷后再使用硬质合金旋转锉手工制作坡口。坡口主要以U型坡口为主,坡口外沿应磨钝,补焊位置及热影响区范围也需要打磨干净,如图6-38所示。若坡口底部为通孔时,应使用厚度>5 mm的铜板作为底部衬板控制焊缝成形。排除缺陷后,需进行X光复检以确定缺陷是否完全被排除。

图6-38 铸件缺陷位置制作坡口　　　图6-39 酸洗后待焊位置

2) 酸洗

铸件补焊前需对铸件缺陷位置进行酸洗,酸洗过程严格按照酸洗工艺进行操作,精确控制酸洗溶液的浓度、时间和温度,以防止铸件吸氢,影响铸件补焊质量,酸洗后铸件待焊位置如图6-39所示。

3) 补焊参数的设置

钛合金铸件补焊参数主要有:补焊电流 I、补焊电压 U、惰性保护气体(氩气99.99%以上)流量 Q、焊丝的选择(材质、直径) d、焊枪钨极(主要选用铈钨极)直径 D_1、钨极磨削尖部直径 D_2、喷嘴直径 D_3、钨极伸出长度 L、补焊位置壁厚 t、补焊环境温度、湿度等。通过选用合适的焊丝直径、焊枪钨极直径,补焊电流来获得优良的补焊效果。可以通过表6-36经验公式来设置补焊工艺参数。

表6-36 补焊参数设置的经验公式

补焊电流 I	气体流量 Q	钨极伸出长度 L	焊枪钨极直径 D_1	焊丝直径 d
$I=(30\sim50)d$	$Q=(0.8\sim1.2)D_3$	$L=(2\sim3)D_1$	$D_1=3D_2$	$d=(t/2\pm1)\text{mm}$

注:当钨极直径小于3 mm时,$I=50d-(5\sim10\text{ A})$、当钨极直径大于3 mm时,$I=50d+(10\sim15\text{ A})$;
当喷嘴直径 $D_2\geqslant12\text{ mm}$ 时,系数取1.2、当喷嘴直径 $D_2\leqslant12\text{ mm}$ 时,系数取0.8。

综合生产实际情况考虑,合理选择钛合金铸件补焊的工艺参数(见表 6-37)。

表 6-37 钛合金铸件的补焊参数设置^[33]

补焊铸件厚度/mm	焊丝直径/mm	钨极直径/mm	喷嘴直径/mm	补焊电流/A	补焊电压/V	氩气流量/(L/min)	
						焊枪喷嘴	背部或拖斗
<3	1.0~2.0	2.0	8~12	50~130	—	8~12	4~12
3~10	1.6~3.0	2.0~3.0	16~20	90~130	—	12~16	4~12
>10	2.0~4.0	2.5~4.0	16~24	130~150	—	15~25	4~12

注:补焊参数允许根据实际工况略微调整。

4) 补焊过程操作

(1) 补焊前焊丝表面应洁净、无氧化皮、油污或其他污染物,若不符合上述表面质量,应使用细号砂纸对焊丝表面进行擦拭和酸洗,并使用酒精或丙酮进行清洗,待干燥后方可使用,可使用烘干炉烘干,烘干温度为 150~200℃,烘干时间不低于 1 h。

(2) 补焊前应对铸件待焊位置表面进行表面检查。

(3) 补焊前,应先在真空充氩焊箱内使用同材质试板进行补焊参数调试,并设置好补焊工艺参数,合理调节焊枪起弧前的预先通气时间和断弧后氩气保护的滞后时间。

(4) 根据铸件补焊位置,可适当调整钨极伸出长度,并调整氩气流量,根据补焊厚度,进行多层补焊。

(5) 铸件缺陷补焊时,严格控制钨极距铸件表面距离、热输出量、形成熔池面积,通过调整补焊电流和焊枪钨极与铸件的角度来防止咬边,并调节电流衰减功能,避免补焊过程急剧断弧,造成较深的弧坑。

(6) 补焊次数应满足该铸件的补焊技术条件。

5) 补焊目视检验

民用航空钛合金铸件补焊后,应由专门的目视检验员对补焊位置进行宏观检查,补焊区域及热影响区域的颜色应符合 HB/Z 348—2001 检验标准,铸件补焊后如图 6-40 所示。

另外,对于民用航空薄壁铸件表面缺陷的修复,还可以使用激光熔覆方法消除缺陷,修复后的铸件具有优异的性能,满足航空铸件检验标准。

6) 铸件补焊位置精整

铸件补焊后,需对焊点打磨平整。根据补焊位置的几何形状,选用合适的打磨工具应对其进行精整处理,如图 6-41 所示,保证铸件尺寸符合图纸要求。

图 6-40 铸件补焊位置 　　　　　　图 6-41 铸件补焊位置精整

6.5.2.3 钛合金铸件焊后热处理

补焊后的铸件需进行消除应力的退火处理,退火规定按 HB/Z 137 执行。

6.5.2.4 钛合金铸件焊后质量检验

铸件补焊后,立刻目视检查补焊区域的颜色和它与基体的焊合情况。补焊区及其周围颜色应符合 HB5376—1987 的规定。焊缝与基体应完全熔合。目视检查完成后,对补焊区域进行 X 光和荧光检验,确保焊接区域符合图纸或技术条件要求。

6.5.3 热处理

6.5.3.1 常用热处理工艺

钛合金铸件从液态冷却到固态通常生成比较粗大的晶粒,这种晶粒不能通过相变再结晶处理而细化。热处理几乎成了改变钛合金铸件显微组织,提高力学性能的唯一有效方法。

热处理的目的主要是降低或消除铸件内部残余应力,防止铸件在后续加工或使用过程中发生变形,同时稳定组织,提高铸件性能。

热处理种类主要有如下几种:

1) 退火

(1) 消除应力退火。

消除应力退火加热的温度比较低,温度控制在 $500 \sim 650℃$,升温速度比较慢,并且保温时间控制在 $0.5 \sim 2\,h$,合金的组织基本不发生变化。一般铸件保温结束后,冷却方式采用空冷或炉冷。对于易变形的铸件,保温结束后应采取炉冷的方式进行冷却,以防止铸件变形。

(2) 真空退火。

真空退火主要目的是减少铸件中氢含量和防止氧化。航空、航天用的Ⅰ类、Ⅱ类铸件,在精密机械加工使用前,一般都进行真空退火,以降低铸件中的氢含量,并消除残余应力,确保铸件在随后使用过程中的稳定性和可靠性。真空退火热处理设备要求工作温度控制在 $600 \sim 900℃$,真空度控制在 $6.7 \times 10^{-2} \sim 6.7 \times 10^{-3}\,Pa$,

炉子漏气率低于 0.39 Pa·L/S。

2) 热等静压技术

热等静压是将需要处理的铸件置入密闭耐高温耐高压容器内,在高温和氩气各向等静压力作用下,铸件内部封闭的气孔、缩松发生蠕变,并连接扩散焊接成一体,使铸件内部组织致密稳定的热处理过程。钛合金铸件常用的热等静压工艺如表 6-38 所示,热等静压前后力学性能对比如表 6-39 所示。

表 6-38 国内主要钛合金铸件的热等静压工艺[32]

合　金	温度/℃	压力/MPa	时间/h	保温、保压结束后的处理
工业纯钛	850±14	100~120	2.0~2.5	
ZTA7	910±10	100~140	2.0~2.5	
ZTA15	910±50	100~140	1.5~3.0	
ZTC3	920±10	100~140	1.5~3.0	随炉冷至 300℃以下出炉
ZTC4	920±10	100~140	2.0~2.5	
ZTC5	900±10	100~140	2.0~2.5	
ZTC6	900±10	100~140	2.0~2.5	

表 6-39 热等静压处理前后的力学性能对比[41]

合　金	状　态	力　学　性　能						国家
		R_m /MPa	$R_{p0.2}$ /MPa	A /%	Z /%	K_{IC} /MPa·m$^{3/2}$	σ_D /MPa	
BT5л	铸态带缺陷	784	—	4.5	9	—	196	前苏联
	热等静压	882	—	12	22		470	
BT20л	铸态带缺陷	1 030		5.8	12.3			
	热等静压	1 040		9.7	25.3			
Ti-6Al-4V	铸态	1 000	896	8	16	107	—	美国
	热等静压态	958	869	10	18	109		
ZTC4	铸态	948						中国
	热等静压态	937						
ZTA15	铸态	939	845	9.2	17.4			中国
	热等静压态	947	856	10.6	18.4		480	

3) 强化热处理

为改善和提高钛合金铸件的性能,目前主要有三种常用的强化热处理方法:α-β固溶处理(ABST);β固溶处理(BST);破碎组织处理(BUS)等(见表 6-40)。

表 6-40　Ti-6Al-4V 合金铸件的强化热处理工艺[32]

序　号	热 处 理 工 艺	固 溶 处 理	时 效 处 理
1	ABST(α+β 固溶时效处理)	950~970℃,1 h,风冷	540℃,8 h,空冷
2	BST(β 固溶时效处理)	1 020~1 050℃,1 h,风冷	540℃,8 h,空冷
3	BUS(破碎组织处理)	1 020~1 050℃,0.5 h,水淬	815℃,24 h,空冷

4) 氢处理

氢处理是主要利用氢在钛合金中的溶解是一个可逆过程,把氢作为临时过渡的合金元素,然后通过控制共析反应过程,使钛合金的铸态组织细化,以提高钛合金铸件的力学性能。钛合金铸件的氢处理过程主要由渗氢、固溶处理、低温共析转变和真空除氢等几个热处理过程组成。

5) 循环热处理

循环热处理是利用钛合金铸件相的体积效应,不断积累增加的内应力,促进再结晶发生,从而造成 α 片状组织球化的工艺过程。

6.5.3.2　钛合金铸件热处理效果的评定

钛合金铸件热处理效果评定方法如表 6-41 所示。

表 6-41　钛合金铸件热处理效果评定方法[41]

项　目	取 样 方 法	测试方法及评定
硬度	取自同一热处理炉次和同一浇注炉次的附铸试样	按 HB5168—1996 测定三个硬度值并以平均值作为检测结果
马氏硬度	取上述同样试样制成金相试样镶块后抛光	从试样外表面向内部逐点测量,并以此评定铸件表面污染层的厚度。当铸件外表面与其内部的马氏硬度值相差较大时,说明表面污染层没有除尽,应重新喷砂和酸洗,甚至进行真空退火处理
拉伸性能	取自同一熔炼炉次和同一热处理炉次从铸件上切取的试样	按 HB5143—1996 测定三根试样,评定其是否符合技术条件要求
显微组织	金相试样经抛光,腐蚀后显露组织	表面富氧层的单相 α 固溶液成光亮的初生 α 相时说明污染层每次除尽,同时还可以观察到明显的微裂纹,必须重新清洗
表面状态	目视检查铸件表面颜色	根据铸件表面颜色评定氧化程度。淡黄色为合格,淡紫色为不合格,应继续清除污染层

6.5.3.3　钛合金铸件热处理表面污染的处理

钛合金铸件在热处理过程中当温度高于 500℃时,铸件表面开始与氧作用而形成由氧化物薄膜和气体饱和层组成的污染层。污染层会显著降低铸件表面力学性能，并提高表面硬度。污染层一般可以采用机械加工、打磨喷砂和酸洗的方法去除。

6.6 质量控制技术

飞机钛合金铸件在精整后，要根据 ASTM、AMS、波音、空客等标准、图纸以及客户要求，进行铸件尺寸、表面质量目视、无损检测（射线照相、荧光渗透）、力学性能、化学成分分析的检验，对有特殊要求的铸件，可作金相组织的检验。民用飞机零部件供应商需通过 AS9100 航空质量体系认证。

6.6.1 尺寸检验

尺寸检验主要是根据铸件图纸技术要求，检查各项尺寸是否达到设计需求。检测方法主要有手工划线检测、激光三坐标测量等。对于常规结构铸件，通常采用手工划线方法，对于复杂结构铸件，则需采用激光三坐标测量仪进行检测。近年来，在三坐标测量技术的基础上，还发展出一种手持式的 3D 扫描仪，可以对铸件尺寸进行整体三维测量，并形成数据库和立体图形，有利于整体分析铸件的尺寸精度，可满足航空领域的数据包技术的不断发展需求。

6.6.2 目视检验

主要检测铸件的表面质量，包括铸件的结构完整性、表面裂纹、表面孔洞缺陷、附着物、粗糙度情况等。对于开放式结构，通过采用直接目视或结合放大镜进行检测，对于具有复杂型腔的铸件，需采用内窥镜进行检查。

6.6.3 无损检测

民用飞机钛合金铸件表面质量必须通过荧光渗透检验，检查表面开口缺陷。内部质量必须通过射线照相检验，检查内部缺陷。无损检测人员要按国际宇航 NAS410/EN4179《无损检测人员资格鉴定与认证》标准的规定培训考试，取得资格证书，每种检测方法至少有一名高级人员（Ⅲ级）。无损检测做为民用飞机制造、维修中的一个特殊过程，必须通过 PRI 的 Nadcap‐NDT 质量技术审核，取得证书。无损检测质量体系按 AC7114 审核，射线照相按 AC7114/4 审核，荧光渗透按 AC7114/1 审核。

6.6.3.1 射线照相

1）射线检测技术

射线照相检测技术是利用射线穿透被检测材料，由于缺陷与材料基体吸收射线能量不同，在感光介质上形成影像的黑度差别，来判断缺陷的类型位置和严重程度。包括胶片射线照相检测技术 RT、数字射线照相检测技术 DRI（CR、DR、RTR）。

2）钛合金铸件检测特点

钛合金密度为 $4.5\ \text{g/cm}^3$，是中等密度的金属，衰减系数约为钢的 0.4 倍，射线能量选择 50 kV 至 350 kV 能够满足要求。钛合金铸件容易产生的缺陷有气孔、缩孔、低密度夹渣、高密度夹渣、冷隔、裂纹等,经热等静压后铸件内部的密闭孔洞类缺陷可以排除,熔模铸件中多产生高密度夹渣。检测工序应安排在热等静压后以及任何后续补焊之后。检测人员熟悉铸件所用的浇铸工艺有利于对缺陷定性、定位的判断。

3) 检测工艺

检测工艺规程一般分为通用工艺规程和专用工艺卡两种。以 ASTM E1742 或客户规范、技术条件为依据。

(1) 通用工艺规程:应依据标准、技术条件要求编制,覆盖检测全过程。

包括:① 适用范围;② 标准;③ 一般要求,包括人员、设备、材料、场所;④ 详细要求,依据的标准的具体要求;⑤ 质量控制要求,包括设备仪器的校验、材料性能校验及人员操作规范;⑥ 标记;⑦ 存储要求;⑧ 记录[42]。

(2) 专用工艺卡:是针对具体工件制定的专用技术文件,它的编制应以工艺规程和相关标准为依据。

包括:① 零件名称图号;② 标准;③ 射线检验场所;④ 灵敏度;⑤ 不清晰度;⑥ 射线的类别;⑦ 设备的型号;⑧ 有效焦点尺寸;⑨ 曝光区域图;⑩ 胶片的类别和尺寸;⑪ 增感屏的类别和厚度;⑫ 滤波器的类别和厚度;⑬ 焦距;⑭ 射线束的角度;⑮ 曝光时间;⑯ 电压值;⑰ 电流值;⑱ 像质计的材料和类别;⑲ 胶片处理方式;⑳ 验收标准;㉑ 材料;㉒ 零件的分类;㉓ 黑度范围[42]。

4) 常用标准

ASTM E1742　射线检验标准;

ASTM E747　用于射线检验的丝型影像质量指示器(IQI)的设计、制造和材料、分组的方法;

ASTM E999　工业射线胶片处理的质量控制导则;

ASTM E1025　用于射线检验的孔型影像质量指示器(IQI)的设计、制造和材料、分组的方法;

ASTM E1030　金属铸件射线检验方法;

ASTM E1079　透射式密度计的校验方法;

ASTM E1254　射线底片和未曝光工业射线胶片的贮存手册;

ASTM E1815　工业射线胶片系统的分级。

民用飞机钛合金铸件射线评定标准如下:

ASTM E1320　钛合金铸件标准参考底片;

ASTM E192　航空航天熔模钢铸件的标准参考底片。

5) 质量控制

为保证射线照相检测质量,对暗场适应、红灯安全性、密度片及密度计、观片灯、射线机的输出特性、洗片机的一致性校验等过程环节都要有效控制。

6.6.3.2　荧光渗透

1）荧光渗透技术

渗透检测是以毛细作用原理为基础，分为水洗型、后乳化型和溶剂去除型。民用飞机钛合金铸件采用水洗型和后乳化型荧光渗透法。水洗型适用于灵敏度要求不高、表面粗糙度较大的工件，采用低、中级灵敏度等级。后乳化型有较高的灵敏度，用于技术要求高和机加后光洁度好的工件，采用中级、高级和超高级灵敏度等级。

2）钛合金铸件检测工艺流程及特点

以 ASTM E1417 或客户规范为依据，选择合理的荧光渗透检测方法。

（1）水洗型荧光渗透。

a. 表面准备：待检表面应清洁、干燥。处理方法有机械清理和化学清洗，钛合金铸件在机械清理后多采用酸洗、溶剂清洗。

b. 渗透：可采用浸、喷、刷和浇涂的方法。钛合金铸件渗透时间应在 20 min 以上为宜，环境温度 4～52℃。

c. 去除：用水清洗掉工件表面多余的渗透液，严格控制水温在 10～38℃之间，水压在 0.27 MP 以下，喷嘴距工件的距离大于 30 cm，不能采用实心水冲洗。

d. 干燥：温度小于 71℃，时间适当，以工件表面的水分刚好干燥为宜。

e. 显像：显像时间因显像剂的类型而定。

f. 检验：钛合金铸件常见表面缺陷有气孔、夹渣、裂纹、冷隔、疏松、未融合，显像后按客户的规范和技术要求，进行解释和评定。

（2）后乳化型荧光渗透。

后乳化型的渗透液是不能够直接用水清洗掉的，必须在渗透后先乳化，乳化时间根据工件大小、形状、数量和乳化剂的类型而定，乳化后再用水清洗。其他检测流程同水洗型一致。

3）质量控制

为保证荧光渗透检测线的可控性，设备仪表如温度表、压力表、计时器、荧光亮度计等要定期校验，渗透检测材料如渗透剂、乳化剂、显像剂要定期检测。

4）检测工艺

检测工艺规程一般分为通用工艺规程和专用工艺卡两种。

（1）通用工艺规程：应依据标准、技术条件要求编制，覆盖检测全过程。

包括：① 适用范围；② 编制依据：委托书、技术文件和应用规范、标准等；③ 一般要求：人员、设备、材料、场所；④ 工艺参数：渗透剂、乳化剂及显像剂的施加方法，干燥、乳化及显像的时间、温度和水压的控制等；⑤ 质量控制：仪器校验、渗透材料性能检验及人员要求[43]。

（2）专用工艺卡：是针对具体工件制订的专用技术文件，它的编制应以工艺规程和相关标准为依据。

应包括：工件名称、工件材质、灵敏度等级、方法标准、验收标准、试验方法、环境温度、水压、清洗、烘干、渗透、乳化及显像时间、渗透及乳化方式、材料牌号[43]。

5）常用标准

ASTM D95　石油产品和沥青材料含水量的蒸馏测试方法；

ASTM E1135　荧光渗透剂亮度对比测试方法；

ASTM E1417　液体渗透检验的标准实施规程；

ASTM E1208　用亲油性后乳化工艺做液体荧光渗透检验的试验方法；

ASTM E1210　用亲水性后乳化工艺做液体荧光渗透检验的试验方法；

AMS 2644　渗透检验材料；

AMS QPL‑2644　渗透材料合格目录。

6.6.3.3　化学成分分析

供应商在生产过程、交货时要检查原材料和控制合金的化学成分,试样的采取、分析方法、分析仪器和分析试剂,应符合有关标准的规定。分析结果应符合相应铸件或合金标准规定的化学成分要求。

针对钛合金化学检测标准主要有国标、航标、ASTM 标准等。国军标 GJB 2218[44],GJB 2220[45],GJB 2896[46]等标准规范和 YS/T 576[47],YS/T 577[48]等标准中均是采用 GB/T 4698 进行化学成分检测,而 ASTM B 367[49]和 SAE AMS 2249 E[50]中均要求用 ASTM E 120 系列标准检测(见表 6‑42)。

表 6‑42　适用于钛合金铸件检测的主要化学分析标准

标　准　号	标　准　名　称	应　用　范　围
GB/T 3620.1—2007	钛及钛合金牌号和化学成分	参照了国际标准 ISO5832‑2 和美国 ASTM 标准相关内容,适用于钛及钛合金压力加工的各种成品和半成品(包括铸锭)
GB/T 3620.2—2007	钛及钛合金加工产品化学成分允许偏差	适用于钛及钛合金压力加工产品化学成分的复验分析
GB/T 4698.1‑25	海绵钛、钛及钛合金化学分析方法	系列标准,可分析钛及钛合金中铜、铁、硅、锰、钼、硼、氮、铝、锡、铬、钒、锆、碳、氢、氧、镁、铌、钯、镍、氯量
HB 7716.1‑12	钛合金化学成分光谱分析方法	火焰原子吸收光谱法测定铝、钒、铬、钼、微量钼、锡、铜、微量铜、锰、微量锰、铁、硅含量
HB 7716.13	钛合金化学成分光谱分析方法 第13部分电感耦合等离子体原子发射光谱法测定铝、铬、铜、钼、锰、钕、锡、钒、锆含量	

标 准 号	标 准 名 称	应 用 范 围
HB 7716.14	钛合金化学成分光谱分析方法 第 14 部分电感耦合等离子体原子发射光谱法测定微量钇含量	
ASTM E 120	钛及钛合金化学分析方法	适用于测定钛及钛合金中铝、氩、铬、铜、铁、镁、锰、钼、镍、氮、氧、钯、硅、锡、钨、钒、锆
ASTM E 1409	惰气熔融法测定钛及钛合金中氧和氮	
ASTM E 1447	惰气熔融热导法或红外法测定钛及钛合金中氢	

以上标准包括的分析方法主要有滴定分析法、分光光度法和仪器分析法。

1）滴定分析法

主要是络合滴定法和氧化还原滴定法。

2）分光光度法

分光光度法占有很大的比重，也是较为简单、容易实现的分析方法之一。

3）仪器分析法

通常采用红外碳硫分析仪、定氢仪、定氧仪、定氮仪、原子吸收光谱、电感耦合等离子体原子发射光谱等。还有未纳标的直读光谱、X 射线荧光光谱。

6.6.3.4　力学性能

钛合金铸件在交货时需进行力学性能检测。样品通常使用与铸件同一炉次浇注的附铸试块或在铸件本体上取样。如铸件需要热处理时，附铸试块应与铸件同炉进行热处理。当在铸件本体取样时，取样位置及力学性能指标应由供需双方商定。钛合金铸件力学性能试验取样标准可参考 GB/T 23604。

钛合金铸件常规的力学性能检测包括室温拉伸试验和硬度试验。有特殊要求的钛合金铸件可进行冲击试验、弯曲性能试验、高温拉伸试验、拉伸蠕变及持久试验、平面应变断裂韧度 K_{IC} 试验等。常用试验标准如表 6-43 所示。

表 6-43　钛及钛合金力学性能试验及试验标准

力学性能试验种类	常用试验标准	备　　注
室温拉伸试验	GB/T 228.1 ASTM E8 EN 2002-1	ASTM B367 中对试验速度要求：屈服阶段应变速率 0.003～0.007 mm/(mm·min)

（续表）

力学性能试验种类	常用试验标准	备　　注
硬度试验	GB/T 231.1 ASTM E10	布氏硬度
	GB/T 230.1 ASTM E18	洛氏硬度
冲击试验	GB/T 229 ASTM E23	冲击试样缺口为深度 2 mm 的 U 型缺口
弯曲性能试验	GB/T 232 ASTM E290	—
高温拉伸试验	GB/T 4338 ASTM E21 EN2002-2	—
拉伸蠕变及持久试验	GB/T 2039	—
平面应变断裂韧度 K_{IC} 试验	GB/T 4161	—

民用飞机部件进行力学性能检测，实验室需通过 Nadcap 材料测试审核，审核标准为 AC7101/4。

6.6.3.5　金相组织

1）组织特点

钛有同素异构转变，在低温为 α 相，在高温则转变为 β 相。钛合金组织中 α 相有等轴及针片状两种形态。等轴 α 相在加热及保温时形成，针片状 α 相是在冷却过程中由 β 相转变而得到的。β 相通常为基本相，其上分布着针片状的 α 相，呈两相混合组织（转变 β）。铸造 α 钛合金组织中通常都有 β 晶界，晶内由针片状 α 组成，呈一定位向排列。在原始 β 晶粒内，位向相同区域的针片状 α 构成集束，在工业纯钛中集束常常具有锯齿状边界。铸造 α-β 钛合金组织中基体为 β 相，α 相按一定位相排列。原始的 β 晶界清晰，边界主要由大小不同的 α 相构成。合金冷却速度慢时，在晶粒内部形成粗大网篮组织，冷却速度很快时，可形成马氏体组织。图 6-42 所示为 ZTC4 合金的金相组织。铸造 β 钛合金组织中，β 晶粒被保留呈细小的等轴状，晶粒内部存在针状 α 相或金属间化合物析出物。

2）组织显示

显示钛及钛合金的金相组织，最常用的腐蚀剂为 Kroll 试剂：氢氟酸 1～3 ml，硝酸 2～6 ml 和水 91～97 ml；腐蚀时间：擦蚀法为 3～10 s，浸蚀法为 10～30 s。

3）常见缺陷[51]

（1）α 层（表面污染层）：富集氧、氮、碳的稳定表面层，是硬而脆的有害层。α 层组织形貌如图 6-43 所示。

（2）β斑：在α-β显微组织中转变的α和/或富β相区。这一富β相区具有比周围区域较低的β转变点。

（3）晶界α：存在于原始β晶界上的初生α或转变α相，也可能伴有大块α。

（4）贫β区（α偏析）：在α-β显微组织中β稳定元素异常低的区域，含有大量的初生α相，其显微硬度与附近区域无明显差别。

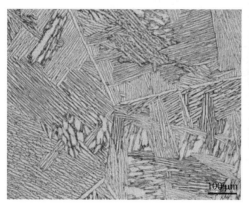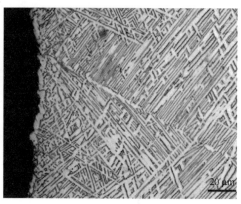

图6-42　α-β钛合金ZTC4组织　　　　　图6-43　α-β钛合金表面污染层

4）常用检测标准

常用的检测标准有 ASTM E3《金相样品制备指导标准》，ASTM E407《金属及合金显微腐蚀标准》，ASTM E340《金属及合金宏观腐蚀试验方法》，ASTM E112《测定平均晶粒尺寸试验方法》，SAE AS 1814C-2007《钛合金显微组织术语》，ASTM E384《材料显微压痕硬度的试验方法》。

民用飞机部件进行金相组织检测，实验室需通过 Nadcap 材料测试审核，审核标准为 AC7101/4。

参考文献

［1］　曹春晓. 航空用钛合金的发展概况［J］. 航空科学技术，2005，(4)：3-6.

［2］　黄张洪，曲恒磊，邓超，等. 航空用钛及钛合金的发展及应用［J］. 材料导报，2011，25(1)：102-107.

［3］　赵丹丹. 钛合金在航空领域的发展与应用［J］. 铸造，2014，63(11)：1114-1117.

［4］　张宝柱，孙洁琼. 钛合金在典型民用飞机机体结构上的应用现状［J］. 航空工程进展，2014，5(3)：275-280.

［5］　曹春晓. 钛合金在大型运输机上的应用［J］. 稀有金属快报，2006，25(1)：17-21.

［6］　冯颖芳. 钛合金的精铸技术进展及应用现状［J］. 特种铸造及有色合金，2001，(2)：72-74.

［7］　李成功. 波音公司飞机钛合金应用情况考察［J］. 航空材料，1984，(1)：45-47.

［8］　Boyer R R. 钛合金在美国民用飞机上的应用［J］. 材料工程，1992，(2)：1-3.

［9］　李重河，朱明，王宁，等. 钛合金在飞机上的应用［J］. 稀有金属，2009，33(1)：84-91.

[10] 陈尘.钛合金铸件在航空上的应用趋势[J].航空维修与工程,2007,(6):52-53.

[11] 瓦利金 N.莫依谢耶夫.钛合金在俄罗斯飞机及航空航天上的应用[M].董宝明,张胜,郭德伦,等译.北京:航空工业出版社,2008.

[12] 南海,谢成木.国外铸造钛合金及其铸件的应用与发展[J].中国铸造装备与技术,2003,(6):1-3.

[13] 闫平,王利,赵军,等.高强度铸造钛合金的应用及发展[J].铸造,2007,56(5):451-454.

[14] 黄旭,朱知寿,王红红.先进航空钛合金材料与应用[M].北京:国防工业出版社,2012.

[15] 黄金昌.β钛合金在飞机中的应用[J].钛工业进展,1999,(2):32-34.

[16] Boyer R R. New titanium application on the Boeing 777 airplane[J]. JOM, 1992, 44(5): 23-25.

[17] 赵红霞,虞文军.航空用高强度 BT22 钛合金的研发和应用[J].航空制造技术,2010,(1):85-90.

[18] 钱九红.航空航天用新型钛合金的研究发展及应用[J].稀有金属,2000,24(3):218-223.

[19] Giary K. High-strength titanium resistant ignition[J]. Adv. Mater. Process, 1993, (9): 7-10.

[20] 许国栋,王凤娥.高温钛合金的发展和应用[J].稀有金属,2008,32(6):774-779.

[21] 屠振密,李宁,朱勇明.钛及钛合金表面处理技术和应用[M].北京:国防工业出版社,2010.

[22] 赵永庆.高温钛合金研究[J].钛工业进展,2001,(1):33-36.

[23] 付艳艳,宋月清,惠松骁,等.航空用钛合金的研究与应用进展[J].稀有金属,2006,30(6):850-856.

[24] 曾立英,赵永庆,洪权,等.600℃高温钛合金的研发[J].钛工业进展,2012,29(5):1-5.

[25] 张翥,王群娇,莫畏.钛的金属学和热处理[M].北京:冶金工业出版社,2009.

[26] 张有为,谢华生,刘时兵,等.TiAl 基金属间化合物成形技术发展现状[C].2013 中国铸造活动周论文集,山东济南,2013.

[27] 张永刚,韩雅芳,陈国良,等.金属间化合物结构材料[M].北京:国防工业出版社,2001.

[28] 谢旭霞,张乐,张鑫,等.航空用钛合金阻燃技术[J].有色金属(冶炼部分),2008,S1:150-153.

[29] 黄旭,曹春晓,马济民,等.航空发动机钛燃烧及阻燃钛合金[J].材料工程,1997,(8):11-15.

[30] 孙护国,霍武军.航空发动机钛合金机件的阻燃技术[J].航空制造技术,2003,(1):46-48.

[31] 朱知寿,王新南,童路,等.航空用损伤容限型钛合金研究与应用[J].中国材料进展,2010,29(5):14-17.

[32] 谢成木.钛及钛合金铸造[M].北京:机械工业出版社,2005.

[33] 周彦邦.钛合金铸造概论[M].北京:航空工业出版社,2000.

[34] 舒群,郭永良,陈玉勇,等.航空航天用新型钛合金的研究发展及应用[J].材料科学与工艺,2004,12(3):333-335.

[35] 马宏声.钛及难熔金属真空熔炼[M].长沙:中南大学出版社,2010.

[36] 游涛,吴鹏,姚谦,等.一种钛合金镜筒的石墨型离心铸造工艺[J].铸造,2012,61(4):434-436.

[37] 谢华生,赵军,史昆,等.一种钛合金铸造用复合型芯制备方法:中国,201210492117.7

　　　　　　[P]. 2012 - 11 - 28.

[38] 苏鹏,刘鸿羽,赵军,等. 钛合金熔模铸造型壳制备技术研究现状[J]. 铸造,2012,61(12):
　　　 1401 - 1404.

[39] 谢成木,莫畏,李四清. 钛近净成形工艺[M]. 北京:冶金工业出版社,2009.

[40] 铸造手册(第三卷),铸造非铁合金[M]. 北京:机械工业出版社,1993.

[41] 铸造手册:铸造非铁合金(第3卷)[M]. 北京:机械工业出版社,2011.

[42] NANDTB - CN 资格鉴定与认证培训教材,射线检测(试用版)[M]. 2012.

[43] 国防科技工业无损检测人员资格鉴定与认证培训教材,渗透检测[M]. 机械工业出版
　　　 社,2004.

[44] GJB 2218 - 1994 航空用钛和钛合金棒材及锻坯规范[S]. 1994.

[45] GJB 2220 - 1994 航空发动机用钛合金饼、环坯规范[S]. 1994.

[46] YS/T 576 - 2006 工业流体用钛及钛合金规范[S]. 2006.

[47] GJB 2896 - 1997 钛及钛合金熔模精密铸件规范[S]. 1997.

[48] YS/T 577 - 2006 钛及钛合金网篮[S]. 2006.

[49] ASTM B 367 - 2013 Standard Specification for Titanium and Titanium Alloy Castings[S].
　　　 2013.

[50] SAE AMS 2249 E - 1999 Chemical Check Analysis Limits Titanium and Titanium Alloy
　　　 [S]. 1999.

[51] GB/T 6611 - 2008 钛及钛合金术语及金相图谱[S]. 北京:国家标准出版社,2008.

7 反重力铸造

7.1 反重力铸造原理及分类

在传统铸造工艺中,重力作为金属液充型及补缩的驱动力,对铸造过程的顺利实施起到至关重要的作用。然而,在以重力为驱动的铸造过程中,由于缺乏对于重力作用强度的有效控制,仅能通过浇注系统及铸型型腔约束来调控金属液的流动,在液流约束不良的情况下,金属液在重力作用下形成不稳定流动,可能造成严重的液流飞溅和复杂汇流,导致气体及氧化膜裹入,不利于铸件质量的优化和控制。与此同时,在以重力为驱动的铸造过程中,仅仅依靠重力很难实现足够的补缩压头,某些情况下无法满足复杂薄壁铸件完整充型的要求,而对于疏松倾向严重的合金来说,也难于获得高致密度的铸件。这类问题在易于氧化且容易产生疏松缺陷的复杂有色合金铸件生产中显得尤为突出。为了解决上述问题,人们建立了包括反重力铸造、压力铸造、挤压铸造在内的一系列特种铸造技术,通过人为施加的可控外部压力来驱动和控制充型补缩过程,从而保证并改善铸件质量。

反重力铸造是利用外部作用力驱动金属液使其沿反重力方向进入型腔并完成充型和补缩,从而获得良好的金属液充型流态和凝固补缩效果,以此改善铸件质量的一种特种铸造技术和方法。在这一技术方法的具体实施中,可以在通过外部压力控制驱动金属液完成充型及补缩的同时,利用重力实现金属液液面的流动约束,既实现了更高的充型及补缩驱动力,同时又可获得平稳的充型流动,从而避免传统铸造过程中液流飞溅、复杂汇流、气体及氧化膜裹入等现象对铸件质量的不良影响。金属液逆重力方向实现充型流动是反重力铸造工艺的重要特点,而型腔压力及液面压力的高精度可靠控制则是反重力铸造过程的实施关键。

反重力铸造技术实现原理如图 7-1 所示,金属液通过升液管与铸型型腔连接,金属液面压力 p_1 和型腔压力 p_2 可以独立调控。当液面压力大于型腔压力时,金属液将在压差作用下沿升液管向上流动,其上升高度

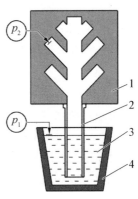

图 7-1 反重力铸造原理

1—铸型;2—升液管;
3—金属液;4—坩埚

和速度可由压差大小进行调控,同时充型流动也受到浇注系统及铸型型腔结构的引导和约束。金属液完全达到型腔最高处,实现铸型型腔的完整充填后,还可进一步提高压差来驱使金属液补缩流动,提高铸件的致密度。为了兼顾充型的有效性和平稳性,根据铸件尺寸大小及结构复杂性的不同,反重力铸造所应用的充型及补缩压差一般在 20～60 kPa 范围内调整,而金属液上升的速度以不超过 0.3 m/s 为宜。

从上述描述可以看出,反重力铸造的充型、补缩流动与传统的重力铸造有显著不同,而其压差控制范围及充型速度也与高压高速充型的压力铸造有明显差别。与其他铸造方法相比较,反重力铸造方法具备如下特点:

(1) 铸件成形性能好。反重力铸造过程中,金属液在外力驱动下受迫流动而实现充型,以铝合金为例,50 kPa 的充型压差即等效于约 2 m 高度的铝液压头,充型压头高于常规的重力浇注条件,金属液充填能力得到显著提升,有助于获得外形完整、细节清晰的复杂精密铸件。

(2) 金属液充型流动平稳。与压力铸造相比较,反重力铸造过程中逐步建立并提高驱动压差,金属液平稳有序流动进入型腔,充型速度易于控制,能够有效避免金属液对型壁的过度冲刷,减小铸件产生夹杂缺陷的可能性;同时重力作为金属液流动的阻力,可以起到约束液流、抑制液流飞溅的作用;此外,由于液流与型腔内气体流动方向一致,可以显著减少气体及氧化膜向铸件内的卷入,从而提高铸件的质量和合格率。

(3) 铸件致密度高。金属液自下而上平稳充型,会形成与充型方向一致的温度梯度分布,获得由型腔顶部到型腔底部,自铸件表面向铸件心部的顺序凝固条件,在压差作用下,升液管可以持续提供金属液补缩,抑制铸件缩孔、缩松等凝固缺陷。

(4) 合金纯净度高,铸件机械性能好。铸型通过升液管从金属液内部吸取金属液,在升液管开口深度设计适当时,既可以避免吸入金属液面覆盖的低密度熔渣及氧化膜,又可以避开坩埚底部的高密度夹杂,直接获取高纯净度的合金液进行浇注,有利于保证铸件的冶金质量和机械性能。

(5) 铸件含气量低,后续可热处理实现性能强化。压铸件由于含气量较高,一旦进行热处理极易造成表面鼓泡缺陷;而与压力铸造相比较,反重力铸造的驱动压力低,液流平稳,不易导致气体卷入或溶入,可以显著降低铸件含气量,所生产的铸件可通过后续热处理进行性能调整和优化。

(6) 材料利用率高。由于反重力铸造使用外部气压来控制充型和补缩,可以减少浇冒系统对金属原料的消耗,与此同时,升液管及浇注系统中不参与铸件成形的金属液也可以回流进入坩埚,反重力铸造条件下金属液工艺收得率可以达到 90% 以上。

(7) 工艺稳定性好。反重力铸造需要在一定设备条件下才能开展,这一方面提高了生产成本,但另一方面也通过自动化控制设备的应用降低了生产过程中的劳动强度,确保了铸造工艺方案的严格执行,有利于批量化生产的质量改善和稳定。

(8)工艺适应性广泛。反重力铸造对铸型材料没有特殊要求,可以采用金属型、砂型、壳型、石膏型、陶瓷型等各种铸型材料,也可用于生产各种不同尺寸和类型的铝合金、镁合金、钛合金等铸件。受技术实现成本和生产效率限制,目前反重力铸造技术在航空、航天、汽车等领域的铸件生产中已得到一定程度的应用。

根据反重力铸造过程中压力及压差控制方法的不同,可将反重力铸造技术划分为真空吸铸、低压铸造、差压铸造、调压铸造这四种具体的技术类型。

7.1.1　真空吸铸

真空吸铸是一种在型腔内形成负压,而将金属液置于开放的大气环境中或置于一定压力的气体氛围中,在液面与型腔之间的压差作用下,使金属液由下而上沿升液管进入型腔,完成凝固成形的铸造方法。

图7-2为一个典型真空吸铸系统的示意图。为了实现型腔内的压力控制,将铸型置于真空室内,型腔顶部安装通气塞,能够保证型腔内的气体向真空室顺利排出;真空室通过管路和阀门与真空缓冲罐及真空泵连接,以控制真空室的压力;铸型浇注系统下端与升液管连接,升液管下端没入坩埚中的金属液。真空浇注前,需要进行真空预备,即关闭流量调节阀,打开真空截止阀,通过真空泵将真空缓冲罐抽至一定真空度,以满足充型时快速降低型腔压力的要求。开始浇注时,关闭大气截止阀,打开流量调节阀,使真空室与缓冲罐接通,即可在型腔内建立一定的真空度,使得坩埚中的金属液在大气作用下上升进入型内,在向铸型散失热量的过程中凝固成形。通过流量调节阀开启的大小,可以控制型腔内负压的建立速度,以实现金属液充填型腔速度的调节。当铸件凝固后,打开大气截止阀,将真空室接通大

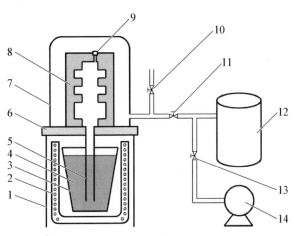

图7-2　真空吸铸系统

1—机架;2—熔化保温炉;3—坩埚;4—金属液;5—升液管;6—隔板;7—真空室;8—铸型;9—通气塞;10—大气截止阀;11—流量调节阀;12—真空缓冲罐;13—真空截止阀;14—真空泵

气,此时浇注系统及升液管内未凝固的金属液回流至坩埚中,浇注流程完成。开启真空室,取出铸型并作开型操作,即可得到所需铸件。

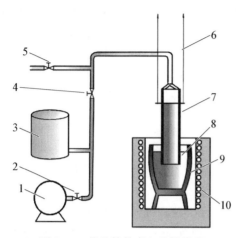

图 7-3 柱状铸件真空吸铸原理

1—真空泵;2—真空截止阀;3—缓冲罐;4—流量调节阀;5—大气截止阀;6—提升机;7—筒状铸型;8—金属液;9—坩埚;10—熔化保温炉

真空吸铸方法还适合于柱状中空或实心件的生产,可使用的合金种类包括铜合金、铝合金、铸铁、铸钢,目前可实现的铸件最大外径达 120 mm。柱状构件真空吸铸方法的实现原理如图 7-3 所示。对于此类铸件,由于铸型结构为相对简单的筒状结构,因此可无需升液管结构,直接将具有较好气密性能的筒状铸型下口没入金属液中,铸型上端连接真空系统以降低型腔内部气压,使得金属液在大气作用下升入铸型内腔并达到一定提升高度。采用水冷等方式对铸型壁面进行温度控制,金属液通过铸型型壁散失热量,由外向中心凝固,待凝固达到所要求的铸件壁厚时,截断真空系统,

将铸型与大气连通,使其内部压力与大气环境均衡,构件中心未凝固的金属液下落回流至坩埚中,从而得到中空筒状铸件。通过延长压差保持时间,可以增大凝固所得的铸件壁厚,直至铸件完全凝固获得实心构件。

除具备反重力铸造技术的一般特征,如压差及充型速度可控、充型平稳性好以外,真空吸铸还具有以下技术特点:

(1) 金属液充型时,型腔内的气体阻力小,可提高金属液的充填性,适合于生产形状复杂的小型薄壁铸件,生产铝、镁合金铸件时可完整充填 1.5 mm 以下的壁厚。数据表明,在真空吸铸条件下,可以实现 0.2 mm 壁厚的 300 mm² 薄板完整充填。

(2) 金属液在负压条件下完成充型,自下而上平稳进入负压型腔,减少与空气的直接接触,金属液氧化、卷气现象均可得到抑制,有利于保证铸件冶金质量及机械性能,因而真空吸铸方法尤其适用于易氧化金属的铸造,如钛合金、铸钢件等。

(3) 型内金属与型壁之间气隙小,接触紧密,热量传输顺畅,金属凝固较快。柱状铸件真空吸铸时,更可结合应用水冷薄壁金属型,进一步提高铸件凝固速度,获得晶粒细小的铸件组织,抑制严重偏析的产生,铸件成分、组织均匀,机械性能有明显改善。如在铝合金铸件生产中应用真空吸铸技术,获得的铸件强度及硬度较传统重力铸造提高 5%～10%,延伸率提高 30%。

(4) 金属液负压充型的过程中,金属液中因体系压力降低而析出的气体易于上浮外逸,可降低合金含气量,有利于抑制铸件气孔缺陷;然而,若金属液中的气体未能完全析出,凝固过程中金属液中继续析出的气体在较低压力下膨胀并被液固界

面捕获,则有可能发展成为针孔缺陷。

(5)真空吸铸条件下铸件的凝固压力低于大气压环境,若铸件的凝固顺序设计不良,一旦凝固过程中过早截断了大气压力及金属液传输通道,负压条件下较低的凝固压力可能导致铸件补缩不利,产生较常压浇注更为严重的疏松缺陷。

(6)真空吸铸可提供的充型及补缩压差较其他反重力铸造方法低,通常仅适用于小型精密铸件的生产,实际生产中常与熔模精铸等小型精密铸件生产工艺结合应用。

(7)采用真空吸铸方案生产空心铸件时,由于铸件内壁形状完全取决于固液界面位置,因而铸件中空内壁平整度较差,内孔尺寸和形状难以精确控制,应考虑预留足够的机械加工余量。

7.1.2 低压铸造

低压铸造是通过将气体压力作用于金属液面,而铸型型腔与大气均压,使金属液在压力驱动下自下而上完成型腔充填,并在压力作用下凝固而获得铸件的一种铸造方法。由于施加在液面的气体压力较低,通常仅为 $20\sim60\ kPa$,为与压力铸造等其他外力作用下的铸造方法区分,人们将这一方法称为低压铸造。

图7-4为低压铸造系统示意图。在启动低压铸造控制流程之前,首先进行压缩空气储备的操作,关闭流量调节阀,开启增压截止阀,由空气压缩站向储气罐中储备具有一定压力的压缩空气,以满足充型过程对密封压室快速增压的操作要求。关闭大气截止阀,开启流量调节阀,将压缩气体导入到容纳坩埚的密封压室中,使气体压力作用于金属液面;铸型型腔顶端安装有通气塞,型腔与大气的压力处于均衡状态,此时在液面与型腔之间就形成压差,金属液在压差作用之下沿升液管上升

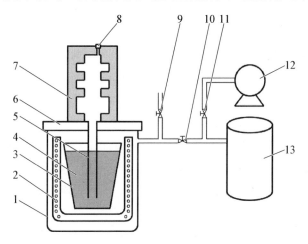

图7-4 低压铸造系统

1—压室;2—熔化保温炉;3—坩埚;4—金属液;5—升液管;6—隔板;7—铸型;8—通气塞;9—大气截止阀;10—流量调节阀;11—增压截止阀;12—空气压缩站;13—储气罐

进入铸型。金属液完全充填型腔后,待铸件完全凝固而浇注通道尚未凝固时,关闭流量调节阀并打开大气截止阀,使液面压力恢复为常压,升液管及浇注系统中尚未凝固的金属液在压差降低过程中回流到坩埚中,浇注流程即告完成。铸件降低到一定温度后,取出并分拆铸型,即可获得铸件。

除压差及充型速度可控、充型平稳、铸件成形性好、金属液工艺收得率高等特点以外,与真空吸铸相比较,低压铸造虽然不具备真空除气的作用,但是可使铸件在高于 1 个大气压的条件下完成凝固,因此气体析出量及体积相对较小,在工艺控制得当的情况下,可以避免形成气孔或针孔缺陷;型内具备一定气体反压,需通过强化铸型透气性来改善铸件充填性能;金属型应设计安装通气塞,熔模型壳及砂型应通过调整造型材料强化铸型透气性,以保证金属液充型时型腔内部气体能够通过排气通道或砂粒间隙顺利排出。

同时也应当注意到低压铸造与压力铸造的差异。低压铸造是将气体压力作用于金属液液面,利用气体压力与环境大气压之间的压差将金属液沿自下而上的方向压入型腔,而压力铸造是使用机械驱动的活塞直接作用于金属液,并实现高速高压充型,低压铸造在金属液内形成的压强远低于压力铸造,而液流的平稳性也远优于压力铸造过程。此外,低压铸造与压力铸造在铸型设计要求上也有显著差异,压力铸造因生产频次高、铸型承受压力及液流冲刷更为严重,需要使用专门的压铸型进行生产,而低压铸造对铸型的要求不是十分严格,可以采用砂型、熔模型壳、金属型等多种铸型。

低压铸造因其生产效率高,铸件性能好,被广泛用于高性能有色合金铸件的生产。如大型飞行器舱体结构件等,可以采用低压铸造方法结合砂型铸造工艺进行生产,而高性能车用轮毂等零件因生产批量大,则多采用低压铸造方法结合金属型铸造工艺进行生产。近年来,与汽车行业有色合金铸件的大批量生产需求相适应,低压铸造工艺成熟度和设备自动化程度得到了大幅度的提升。

7.1.3 差压铸造

差压铸造又称反压铸造、压差铸造,是在低压铸造基础上发展起来的一种反重力铸造方法。与低压铸造的不同之处是,差压铸造不仅可对金属液面进行增压操作,同时也能够对铸型型腔进行增压操作。在对金属液面和铸型型腔同步增压后,再以一定方式建立压差,即可将金属液由坩埚压入型腔,实现充型。充型完毕后,通过保持系统压力,可以进一步强化凝固补缩,抑制气体析出,实现更高的铸件致密度。

图 7-5 为差压铸造主机原理结构图。铸型和坩埚分别置于相互隔离的上压室及下压室中,可以通过两组进气阀分别向上下压室内输入气体实现压室增压,通过互通阀快速实现上下压室的均压操作,而通过泄压阀可以卸除压室内的气体压力。

图 7-6 为差压铸造操作流程的示意图,首先打开互通阀,由进气阀向上下压室

内输入气体,使金属液面及型腔压力提升到
$500\sim600$ kPa($5\sim6$ 个大气压),而后关闭互通
阀,以一定的方式建立压差,将金属液压入型
腔。金属液完整充填型腔后,保持压室压力及
压差不变,以悬停金属液。型腔内的金属液通
过铸型散热而逐渐凝固,当金属液凝固至内浇
口时,打开互通阀,未凝固的金属液在自重作
用下回落入坩埚,浇注流程即告完成。

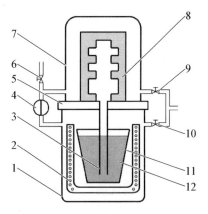

图 7-5　差压铸造系统

1—下压室;2—熔化保温炉;3—升液
管;4—互通阀;5—隔板;6—泄压阀;7—上
压室;8—铸型;9—上压室进气阀;10—下
压室进气阀;11—坩埚;12—金属液

　　差压铸造中压差的具体实现方法包括增
压法及减压法两种,据此可将差压铸造区分为
增压法差压铸造和减压法差压铸造两种模式。
采用增压法实现压差时,如图 7-6(b1)所示,
关闭上压室进气阀和互通阀,保持上压室及型
腔压力不变,通过下压室进气阀持续向下压室
内输入气体,使下压室内的金属液面压力高于型腔压力,而驱动金属液充型;采用
减压法实现压差时,如图 7-6(b2)所示,同时关闭上、下压室进气阀和互通阀,保持
下压室及液面压力不变,通过泄压阀卸除上压室内的部分气体以降低压力,使上压
室内的型腔压力低于液面压力,从而驱动金属液充型。在上下压室已具备较高初
始压力的情况下,从上压室向环境排出气体的减压法有助于压差的快速建立,因而
在实际生产中的应用更为普遍。

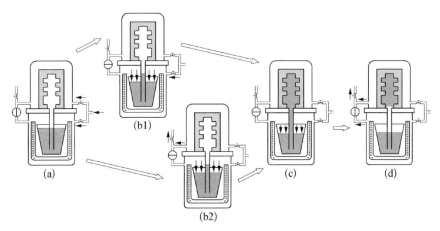

图 7-6　差压铸造过程

(a) 增压　(b1) 增压法充型　(b2) 减压法充型　(c) 保压凝固　(d) 卸压

　　由差压铸造的实施过程可以看出,差压铸造过程中,铸件的凝固压力高于低压
铸造,因此更有利于强化凝固补缩,能够获得更致密的铸件凝固组织。在较高的气
压条件下,型腔内气体的导热能力加强,这使得金属液热量散失加快,凝固速率提

高,晶粒组织细小;而金属液中气体析出的倾向也大为削弱,即便有少量气体析出,其体积膨胀也因外界气压而受到抑制。以铝合金为例,利用差压铸造方法,可以有效抑制厚壁铸件中的针孔缺陷,有研究表明,在树脂砂型条件下差压铸造技术可以保证 80 mm 壁厚的铝合金铸件内无针孔出现,铸件强度较常规铸造条件下提高约25％,延伸率提高约50％。

然而差压铸造技术也存在一些问题,使其应用场合受到限制,这包括:

(1) 差压铸造的整个充型和凝固过程均是在加压条件下进行的,浇注前溶解在金属液中的气体在铸造过程中难以析出,压力下结晶使气体以固溶的形式残存在金属中,这对零件的尺寸稳定性及机械性能可能产生潜在的不良影响。在有色合金铸件的连续生产作业中,对金属液的反复增压操作可能导致空气中的水分与合金作用,增加合金含气量,为避免这一问题,应对增压所用的气体进行干燥处理,以防止铸件含气量出现超标现象。

(2) 差压铸造条件下,压室内气体处于压缩状态,因而具备更高的导热系数,同时压室增压时大量低温气体输入会导致铸型降温,这使得金属液在充填过程中迅速散失热量,流动性降低,金属液的有效流动时间缩短,降低了金属液的充填效率;此外型腔高压气体也会阻碍金属液充型。针对镁合金的反重力铸造实验研究表明,差压铸造条件下镁合金薄壁充填率仅能达到低压铸造的 1/3 左右。因此,差压铸造技术多适用于壁厚较大、对薄壁充填能力要求较低的铸件生产场合。

(3) 差压铸造技术对铸型的透气性能和强度要求较其他反重力铸造高。金属液充入型腔时,由于型内气体反压大,流动性差,若铸型的透气性不能满足要求,型腔内的高压气体难于顺利排出铸型,就容易造成"憋气"现象。较高的压力及压差作用在铸型上,也要求铸型具备足够的机械强度而不至于在铸造过程中破坏,这一限制使得差压铸造常与金属型及树脂砂型相互结合应用。

(4) 差压铸造设备庞大且复杂性较高,工艺流程长,操作烦琐,通常在厚大有色合金铸件的高质量生产场合下加以应用。

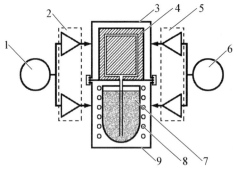

图 7-7　调压铸造系统结构

1—压力罐;2—正压控制系统;3—上压室;4—铸型;5—负压控制系统;6—真空罐;7—金属液;8—熔化保温炉;9—下压室

7.1.4　调压铸造

调压铸造技术是在差压铸造的基础上提出的一种新型薄壁铸件成形方法。这种方法汲取了传统反重力铸造方法的优点并加以改进提高,使充型平稳性、充型能力和顺序凝固条件均优于普通差压铸造,因而可铸造壁厚更薄、力学性能更好的大型薄壁铸件,适用于大型复杂薄壁铸件的生产。

调压铸造系统结构如图 7-7 所

示,其与差压铸造最大的区别在于系统不仅能够实现正压的控制,还能够实现负压的控制。系统包括两个相互隔离的内部气体压力独立可控的压室,以及实现气体压力调控的控制设备。下压室与上压室之间相互隔离,并分别实现两压室与外界气压的隔离。其中下压室内安装坩埚以容纳熔融金属液,通过温控系统对金属液温度进行控制。上压室内安装铸型,型腔下端开口并与升液管连通,升液管末端插入金属液面以下,两压室同时以管道分别与正压力控制系统和负压控制系统相连,将气体导入或导出各压室,以实现压室内气压从负压到正压的精确控制。因需要实现更为复杂的气压调整曲线,调压铸造装置对控制系统控制精度的要求有大幅度提高。

调压铸造技术实施的工艺过程可描述如下:首先使型腔和金属液处于真空状态,对金属液保温并保持负压;充型时对型腔下部的液态金属液面施加压力,但型腔仍保持真空,将坩埚中的金属液沿升液管压入处于真空的型腔内;充型结束后迅速对两压室加压,同时始终保持下部金属液和型腔之间的压力差恒定,以避免铸型中未凝固的金属液回流到坩埚中导致铸件缺陷;保持正压一段时间,使金属液在压力下凝固成形,待型腔内的金属液完全凝固后,即可卸除压力,升液管内未凝固的金属液回流到坩埚中,浇注流程即告完成。

与其他类型的反重力铸造相比较,调压铸造有三个重要的技术特征和优势:

1) 真空除气

在充型以前,首先将金属液置于下压室内,对其保温。在此期间对两压室同步抽气,达到设定的真空度后进行一段时间的真空保持。在保持真空的过程中,熔炼时溶解于金属液内的气体易于析出,这可使成形的铸件中气体含量降低,从而保证其机械性能及长期使用中的尺寸精度;在真空条件下液面不易发生氧化形成氧化膜,这有利于金属液的纯化和净化。此外铸型表面吸附的气体以及水分可以在真空保持过程中充分除去,避免金属液充型时造成侵入性气孔。

2) 负压充型

在真空保持一段时间后,向下压室内导入气体,使下压室内的气压逐渐增大,在上下压室间形成压差,将金属液沿升液管压入上压室内的铸型型腔中。由于充型过程中型腔保持真空状态,金属液不易出现吸气或卷气现象,也可避免型腔内气体反压对充型的阻碍作用,强化充型能力,为充型平稳顺利提供有利条件。金属液充填过程中铸型排气量极低,降低了对铸型透气性的要求。在负压充型所提供的有利条件下,通过优化压力控制曲线,能够实现比其他反重力铸造方法更为平稳的充型。

负压充型所提供的平稳充型方式可以在型腔内形成有利于顺序凝固的温度场。当金属液在压差作用下平稳由下向上推进,金属液在流动过程中不断降温,同时在其流经路径上释放热量,有助于形成由下向上温度逐渐降低的宏观温度分布,配合在局部热节处合理使用冷铁,可以实现铸件最有利的凝固方式,即铸件上端首先凝固,凝固界面逐渐向下推进,最后到达型腔的底部及升液管颈部。在整个凝固过程中,升液管下端的金属液可为凝固收缩提供持续的补缩。

3) 正压凝固

负压条件下的反重力方向充型有助于实现铸件由上到下的顺序凝固;而在充型完毕后仍保证上下压室之间的压差不仅可以有效避免金属液回流,同时可为金属液补缩提供驱动力;当凝固过程中形成的初始固相骨架不能承受外加的压力时,其间形成的缩松或缩孔也可能被压实而消失,进一步提高铸件的致密度。虽然在充型前将金属液在负压下保温静置了一段时间,但这不可能保证金属液中没有丝毫的气体残留,在凝固过程中,由于溶解度的降低,这些残留的气体仍然存在析出倾向,然而在调压铸造技术条件下,正压凝固环节可以进一步抑制残余气体析出,避免针孔缺陷的出现,确保铸件冶金质量及机械性能的提高。

针对 ZL101A 合金铸造试样的测试数据表明,与经过同样热处理规范的传统重力铸造试样比较,调压铸造试样的强度和延伸率获得了显著的提升,抗拉强度提高约 10%,延伸率可达到重力铸造试样的 $2\sim2.5$ 倍。

虽然调压铸造技术采用了较大的凝固压力,但由于两压室之间的压差仍保持在一个相对较低的水平上,作用在铸型上的有效压差较低,因此并不会对铸型的强度提出更高的要求;同时由于负压充型降低了对铸型透气性的要求,调压铸造方法对铸型的适应性更强,可适用于金属型、砂型、石膏型、熔模精铸型壳等各类铸型的应用。

7.2 反重力铸造工艺参数

系统压力、浇注温度及铸型温度是反重力铸造实施过程中需要合理调控的工艺参数,在这些工艺参数中,系统压力的调控是反重力铸造工艺相较于其他铸造工艺的独特之处。在基于反重力铸造工艺进行铸件生产时,由于浇注温度及铸型温度的控制与铸造工艺紧密相关,也应制定相应的温度控制规范。

7.2.1 压力调控

根据反重力铸造方法实现原理的不同,可以通过图 7-8 对四种反重力铸造方法具体实施过程中的压力控制过程进行概略说明。图中分别给出了不同铸造方法中铸型型腔及金属液面压力随时间的变化曲线,而依据压力及压差的不同水平,也可对反重力铸造的工艺阶段进行划分,如低压铸造和真空吸铸过程中均包含充型、保压、卸压三个阶段;差压铸造过程中首先是系统升压阶段,而后进入充型、保压、卸压阶段;调压铸造过程中首先是系统抽真空、保持负压,而后进入充型、升压、保压、卸压阶段。在反重力铸造工艺中,不同阶段的压力及压差是铸造过程调控的重要手段。

1) 压差控制

在反重力铸造过程中,压差是控制充型及补缩的重要参数,而压差的调控需要考虑以下几个问题:首先,为了驱动金属液沿反重力方向完成充型和补缩流动,需

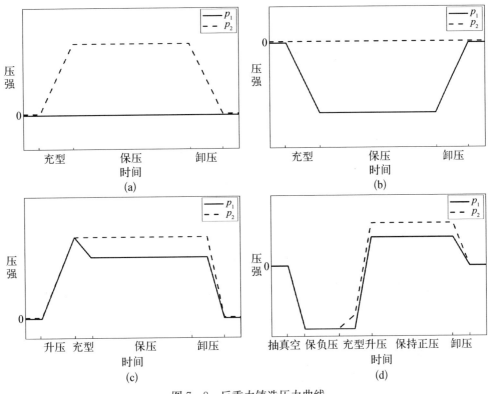

图 7-8 反重力铸造压力曲线

(a) 低压铸造 (b) 真空吸铸 (c) 差压铸造 (d) 调压铸造

p_1—铸型型腔压力；p_2—金属液面压力

要提供足够的压差；其次，要考虑铸型结构强度及其承受能力，在系统提供最大压差时，作用在铸型上的压差应低于其破坏极限；第三，压差的建立应在一定时限内完成，为了保证充型的平稳性，应适当降低压差的建立速度，而为了保证充型效率，避免金属液在充型过程中的降温和流动性降低，又应增大压差的建立速度。

设金属液的密度为 ρ，型腔顶端到坩埚液面的高度 H，则保证金属液完整充填型腔的必要条件为

$$\Delta P \geqslant \rho g H \qquad (7-1)$$

式中 g 为重力加速度。需要注意的是，这个必要条件仅仅是依据悬停金属液所需静压头进行的计算，实际生产中，为了提供足够的充型和补缩驱动力，作用在金属液和铸型之间的最大压差需要在上述计算结果基础上做一定比例的放大。

在反重力铸造压差控制中，为了实现充型及补缩流动的更有效控制，可进一步将压差建立过程按照升液、充型、结壳、增压四个阶段进行划分，以不同速率实现各阶段的增压操作，从而达成分阶段的压力控制目标，待型腔完全充填后，再执行保压以及卸压的操作，如图 7-9 所示。

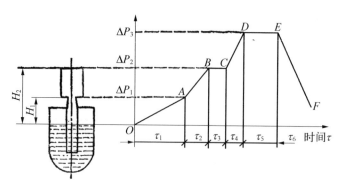

图 7 - 9　反重力铸造过程中各阶段的压差控制

τ_1—升液时间；τ_2—充型时间；τ_3—结壳时间；τ_4—增压时间；τ_5—保压时间；τ_6—卸压时间

　　τ_1 时间段与升液阶段相对应,在这一阶段中由 0 开始建立一定压差,使升液管中的金属液面平稳升高到浇口。由于升液管具备较好的保温条件且结构简单,对金属液流动的阻碍较小,这一阶段的压差可描述为

$$P_1 = \rho g H_1 \tag{7-2}$$

式中：H_1 为坩埚液面至浇口的高度。为了保证金属液在升液管内平稳流动,防止出现喷溅或涡流现象,升液速度 v_1 应控制在较低的水平,一般不宜超过 0.15 m/s,相对应的升液时间按下式进行计算：

$$\tau_1 = \frac{H_1}{v_1} \tag{7-3}$$

　　τ_2 时间段与充型阶段相对应,通过继续增大压差使金属液面由浇口上升至型腔顶端,并完整充填型腔。考虑到金属液流动过程中的粘滞阻力以及表面张力产生的附加压力因素,需要适当增加压差才能保证充型完整,为此,根据铸件壁厚、型腔复杂程度、型腔反压力大小的差异,设定一个取值在 1.0~1.5 之间的阻力系数 μ,给出这一阶段应达到的压差为

$$\Delta P_2 = u \cdot \rho g H_2 \tag{7-4}$$

式中：H_2 为坩埚液面至型腔顶端的高度,计算中还应考虑充型过程中的坩埚液面下降所产生的额外高程差。

　　充型过程中的增压速度直接影响金属液在型腔中的流动状态和温度分布。充型速度慢,则金属液充填平稳,有利于型腔内的气体排除,同时铸件各处的温差增大。采用砂型和浇铸厚壁铸件时,可将充型速度 v_2 控制在 0.06~0.07 m/s 之间,根据常见的有色合金密度计算,增压速度应控制在 2~3 kPa/s 之间;对于金属型以及薄壁铸件浇注,为了避免充型过程中金属液冷却过快而造成充型不良,保证完整充填的实现,充型速度及增压速度可适当提升至 0.2~0.3 m/s。与充型阶段相对

应的增压时间可按下式进行大致估算:

$$\tau_2 = \frac{H_2 - H_1}{v_2} \qquad (7-5)$$

τ_3 时间段对应结壳阶段。在充型完毕以后,往往需要进一步提高压差以强化金属液的补缩流动。然而为了避免因铸型强度不足而导致受压破坏,并防止金属渗入铸型壁面,可在充型阶段及增压阶段之间加入结壳时间段,待铸件表层形成一定厚度的凝壳并具备强度后,再增大系统压差。对于具备一定厚度的铸件,在采用砂型铸造时,结壳时间可控制在 10～20 s 之间;对于金属型铸造以及部分薄壁零件,可认为充型和结壳是同步进行的,此时也可在充型阶段末期尽快或直接进入增压阶段。

τ_4 时间段对应附加的增压阶段。在铸件外围结壳并具备一定强度后,可进一步提高液面及铸型之间的差压来强化补缩效果。增压阶段的最大压差计算可采用下式进行:

$$\Delta P_3 = (1 + k) \cdot \Delta P_2 \qquad (7-6)$$

式中: k 为增压系数,一般取值在 0.3～1.0 之间; $k \cdot \Delta P_2$ 为增压压差。

一般而言,增压压差越大,则补缩效果越好,有利于获得组织致密的铸件。但是压差的增大也受到一定的限制,如采用砂型时,过高的压差易使金属液渗入型砂间隙,降低铸件表面质量或导致机械粘砂,甚至可能因铸型强度不足而出现胀砂、跑火问题。因此需要根据具体情况来选择适当的增压压差,如湿砂型的增压压差以 4～7 kPa 为宜;而对于金属型而言,可将增压压差提升至 20～30 kPa。

为了使增压压差起到应有的补缩强化效果,应在铸件凝固过程中尽快将压差提升到足够水平,此时增压时间则需要根据铸件壁厚及铸型种类来合理确定。在薄壁铸件生产中,由于金属液在充填型腔后迅速凝固,过晚加压就难以起到补缩强化效果,此时可将增压段与充型段合并进行快速操作。对于金属型铸造,因铸件凝固速率较高,可将增压速度设定在 10 kPa/s 左右,对于砂型铸造以及厚壁铸件的情况,铸件凝固速度较低,此时增压速度可以适当降低,如 5 kPa/s 就已足够。根据实际生产情况的不同,增压操作时间控制在 1～3 s 内为宜。

τ_5 为自增压结束到铸件完全凝固所需的时间。在保压时间内,压差持续作用于浇口与铸型之间,从而保证铸件的有效补缩。同时保压时间也是影响铸件成形完整性的关键参数,若保压时间短于铸件凝固所需的时间,在铸件完全凝固之前过早进入卸压阶段,则会导致型腔中未完成凝固的金属液回流到坩埚,铸件放空而形成空壳铸件;若保压时间长于铸件凝固所需的时间,则凝固界面将向浇注系统推进,增加浇注系统的金属液消耗量,降低工艺实得率;进一步延长保压时间,会导致浇口冻结,液固界面向升液管推进,使得铸件难于出型,增加额外的浇口及升液管清理工作,甚至导致升液管损伤,严重降低生产效率。因此,应当根据铸件的结构特点、铸型种类及浇注的温度条件等因素核算保压时间,并进一步通过试验进行合理调整。

τ_6 对应于卸压阶段,在卸压阶段应尽可能以较高速度降低液面及铸型外围的压差,使浇注系统中未凝固的金属液迅速与铸件分离,未参与铸件成形的金属原料返回到坩埚中,从而实现较高的材料利用率。

2) 压力及真空度控制

在低压铸造及真空吸铸工艺当中,由于铸型压力或坩埚液面与大气贯通,保持为常压,一旦确定压差变化曲线,则系统的压力或真空度控制指标也就随之确定。而对于差压铸造以及调压铸造工艺来说,由于系统压力控制与压差控制可以相互分离而实现额外的铸造控制工艺,此时还需要进一步给定系统的压力条件及真空度控制条件。

对于差压铸造过程,铸型和坩埚液面的气压首先同步升高到一定程度,而后建立压差实现充型。系统压力提升的目的是为了抑制凝固过程中的气体析出,并进一步提高铸件的致密度。在实际生产中,为兼顾铸件性能和生产效率,所使用的系统压力一般设定在 500~600 kPa 之间,在这一压力条件下,金属液的补缩能力可提升至低压铸造的 4~5 倍。

对于调压铸造过程,根据对铸件质量要求的不同,初始对坩埚液面以及铸型空间抽真空时,一般设定真空度为 $-95 \sim -80$ kPa 之间,并保持此真空度 10~15 min,以便使金属液中溶解的气体充分析出。研究表明,对于铝合金铸件生产的情况,熔融状态的铝与空气中的水分发生反应,生成的氢溶解于铝液中,而在凝固过程中,由于氢在固态铝中的溶解度仅为液态铝的 1/20 左右,富余的氢将有析出倾向并可能在铸件中形成针孔缺陷。而一旦将坩埚液面置于真空条件下,金属液中溶解的大部分氢可以析出并被真空系统带走,从而在很大程度上降低针孔缺陷出现的风险。

在真空除气的基础上,调压铸造过程中还应用了正压凝固手段来进一步抑制金属液中的气体析出。考虑到金属液中的气体含量已经被控制在较低的水平,在实际应用中往往将系统压力置于常压以上 100~200 kPa。实践证明,尽管调压铸造工艺的凝固压力低于差压铸造,但是通过与真空除气工艺的结合,所附加的较低正压已经可以有效抑制铸件针孔缺陷的形成。

7.2.2 浇注温度及铸型温度

在反重力铸造中,浇注温度和铸型温度的选择遵循铸造工艺参数确定的普遍规范,即在保证铸件成形的先决条件下,应采用尽可能低的浇注温度,以减少金属液的吸气和收缩,抑制气孔、缩孔、缩松、应力及裂纹等各类缺陷的产生,同时获得晶粒细化的效果。一般而言,由于反重力铸造条件下金属液的流动得到了外加压力的驱动和控制,充型能力更易于保证,因此浇注温度可较常规铸造工艺低 10~20℃,但是就具体铸件来说,仍然需要根据合金种类、零件结构及生产工艺来确定最佳的浇注温度。合金的凝固温度区间越大,流动性越差,就应采取较高的浇注温度;铸件结构越复杂,壁厚越小,同样也需要提高浇注温度来保证铸件成形,而对于厚壁铸件,充型能够得到较好保障,此时应通过降低浇注温度来细化晶粒,改善组织和性能。就具体的浇注工艺来说,真空吸铸及调压铸造因采用了真空负压充型工艺,型内无气体反压或反压较低,热量散失较小,浇注温度可适当降低,在差压铸造条件下,因型内存在高压气体阻碍,且金属液更易于通过空气散热,应适当提高浇注温度才能保证铸件充型。

铸型温度同样对铸件成形质量和性能产生重要影响,应根据铸型种类、铸件结构来合理选择。对于砂型、石膏型等低热导率铸型,可以进行无预热浇注或将铸型预热至150～250℃;对于金属型反重力铸造,由于铸型激冷能力强、导热性能高,应将铸型预热至250～400℃后浇注;对于金属型复杂薄壁铸件,铸型温度可进一步提高到400～450℃后再进行浇注。

7.3　反重力铸造工艺方案

在反重力铸造工艺方案设计中应充分利用反重力铸造的技术优势,强化金属液充型及凝固的控制能力。在充型过程中应重点考虑如何避免气体夹杂的卷入,保证金属液的顺序充填;在凝固过程中则应重点考虑如何通过外加压差作用下强化升液管金属液向铸件的补缩流动,从而提高铸件质量。

7.3.1　浇注位置及分型面

在浇注位置的选择上,首先应当保证金属液充填的有效性。与反重力铸造工艺相适应,金属液大多由型腔底部引入,在压差作用下使液面上升,直至金属液完整充填整个型腔,同时保证型腔顶部的排气通畅,防止铸件局部出现憋气现象。应当避免或严格控制金属液在型腔局部的自由下落高度,以减少气体或氧化夹杂向金属液的卷入。

从金属液顺序充填型腔的角度考虑,为了提高金属液充型的平稳性,应合理匹配各个型腔截面上的金属液流量,以获得最佳的液流形态。在截面面积较大处,可设计较高的流量分配,而在面积较小的截面处,流量分配适当降低,以避免出现液流喷射、飞溅现象。考虑到金属液累计流量沿充型路径呈现逐渐减少的趋势,将型腔厚大部位置于型腔底部,并由型腔底部引入金属液,有利于获得较佳的流量控制效果。同时,在这种浇注位置条件下,充型过程中所形成的初始温度场以及铸件壁厚分布也有利于铸件自上而下完成顺序凝固,使得铸件的凝固顺序由远离浇注系统的上端朝向浇注系统及升液管推进,利用浇注系统为铸件提供补缩金属液来源,从而提高铸件组织的致密程度。若铸件上存在多个厚壁位置,对于靠近铸型底部的几个需补缩部位,可以设计多道浇口与之连接,以直接提供金属液并缩短补缩距离,改善厚大部位对薄壁断面处的冒口补缩作用。特殊情况下,还可以使用多升液管的方案来分配金属液,引导实现均衡平稳的充型流动。

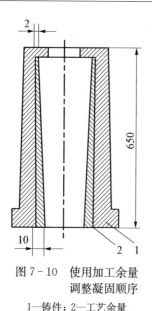

图 7-10　使用加工余量
调整凝固顺序

1—铸件；2—工艺余量

对于具备对称性的铸件结构或存在近似中心轴的铸件结构，将其轴线沿垂直方向放置，并通过分布式的浇注系统连接型腔与升液管口，可以提高金属液在水平方向流动的均衡程度，从而强化铸件对称部位性能的一致性。在铸件结构纵向尺寸较为均匀的情况下，应考虑采用辅助手段来强化凝固顺序，如合理设计浇注系统，应用加工余量（见图 7-10），在型腔上端安放冷铁或调整金属型厚度，在厚大处使用气冷或水冷等手段进行局部激冷（见图 7-11）。

对于有较大平面的铸件，应当避免将水平面水平放置，以防止注入平面的金属液分成多股流路充填，导致合流时卷入气体及氧化膜。如果不能避免水平放置，应通过引流路径控制金属液的流动方向，并合理安装通气塞以便排出型腔内的存留气体。

在反重力铸造过程中，铸型大多需要贴合在铸造

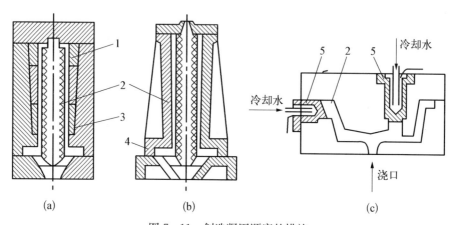

图 7-11　创造凝固顺序的措施

（a）安置冷铁　（b）改变金属型壁厚　（c）使用局部激冷

1—厚冷铁；2—铸件型腔；3—薄冷铁；4—金属型；5—水冷装置

机的中隔板上安装，为便于开合型以及铸型紧固等操作，在分型面的选择上，多采用水平分型方案。对于金属型铸造，采用水平分型面的设计方案也便于在上半型中设置顶杆以顶出铸件，有助于实现较高效率的自动化生产。

7.3.2　浇注系统及冒口设计

反重力铸造工艺设计中，浇注系统应使金属液平稳而迅速地充型，并提供液流缓冲、除渣作用以及良好的补缩效果，以保证获得优质铸件。在大多数情况下，由于金属液充型由铸型型腔底部开始，大大降低了液流飞溅及氧化夹渣卷入的可能

性,因而浇注系统的主要任务是合理分配液流,同时保障补缩。为此,应在综合考虑型腔充填顺序和效率、凝固顺序及收缩特征等问题的基础上,对浇注系统进行合理设计。

对于结构简单的铸件,可以采用与升液管对接的直通式中心锥形浇口;对于复杂铸件,一般还需要设置其他浇注系统单元,如较为完备的横浇道、集渣槽等,以进行合理的液流分配并净化金属液。在选择内浇口位置时,应避免浇口直接朝向型芯,否则可能在大量金属液冲刷下造成型芯破坏或型芯局部过热。在生产大尺寸等壁厚铸件时,在保证充填性能的前提下,可将内浇口置于铸件短边面的中部,以便形成沿高度分布的单向温度梯度,同时减少横向液流,达到减小或消除水平方向温度梯度的目的,有助于金属液沿反重力方向完成补缩流动。使用多个内浇口时,要根据各内浇口的位置、朝向来确定内浇口的截面面积,以使内浇道液流分配均匀,避免不利的金属液汇流。

为了充分发挥浇注系统对铸件的补缩作用,内浇口的位置尽可能选择于型腔底部或铸件的最厚断面处,其断面积的大小应等于或稍大于金属液引入处铸件热节的断面积,同时小于升液管顶端断面积;浇注系统一般采用收缩式结构,以 F_N、F_H、F_S 分别表示内浇道、横浇道及升液管的断面积,这要求内浇道断面积之和小于横浇道断面积之和,且横浇道断面积之和应小于升液管断面积,即

$$\sum F_N < \sum F_H < \sum F_S \qquad (7-7)$$

式(7-7)所给出的断面积关系可以使得升液管口的金属液最后凝固,有利于卸压过程中的液面与铸件脱离。

对于易氧化的浇注金属液来说,可以采用扩张式浇注系统,即

$$\sum F_N > \sum F_H > \sum F_S \qquad (7-8)$$

这样有助于获得平稳液流,避免金属液氧化膜的卷入,但为了保证合理的凝固顺序,需要同时应对单个浇道截面积给定如下限制条件:

$$F_N \geqslant F_H < F_S \qquad (7-9)$$

由于一个铸件的浇注系统内的升液管通常为一个,而横浇道、内浇道可以是多个,通过式(7-9)的限制既可以稳定液流,同时又可保证升液管口的金属液最后凝固,强化补缩并避免浇口冻结。

为了防止升液管内金属液面的氧化渣和金属液中的夹杂在压差作用下进入型腔,常需要在升液管口放置钢丝或玻璃纤维制成的耐热过滤网对金属液进行过滤。

根据铸件的尺寸、形状和重量不同,反重力铸造中常采用的包括点式和分流式两种类型的浇注系统。

(1) 点式浇注系统。

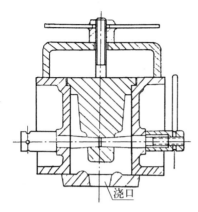

图 7 - 12　采用点式浇注
系统的金属型

　　图 7 - 12 给出了一种典型的点式浇注系统,这种浇注系统的特征是不使用横浇道,直接将升液管口与内浇道连接,内浇道一般采用中心锥形设计。在铝合金活塞的低压铸造生产中,这种浇注系统得到了非常普遍的应用,其消耗的金属液少,又具备很好的补缩效果,铸型结构相对简单,便于降低操作工艺难度。

　　(2) 分流式浇注系统。

　　对于长条形状、大圆筒形状、壳体形状的铸件,常需要设置多个内浇道,此时需要用横浇道把内浇道与升液管相互连接,金属液自升液管进入型腔后,通过横浇道分流到各个内浇道充填型腔。图 7 - 13 给出了 6 种不同分流式浇注系统的结构。

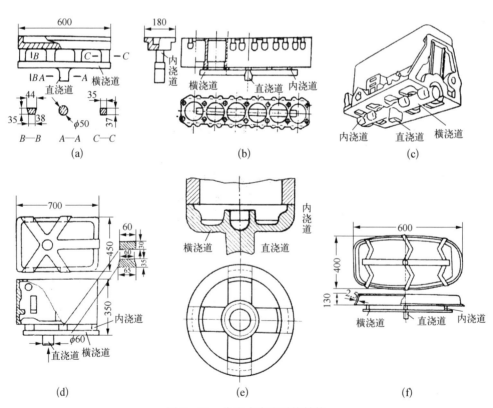

图 7 - 13　分流式浇注系统结构

(a) 板状厚壁件浇注系统　(b) 水套浇注系统　(c) 汽缸体浇注系统
(d) 箱体浇注系统　(e) 圆筒浇注系统　(f) 壳体浇注系统

为避免影响凝固顺序,反重力铸造中一般不在型腔顶部设计冒口,在必要的情况下可在型腔顶端设置集渣包以容纳最初充型的冷污金属,但须严格控制集渣包的分布及尺寸,避免其成为局部热节;部分铸件具有上下两端较厚、中部较薄的特点,此时可首先考虑在型腔顶端安置冷铁的工艺方案对凝固顺序进行调控;若应用效果不佳,可以考虑在顶端使用暗冒口进行补缩,此时需要严格控制暗冒口的补缩区域,避免其对铸件整体凝固顺序产生过大影响,乃至造成"倒补缩"现象。

7.3.3　铸型排气设计

反重力铸造铸型设计的重要一环是排气系统的设计。由于铸型上不设置开放冒口或朝向上方的浇注系统,铸型内部形成一个封闭的腔体结构,在反重力铸造过程中,金属液自下而上充填型腔,若型腔内的气体不能有效排出,在型腔剩余容积不断减小的情况下气体受到压缩,同时又被金属液加热进一步提高压强,会形成阻碍金属液充填的"反压力",这可能导致充型压差不足或铸型局部憋气,使铸件不能完整成形。压强增大的气体,或挤入金属液内部,或阻碍金属液顺利充型,会造成气孔、欠铸、轮廓不清晰等多种铸件质量问题。对于铸型材料不具备透气能力的金属型和对充型要求较高的薄壁铸件,反重力铸造中的排气问题更需要得到重视。为了顺利排出气体,对于砂型铸造,可在铸型顶部扎排气孔,而对于金属型铸造,除了应在铸型配合部分留一定的排气间隙外,还可考虑在分型面上开设排气沟槽,尤其是在距离金属液入口的最远处、铸件型腔深凹部位死角以及铸型型腔的最高处,必须采取有效的排气措施,如设置排气孔、安装通气塞等。

对于调压铸造,由于在充型之前已经将型腔内的大部分气体抽出,金属液充填时气体反压较低,可以在一定程度上降低对铸型透气性能的要求。但是实际操作中仍应对系统抽真空时型腔内气体的排出通道有所考虑,若减压速度过快而型腔排气受阻,会导致型腔内气体通过升液管排入坩埚金属液形成鼓泡,这可能增大金属液含气量,并在升液管内壁以及金属液内形成氧化膜,降低金属液品质。为避免出现这一问题,一方面应改善铸型排气条件,另一方面可适当降低抽真空阶段的抽气速度,在排气和抽气两者之间建立适当的匹配关系。

7.3.4　铸型涂料

采用反重力铸造技术生产铸件时,为了提高铸件质量并降低生产成本,应根据需要选择使用适当的涂料对铸型壁面进行处理。根据涂料的使用目的及功效,可将其区分为下列几种。

1) 抗粘砂型涂料

这种类型的涂料主要用于解决压差作用条件下金属液渗入砂型壁面造成粘砂缺陷的问题。抗粘砂型涂料传统上是选择高耐火度及高化学惰性成分(如刚玉粉、硅藻土)的细小粉料配制,通过形成低润湿性的微小孔隙抑制金属液渗入铸型壁面,避免机械粘砂;同时涂料成分不与金属氧化物形成低共熔点产物,也可避免化学粘砂。近年来提出的易剥离涂料也是抗粘砂型涂料的一种,通过应用耐火度高而烧结温度低的涂料成分,使其在浇注温度下烧结为玻璃态物质,可以更有效地防止金属液渗入铸型壁面,所形成的玻璃态物质在铸件冷却过程中,可以由铸件表面剥离。

2) 脱模型涂料

以石墨或滑石粉为主要成分,主要用于金属型铸造,尤其是在铸件的拔模深度较大而拔模斜度较小时,采用脱模型涂料有助于获得一定的润滑效果,减小铸型与铸件之间的摩擦力,减少铸型及铸件顶出机构的摩擦和磨损,使铸件更易于从金属型中取出。

3) 表面调节剂型涂料

包括晶核型涂料及合金化涂料。金属液浇入涂覆涂料的铸型型腔后,金属液可在与涂料层接触的界面附近发生物理及化学的相互作用,从而改变局部的凝固条件和化学成分,并影响最终形成的凝固组织。通过向涂料成分中添加某些促进形核的物质,如通过向涂料中配入与浇注合金晶型接近的金属组分,或在涂料中加入挥发性组分,使其受热时产生激烈气流促使型壁枝晶碎断,均可起到细化晶粒的作用,这类涂料称为晶核型涂料。而在涂料中添加强化元素成分,通过高温条件下的表层扩散使之进入铸件表层,获得铸件表面合金化效应,使铸件表面性能得到强化,这类涂料则称为合金化涂料。

4) 蓄热效应型涂料

涂层的蓄热能力是指其从金属液中吸取热量并储存于自身内部的能力。通过在铸型的不同部位应用具备不同蓄热能力的涂料,可以对反重力铸造过程中铸件的凝固顺序进行调整。蓄热效应型涂料包括降低铸型导热性能的绝热型涂料,以及强化铸型导热的传热型涂料。其中前者可使用硅藻土、石棉粉、云母等热导率及比热容较低的多孔耐热物质作为主要成分进行配制,而后者则采用石墨粉、刚玉粉、锆石粉、甚至高温合金粉作为主要成分进行配制。

5) 焓变型涂料

在某些情况下,仅仅依靠蓄热效应型涂料来控制凝固顺序还不够充分,此时则可应用焓变型涂料,通过向涂料中添加在特定温度范围内发生物理变化(如气化)或化学变化(如分解、化合)而产生足够大的焓变的物质,利用其在高温下发生吸热或放热反应的特性来改变铸型局部的冷却能力,从而获得对凝固顺序的高强度干预。举例来说,如果在涂料中加入 $Al(OH)_3$,其加热时会发生如下吸热反应:

$$2Al(OH)_3 = Al_2O_3 + 3H_2O - Q \qquad (7-10)$$

通过该反应可以实现涂料层由附近金属液中吸收热量,从而强化局部激冷效果,因此这类吸热用焓变涂料也称为化学冷铁。而如果向涂料中加入铝粉及铁矿粉,当

涂料被加热到一定温度后,将发生如下的放热反应:

$$2Al + Fe_2O_3 = 2Fe + Al_2O_3 + Q \qquad (7-11)$$

通过这个反应可以由涂料层向附近金属液中放出热量,延缓局部冷却,从而对凝固顺序进行干预。

实际应用中,对于这些不同类型的涂料,应当根据铸型及浇注合金的具体情况对其使用功效及配比进行调整。以树脂砂反重力铸造为例,为了避免铸件表面机械粘砂,同时改善铸件的表面质量,可采用醇基抗粘砂型涂料对铸型壁面进行处理;而在金属型反重力铸造中,涂料应用的主要目的包括:延长铸型使用寿命,合理调整型壁散热速度,通过涂料层的种类及厚度来调整并控制铸件的凝固顺序,此时可结合应用脱模型涂料、蓄热效应型涂料等对铸型壁面进行处理。

7.4 反重力铸造设备及自动化

围绕反重力铸造技术的实施,目前国内外已经形成了较为完备的、自动化程度较高的装备系统,可以满足从汽车行业标准铸件大批量生产到高品质航空铸件灵活生产的各类需求。

7.4.1 反重力铸造设备

1) 真空吸铸机

由于真空吸铸方法获得的压差小,适合于贵金属小尺寸铸件精密铸造,应用范围受到一定限制,目前其在生产中的应用规模相对较小。

图 7-14 为一种小型真空吸铸机的实物图,该吸铸机内部包括合金熔化、真空度控制以及真空吸注机构。合金熔化炉及真空泵置于该真空吸铸机的机体内部,垂直方向上的浇注通道(升液管)下端伸入坩埚,上端连接到机体上部钟罩内的平台,与平台上安放的铸型下部浇口对接。在生产时,首先将物料加入坩埚,开启熔化炉在温控系统控制下进行物料准备,待物料熔化并达到一定温度后,开启真空泵,调节手柄抽取钟罩内的气体,降低铸型型腔压力,由于坩埚液面与大气环境均压,即可在大气压作用下将金属液压入铸型,实现充型。

实际应用中,应根据合金种类、铸件尺寸大小对真空吸铸机的熔化方式、熔化温度、真空控制、真空室尺寸等指标进行核算,而后进行设备选型。

2) 低压铸造机

低压铸造机是目前应用最为广泛,同时完备

图 7-14 一种小型真空吸铸机

程度也最高的反重力铸造设备。目前国内低压铸造机装备研制和生产也较为成熟,包括天水铸造机厂、重庆铸造机械厂、大连天成铸造机厂生产的各型低压铸造机已经在铸造行业得到应用。

图 7-15 是一种常见的低压铸造设备主机结构,其主要结构包括机体(保温炉、承压密封器)、机架(工作台、铸型开合机构、铸件顶出机构等);与主机连接的装置还包括用于驱动金属液充型的液面气压控制系统,以及用于驱动机械装置动作的液压控制系统。

图 7-15　低压铸造机设备主机结构

在实际生产中,使用浇包将金属液转入主机下部的保温炉中,保温炉外围为承压密封器,通过管道与气压控制系统连接,实现坩埚液面压力的控制,完成升液、充型、增压、保压、卸压各个环节的金属液流动控制。保温炉顶部安装升液管,其下端没入坩埚中的金属液,上端连接到机架平台,与平台型板上放置的铸型浇口对接。铸型的水平移动由平台内的液压缸驱动,以完成升液管口与浇口相对位置的调整。铸型的上半分型(动型)与垂直方向的液压缸连接并实现开合型驱动,同时在垂直方向上布置液压缸连接铸件顶出机构,以便从动型中顶出铸件。

该低压铸造机适用于机械、汽车、内燃机、航空等行业内的锌、铝、铜合金的中小型铸件的生产,由于设备自动化程度较高,根据零件的形状及大小,一般生产率为 15～20 件/小时。

对于低压铸造机,在设备选型时需要考虑的主要技术指标包括:坩埚容量、熔化温度、加热功率、压差控制范围、型板尺寸、拉杠内间距、动型板行程、模具最大厚度、铸件最大投影面积和开合型力。

3) 差压铸造机

由于差压铸造方法在强调铸件质量的同时,生产效率有所降低,操作工序较低压铸造更为烦琐,因此一般仅适用于对产品质量要求严格的场合,如部分气密性要求较高的铸件和部分耐压设备壳体的铸造生产。

图 7-16 给出了一种差压铸造机的设备主机,其主机的主体部分由上下两个压室构成,压室之间以中隔板隔开,以满足各压室压力独立控制的需求。铸型置于上压室内,熔炼(保温)炉置于下压室内,通过升液管向铸型型腔运输金属液,上下压室由插销定位并以 O 型圈密封,通过带有楔面的旋转卡环锁紧,中隔板以楔铁与下压室固定。上压室及铸型四周安装吊耳以便使用天车进行吊装和定位,上下压力筒分别与压力系统连接,实现压力及压差的独立调控。为减小卡环锁紧时的运

动阻力,在卡环下缘一周放置滚珠或滚柱。为操作方便,将下压室置于地坑内,使中隔板平面与地面高度接近,以便于装卸铸型。

熔炼(保温)炉与温度控制系统连接以调控金属液温度,上下压室则通过管道与压力控制系统连接,为了避免系统增压时将水分、灰分带入系统造成金属液污染,应在压力控制系统的气体管路中设置过滤及干燥装置。

由于差压铸造机的压室最大工作压力达到 $500\sim600$ kPa,在压室上安装了压力表及安全阀以保证压力不致超限,避免设备损伤或人身伤害。同时,在设备的设计制造过程中,对于压室及管道的耐压能力应做可靠核算,保证其在给定工作温度下能够正常承压;对于压力容器及其辅助装置,应严格年检制度,避免造成生产事故。

从设备构成来看,目前我国研制生产的差压铸造机在自动化程度方面与低压铸造机还存在较大差距,导致存在生产效率低、劳动强度大等问题。

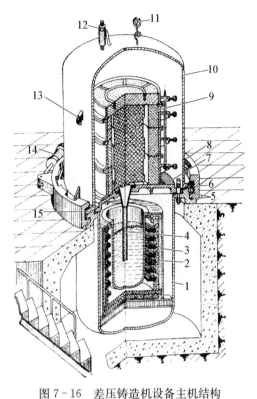

图 7-16　差压铸造机设备主机结构

1—下压室;2—坩埚;3—保温炉;4—升液管;5—滚珠;6—定位销;7—中隔板;8—卡环;9—铸型;10—上压室;11—压力表;12—安全阀;13—吊耳;14—气缸;15—密封圈

而部分国际设备厂商所生产的差压铸造机已经达到了较高的自动化水平,美国 CPC 公司联合保加利亚 LLinden 公司生产的差压铸造机就是一个典型范例,其产品结构如图 7-17 所示。

4) 调压铸造机

调压铸造技术自发明以来,主要用于高性能需求的航空工业复杂薄壁铸件小批量生产应用,目前已经在一些航空专业生产企业得到应用。

调压铸造主机与差压铸造主机在结构上相似程度较高,同样需要设计相互隔离的上下压室,将铸型和保温炉分置于上下压室内,并通过中隔板上的升液管进行金属液的输运。不同之处在于,差压铸造主机仅承受正压作用,且耐压能力需达到 $500\sim600$ kPa 以上;而调压铸造主机需同时具备承受真空条件下的外部大气压力和增压条件下内部 $100\sim200$ kPa 正压的能力,此时不仅需要核算耐压能力,还需核算系统刚度,避免罐体在真空条件下出现变形的情况。

在压力控制方面,相较于低压铸造设备和差压铸造设备仅需控制正压力的特

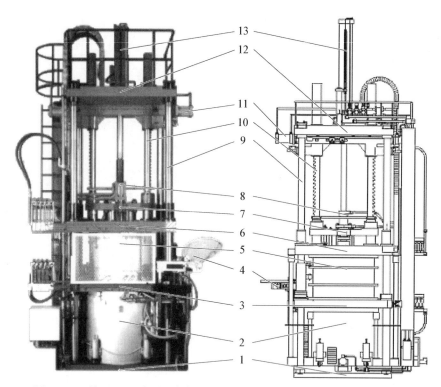

图 7-17 美国 CPC 公司和保加利亚 LLinden 公司联合生产的差压铸造机

1—底座;2—下压室;3—中隔板;4—取件机械手;5—上压室;6—动型板;7—顶件型
板;8—顶件液压缸;9—拉杠;10—合型顶杆;11—锁定液压缸;12—上机架;13—主液压缸

点,调压铸造设备的压力控制要求系统能够实现从负压到正压的连续稳定控制,在
平稳充型和快速同步增压两方面,均对压力控制系统提出了更高要求——需要实
现高精度、大动态气体压力的调节和控制。

图 7-18 给出了由西北工业大学研制的 TYM-1 型调压铸造设备。该设备由
调压铸造主机、压力源、压力控制系统、温度控制系统四个部分构成,经实践验证,
能够满足调压铸造技术对装备系统的需求,可显著提高大、中型复杂薄壁铸件的生
产品质和效率。

7.4.2 压力控制系统

对于不同的反重力铸造方法而言,坩埚液面及铸型空间的压力控制有不同的
要求,只有按照规范实现压力的精确调控才能保证各阶段操作的可靠执行。在充
型、增压及保压过程中,必须保证压差的控制精度,而在快速增压的过程中,还需要
对增压速度提出一定要求,即压力变化应具备足够的控制动态。由于控制精度与
控制动态往往构成为一对矛盾,这就需要使用高自动化程度的压力控制系统来提
供保障,同时取得两方面指标的均衡。

图 7-18 西北工业大学研制的 TYM-1 型调压铸造设备

在反重力铸造设备中,压力是通过专门设计的闭环自反馈系统来实现自动化控制的。如图 7-19 所示,将所需的压力控制曲线参数输入到程序控制器,并以压力传感器从控制对象——坩埚液面或铸型所处的封闭容器取得当前的压力值,将此压力值与目标曲线进行比较,若测得的压力值低于设定目标值,则通过正向输出端作用于调节阀,将正压源内的气体输入封闭容器,使容器压力升高;若测得的压力值高于设定目标值,则通过负向输出端作用于调节阀,将封闭容器内的气体由排气口输出,使容器压力降低。对于如图所示的单路正压控制系统,合理优化气路结构及控制算法,可以达成精度与动态的优化控制效果,从而满足低压铸造设备自动化控制的需求。而通过改变控制系统中的结构构成,如将正压源替换为进气口,而排气口替换为真空泵或真空罐,则可建立单路负压控制系统,满足真空吸铸设备自动化控制的需求。

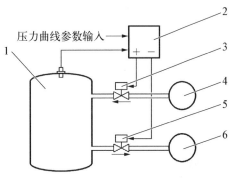

压力曲线参数输入

图 7-19 自反馈压力控制系统结构

1—受控压室;2—程序控制器;3—入口流量调节阀;4—正压源;5—出口流量调节阀;6—排气口

调节阀是反重力铸造压力控制系统中的重要气路动作执行部件,用以实现管路上的气体流量控制,根据调节阀的控制原理,可将其区分为膜片式调节阀和组合式调节阀两种类型。膜片式调节阀通过弹性膜片结构对外部施加的压力信号做出响应,进而驱动一个可调气路间隙的阀芯动作,以实现流量调控。这种调节阀的优点是可以对气体流量实现无级调控,但是缺点在于响应速度较低,且必须将程序控制器发出的电信号转换成为压力信号才能实现动作。组合式调节阀则是将多个不同孔径的电控阀门加以并联,其中每个单体阀门仅能在电控信号驱动下快速实现开闭两种状态的切换,而通过多个阀门的联合动作,可以实现气体流量的多级控制。电控阀门的数量,也称组合式阀门的位数决定了组合式调节阀的可调控级数,其数量越多,则调控级数及精度越高,但组合式调节阀的结构也就更加复杂。组合式调节阀的特点可以归结为:直接以电信号进行驱动,响应速度快,但是仅能实现多级气体流量的调控,实际应用中,应根据需要选择适当地组合式阀门位数。

在差压铸造及调压铸造设备的压力控制中,单路压力控制系统往往不能满足控制需要,则需要将两路或以上的压力控制系统结合应用,所建立的控制气路复杂性较高。西北工业大学设计了一种双路双闭环压力控制系统,用于实现包括差压铸造、调压铸造在内的四种反重力铸造工艺过程的压力控制,其气路结构如图 7-20 所示。

为满足某些金属牌号熔炼浇注对加压气氛的特殊要求,在系统中分别设置了储存附加气体与空气混合气体的混气罐和常规空气罐,用以分别实现金属液所在的下压室加压和铸型所在的上压室加压;由于普通电磁阀仅具备单向导通能力,在需要可靠互通的气路结构上使用了电动直驱式互通阀以满足双向气体交换的要求;使用传感器对气路关键点压力参数进行检测,并传输到工业控制计算机中与设定压力值进行比对,进而控制各阀门的动作,完成备气、抽真空、加压、保压、卸压等各项功能操作。

以镁合金调压铸造为例,对上述双路双闭环压力控制系统的工作方式进行说明。由于镁合金易与空气中的氧发生反应,严重时导致燃烧,因此需要使用添加 SF_6 及 CO_2 的混合干燥空气对其加压。为此,在备气过程中,通过电磁阀 3 将一定量的附加气体输入到混气罐,而后再通过电磁阀 1、2 将干燥空气输入到混气罐及空气罐,使罐内压力达到 400 kPa 左右。金属液熔炼完成后,置于下压室内的坩埚中,铸型安放于上压室内,首先进入抽真空阶段。打开互通阀 H1 保持上下压室压力均衡,打开真空泵及电磁阀 7、12,调节常开调节阀 T3 及 T4 的开度,按预定速度将压室内的气体抽出。真空度满足要求后保持真空一段时间,然后进入充型阶段。关闭互通阀 H1,打开电磁阀 5,调节常闭调节阀 T1 的开度,将混合空气输入下压室,使其按预定加压速度增压,将金属液压入型腔。充型完成后在保持压差的前提下,打开电磁阀 4、5 并同步调节 T1~T4 四个调节阀的开度,使压室的压力增加到 200 kPa 左右并进行保压。铸件凝固后,打开互通阀 H1 及 H2,经由电磁阀 6、7,调节阀 T3、T4 将压室内的气体从排气口 C 排出系统,系统恢复常压后即可开型取件。

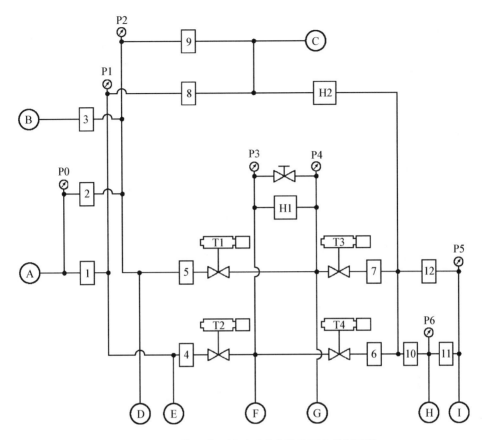

图 7-20 一种双路双闭环反重力铸造压力控制系统
1~12—单向电磁阀;H1、H2—互通电动阀;T1~T4—调节阀;P1~P6—压力传感器;
A—压缩空气;B—附加气体;C—排气口;D—混气罐;E—空气罐;F—上压室;
G—下压室;H—真空罐;I—真空泵

以传感器 P3、P4 为压力检测元件,调节阀 T1~T4 为执行机构,工控机为程序控制器所构成的双路双闭环气路结构是系统动作的关键。当下压室 G 的压力低于设定值时,通过增大调节阀 T1 的开度输入气体,提高其压力;当下压室 G 的压力高于设定值时,通过增大调节阀 T3 的开度释放气体,降低其压力。对于上压室 F 的压力控制也与此类似。实践证明,这种双路双闭环的气路控制系统功能全面,且能够满足调压铸造过程气体压力高精度、大动态控制的要求。

在调压铸造过程中,上下压室的压差的稳定可靠控制是安全高效完成浇注流程的关键,尤其是在充型末期至保压阶段,要求在压力大幅度变化过程中上下压室维持足够的稳定压差。西北工业大学通过引入一种特殊设计的压差控制器,设计了一种适用于调压铸造压力控制的简化方案,其控制系统结构如图 7-21 所示。

在这一控制方案中,通过一个阈值可调的压差控制阀将上下压室的压差限定在适当范围之内,保证调压铸造过程中压力控制的可靠性和稳定性。其核心调控

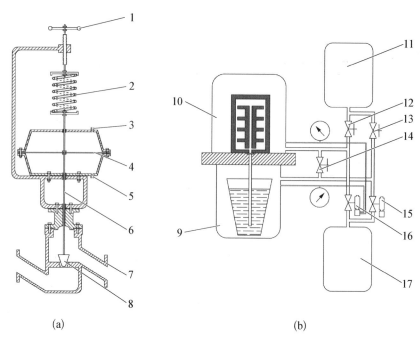

(a)   (b)

图 7-21　一种简化的调压铸造压力控制系统

（a）压差控制阀　（b）基于该控制阀的调压铸造压力控制系统

1—压差调节手柄；2—预紧弹簧；3—上测压口；4—膜片阀；5—下测压口；6—阀杆；
7—阀体；8—阀芯；9—下压室；10—上压室；11—负压罐；12—上压室排气阀；13—下压室
排气阀；14—互通阀；15—压力主控阀；16—压差控制阀；17—正压罐

过程如下：抽真空及保真空时，打开互通阀及排气阀门将压室内的气体排出；金属液充型过程中，关闭互通阀，对下压室按预设速度持续增压，压差控制阀并不开启，上压室压力不变；在充型末期，系统达到最大压差，在对下压室压力进行主动调控使其快速增大的同时，压差控制阀将开启并向上压室内输入气体，在此过程中上下压室的压差可以保持稳定；进入卸压阶段时，打开互通阀，从排气阀门将气体排出，整个压力控制过程即告完成。

7.4.3　保温炉结构设计

为了在所需的温度条件下进行金属液浇注，反重力铸造设备中都需要安装保温炉，部分设备中保温炉兼具熔化和保温的双重效用，此时保温炉应具备足够的加热功率；而在大多数的情况下，为了缩短生产周期，金属液熔炼由专用的设备完成并通过浇包或直接以坩埚转移到铸造机中，此时仅按保温炉所需的较小功率设计即可。

采用电阻坩埚炉对金属液进行温度控制，在铸造机结构设计方面，根据实际生产情况有两种不同的设计思路：

（1）保温炉与压室均为独立结构并加以组装，典型结构如图 7-16 所示，即将保温炉直接置入下压室中,此时保温炉仅完成加热或保温作用,压室与外界的压差由独立的压室承受,由于压室结构相对简单,可以降低压室漏气的可能性,而保温炉也可采用常规的设计方案。对于差压铸造及调压铸造工艺,由于系统需要耐受较高的压力作用,或因抽真空须有较好防泄漏性能,往往采取这种结构设计方案。但是这种结构设计方案的缺点主要是:补充金属液的操作烦琐,需卸除铸型并开启中隔板,对生产率影响较大;同时这一方案还要求下压室空间较大,以容纳完整的保温炉结构,这在一定程度上增大了系统压力控制的难度。

(2) 保温炉与下压室采用一体化设计,如图 7-22 所示,将保温炉作为一个封闭压室进行设计,或将坩埚设计为封闭式结构,直接对坩埚进行压力调控,大大减小了增压空间尺寸,可以显著提升压力控制系统的快速响应能力,有利于压力的精确控制,同时可通过保温炉侧壁开口补充金属液,从而提高生产效率。然而这一方案也存在一些缺点:气路电路接口多,密封相对困难;由于坩埚温度较高,密封件迅速老化,使用寿命也受到影响,仅适合于较低压力下的应用。对生产率有较高要求的低压铸造设备常采用这种一体化设计方案。

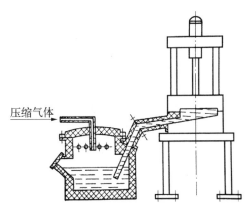

压缩气体

图 7-22 保温炉与下压室一体化设计的
侧铸式低压铸造机

采用闭环自反馈系统对保温炉内金属液的温度进行控制。一般使用陶瓷封装的热电偶作为测温元件测量金属液的温度,并将其输入到温度控制器预设值温度进行比对,温度控制器按照一定的算法,以输出到电炉丝上的电流强度对温度偏差作出反馈,从而将金属液的浇注温度控制在适当范围之内。在热电偶的使用中,应当考虑冷端温度漂移对测温的影响并采取适当的方式予以修正;对于差压铸造过程及调压铸造过程,充型前对金属液增减压输入、输出大量气体的操作可能造成金属液温度出现较大波动,应在系统温度稳定并进入允许范围内之后再进行浇注。

7.4.4 升液管结构设计

在反重力铸造设备中,升液管是输运金属液的重要部件,其上端与铸型浇口连接配合,下端长时间浸泡在高温金属液中,金属液在压差下通过升液管完成升液、充型,升液管同时还承担着传递凝固压力的作用。选择适当的升液管材质、形状及结构,有助于延长其使用寿命,保证铸件质量,降低生产成本。

目前升液管采用的常见材质是铸铁,根据所浇注的合金种类及工作频次,其使用寿命在 5～25 个工作日。针对其使用寿命短的问题，人们正在寻求和研究耐热性能好、工作寿命长的替代性升液管材料，如硼硅玻璃、氮化硅、碳化硅陶瓷以及耐热合金铸铁等。常见的几种升液管结构包括直筒式、正锥式、倒锥式、潜水钟四种，如图 7-23 所示。锥形的升液管顶部一方面有利于金属液回流，另一方面也可起到一定的撇渣作用。

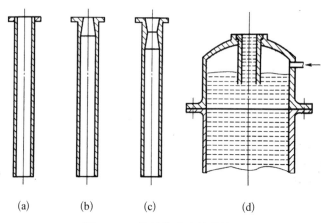

图 7-23　常见的升液管结构
(a) 直筒式　(b) 正锥式　(c) 倒锥式　(d) 潜水钟式

　　升液管必须具备良好的气密性才能保证铸件成形。若升液管发生泄漏，会导致压差无法建立，金属液不能完成充型，或形成铸件空壳；在升液管有轻微漏气的情况下，坩埚内的气体会渗入升液管，随液流填充型腔，在铸件内部形成气孔。因此，生产前应仔细检查升液管的气密性能是否符合要求。

　　升液管的热量散失问题也需要得到重视。尽可能保证升液管上端出口面积大于铸件热节面积，这样有利于获得顺序凝固条件，进而促进金属液补缩。考虑到升液管与中隔板相连接，中隔板可能为升液管热量散失提供条件，还需进一步强化升液管的保温条件。为了避免升液管"冻结"，可以在升液管内部涂覆一定厚度的硅酸铝棉涂层以减缓热量散失，在必要的情况下考虑在升液管颈部安装电热保温装置。

　　由于升液管长期浸泡于熔融金属液中，容易受到侵蚀，必须对其进行涂料处理，避免金属液直接与升液管本体接触。涂料与升液管之间应形成较高的结合强度，以延长涂料层及升液管的使用寿命，同时避免因升液管侵蚀而对金属液质量造成不良影响（如在铝合金铸造中铁质升液管会向金属液中溶入铁元素），导致铸件性能降低。涂料层在使用过程中会逐渐减薄，这导致现有涂料一次涂覆后的有效工作时间不长。为解决这一问题，人们尝试采用以合成陶瓷纤维为基的耐火材料包覆升液管，或在升液管下部易受侵蚀部位镶嵌石墨套，或使用耐高温的搪瓷材料进行保护，已经取得了一定成效。

7.4.5 电磁低压铸造

近年来,也有采用除气体压力以外的其他方法来驱动金属液进行反重力充型的新技术被提出。以电磁低压铸造技术为例,这一方法的工作原理如图7-24所示,通过陶瓷输液管将保温炉内的金属液与铸型相连,在输液管外侧安装电磁泵,利用电磁泵驱动金属液流动进入铸型型腔。通过调整作用在电磁泵线圈上的电流大小,可以控制金属液流动的速度及压力,从而实现有序充型和有效补缩,保证铸件质量。

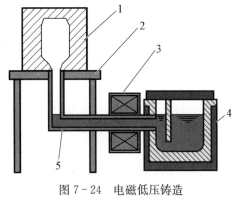

图7-24 电磁低压铸造
1—铸型;2—机架;3—电磁泵;
4—保温炉;5—输液管

电磁泵驱动的低压铸造机消除了对保温炉密封性的要求,也可以通过管路切换使用一台电磁泵服务于两台铸型的交替生产,便于更为灵活地组织生产。

7.5 反重力铸造缺陷与对策

在反重力铸造条件下,由于铸造方法、工艺方案、工艺参数选择和设计不当,可能导致各类铸造缺陷问题或事故。本节将分析在反重力铸造条件下常见铸造缺陷的产生原因并提出概略解决方案。

7.5.1 缩孔与缩松

铸件在凝固过程中,由于合金的液态收缩和凝固收缩,往往在铸件最后凝固的部位出现孔洞,其中集中的大尺寸孔洞被称为缩孔,分散的细小孔洞被称为缩松。这类缺陷产生的主要原因是补缩顺序不良,或补缩强度不足。

在传统铸造工艺条件下,金属液在重力作用下实现充型和补缩,因此,在型腔上端设置冒口有助于提高金属液压头,从而强化补缩。然而在反重力铸造条件下,金属液充型及补缩遵循与此相反的规则,金属液补缩是在压差作用下由升液管和浇注系统来提供的,其流动方向与重力方向相反。只有在具备良好凝固顺序的前提下,压差作用才能够顺利传递到液固界面,为金属液补缩提供必要保障。若在型腔上端安放冒口,可能导致局部凝固顺序逆转,从而在冒口作用区末端与浇注系统补缩区末端之间产生缩孔、缩松缺陷。因此,在反重力铸造工艺设计中,铸件的凝固顺序应由远离浇注系统的一侧(通常为铸件上端区域)朝向浇注系统而进行;当铸件存在不良凝固顺序时,应根据具体情况来调控其凝固顺序,使之满足上述原则;应避免在远离浇注系统的区域设置冒口,优先考虑采用冷铁加快远端凝固的方式来调整凝固顺序。可以应用各类涂料对铸件凝固顺序进行干预。

作为反重力铸造的驱动力,凝固压力及压差的合理调控对于抑制缩孔缩松缺陷来说尤为重要。增压不足往往造成补缩动力不足,而使铸件产生缩孔缩松缺陷。金属液的结晶温度间隔越大,糊状区厚度越大,对补缩压力的要求也就越高。对于不同的铸件结构,所需补缩压力的大小也有不同,铸件复杂程度提高,壁厚减小,会导致金属液补缩通道狭窄,补缩难度增大,因此也就要求提供更大的补缩压力。

在实际生产中,不良压差曲线形态对铸件质量产生的影响往往容易忽视。铸件在充型过程中逐渐降温,流动性随之不断降低,当金属液充填至型腔顶端时已经有部分固相开始形成,对金属液的补缩流动造成较大的阻碍。控制算法特征参数设定不当,或因压力源的压力不足,都可能导致增压曲线出现严重滞后现象,使得有效的补缩压差不能迅速作用于铸件,贻误补缩的时机,这就可能造成缩孔缩松缺陷。对于薄壁铸件来说,由于充型时间短,凝固速度快,这类问题就显得更为突出。可见,在反重力铸造设备保障方面,必须强调对压差曲线的高可靠性控制实现能力。

7.5.2　气孔缺陷

铸件气孔缺陷包括析出性气孔、反应性气孔以及侵入性气孔三种类型,其产生机制各有不同,解决方案也存在差异。

1) 析出性气孔

金属液中溶解的气体因金属凝固时溶解度降低,而从金属液中析出,就形成析出性气孔。这类气孔均匀分布于铸件内靠近冒口处,或厚大位置所对应的热节等温度较高的区域。析出性气孔形态细小且分散,经常与缩孔缩松共存,是一类常见的铸件缺陷。

降低金属液含气量、提高凝固压力及凝固速度均有利于抑制析出性气孔。具体来说,可以采取以下方案:

(1) 使用优质合金原料,避免使用锈蚀、污染的合金锭料,避免从原料中引入气体来源。

(2) 熔炼时先加入低熔点原料,依次投入高熔点原料,可以减小炉料与空气的接触面积及接触时间,从而有效降低金属液的吸气量。

(3) 对金属液进行除气操作,如使用精炼剂、吹气精炼法或真空除气法除去金属液中溶解的气体。

(4) 适当降低金属液浇注温度,可以减小气体在金属液中的溶解度,同时缩短凝固时间,起到抑制析出性气孔的作用。

(5) 考虑气体的析出涉及动态扩散、气泡形核及生长的过程,通过降低铸型温度或采用其他手段来提高金属液的凝固速度,可以使气体以过饱和固溶的方式留在铸件中,不致形成气孔缺陷。

(6) 提高铸件的凝固压力,可以在提高金属中气体溶解度的同时增大气体析出阻力,从而抑制析出性气孔的产生,如使用差压铸造工艺取代低压铸造工艺和真空吸铸工艺,并考虑应用更高的保压压力。

(7) 结合真空除气和增压凝固工艺,如使用调压铸造工艺、提高真空度及保压压力,延长保真空时间及保压时间,有助于避免析出性气孔,获得组织致密的铸件。

2) 反应性气孔

反应性气孔是指金属液与铸型、砂芯、冷铁、渣或氧化膜等外部因素发生化学反应(外生式反应气孔),或金属液与其内部溶解的化合物之间发生化学反应而生成的气孔(内生式反应气孔)。反应性气孔表面光滑,呈银白色、金属光亮色或暗色,其孔径较析出性气孔更大,可达几个毫米。外生式反应气孔均匀分布在铸件与型壁、渣团等的接触面上,处于铸件的浅层皮下,而内生式反应气孔在分布上呈现为弥散性气孔,成群的大孔洞分布于铸件整个截面积上。

对于铸件中出现的不同种类反应性气孔,应具体分析其产生原因,找出反应物的存在形式并加以避免。常规可采取的手段包括:控制铸型中水分及有机黏结剂用量;提高型砂耐火度和稳定度;清理金属型表面并进行预热除去水分;在金属液熔炼过程中,合理造渣和去除有害渣相;在铸型内安放过滤片以除去金属液中的渣团,阻止气体通过。通过这类措施,可以在很大程度上去除反应物,避免反应性气孔的形成。

3) 侵入性气孔

侵入性气孔体积较大,形状近似梨形,常出现在铸件上部靠近型芯壁面或浇注位置处,主要是由于砂型或砂芯中产生的气体未能及时由铸型排出,侵入金属液后而又未能逸出液面从而造成的,梨形气孔小端位置表明气体由该处进入铸件。如前所述,升液管的轻微泄漏也可能导致铸件内部出现气孔缺陷。

侵入性气孔的防治措施包括:

(1) 控制型(芯)砂水分及发气原料的含量:减少砂型(芯)在浇铸过程中的发气量,不使用受潮、生锈或有油污的冷铁和芯撑等,控制金属液的充型流动方式,避免金属液过度冲刷砂型(芯)而导致严重发气。

(2) 改善砂型的透气性:选择合适的砂型紧实度,提高砂型和型芯的透气性;合理安排排气通道,使型(芯)内气体能顺利由铸型排出,减小其进入金属液的可能性。

(3) 提高气体进入金属液的阻力:合理设计浇注系统,避免浇注时卷入气体,在型(芯)表面涂刷涂料以减少金属-铸型的界面作用,同时利用涂料微孔结构的附加压力效应抑制气孔侵入金属液。

(4) 合理设计铸型,避免使用大平面水平型腔并设置排气通道,一旦气体侵入,能引导其迅速上浮,将其排出到金属液之外。

7.5.3　浇不足及铸件空壳

在反重力铸造中,充型驱动力由外加的可控压差来提供,而充型阻力则由静态水力学压头、金属液流动的黏滞阻力、金属液流动前沿界面曲率产生的附加压力、以及型腔内气体反压四部分构成,当型腔的截面面积发生突变时,还将带来额外的动量损耗,对金属液流动产生干扰。

1) 浇不足

当充型驱动力不足以抗衡充型阻力时,金属液不能完整充填铸件型腔,就会导致铸件浇不足缺陷。根据浇不足缺陷的产生原因,可采用以下几个方面的措施来对其进行控制:

(1) 提高充型压差和充型阶段的增压速度,提升充型驱动力。

(2) 提高金属液的浇注温度及铸型温度,避免金属液降温过程中的黏度急剧提升,降低流动过程中的动态黏滞阻力。

(3) 在必要的情况下,对铸件结构进行调整,避免使用过小的壁厚,或增加薄壁面的加工余量,以减小金属液流动界面的附加压力。

(4) 通过合理设计排气通道降低型腔内初始气体压力,或使用更高的真空度等手段来降低型腔气体反压。

2) 铸件空壳

在某些情况下,当金属液充填型腔后,在过短的时间内卸除系统压差,导致型腔内未凝固的金属液回流入坩埚,仅留下与铸型型壁交换热量后已经凝固的一层铸件凝壳,这种现象称为铸件空壳。根据其产生的具体原因,有如下解决措施:

(1) 铸件充型后的压差保持过程中,所设置的保压时间过短,导致未凝固的金属液回流,对于这种情况下产生的空壳缺陷,应通过延长保压时间来避免。

(2) 金属液充型末期,在较大压差作用下升液管发生泄漏现象,气体进入升液管并上升到铸型型腔,导致金属液回流从而形成铸件空壳,对这种情况,应检修、更换升液管。

(3) 若升液管下端在坩埚内的高度不当,过于接近金属液面,在充型末期因坩埚液面下降而使升液管下端暴露,气体进入型腔导致铸件被放空,对于这种情况,则应通过补充金属液或延长升液管等措施来加以解决。

7.5.4　铸件披缝、鼓胀及跑火

反重力铸造工艺提供了较常规铸造工艺更高的充型和补缩压力,当铸型未良好合型或铸型强度不足时,可能在较高的金属液压力下形成铸件披缝、表面鼓胀等缺陷,严重时还可能出现跑火事故。

1) 铸件披缝

在铸型合型不良的情况下,金属液在外加压力作用下渗入合型面,就会导致铸件披缝及飞边。当铸件出现这一问题时,应首先检查合型操作是否符合规范,铸件分型是否良好吻合;其次,对分型面加工精度及磨损情况进行评估,若加工精度不

足或过度磨损,应予修复或更换;若合型不存在问题,可通过适当降低充型压差来减小铸件披缝产生的可能性。

2)铸件鼓胀及跑火

在较高的压力及压差作用下,铸型将发生变形,若铸型强度不足,型腔壁面变形量超出许可范围,金属液充填时将复制这些变形量而形成铸件表面鼓胀;铸型变形严重时,还可能出现金属液由分型面泄漏的跑火事故。对这类问题的解决方案包括:

(1)对于砂型铸造,可通过在铸型中植入加强结构如铁钉、改变型砂配比等方式来提高铸型强度。

(2)对于金属型,应调整铸型材料及结构,提高其结构刚度,对于磨损或长期使用组织变化而致的刚度不足,应更换铸型。

(3)改进铸型装夹机构,从铸型外围对其刚度提供必要保障,同时保证合型可靠。

(4)适当降低充型压差,可减小铸件鼓胀变形量,降低跑火风险。

7.5.5 铸件变形及裂纹

铸件在凝固及后续的冷却过程中,因各部位温度存在差异,会形成特定的应力应变场分布,并导致铸件变形。若铸件应力超出材料在对应温度下的破坏极限,还会导致铸件裂纹。

1)铸件变形

在反重力铸造工艺设计中非常注重凝固顺序的控制。铸件变形量控制与凝固顺序控制既构成为一对矛盾,在某种意义上又具有一致性。控制好凝固顺序就意味着增大铸件各部位的温度差异,这将提高铸件应力场的不均匀性,并增大铸件变形量;然而,在良好凝固顺序控制的条件下,铸件的致密度得到保证,机械性能的提升又有助于减小变形程度并抑制裂纹产生。因此,在工艺设计中,应当把握凝固顺序在当而不过的范围之内,既能够保证补缩,又不致造成过大的铸件应力。

对于铸件变形的控制,除合理优化温度场及凝固顺序外,还可以采取的措施包括:在铸件上增设加强筋以控制铸件变形,热处理后再加工去除;根据预估的铸件变形量,在铸型设计上预留出反变形的校正量;部分铸件变形可通过后续压力校形而去除。

2)铸件裂纹

若铸件裂纹产生于固相骨架形成之后及完全凝固之前,则该裂纹被称为热裂纹;若裂纹是在铸件完全凝固以后的冷却过程中由于应力积累所造成的,则称为冷裂纹。对于铸件裂纹的控制,有如下解决方案:

(1)增加铸型及型芯中阻碍铸件收缩部分的退让性,增加涂料层的厚度。

(2)增加对热裂部位的补缩,输运足够的金属液用于裂纹缺陷易发部位的填充。

（3）强化热裂部位的散热能力，使之尽早凝固并建立足够强度，减小铸件热裂倾向。

（4）适当提高浇注温度及铸型温度，减小温差和应力，促进同时凝固，从而减小热裂倾向。

（5）在裂纹产生部位的铸型或型芯壁面上开设与裂纹平行的沟槽，以分散凝固收缩量和应力，减小裂纹产生倾向。

（6）尽早从金属型内取出铸件，避免铸件降温收缩过程中与铸型之间的机械力作用，有助于减小裂纹产生的可能性。

7.5.6　粘砂

在反重力铸造过程中，外加的压差极大地提升了金属液的充型能力，但同时也导致金属液更易于渗入铸型壁面的型砂间隙，增大了机械粘砂缺陷的可能性。可采取的解决方案包括：

（1）使用耐火度高的致密涂料对铸型型壁进行涂刷，增大金属液渗入时所需克服的附加压力，从而抑制粘砂缺陷。

（2）适当降低浇注温度，有助于抑制粘砂。

（3）适当降低充型及保压压差，延长压差曲线中的结壳时间。

7.6　反重力铸造应用实例

7.6.1　差压铸造技术在高性能大型复杂薄壁铸件生产中的应用

在航空、航天、航海等高科技产业领域，高精度、高性能整体化大型复杂薄壁铸件的设计和应用越来越普遍。在提高构件使用可靠性的同时，整体化构造提高了铸件的结构复杂性，为满足功能需要和减重要求，这些构件大量采用非规则曲面设计，壁厚小、尺寸精度要求高，如轮廓尺寸大于 1 m 的大型件，其最小壁厚往往不超过 15 mm；对构件的力学性能要求高，如要求铸件达到Ⅰ类铸件检验标准，要求铸件几乎无缺陷；这些铸件往往批量不大，某些航天铸件甚至是单件生产。对于此类铸件的生产，除了需要实现完整成形和尺寸精度控制，还需要重点解决内部冶金质量控制的问题。

某飞机用大型复杂薄壁铸件制造难题长期困扰生产企业。采用传统的重力铸造工艺前期试制实践表明，即便反复优化铸造工艺设计方案，仍难以避免部分铸件中的铸造缺陷，无法获得满足应用需求的整体化大型复杂薄壁铸件。西北工业大学与生产企业合作开展研究，认为反重力铸造技术提供的良好充型和凝固条件可望达成此类铸件的质量要求。反重力铸造技术的工艺适应性广，将其与树脂砂型铸造相结合，在效益和成本上非常适合于此类大尺寸、小批量铸件的铸造。与此同时，树脂砂铸型也具有足够的强度承受反重力铸造条件下的压力和压差作用，为铸件尺寸精度提供保障。

基于这一应用背景和需求，西北工业大学开发出一种大型低压式铸造装备，该装备以封闭式下罐容纳保温炉和坩埚，最大合金熔炼重量达到 2.5 吨；采用可移动浇注平台承载树脂砂铸型,平台最大搬运和承载能力达到 30 吨铸型,铸件的单件浇铸重量达到 2 吨;使用模糊 PID 算法控制数字式组合阀门进行金属液面压力的调控,保证充型增压速率在较大范围内可控。基于所开发的低压式铸造装备进行工艺方案优化,合理设计浇注系统,结合冷铁、排气孔等工艺措施的应用,研究团队制备了满足质量要求的高品质大型复杂薄壁铸件,在此过程中研发的大型轻合金结构件反重力铸造技术成果获得国家技术发明二等奖。

7.6.2　调压铸造技术在高性能中小型复杂薄壁铸件生产中的应用

某整体化设计的铝合金筒状飞行器结构件,其内部有各类筋板及栅板结构,内腔结构复杂,最大外径约 400 mm,高度约 650 mm,筒壁大面积壁厚 3 mm,要求铸件壁厚 4 mm,铸件两端为厚度达 45 mm 的厚大法兰,与桶壁直接连接,形成很大的壁厚跃变。该铸件的冶金品质要求为Ⅰ类航空铸件标准,采用常规重力铸造无法满足铸件指标要求,而在采用其他反重力铸造方法试制该构件时,由于铸件为典型的薄壁复杂大外廓尺度构造,其内腔结构出现浇不足缺陷,尽管较传统重力铸造有明显改善,但同样难以达到所需的技术指标。

图 7 - 25　采用树脂砂型调压成形精密铸造方法生产的整体复杂薄壁舱体构件

西北工业大学与洪都集团以调压铸造为基础工艺,研发树脂砂型精密组芯技术以成形铸件复杂内腔结构,对该铸件进行流场、温度场和凝固行为的数值模拟,采用冷铁及涂料对凝固过程进行精密调控,在所研发的调压铸造工程化生产装备上实现了该铸件的批量生产(见图 7 - 25)。采用该工程化应用装备和技术生产的首批 30 个整体化设计结构铸件经 X 射线探伤检查及荧光检测,全部达到 HB963 - 90 之Ⅰ类铸件的验收标准,充分展示了调压铸造方法在中等尺度有色合金铸件精密铸造冶金质量控制上的技术优势。这项技术后续被推广应用至包括飞行器高气密性油箱在内的系列复杂薄壁铸造生产,与原有的钣金铆接成形工艺相比较,树脂砂调压成形铸造精密工艺可大幅度缩短零件的生产周期,整体化结构铸件具有更高的强度和刚度指标,使用可靠性得到明显提升,经济和社会效益十分显著。

在制造业中还存在一类壁厚很小,尺寸精度要求高,内部形状复杂,无法机械加工的小型精密铸件,如小型飞行器舱体、航空仪表壳体、雷达波导管等。这些铸件的充型非常困难,尺寸精度也很难保证。将调压铸造方法与石膏型精密铸造相结合,可实现小型复杂薄壁铸件的精密铸造,除充分发挥调压铸造的技术优势外,还可利用石膏型尺寸稳定,表面光洁的优点,提升铸件尺寸精度,降低表面粗糙度。由于石膏型的导热能力差,冷却速率小,便于合金液充型,在凝固过程或凝固完成后,均匀而缓慢的冷却,有利于消除铸件的铸造应力。图 7-26 是采用石膏型调压成形精密铸造方法生产的典型铸件。

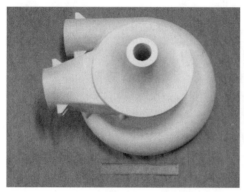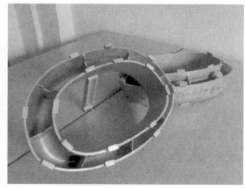

图 7-26   采用石膏型调压成形精密铸造方法生产的典型铸件

参考文献

[1]   林伯年.特种铸造(第二版)[M].杭州:浙江大学出版社,2008.
[2]   王乐仪,郑来苏,曲卫涛,等.特种铸造工艺(内部教材)[M].西安:西北工业大学出版社,1988.
[3]   魏尊杰.金属液态成形工艺[M].北京:高等教育出版社,2010.
[4]   董秀琦,低压及差压铸造理论与实践[M].北京:机械工业出版社,2003.
[5]   王猛,曾建民,黄卫东.大型复杂薄壁铸件高品质高精度调压铸造技术[J].铸造技术,2004,5(25):353-358.
[6]   王猛,黄卫东,林鑫.一种压差控制阀及使用该阀的反重力铸造压力控制方法:中国,ZL200610104417.8[P].
[7]   张辉,万柳军,荆涛.汽车轮毂低压铸造凝固过程模拟研究[J].特种铸造及有色合金,2006,7(26):409-411.

第四篇
先进焊接技术

　　轻量化是大型飞机主要发展方向之一,降低飞机机身结构重量不仅可以提高运载能力,还有利于节省燃油消耗,使飞机制造业向着更加经济环保的方向发展。实现飞机轻量化的重要途径之一是依赖于先进轻质材料的开发及合理的壁板结构设计。

　　从材料方面,常规铝合金在轻量化方向上已经不能满足当今航空制造业的迫切需求,而新型铝锂合金由于低密度、高性能越来越受到飞机制造业的青睐。铝锂合金被用作飞机结构件材料,较常规铝合金质量减少 10%～20%,刚度提高 15%～20%,且铝锂合金的成本比先进复合材料小得多,被普遍认为是 21 世纪飞机制造行业最具影响力的结构材料。

　　飞机上有大量的壁板结构,过去主要采用铆钉连接。随着激光焊和搅拌摩擦焊等先进焊接技术的发展,采用焊接结构替代传统铆接结构实现了飞机结构材料连接方法的革命性突破,改变了人们通常认为焊接技术不适用于飞机制造的传统观念,已经发展成为飞机制造业降低生产成本、提高生产效率,同时大幅度减轻机身结构重量的有效途径。

　　目前,欧洲空客公司已率先采用激光焊接技术替代传统的铆接结构来制造飞机的铝合金壁板。经验证,激光焊接技术大大提高了生产效率,降低了制造成本,减轻了机身重量,提高了飞机性能,受到了航空业界的高度关注。如今,激光焊接技术已成功应用于空客飞机 A318、A340、A380 的下机身壁板上,空客飞机 A350 继续沿用激光焊接技术。空客公司计算了激光焊接代替铆接制造机身壁板所带来的经济效益,在空客飞机 A380 系列飞机上应用 8 张焊接机身壁板,壁板上节约下来的铆钉重量约 7 吨,综合之后可以减轻 10% 的机身重量,使得每架客机在 25 年的使用期限内节约 9 亿欧元的燃料费用。

　　搅拌摩擦焊作为一种非熔化焊接技术,缓解了包括激光焊接技术在内的熔化焊接技术对合金可焊性的要求,并且可以更好地适用于大厚度结构焊接,进一步拓展了可焊材料与结构的范围。美国波音公司、洛-马公司、美国宇航局和欧洲空客公司等著名航空航天单位,都已经普遍应用搅拌摩擦焊技术于飞机和航天结构件的焊接,在减轻结构重量、提高制造效率和降低生产成本方面取得了显著效益。

　　我国飞机制造业在采用先进焊接技术取代传统铆接技术方面还显著滞后于西方发达国家。本篇分两章分别介绍激光焊接技术和搅拌摩擦焊接技术,希望以此促进我国飞机制造业加快采用先进焊接技术的进程。

8 激 光 焊 接

8.1 概述

8.1.1 激光焊接技术特点

金属材料的激光加工主要是基于光热效应的热加工,激光辐照材料表面时,在不同的功率密度下,材料表面区域发生温度升高、熔化、气化、形成匙孔及产生光致等离子体等变化。

当激光功率密度较低($<10^4$ W/cm^2)、辐照时间较短时,金属吸收的激光能量只能引起材料由表及里温度升高,但维持固相不变。主要用于零件退火和相变硬化。

随着激光功率密度的提高($10^4 \sim 10^6$ W/cm^2)和辐照时间的延长,材料表面逐渐熔化,随输入能量增加,液-固相分界面逐渐向材料深部移动。这种物理过程主要用于金属的表面重熔、合金化、熔覆和热导型焊接。

进一步提高功率密度($>10^6$ W/cm^2)和延长作用时间,材料表面不仅熔化,而且气化,蒸发气体聚集在材料表面附近并微弱电离形成等离子体,这种稀薄等离子体有助于材料对激光的吸收。在气化膨胀压力下,液态表面变形,形成凹坑。这种物理过程可以用于激光焊接。

更进一步提高功率密度($>10^7$ W/cm^2)和延长辐照时间,材料表面强烈气化,形成致密等离子体,其可以逆着光束入射方向传输,对激光有屏蔽作用,大大降低激光入射到材料内部的能量密度。在较大蒸气反作用力下,熔化的金属形成小孔,通常称之为匙孔,匙孔的存在有利于材料对激光的吸收。这一阶段可用于激光深熔焊接、切割、打孔和冲击硬化等。

上述激光与材料作用引起的物态变化,使得实现激光焊接需要采用高功率密度的激光,这也成为激光焊接的一大特点。激光焊接是一种现代的焊接方法,是激光加工技术应用的重要组成部分。早在 20 世纪 60 年代,已经有关激光焊接应用的报道。在今天,很多重要的工业部门都应用了激光器。工业激光器作为一种高效可靠的生产工具已经被广泛认可与接受,激光焊接作为一种重要的激光加工技术得到日益广泛的应用和不断开发与研究。

随着工业激光器的出现,在某些领域,激光焊接已经替代了一些传统的焊接方法(如电阻点焊和电弧焊),这是由于激光焊接具有独特的优势:

(1) 能量密度高、热输入小,因此焊缝熔深大、热影响区小,焊接变形小。

(2) 焊接具有连续性和可重复性。

(3) 焊接速度快,焊接速度可以超过 10 m/min,比传统焊接方法快很多。

(4) 对于准确定位的焊缝易于实现自动化,可批量生产。

(5) 可以实现异种材料的焊接。

(6) 激光束易于控制,柔性大,可达性高。

(7) 功率密度大,易于实现难焊材料的焊接,比如钛等。

(8) 不需要在真空环境下焊接。

当然,激光焊接也存在一定的不足:

(1) 激光器价格昂贵,因此初始投资及维护成本较高。

(2) 焊接淬硬性材料易形成硬脆接头。

(3) 焊接时形成匙孔,合金元素蒸发导致焊缝易形成气孔和咬边。

(4) 激光焊接的聚焦半径较小,对工装精度要求较高。

在不同的焊接应用领域,针对激光焊接的上述特点,使得激光焊接结果的预测显得更为复杂。事实上,正确进行激光焊接需要考虑三方面的因素,即激光焊接参数、焊接工艺要求和相关工序。

近年来,激光器的开发研究取得了很大进展,多种新型激光器陆续在工业生产中实现,如 CO_2 激光器、YAG 激光器、光纤激光器等。而且激光器的功率等级也越来越大。随着大功率激光器的产业化,激光焊接的应用范围也会在工业各领域扩展。现代激光焊接技术开始向高适应性、高功率和低成本的方向迈进,其在工业生产中也会占据重要地位。

8.1.2 民用飞机机身壁板激光焊接技术现状及发展趋势

20 世纪 90 年代初德国研究机构率先提出了铝合金机身壁板结构双侧激光焊接的新思路以替代传统的铆接工艺,即通过在桁条两侧同步实施激光焊接的方法将桁条和蒙皮连接在一起[1],如图 8-1 所示。该新型连接技术的出现使传统机身壁板由组装结构变为整体结构,取消了大量铆钉及密封材料的使用,同时简化了桁条结构,成为实现交通运载工具轻量化最主要且最有效的解决途径之一[2-4]。

空客公司随后联合欧洲多家激光焊接技术研究机构及焊接设备供应商对双侧激光焊接技术开展了广泛全面而深入细致的研究工作,该技术具有铆接无法比拟的优势,在相同结构刚度的情况下,双侧激光焊接技术具体的优势体现在以下几个方面[5, 6]:

(1) 减轻机身壁板重量约 10%,取消了大量铆接及密封胶的使用,桁条结构进行优化设计,去除了为铆接预留的弯角部分。

（2）降低加工制造成本约 15％，节约了大量的组装部件材料，如铆钉、密封材料等，提高了加工制造的自动化程度，缩短了生产周期。

（3）提升了生产制造效率，铆接速度一般为 0.2～0.6 m/min，而焊接自动化程度高，激光焊接速度最高可达 12 m/min。

（4）提高了结构强度及耐腐蚀性能，机身壁板由铆接的组装结构改变为双侧激光焊接的整体结构，铆接孔洞随之消失，同时消除了各组装部件间存在的连接间隙，避免了铆接结构中存在的电化学腐蚀。

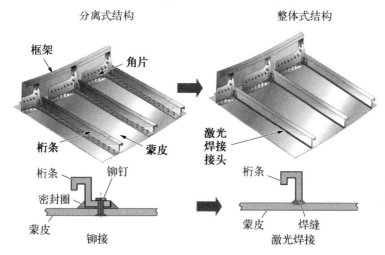

图 8-1　铝合金机身壁板蒙皮-桁条结构双侧激光焊接替代铆接[1]

鉴于机身壁板双侧激光焊接接头所处的特殊应用部位，复杂受力情况及严格力学性能的要求，满足要求的焊缝成形应具有以下几个方面显著特点，如图 8-2 所示。

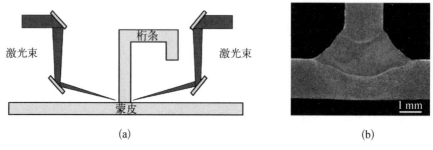

图 8-2　蒙皮-桁条结构双侧激光焊接

(a) 示意图　(b) 接头横截面

首先，双侧激光同步性及对称性要求苛刻，以保证双侧焊缝成形对称及力学性能的一致性，使双侧熔池相互贯通以保证组织均匀性，降低焊缝内部气孔缺陷产生的概率；其次，熔透性控制严格，双侧焊缝熔合良好并严格控制焊缝熔深，满足接头力学性能要求的前提下应最大限度降低蒙皮背部热影响；最后，为了降低焊趾的应力集中，焊缝应以一定角度平滑过渡，必须避免出现焊缝内凹或者外凸的外部轮廓。

实际制造过程中，一次焊接焊缝长达数米，且受结构限制、焊接速度快、光斑直径小，尤其是双侧同步焊接，容易导致焊丝熔入不稳定，严重时甚至导致焊接过程中断。因此，如何实现焊丝熔入稳定性控制是这项技术满足实际应用的另一个必须解决的关键问题。

图 8-3 给出了运载工具每减轻 1 磅重量在其使用寿命内所带来的燃油经济效益[7]，可以发现商用飞机机身每减轻 1 磅重量在其服役寿命（按超过 100 000 英里计算）内即可节约燃油成本约 200 美元。

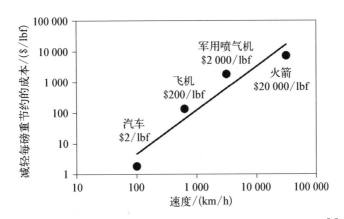

图 8-3　运载工具服役寿命内每减轻 1 磅重量所节约燃油成本[7]

现阶段，机身壁板结构双侧激光焊接技术为空客公司独家所有并付诸批量化制造，以下主要根据空客公司及其合作机构的相关研究报道对双侧激光同步焊接技术现状及发展历程分别加以讨论。

随着大功率激光器以及新型可焊铝合金材料的出现，使铝合金材料的激光焊接代替铆接可能成为现实。1994 年，德国工程师 Heider P 的博士论文"关于焊接大尺寸铝质结构件的激光应用设计和激光加工手段"首次对机身壁板结构激光焊接技术作了初步简要介绍，试验装置及焊接大尺寸结构件如图 8-4 所示[8]。双侧激光焊接可以得到焊后无明显缺陷的大尺寸结构件，首次用实例证明了机身壁板结构双侧激光焊接技术代替传统铆接技术的可行性。

空客公司及其合作机构在这项技术最后的研发过程中，重点关注了以下几个关键问题：

（1）激光器的选型：对比 CO_2 激光器和 YAG 的焊接效果；

（2）成形质量控制：研究了焊缝成形质量的关键影响参数；

（3）内部缺陷控制：重点关注了焊接热裂纹的抑制措施；

（4）力学性能评价：主要针对 T 型接头，大型结构件极少报道。

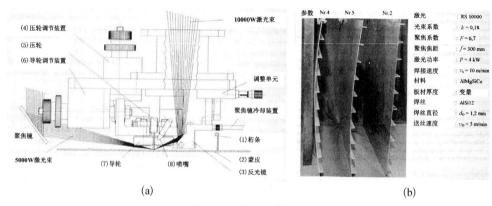

图 8-4　试　验　装　置

（a）示意图　（b）大尺寸焊接结构件[8]

　　针对激光器的选型情况，德国 Fraunhofer 材料与射线研究所（IWS）的 Brenner B[9]等人对比分析了当时市场上存在的高功率 CO_2 激光器与 YAG 激光器的焊接特性。两者相比，YAG 激光波长较短，更有利于铝合金等反射率较高的材料吸收能量，CO_2 激光光束质量较好且光斑直径小。从焊接效果来看，YAG 激光与 CO_2 激光相比，焊接过程中需要较高的线能量以致飞溅严重且焊接热裂纹倾向大、结构变形严重，但较大的熔池横截面积有利于气泡的逸出而降低气孔缺陷。综合上述焊接特性的对比分析，空客公司在其后续研究及实际生产中均选用 CO_2 激光器。然而随着激光器制造技术的发展，市场上出现的新型光纤激光兼具 YAG 激光和 CO_2 激光波长短与光斑直径小的特点，经分析认为光纤激光器应更有利于薄壁机身壁板结构的双侧激光焊接。

　　鉴于双侧激光同步焊接技术的工艺特点，双侧激光束的对称性及同步性是保证焊接质量的重要因素。普遍认同的观点是蒙皮-桁条结构焊接过程中一定要从桁条两侧同时进行施焊，且必须精确控制双侧激光束对称性以保证两侧激光束所形成的匙孔相互贯通，唯有此才可以最大程度的减少焊接变形、降低气孔缺陷并获得组织均一性较好的接头[8,10]。但是，目前该观点仅是针对所发现试验现象的简单分析所提出的，匙孔的对称性及贯通性是不是造成上述问题的根本原因尚未被相关研究严格证实。

　　德国空客公司的 Schumacher J 等[11]认为 T 型接头成形，尤其是焊缝角度显著影响接头的力学性能。通过光束入射位置对焊缝成形质量及接头力学性能影响的研究发现：光束入射位置偏移桁条时可以在一定程度上提高接头的轴向拉伸强度。偏移位置的大小随着桁条厚度的增加而增加，为使接头的轴向拉伸强度达到最大值，1.6 mm 和 5.0 mm 厚的桁条材料光束入射位置分别需要偏移桁条 0.2 mm 和 0.45 mm，但最佳的焊缝角度始终保持在 45°～50°范围内。针对 3.2 mm 厚蒙皮材料，其光束入射位置与轴向拉伸强度的关系如图 8-5 所示。

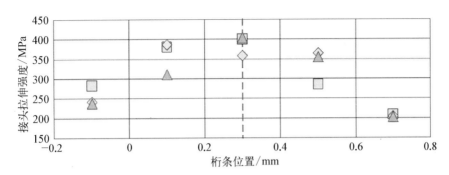

图 8-5　3.2 mm 厚桁条材料光束入射位置与接头轴向拉伸强度的关系[11]

Al-Mg-Si 系列铝合金材料激光焊接产生热裂纹倾向严重[12,13]，这也是空客公司重点关注的问题之一。针对机身壁板专用铝合金材料，Heider P[8]研究了不同填充材料对焊接热裂纹的抑制效果，通过对比铝硅焊丝 ER4043（含 Si 元素 5%）和 ER4047（含 Si 元素 12%）的焊接结果，发现选择 Si 元素含量较高的填充材料可以显著的抑制焊接热裂纹的产生，如图 8-6 所示。

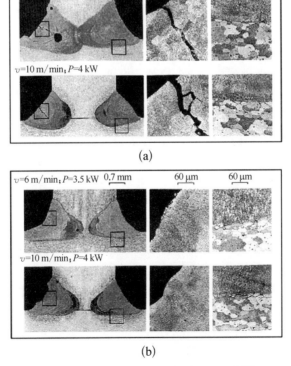

图 8-6　填充焊丝对焊接热裂纹的影响[8]

(a) ER4043　(b) ER4047

焊缝的成形质量及内部缺陷是判定其是否满足要求的基础,而接头的力学性能才是评价是否满足应用的直接标准。关于机身壁板结构力学性能的评价,空客公司重点关注了机身壁板结构 T 型接头特征件的力学性能,结合复杂的受力环境主要考察了如图 8-7 所示的力学性能,而由于技术保密的原因,大尺寸结构件力学性能极少报道。

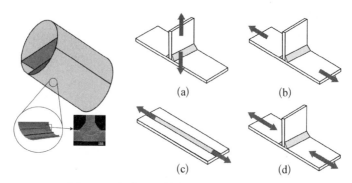

图 8-7 机身壁板结构 T 型接头力学测试
(a) 轴向拉伸 (b) 横向拉伸 (c) 纵向拉伸 (d) 横向疲劳

T 型接头的拉伸性能主要包括轴向拉伸、横向拉伸及纵向拉伸,它们分别评价接头蒙皮-桁条的连接能力、机舱增压抵抗环向压力的能力及机身壁板抵抗纵向拉应力的能力,纵向拉伸时去除了桁条材料。从现有文献报道来看,它们分别可以达到母材强度的 50%、80% 和 90% 左右[14,15]。接头的疲劳性能主要考察横向拉压疲劳,以应对飞机起降过程中机身受到因机翼颤抖而带来的交变载荷的影响。试验结果表明:为提高疲劳性能应尽可能降低焊趾处应力集中[16]。

国内对于铝合金激光焊接技术的研究已经较为普遍,研究者和工程技术人员对于铝合金的激光焊接性已经有了一定的认识,但是对于大型铝合金机身壁板为背景的 T 型接头激光焊接技术的研究还处于起步阶段。北京工业大学的张盛海[17]和武汉理工大学的杨涛[18]均采用激光双侧异步焊接的方法研究了高强铝合金 T 型接头的焊接方法,发现焊缝内部气孔缺陷主要表现为匙孔塌陷闭合所形成的孔洞,随着光束入射角度的减小气孔缺陷更为严重。北京工业大学的焦传江[19]采用激光-电弧双侧同步焊接的方法实现了 T 型接头的焊接,指出双侧熔池完全贯通、熔宽相近时焊接过程稳定且成形良好。哈尔滨工业大学的杨志斌[20]针对 6000 系铝合金进行了 T 型接头的双侧激光同步焊接工艺研究,指出保证匙孔贯通、控制匙孔同步及提高焊接速度有助于提高气泡的逃逸概率,降低了焊缝内部气孔缺陷。哈尔滨工业大学的张溦龙[21]在此基础上进一步研究,采用 2000 系铝锂合金进行了 T 型接头的双侧激光焊接工艺研究并分析了影响 T 型接头综合性能的重要因素,提出气孔缺陷、裂纹和接头软化使焊接接头整体性能下降,而通过焊后热处理可以改变接头的强化机制,从而提高力学性能。

机身壁板结构双侧激光焊接技术的开发是一个十分浩大的工程项目,德国空客公司作为主要研究力量,同时联合了欧美相关领域的知名公司或者研究机构共同进行该项技术的开发与结构的可靠性评价。如德国 Rofin‐sinar 激光器制造公司、德国 Frauhofer 激光技术研究所(ILT)和汉诺威激光中心(LZH)均参与到工艺探索研究。焊接设备由德国 Fraunhofer 材料与射线研究所(IWS)和不来梅射线技术研究所(BIAS)研究所共同合作研发,德国舒勒公司(Schuler Laser)完成集成并最终由西班牙托雷斯公司(Torres M)完成制造。德国吉斯达赫特研究中心(GKSS)和美国美特斯公司(MTS)为试件的性能测试与分析提供技术支持等。

经过十余年的不懈努力,首件 A318 激光焊接机身壁板于 2000 年 11 月实现加工制造,随后在 2003 年进入批量化加工制造阶段,如图 8‐8 所示[22],成功实现了机身壁板轻质、高效、低成本加工制造的目标。现阶段,德国空客公司诺登哈姆工厂的焊接系统采用两台高功率的 CO_2 激光器,激光功率为 3.5 kW,最大焊接速度可达 10 m/min,如图 8‐9 所示[11, 23]。该焊接系统十分复杂:蒙皮采用真空吸附的方式装夹,为了保证焊接路径的准确性,桁条采用压紧滚轮和导向滚轮进行随焊装夹,焊接过程中进行实时跟踪并根据反馈信号进行调节以保证焊缝的成形质量。

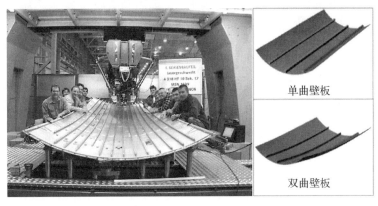

图 8‐8　首件 A318 铝合金激光焊接机身壁板[22]

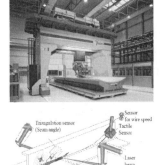

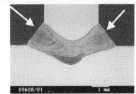

图 8‐9　空客公司诺登哈姆工厂机身壁板结构双侧激光焊接系统[11,23]

基于该革新技术在减轻重量、提高效率和降低成本等方面的巨大优势,已成为空客公司与波音公司进行市场竞争的有效利器之一。迄今为止,此项技术已成功应用在空客A318、A340、A380 三种系列客机的前后机身下壁板的制造过程中,并在 A350 客机最新升级版的设计上计划采用 18 张激光焊接机身壁板,焊缝总长度预计将超过 1 000 m,如图 8-10 所示。现阶段,空客公司在这项技术上重点研究两个方面的内容[24-26]:一是研究新型铝合金材料的激光焊接技术及其性能考核;二是研制更加先进、可靠的焊接装备。

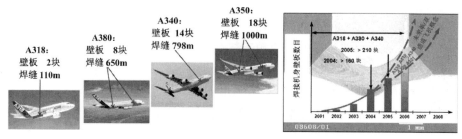

图 8-10　双侧激光焊接机身壁板的应用情况[27]

双侧激光同步焊接技术虽然针对机身壁板加工制造而开发,但其应用范围远不限于此,类似于此的蒙皮-桁条结构均可使用,如欧洲宇航防务集团针对某型号军用飞机进气管道壳体的设计制造,采用两个 4 kW YAG 激光器进行 T 型接头焊接,成功地将组装结构改为焊接结构[28],如图 8-11 所示。甚至某些非常规位置异种材料的对接也有所应用[29]。

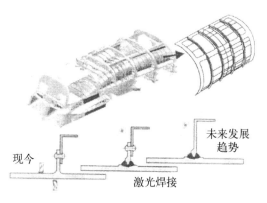

图 8-11　双侧激光焊接技术在军用飞机进气管道上的应用[28]

根据上述分析可知:蒙皮-桁条结构双侧激光焊接技术可以有效实现机身壁板轻质、高效、低成本的加工制造,是一项具有良好发展前景与应用潜力的革新技术。焊接工艺复杂,成形质量要求严格,过程稳定性控制复杂;众多工艺参数之中,光束姿态是影响焊缝成形及内部质量的关键因素,应给与足够的重视。空客公司已经完成了机身壁板激光焊接技术的研发工作,建立了完整的焊接工艺规范、焊接质量评价标准、检验方法和操作规程,技术成熟度可以满足产品的设计要求。为缩短我国国产大型客机在机身制造技术与国外先进技术的差距,自主研发机身壁板结构双侧激光焊接技术已刻不容缓。

8.2　民用飞机机身材料的激光焊接特性

8.2.1　民用飞机机身材料及其应用

高速、轻量化、节能、安全已经成为全球航空运输业发展的必然方向,而飞机的轻量化是航空运输现代化的中心议题。随着人类文明的不断进步,人们对于航空飞行器的性能要求也越来越高,这就对航空材料及其加工技术提出了全新的挑战[30,31]。

为实现在大型飞机制造过程中有效地降低机身重量的目标,全球两大飞机制造商:美国波音公司和欧洲空客公司,分别选择了两条不同的发展路径。美国波音公司重点发展新型环氧树脂/碳纤维复合材料,空客公司的发展战略是改变传统的加工工艺,以激光焊接技术替代原有铆接工艺对金属材料进行连接,其中大部分金属材料仍以铝合金为主。

纤维增强热塑性复合材料具有高比强度、高比模量、可设计性强、抗疲劳断裂性能好、耐腐蚀、结构尺寸稳定性高、便于大面积整体成形以及特殊的电磁性能等独特的优点。自 20 世纪 60 年代中期问世以来,高性能连续纤维增强热塑性复合材料就受到欧、美、日等发达国家的重视,并取得许多突破性进展。部分产品已被波音、空客等公司成功应用到飞机蒙皮、整流罩、升降舵、平尾等制件上[32]。如空客 A340/A380 飞机机翼前缘应用碳纤维增强的聚苯硫醚(PPS)复合材料,Gulfstream G550 和 G650 飞机的压力舱壁板是一系列带压力成型加强肋的碳/聚醚酰亚胺,隐形战斗机 F - 22 上热塑性复合材料用量为 10%,口盖和舱门几乎都使用了碳纤维增强聚醚醚酮复合材料,PEEK 预浸料已经应用在 F117A 的全自动尾翼、C - 130 机身的腹部壁板、法国阵风机身蒙皮等。湾流 G650 机尾采用焊接热塑性复合材料,荷兰 Fokker 公司设计并开发了 G650 型商务机的尾翼部分,并首次创新将电感定位焊接技术引入飞机方向舵和升降舵的工业化制造中。A340 蒙皮加强结构中,蒙皮与长桁之间采用激光焊接,材料为碳纤维增强的 PPS。空客公司用热塑性复合材料制造了 A400M 的驾驶员座舱板,其主操纵面也采用焊接技术进行连接制造[33]。

铝合金具有密度小、成本低、综合性能优良等优点,长期以来在飞机结构上广泛应用,传统上认为 2000 系铝合金的韧性高,7000 系铝合金静载强度高。7150 合金成分相比于 7075 增加了 Zr、Cu 含量,Fe、Si 杂质元素大幅降低,从而使该合金强度、断裂韧性和抗应力腐蚀性明显改善,因此适合于做厚截面锻件;2324 - T39 和 2224 - T3511 合金,是在 2024 的基础上加以改进,其断裂韧性和抗应力腐蚀性能显著提高,B777 飞机主体结构件选用的大多是综合性能较好的第四代高耐损伤铝合金[34,35]。

铝锂合金具有低密度、高弹性模量、高比强度及比刚度等特点,采用铝锂合金替代常规铝合金,可使构件质量减轻 10%～20%,刚度提高 15%～20%[36]。欧洲空客公司 A320 飞机采用了新型铝合金和铝锂合金,机身、机翼主要采用 2024、7050 等铝合金,部分机身采用 2090、8090 铝锂合金[37]。空中客车公司在 A330/A340 飞机的次要结构上试用了铝锂合金[38],在 A350/A380 - F 飞机主要结构机身壁板采用了铝锂合金,减重、低成本、节能得到了很好的发挥[39,40]。2000 年以后,美国又研制成功了 2198、2060、2099 等新型铝锂合金,该合金主要用于飞机蒙皮和板、型材零件[41]。2060 铝锂合金是在 2011 年巴黎航展上首次公开亮相,适用于商业飞机蒙皮结构件,由其生产的飞机比传统材料制造的飞机明显更轻。

8.2.2　金属焊接性概念

金属的焊接性是指在一定的焊接工艺条件下,金属材料能否适应焊接加工而获得优质焊接接头的特性及该焊接接头在使用条件下能否安全服役。对民用飞机机身材料来说,焊接性主要是指在激光焊接条件下,能否获得无缺陷的、完整的焊接接头以及在使用条件下能否安全运行。前者称为工艺焊接性,而后者称为使用焊接性。使用焊接性是针对焊接接头各种性能指标来决定其是否满足飞机使用性能要求。

工艺焊接性是可以比较的,如果某种金属材料可以在简单的焊接工艺条件下焊接并获得优质焊接接头,能够满足使用要求,则可以认为其焊接性较好;如果必须在较复杂的焊接工艺条件(如高温预热、高纯度保护气氛以及焊后热处理等)下实现焊接才能满足使用要求,则可以认为其焊接性较差。随着新的焊接方法、焊接材料及焊接工艺的不断更新与发展完善,一些难焊金属可能变得易焊。

焊接性的评定方法有很多种,包括常规的力学性能,疲劳性能,耐蚀性能以及各种裂纹、气孔缺陷的评定等评定方法。这些评定方法,有些是侧重工艺焊接性的,有些是侧重使用焊接性的。

8.2.3　铝合金的激光焊接裂纹倾向及防止

由于铝合金具有较高的导热性,对激光束的极高初始反射率及焊接过程中产生的等离子体对激光束的屏蔽作用,使得工件吸收光束能量困难,焊接过程不稳定,易产生裂纹、气孔等缺陷。

在焊接过程中,在应力与致脆因素的共同作用下,使材料的原子结合遭到破坏,在形成新界面时产生的缝隙称为裂纹。按裂纹产生的温度区间分为热裂纹和冷裂纹。热裂纹是铝合金激光焊接时常见的缺陷,主要是焊缝凝固裂纹和热影响区液化裂纹。激光焊接是一种快速加热、冷却、凝固和结晶过程,在这种条件下,铝合金焊缝中的树枝晶将优先发展,低熔点共晶被排挤在两树枝晶交界处,形成液态薄膜,在应力作用下就极易产生凝固裂纹。

激光焊接速度对裂纹的产生具有重大影响。通常而言,高速焊接时,快速冷却可以细化焊缝组织,防止粗大树枝晶的形成,因此对改善抗裂性是有利的[42]。但是铝合金激光焊接时,随着焊接速度的增加,焊缝中的裂纹数增多,如图8-12所示。

高速激光焊接时,虽然焊缝组织得

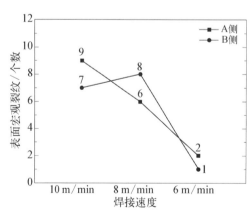

图8-12　不同焊速角焊缝表面10 mm内
可见结晶裂纹数量比较

到细化,但快速冷却也有利于柱状晶的快速生长,从而得到方向性极强的细小的柱状晶组织。具有相同散热条件的细小的柱状晶沿相同的方向生长,而形成一个一个的柱状晶集团——束状晶,在束状晶之间的界面上形成了有利于裂纹产生的条件,导致裂纹倾向增加[43]。

另一方面,气孔的存在极容易导致焊接裂纹的萌生与扩散。当焊缝中存在因氧化膜导致的气孔时,由于气孔形状的不规则造成应力集中,也会导致裂纹的产生[42,44,45]。如前所述,降低焊接速度对防止焊接热裂纹的产生是有利的。但当速度降低时,增加了吸氢的时间,焊缝气孔率增加,而气孔又反过来加剧了裂纹的产生。如图 8-13 所示为在 10 m/min 焊速下焊缝内部裂纹穿过气孔的形貌。

图 8-13　10 mm/min 下焊缝内裂纹穿过气孔

在焊接过程中,焊接热裂纹是一种不允许存在的缺陷,因此,怎样降低焊接热裂纹一直是重点研究的课题。根据铝合金焊接时产生热裂纹的机理,可以从冶金因素和工艺因素两个方面进行改进,降低焊接热裂纹的产生的概率[46]。

在冶金因素上,主要是从焊缝金属的化学成分、焊缝金属的凝固方式、晶粒的大小及低熔共晶的数量、形态、分布与熔化温度等方面考虑。这些都将决定焊接凝固裂纹阻力。在冶金因素方面,为了防止焊接时产生晶间热裂纹,主要通过调整焊缝合金系统或向填加金属中添加变质剂。调整焊缝合金系统的着眼点,从抗裂角度考虑,在于控制适量的易熔共晶并缩小结晶温度区间。由于铝合金属于典型的共晶型合金,最大裂纹倾向正好同合金的"最大"凝固温度区间相对应,少量低熔共晶的存在总是增大凝固裂纹倾向,所以,一般都是使主要合金元素含量超过裂纹倾向最大时的合金组元,以便能产生"愈合"作用[47]。

综上所述,抑制铝合金激光焊接裂纹缺陷的方法如下:

首先,为减少和消除焊缝中的裂纹缺陷,焊前预处理至关重要。尤其是焊接前断面的刮削,去除了材料表面难以熔化的氧化膜,使材料更好地融合到一起。

第二,焊接速度的大小直接影响焊缝中裂纹缺陷的产生。通过减少焊缝中氢的来源以及吸氢时间,可以减少甚至消除焊缝的气孔,应尽量采用大的焊接速度;降低焊接速度对降低焊接热裂纹的倾向产生是有利的,然而速度降低,需要很好地控制气孔率。

第三,通过优化激光功率、激光扫描速度、保护气体流量等激光焊接工艺参数,能提高焊缝性能。当送丝的速度以及送丝的位置都处于最优值时,能避免送丝速度过快导致的焊接过程不稳定,以及送丝速度过慢不能充分改变熔池化学成分等情况的产生,从而提高焊缝的机械性能,降低裂纹的倾向性。同时,保护气体参数的改变对热裂纹影响较小[12]。

第四,通过调整焊缝金属合金成分,向焊缝中添加 Ti、B、Zr 以及 Re 这些合金元素细化焊缝组织,得到细小的晶粒,改善低熔点共晶形态(呈较短小的蠕虫状并弥散化)和晶界特性,提高焊缝的抗裂性以降低凝固裂纹的倾向[48, 49]。此外,Mg、Si 等元素所产生的共晶产物对已产生的裂纹具有较强的修复作用。

8.2.4　铝合金的激光焊接气孔倾向及防止

铝合金焊接时常会遇到气孔问题,而铝锂合金又增大了焊接气孔的倾向。焊接气孔包括两种气孔形式,即不规则气孔和规则气孔。不规则气孔形状不规则,尺寸较大,形成原理一般认为是在焊接过程中,焊接熔池不稳定,激光焊接匙孔塌陷,由于激光焊接本身冷却速度极快,且铝合金的高热导率也会导致焊缝冷却速度加快,从而使塌陷部位形成的孔洞来不及逸出,从而留在焊缝中形成气孔;规则气孔一般认为是低沸点合金元素挥发形成气孔和氢气孔,铝合金母材表面形成氧化膜,氧化膜吸水能力极强,焊接时氢元素大量溶解于焊接熔池,如图 8-14 所示,在 660℃液态铝中氢的溶解性远大于 660℃固态铝中的[50],所以在熔池金属凝固时,氢会大量析出,而铝冷却速度极快,当氢的逸出速度小于熔池的凝固速度时,氢便留在焊缝中形成气孔缺陷。低沸点元素不仅本身可以蒸发存留在焊缝中形成气孔,它还会增大形成氢气孔的倾向[51],如图 8-15 所示。

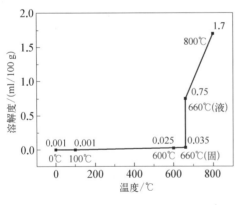

图 8-14　氢在铝中的溶解度

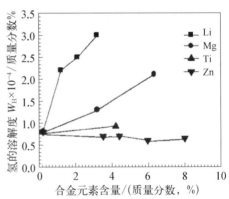

图 8-15　合金元素对氢在液态铝中的溶解性[51]

2060/2099 铝锂合金焊接时会产生不同类型的气孔缺陷。工艺参数不当的条件下,气孔缺陷比较严重,如图 8-16 所示。在激光焊接 T 型接头时,激光与蒙皮呈一定夹角对 T 型结构进行焊接,所以激光深熔焊产生的匙孔通道也是呈现该倾斜的角度,这与激光焊接对接接头形成的竖直匙孔是不同的,T 型接头形成的气泡更不容易从匙孔通道逸出,从而形成气孔缺陷。从宏观接头上可以看出 2060/2099 铝锂合金激光焊接焊缝的气孔较多,分布比较分散,没有集中于某个特定的区域,且速度越快,气孔越小,说明高速焊接时,热输入较小,熔池凝固时间少,气泡来不及汇聚长大,更来不及逸出熔池,此时熔池凝固形成气孔;还可以看出高速焊接条件下激光深熔焊匙孔稳定,不会因塌陷闭合形成尺寸较大的不规则气孔。

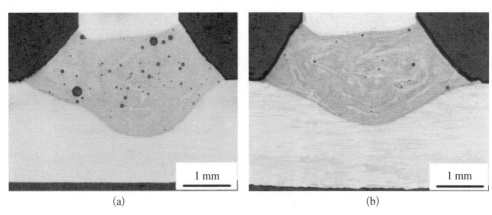

(a)   (b)

图 8 - 16   2060/2099 铝锂合金激光焊接 T 型接头
(a) 焊接速度 10 m/min   (b) 焊接速度 14 m/min

如图 8 - 17 所示为 2060/2099 铝锂合金 T 型接头拉伸断口中气孔扫描电镜照片,图 8 - 17(a)为形状不规则的气孔,尺寸是几百微米的数量级,这是由于焊接过程中焊接熔池不稳定,匙孔塌陷闭合,形成形状不固定的气孔缺陷。图 8 - 17(b)为形状较规则的气孔,尺寸较小,是几十微米的数量级。

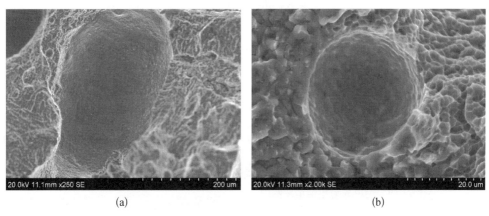

(a)   (b)

图 8 - 17   2060/2099 铝锂合金激光焊接气孔缺陷
(a) 不规则气孔   (b) 规则气孔

通过工艺手段措施,可以有效减小氢气孔的产生,但是无法完全消除。发现减小激光功率,控制焊接热输入,减小 Li、Mg 等低沸点元素的挥发;以及采用高速焊接(10 m 以上焊接速度,包括 10 m/min),减小熔池凝固时间,防止气泡汇聚长大,这些工艺措施对抑制气孔缺陷很有效果。

8.2.5 铝合金激光焊接接头的工艺缺陷

T 型接头由于其本身特有的接头形式,其与对接接头所形成的未熔合缺陷有些不同。对接接头的焊接热源垂直于试验材料,当试验材料厚度不大时,一般不会形成未熔合缺陷;而 T 型接头由于两侧试件本身是垂直的,焊接热源只能与试件成一定角度对试件装配间隙处进行焊接,又由于激光焊形成的焊缝一般深宽比比较大,熔深最大的位置其熔宽反而越小,所以 T 型接头的两侧试件的装配处中心位置更不易被激光热源熔化,更容易形成未熔合缺陷;与对接接头不同的是,即使试验材料厚度较小,也会形成未熔合缺陷,如图 8-18 所示为光束入射角度为 30°下未熔合缺陷。

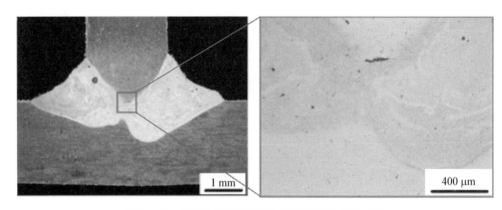

图 8-18　光束入射角为 30°的 T 型接头未熔合缺陷

导致 T 型接头未熔合缺陷的因素有很多,主要包括光束入射角度、光束入射位置等。在讨论光束入射角度对未熔合缺陷的影响时,首先来分析入射激光的能量对焊接接头的成形影响,如图 8-19 所示。入射激光能量可以分解为两个方向的分量:竖直分量,主要影响蒙皮的熔透能力,表现为焊缝熔深的大小;水平分量,主要影响蒙皮与桁条的熔合能力,表现为蒙皮与桁条之间是否存在未熔合缺陷。相比于 22°

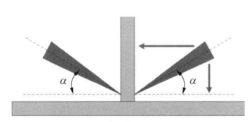

图 8-19　光束入射角度示意图

光束入射角度,30°条件下的激光能量更多地分给了竖直分量,此时焊缝熔深较大,而水平分量减小,故形成了未熔合缺陷。

针对上述未熔合缺陷,可以采取提高激光功率、减小光束入射角度、光束入射位置偏移桁条以及光丝间距合理取值等措施,这些方法都可以有效解决未熔合缺陷。然而综合考虑有效减小焊缝熔深问题,认为适当减小光束入射角度和光束入射位置适当偏移桁条是最有效的途径。

8.3　几种民用飞机铝合金激光焊接接头组织性能分析

8.3.1　6000 系铝合金激光焊接接头组织性能

8.3.1.1　材料成分

6000 系铝合金一般应用在下机身壁板,其中机身壁板包括蒙皮和桁条结构,它们组成 T 型接头,如图 8-20 所示。常用的 6000 系铝合金为铝镁硅合金,为可热处理强化铝合金。蒙皮材料常用 AA6013 或 AA6156 板材,桁条材料常用 AA6110 或 AA6056 型材,化学成分如表 8-1 所示。其中含有较高含量的 Mg 和 Si 合金元素,可以形成 Mg_2Si 强化相,形成沉淀强化机制。待焊材料表面试验前进行严格的化学清洗,以去除油污及氧化膜。

单位:mm

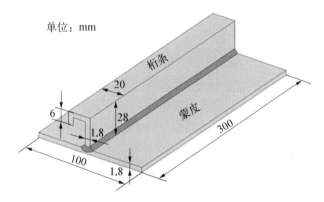

图 8-20　T 型特征件结构及尺寸

表 8-1　试验材料化学成分及质量分数(%)

材　　料	Mg	Si	Cu	Mn	Zn	Fe	Al
蒙皮:AA6013	0.95	0.95	0.9	0.35	≤0.25	0.3	余量
桁条:AA6110	0.9	1.0	0.5	0.35	≤0.3	0.8	余量
蒙皮:AA6156	0.9	1.0	0.9	0.6	—	—	余量
桁条:AA6056	0.9	1.0	0.8	0.6	0.4	—	余量

8.3.1.2　铝镁硅合金焊接接头性能

T 型接头性能包括常规静载性能和疲劳性能,其中常规静载性能包括三种方向的拉伸性能、压缩性能。横向拉伸的方向为垂直于焊缝拉伸蒙皮的方向,轴向拉伸的方向为拉伸蒙皮和桁条的方向,纵向拉伸的方向为沿着焊缝拉伸蒙皮和桁条的方向。6056/6156 T 型激光焊接接头各项性能数据[20,106-110]如表 8-2 所示。

表 8 - 2　6056/6156 T 型激光焊接接头各项性能

材　料	拉伸强度/MPa			疲　劳			
	横向拉伸	轴向拉伸	纵向拉伸	应力比	频率/Hz	强度/MPa	寿命/次
6056/6156 T 型接头	338.1	204.3	349.4	0.1	52~60	80.7	10^6

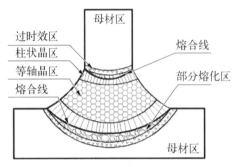

图 8 - 21　双侧激光焊接铝合金 T 型接头组织特征

8.3.1.3　焊接接头的组织分析

铝合金 T 型焊接接头组织特征如图 8 - 21 所示。微观组织特征观察结果表明双侧激光焊接铝合金 T 型接头共包含五个不同的特征区域,从焊缝中心至基体材料分别为:等轴晶区域、柱状晶区域、部分熔化区域、过时效区域及母材区域。

由细小的等轴晶粒所组成的等轴晶区域位于焊缝中心位置,如图 8 - 22(a)所示。靠近熔合线附近的柱状晶优先沿垂直于温度梯度的方向生长,如图 8 - 22(b)所示。这也是铝合金激光焊接存在的典型组织特征。熔池的热传导方向决定了桁条侧与蒙皮侧柱状晶均垂直于熔合线优先生长,不同的是,蒙皮侧柱状晶区域略宽于桁条侧,分别如图 8 - 22(c)和图 8 - 22

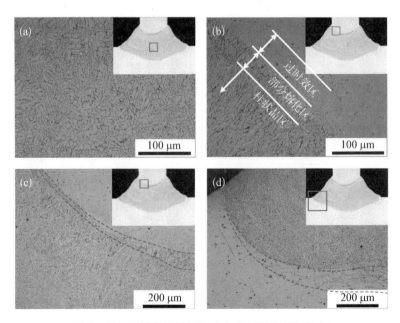

图 8 - 22　双侧激光焊接铝合金 T 型接头组织特征

(a) 熔合区 500×　(b) 桁条熔合线 500×　(c) 桁条熔合线 200×　(d) 蒙皮熔合线 200×

(d)所示,这主要是因为蒙皮侧的有效散热面积更大、热传导效率更高。

8.3.2 2000系铝锂合金激光焊接接头组织性能

8.3.2.1 材料成分和性能

相比于6000系铝合金,2000系硬铝合金主要合金元素为Cu元素,其具有较高的强度,但韧性较差。由于Cu元素含量较高,2000系铝合金主要形成Al_2Cu强化相,而通过加入锂元素,形成铝铜锂合金,可以改善材料的韧性,综合提高材料的力学性能。这主要是合金的强化相发生改变,Al_2CuLi强化相使得材料性能发生改善。目前空客公司将2198铝铜锂合金应用到A350飞机机身壁板结构,国内哈尔滨工业大学已经对2060/2099铝铜锂合金开展双侧激光焊接工艺试验,并取得一定进展,其中2060铝锂合金轧制板材为蒙皮材料,2099铝锂合金挤压型材为桁条材料。2060/2099铝锂合金化学成分及含量如表8-3所示,室温力学性能如表8-4所示。

表8-3 2060和2099铝锂合金化学成分及质量分数(%)

	Cu	Li	Zn	Mg	Mn	Zr	Ag	Sr	Si	Fe	Ti	Al
2060	3.9	0.8	0.32	0.7	0.29	0.1	0.34	—	0.02	0.02	<0.1	余量
2099	2.52	1.87	1.19	0.50	0.31	0.08	—	0.06	—	—	—	余量

表8-4 2060-T8和2099-T83铝锂合金室温力学性能

	拉伸方向	屈服强度/MPa	抗拉强度/MPa	延伸率/%
2060-T8	横向(LT)	430	501	12.5
2099-T83	纵向(L)	505	595	9.0

8.3.2.2 铝铜锂合金焊接接头性能

T型接头性能包括常规静载性能和疲劳性能,其中常规静载性能包括三种方向的拉伸性能、压缩性能。横向拉伸的方向为垂直于焊缝拉伸蒙皮的方向,轴向拉伸的方向为拉伸蒙皮和桁条的方向,纵向拉伸的方向为沿着焊缝拉伸蒙皮和桁条的方向。2060/2099 T型激光焊接接头各项性能数据[21,44-56]如表8-5所示。

表8-5 2060/2099 T型激光焊接接头各项性能

材 料	拉伸强度/MPa			压缩强度/MPa	疲 劳			
	横向拉伸	轴向拉伸	纵向拉伸		应力比	频率/Hz	强度/MPa	寿命/次
2060/2099 T型接头	391.6	229.8	382.7	254.7	0.06	92	100.3	10^5

8.3.2.3 焊接接头的组织分析

2000 系铝锂合金 T 型激光焊接接头组织和 6000 系基本一致,唯一不同的是在半熔化区和柱状晶区之间存在细晶区,这也是铝锂合金焊接接头特有的组织形态。如图 8-23 所示为 T 型接头下熔合区组织情况,焊缝熔池的结晶形态从母材到焊缝中心可以分为:母材、过时效区、半熔化区、细晶区、柱状晶区和等轴树枝晶区。

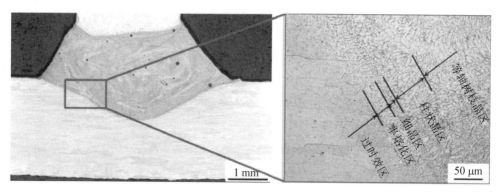

图 8-23 2060/2099 铝锂合金 T 型接头组织

如图 8-24 所示,结晶首先在熔合线的细晶区发生,细晶区是铝锂合金特有的组织形态,使得组织细化,晶粒尺寸在几微米,联生结晶一般发生在柱状晶区,且是由半熔化的母材晶粒向焊缝中心成长,且成长的取向与母材晶粒相同,而细晶区的晶粒虽然是连接母材和焊缝的区域,但其不具备这种结晶特征。

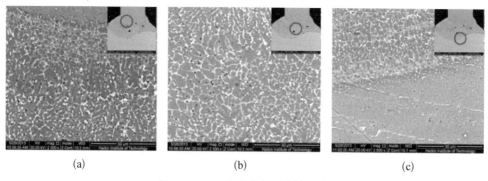

图 8-24 T 型接头扫描电镜照片
(a)上熔合区 (b)焊缝中心 (c)下熔合区

8.3.3 铝合金焊接接头的断裂分析

6000 系和 2000 系铝合金 T 型激光焊接接头的各项性能数据不同,但是各项性能测试的断裂方式基本一致,下面将主要从横向拉伸、轴向拉伸、纵向拉伸、压缩和疲劳进行分析。

8.3.3.1 横向拉伸断裂分析

T型接头横向拉伸断裂形式如图8-25所示。横向拉伸断裂都是开始于焊趾处焊缝,此处应力最为集中,而不是开始于焊缝内部的靠近下熔合区的大气孔(气孔位于拉伸件端面,拉伸试验前清除线切割痕迹时气孔未被全部打磨掉)处;然后沿着焊缝区域进行扩展,断裂于焊缝熔深最低点及接头自由表面,此时达到横向拉伸载荷-位移曲线上的最大载荷位置点;最后反向与蒙皮夹角为45°,在蒙皮处扩展断裂,具体断裂细节如图8-26所示。

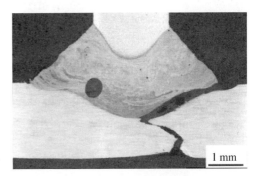

图8-25 T型接头横向拉伸断裂形式

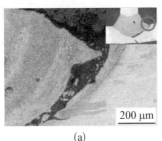 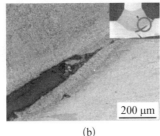 

(a) (b) (c)

图8-26 T型接头横向拉伸断裂过程

(a) 起裂位置 (b) 扩展 (c) 终止断裂

可以发现在下熔合区的断裂位置是焊缝的柱状晶区,表现为穿晶断裂,说明柱状晶为横向拉伸断裂的薄弱环节,此处合金元素较低,原有的强化相大量消失,合金元素被排挤到焊缝中心,晶粒内部析出的二次强化相减少,强度低于晶界位置,所以为穿晶断裂;而在焊缝熔深的最低点处,发现了层状撕裂现象,此处的半熔化区发生了高温液化,晶界合金元素偏析较严重,晶界强度较低,故沿晶界断裂。进一步得到结论,提高T型接头的横向拉伸性能,只需改善T型接头的焊缝组织即可,因为此处为T型接头的薄弱环节。

T型接头横向拉伸断口形貌如图8-27所示,T型接头宏观上没有塑性变形,表现为宏观脆性断裂[见图8-27(a)]。图8-27(c)所示为下熔合区焊缝断裂形貌,其断裂机制为微孔聚集型断裂,焊缝区域内发生了大量的塑性变形。而第二相质点是诱发微孔形成的重要因素。图8-27(d)所示为靠近下熔合区较近的半熔化区的断口形貌,其断裂机制表现为准解理断裂,断口呈现晶粒状。图8-27(e)所示为靠下熔合区较远的过时效区的断口形貌,其断裂机制表现为准解理断裂和微孔聚集型断裂的复合。

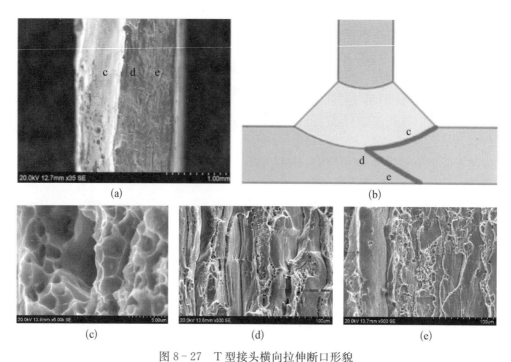

（a）　　　　　　　　　　　　　（b）

（c）　　　　　　　　　　（d）　　　　　　　　　　（e）

图 8 - 27　T 型接头横向拉伸断口形貌

（a）宏观断口　（b）断口位置　（c）焊缝位置断口　（d）热影响区断口　（e）蒙皮位置断口

8.3.3.2　轴向拉伸性能断裂分析

　　T 型接头轴向拉伸断裂形式如图 8 - 28 所示，T 型接头轴向拉伸存在两种断裂形式。一种为分别沿上熔合区和下熔合区焊缝断裂，其轴向拉伸强度较低；一种为沿焊缝内部断裂，其轴向拉伸强度较高。

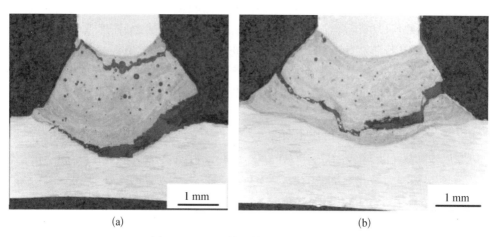

（a）　　　　　　　　　　　　　（b）

图 8 - 28　T 型接头轴向拉伸断裂形式

（a）平均强度 164.17 MPa　（b）平均强度 229.78 MPa

如图 8-29 所示,轴向拉伸断裂机制表现为微孔聚集型沿晶断裂,可以清楚地看到断口上分布大量晶粒,而晶粒有一定的塑性变形,此时微孔的产生、长大和连接都发生在晶界的薄层金属内,该变形是塑形的,但宏观上表现为脆性断裂。

图 8-29　轴向拉伸断口

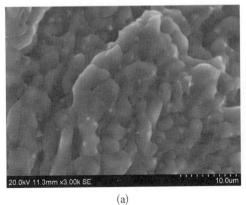

图 8-30　纵向拉伸断口全貌

8.3.3.3　纵向拉伸性能断裂分析

纵向拉伸断裂于气孔缺陷最为集中的区域,如图 8-30 所示,并且此处气孔直径较大,数量较多,使得接头的承载面积降低,大大削弱了接头强度。由此可见,影响 T 型接头纵向拉伸性能的关键因素是焊缝中存在大量大气孔缺陷。

纵向拉伸焊缝断口表现为沿晶断裂,如图 8-31 所示,此处断口轮廓与最大拉应力垂直,是在正应力作用下的正向断裂。从断口上看到晶粒的轮廓,表现出典型的冰糖块状。图 8-31(a)可以看出晶粒没有明显的塑性变形,没有因变形断裂的痕迹,在晶粒外侧看到一些强化相质点,呈现四面体结构,这是因为此处共晶层过大,且强度比晶内强度低;而图 8-31(b)表现为微孔聚集型沿晶断裂,此时微孔的

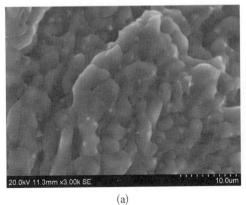

(a)

(b)

图 8-31　纵向拉伸不同位置焊缝断口

(a)沿晶断裂　(b)微孔聚集型沿晶断裂

产生、长大和连接都发生在晶界的薄层金属内,强化质点呈现球状,与图 8-31(a)的强化相形状有所不同,因此种类也不同,这是因为在晶界区合金元素贫乏,其强度较晶内低,还可以看出晶粒轮廓形状,这种断裂在微观上是塑性的,而在宏观上是脆性的。虽然图 8-31(a)和图 8-31(b)均为沿晶断裂,但明显看出存在不同的地方,这说明焊缝组织是不均匀的,在晶界的合金元素的含量不同,导致晶界强度也有一定的差异。

8.3.3.4　压缩断裂性能分析

压缩失稳过程如图 8-32 所示,在施加载荷开始下压时,蒙皮首先开始发生变形,桁条的刚度较大,未发生变形;继续增加载荷,蒙皮变形加剧,形成波浪变形,桁条弯角侧开始弓起;最后在断裂时,试件中间位置的蒙皮和桁条分开,并发出"砰"的声音。

图 8-32　压缩失稳过程
(a) 初始位置　(b) 蒙皮失稳　(c) 桁条失稳　(d) 蒙皮与桁条分离

如图 8-33 所示为压缩断口形貌,可以看出试件整体塑形变形较大,表现为宏观塑形的过载断裂失效;试件不同位置断口都有一定数量的气孔缺陷,这些气孔缺陷位于 T 型接头的上熔合区,整个断裂过程中下熔合区未参与断裂。在试件端部[见图 8-33(a)的 c 位置]断口和试件 1/2 位置[见图 8-33(a)的 e 位置]断口可以看到两个特征区,纤维区和剪切唇,而试件 1/4 位置[见图 8-33(a)的 d 位置]断口比前两者多出放射区。虽然试件纵向受到压缩载荷,但是在试件中部受到了沿蒙皮-桁条轴向的拉伸载荷,其断口与拉伸断口极为相似。之所以在不同区域的特征区不相同,是因为试件端部(c 位置)被压缩载荷固定,而离其最远的位置(即试件 1/2 位置,e 位置)受到弯矩最强,使得蒙皮-桁条方向进行撕开,塑性变形在此处形成;裂纹扩展到一定程度,试件承载面积由于 1/2 位置(e 位置)产生较大裂纹而急剧减小,在 1/4 位置(d 位置)处发生快速扩展,此处塑性变形小,1/2 位置大部分为较大的塑性变形(即微孔聚集型),所以断口形貌有些不同。

8.3.3.5　疲劳性能断裂分析

从图 8-34(a)可以看出,T 型接头的宏观断口表现为明显的裂纹源、扩展区和瞬断区。其中,裂纹扩展区的放大图如图 8-34(b)所示的形态,断口上呈现出一系

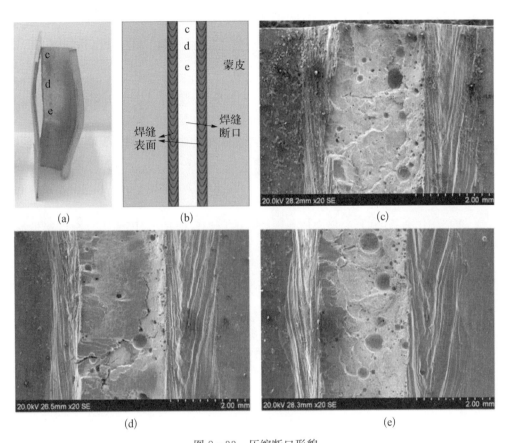

图 8-33 压缩断口形貌

(a) 实物 (b) 俯视 (c) 试件端部断口 (d) 试件纵向 1/4 位置断口 (e) 试件纵向 1/2 位置断口

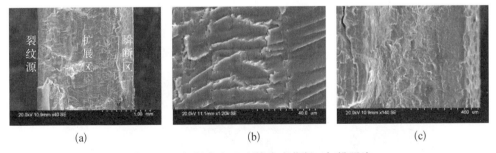

图 8-34 铝锂合金 T 型接头疲劳断口扫描照片

(a) 疲劳宏观断口 (b) 疲劳断口扩展区 (c) 疲劳断口瞬断区

列基本上相互平行略带弯曲的疲劳辉纹,弯曲辉纹的凸向指向裂纹扩展方向;除了疲劳辉纹外,还有脆性解理河流花样,其方向与裂纹扩展方向相互垂直;疲劳断口瞬断区表现出准解理特征,如图 8-34(c)所示。

8.4　民用飞机机身壁板结构构件激光焊接

8.4.1　铝合金 T 型接头双侧激光焊接工艺

针对铝合金 T 型接头,采用双侧激光焊接工艺,需要按照成形指标、缺陷指标及性能指标进行考量,从而获得优质的焊接接头并能在一定使用条件下正常服役。其中成形指标和缺陷指标是优先考察的,满足成形指标和缺陷指标后,继而对性能指标进行考核。成形指标包括 T 型接头焊缝宽度均匀一致,表面无裂纹、烧伤、气孔、边缘胀裂,焊缝不穿透蒙皮,左右两侧焊缝充分熔合。下面将主要介绍成形指标的影响因素。

8.4.1.1　填充焊丝选型

在焊接铝合金的时候,最应该考虑的是填充焊丝的选型,因为铝合金焊接极易产生热裂纹。通常采用 Al-Cu 系或 Al-Si 系合金填充焊丝。Al-Cu 系填充焊丝焊接的铝合金接头强度系数较高,但是抗裂纹能力较差;Al-Si 系填充焊丝焊接的铝合金接头强度系数较低,但是抗裂纹能力较强,这是因为采用 Al-Si 合金焊丝,可以形成大量低熔共晶,流动性好,具有很好的"愈合作用",抗裂纹性能优异。图 8-35 和图 8-36 为分别采用 ER2319 铝铜焊丝和 ER4047 铝硅焊丝激光焊接铝锂合金 2060/2099 的 T 型件表面裂纹检测结果。

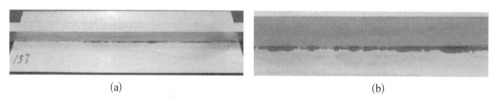

(a)　　　　　　　　　　　　　　　　(b)

图 8-35　填充焊丝为 ER2319 的 T 型件表面渗透结果

(a) 400 mm 长 T 型件整体　(b) T 型件中间部位放大

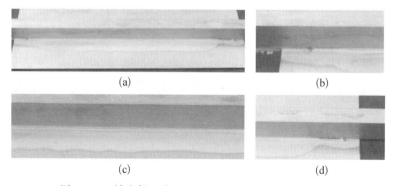

(a)　　　　　　　　　　　(b)

(c)　　　　　　　　　　　(d)

图 8-36　填充焊丝为 ER4047 的 T 型件表面渗透结果

(a) 400 mm 长 T 型件整体　(b) T 型件焊接初始位置放大　(c) T 型件中间部位放大　(d) T 型件焊接终止位置放大

填充焊丝为 ER2319 的 T 型接头存在明显的表面缺陷,这是由于 ER2319 焊丝含铜量较高,焊接接头有明显的热裂纹倾向;填充焊丝为 ER4047 的 T 型接头在焊接初始位置和终止位置存在表面缺陷,这是由于在这两个位置未进行填丝,而中间部位不存在表面缺陷,这主要是由于 ER4047 中含有 Si 元素,形成的低熔点共晶物流动性好,有良好的裂纹"愈合"作用。

经过比较不同焊接速度条件下两种填充焊丝的焊接情况同时发现,ER2319 焊丝均会产生明显的表面裂纹,这种裂纹为焊接热裂纹;而 ER4047 焊丝不会产生焊接热裂纹。因此采用 ER4047 焊丝对铝锂合金 T 型结构进行焊接。

8.4.1.2 激光功率对焊缝成形的影响

T 型接头两侧焊缝外部轮廓大体相同,两侧的成形都比较理想,两侧熔池相互贯通,形成一个过渡均匀的焊缝,两侧均未出现明显的咬边。随着激光功率增加,焊缝熔宽均有一定程度增加,而熔深经历了小于蒙皮板厚和大于蒙皮板厚两个阶段,并且焊缝角度有增大趋势,基本维持在 49°左右。

8.4.1.3 焊接速度对焊缝成形的影响

不同焊接速度下的焊接试验时,应用不同的激光功率是为了避免未熔合、两侧熔池未贯通的缺陷,因此在增大焊接速度的同时,适当提高激光功率有助于避免上述缺陷,可通过焊接热输入(焊接热输入=激光功率/焊接速度)来考察其对焊缝尺寸的影响。不同焊接速度情况下,T 型接头两侧焊缝外部轮廓基本相同,两侧成形都较理想,形成过渡均匀的焊缝。随着焊接速度的增加,焊缝熔宽呈现增加的趋势,而焊缝熔深急剧减小,且焊缝角度呈现增大趋势。

8.4.1.4 送丝速度对焊缝成形的影响

不同送丝速度情况下,T 型接头两侧焊缝外部轮廓也基本达到一致,两侧成形都比较理想,形成一个过渡均匀的焊缝。随着送丝速度的增加,焊缝外部轮廓逐渐由凹形变为凸形;焊缝的熔深随着送丝速度的增加具有一定程度的降低,这主要是由于随着填丝量的增加而较多的激光能量被焊丝吸收导致熔深降低。

8.4.1.5 光束入射角对焊缝成形的影响

光束入射角度是指光束与蒙皮平面之间的夹角。由于入射光束具有一定的夹角,可以简单地把入射激光的能量理解成具有两个方向的分量:沿垂直方向的分量,主要影响蒙皮的熔透能力,即焊缝的熔深;沿水平方向的分量,主要影响蒙皮与桁条的熔合能力,即桁条与蒙皮的结合面面积的大小。因此,随着光束入射角度的增加,到达桁条的能量降低而到达蒙皮的能量增加,即降低了两者的熔合能力而增加了激光的熔透能力。而作为机身外壁板的蒙皮不允许出现熔透情况,背部的热变形还要尽可能地小。但是同时为了满足力学性能的要求又必须要有一定的熔合面积,要求两侧焊缝必须充分熔合且熔深大约为蒙皮厚度的一半左右。同时,由于实际使用过程中,两侧桁条之间的间距仅为 150 mm,以及激光头和送丝机构的限制,限制了角度的调节范围(α 仅在 20°～35°之间可调)。

8.4.1.6　光束入射位置对焊缝成形的影响

光束入射位置是指激光照射在蒙皮或者桁条上的偏移位置。研究发现,光束入射位置在桁条一侧时,可以实现桁条与蒙皮熔合良好,同时焊缝熔深不会由于过大而导致 T 型接头力学性能下降。所以,对光束入射位置的考虑也是极其重要的。

8.4.1.7　热源间距对焊缝成形的影响

热源间距可以减少焊接过程中两侧激光束对齐的时间,降低了对焊接工艺严格性的要求,有利于减少工装装配时间,节约前期的准备时间,从而降低生产成本和提高生产效率。研究发现,热源间距在合理范围内,既可以实现减少焊接过程中两侧激光束对齐的时间,同时力学性能不会有显著降低。

8.4.2　焊接工装夹具设计

为了防止桁条在焊接过程中偏离装夹位置,保证焊接路径的准确性,同时还可以减少焊接过程中由于焊接热输入而产生的变形,对蒙皮与桁条的装夹提出了较

图 8-37　焊接工装夹具

高的要求。具体要求包括:① 保证桁条焊接过程中不发生偏移,同时满足各个桁条之间间距一致即各个桁条相互平行;② 保证桁条尽量垂直于蒙皮,即桁条与蒙皮的垂直度较好;③ 保证蒙皮与桁条之间实现零间隙装配;④ 在焊接过程中,防止蒙皮在工作台上发生滑移。而对于 2060/2099 铝锂合金,若不采用合适的工装夹具,焊接变形已经不能得到很好的控制,挠曲变形尤为明显。针对上述要求,需要设计合适的焊接工装夹具以控制焊接变形,如图 8-37 所示。

8.4.3　机身壁板焊接工艺流程

蒙皮与长桁壁板结构双光束激光焊接工艺十分复杂,主要涉及焊前清洗、桁条装配、焊接程序设定及焊接工位确定等。具体流程及注意事项如表 8-6 和图 8-38 所示。

表 8-6　流程及注意事项

工序	工序内容	具体细节	注意事项
1	待焊材料焊前清洗	① 丙酮擦拭表面除油污杂质;② 清水漂洗;③ 材料浸入清洗溶液;④ 清水漂洗;⑤ 待焊材料烘干	为了保留一定的包铝层,合理掌握溶液溶度及浸泡时间。存放时间若长于 24 h,须再次清洗

（续表）

工序	工序内容	具 体 细 节	注 意 事 项
2	蒙皮上料	将蒙皮材料装夹到焊接夹具上	
3	激光头到位	双侧激光工作头到达工作位置	双侧光束做到尽可能地对称
4	插入桁条	在双侧导向滚轮之间放入长桁	
5	桁条装配	通过压紧一侧的导向滚轮压紧桁条	保证桁条与蒙皮的垂直度
6	点固	启动点固程序	合理设置点固焊缝长度与间距
7	焊接	启动焊接程序	子程序顺序：① 启动保护气，② 启动激光器与送丝机，③ 关闭送丝机，④ 关闭激光器，⑤ 关闭保护气
8	焊接完成	使激光工作头稍微离开焊接位置，以方便装卸试件	检查工作头情况，防止出现粘丝
9	松开桁条	松开导向滚轮的一侧压紧	
10	检测焊接质量	检测是否需要补焊	补焊不超过两次
11	装换焊接工位	移动工作头至下一个工作位置	
12	移动工作头	完成所有长桁焊接，移动工作头远离焊接位置	
13	卸件		

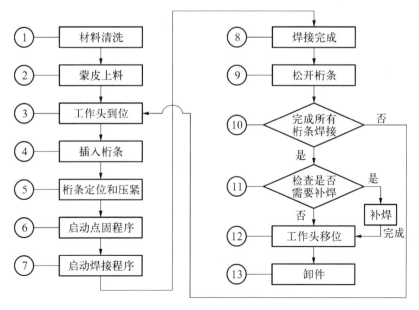

图 8-38　工 艺 流 程

8.4.4 机身壁板点固焊接

焊前进行点固可以使蒙皮与桁条成为一体结构,防止桁条在焊接过程中偏离装夹位置,保证焊接路径的准确性,同时还可以减少焊接过程中由于焊接热输入而产生的变形。

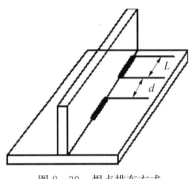

图 8-39 焊点排布方式

点固参数包括激光功率、焊接速度、焊点排布方式。焊点排布方式包括焊点长度 L 与焊点间距 d,如图 8-39 所示。

随着线能量的增加,点固对焊接成形的影响增加。由于点固的线能量较大,第二次焊接时无法完全覆盖点固所形成的焊缝。当点固采用的线能量小于焊接时的线能量时,点固对焊接所产生的影响较小。

点固与未点固的变形情况如图 8-40 所示,发现点固比未点固所产生的角变形与挠曲变形都要小,这也说明点固对与长焊缝焊接的必要性。采用低功率进行点固,其角变形与挠曲变形均优于采用高功率点固;低速点固降低角变形的同时增加了挠曲变形;焊点长度与焊点间距的比例越小,角变形越小,同时挠曲变形越大。

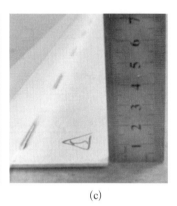

(a) (b) (c)

图 8-40 铝锂合金 T 型接头焊接变形
(a) 未点固+焊接试件 (b) 点固+焊接试件 (c) 点固试件

点固位置重熔焊缝的拉伸强度较无点固焊接焊缝的拉伸强度具有一定程度的降低;由于存在焊接变形,沿着焊缝纵向方向,蒙皮的角变形增大,无论有无点固,焊缝的横向拉伸强度均有所降低;而压缩性能变化不显著,如图 8-41 所示。由此可知,在所采用的性能测试件尺寸较小的条件下,焊接角变形对横向拉伸强度影响较大,挠曲变形对接头的压缩性能影响较小。

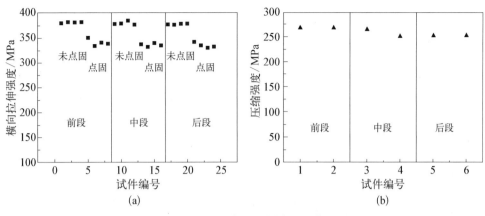

图 8-41　长焊缝不同位置性能

(a) 横向拉伸强度　(b) 压缩强度

点固后进行 T 型接头双侧同步填丝焊接,相当于对点固位置进行了重熔,这势必会使焊接接头组织发生改变,出现晶粒和亚晶粒的粗大现象,这也是造成点固位置力学性能恶化的原因之一。

如图 8-42 所示椭圆区域,此焊接接头有一处晶粒粗大的位置。这是由于后续填丝焊接过程中,未将点固所焊接的焊缝完全熔化,使得点固的焊缝受到后续填丝焊接的焊接热影响所致。

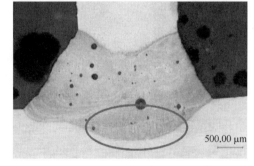

图 8-42　点固焊接接头宏观图像

8.4.5　机身壁板焊接缺陷的修补

在大尺寸的模拟段焊接过程中,由于激光双侧同步焊接工艺的复杂性,难免会出现未达到焊缝成形质量要求的焊缝。可能由于填丝不稳定出现断丝或者焊接位置偏移焊角位置的情况,造成一定的焊接缺陷。而对于机身壁板焊接缺陷的修补会采用多种补焊工艺,具体包括单侧未填丝补焊、单侧填丝补焊、双侧未填丝补焊、双侧填丝补焊。

一般焊接过程中会出现如图 8-43 中所示的情况,其中图 8-43(a)中的缺陷情况不需要采用填丝焊接,只需对缺陷区域进行重熔就可以达到补焊的要求;图 8-43(b)中的缺陷情况由于未成功填充焊丝,所以需要采用填充焊丝的方式进行补焊才能满足焊缝成形的需求。

单侧未填丝补焊、单侧填丝补焊、双侧未填丝补焊、双侧填丝补焊情况得到的焊缝横截面如图 8-44 所示。

可以发现:在单侧补焊情况下,焊缝横截面出现了一条明显的分界线,这是由

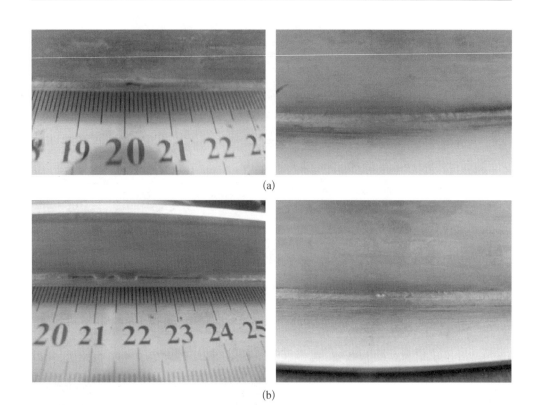

图 8-43　补焊情况及效果
(a) 不填丝补焊　　(b) 填丝补焊

于补焊的熔池所形成的熔合线,这在一定程度上影响了焊缝的力学性能。同时,不论单侧还是双侧补焊,填丝焊接的情况下焊缝更加饱满,在一定程度上减小了焊缝力学性能的降低。单从焊缝成形来看,不管是什么情况下进行补焊,补焊工艺必须采用双侧同步焊接进行。

单侧补焊与双侧同步补焊得到的焊缝的组织形貌如图 8-45 所示:可以发现单侧补焊,在焊缝中心出现了一条明显的分界线,这是由于补焊造成的,同时补焊焊缝的组织晶粒更小,这是由于第二次热输入造成焊缝组织晶粒的细化;双侧补焊时,组织形貌无明显变化,但是由于补焊造成了组织晶粒的细化。从组织分析来看,补焊也需要采用双侧同时进行。

从拉伸性能来看,填丝补焊拉伸强度均高于未填丝补焊,同时双侧补焊的性能优于单侧补焊,但是,补焊的力学性能均低于未补焊的焊缝的力学性能。

综合上述分析:对焊接缺陷进行补焊时,不管是什么情况的缺陷均应采用双侧填丝补焊,以最小限度地降低对焊缝力学性能的影响。

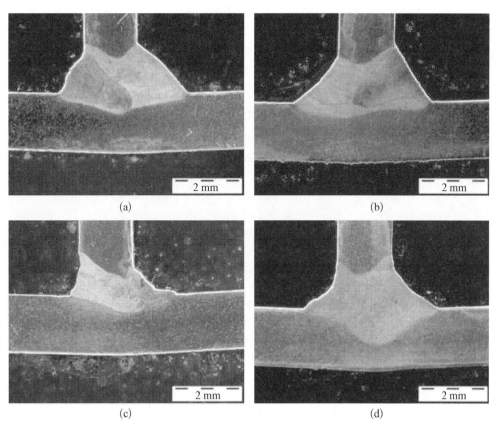

图 8-44 不同补焊情况下得焊缝横截面

（a）单侧未填丝补焊 （b）单侧填丝补焊 （c）双侧未填丝补焊 （b）双侧填丝补焊

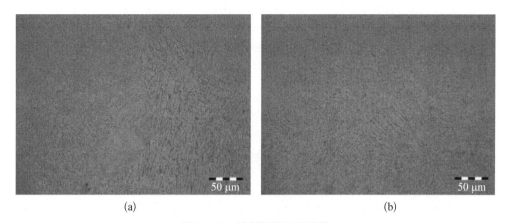

图 8-45 补焊焊缝组织形貌

（a）单侧补焊 （b）双侧补焊

参考文献

[1] Koçak M, Uz V. European FITNET fitness-for-service procedure: Application of its fracture module to the stiffened Al-alloy panels of airframe structures[C]. Workshop on Fracture Control of Spacecraft, Launchers and their Payloads and Experiments ESA/ESTEC Noordwijk, The Netherlands, 9-10 February, 2009.

[2] Gibson A, Sterling S G. A Design and test programme involving welded sheet-stringer compression panels[C]. Proceedings of the International Council of the Aeronautical Sciences, Melbourne, Australia, September 13-18, 1998, ICAS-98-7.7.3: 1-10.

[3] Miller W S, Zhuang L, Bottema J, et al. Recent development in aluminium alloys for the automotive industry[J]. Materials Science and Engineering A, 2000, 280: 37-49.

[4] Schubert E, Klassen M, Zerner I, et al. Light-weight structures produced by laser beam joining for future applications in automobile and aerospace industry[J]. Journal of Materials Processing Technology, 2001, 115(1): 2-8.

[5] Jahazi M, Cao X. Laser welding and cladding of aerospace alloys[R]. Ottawa, Canada: National Research Council Canada(NRC), 2003.

[6] Rendigs K-H. Airbus and current aircrafts metal technologies[R]. Germany: Airbus Deutschland GmbH, 2008.

[7] Mendez P F, Eagar T W. New trends in welding in the aeronautic industry[C]. Proceedings of the Conference New Trends for the Manufacturing in the Aeronautic Industry, San Sebastian, Spain, May 24-25, 2000: 21-38.

[8] Heider P. Lasergerechte Konstruktion und Lasergerechte Fertigungsmittel zum Schweissengrossformatiger Aluminium-Strukturbauteile [D]. Bremer Institut fur Angewandte Strahltechnik, 1994: 29-100.

[9] Brenner B, Standfuss J, Morgenthal L, et al. New technological aspects of laser beam welding of aircraft structures[J]. Düsseldorf: DVS-Berichte, 2004, 229: 19-24.

[10] Gedrat O, Kuck G, Kolley A, et al. Verfahren zum schweissen von Profilen auf Grossformatigen Aluminium-Strukturbauteilen Mittels Laserstrahlen und Vorrichtung zur Durchführung des Verfahrens[P]. European Patent: Patent Number EP0838301B1, 1997.

[11] Schumacher J, Zerner I, Neye G, et al. Laser beam welding of aircraft fuselage panels [C]. Proceedings of the Conference ICALEO Section A, Scottsdale, USA; 2002.

[12] Cicală E, Duffet G, Andrzejewski H, et al. Hot cracking in Al-Mg-Si alloy laser welding-operating parameters and their effects[J]. Materials Science and Engineering A, 2005, 395(1): 1-9.

[13] Davis J R. Aluminum and Aluminum Alloys[M]. ASM Specialty Handbook. 5th ed. Materials Park OH (USA), 1993: 376-389.

[14] Squillace A, Prisco U. Influence of filler material on micro- and macro-mechanical behaviour of laser-beam-welded T-joint for aerospace applications[J]. Proceedings of the Institution of Mechanical Engineers, Part L: Journal of Materials: Design and Applications, 2009, 223(3): 103-115.

[15] Dittrich D, Standfuss J, Liebscher J, et al. Laser beam welding of hard to weld al alloys for a regional aircraft fuselage design-first results[J]. Physics Procedia, 2011, 12:

113 - 122.

[16] Herzen J, Beckmann F, Riekehn S, et al. SRμCT study of crack propagation within laser-welded aluminum-alloy T-joints[C]. Optical Engineering + Applications. International Society for Optics and Photonics, 2008(7078): 70781V1 - 9.

[17] 张盛海. 高强铝合金 T 型接头的激光焊接[D]. 北京: 北京工业大学, 2005: 42 - 50.

[18] 杨涛. 高强铝合金 T 型接头激光焊接技术研究[D]. 武汉: 武汉理工大学, 2011: 31 - 73.

[19] 焦传江. 铝合金 T 型接头激光-电弧两侧同步焊接技术研究[D]. 北京: 北京工业大学, 2009: 23 - 54.

[20] 杨志斌. 铝合金机身壁板结构双侧激光焊接特性及熔池行为研究[D]. 哈尔滨: 哈尔滨工业大学, 2013: 50 - 110.

[21] 张濆龙. 铝锂合金机身壁板结构激光焊接特性研究[D]. 哈尔滨: 哈尔滨工业大学, 2013: 22 - 64.

[22] Tempus G. New aluminium alloys and fuselage structures in aircraft design[C]. Werkstoffe für Transport und verkehr, ETH Zürich, Switzerland, 18 May 2001.

[23] Schumacher J. Laserstrahlachweißen im Flugzeubau[C]. Kongress: Neueste Entwicklungen der Industruellen Lasertechnik, 20 Oktober, 2005.

[24] Eberl F, Gardiner S, Campanile G, et al. Ageformable panels for commercial aircraft[J]. Proceedings of the Institution of Mechanical Engineers, Part G: Journal of Aerospace Engineering, 2008, 222(6): 873 - 886.

[25] Blanchfield J. Advances in Aviation Technology[R]. Jakarta: Leaders in Aviation, 2007.

[26] Eberl F, Gardiner S, Campanile G, et al. Leading the way with advanced aluminium solutions for aerospace structures[C]. AGEFORM: Forming Advanced Aerospace Panels at Reduced Cost, Vienna, Austria, Aerodays 18 - 21 June, 2006.

[27] Kocik R, Vugrin T, Seefeld T. Laserstrahlschweissen im Flugzeugbau: Stand und künftige Anwendungen[C]. Laser-Anwenderforum, Bremen-Germany, September 13 - 14, 2006: 15 - 26.

[28] Müller-Hummel P, Ferstl S, Sengott A M, et al. Laser beam welding of high stressed complex aircraft structural parts[C]. In: First International Symposium on High-Power Laser Macroprocessing, Osaka, Japan, Proceedings of SPIE 4831: 2002: 438 - 441.

[29] Pacchione M, Telgkamp J. Challenges of the metallic fuselage[C]. Proceedings of the 25th International Congress of the Aeronautical Sciences-ICAS. 2006: 451. 1 - 4. 5.

[30] Heinz A, et al. Recent Development in Aluminum Alloys for Aerospace Applieations[J]. Materials Science and Engineering, 2000, A280: 102 - 107.

[31] Staley J T, Liu J, Hunt W H Jr. Aluminum alloys for aerostrueures[J]. Advanced Materials and Processes, 1997: 10 - 17.

[32] 张婷. 高性能热塑性复合材料在大型客机结构件上的应用[J]. 航空制造技术, 2013, 32 - 35.

[33] 谢薇. 新型热塑性复合材料设计概念及其自动化生产[J]. 纤维复合材料, 2010, (4): 30 - 34.

[34] 蒉西昌, 杨守杰, 等. 铝合金在运输机上的应用与发展[J]. 轻合金加工技术, 2005, 3(10): 1 - 7.

[35] 曾渝, 尹志民, 等. 超高强铝合金的研究现状及发展趋势[J]. 中南工业大学学报, 2002, 3

(6)：592 - 596.

[36] 邱惠中,吴志红. 国外航天材料的新进展[J]. 宇航材料工艺,1997,(4)：38 - 45.

[37] 楼瑞祥. 大飞机用铝合金的现状与发展趋势[R]. 中国航空学会 2007 年学术年会,深圳,2007.

[38] 陈亚莉. 铝合金在航空领域中的应用[J]. 有色金属加工,2003,32(2)：11 - 17.

[39] Knüwer M, Schumacher J, Ribes H, et al. 2198 - Advanced aluminium-lithium alloy for A350 skin sheet application[R]. in：Presentation for the 17th AeroMat Conference & Exposition, Seattle, USA, 2006, 1 - 27.

[40] Rendigs K-H. Airbus and current aircrafts metal technologies[R]. in：Presentation for the 8th MMPDS, Chicago, USA, 2005, 1 - 60.

[41] 王浩军,史春玲,贾志强,等. 铝锂合金的发展及研究现状[J]. 热加工工艺,2012,41(14)：82 - 85.

[42] 李昊. 铝合金激光焊接凝固裂纹判据的研究[D]. 武汉：华中科技大学,2009.

[43] 孙福娟,胡芳友,仝崇楼,等. 消除铝合金激光焊接缺陷与提高焊缝强度研究[J]. 现代制造工程,2006(6)：78 - 80.

[44] 宪奎. 整体式转向梯形的优化设计[J]. 客车技术,2001,(3)：14 - 15.

[45] 孙成玉,言梦林. 汽车转向梯形机构最佳方案的设计[J]. 传动技术(上海),2002,16(3)：30 - 32.

[46] 周万盛,姚君山. 铝及铝合金的焊接[M]. 北京：机械工业出版社,2006.

[47] 陈平昌,朱六妹,李赞. 材料成形原理[M]. 北京：机械工业出版社,2001：209 - 213.

[48] Janakiram G D, Mitra T K, Shankar V, et al. Microstructure refinement through inoculation of type 7020 Al - Zn - Mg alloy welds and its effect on hot cracking and tensile properties[J]. Journal of Materials Processing Technology, 2003, 142：174 - 181.

[49] 高明霞,余红华. 焊丝成分对 LC9CS 铝合金焊接热裂纹敏感性的影响[J]. 热加工工艺,2000,3：13 - 15.

[50] 刘会杰. 焊接冶金学[M]. 北京：机械工业出版社,2007.

[51] 王威,徐广印,段爱琴,等. 1420 铝锂合金激光焊接气孔形成机理[J]. 焊接学报,2005,26(11)：59 - 62.

9 搅拌摩擦焊

搅拌摩擦焊（friction stir welding，FSW）是英国焊接研究所（The Welding Institute，TWI）于 1991 年发明并申请了专利的新型焊接技术[1]，其可用于焊接多种材料如铝合金、镁合金、钛合金、钢以及异种材料，对于传统上用熔化焊接技术难于焊接的材料，也可以采用此技术获得无气孔、无裂缝、残余应力和变形都很小的高质量焊缝[2-7]。TWI 的 David Nicholas 曾指出，FSW 的出现将使铝合金等有色金属的连接技术发生重大变革[8]；英国的 Design Council 将其评定为面向 21 世纪的"千年产品"（millennium products），被认为是自激光焊以来最为引人注目的新型焊接技术。本章将从搅拌摩擦焊的基本原理及应用、焊接设备、接头组织与性能、焊缝成形机理及技术发展方面对搅拌摩擦焊技术进行简要论述，重点论述搅拌头的设计与焊缝成形理论。

9.1 搅拌摩擦焊技术原理及应用

9.1.1 技术原理

搅拌摩擦焊的工作原理如图 9-1 所示，其技术特点是利用一种带有搅拌针和轴肩的特殊形式的搅拌头（见图 9-2），将搅拌针插入焊接面，轴肩紧靠工件上表面，进行旋转搅拌摩擦，摩擦热使搅拌针周围金属处于热塑性状态，搅拌针前方的塑性状态金属在搅拌头的驱动下向后方流动，在搅拌针后方塑性融合，从而使待焊

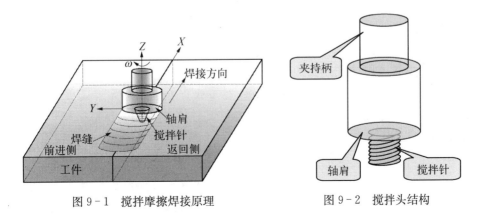

图 9-1　搅拌摩擦焊接原理　　　　图 9-2　搅拌头结构

件压焊为一个整体。在这里,摩擦生热是使材料待焊部位温度升高的基本要素,工件中的温度分布、搅拌针周围塑性区的大小与摩擦生热的速率和材料散热状态有关;而搅拌针的搅拌是形成致密焊缝的充分条件,只有通过搅拌针的搅拌给其周围塑化金属提供驱动力,才使得在搅拌头沿焊缝方向移动时,搅拌针周围塑化金属可以由搅拌头的前方向后方运动,并在搅拌头和周围金属的挤压下形成致密的焊缝。搅拌针周围局部塑性金属的流动状态是影响焊缝致密性的关键因素。

9.1.2　搅拌摩擦焊基本特点与优势

搅拌摩擦焊技术是一个将机械能转变为热能实现板材焊接的过程,图9-3为搅拌摩擦焊接过程示意图。首先,搅拌头高速旋转并逐渐向被焊接板材表面移动;当搅拌针与板材表面接触后,搅拌针与被焊板材摩擦发热使摩擦区温度升高、并逐渐向下切削板材,在搅拌针周围形成一定尺寸的孔洞;当轴肩与板材上表面接触后,轴肩与板材表面的摩擦热使搅拌针周围被焊板材温度升高并处于塑性状态;然后,搅拌头沿焊接方向移动,搅拌针前方切削高温塑性金属并将其转移至搅拌针后方,在轴肩向下的压力作用下,搅拌针后方金属被重新压焊为一个冶金上无缺陷的金属整体,从而形成一个致密的焊缝[9, 10]。

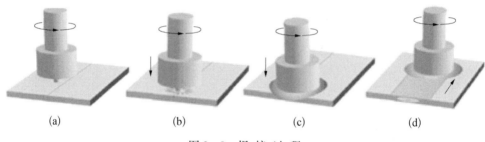

(a)　　　　　　(b)　　　　　　(c)　　　　　　(d)

图9-3　焊接过程

与传统惯性摩擦焊相同,搅拌摩擦焊过程中被焊接板材温度低于材料的熔点,是一种固态焊接方法,但是,其优势是可以实现多种接头形式的焊接,如板材的对接、搭接等[11]。与传统熔焊相比,由于焊缝金属未发生熔化,焊缝形成过程不会产生裂纹、气孔等缺陷;搅拌摩擦焊焊接温度低,加热速度快,焊缝晶粒尺寸小,热影响区窄,焊件变形小;焊接预处理方便,焊件边缘不需加工坡口,表面清理简单;焊接过程中,不需要填充金属,不需要保护气体,所以其成本大大降低[12-15]。此外,焊接过程无污染、无烟尘、无辐射,操作简单,容易实现焊接生产的机械化、自动化。

9.1.3　焊接接头形式

搅拌摩擦焊接可以实现板材的连接,因此,其接头设计与熔化焊类似,可以是对接接头、搭接接头、T型接头等。图9-4为典型的搅拌摩擦焊接头形式[16]。与熔化焊接不同的是,被焊板材的结合面必须紧紧贴合在一起,不需要加工坡口,单面焊接厚度可达 100 mm,双面焊接时可达 150 mm;同时,由于焊接过程中轴肩对被焊板材施加有一个较大的压力使被搅拌针破碎的金属重新焊合,焊缝底部必须有一个能对抗被焊板材下凹变形的刚性支撑或其他支撑。

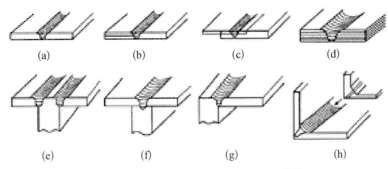

图 9-4　典型的搅拌摩擦焊接头形式[16]

(a) 对接　(b) 复合对接/搭接接头　(c) 搭接　(d) 多层板对接　(e) 双道 T
型接头　(f) 单道 T 型接头　(g) 边缘对接　(h) 角接

9.1.4　搅拌摩擦焊接在飞行器制造中的应用

飞行器制造中广泛采用铝合金、铝锂合金,但是,高强铝合金的焊接一直是困扰生产技术的难题,搅拌摩擦焊技术的优势使高强铝合金、铝锂合金在飞行器制造中具有广泛的应用前景。目前,在飞机制造领域,搅拌摩擦焊的开发和应用不断扩大,主要是利用该技术完成飞机蒙皮与桁梁筋条和加强筋之间的连接,实现框架之间的连接、飞机成型件的安装,飞机壁板和地板的焊接及飞机结构件和蒙皮的在役修复等[17,18]。图 9-5 是洛克希德·马丁公司生产的 C-130 运输机中用 FSW 制造的飞机地板结构,已取得了飞行验证。另外,美国波音公司还成功地实现了飞机起落架舱门复杂曲线构件的搅拌摩擦焊接。

图 9-5　用 FSW 制造的飞机壁板和地板结构件(洛克希德·马丁公司)

欧洲航空公司曾开展了两项重要的有关搅拌摩擦焊技术的合作研究,深入研究了 FSW 技术在飞机制造方面应用的可能性[19]。项目之一是"飞机框架结构的

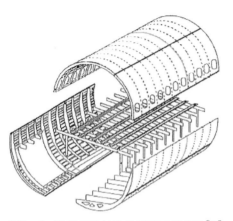

图9-6　飞机框架结构的搅拌摩擦焊接[19]

FSW(WAFS)",如图9-6所示。这项研究历时三年,由包括欧洲所有飞机制造公司和研究机构在内的13个合作伙伴组成的研究机构进行,研究内容包括:① FSW焊接的标准化;② 1～6 mm薄板材料的搅拌摩擦焊接;③ 6～25 mm厚板材料的搅拌摩擦焊接;④ 搅拌摩擦焊接过程的仿真和模拟;⑤ 飞机搅拌摩擦焊接零部件的设计研究和开发。第二个研究项目"宇航工业近期商业化目标技术应用(TANGO)"是结构研究方面的课题(见图9-7)。此项目由空客公司主持,历时4年,有来自12个国家的34个合作伙伴参与了该项目的研究,主要研究对象为:① 金属材料机身;② 复合材料机身;③ 中心翼箱;④ 侧部翼箱。

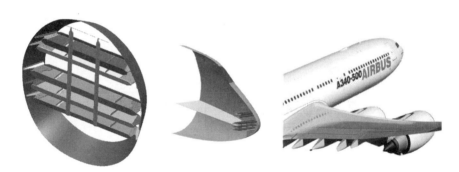

图9-7　飞机机身结构件的搅拌摩擦焊接

搅拌摩擦焊技术成功应用于飞机制造的典范是美国Eclipse飞机制造公司在中小型商用客机的机身的应用研究,第一架采用FSW技术建造的商用喷气客机Eclipse-500于2002年8月在美国进行了首飞。飞机的机身蒙皮、翼肋、弦状支撑、飞机地板及结构件的装配等铆接工序均采用了搅拌摩擦焊技术,采用了128 m长的搅拌摩擦焊焊缝替代了7 000个铆钉,极大地提高了连接质量,减轻了机身重量,而且使生产效率提高了近10倍,生产成本大大降低。如图9-8、图9-9所示[20]。

波音公司在研制的B747-400F的Nose Barrier Beams上采用了搅拌摩擦焊技术,其5个梁上减少了10个部件、250个紧固件,减少重量14.41 bf。法国EADS联合研究中心(EADS CRCF)致力于铝合金焊接技术的研发,包括空中客车飞机的中心翼盒FSW制造技术的研究,结果表明,每采用1 m搅拌摩擦焊缝,可减轻1 kg质量。英国宇航公司(BAE)主要负责空客系列飞机机翼的设计和装配。该公司

图 9-8 Eclipse-500 型商用喷气客机外形　　图 9-9 采用 FSW 技术制造的 Eclipse-50 型商用喷气客机部件

1995 年就与英国焊接研究所合作,开展了搅拌摩擦焊技术研究。1997 年完成了搅拌摩擦焊设备的生产,并对搅拌摩擦焊的搅拌头、工艺参数、工艺过程,以及异种铝合金材料搅拌摩擦焊接头的静载强度和疲劳性能做了大量的实验和验证,从而使人们对搅拌摩擦焊技术在飞机机翼设计和制造方面应用的有效性和优越性得到了充分的认识。

在航天器方面,1995 年以来已经成功利用搅拌摩擦焊技术完成了运载火箭储箱及航天飞机外储箱等航天产品的焊接[21-22]。波音公司与英国焊接研究所合作,成功利用搅拌摩擦焊技术解决了航天产品制造工程中的材料连接问题;采用 FSW 技术焊接其中间舱段的 Delta Ⅱ 火箭于 1999 年 8 月 17 日成功发射。此外,2001 年 4 月 7 日该型火箭又成功搭载发射了火星探测器,该探测器也是 FSW 技术首次用于压力容器的焊接,助推舱段焊接接头强度提高了 30%～50%,制造成本下降了 60%,制造周期由原来的 23 天减少至 6 天。除应用于 Delta Ⅱ 型火箭外,波音公司还开展了搅拌摩擦焊技术应用于 Delta Ⅵ 型火箭燃料贮箱制造,并取得了成果。

欧洲 Fokker 宇航公司将搅拌摩擦焊技术用于 Ariane 5 发动机主承力框的制造,其材料为 7075-T7351 铝合金,主体结构由 12 块整体加工的带翼状加强的平板连接而成,制造过程中用 FSW 代替了螺栓连接,为零件之间的连接和装配提供了较大的裕度,同时减轻了结构质量,提高了生产效率。

洛克希德·马丁公司制造航天飞机外贮箱的工厂一直重视和利用

图 9-10 洛克希德·马丁公司制造的航天飞机外贮箱

新型的焊接方法来提高产品的质量。这家公司利用原有的工装设备,成功用 FSW 技术焊接了由 2195‑T7 铝锂合金材料制成的航天飞机外贮箱(见图 9‑10),该贮箱长 47 m,直径 8.4 m。

在国内,搅拌摩擦焊技术也成功应用于运载火箭燃料储箱的焊接、大飞机地舱板的焊接、军用飞机座舱后背板等的焊接。中航工业北京航空制造工程研究所在这方面做了较多的结构验证与应用工作,包括机身盒段壁板、飞机驾驶舱背板、飞机前机身设备舱下壁板、战斗机前起落架舱门、驾驶舱外侧板、油箱口盖、维护口盖、运输机货舱地梁板、货舱地板等构件以及桁梁与蒙皮单曲结构、双曲结构模拟件[23]。图 9‑11 为国内搅拌摩擦焊在飞机制造中应用的几种典型构件,图中(a)为用搅拌摩擦焊焊接的大型军用运输机货舱地板,由挤压型材拼接而成;(b)为用搅拌摩擦焊焊接的尺寸为 2 000 mm×900 mm×50 mm 的双曲结构件,由 1 件双曲蒙皮和 5 件双曲“L形”长桁搭接而成;(c)为用搅拌摩擦点焊焊接的先进战机前起落架舱门,由蒙皮与筋板搭接而成。

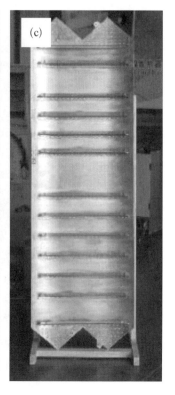

图 9‑11　搅拌摩擦焊在飞机构件中的典型应用

(a) 运输机货舱地板　(b) 双曲结构件　(c) 前起落架舱门

9.2　焊接工艺与装备

9.2.1　主要焊接工艺参数

　　搅拌摩擦焊过程中,工艺参数的选择对焊缝的成形及其力学性能有着重要的影响[24-27]。搅拌摩擦焊主要工艺参数包括搅拌头旋转转速 n、焊接速度 v、轴肩下压量 h(焊接压力)、搅拌头旋转轴线沿焊接反方向向后方的倾角 β、搅拌针端部离被焊接板材下表面的距离 d 等,如图9-12所示。

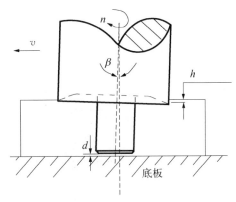

图 9-12　搅拌摩擦焊接工艺参数

　　在其他参数一定的条件下,搅拌头旋转转速与焊接速度的比值 n/v 反映了单位长度焊缝热输入量的大小,n/v 值越高,施加在焊缝中的热输入量越大;在相同 n/v 值时,速度较高的 n/v 组合称为高速焊,适合于厚度小于6 mm薄板的焊接,速度较低的 n/v 组合称为低速焊,适合于厚板的焊接。

　　轴肩下压量 h 反映了轴肩对焊缝金属的压力大小,通常情况下,焊接过程中通过控制下压量 h 控制轴肩向下的压力,一般情况下,取 $h=0.1\sim0.3$ mm。h 值过大,将在焊缝处形成过深的凹槽,影响板材的承载面积;h 值过小,施加于焊缝的压力过小,不利于被搅拌针破碎的金属在搅拌针后方的重新焊合,有可能在焊缝内残留内部缺陷。

　　搅拌摩擦焊过程中搅拌头沿焊接方向移动时能保持对焊缝施加一定压力与搅拌头倾角 β 有关,通常情况下,取 $\beta=1°\sim3°$。$\beta=0°$时,搅拌头移动过程中轴肩不能向被焊板材施加压力;β 过大时,可能造成在轴肩与板材表面接触面积过小的情况下在搅拌头后方形成过深的凹槽,不利于焊缝成形。

　　搅拌针端部离被焊接板材下表面的距离 d 影响焊缝底部成形质量。通常情况下,取 $d=0.2\sim0.5$ mm。距离 d 过小,有可能使与铝合金本体结合力不大的表面包铝层进入焊缝内部,降低焊缝强度;距离 d 过大时,则有可能在焊缝底部形成未焊合的缺陷。

9.2.2　搅拌摩擦焊设备

　　搅拌摩擦焊设备包括两个部分,即搅拌头和搅拌头驱动系统。搅拌头直接与被焊材料接触,是实现搅拌摩擦焊接的工具;搅拌头驱动系统的基本功能是为搅拌头提供旋转驱动力以对抗搅拌头与焊缝之间的摩擦扭矩,提供向下的压力保证焊缝金属能在固态下焊合成形,提供沿焊接方向的驱动力以对抗焊接时搅拌针切削金属的阻力以及倾斜的搅拌头移动时轴肩沿焊接方向的阻力。

9.2.2.1　搅拌头的设计

搅拌头是实现搅拌摩擦焊接的核心,合适的搅拌头是搅拌摩擦焊获得高质量焊接接头的前提。搅拌头主要由轴肩和搅拌针两部分构成,其几何形貌和尺寸不仅决定着焊接过程的热输入方式,还影响焊接过程中搅拌针周围塑性软化金属的流动形式,对于给定板厚的材料来说,焊接质量和效率主要取决于搅拌头形貌和几何设计。图 9-13 是搅拌头的基本形貌特征。

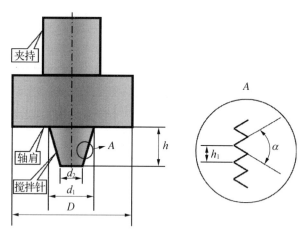

图 9-13　搅拌头的形貌特征

图 9-13 中,D 为搅拌头轴肩直径,其大小决定了轴肩与材料的摩擦面积,也即决定了焊接过程中产热量;对于厚度小于 10 mm 的板材,D 一般为材料厚度的 2～4 倍。d_1、d_2 分别为搅拌针根部和端部直径,一般情况下,$d_1 \geqslant d_2$、$d_1 = d_2$ 时为圆柱形搅拌针,$d_1 > d_2$ 时则为圆锥形搅拌针。当板材厚度小于 6 mm 时,采用圆柱形搅拌针就可以获得较好的焊缝质量;当板材厚度大于 6 mm 时,采用圆锥形搅拌针比较容易获得较好的焊缝质量。h 为搅拌针长度,其大小由被焊接材料厚度决定,直接影响搅拌针端部到板材底面的距离 d,通常情况下,h 比被焊接材料厚度小 0.3～0.5 mm 较为合适。

1) 搅拌头轴肩的设计

搅拌头轴肩在焊接过程中主要起两种作用:① 通过与工件表面间的摩擦,提供焊接热源;② 提供一个封闭的焊接环境,以阻止高塑性软化材料从轴肩溢出。在搅拌摩擦焊发展初期,轴肩仅仅设计成一个深度 0.5～1 mm 的光滑凹面[见图 9-14(a)];随着对轴肩作用认识的不断深入,轴肩形状也越来越复杂,一般是在光滑凹面内另加工一定形状的金属导流槽[见图 9-14(b)],其主要目的是在轴肩旋转摩擦产热的同时,使得搅拌头轴肩下方高温塑性金属沿着所设计的轨迹向搅拌针根部流动,有助于焊缝成形。图 9-15 为常用的几种典型的搅拌头轴肩形貌。对于特定的焊接材料,为了获得最佳的焊接效果,必须设计出与之相适应的特殊的轴肩几何形貌[28]。

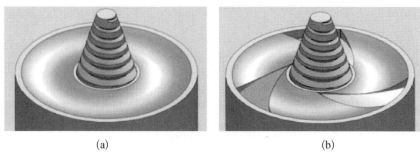

(a)　　　　　　　　　　　　　　(b)

图 9-14　不同轴肩形貌的搅拌头

(a) 光滑凹面轴肩　(b) 带导流槽轴肩

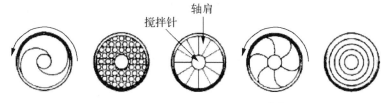

图 9-15　典型搅拌头轴肩形貌[28]

2) 搅拌针的设计

搅拌针在搅拌摩擦焊过程中主要起着破损焊缝前端金属、使破碎的金属颗粒转移到搅拌针后方以形成焊缝,对于厚板焊接,其对焊缝上方高温塑化金属向焊缝底部的运动起着重要作用。如前所述,搅拌针基本形状是圆柱形或圆锥形,但是,大量研究工作表明,搅拌针圆锥锥角、搅拌针表面形状、搅拌针端部形状等对焊缝成形有着重要的影响。

(1) 搅拌针表面形貌。

对于厚度小于 3 mm 的铝合金板材,圆柱形光滑表面搅拌针就可以获得无冶金缺陷的焊缝。但是,对于厚板,搅拌针表面必须设计成各种形状,如表面加工螺纹、在搅拌针表面开槽。研究表明,螺纹搅拌针的表面螺纹是驱动焊缝塑化金属沿板材厚度方向运动的主要因素,螺纹方向的变化会改变塑化金属的受力状态和流动形态,从而影响焊缝成形质量[29]。搅拌头顺时针方向旋转时,左螺纹使搅拌针周围塑化金属向下流动,迫使搅拌针端部周边金属向上运动;右螺纹使搅拌针周围塑化金属向上流动,迫使轴肩下方及周边金属向下运动。在焊接工艺参数不合适的情况下用左螺纹搅拌针焊接时易在焊缝上部出现缺陷,用右螺纹搅拌针焊接时易在焊缝下部出现缺陷。

在其他工艺参数一定时,螺纹截面积的大小、螺纹间距、螺纹头数也影响搅拌摩擦焊的焊缝成形,这是因为用带螺纹的搅拌针进行搅拌摩擦时,螺纹的存在会影响焊缝金属沿板材厚度方向的流动,螺纹截面积、大螺纹间距、螺纹头数的增加都会促进焊缝塑化金属沿板材厚度方向流动,最终影响焊缝成形[30]。

板材搭接焊时,搭接接头一般希望有较宽的焊缝,为此,TWI 的 Thomas 设计了几种称之为 Flared - Triflute™ 的搅拌头,如图 9 - 16 所示。搅拌针表面都有三条沟槽和螺纹,只是槽的旋转方向不同,有垂直的、左旋的、右旋的沟槽。试验发现此搅拌头在搭接接头的焊接过程中能更好地捣碎搭接板结合面上的氧化膜,促使焊缝金属充分流动,提高接头的力学性能[31]。Thomas 等还开发了搅拌针与轴肩可以相对转动的搅拌头,可以进一步改善搭接板材的焊接质量[32]。

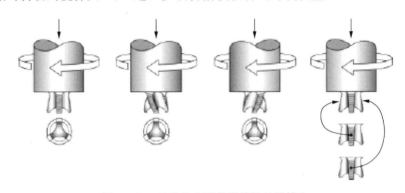

图 9 - 16　几种特殊形状搅拌针的搅拌头

图 9 - 17　搅拌针锥度

（2）搅拌针锥角。

对于一定厚度的板材,在搅拌头轴肩直径、搅拌针根部直径一定的情况下,锥形搅拌针的锥角 θ（见图 9 - 17）,也即搅拌针端部直径的变化对焊缝成形也有一定的影响。一般情况下,控制锥角 θ,使搅拌针外围轮廓线近似平行于焊接温度场的等温线比较易于获得无冶金缺陷的焊缝。

（3）搅拌针长度与端部形状。

在其他焊接条件相同的情况下,搅拌针长度和端部形状对焊缝成形具有显著影响。图 9 - 18 为用平端面搅拌针和球面搅拌针焊接的焊缝成形,前者有明显的包铝层伸入[见图9 - 18(a)];而用球面搅拌针焊接时,表面包铝层朝板材内部迁移距离很小[见图 9 - 18(b)]。图 9 - 19 为两种搅拌针端面离被焊板材底面距离不同时的焊缝成形,较大的端面间隙可以避免包铝层伸入到焊缝内部。这是由于搅拌针端面形状或其离底面距离会改变搅拌针端面附近焊缝塑化金属所受到的挤压作用,从而改变金属的流动特征。图 9 - 20 为搅拌针端面形状分别为平面和球面时,端部对周边金属作用力方向示意图。改变搅拌针端部形状及其离底面的距离,搅拌针端部对其周围金属的作用力不同。因此,改变搅拌针端部形状及长度,可以改变搅拌针下方及附近区域塑化金属的流动形态,从而改变焊缝底部的成形及包铝层伸入情况。

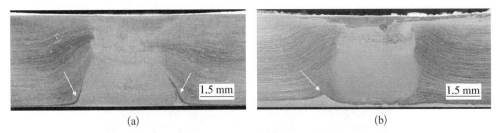

图 9 - 18　底表面包铝层沿焊核边缘向上运动的形貌

(a) 平端面搅拌针　(b) 球端面搅拌针

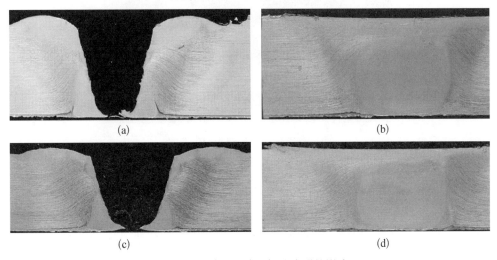

图 9 - 19　端面间隙对焊缝成形的影响

(a) $d=0.0$ mm,平端面搅拌针　(b) $d=1.0$ mm,平端面搅拌针　(c) $d=0.0$ mm,球形搅拌针
(d) $d=1.0$ mm,球形搅拌针

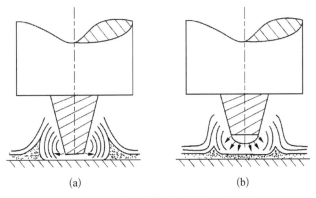

图 9 - 20　端面形状对金属流动的影响

(a) 平端面　(b) 球面端面

9.2.2.2 搅拌头驱动系统的设计

如前所述,搅拌头驱动系统的主要功能是为搅拌头提供旋转驱动力、向下的压力以及沿焊接方向移动的驱动力,因此,具备这些功能的机床设备原则上都可以改造成为搅拌摩擦焊设备。最简单的方式是在传统的铣床作为搅拌头驱动系统,将铣刀换成搅拌头即可以进行板材搅拌摩擦焊接。图 9-21 为在 53K 铣床上实现铝合金板材搅拌摩擦焊对接。

图 9-21 简单搅拌摩擦焊系统

但是,普通铣床用于搅拌摩擦焊会对设备造成严重损伤。这是由于搅拌摩擦焊过程中,随着待焊板材厚度的增加或板材强度与硬度的提高,要形成无缺陷的搅拌摩擦焊缝,所需克服的摩擦扭矩和沿焊接方向的运动阻力增大,而传统铣床的设计制造中并未考虑这一因素。同时,由于普通铣床的刚性不足,可能因为在大载荷时铣床的抖动而影响焊缝成形质量,严重时直接造成搅拌针断裂,焊接过程终止。因此,商业应用搅拌摩擦焊驱动系统必须针对搅拌摩擦焊的特点专门设计,依据可能焊接的材料种类和厚度设计动力传动系统和设备的刚度。

为此,国内外根据焊接构件的形貌开发了多种形式的专业搅拌摩擦焊设备。如英国的 ESAB 公司,美国的 MTS、GEMCOR 公司,日本 HITACH 等公司,国内中航工业北京航空制造工程研究所、上海航天设备制造总厂等公司也研制了各种类型的搅拌摩擦焊设备,包括多轴式、移动龙门式、轻便式和机器人式搅拌摩擦焊设备,可实现平板的纵缝、筒体环缝、空间曲面等的焊接,对焊缝压力采用恒压入量或恒压力控制;针对环形焊缝,研制了可回抽的搅拌头以避免在焊缝尾部留下匙孔。图 9-22 为中航工业北京航空制造工程研究所研制的用于飞机结构产品的空间曲面搅拌摩擦焊设备,可实现五轴全伺服控制和联动,X、Y、Z 向行程分别为 8 000 mm、3 500 mm、600 mm,主轴最大顶锻力 40 kN,最大扭矩 150 kN,最大前进抗力 20 kN,可以实现双曲面飞机机身的搅拌摩擦焊接。

图 9 - 22 特殊结构件搅拌摩擦焊系统

9.3 搅拌摩擦焊接头组织及力学性能

9.3.1 接头组织

搅拌摩擦焊焊缝及近邻区域金属的高温和剧烈塑性变形,会导致其发生再结晶以及形成织构、沉淀相的熔解或粗化,或者高温区的晶粒长大。基于晶粒与沉淀相的微观结构特征,一般将焊接接头分成三个区域:焊核区、热力影响区、热影响区。图 9 - 23 为焊接接头组织分布示意图,其中 A 为母材,B 为热影响区,C 为热力影响区,D 为焊核区。焊核区内金属组织变化比较复杂,与其变形状态、温度等因素有关,一般情况下,焊核中的金属发生了动态再结晶,晶粒呈细小等轴状态;热力影响区受搅拌针挤压、高温的影响,经历了较大的塑性变形,晶粒较小且被拉长,但未发生再结晶;热影响区受摩擦热作用,晶粒较粗大。

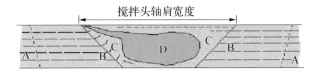

图 9 - 23 焊接接头组织分布示意图

9.3.1.1 焊接工艺参数对焊缝成形的影响

搅拌摩擦焊工艺参数对焊缝成形具有显著的影响。图 9 - 24 为利用带左旋螺纹搅拌针的搅拌头、搅拌头旋转速度为 300～1 500 r/min,焊接速度为 37.5 mm/min,在 10 mm 厚 LC9 铝合金上进行搅拌摩擦焊试验所得到的焊缝横截面宏观形貌。若以焊核外侧弧线间的水平距离作为度量焊核大小的尺度[见图 9 - 24(a)],可得出焊核直径与搅拌头旋转速度的关系,图 9 - 25 为所测量的结果。可见,在焊接速度不变的情况下,旋转速度在300～950 r/min 范围内变化时,焊核直径随旋转

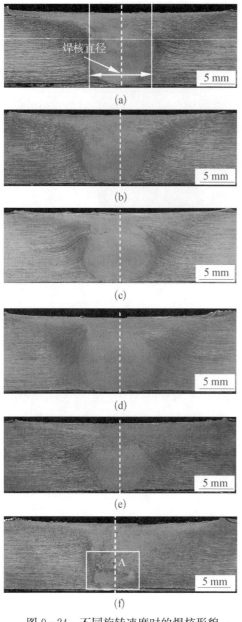

图 9-24　不同旋转速度时的焊核形貌

（a）$n = 300$ r/min　　（b）$n = 475$ r/min　（c）$n = 750$ r/min　（d）$n = 950$ r/min　（e）$n = 1\,180$ r/min　（f）$n = 1\,500$ r/min

速度的提高而增大。但是，当搅拌头旋转速度大于 950 r/min 时，焊核尺寸逐渐下降，当搅拌头旋转速度为 1 500 r/min 时，焊核尺寸最小，且在其上方焊缝中有疏松状结构出现。图 9-26 为图 9-24(f)中箭头 A 所指区域的放大像，可看出明显的疏松状结构，说明此处金属的内压力不足或温度过低，金属不能产生冶金结合。分析认为，搅拌头周围焊缝金属的温度场与搅拌头的产热和被焊板材的热扩散速度有关，内压力则与沿搅拌针表面向下迁移的塑性金属量有关。搅拌摩擦焊过程中，焊接热功率随搅拌头旋转速度的提高而增大，在旋转速度较低、板材温度相对较低时，摩擦产生的热量可以通过搅拌头周围金属的热扩散迅速传导到其他区域，搅拌头与周围金属的界面上温度也较低，摩擦热和沿搅拌针表面向下迁移的塑性金属量都随搅拌头旋转速度的提高而增大。但是，若搅拌头旋转速度过高，单位时间内搅拌头与焊缝金属接触界面上摩擦产热过大，而基体中热量的扩散速度仅受基体材料本身物理性能的影响和温度梯度的影响。这样，接触界面上过大的摩擦产热可能使得搅拌头与其周围材料界面处局部温度提高很快，成为黏塑性状态。根据 North 等人的研究，某些条件下搅拌头表面的温度可达材料的熔化温度。在这种状况下，紧贴搅拌头轴肩或搅拌针表面与其接触的塑性金属间的摩擦状态可能从低温时的黏性摩擦变为高温时的滑动摩擦，摩擦系数减小，产热量降低；同时，在焊接速度不变而提高旋转速度时，板材的上下部分的温度差增大。其结果是，焊缝底部金属温度较低、金属软化程度不够，使得脱离搅拌针端部的金属较难向周边挤压被焊板材而使焊核尺寸增大；由于近邻搅拌针表面周围存在一层较厚的流动性很好的低黏度金属,脱离搅拌针端部的金属更易于沿搅拌针周围朝上流动,使得焊缝底部的挤压区尺寸减小甚至消失。同时,由于搅拌针周围及轴肩底部的塑化金属温度过高,黏度过低,不能对更远处的金属产生足够的黏滞力使其与搅拌针和轴肩一起旋转迁移,致使没有足够的金属进入搅拌针后方填充由于搅拌针沿焊接方向运动时在其后方形成的空腔,因而在焊缝中形成孔洞或疏松,形成如图 9-24(f)中当搅拌头旋转速度为 1 500 r/min 时的焊缝形貌。

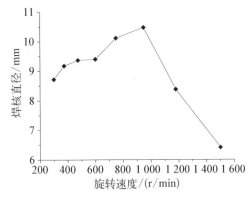

图 9-25 不同旋转速度时的焊核尺寸

图 9-26 图 9-24(f)中 A 区域的放大图

搅拌头旋转速度不变、改变焊接速度,焊缝成形规律与前类似。因此,搅拌摩擦焊在焊接大厚板铝合金时,焊缝上下表面温差大,焊接热输入量的大小对塑性金属流动能否充分流动、填充焊缝空腔的影响较大,因此合适的焊接工艺规范范围较小。可以通过改变搅拌针表面形状或轴肩形状,提高单位时间内由焊缝上部向焊缝下部移动的高温塑性金属量,提高焊缝底部温度,以在更宽的规范参数范围内获得塑性金属流动充分、焊缝组织致密的搅拌摩擦焊焊缝。

9.3.1.2 搅拌针表面螺纹对缝成形的影响

1) 螺纹方向对焊缝成形的影响

焊接过程中搅拌头旋转时,搅拌针与周围高温金属直接接触,表面螺纹方向不同,对其近邻金属的作用力方向不同,使得沿搅拌针表面流动的金属方向不同,从而影响焊缝成形。图 9-27 为搅拌头顺时针方向旋转时螺纹表面对金属的作用力示意图。主要表现在两个方面:一是搅拌针表面螺纹对螺纹内金属的正压力 P,如图 9-27 中 P_l、P_r 所示,其方向为螺纹表面的外法线方向,与螺旋角、螺纹角有关,其大小则与搅拌针周围金属的变形能力有关。事实上,在搅拌摩擦焊条件下,搅拌针螺纹近邻金属温度较高,可以认为处于黏塑性状态,因此,螺纹对螺纹内金属的正压力 P 相当于流体静压力,在螺纹面与搅拌头旋转轴倾斜的情况下,搅拌头旋转时,这种压力一直存在,并将迫使与之接触的金属朝其法线方向运动;二是搅拌针螺纹面对其周围金属的摩擦力或黏滞力 f,如图 9-27 中的 f_l、f_r,其方向为螺纹表面的切线方向,大小则与螺纹周围金属的温度有关,摩擦力 f 带动金属沿螺纹面的切线方向绕搅拌针作环绕运动。

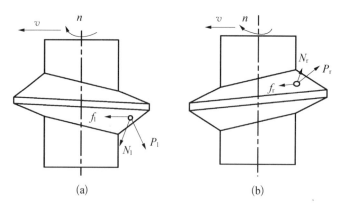

图 9-27　搅拌针表面螺纹对金属的正压力与摩擦力
(a)左螺纹　(b)右螺纹

　　图 9-28 为用搅拌针表面形貌不同的 3 种搅拌头焊接的焊缝横截面照片,图中垂直虚线为搅拌针的中心线,垂直直线为搅拌针的外轮廓线,水平黑色线条原始状态为水平放置的厚度为 30 μm 的铜箔,用作显示焊缝及近缝区金属焊后迁移状态的标识材料。可见,搅拌针表面形貌不同,焊缝成形发生了显著变化。图 9-28(a)为用带左螺纹搅拌针的搅拌头焊接的焊缝横截面,焊核呈明显的"洋葱瓣"花纹,花纹外圈上方接近焊缝上表面,下方接近焊缝下表面,中心在焊缝的下方。在"洋葱瓣"花纹外侧,标识材料向上弯曲,随着离焊缝上表面距离的减小,标识材料间的距离逐渐减小,并向焊缝中心线弯曲,接近焊缝表面时,标识材料几乎呈水平状态。在前进边,标识材料向焊缝中心延伸较少;在返回边,标识材料向焊缝中心延伸较多并越过了中心线。由于标识材料与两侧材料的界面之间不可能有相对滑动,同时,可以认为材料在塑性状态下体积不变,标识材料的变形完全取决于其两侧材料的变形,因此,标识材料位置的变化反映了其两侧基体材料的位移,其弯曲表明两侧材料有垂直于标识材料方向即被焊材料厚度方向的迁移;两标识材料之间距离的变化表明基体材料沿标识材料切线方向有塑性流动,其距离的增加表明基体材料朝所观察的位置流动,其距离的减小表明基体材料由所观察的位置沿标识材料方向朝周边流动;两标识材料之间的距离由原始尺寸逐渐减小,表明基体材料可能发生沿标识材料间距离减小的方向流动。因此,图 9-28(a)中标识材料的分布表明,搅拌摩擦焊过程中,塑化金属由焊缝底层向上流动,在前进边,原在焊缝底部的塑化金属向上流动,接近焊缝顶部时朝焊缝中心流动;类似地,在返回边,原在焊缝底部的塑化金属朝上并远离焊缝中心方向流动,接近焊缝顶部时朝焊缝中心流动,这种流动趋势越过焊缝中心线一直延伸到前进边。

　　图 9-28(b)为用带右螺纹搅拌针的搅拌头所焊接的焊缝横截面。可见,在焊

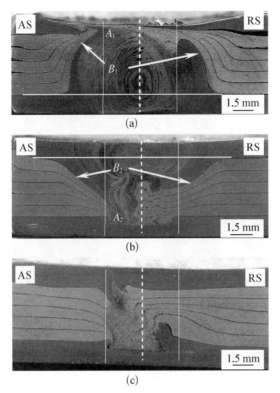

图 9 - 28　不同形状搅拌针焊接的焊缝截面形貌

(a) 左螺纹圆柱形搅拌针　(b) 右螺纹圆柱形搅拌针　(c) 圆柱形搅拌针

核区同样有"洋葱瓣"花纹形貌,但此时的"洋葱瓣"的中心位于焊缝的上部。由标识材料在焊缝横截面的分布表明,此时焊核区两侧稍远区域的塑化金属呈向下流动的趋势,与图 9 - 28(a)中塑化金属的流动方向相反。从两侧标识材料的分布看,前进边材料向下流动的趋势比返回边的大。在焊缝底部,金属的流动较图9 - 28(a)杂乱;返回边的金属向前进边流动,当流到焊缝中心时,与前进边的金属汇合形成紊流。紊乱区偏向前进边,而偏向返回边的近下表面,有部分与表面平行的层流区。

　　图 9 - 28(c)是用光滑表面搅拌针的搅拌头焊接的焊缝横截面图。此时,焊核区没有明显的"洋葱瓣"花纹,紊乱的焊核区宽度较小。在焊核区的外围,塑化金属的流动形态与用前两种搅拌头进行焊接的焊缝金属的流动形态不同,流线比较平直,上层标示材料水平连续分布,其余的标示材料虽然不是连续分布,但基本处于同一水平面上,表明塑化金属没有明显的沿被焊材料厚度方向流动的趋势,主要为绕搅拌针的周向流动。

　　上述结果表明,用带螺纹的圆柱形搅拌针焊接的焊缝截面形貌有明显的洋葱瓣特征,搅拌针上螺纹的方向影响洋葱瓣的位置及焊缝塑化金属的迁移方向:左螺纹使洋葱瓣的中心向下移,洋葱瓣周围金属向上移动;右螺纹使洋葱瓣的中心向上移,洋葱瓣周围金属向下移动;当搅拌针表面为光滑状态时,焊缝金属在横截面上以平移为主[29]。

2) 搅拌针表面螺纹头数对焊缝横截面宏观形貌的影响

采用单头螺纹的搅拌针进行搅拌摩擦焊时,搅拌头每旋转一圈,螺纹内部金属沿搅拌针轴线方向移动一个螺纹节距的距离;若在螺纹节距一定的情况下,增加螺纹头数 t,则搅拌头每旋转一圈时,有更多的高温塑化金属沿搅拌针轴线方向移动一个螺距。因此,搅拌针表面螺纹头数的增加将会增大焊核尺寸。图 9-29 所示为不同螺纹头数的搅拌针表面形貌,螺纹头数 t 分别为 1,2,3 个。图 9-30 所示为搅拌头旋转速度 $n=375$ r/min,焊接速度 $v=37.5$ mm/min 时,螺纹头数 t 由 1 增至 3 时的焊缝横截面宏观形貌图。从图 9-30(a)可见,当搅拌针螺纹头数为一时,焊缝横截面上的紊流区域面积较大,缺陷较为明显,同时存在疏松和孔洞;随着搅拌针螺纹头数的增加,紊流区依然存在针状疏松孔,但面积已经减小,且位置逐渐靠近焊缝表层;同时,焊核周围的轧制流线的弯曲程度也是随着螺纹头数的增加而增大;另外,轴肩影响区的面积随螺纹头数的增加而明显减小。

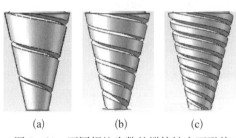

图 9-29　不同螺纹头数的搅拌针表面形貌

(a) $t=1$　(b) $t=2$　(c) $t=3$

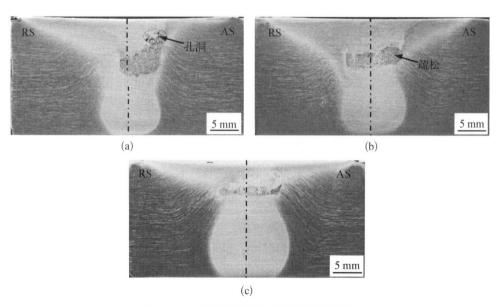

(a)　　　　　　　　　　　　　　(b)

(c)

图 9-30　螺纹头数不同时焊缝横截面形貌

(a) $t=1$　(b) $t=2$　(c) $t=3$

AS—前进边;RS—返回边

　　分析认为,螺纹头数的增加实质上是增加了焊缝塑性金属的迁移通道,使更多塑性金属在短时间内从焊缝上部迁移至焊缝底部,其结果是焊核尺寸有所增大[30,31];同时使用多头螺纹时,轴肩塑化的高温金属在焊缝上部停留时间较短、影响区域较小,焊缝上部的疏松区面积也较小。

　　图 9-31 为焊核区面积与螺纹头数的变化关系。由图可知,随着搅拌针表面螺纹头数的增加,焊核面积呈增大趋势。单头螺纹头数与双头螺纹头数的焊核区面积差值 $\Delta 1$ 大约为 20 mm²;而三头螺纹头数与双头螺纹头数的焊核区面积差值 $\Delta 2$ 大约为 70 mm²,约为 $\Delta 1$ 的3.5 倍。可见,相比双头螺纹搅拌针,当螺纹头数为 3 时,焊核区金属量出现较大程度的增加。

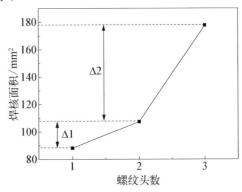

图 9-31　螺纹头数与焊核面积的变化关系

3) 搅拌针锥度对焊缝横截面宏观形貌的影响

　　在搅拌头轴肩形貌、搅拌针根部直径相同情况下,改变搅拌针端部直径,即改变搅拌针锥度 θ,直接改变了搅拌针的搅拌面积,对焊缝横截面成形有一定影响。图 9-32 为搅拌头旋转速度 $n=375$ r/min、焊接速度 $v=37.5$ mm/min 时,采用具有不同搅拌针锥度 θ 的搅拌头焊接 20 mm 厚 2024 铝合金板时获得的 FSW 焊缝横

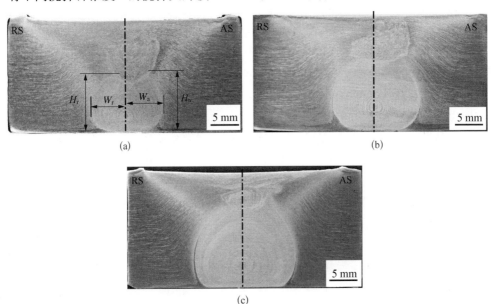

图 9-32　不同搅拌针锥度时焊缝横截面形貌

(a) $\theta=25°$　(b) $\theta=20°$　(c) $\theta=15°$

截面形貌。图中点画线表示搅拌针的中心线。由图可见,搅拌针锥度变化时,焊缝横截面成形良好;观察焊核区形貌可知,虽然焊核区关于中心线不完全对称,但差异并不大,且都具有明显的洋葱环结构;随着搅拌针锥度的减小,焊缝横截面上紊流区位置逐渐靠近焊缝上表面,轴肩影响区的深度有略微的减小;对比还发现,随搅拌针锥度减小,焊缝底部包铝层的迁移程度逐渐增加。当搅拌针锥度为 15°时,包铝层的迁移程度最大。这是由于焊接时搅拌针锥度减小,焊缝底部温度升高,塑性金属在底部的流动加剧,大量的塑性金属在横向挤压包铝的累积量增多,使得塑性金属与包铝层之间的拉拽作用增强,随焊核区金属迁移程度大。

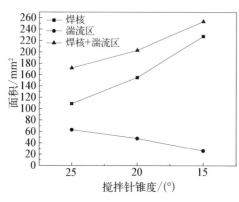

图 9-33　搅拌针锥度与焊核区和
紊流区面积关系

图 9-33 所示是在同一工艺参数下(焊接速度 $v=37.5$ mm/min,旋转速度 $n=375$ r/min),不同搅拌针锥度与焊缝横截面上焊核区、紊流区面积的关系图。由图可见,随着搅拌针锥度的减小,焊核区的面积呈逐渐增大趋势,而与之相对应的紊流区面积则越来越小,焊核区增加量和湍流区减少量都较为稳定,不存在突变现象。

4) 焊缝金属显微组织的一般特征

前已述及,搅拌摩擦焊焊接接头分为焊核区、热力影响区、热影响区,各区组织不同。焊核区金属经历了剧烈塑性变形,其与锻造过程相当,为变形再结晶细晶组织。图 9-34 为 2014 铝合金搅拌摩擦焊接头的宏微观组织。由图可见,焊核区晶粒极为细小,经测量约为3~4 μm,远小于母材的晶粒尺寸;热力影响区的晶粒有拉长的现象。

焊核区金属在焊接过程中经历了剧烈的塑性变形,同时在较高温度下停留了较长时间,其组织状态与母材有根本性差别。对于非热处理强化的铝合金,焊缝晶粒细化,若母材经历了形变强化,通常情况下变形强化的效果消失,但由于细晶强化作用,材料强度变化不大;对于热处理强化的铝合金,晶粒细化情况

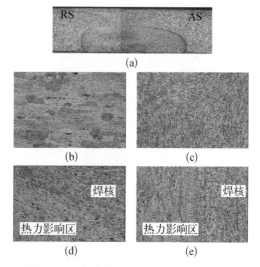

图 9-34　焊接接头不同区域的组织形态
(a)焊接接头　(b)母材　(c)焊核　(d)热力影响区/焊核　(e)热力影响区/焊核

与非热处理强化的铝合金相似,但强化相可能被溶解形成固溶体,或在焊接的高温下强化相重新由固溶体中析出、长大,材料强度通常都会有一定程度降低。在热力影响区和热影响区,热处理强化铝合金通常会出现强化相溶解或长大的现象,导致其强度、硬度降低。有关焊接接头强度及力学性能的分布将在下节讨论。

9.3.2　搅拌摩擦焊接头的力学性能

由于搅拌摩擦焊是一种固态焊接方法,避免了熔化焊过程中可能出现的裂纹、气孔等缺陷,使得在材料研制阶段就表明不能用焊接加工成形的高强铝合金,如7000系列铝合金,也可以用搅拌摩擦焊技术焊接,而且接头强度系数也较高。表9-1为多种铝合金搅拌摩擦焊接头拉伸强度及接头效率。可见,对于热处理强化的铝合金,接头强度可以与母材等强或更高,接头强度系数大于等于100%;对于热处理强化的铝合金,一般情况下接头强度低于母材,材料类型、厚度不同,焊后接头强度也不相同。表9-2是7050铝合金不同厚度板焊后接头的拉伸强度与塑性,可见其接头强度系数仍较高。

表9-1　铝合金搅拌摩擦焊接头拉伸强度与接头效率

铝合金	母材强度/MPa	焊缝强度/MPa	接头效率/%
AFC458-T8	544.7	362.0	66
2014-T651 (6 mm)	479~483	326~338	68~70
2024-T351 (5 mm)	483~493	410~434	83~90
2219-T87	475.8	310.3	65
2195-T8	593.0	406.8	69
5083-O (6~15 mm)	285~298	271~344	95~119
6061-T6 (5 mm)	319~324	217~252	67~79
7050-T7451 (6.4 mm)	545~558	427~441	77~81
7075-T7351	472.3	455.1	96
7075-T651 (6.4 mm)	622	468	75
6056-T78 (6 mm)	332	247	74
5005-H14 (3 mm)	158	118	75
7020-T6 (5 mm)	385	325	84
6063-T5 (4 mm)	216	155	72
2024-T3 (4 mm)	478	425~441	89~90
7475-T76		465	92
6013-T6 (4 mm)	394~398	295~322	75~81
6013-T4 (4 mm)	320	323	94
2519-T87 (25.4 mm)	480	379	79

表 9 - 2　不同厚度板材焊后特征

厚度/mm	类　　型	抗拉强度/MPa	延伸率/%	强度系数/%
2.5	FSW	472.8	7.1	90
3.0	FSW	463.3	7.4	88
3.5	FSW	482.6	7.3	92
4.0	FSW	477	6.7	91
4.5	FSW	453.5	6.5	86
6.4	FSW	453	5.4	86
	7050-母材	526	13	—

　　前已述及,搅拌摩擦焊过程中,搅拌头与母材间的摩擦热会使接头温度升高,因而接头各区域会经历强弱程度不同的热循环作用,焊后不同铝合金接头强度变化程度不同与热循环造成的接头各部位软化程度不同有关。图 9 - 35 为 6063Al - T5 铝合金接头典型的硬度分布曲线,在焊核区,材料发生了明显的软化;在软化区,未发现沉淀相存在,由于其晶粒细小,硬度比固溶处理状态的 6063Al 铝合金略高;在母材内部,则发现有较多的针状沉淀硬化相,其界面与母材呈共格状态,长度约为 40 nm,还存在部分长为 200 nm 的棒状沉淀硬化相,其界面与母材呈非共格状态。由软化区到母材间的过渡区,硬化相的密度较低,因而有较低的硬度。

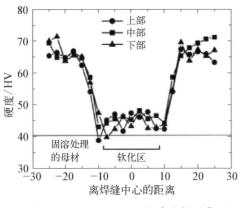

图 9 - 35　6063Al - T5 铝合金焊后典型硬度分布曲线

9.3.3　工艺参数对接头强度的影响

　　良好的焊缝成形是获得较高的焊缝力学性能的基本保证。在接头无焊接缺陷的情况下,接头强度与母材在焊接过程中的软化程度有关,因而与焊接过程中摩擦产热有关。影响摩擦产热的工艺参数主要有搅拌头旋转速度、焊接速度、轴肩下压量或下压力等。因此,这些因素同

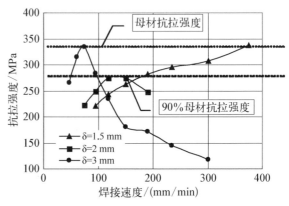

图 9 - 36　焊接速度对接头强度的影响[34]

样影响焊接接头的力学性能。图 9-36 是在搅拌头旋转速度一定的情况下焊接速度对不同厚度材料的拉伸强度的影响[34]。可见,当材料厚度为 3 mm 时,拉伸强度在焊接速度为 75 mm/min 时存在一个峰值,焊接速度增大或减小都会降低接头的拉伸强度;当材料厚度为 2 mm 时,拉伸强度在焊接速度为 118 mm/min 时存在一个峰值;当材料厚度为 1 mm 时,在所研究的焊接速度范围内,焊接速度越快,接头的拉伸强度越高。

9.3.4 搅拌摩擦焊接头与铆接接头强度

搅拌摩擦焊技术在飞机制造中的一个重要应用方向是取代铆接方法连接蒙皮与桁梁。为此,中航工业北京航空制造技术研究所进行了铆接接头与搅拌摩擦焊接头性能对比试验。表 9-3、表 9-4 分别为铆接件与焊接件的拉伸性能,可见,搅拌摩擦焊接头的拉伸强度与疲劳强度都优于铆接件的相应值。

表 9-3 铆接件与焊接件拉伸性能对比

	编　号	破坏载荷/kN	平均载荷/kN	破　坏　形　式
铆接件	1	359.18	345.90	蒙皮皱曲,铆钉拉断,桁条扭曲在波谷处与蒙皮分离
	2	337.79		
	3	340.74		蒙皮皱曲,铆钉拉断,桁条扭曲在波谷处与蒙皮脱离
焊接件	1	437.36	384.66	蒙皮皱曲,壁板外围铆钉拉断,桁条弯曲变形
	2	357.90		
	3	358.72		蒙皮皱曲,周边铆钉拉断,桁条弯曲变形

表 9-4 铆接件与焊接件疲劳性能对比

	编号	载荷/kN	开裂寿命/次	开裂寿命/次	α	β	$N_{95/95}$	DFR/MPa
铆接件	1	32.1	233 560	282 605	4	6.379×10^{21}	1.602×10^{5}	148.95
	2	32.1	482 829	526 851		7.705×10^{22}		
	3	32.1	306 286	336 972		1.289×10^{22}		
	4	32.1	206 164	234 568		3.027×10^{21}		

(续表)

	编号	载荷/kN	开裂寿命/次	开裂寿命/次	α	β	$N_{95/95}$	DFR/MPa
焊接件	1	32.1	—	306 222	4	8.793×10^{21}	1.806×10^{5}	152.98
	2	32.1	423 900	443 466		3.868×10^{22}		
	3	32.1	—	359 951		1.679×10^{22}		
	4	32.1	338 422	367 388		1.822×10^{22}		
	5	32.1	—	351 834		1.532×10^{22}		

9.4 焊缝成型机理

FSW 过程中,金属的塑性流动将直接关系到接头组织的形成,进而影响接头质量。众多学者对该方面进行了大量研究,虽然没有达到完善的程度,但在某些方面已达成了一些共识。比如在 FSW 过程中,前进侧与后退侧的材料的塑性流动并不是对称的,在搅拌头的后方,材料会一层层地沉淀,最终成为一种带状的结构。由于 FSW 自身的特点,现在仍没有办法直接观察材料的流动过程。目前主要从试验与数值模拟两方面进行研究。试验的方法主要有钢球示踪法、嵌入示踪法等。示踪材料有铜箔、不同的铝合金、钛及铜的粉末、Al - SiC 及氧化物颗粒等。考虑到示踪材料可能影响母材金属的流动,也有研究人员直接通过观察焊缝的微观组织来进行研究。

9.4.1 焊接接头温度场分布特点

搅拌摩擦焊时,其热量来自搅拌头轴肩、搅拌针表面与周围金属之间的摩擦力所做的功。摩擦产生的热量使被焊板材的温度升高,同时在摩擦力的作用下,与搅拌头接触处的金属发生塑性流动。由于搅拌头材料的硬度比被焊材料高,当焊接到达准稳态时,摩擦力的大小为待焊材料的剪切流变应力与接触面积的乘积。一般认为,轴肩处产生的摩擦热占主要部分,约为总产热量的 90%,可以忽略搅拌针表面产生的摩擦热。

在搅拌摩擦焊过程中,单位长度焊缝上的热输入量和塑性金属流在搅拌头的作用下产生的流动状态是决定焊缝质量的关键因素。搅拌摩擦焊热功率计算公式为[37]

$$Q = \frac{\pi n \mu F (r_{\text{o}}^2 + r_{\text{o}} r_{\text{i}} + r_{\text{i}}^2)}{45(r_{\text{o}} + r_{\text{i}})} \tag{9-1}$$

式中: Q 为输入工件总的热功率(W); r_{o}、r_{i} 为搅拌头轴肩的半径和搅拌针的半径(mm)。

图 9 - 37、图 9 - 38 为在焊接工艺参数 $n = 750$ r/min, $v = 47.5$ mm/min 时,利

用有限元软件 ANSYS 模拟计算的 LC9 铝合金搅拌摩擦焊接头的温度场分布。其特点是：在板材横截面上，上部温度高，靠近板材底部温度逐渐降低；在垂直于搅拌头旋转轴的水平截面上，靠近搅拌针的温度高，离搅拌针距离越远，温度越低；搅拌针前方金属的温度梯度大，搅拌针后方金属的温度梯度小，因而在搅拌针中心相等距离处，搅拌针前方的温度低于后方的温度。

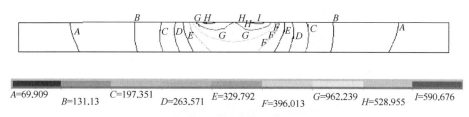

$A=69.909$　$B=131.13$　$C=197.351$　$D=263.571$　$E=329.792$　$F=396.013$　$G=962.239$　$H=528.955$　$I=590.676$

图 9 - 37　焊缝横截面等温线分布

9.4.2　焊缝金属的塑性流动行为观察技术

如前所述，焊缝成形与焊接接头中金属的流动形态有关，而焊缝金属的流动是在由搅拌头轴肩、搅拌针、焊缝周围较冷材料、底垫板组成的一个密闭的空间内进行，过程的不可见使得无法直接观察密闭空间内金属的流动方式，因而获得焊缝成形过程中塑性金属的流动规律极为困难。可以采用标识材料法，在流动区预置标识材料，焊后观察标识材料的位移与变形，从而判断焊接接头金属的流动过程。预置的标识材料应该与母材金属有相似的物理性能、力学性能，且体积足够小，不会显著影响焊接接头的温度场和金属的塑性流动。

图 9 - 39 是典型的观察焊缝金属塑性流动的标识材料法。根据金属流动特征和观察的目的，采用三种形式的铜箔与铝合金交替叠加形成的多层材料进行焊接试验，铜箔的厚度为 0.02 mm，所采用的铝合金包括厚度为 8.3 mm 的 LY16、1 mm 的 LY12、2 mm 的 LF6 铝合金。

图 9 - 39(a)为用于观察金属在焊缝厚度方向的迁移行为所用的水平叠层多层材料。上表层和下表层为 2 mm 的 LF6 铝合金，中间是 4～5 层厚度为 1 mm 的 LY12 铝合金，铜箔作为反映焊缝金属迁移的标识材料置于各层之间，整个多层材料厚度约为 8～9 mm。由于 LF6、LY12 铝合金和铜箔的耐化学腐蚀性能不同，这种多层材料可以更好地观察塑化金属在焊缝厚度方向的流动行为。图 9 - 39(a)中 v 为焊接方向，n 为搅拌头旋转方向，AS 表示前进边，RS 表示返回边。

图 9 - 39(b)为用于观察距搅拌针中心不同位置塑性材料在垂直焊接方向的迁移行为的多层材料。从焊缝中心向两侧，分别为 0.02 mm 厚的铜箔和 1 mm 厚的 LY12 铝合金交替叠放。叠层宽度约为 28～30 mm，外侧为 8 mm 厚的 LY12 铝合金。焊接时从两侧施加压力压紧叠层，保证层与层之间有良好的热传导性能。焊缝中心位于多层材料中间，焊接方向与铜箔长度方向一致。

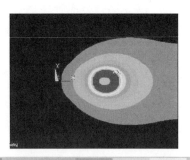

22.707 88.926 155.145 221.364 287.583 353.802 420.021 486.24 552.459 618.678

(a)

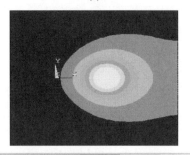

20 86.52 153.04 219.559 286.079 352.599 419.119 485.639 552.159 618.678

(b)

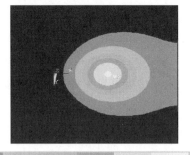

22.707 88.926 155.145 221.364 287.583 353.802 420.021 486.24 552.459 618.678

(c)

图 9-38 焊缝水平截面温度分布

（a）板材上表面（$z=10$ 平面）温度分布云图　（b）板材中间水平面（$z=5$ 平面）温度分布云图　（c）板材下表面温度分布云图

图 9-39（c）所示的多层材料的制作方式同图 9-39（b），但焊接方向与铜箔长度方向垂直，以更好地显示材料在焊接方向的迁移行为。

在焊缝起始位置和终了位置，搅拌头仅有旋转运动，没有搅拌头沿焊缝方向的运动对塑化金属流动形态的干扰。因此，在垂直于搅拌头旋转轴的平面内，可以观察到焊缝成形的初始状态和终止状态及其与焊缝中间状态的关系。为此，采用放

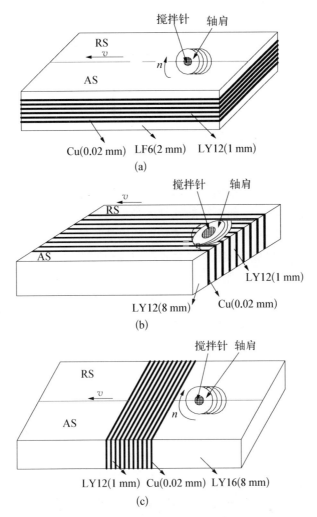

图 9 - 39　多层标识材料的镶嵌方法

(a) 水平镶嵌　(b) 沿焊缝方向垂直镶嵌　(c) 垂直于焊缝方向垂直镶嵌

射形镶嵌试样,如图 9 - 40 所示。焊接时,使焊缝起始点对准放射形铜箔的中心,或焊缝终点对准放射形铜箔的中心。同样,在摩擦点焊时,使搅拌头中心对准放射形铜箔的中心。可以认为,这种镶嵌方式可以更好地观察焊缝金属绕搅拌头的旋转运动。

　　最佳的标识材料应是其物理性能、力学性能与基体金属完全一致,界面之间没有任何间隙,不能因为标识材料的加入而影响焊接头的温度场和材料的塑性流动。铜的导热性能较好,厚度为 0.02 mm 的铜箔,理论上在基体金属发生塑性流动时不会对其运动产生附加影响,但是,若不能完全消除铜箔与铝合金基体间的间隙,则对接头温度场有明显影响,从而影响焊接接头金属的塑性流动。对于某些厚

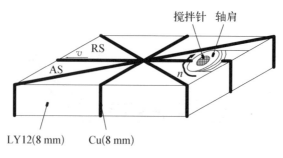

图 9 - 40 标识材料"放射形"镶嵌示意图

图 9 - 41 铝合金轧制流线

板铝合金,如 LC9 铝合金,材料内部有明显的与板材表面平行的轧制流线。实验发现,这种轧制流线可以用来显示焊缝某些平面内的材料的流动情况。因此,在部分观察焊缝金属塑性流动的实验中,直接利用铝合金的轧制流线的变形状况分析材料的塑性流动行为。图9 - 41 为典型的铝合金轧制流线。

9.4.3 铜箔作为标识材料显示材料流动行为的有效性

铜箔作为标识材料的优势在于,首先,铜箔厚度仅 0.02 mm,并且纯铜本身的导热性能优于铝合金,当用其作为标识材料镶嵌于铝合金之间组成多层材料,并在垂直于镶嵌面施加压力压紧后,焊接过程中多层材料中的温度场与单片铝合金焊接时其中的温度场不会有明显的差别;其次,施加微小的外力就可以使铜箔变形,铜箔的存在不应该干扰基体金属的变形。图 9 - 42、图 9 - 43 分别为有标识材料与

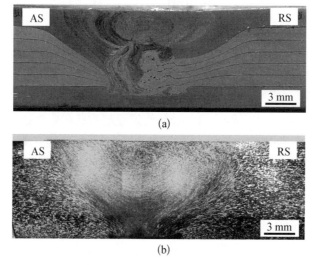

(a)

(b)

图 9 - 42 用右螺纹搅拌针焊接的试样

(a) 镶嵌铜箔 (b) 未镶嵌铜箔

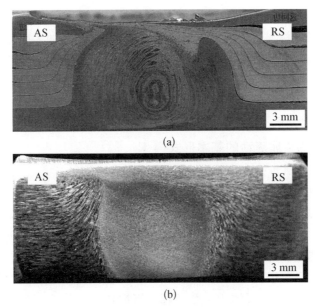

(b)

图 9-43 用左螺纹搅拌针焊接的试样

(a) 镶嵌铜箔   (b) 未镶嵌铜箔

无标识材料时用右旋螺纹和左旋螺纹搅拌针焊接的焊缝宏观组织,有标识材料的情况下,焊缝宏观形态与无标识材料的基本相似;搅拌针表面螺纹旋向改变时,洋葱瓣花纹分别位于焊缝上部或下部。可见,在其他条件相同的情况下,焊缝形态与搅拌针表面螺纹形态有关,铜箔的存在对焊缝成形没有明显的影响。

利用平行铜箔显示焊接接头内材料的流动行为的另一个优势是,它不仅可以在较大区域内观察材料的流动状况,也有助于分析铜箔之间铝合金的塑性流动特征。这是由于标识材料与两侧基体金属的界面之间不可能有相对滑移,同时,可以认为材料在塑性状态下流动或变形时体积不变,标识材料的变形完全取决于其两侧基体金属的变形,因此,标识材料位置与形状的变化反映了其两侧基体金属的位移。图 9-44 为两标识材料形状变化与其中基体金属塑性流动的关系,圆圈表示观察点,箭头表示材料相对流动方向。标识材料的弯曲表明两侧基体金属有沿标识

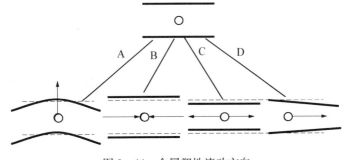

图 9-44 金属塑性流动方向

材料弧线外法线方向的迁移,如图 9 - 44 中 A 所示;两标识材料之间距离的变化表明基体金属沿标识材料切线方向有塑性流动,其距离的增加表明基体金属朝观察点流动,其距离的减小表明基体金属由观察点沿标识材料方向朝周边流动,如图 9 - 44 中 B、C 所示;两标识材料之间的距离由原始尺寸逐渐减小,表明基体金属发生沿标识材料间距离减小的方向流动,如图 9 - 44 中 D 所示。因此,借助于标识材料的变形,可以分析焊接接头中各点的局部塑性流动状况。

9.4.4　焊缝金属流动的基本形式

9.4.4.1　搅拌头沿焊缝平移时金属的流动

1) 搅拌头对周围金属的作用力

搅拌摩擦焊过程中,搅拌头轴线通常向焊缝后方倾斜 $1°\sim3°$,因此,搅拌头沿焊缝平移时,将对与之接触的金属施加三个方面挤压力,如图 9 - 45 所示。一是搅拌针对其前方金属的挤压力,如图 9 - 45 中的 P_z。由于搅拌头前方较远处金属温度低,变形抗力大,且对于所讨论的焊缝金属塑性流动而言,可以认为金属受力时仅发生变形或迁移运动,金属体积不变,因此,当搅拌头对其前方金属作用一正压力

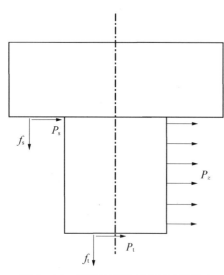

图 9 - 45　搅拌针平移时引起的挤压力

时,其前方近邻金属会绕搅拌针圆弧面由两侧向后流动,或沿搅拌针母线方向向上或向下流动,如图 9 - 46 中虚线箭头所示。但是,搅拌摩擦焊时,板材底部一般垫有刚性衬板,金属向下的流动受到其阻碍,加之搅拌头轴线向焊缝后方倾斜一定角度,其向前平移时对前方金属的挤压力会有一个很小的向上的力的分量,使得金属在沿搅拌针两侧向后绕流时还可能向板材上方搅拌头轴肩方向流动。二是轴肩对其下方金属的挤压力如图 9 - 45 中 f_s、P_s 所示。f_s 使轴肩下方金属向板材下部运动,P_s 使轴肩下方金属与搅拌头一起向焊缝前方运动。三是搅拌针端部对其下方金属的挤压力,如图 9 - 45 中 f_t、P_t 所示。

事实上,搅拌针端部对周围金属作用力的方向与端部几何形状有关,图 9 - 45 中所标示的是平端面时金属的受力状况。若搅拌针端部为球面时,其对周围金属的正压力将沿球面法线方向;同时,由于搅拌针端部紧邻板材底面的刚性衬板,金属受搅拌针端面向下的压力时并不能朝下方运动,而是朝周围运动并将周围近邻金属挤向更远的区域(见图 9 - 46)。

2) 搅拌头平移时金属的流动行为

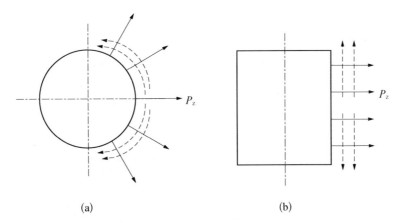

图 9-46 搅拌针对前方金属的挤压力引起的金属流动

(a) 金属绕搅拌针圆弧面运动　(b) 金属沿搅拌针母线方向运动

(1) 轴肩下方金属的向下流动。

如前所述,由于搅拌头轴线沿焊接方向向焊缝后方倾斜一定角度,当其沿焊接方向运动时,轴肩对其下方的金属产生向下和向前的挤压力,这种压力迫使金属朝焊缝下方和前方运动。其过程可以描述为:当搅拌头沿焊缝运动时,相当于焊缝前方的金属向搅拌头轴肩运动,与轴肩相遇后再向下运动。搅拌摩擦焊时,一般控制轴肩对焊缝的下压量为 0.1～0.3 mm,因此,轴肩前沿常高出板材表面。这样,由轴肩向下流动的金属在轴肩后半圆区域内产生,如图 9-47 所示,图中空心箭头表示金属的流动方向。同时,由于搅拌头向前运动时在搅拌针后方会形成瞬时空腔,靠近焊缝中心金属的温度也较高,受轴肩挤压的金属更易于在搅拌针后方流入空腔内。宏观上,靠近焊缝中心向下流动的金属较多,离焊缝中心较远处向下流动的金属较少,有利于填充搅拌

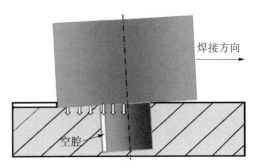

图 9-47 搅拌头平移时轴肩后部的金属流

针后方的空腔。这种填充是自上向下进行的。图 9-48 示意地表示这种平移填充到焊缝中的金属,如图中箭头所示。

(2) 搅拌针前方金属的绕流运动。

搅拌摩擦焊过程中,在搅拌针周围温度较高时,金属处于黏塑性状态,搅拌针沿焊缝平移时对周围金属的压力作用,将使前方金属由搅拌针两侧向后绕流。其结果是金属从搅拌针的前进边和返回边同时向搅拌针后方的空腔中流动,如图 9-49 所示。如果从搅拌针两侧向后方焊缝中的金属流动得到充分发展,金属将会在焊缝中心会合,在温度及压力足够高的情况下,可以形成冶金结合。若由搅拌针两

侧向后方焊缝中的金属流动不足,则会在焊缝中心留下孔洞。

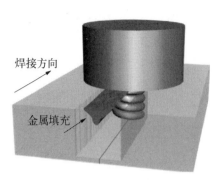 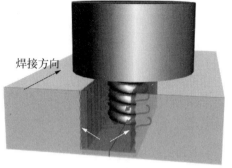

图 9-48 轴肩平移对焊缝的填充作用　　图 9-49 搅拌针两侧金属的流动

9.4.4.2 搅拌头旋转时金属的流动

1) 搅拌头对周围金属的作用力

搅拌头旋转时,与搅拌头接触的金属将受到搅拌头的作用力,主要表现在三个方面:一是轴肩对其下方金属的摩擦力或黏滞力,如图 9-50 中的 f_1,f_2,f_3,这种力的方向与轴肩表面各点旋转的切线方向一致,可以分解为与搅拌头运动方向一致的力和垂直于搅拌头运动方向的力,例如图 9-50 中的 f_{21}、f_{22},其大小与轴肩对焊缝金属的压力、界面温度有关,在较低温度时界面上为滑移摩擦,其摩擦力大小与作用在结合面上的正压力成正比;当温度较高时则变为黏性摩擦,其摩擦力大小则取决于界面上的温度,温度越高,摩擦力越小。二是搅拌针表面螺纹对螺纹内金属的正压力 p,如图 9-51 中 p_1、p_r 所示,其方向为螺纹表面的外法线方向,与螺旋角、螺纹角有关,其大小则与搅拌针周围金属的变形能力有关。

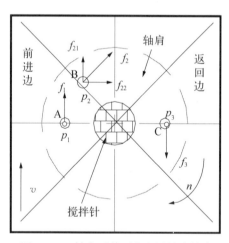

图 9-50 轴肩对其下方金属的摩擦力

事实上,在搅拌摩擦焊条件下,搅拌针螺纹近邻金属温度较高,可以认为处于黏塑性状态,因此,螺纹对螺纹内金属的正压力 p 相当于流体静压力,在螺纹面与搅拌头旋转轴倾斜的情况下,搅拌头旋转时,这种压力一直存在,并将迫使与之接触的金属朝其法线方向运动;三是搅拌针螺纹面对其周围金属的摩擦力或黏滞力 f,如图 9-51 中的 f_1、f_r,其方向为螺纹表面的切线方向,大小则与螺纹周围金属的温度有关,摩擦力 f 带动金属沿螺纹面的切线方向绕搅拌针作环绕运动。

搅拌摩擦焊工艺参数会影响上述几种力的大小。当搅拌头旋转速度 n 与搅拌头沿焊缝运动速度 v 的比值,即 n/v 值较小时,接头温度较低,主要是摩擦力起作

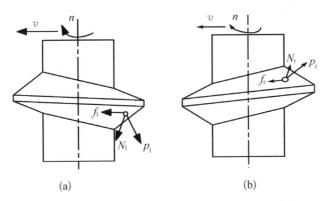

图 9-51 搅拌针表面螺纹对金属的正压力与摩擦力

(a) 左旋螺纹 (b) 右旋螺纹

用,搅拌头的旋转会带动界面金属旋转,而界面金属与较远金属之间的剪切力进而带动更远的金属旋转;当 n/v 值高、接头温度较高时,则黏滞力起作用,在搅拌头与金属之间的界面温度不太高时,金属黏度较大,较远处金属还可以随之运动,但若搅拌头与焊缝金属之间的界面温度过高时,金属黏度低,搅拌头的旋转不足以带动更远的金属旋转。

2) 搅拌头旋转时金属的流动行为

(1) 轴肩旋转引起的金属流动。

搅拌头旋转时,轴肩对其下方金属的摩擦力或黏滞力的作用,必将导致与其直接接触的金属与轴肩一起旋转,而轴肩下方未与轴肩接触的金属,则在金属之间的剪切力作用下协调运动。因此,由于轴肩旋转引起的轴肩下方金属的旋转运动,其旋转速度或移动距离在厚度方向的分布是不均匀的,图 9-52 表示搅拌头旋转引起的对焊缝的填充作用,图中箭头 L_z 所指为由轴肩引起的金

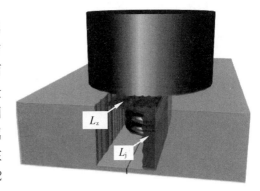

图 9-52 搅拌头旋转时引起的金属流动

属流动。与轴肩直接接触的金属移动距离最大,离轴肩距离越远,移动距离越小。

若搅拌头旋转速度过高,导致轴肩、搅拌针周围附近区域的温度过高,黏度过低,则轴肩对与其接触的金属的黏滞力低,金属之间的剪切力也较低,旋转的轴肩不能带动与其接触的金属一起运动,即界面处呈现滑移状态,这时,轴肩下方的金属沿搅拌头旋转方向运动的距离减小,不利于填充搅拌针后方的空腔。

(2) 搅拌针旋转引起的金属旋转运动。

在搅拌头旋转过程中,搅拌针外围的金属温度也较高,受到旋转的搅拌针对其

的摩擦力或黏滞力作用,做与搅拌针相同方向的旋转运动,更远的金属则在金属之间剪切力作用下发生协同的运动。类似于轴肩带动其下方金属的旋转运动,由搅拌针带动的周围金属的旋转运动也是离搅拌针距离越小,旋转移动的距离越大。这种类型的金属旋转运动,同样有利于填充搅拌针后方的空腔,图 9-52 中箭头 L_j 为搅拌针旋转引起的金属迁移并填充焊缝的情况。

3) 搅拌针旋转引起的金属逆向旋转运动

前面讨论的是搅拌针旋转带动周围金属与其做相同方向的旋转运动。此外,在搅拌针设计中,通常搅拌针轴线与搅拌头旋转轴之间还偏离一定距离,即偏心距 d_e,通常控制偏心距为 0.2 mm 左右,如图 9-53 所示。图中 O 为搅拌头的旋转中心,O' 为搅拌针的中心,n 为搅拌头旋转方向,v 为搅拌头运动方向,v_m 为金属绕搅拌针流动的方向。偏心的存在,使得搅拌针表面离旋转中心的旋转半径在各点不同,有一个最大旋转半径。若假设搅拌针两侧可流动的金属对称于搅拌头的旋转轴,其宽度为 d_g (见图 9-53),则在搅拌针最大旋转半径由前进边旋转到返回边并沿焊接方向平移的过程中,搅拌针前方的塑化金属将易于逆向地由搅拌针的前进边被挤向搅拌针后方,如图 9-53(a) 中的 v_m;在搅拌针最大旋转半径由返回边旋转到前进边并沿焊接方向平移的过程中,搅拌针前方的塑化金属将更易于与搅拌针旋转方向相同地由搅拌针的返回边被挤向搅拌针后方,如图 9-53(b) 中的 v_m。本节作者基于搅拌针的偏心与实验观察到的现象,提出了焊缝成形的空腔模型[29,38],详细地讨论了这种情况下搅拌针前方金属沿搅拌针两侧向后流动的物理过程,在此不再赘述。值得注意的是,搅拌针偏心引起的搅拌针前方塑化金属向搅拌针后

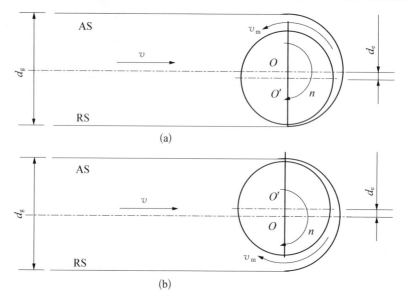

图 9-53 搅拌针中心轴与搅拌头旋转轴间的偏心对金属流动的影响

(a) 搅拌针中心偏向返回边 (b) 搅拌针中心偏向前进边

方空腔的流动,是一种脉动或由搅拌针两侧交替进行的过程,搅拌头旋转1圈时,最易于向后方流动的位置分别由前进边和返回边交替转换一次,即搅拌针前方塑化金属在一段时间内由搅拌针前进边朝后流动,另一段时间内由搅拌针返回边朝后流动。也就是说,尽管焊接过程中,搅拌头的旋转和平移是连续进行的,但无论是在前进边还是返回边,向后流动的金属有一定的时间间隔,意味着搅拌针后方金属是一层层堆积并形成冶金结合,各层之间的距离等于搅拌头旋转1圈时其沿焊接方向移动的距离,各层之间再结晶的时间相差搅拌头旋转1圈所需要的时间,即搅拌针后方金属并不是沿焊接方向连续地进行再结晶,而是一个断续过程。许多研究者都观察到焊缝中向后方凸出的弧形花纹等于焊缝节距,即搅拌头旋转1圈时其沿焊缝前进的距离,在研究焊缝金属的结晶时发现各弧形花纹内部再结晶晶粒尺寸不同,但不同的花纹内的晶粒尺寸周期性地变化[39],也许搅拌针偏心导致的其前方金属交替地由两侧向后流动是形成这些现象的原因。

综上所述,在垂直于搅拌头旋转轴的平面上,由轴肩与搅拌针带动的金属的旋转流动、由搅拌针两侧向后挤压运动、使得由搅拌针两侧向搅拌针后方空腔填充的金属相遇的位置偏向前进边。极限情况下,例如搅拌针周围温度过低时,若金属不能由搅拌针前进边向后挤压,则旋转运动的金属在前进边与基体金属相遇。而这种旋转流动与前述的金属由轴肩后半圆向下流动的叠加,使得金属由轴肩向下流动的位置偏向前进边,即在实际焊缝中,可观察到由轴肩向下的金属流动将偏向前进边。

9.4.4.3　沿板厚方向的轴向流动

搅拌头旋转时,搅拌针表面螺纹对其周围金属的压力,将迫使螺纹内的金属沿螺纹流动,宏观上,将有大量金属沿搅拌针轴向迁移。

1) 旋转螺旋面对流体的驱动作用

由流体力学理论可知,在充满液体的管内放置一外径与管子内径相近的螺旋体时,若螺旋体高速旋转,将迫使液体沿螺旋体轴向单向流动,其流动方向取决于螺旋面与旋转轴的位向和螺旋体的旋转方向,改变螺旋体表面螺纹的旋向或螺旋体绕其轴线旋转的方向,都会使液体的流向发生逆转。图9-54为这种流动的示意图。

搅拌摩擦焊过程中,搅拌头轴肩和搅拌针表面与周围金属接触并摩擦发热,使邻近轴肩和搅拌针表面的金属处于高温塑性状态,在力的驱动下会像流体一样发生流动。如前所述,当搅拌针表面带有螺纹且搅拌头旋转时,由于螺纹表面的外法线与搅拌头旋转轴成一定角度,螺纹的一面对高温塑化金属产生沿螺纹面法向的挤压力,螺纹的另一面则有可能出现瞬时空腔,两者综合作用更有利于金属宏观上沿搅拌头轴向移动,其效果与管内螺旋体旋转时引起的螺旋体周围液体的运动相同。可以认为,当搅拌头旋转1圈时,螺纹内的金属在搅拌头轴向移动一个螺纹节距。对于特定的搅拌头,搅拌针表面螺纹旋向一定,其与搅拌头旋转方向配合,将

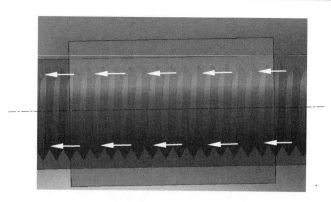

图 9‑54　管内螺旋体旋转引起的螺旋体周围液体的运动

使金属朝单一方向移动。

2) 焊缝金属成形机制

根据螺旋面对流体的驱动作用,文献[29]提出了焊缝塑化金属在厚度方向流动并形成焊缝的"抽吸‑挤压"理论,其基本表述如下:

在搅拌摩擦焊条件下,搅拌针表面螺纹仅具有有限长度,其一端为搅拌头的轴肩,另一端为刚性的底衬板,焊接过程中轴肩与衬板间的距离保持不变。当搅拌头旋转时,搅拌头与其周围金属之间的摩擦热使得周围金属温度升高并处于塑性或黏塑性状态,并将沿螺纹表面轴向流动。为叙述简便,本节将塑性或黏塑性状态的金属统称之为塑化金属。由于搅拌针表面螺纹仅具有有限长度,因此,螺纹表面轴向流动的塑化金属必存在一入口端和一出口端。在入口端,有可能形成一瞬时空腔,周围塑化金属将被吸向此空腔,形成所谓抽吸效应;在出口端,塑化金属将脱离螺纹表面并在螺纹端部堆积,我们将这种堆积形成的区域称为挤压区,该区将挤压其周边金属,形成所谓挤压效应。正是由于空腔对塑化金属朝焊缝中心的抽吸作用和挤压区往外对塑化金属的挤压作用,使高温塑化金属在搅拌针轴向或板材厚度方向形成剧烈的迁移运动。

图 9‑55 为对应于带左旋螺纹搅拌针的搅拌头顺时针旋转时"抽吸‑挤压"理论模型示意图。图中当搅拌头顺时针旋转时,搅拌针周围塑化金属沿螺纹表面向下流动,在搅拌针根部形成瞬时空腔,板材上部的金属将沿轴肩朝搅拌针根部迁移;向下流动的塑化金属在搅拌针端部脱离搅拌针并不断堆积,在搅拌针端部形成挤压区,并朝周围呈辐射状挤压周围金属,使得板材下部的金属被挤向更远的区域。由于搅拌头与周围金属的摩擦热仅使靠近搅

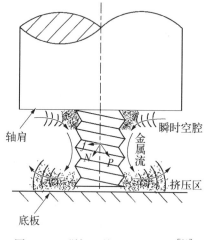

图 9‑55　"抽吸‑挤压"理论模型[29]

拌头的金属温度升高并处于塑化状态,搅拌头对金属的作用力也只在搅拌头附近较小的区域内起作用,同时,搅拌针周围较远处金属温度较低,塑性变形能力较差,而板材上部温度较高,变形能力较强,因此,板材底部受挤压区的挤压而向远离搅拌针方向运动的金属受到周围更远处冷金属的阻碍,将向板材上方运动。

综上所述,对于带左旋螺纹搅拌针的搅拌头在顺时针旋转时,由于搅拌针表面螺纹的驱动,紧邻搅拌针周围有一层向下流动的塑化金属流,它们在搅拌针端部脱离搅拌针并形成挤压区向周边挤压,迫使周围基体金属向上移动;在焊缝表面,塑化金属在搅拌针根部空腔的抽吸作用和轴肩的压力作用下进入搅拌针根部,从而塑化金属完成一个厚度方向的环形流动链。在这个流动链中,起推动作用的是搅拌针表面的螺纹,完成了将高温塑化金属从焊缝表面向焊缝根部的"搬运",其直接效果是在搅拌针根部形成一抽吸区,在搅拌针端部形成一挤压区,而周围金属则是通过挤压区和抽吸区的作用而产生迁移运动。进一步可以认为,在其他条件相同的情况下,若搅拌针表面螺纹方向相反,整个厚度方向的金属流动方向也会逆转,搅拌针表面螺纹将驱动金属沿搅拌针表面向上运动,在搅拌针端部形成抽吸区,使周围塑化金属朝搅拌针端部运动,而向上运动的塑化金属在搅拌针根部受轴肩的阻碍形成挤压区并朝周围挤压基体金属,迫使金属在挤压区外侧朝下运动。

3) 挤压区的特点

(1) 挤压区与洋葱纹。

按抽吸-挤压理论,高温塑化金属脱离螺纹端部堆积形成的挤压区是一个特殊的区域。首先,挤压区金属的来源不同于周围金属,是通过搅拌针表面螺纹的"搬运"作用,将远处的金属转移到新的位置,与周围金属之间存在有一个界面;其次,挤压区金属所经历的过程不同于周围金属,在搅拌针表面螺纹"搬运"过程中,金属受到螺纹的搅拌与破碎作用,经历了非常剧烈的塑性变形并进行了复杂的混合,而原处于挤压区的金属则是受到挤压区体积的扩张的推动而以层流的方式移动,基体金属之间仅发生相对位移而没有混合,塑性变形量要小很多,这将影响两者焊后的组织状态;此外,在搅拌头不断旋转的情况下,金属沿搅拌针表面轴向流动是连续进行的,因此,挤压区将不断扩大,并将基体金属推向更远的位置。在这个过程中,挤压区内以及挤压区与周围金属的界面上将承受极大的压力,足以迫使周围金属发生塑性流动。

在前面分析放射形镶嵌标识材料的位移时,曾观察到在离焊缝底面 3 mm 的截面上,返回边的标识材料朝与搅拌针旋转方向相反的方向偏移,最大偏移距离近 2 mm,并指出只有焊缝金属朝两边挤压才可能造成这种形式的移动。根据本章对搅拌头沿焊缝方向平移和绕自身旋转时的对周围金属的作用力和引起的金属流动,都不可能使返回边的标识材料朝与搅拌针旋转方向相反的方向移动,必须不断有外来金属进入该区域,以形成足够的压力推动焊缝金属朝两侧迁移。在分析焊缝横截面上金属的塑性流动时,指出洋葱瓣花纹不能用搅拌针周围金属与搅拌针相同方向作旋转运动以填充搅拌针后部的空腔来解释，也不能用半圆台状壳体软化层受到轴肩沿焊缝方向运动时所给予的水平方向力的作用而弯曲来解释。洋葱瓣花纹区域所占有的金属应该来自焊缝塑化金属沿搅拌针周边朝下的轴向迁移。也是由于搅拌针表面螺纹的"搬运"，使得图9-28(a)中焊缝横截面下方出现较大的洋葱瓣花纹，并挤压周围金属使其朝远离搅拌针的方向和焊缝上部运动；当用右螺纹搅拌针焊接时，由于螺纹方向改变，挤压区出现在搅拌针根部，使得焊缝横截面上的洋葱瓣花纹出现在焊缝上部。因此，抽吸-挤压理论中由搅拌针表面螺纹"搬运"作用形成的挤压区，即为通常所观察到的焊核区，或洋葱瓣花纹区；洋葱瓣花纹区的金属经历了非常剧烈的塑性变形并进行了复杂的混合，而周围金属仅以层流的方式发生变形，两者之间存在一界面[40]。

（2）挤压区的形状与尺寸。

可以认为，对于带左旋螺纹的搅拌针，脱离搅拌针的塑化金属是以搅拌针端部圆环为起点均匀堆积并成辐射状挤压基体金属，对基体金属施加一环形向外辐射的等静压力。挤压区的形状取决于其所受到的基体金属的反作用力，朝阻力最小的区域扩张。若搅拌针端部基体金属的物理、力学性能一致，即挤压区金属受到均匀的反作用力，挤压区的形状将是以搅拌针端部圆环为中心的实心圆环，如图9-56所示，图中实线箭头为挤压区对周围金属的作用力方向，虚线箭头为搅拌针根部金属向下流动的方向，并在箭头的端部脱离搅拌针。

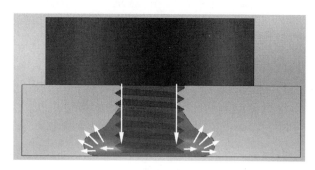

图9-56　挤压区的形状及其对周围金属的作用力

图9-57为用左旋螺纹搅拌针进行摩擦点焊时的焊缝横截面形貌，所用材料为4片厚度1 mm的LY12铝合金叠加，铝合金板之间放置一层厚度0.02 mm的铜箔作为标识材料，图中黑色线条即为标识材料。可见在焊缝底部形成的挤压区有着极好的对称性，横截面两侧的标识材料向上移动状况也基本一致。其原因是在摩擦点焊条件下，搅拌头仅做旋转运动，被焊金属的温度场对称于搅拌头的旋转中心，因此，金属的变形抗力对称于搅拌头的中心。按前面的分析，由搅拌针搬运到搅拌针端部的高温塑化金属受到变形抗力呈轴对称分布的周围金属的反作用，因而形成如图9-57所示的轴对称的实心环形挤压区。

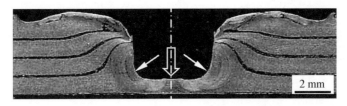

图 9 - 57　摩擦点焊时焊缝横截面形貌

从图 9 - 57 还可见,挤压区在搅拌针端部下方并没有连成一体,在搅拌针中心线下方有一小块未发生运动的基体金属,如图中空心箭头所指。这种现象的存在证实了抽吸-挤压理论中指出的挤压区形成过程的正确性。按前面述及的抽吸-挤压理论,挤压区是由于塑化金属脱离螺纹并在螺纹端部堆积所形成,在挤压区形成过程中,金属是从螺纹的端部沿该处的圆环环状堆积并朝周围均匀地扩张。由于摩擦点焊时所用的搅拌针为单头螺纹,只有一个端点,即金属的出口点。搅拌头旋转时,金属是由此端点脱离搅拌针而呈环向在搅拌针端部堆积,螺纹端点旋转时形成的圆环是形成挤压区的源点,或起始点,挤压区由此源点呈放射形朝外扩张。在图 9 - 57 中白色箭头所指即为此源点。周围金属的移动是由于挤压区扩张的结果。在搅拌针正下方中心,金属没有受到其他力的作用,而且此区是环形挤压区的中心,金属受到环形挤压区扩张时的挤压和搅拌针端部以及底衬板的限制,在点焊过程中不会发生迁移,因此,焊后在搅拌针端面的中心留下一不发生运动的区域。

但是,搅拌摩擦焊时,搅拌头沿焊缝不断运动,如前所述,焊接接头温度场并不对称于搅拌头旋转中心,挤压区的成形则取决于搅拌针周围金属的温度场分布特点以及金属脱离搅拌针的位置、所受到的作用力、材料性能等。通常情况下,靠近轴肩或搅拌针,金属的黏度低,塑性大,易于产生黏性流动或塑性变形;搅拌针后方金属比搅拌针前方金属容易塑性变形;板材上部金属比板材底部金属容易塑性变形。这样,挤压区金属扩张时受到的反作用力在各个方向是不同的:挤压区朝搅拌针后方扩张比朝搅拌针前方扩张容易;受刚性底板的约束,只能朝周边和上方挤压基体金属。当所受到的力有利于朝周围挤压基体金属时,挤压区在径向易于扩大,形成扁平的实心圆环;若实心圆环向上扩张的阻力较小,则实心圆环在厚度方向的尺寸增大,在水平方向的尺寸减小。

(3) 洋葱瓣花纹形成机制。

人们早就发现了搅拌摩擦焊焊缝横截面上有时会出现洋葱瓣花纹,但对其形成原因一直没有合理的解释。前已述及,洋葱瓣花纹即是挤压区,图 9 - 58 给出了焊接过程中挤压区填充搅拌针后方沟槽的过程,图中 v 为焊接方向。在搅拌针表面为左旋螺纹、搅拌头顺时针旋转的情况下,搅拌针周围塑化金属朝下流动,在搅拌针端部脱离搅拌针并向周围挤压金属,形成中心靠近底板的实心圆环挤压区;当

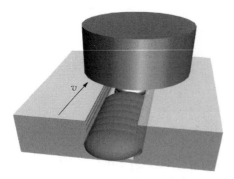

图 9-58 挤压区对沟槽的填充

搅拌头沿焊接方向移动时,以搅拌针端部圆环为中心形成新的挤压区,而先前形成的挤压区则保留下来;这样,在搅拌头前移过程中,在搅拌针后方焊缝中留下一个个中心在同一直线上的挤压区相互叠加的区域,如图9-58所示。焊后垂直于焊缝方向切割并观察焊缝横截面形貌,即可看到洋葱瓣花样。

图 9-59 为用垂直于焊缝方向、沿焊缝中心纵截面、垂直于搅拌头旋转轴三个平面切割图9-58中的挤压区所得到的形貌,可见,在横截面上挤压区显现洋葱瓣花纹,而纵截面和水平截面上都显现朝焊缝后方凸出的弧形花纹。因此,洋葱瓣花纹是由于搅拌针周围塑化金属在搅拌针表面螺纹的驱动下沿厚度方向流动并在搅拌针端部形成挤压区所造成。

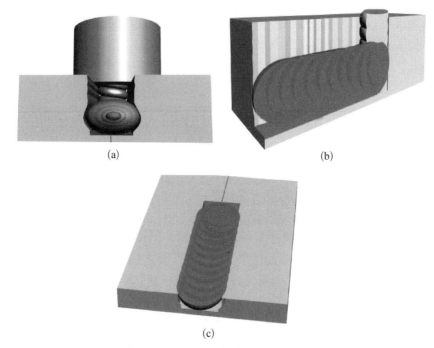

图 9-59 相互垂直平面上花纹形貌

(a)横截面上的洋葱瓣花纹 (b)纵截面上的弧形花纹 (c)水平面上的弧形花纹

洋葱瓣花纹中心位置与搅拌针表面螺纹旋向有关。搅拌头顺时针方向旋转时,左旋螺纹使金属沿螺纹向下运动,洋葱瓣花纹中心偏向焊缝下方;右旋螺纹使金属沿螺纹向上运动,挤压区在搅拌针根部形成,洋葱瓣花纹中心偏向焊缝上方。若搅拌针表面为光滑状态,在焊缝中不会出现这种花样。

4) 抽吸区的状态

按抽吸-挤压理论,焊接过程中在搅拌针的一端形成抽吸区,该区会因失去金属而形成瞬时空腔,如果没有足够的金属填充空腔,则会形成孔洞。由于焊接过程中金属处于固态,仅靠抽吸作用填充空腔比较困难。因此,在实际焊缝中观察到的孔洞应对应于按抽吸-挤压效应的抽吸区,即用左旋螺纹搅拌针焊接时,可能在焊缝上部出现孔洞;用右旋螺纹搅拌针焊接时,可能在焊缝下部出现孔洞。图9-60为实际观察到的搅拌针螺纹旋向与焊缝中孔洞位置的关系,其中,图9-60(a)为用左旋螺纹搅拌针焊接的焊缝,在焊缝上部存在孔洞;图9-60(b)为用右旋螺纹搅拌针焊接的焊缝,在焊缝下部存在孔洞。可见,抽吸-挤压效应中的抽吸区与焊缝中孔洞位置对应。

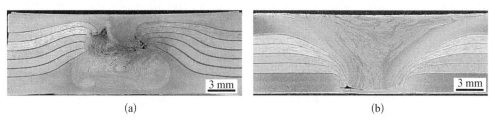

(a)　　　　　　　　　　　　　　　(b)

图9-60　搅拌针螺纹旋向对孔洞位置的影响

(a) 左旋螺纹　(b) 右旋螺纹

9.4.5　焊缝成形机理

前面根据搅拌摩擦焊过程中搅拌头与周围焊缝金属的相互作用,分析了搅拌头周围金属的流动形式,这些流动是否充分发展,直接影响焊缝成形。本节将根据前述的分析,提出焊缝成形理论。

9.4.5.1　焊缝成形过程

前已述及,搅拌摩擦焊过程中,搅拌头旋转并沿焊缝运动时,搅拌针的直接作用效果相当于铣刀的铣削过程,在搅拌针后方形成一沟槽。由于搅拌针与搅拌头旋转中心有一定的偏心度,搅拌针后方沟槽宽度应大于搅拌针直径。焊缝成形过程实际上是搅拌针后方沟槽的填充过程。

如果搅拌针表面为左旋螺纹、搅拌头顺时针旋转时,沟槽的填充由四个方向流动的金属组成:① 由搅拌针表面螺纹驱动的金属,沿螺纹朝下流动,在搅拌针端部脱离搅拌针并积聚在沟槽中,形成的挤压区体积不断朝周边和上方扩张,挤压基体金属使其朝其他位置移动;② 由于搅拌头旋转,在搅拌头轴肩、搅拌针表面与周围金属之间摩擦力作用下,金属与搅拌头旋转方向一致地朝沟槽中迁移,填充沟槽;③ 由于搅拌头沿焊缝方向平移,搅拌针前方圆柱面对金属的挤压作用,使金属由搅拌针两侧被挤压到沟槽中;④ 由于搅拌头有一定倾斜角,搅拌头沿焊缝方向平移时轴肩对其下方金属有一向下的压力作用,迫使金属向下运动以填充沟槽。图9-61

为焊缝成形过程示意图。在这种成形过程中,必然存在各方向流动的金属形成的界面。简单地说,可能形成三类界面:一是挤压区与基体金属之间的界面,其初始界面是由搅拌头旋转并沿接合面运动时,搅拌针在基体金属中切割形成的沟槽的边界,挤压区长大后的界面形状取决于挤压区的形状,常呈圆弧状,如图中箭头 J_1 所指;二是由搅拌针两侧向后流动的金属之间的界面,这种界面的存在与否及界面形状与由轴肩向下流动的金属有关,当由轴肩向下流动的金属较少时,这种界面将平行于焊缝纵截面,极限情况下,若由搅拌针前进边向后流动的金属很少时,将在搅拌针前进边处形成界面,如图中箭头 J_2 所指,严重时在此处形成沟槽型缺陷;三是在向上扩展的挤压区与由搅拌头轴肩向下流动的金属之间形成的界面,这种界面宏观上与焊缝表面平行,如箭头 J_3 所指。实际上,焊接过程比较复杂,在图中所指的金属汇集处多方向的金属流的界面并不清晰,有可能金属根本未产生冶金结合而呈分散状态。

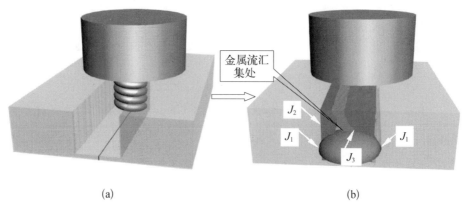

图 9-61 焊缝成形过程

(a) 沟槽 (b) 金属填充状态

9.4.5.2 焊缝金属结合机理

由焊缝填充过程可见,焊缝中有冶金学意义上的界面存在,由于这些界面是在焊接过程中由运动的金属边界相互接触之后产生的,在接触之前,边界前沿存在被污染的可能性。值得庆幸的是,金属的流动是在由搅拌头轴肩、搅拌针、底衬板、流动金属外围的冷金属所形成的密闭空间内进行的,界面不会被氧化物污染,各边界相互接触之前应是"干净"的金属表面,相互接触到原子间距的状态后,就可以发生原子越过界面的扩散过程并产生金属键合,是一种扩散连接的过程。密闭空间内的温度和压力有助于原子的扩散。因此,界面强度与界面两侧金属之间扩散连接的条件有关,即与其所处温度和所受压力有关,温度或压力较低时,界面强度较低,会形成所谓的弱结合面。

因此搅拌摩擦焊焊缝金属的结合是一种扩散连接过程,过程条件会影响金属的结合程度。若在搅拌针后方堆积的挤压区金属所受的压力较小,其与基体金属之间的界面扩散连接可能不充分,结合强度较低,甚至脱离搅拌针的挤压金属之间都未紧密接触,呈现孔洞或金属碎屑;此时,若轴肩向下的压力不足,极易在焊缝中形成孔洞型缺陷、弱结合面型缺陷或在焊缝表面形成沟槽型缺陷。对于厚板的焊接,当板材上下表面之间的温度相差过大时,在焊缝表面温度已经很高的情况下,底部温度不足以使金属之间产生有效的扩散连接,会出现孔洞或弱结合面。因此,对于厚板的焊接,必须特别注意板材的温度分布,使底部金属在足够高的温度下产生充分的扩散结合。

9.4.5.3 焊缝成形机制

综合以上讨论,可以总结出搅拌摩擦焊焊缝成形机制如下:

(1) 当搅拌头轴肩与待焊材料表面接触、搅拌针插入焊接接头并旋转时,轴肩、搅拌针表面与金属摩擦发热,使局部材料软化,在轴肩、搅拌针、底板、周围较冷基体金属之间形成一可以流动的塑化金属区,该区的形状、尺寸与焊接工艺参数和塑化金属流动行为有关。搅拌头旋转时,塑化金属区发生材料的流动。轴肩带动其下方金属与其相同的方向旋转。搅拌针引起两种形式的金属流动,一是搅拌针表面螺纹驱动金属沿螺纹表面朝搅拌针根部或端部流动,受到轴肩或底板的阻碍,这部分流动的金属沿搅拌针径向向周围挤压基体金属,在根部或端部形成以根部圆周或端部圆周为中心的实心圆环或实心球,迫使该处的金属朝更远的方向移动;另一是搅拌针旋转带动周围金属与其相同的方向旋转。对于圆柱体光滑表面的搅拌针,没有显著的沿搅拌针表面的轴向金属流动。

(2) 当搅拌头沿焊接方向运动时,相当于基体材料整体向搅拌针运动相反的方向平移,搅拌针后方的金属被切割出一宽度约等于搅拌针直径的沟槽,引起两种形式的金属流动。搅拌针前方附近材料不断被加热并处于高温塑性状态,受到搅拌针的挤压作用,沿搅拌针两侧向后迁移以填充此沟槽或朝轴肩方向运动;由于搅拌头轴线朝与焊接相反的方向倾斜一定角度,轴肩下方的金属受到向下的挤压力作用,使得焊缝表面向后平移的金属在轴肩后半部向下迁移并填充搅拌针后方的沟槽。

(3) 在搅拌摩擦焊的情况下,搅拌头沿焊缝方向的运动与沿自身轴线旋转同时进行,因此,塑化金属沿搅拌针两侧向后流动、沿搅拌针表面向下流动、在轴肩后半部的向下流动,与搅拌针和轴肩相同的旋转方向的流动同时进行。由搅拌针表面螺纹驱动的金属在搅拌针根部或端部形成的实心圆环,沿焊接方向依次叠加,形成焊缝的一部分——焊核。焊核尺寸与单位长度焊缝上由螺纹驱动流动的金属量、该部分金属沿搅拌针径向向周围挤压基体金属时受到的阻力等有关。焊接过程中,搅拌针后方不断形成沟槽并不断由这些流动的金属填充从而形成焊缝。如果这些流动的金属足以填充搅拌针后方的沟槽,并且有足够高的温度、压力时,这几个方向流动的金属相互形成冶金结合从而形成致密的焊缝。

(4) 在焊缝形成过程中,材料向阻力最小的方向流动。如果向搅拌针径向流动的阻力大于向上流动的阻力,塑化金属材料会流到焊缝表面形成飞边。

（5）如果焊缝温度偏低,搅拌针平移时沿搅拌针前进边向后流动的金属有限,材料主要是沿搅拌针返回边流向前进边以填充搅拌针后方的沟槽,在填充金属不足时,易在焊缝的前进边出现缺陷。如果搅拌针驱动金属沿表面向下流动时,实心圆环或焊核在端部形成并朝其周围和上方长大,与由轴肩驱动向下流动的金属相遇,在填充金属不足时,可能在焊缝上部焊核上表面处形成缺陷;如果搅拌针驱动金属沿表面向上流动时,实心圆环或焊核在搅拌针跟部形成并朝其周围和下方长大,在填充金属不足时,可能在焊缝下部形成缺陷。

9.5　焊接接头残余应力与变形

9.5.1　焊接接头残余应力分布

搅拌摩擦焊接过程中,受搅拌头强烈的搅拌作用及来自夹具较强的约束,焊缝金属微观结构将发生显著变化,对接头残余应力和残余变形的形成和分布也会产生影响,导致接头的力学性能下降。焊接过程温度场的不均匀性、局部塑性变形的不规则性和不同组织之间比热容的差异性是出现焊接应力和变形的根本原因。焊接残余应力对接头的力学性能尤其是接头的疲劳性能、抗应力腐蚀性能等具有显著影响。

对于搅拌摩擦焊接工件,接头中同时存在拉伸残余应力和压缩残余应力。其中,最大的拉伸残余应力一般出现在接头的热影响区中,而最大的压缩残余应力则常出现在焊缝前进侧边缘位置[12,41]。

图9-62给出了几种状态下搅拌摩擦焊接头横截面残余应力分布曲线。总体来说,其分布与熔化焊接头类似,在焊缝中心及近缝区的残余应力为拉应力,两侧较远区域为压应力。但焊接过程中采用不同辅助措施,接头中的残余应力大小有所不同。常规搅拌摩擦焊时,焊缝内最大拉伸应力远高于其他情况下焊缝中的拉

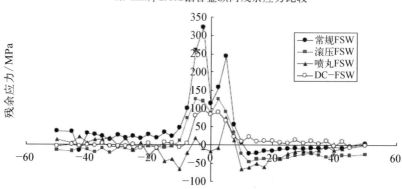

图 9-62　不同处理方式对 FSW 焊缝残余应力的影响

应力,达到约330 MPa;搅拌摩擦焊时对焊缝后方采用滚压措施,焊缝拉伸应力大大降低,约为130 MPa;若对焊缝采用喷丸处理或焊接过程中采用阵列射流冲击热沉系统,在搅拌头后方形成一个畸变的温度场,可以进一步减小焊缝内最大拉伸应力。

9.5.2 焊接接头变形

焊接变形指在焊接时被焊件由不均匀的温度场所产生的热应力超过材料的屈服极限,引起局部塑性应变而出现的焊后变形。熔化焊时焊接变形比较复杂,主要包括纵向变形、横向变形、错边、挠曲变形、角变形、扭曲变形、波浪变形等七种类型[42,43]。但是,由于搅拌摩擦焊接头吸收的热量较小,接头内残余应力较小,焊接变形较为简单,主要是收缩变形或平面外的弯曲变形。通过采用前述的降低接头残余应力的方法,可以进一步减小变形,甚至获得无变形的焊接接头。图9-63是电弧焊试样与搅拌摩擦焊试样焊后变形的简单对比,可见搅拌摩擦焊接头变形显著较小。

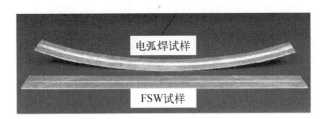

图9-63 薄板焊接变形

9.6 焊接缺陷及其检测技术

与其他焊接方法相同,在焊接工艺参数不合适的情况下,搅拌摩擦焊焊缝内部也会出现焊接缺陷。它们可能出现在焊缝表面,也可能出现在焊缝内部[45-46]。

9.6.1 表面缺陷

搅拌摩擦焊焊缝表面缺陷一般为肉眼可以看得到的宏观缺陷,主要包括飞边、毛刺、匙孔、表面下凹、起皮、背部粘连及表面犁沟等。

1)飞边

搅拌摩擦焊接后残留在接头正面沿焊缝一侧或两侧翻卷的金属称为飞边。焊接时,当压入量过大等因素会导致焊缝金属溢出搅拌头轴肩,焊后残留在接头处沿焊缝一侧或两侧形成翻卷的光滑金属。飞边缺陷是搅拌摩擦焊接过程中很常见的一种表面缺陷,位于焊缝上表面,形成规则或不规则的边缘薄层。飞边的产生与搅拌头压入量密切相关;此外,焊缝错边等因素也是飞边产生的重要原因。

2)毛刺

焊接过程中,当金属材料的黏度较高或者焊接热输入过大,焊缝上表面容易形成比较粗糙的纹路,鱼鳞状纹路不清晰,有明显的毛刺感,称之为毛刺。

产生毛刺的原因有三个:一是材料本身的性能,当母材黏度较高时,焊接时金属在搅拌头轴肩作用下发生摩擦,导致上下层内摩擦界面发生粘连而形成毛刺;二是材料表面状态,若待焊材料表面存在污染物,也可能是材料在焊接时发生粘连而形成毛刺;三是当焊接参数选择不当时,在一定的焊接热输入条件下也会形成毛刺。

3) 匙孔

焊接结束时,搅拌针抽出后未得到塑性金属的填充而在焊缝尾部形成的孔洞称为匙孔,它是由搅拌摩擦焊接过程的固有特征决定的。

4) 表面下凹

经搅拌摩擦焊后,焊缝上表面低于原始母材表面的现象为表面下凹,它因为搅拌摩擦焊接时,需要对焊缝金属施加足够的压力以保证被搅拌针破碎的金属能够在塑性状态下重新焊合为一个整体,因此搅拌头轴肩通常会倾斜 1°～3°,在保证轴肩大部分表面能与被焊工件表面接触摩擦的条件下,轴肩后方必然下沉并低于工件表面。在这种情况下,当搅拌头沿焊缝方向移动时,轴肩可以持续地对焊缝金属施加一向下的作用力。表面下凹的结果是焊缝减薄,对于薄板焊接接头,接头承载能力可能有明显减小。

5) 起皮

搅拌摩擦焊缝上表面产生的薄层金属称之为起皮。起皮的产生与焊接过程中的热输入量及被焊材料的性能有关,改变焊接工艺参数或增加表面冷却措施,有可能防止起皮。

6) 背部粘连

搅拌针扎入焊接接头下表面处的垫板后,搅起垫板材料夹杂入焊缝的现象称为背部粘连。这是由于搅拌针长度与板材厚度不匹配,焊接时搅拌针穿透板材,搅动背部垫板金属而使其粘连在焊缝背面或进入焊缝内部。背部粘连的存在会改变焊缝底部材料的性能。

7) 表面犁沟

焊缝内部孔洞型缺陷延伸到搅拌摩擦焊缝上表面而形成的犁沟状焊接缺陷称为表面犁沟。表面犁沟一般位于焊缝前进侧一侧,表现为焊缝上表面中间靠近前进侧一侧出现犁沟状缝隙。其形成主要是由于焊接过程中热输入量严重不足及材料流动不充分所致,其长度不一,一般是从焊缝上表面贯穿到焊缝里面,可观察到较大的孔洞。

9.6.2　内部缺陷

搅拌摩擦焊缝内部缺陷要通过 X 射线、金相或相控阵超声波等检测手段才能观察到,主要包括未焊透、弱连接、孔洞型缺陷及结合面氧化物残留等缺陷。

1）未焊透

未焊透是搅拌摩擦焊接常见的一种缺陷，位于焊缝根部，对接面未形成有效连接，缺陷形貌比较明显，由于其发生在材料未发生塑性变形的区域，一般表现为原始的对接面状态。与背部粘连型缺陷相反，这种缺陷一般是因为搅拌针过短所致。

2）弱连接

在焊缝根部塑性变形区域产生的被焊材料间紧密接触但未形成有效结合的焊接缺陷，一般发生在焊缝根部，因此称为根部弱连接缺陷。弱连接缺陷是搅拌摩擦焊特有的焊接缺陷，多起于焊缝根部，并向焊核区内部延伸。与未焊透缺陷的主要区别在于是否发生了塑性变形，它们经常同时产生，焊缝发生未焊透缺陷时，其上方一般就是弱连接缺陷，但发生弱连接缺陷时，不一定会产生未焊透缺陷。其产生可能与焊接时焊缝底部热量输入不足、高温停留时间过短有关。

3）孔洞型缺陷

搅拌摩擦焊缝内部存在的虫状、隧道状等孔洞缺陷，一般呈现不规则形状，主要包括隧道型缺陷、趾跟缺陷及孔洞等。其产生的机理主要依据搅拌摩擦焊缝形成原理分析，即焊接过程中，搅拌头向前移动，会在搅拌头后方形成空腔，在搅拌头和底部垫板的挤压、搅拌和约束作用下，焊缝塑性金属向空腔内流动并最终填满空腔。实际上，空腔的产生和填满几乎是同时进行的，若空腔不能及时被填满时，则会在焊缝内部形成孔洞缺陷。

4）S型缺陷

S型缺陷通常存在于焊缝内部，表现为焊缝部分厚度上或整个焊缝厚度上出现弯曲的线状条纹，通常其部分长度上是连续曲线，部分呈不连续的线段。多数情况下，该缺陷位于焊缝的中下部，从焊缝对接面处向焊核区内延伸，某些情况下也会从焊缝上表面向焊缝内部延伸。其形成原因主要是由于焊接过程中对接面上的氧化物、杂质等清理不彻底或对接面上的氧化物及焊缝附近的杂质等没有被搅拌针充分搅碎，或者表面氧化物在搅拌头轴肩下压力作用下，与轴肩下方金属同时流入焊缝，焊后则在焊缝内部观察到这种连续或断续分布的线状缺陷。

9.6.3 典型焊接缺陷的产生机理

9.6.3.1 表面沟槽型缺陷

按焊缝成形理论，搅拌摩擦焊过程中，搅拌头旋转并沿焊缝运动时，搅拌针的直接作用效果相当于铣刀的铣削过程，在搅拌针后方形成一沟槽，焊缝成形过程实际上是搅拌针后方沟槽的填充过程。这个过程包括四个方向的金属朝搅拌针后方沟槽中流动，只有金属发生了充分的塑性流动，并且流动到搅拌针后方的金属能够在高温下受到足够压力作用下，才能形成致密的焊缝。

焊缝中形成表面沟槽型缺陷与工艺参数有关。若 n/v 值过大，搅拌针周围金属温度过高、流动性过好，板材下部金属温度较低、流动应力过大，造成由搅拌针表面螺纹驱动的金属很难在焊缝底部形成高压将周围金属朝板材上方挤压移动,而是直接从搅拌针外围流向焊缝上部;同时,高温金属的黏滞性低,难于拖曳基体金属做旋转运动以填充搅拌针后方的空腔,从而焊后形成沟槽型缺陷。

轴肩对金属的压力有助于金属由轴肩向下流动以填充搅拌针后方的沟槽。若轴肩向下的压力或下压量不够,同样易在焊缝中形成沟槽型缺陷。

因此,适当控制 n/v 值和搅拌头旋转速度,降低被焊板材上下部的温差,可以防止在焊缝中出现表面沟槽型缺陷。例如厚板焊接时使用较低的 n/v 值或在 n/v 值一定时使用慢速焊,即较低的搅拌头旋转速度和焊接速度,可以获得致密的焊缝加大轴肩对焊缝金属的压力或轴肩的下压量也可减少表面沟槽型缺陷。

9.6.3.2　焊缝根部包铝层伸入型缺陷

铝合金表面包铝层伸入板材,会显著降低焊接接头强度。因为包铝层与铝合金基体之间界面结合程度常较低,甚至局部存在缝隙,只要包铝层本身致密、耐蚀性好,这种状态并不影响包铝层保护基体金属不受环境腐蚀的功能。但是,在搅拌摩擦焊情况下,若出现包铝层沿焊核表面伸入到板材内部,当包铝层与铝合金基体结合不牢时,实际上是在焊缝内部形成面型缺陷,减小接头的承载面积,严重降低接头强度。

图9-64为用左旋螺纹搅拌针焊接的 10 mm 厚 LC9 铝合金板的焊缝横截面形貌及接头拉伸断裂试样截面。可见在焊缝横截面根部焊核两侧,包铝层沿焊核外围进入到焊缝内部,尤其是在搅拌针的返回边,包铝层已经伸入到焊缝中部,如图9-64(a)中箭头所指。因此对接头进行拉伸试验时,首先在返回边的包铝层处断裂,最后焊缝上部断裂,如图9-64(b)所示。

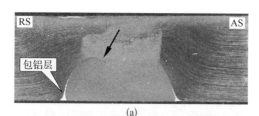

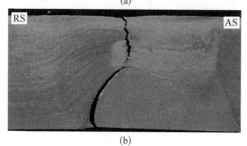

图9-64　焊缝横截面包铝层及其对断裂的影响
(a) 焊缝横截面形貌　(b) 拉伸试样断裂位置

如9.2.2.1中分析指出,控制搅拌针长度或将搅拌针端部加工成球形,可以防止在焊缝中形成包铝层伸入型缺陷。

9.6.3.3　弱结合面型缺陷

弱结合面型缺陷是搅拌摩擦焊焊缝中一种非常危险的缺陷,到目前为止还没有了解其形成规律。若在焊缝中出现这种缺陷,很难用通常的无损检测方法探查。根据焊缝成形理论,形成焊缝过程中几个方向的金属流的交界面,在焊接过程中焊缝内压力不足或温度偏低时,有可能交界面扩散连接不充分而形成弱结合面。此外,由于除焊核以外其他部分的金属流动是以不发生混合的层流形式流动,材料中原有的缺陷,如孔洞,若与周围金属一起剧烈变形时,孔洞会变成一条细线且两侧金属会相互接触,在焊接热和压力的作用下会发生一定程度的扩散连接,但结合强度仍可能偏低。图 9-65 为典型的在焊核外侧断裂的形貌。该板材焊前表面没有包铝层,这种断裂形式只能是焊核与周围金属的结合面强度较低造成。同样,调整焊接工艺参数,使得板材底部有较高的温度,金属原子扩散时间也较长,有可能防止这种类型的弱结合面出现。

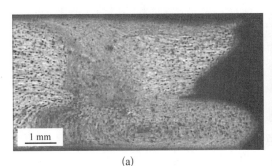 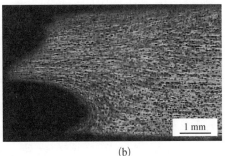

(a)　　　　　　　　　　　　　　　　　(b)

图 9-65　弱结合面断口位置

(a) 焊核侧　(b) 热力影响区侧

9.6.4　缺陷检测技术

搅拌摩擦焊接接头缺陷的检测方法主要分为两种:一种是破坏性检测,另一种是无损检测。其中,破坏性检测主要是剖切焊缝进行金相分析,而无损检测方法则包括 X 射线无损检测法、超声波反射法无损检测及相控阵超声波无损检测法[47,48]。

1) 焊缝金相检测

通常是指对同一焊缝中的几段或批量生产零件中的若干个零件进行剖切,观察焊缝中是否存在缺陷。这种方法能直接显示焊缝缺陷,但只能有限地进行焊接试样内部缺陷的检测,不能全面了解焊缝成形状况,对于实际工件,往往不能采用这种检测方法。

2) X 射线无损检测

它是基于射线束穿过缺陷区引起的能量衰减原理,利用合理感光材料或记录仪记录这种能量衰减,以灰度的变化来评定缺陷是否存在。但是,X 射线检测缺陷的能力受到缺陷性质、缺陷空间位向、缺陷尺寸等的限制,例如,尺寸过小的缺陷、弱连接型缺陷用射线检测的方法很难获得准确的缺陷信息。

3) 超声波反射法无损检测

它是根据超声波在介质中的传播规律,声波在被检测材料或结构中的传播与声波传播路径上材料的均匀度有关。当声波遇到缺陷与基体材料的界面时,会产生反射波从而判断缺陷的性质与尺寸。但是,超声波反射法同样受到缺陷的空间位向、缺陷尺寸等的限制,并且普通超声波方法很难扫查到焊缝的各个部位,全面检测也非常费时费力。

4）相控阵超声波无损检测

到目前为止，相控阵超声波检测是搅拌摩擦焊无损检测的一种较好的方法。用作检测缺陷的换能器可以有多达 128 个发射与接收超声波的晶片组成直线形、圆形或矩形阵列，每个晶片即为换能器的阵元。通过电子系统控制换能器阵列中的各个阵元，按照一定的延迟时间规则发射和接收超声波，通过波的干涉作用动态控制超声束在工件中的偏转和聚焦来实现材料的缺陷检测。其优点是检测时，不需移动换能器就可以实现焊缝内部各点的超声波扫查，可以全面检测焊缝内疏松、包铝层渗入、孔洞、弱连接等缺陷。

9.7 搅拌摩擦焊接技术的发展

搅拌摩擦焊是一项固态焊接技术，克服了熔化焊接头可能出现的各种缺陷，在焊接科技应用发展史上具有重要意义。在其发展过程中，国内外针对搅拌摩擦焊连接机理、工艺技术、创新性技术方法、专用装备开展了大量的探索研究和应用技术研发工作，已研发出多种基于搅拌摩擦焊基本原理的新技术，如双轴肩搅拌摩擦焊、静轴肩搅拌摩擦焊、复合搅拌摩擦焊、机器人搅拌摩擦焊、搅拌摩擦点焊等[49]。

9.7.1 双轴肩搅拌摩擦焊技术

针对焊接一些大型构件如巨型火箭贮箱环缝结构时遇到的焊接阻力大、待焊工件必须进行刚性装夹、必须在背面加装刚性支撑垫板等问题，日本株式会社开发了双轴肩搅拌摩擦焊技术（self-reacting pin tool，SRPT-FSW），其基本原理是通过上下轴肩夹持作用夹紧工件，下轴肩代替了常规搅拌摩擦焊的垫板装置，如图 9-66 所示。

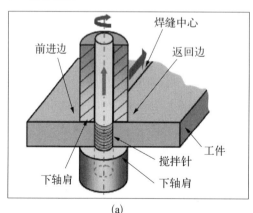
(a)

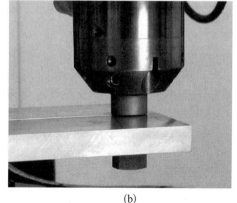
(b)

图 9-66　SRPT-FSW 焊接技术

（a）示意图　（b）实物图

SRPT-FSW 可以同时对工件的上下表面进行摩擦焊接,有效地消除了背部弱连接和未焊透问题,且在较低的轴向顶锻力下焊接 25 mm 以下厚度的铝板,不会出现未焊透和其他根部缺陷。此外,降低了焊接过程中的锻压力,增加了施焊的灵活性,为实现三维焊接提供了可能。日本已将此技术成功应用于巨型火箭贮箱箱底焊接结构,可完成 1.8～30 mm 厚材料的焊接。张健等人采用常规 FSW 和 SRPT-FSW 技术进行了 6 mm 厚 2219-T4 铝合金焊接对比试验,结果表明由于 SRPT-FSW 热输入量较高,其接头的显微硬度和力学性能普遍低于 FSW 接头,抗拉强度只能达到母材的 70% 左右。贺地求等人采用 SRPT-FSW 搅拌摩擦焊技术对 3 mm 厚 6061 铝合金板焊接对比试验,发现与常规搅拌摩擦焊相比,双轴肩搅拌摩擦焊因有上下两个热输入源,故在相同转速下可以得到更高的焊接速度,更适合空间曲面结构的焊接,并在转速为 1 500 r/min,焊速为 120 mm/min 工艺参数下得到了平均抗拉强度可达母材 90.8% 的焊缝;同时发现热输入大导致铝合金在空气中极易氧化,焊缝截面易出现 S 曲线。作者研究了双轴肩表面形貌、搅拌针形貌及焊接工艺参数对焊缝成形的影响,图 9-67 为采用双螺纹搅拌针,即搅拌针上部为左螺纹、下部为右螺纹时焊接的厚度 10 mm 的 5A06 铝合金的双轴肩焊缝,搅拌头顺时针方向旋转,焊缝上部金属向下迁移、下部金属向上迁移,形成一条无焊接冶金缺陷的焊缝。

图 9-67　双螺纹搅拌针焊缝宏观形貌

此外,美国 MTS 公司推出一种自反作用双轴肩搅拌工具(self reacting tool),虽然工艺已试验成功,但因双轴肩搅拌工具中间的搅拌柱(搅拌头),必须同时承受巨大扭矩和横向载荷复合作用,难以满足批量化重复性的焊接要求。

英国焊接研究所研发了浮动式双轴肩搅拌摩擦焊技术,与常规固定式双轴肩不同,浮动式双轴肩搅拌工具在刀柄内可做类似于“浮动”的轴向移动,采用这项技术可以降低对材料表面状态及工件装夹的要求。目前采用浮动式双轴肩搅拌摩擦焊技术,可以实现 3～40 mm 厚铝合金焊接。

9.7.2　流动摩擦焊接技术

流动摩擦焊接(friction flow welding, FFW),国外也称为无针搅拌摩擦焊,搅拌工具仅有轴肩而没有搅拌针,在轴肩端面存在槽型结构,如图 9-68 所示。焊接时,通过工具端面与工件的摩擦产热,材料发生塑性流动进而实现连接。FFW 可以应用在点焊、对接、搭接、缺陷修补、材料表面加工等领域,具有焊后不留匙孔,焊缝成形美观等优点,可以实现薄壁结构的点焊,在飞机机身蒙皮、隔离框板结构、机翼、运载火箭的整流罩、汽车用薄壁结构等处得到应用,同时在缺陷修补、材料表面加工及改性等领域潜力巨大。

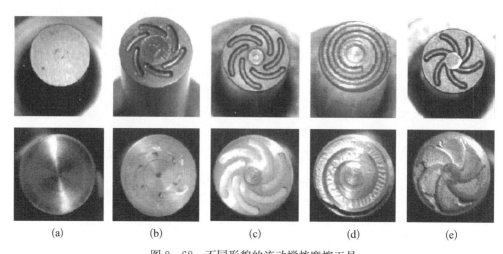

图 9-68　不同形貌的流动搅拌摩擦工具

(a) 光面　(b) 回转短槽　(c) 回转长槽　(d) 螺旋槽　(e) 回转凸结构

国内外有关 FFW 相关研究也有报道,但以点焊为主,日本的 Aota 等[50]人对 FFW 点焊技术进行了研究,焊点实现了有效连接,并认为是一种极具发展前途的焊接方法。Chen 等[49]人采用流动摩擦点焊对 0.93 mm 厚的 AA6111-T4 汽车用铝合金薄板在不足 1 s 时间内实现了高强度连接。

9.7.3　静轴肩搅拌摩擦焊接技术

静轴肩搅拌摩擦焊接(stationary shoulder friction stir welding,SSFSW)是在传统搅拌摩擦焊的基础上发展起来的一种新型焊接技术,焊接过程中只有搅拌针转动,轴肩只在试样表面沿焊接方向滑动,搅拌针旋转与材料摩擦产热是主要的热源,由于轴肩不参与旋转生热,减小了接头的热输入量,可有效防止接头变形、提高接头力学性能。图 9-69 为 SSFSW 焊接技术原理图和采用SSFSW 焊接的 T 型接头。这种方法在厚板轻质合金和热导率低的材料(如钛合金)焊接时具有如下独特的优势:① 轴肩不旋转,减小了接头厚度方向的温度梯度,优化了接头组织和性能;② 接头表面光洁,无飞边,焊接过程无减薄。目前国内外关于 SSFSW 的报道较少,欧宇航 EADS 与德国 KUKA 公司合作,将 SSFSW 机头与工业机器人集成,实现了空间曲面结构的静轴肩搅拌摩擦焊。哈尔滨工业大学刘会杰等[51]人对 SSFSW 也开展了相关研究,采用常规搅拌工具加外套的方式,实现了 2219-T6 铝合金平板对接形式的焊接。北京航空制造工程研究所自主研发了 SSFSW 装置,实现了 1~10 mm 厚 2 系,5 系,6 系,7 系铝合金的对接。

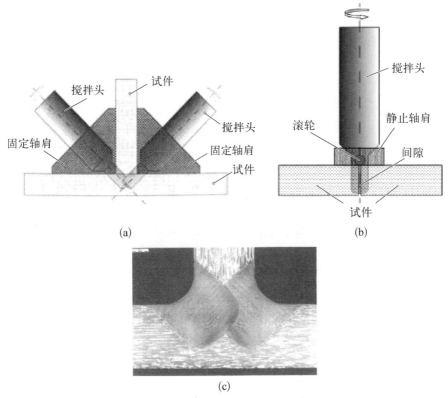

图 9-69　SSFSW 焊接技术原理及焊缝成形形貌

(a) SSFSW 角接焊　(b) SSFSW 对接焊　(c) SSFSW 角接焊缝

9.7.4　复合热源搅拌摩擦焊接技术

搅拌摩擦焊过程中,搅拌工具与被焊材料的摩擦是焊接的主要产热源,搅拌头受力较大,导致在焊接高熔点材料或大厚度材料时,焊接效率很低且搅拌工具的寿命较短;同时,搅拌摩擦焊的产热机制使焊接区沿板材厚度方向热量分布差异严重,易使焊缝下表面出现弱连接、未焊透和隧道等缺陷。为使焊接过程中材料流动更充分,减少缺陷的发生,降低焊接过程的作用力,提高搅拌工具寿命,提高焊接效率和焊接质量,国内外学者采用不同形式的热源复合于搅拌摩擦焊过程,取长补短,力图实现“1+1>2”的效果,开发出诸如超声振动、感应热、电阻热、电弧、激光、等离子弧等作为辅助热源的复合热源搅拌摩擦焊技术[52-54],将辅助热源的高效加热和 FSW 的固态焊接的优势结合,从而形成新的更为先进的复合焊接方法;在这里,辅助热源为焊缝提供了额外的热量,材料被预热软化,由搅拌工具的机械作用产生的摩擦热也会相应减少,整体焊接热源变成由辅助热源以及摩擦热共同组成。

1) 超声辅助搅拌摩擦焊

超声辅助搅拌摩擦焊(ultrasonic assisted friction stir welding，UAFSW)是针

对搅拌摩擦焊所存在的产热机制缺陷问题研发的[55]。虽然搅拌摩擦焊在焊接铝合金等熔点不高、变形抗力较低的合金有独特优势，但随着材料强度的提高，金属在焊接温度下的流变抗力增大，流动性下降，其搅拌摩擦焊焊接性下降，产生弱连接、空洞、疏松和底部虚焊等缺陷问题。分析发现，上述问题主要是由搅拌摩擦焊的工作原理造成的，搅拌摩擦焊焊接区温度场呈上高下低"浅漏斗状"，焊缝上表层温度高，沿板材厚度方向向下，温度急剧下降，而且高温区域急剧缩小，焊缝底层难以达到形成优良焊缝所需的温度，易引起材料流动不充分，在焊缝底层常出现组织疏松或孔洞缺陷。

若通过加大搅拌强度来提高下层温度，这时表层组织就会过热，引起合金微观组织的强化相分解，降低焊缝组织性能，上层温度过高，将产生严重飞边。针对上述问题，中南大学 2006 年公布了超声搅拌摩擦焊新方法发明专利[56]，其主要创新思路是将纵向超声能导入搅拌摩擦焊焊接区中，即把原来的搅拌头更换成超声搅拌头，使搅拌针做旋转运动与沿工件接缝的前进运动的同时，受超声波换能器驱动，搅拌针做超声波振动，将超声能导入焊缝深层，降低焊缝金属流变的抵抗力，改善金属流动状态，以达到改善焊缝组织、消除焊接缺陷和抑制焊接变形的目的。搅拌摩擦焊系统主要由超声波电源、超声换能器、变幅杆、超声搅拌头等组成，图 9-70 为超声搅拌摩擦焊原理图。已经在板厚 10 mm 的 2519 铝合金、板厚 2.5 mm 的 2219 铝合金、板厚 1.8 mm 的 2524-T3 和 2024 铝合金的焊接中取得了比 FSW 性能更优更稳定的焊缝，拉伸强度可达到母材的 90% 以上，并在降低焊接应力与变形方面效果明显。其中，在焊接 1.8 mm 厚的 2524-T3 铝合金长板时做到了近零变形。研究表明，超声导入后，焊缝表面纹理变细腻，颜色加深，工艺窗口明显扩大，且焊接缺陷明显减少，焊缝微观组织更均匀细化，尤其焊缝底部晶粒的细化效果更加明显。

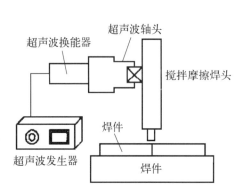

图 9-70　超声搅拌摩擦焊原理

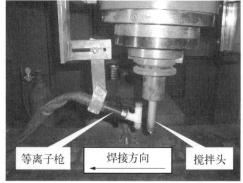

图 9-71　等离子辅助搅拌摩擦焊

2）等离子辅助搅拌摩擦焊

以等离子弧为辅助热源的复合搅拌摩擦焊技术，是在焊接过程中采用等离子弧预热搅拌头前方待焊接试件，试件在等离子弧的作用下受热变软，其后在搅拌头旋转、摩擦、挤压作用下形成牢固的接头,图9-71为实验室用等离子弧辅助复合搅拌摩擦焊装置。焊接时,搅拌头高速旋转并沿待焊工件的对接面压入待焊工件,当轴肩与待焊工件紧密接触后,搅拌头沿对接面向前移动实现焊接,焊接区域在搅拌头产生的摩擦热与等离子弧产生的辅助热量共同作用下发生塑化,最终在搅拌头后部形成焊缝。此项技术由于采用了高能辅助热源等离子弧与搅拌摩擦焊复合的方式,大大拓宽了搅拌摩擦焊的适用范围,减少了搅拌头的顶锻力和焊接时向前运动的阻力,大大降低搅拌头的磨损,提高了搅拌头的寿命;同时提高了焊接效率,并且为以后航空航天领域对其他高熔点和高硬度材料的焊接打下基础。

刘会杰等人在国内率先开展了以等离子弧为辅助热源的搅拌摩擦研究。试验材料为航天工业中常用来作为燃料贮箱材料的2219-T6铝合金。试验所用的焊接设备为FSW-3LM-003型搅拌摩擦焊机和Plasma fine 15等离子弧焊机。采用机械方法将等离子枪与搅拌摩擦焊机相连,等离子枪与搅拌头的距离为25 mm。

对常规FSW研究表明,当转速为800 r/min时,形成无焊接缺陷接头的最高焊接速度为260 mm/min。最高抗拉强度可以达到341 MPa,是母材强度的82%,接头全部断在热影响区内,断裂形式为混合断裂。通过对接头沉淀相及焊接热循环的研究发现,热影响区内的θ'相粗化是造成其软化的主要原因,并且焊速过低会导致θ'相粗化的时间变长,导致力学性能的降低。因此,为了提高焊接接头力学性能,应该采用焊接时间较短的焊接规范。

对以等离子弧为辅助热源的搅拌摩擦焊的研究表明,当转速为800 r/min时,形成无焊接缺陷接头的最高焊接速度为600 mm/min,接头最高抗拉强度达到360 MPa,是母材强度的86%,接头全部断在焊核区内,断口为混合型断口。通过对焊接热循环的研究表明,热影响区的高温保持时间很短,θ'相粗化程度减小。而焊核区内形成粗大的θ相所造成的接头软化,并没有由于晶粒的细化所弥补,形成了接头中最薄弱的区域(见图9-72)。

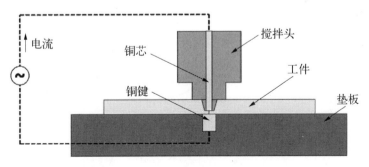

图9-72 电阻-搅拌摩擦复合焊接原理

9.7.5 动态控制低应力无变形搅拌摩擦焊技术

虽然FSW整体焊接温度低于熔焊,但在焊接长薄板和大中型薄壁构件时变形量和残余应力依然不容忽视,关桥等[57]人提出了动态控制低应力无变形搅拌摩擦焊方法(dynamically controlled low stress no distortion friction stir welding,DC - LSND FSW)。DC - LSND FSW 又称阵列射流冲击热沉搅拌摩擦焊接新方法,其装置原理如图 9 - 73 所示,即在 FSW 焊接过程中,伴随一个能够对焊缝局部产生急冷作用的热沉系统,对 FSW 焊缝进行急冷,一方面使高温区范围变窄,控制塑性应变区的扩展;另一方面,使焊缝受冷后急剧收缩,产生很强的拉伸塑性应变,在极大程度上补偿了已产生的缩短塑性应变,使残余拉应力区和残余拉应力峰值都得到缩小和控制,从而达到薄壁构件低应力无变形的焊接效果。其优点主要表现在添加一个射流冲击热沉急冷装置即可,无需增加设备的复杂性,可有效实现对搅拌头的动态冷却,对延长搅拌头的使用寿命有益。且此方法有良好的工艺适用性。目前 DC - LSND FSW 技术已经在船舶大型带筋壁板搅拌摩擦焊制造中得到验证性应用。

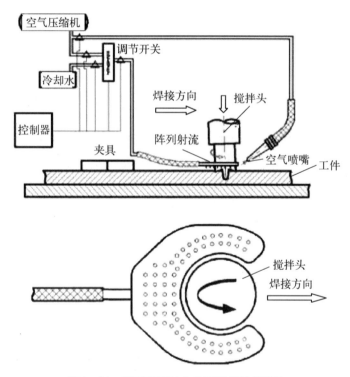

图 9 - 73　阵列射流冲击热沉搅拌摩擦焊接

9.7.6　水下搅拌摩擦焊

　　为了控制 FSW 过程中的温度,刘会杰等人进行了水下搅拌摩擦焊(underwater friction stir welding)试验。水下搅拌摩擦焊接系统由焊机、移动平台、搅拌头、水槽、工装夹具和循环水路等部分组成。其原理如图 9 - 74 所示。试验结果表明,由于水的冷却作用,焊接热输入降低,材料的塑性流动程度下降,跟随搅拌头旋转并参与焊缝成形的塑性材料减少，导致焊缝形状和尺寸发生了明显的变化，焊缝宽度变小，焊核尺寸明显增大，热力影响区和热影响区明显变窄，其焊缝横截面形貌如图 9-75 所示。且因焊接过程在水下进行，焊缝表面与空气隔绝，被氧化程度降低，故表面较为

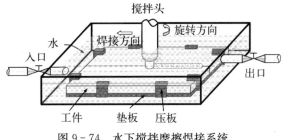

图 9-74　水下搅拌摩擦焊接系统

光滑，水下接头的抗拉强度可以达到母材的 79%，高于 FSW，但断后伸长率有所降低。

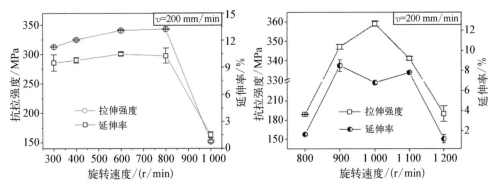

图 9-75　水下搅拌摩擦焊接头力学性能

9.7.7　搅拌摩擦点焊

搅拌摩擦点焊（friction stir spot welding，FSSW）是基于搅拌摩擦焊基础上发展起来的一种新型焊接技术，其原理与搅拌摩擦焊相同，将旋转的搅拌工具插入被焊的两层工件，利用摩擦产热和搅拌工具高速旋转所形成的塑性金属流动形成固相连接接头。焊接过程主要包括旋转压入、焊接和回撤三个过程，如图 9-76 所示。

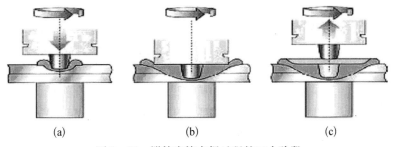

(a)　　　　　　　　　　(b)　　　　　　　　　　(c)

图 9-76　搅拌摩擦点焊过程的三个阶段

(a) 压入过程　(b) 连接过程　(c) 回撤过程

（1）压入过程：搅拌头不断旋转，通过施加顶力插入连接工件中，在压力作用下工件与搅拌头之间产生摩擦热，软化周围材料，搅拌头进一步压入工件。

（2）连接过程：搅拌头完全镶嵌在工件中，保持搅拌头压力并使轴肩接触工件表面，继续旋转一定时间。

（3）回撤过程：完成连接后搅拌头从工件退出，在点焊缝中心留下典型的退出凹孔。

随着技术的发展，搅拌摩擦点焊又演变出多种形式，如回填式 FSSW、摆动式 FSSW、无针 FSSW（也称为流动摩擦点焊）等。回填式 FSSW 过程中，通过搅拌针的回抽和压填使材料填充到空腔中，得到完整无匙孔的焊点。摆动式 FSSW，搅拌工具在旋转的同时，结合一定的运动轨迹进行旋转和移动，最后回到焊点中心，这样增大了焊点截面积，可以提高接头力学性能。常规 FSSW 和流动摩擦点焊都是通过旋转的搅拌摩擦焊接工具与工件的摩擦产热，并带动塑性金属流动形成焊点；与常规 FSSW 相比，流动摩擦点焊工具没有搅拌针。

回填式 FSSW 是德国 GKSS 研究中心于 1999 年发明的搅拌摩擦点焊，采用特殊的搅拌头，通过精确控制搅拌头各部件的相对运动，在搅拌头回撤的同时填充搅拌头在焊接过程中形成的匙孔；采用该方法焊接的焊点表面平整，焊点中心没有凹孔。搅拌头主要由三部分组成，分别为最内部的搅拌针、中间层的袖筒以及最外层的夹套。其中，夹套在焊接时固定，不发生旋转，而中间层的袖筒和最内层的搅拌针在焊接时既发生旋转也发生沿轴向的相对运动。图 9 - 77 位回填式 FSSW 具体焊接过程示意图，可分为以下几个阶段：

（1）开始焊接时，工件放置在一刚性垫板上，点焊搅拌头压在工件上，搅拌头的搅拌针和袖筒高速旋转，与工件摩擦产生热量，使材料达到塑性状态。夹套将袖筒、搅拌针以及塑性材料密封在一个封闭空腔，防止塑性材料外溢，夹套不旋转，如图 9 - 77(a)所示。

（2）当材料达到足够的塑性状态时，搅拌针和袖筒一边继续旋转一边沿轴向进行相对运动，首先是搅拌针向被焊材料运动，袖筒向相反方向运动。袖筒向上运动为材料的迁移提供空间，搅拌针向下运动时会推动塑性材料发生相互搅拌与运动，如图 9 - 77(b)所示。

（3）当搅拌针和袖筒运动到一定程度，即当搅拌针下移到下层工件一定深度后，搅拌针与袖筒反向进行相对运动，搅拌针向上运动，袖筒向下运动。塑性材料进一步进行融合、搅拌，如图 9 - 77(c)所示。

（4）当搅拌针与袖筒反方向运动达到焊接前的平面时，搅拌针、袖筒和夹套与工件上表面重新回到一个平面上。搅拌针和袖筒停止旋转。搅拌头整体从工件上移走，焊接完成。如图 9 - 77(d)所示。

相比之下，回填式 FSSW 方法要完成复杂的相对运动，填充退出孔将需要相对长的焊接时间，对设备的刚性和控制精度要求严格，需要专门的焊接设备进行焊

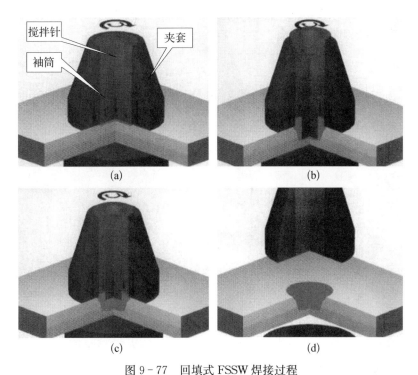

图 9-77 回填式 FSSW 焊接过程

(a) 摩擦产热 (b) 搅拌针下移,袖筒上移 (c) 搅拌针袖筒反方向运动 (d) 焊接完成

接,前期投入成本较大;但优点是焊接后无退出匙孔,接头强度高、质量好。而第一种"带退出孔的搅拌摩擦点焊"方法的优点是焊接速度快,并且焊接设备和控制系统比较简单,容易集成到大批量的汽车组装生产线中,目前已在 Mazda 公司等多家汽车生产企业中获得应用。

9.7.8 机器人搅拌摩擦焊

搅拌摩擦焊装备是伴随着搅拌摩擦焊技术的创新发展而不断发展进步的,当前搅拌摩擦焊装备正向着大型化、多功能化、自动化程度高、柔性三维焊接方向发展。中国已经成为世界公认的制造业大国,但随着劳动力成本的不断提高,工业机器人价格的不断降低和性能的不断提高,经济发展模式和制造产业结构调整势在必行,提高工业制造业生产自动化水平,由劳动密集型向技术密集型转变已经成为必由之路。机器人搅拌摩擦焊装备和技术,已成为近两年国际焊接展的重要亮点,得到国内外焊接工作者的普遍关注。机器人搅拌摩擦焊集新型技术、柔性焊接、批量生产等优势于一身,迎合产业发展方向,势必成为中国搅拌摩擦焊技术与装备发展的大趋势。在飞机结构制造中,机器人搅拌摩擦焊系统有望应用于复杂曲面机身壁板焊接制造的预先研究、型号攻关及型号产品试制,实现长桁、隔板、框与蒙皮,以及机翼结构的焊接;欧宇航已将机器人静轴肩搅拌摩擦焊用于空客 A380 翼肋、翼盒、机身窗体加强结构产品的试制。图 9 - 78 为采用 KUKA 公司重载机器人集成的机器人搅拌摩擦焊设备。

图 9 - 78　机器人搅拌摩擦焊设备　　　　图 9 - 79　机器人搅拌摩擦点焊设备

搅拌摩擦点焊也可以与机器人结合，集成为机器人搅拌摩擦点焊装备。日本川崎重工将机器人搅拌摩擦点焊应用于直升机舱门的试制，中航工业北京航空制造工程研究所开发了图 9 - 79 所示的点焊机器人，用于战斗机前起落架仓门、运输机货仓地板梁的搅拌摩擦点焊。

随着搅拌摩擦焊技术及应用市场的不断完善和成熟，以及搅拌摩擦焊装备自动化程度的提高，尤其是重载工业机器人搅拌摩擦焊装备的出现，将极大提高搅拌摩擦焊的工作柔性，拓展作业空间和适用性，焊接自动化程度和生产效率将大幅度得到提升，其技术优势和社会经济效益将愈加显著。

参考文献

［1］ Thomas W M, Nicholas E D, Needham J C, et al. Friction stir butt welding［P］. International patent application No. PCT/GB92/02203，December 1991.

［2］ Nandan R, Debroy T, Bhadeshia H. Recent advances in friction-stir welding process, weld joint structure and properties［J］. Progress in Materials Science, 2008, 53：980 - 985.

［3］ Venkateswaran P, Reynolds A P. Factors affecting the properties of friction stir welds between aluminum and magnesium alloys［J］. Materials Science and Engineering A, 2012, 545：26 - 37.

［4］ Yoon S, Ueji R, Fujii H. Effect of rotation rate on microstructure and texture evolution during friction stir welding of Ti - 6Al - 4V plates［J］. Materials Characterization, 2015, 106：352 - 358.

［5］ Liu F C, Nelson T W. In-situ material flow pattern around probe during friction stir welding of austenitic stainless steel[J]. Materials and Design, 2016, 110: 354 - 364.

[6] Sahu P K, Pal S, Pal S K, et al. Influence of plate position, tool offset and tool rotational speed on mechanical properties and microstructures of dissimilar Al/Cu friction stir welding joints[J]. Journal of Materials Processing Technology, 2016, 235: 55 - 67.

[7] Yazdipour A, Heidarzadeh A. Effect of friction stir welding on microstructure and mechanical properties of dissimilar Al 5083 - H321 and 316 L stainless steel alloy joints [J]. Journal of Alloys and Compounds, 2016, 680: 595 - 603.

[8] Thomas W M, Nicholas E D. Friction stir welding for the transportation industries[J]. Materials and Design, 1997, 18(4 - 6): 269 - 274.

[9] Schneider J, Beshears R, Arthur C, et al. Interfacial sticking and slipping in the friction stir welding process [J]. Materials Science and Engineering A, 2006, (435 - 436): 297 - 304.

[10] Colligan K. Material flow behavior during friction stir welding of aluminum[J]. Welding Research, 1999: 229 - 237.

[11] Kessler M, Suenger S, Haubold M, et al. Modeling of upset and torsional moment during inertia friction welding [J]. Journal of Materials Processing Technology, 2016, 227: 34 - 40.

[12] Mishra R S, Ma Z Y. Friction stir welding and processing[J]. Materials Science and Engineering R, 2005, 50: 1 - 78.

[13] Xu W F, Liu J H, Zhu H Q, et al. Influence of welding parameters and tool pin profile on microstructure and mechanical properties along the thickness in a friction stir welded aluminum alloy[J]. Materials and Design, 2013, 47: 599 - 606.

[14] Fu R D, Sun Z Q, Sun R C, et al. Improvement of weld temperature distribution and mechanical properties of 7050 aluminum alloy butt joints by submerged friction stir welding [J]. Materials and Design, 2011, 32: 4825 - 4831.

[15] Rajakumar S, Muralidharan C, Balasubramanian V. Influence of friction stir welding process and tool parameters on strength properties of AA7075 - T6 aluminum alloy joints [J]. Materials and Design, 2011, 32: 535 - 549.

[16] 夏德顺,王国庆. 搅拌摩擦焊接在运载火箭上的应用[J]. 导弹与航天运载技术,2002,(4): 27 - 32.

[17] 董春林,栾国红,关桥. 搅拌摩擦焊在航空航天工业的应用发展现状与前景[J]. 焊接, 2008,(11): 25 - 31.

[18] 巴西航空工业公司. 搅拌摩擦焊技术在巴西航空工业公司的应用[J]. 航空制造技术, 2010,(9): 55 - 56.

[19] Lohwasser D. Application of friction stir welding for air-craft industry [C]. The 2nd International Symposium on Friction Stir Weldin. Sweden: Gothenburg, 2000.

[20] 栾国红,郭德伦,张田仓,等. 搅拌摩擦焊在飞机制造工业中的应用[J]. 航空制造技术, 2002,(11): 20 - 24.

[21] 董春林,栾国红,关桥. 搅拌摩擦焊在航空航天工业的应用发展现状与前景[J]. 焊接, 2008,(11): 25 - 31.

[22] 姚君山,蔡益飞,李程刚. 运载火箭箭体结构制造技术发展与应用[J]. 航空制造技术, 2007,(10): 36 - 42.

[23] 栾国红. 搅拌摩擦焊助力中国航天[J]. 航空制造技术, 2006, (5): 104 - 106.

[24] 柯黎明, 潘际銮, 邢丽, 等. 搅拌针形状对搅拌摩擦焊焊缝截面形貌的影响[J]. 焊接学报, 2007, 28(5): 33 - 37.

[25] 王运会, 陈玉华, 黄春平, 等. 搅拌头转速对 7804 铝合金搅拌摩擦焊焊缝成形和组织性能的影响[J]. 热加工工艺, 2012, 41(15): 161 - 163.

[26] 夏罗生. 高强铝合金的搅拌摩擦焊工艺参数研究[J]. 热加工工艺, 2013, 42(15): 155 - 157.

[27] 邢丽, 魏鹏, 宋骁, 等. 轴肩下压量对搅拌摩擦焊搭接接头力学性能的影响[J]. 焊接学报, 2013, 34(3): 15 - 19.

[28] Zhang Y N, Cao X, Larose S, et al. Review of tools for friction stir welding and processing[J]. Canadian Metallurgical Quarterly, 2012, 51(3): 250 - 261.

[29] 柯黎明, 潘际銮, 邢丽, 等. 搅拌摩擦焊焊缝金属塑性流动的抽吸-挤压理论[J]. 机械工程学报, 2009, 45(4): 89 - 94.

[30] 王晓东, 柯黎明, 邢丽, 等. 搅拌针表面螺纹头数与轴肩下压量对金属轴向迁移的影响[J]. 中国有色金属学报, 2010, 20(1): 100 - 105.

[31] Thomas W M. Friction stir welding-recent developments[J]. Journal of Materials Engineering and Performance, 2003, 426(4): 229 - 236.

[32] Thomas W M, Johnson K I, Wiesner C S. Friction stir welding-recent developments in tool and process technologies[J]. Advanced Engineering Materials, 2003, 5: 485 - 490.

[33] 赵艺达, 柯黎明, 刘奋成, 等. 搅拌针锥度和螺纹头数对厚板铝合金 FSW 焊缝金属迁移的影响[J]. 焊接学报, 2016, 37(10): 46 - 50.

[34] 邢丽, 柯黎明, 周细应, 等. 防锈铝 LF6 的固态塑性连接工艺[J]. 中国有色金属学报, 2002, 12(6): 1162 - 1166.

[35] Mao Y Q, Ke L M, Liu F C, et al. Effect of tool pin eccentricity on microstructure and mechanical properties in friction stir welded 7075 aluminum alloy thick plate[J]. Materials and Design, 2014, 62: 334 - 343.

[36] Mao Y Q, Ke L M, Liu F C, et al. Investigations on temperature distribution, microstructure evolution and property variations along thickness in friction stir welded joints for thick AA7075 - T6 plates[J]. International Journal of Advanced Manufacturing Technology, 2016, 86(1): 141 - 154.

[37] Yan J H, Sutton M A, Reynolds A P. Process-structure-property relationships for nugget and heat affected zone regions of AA2524 - T351 friction stir welds[J]. Science and Technology of Welding and Joining, 2005, 10(6): 725 - 736.

[38] 柯黎明, 潘际銮, 邢丽, 等. 铝合金搅拌摩擦焊焊缝形成的物理机制[J]. 材料工程, 2008, (4): 33 - 37.

[39] Arora A, DebRoy T, Bhadeshia H K D H. Back-of-the-envelope calculations in friction stir welding-Velocities, peak temperature, torque, and hardness[J]. Acta Materialia, 2011, 59(5): 2020 - 2028.

[40] 柯黎明, 潘际銮, 邢丽, 等. 焊缝金属厚度方向的流动与洋葱瓣花纹的形成[J]. 焊接学报, 2008, 29(7): 39 - 42.

[41] Fratini L, Zuccarello B. An analysis of through-thickness residual stresses in aluminium FSW butt joints[J]. International Journal of Machine Tools and Manufacture, 2006, 46:

611 - 619.

[42] 陈贺静. 搅拌摩擦焊残余应力和失稳变形数值模拟预测方法研究[D]. 天津：天津大学,2007.

[43] 郭绍庆,徐文立,刘雪松,等. 温差拉伸控制铝合金薄板的焊接变形[J]. 焊接学报,1999,20(1)：22 - 32.

[44] 关桥. 轻金属材料结构制造中的搅拌摩擦焊技术与焊接变形控制[J]. 航空科学技术,2005,(4)：13 - 16,29 - 32.

[45] 刘会杰,潘庆,孔庆伟,等. 搅拌摩擦焊焊接缺陷的研究[J]. 焊接,2007,(2)：17 - 21.

[46] Chen H B, Yan K, Lin T, et al. The investigation of typical welding defects for 5456 aluminum alloy friction stir welds[J]. Materials Science and Engineering A, 2006, A433(1 - 2)：64 - 69.

[47] 许云峰. 搅拌摩擦焊的缺陷类型及其检测技术[J]. 航空制造技术,2012,(3)：77 - 79.

[48] 孟永乐. 搅拌摩擦焊缺陷的无损检测技术研究[D]. 南昌：南昌航空大学,2011.

[49] 赵东升,马正斌,栾国红. 搅拌摩擦焊技术发展现状与趋势[J]. 焊接,2013,(12)：17 - 20.

[50] Aota K, Takahashi M, Ikeuchi K. Friction stir spot welding of aluminium to steel by rotating tool without probe[J]. Welding International, 2010, 24(2)：96 - 104.

[51] Li J Q, Liu H J. Effects of tool rotation speed on microstructures and mechanical properties of AA2219 - T6 welded by the external non-rotational shoulder assisted friction stir welding[J]. Materials and Design, 2013, 43：299 - 306.

[52] Aota K, Okamura H, Sato K. Friction stir welding method for reducing the friction force [P]. European Patent：EP1430986A1, 2004 - 06 - 23.

[53] Kohn G. Process and apparatus for friction stir welding [P]. US Patent：US20050029330A1, 2005 - 02 - 10.

[54] 刘会杰,冯吉才,陈迎春. 等离子弧-搅拌摩擦复合焊接方法：中国,ZL200510010169.6 [P]. 2007 - 11 - 28.

[55] Liu X C, Wu C S. Elimination of tunnel defect in ultrasonic vibration enhanced friction stir welding[J]. Materials and Design, 2016, 90：350 - 358.

[56] 贺地求,梁建章. 超声搅拌焊接方法及其装置：中国专利：CN200610004059.3[P]. 2006 - 01 - 26.

[57] Guan Q, Zhang C X. Dynamically controlled low stress no-distortion welding method and its facility[P]. Chinese patent, CN93101690. 1993 - 08 - 11.

第五篇
增材制造技术

　　增材制造技术被西方媒体广泛誉为带来第三次工业革命的代表性技术。美国奥巴马政府 2012 年 3 月提出"国家制造业创新网络"计划（National Network for Manufacturing Innovation，NNMI），拟以 10 亿美元联邦政府资金支持 15 个制造技术创新中心。每一个中心专注于发展一个能够引领世界制造业发展新方向的最先进的制造新技术。美国政府发动全社会来提出这些新技术的候选项目，由美国国防部、能源部、航空航天局、国家标准局、国家科学基金会五大政府部门进行评选。2012 年 8 月，美国政府高调宣布成立国家增材制造创新中心（National Additive Manufacturing Innovation Institute，NAMII），作为这 15 个计划中的先进制造技术协同创新中心中首先成立的示范性中心（Pilot Institute）。一年后，NAMII 更命名为"美国制造"（America Makes），展示美国利用增材制造技术重振美国制造业的雄心。奥巴马总统强调这个研究中心的成立是强化美国制造业的重要步骤。这一事件，说明美国政府明确把增材制造技术作为引领制造业发展新方向的最先进的新技术之首。有了政策性的支持，NAMII 将可能解决增材制造技术在美国研究力量分散、人员技能不足、技术转化风险大、中小生产企业缺乏技术和能力支持等问题，进而提升技术和制造成熟度，健全标准和规章制度，大幅推进增材制造技术的发展步伐。欧洲则早在 2004 年就成立了"欧洲 3D 打印技术平台"，26 个欧盟国家的 350 家单位参与，其中 72% 为工业界单位，制订了欧盟 3D 打印技术路线图、产业路线图和标准路线图，着力推动 3D 打印成为长期推动欧洲经济发展的关键技术。英国国家技术战略委员会在"未来的高附加值制造技术展望"的报告中，把增材制造技术作为提升国家竞争力，应对未来挑战亟需发展的 22 项先进技术之一。目前，已建成拉夫堡大学（Loughborough University）、诺丁汉大学（The University of Nottingham）、谢菲尔德大学（University of Sheffield）以及埃克塞特大学（University of Exeter）四个增材制造研究中心。法国快速原型制造协会（Association Française de Prototypage Rapide，AFPR）则致力于增材制造技术标准的研究和增材制造技术的应用。德国于 2008 年就成立了以增材制造为主要技术对象的直接制造研究中心（Direct Manufacturing Research Center，DMRC），西门子（Siemens）、空客（AirBus）、波音（Boeing）公司等知名单位为该中心提供资助。澳大利亚和新西兰等澳洲国家对增材制造也给予相当关注。2012 年，澳大利亚政府倡导成立"增材制造协同研究中心（Advanced Manufacturing Cooperative Research Centre，AMCRC）"，促进以终端客户驱动的协作研究。日本政府很早就重视增材制造技术，积极引导企业发展。从 1988 年到 2011 年，日本的所有增材制造设备厂商共销售了 1 825 套设备。可以看到，世界科技强国都将这一技术作为未来产业发展新的增长点加以培育和支持，力争抢占未来科技产业的制高点，通过科技创新推动社会发展。

2013年9月,以路甬祥副委员长和中国工程院周济院长领衔的20位院士和专家,在中国工程院重大咨询项目研究基础上,以"院士建议"的形式向中央提出了"关于加快我国增材制造(3D打印)技术与产业发展的建议",提议中央对增材制造技术"尽快通过制订战略规划,实施重大工程,在较大范围推动交叉创新、协同创新,大力推进多方面、多领域应用,尽快缩小差距,迎头赶上,取得战略主动"。2014年,原航空航天工业部部长林宗棠以"中国梦——3D创新"上书中共中央,得到习近平主席和李克强总理的迅速批示。目前,增材制造技术已列入了十三五国家科技重点研发计划,国家增材制造创新中心也已经在西安成立,标志着我国已经将增材制造纳入国家科技和产业发展战略。

增材制造技术最重要的应用领域首推航空航天。美国"增材制造路线图"把航空航天需求作为增材制造的第一位工业应用目标,波音(Boeing)、通用(GE)、霍尼韦尔(Honeywell)、洛克希德·马丁(Lockheed Martin)公司等美国著名航空航天企业都是NAMII的成员单位。澳大利亚政府于2012年2月宣布支持一项航空航天领域革命性的项目"微型发动机增材制造技术"。2012年9月,英国技术战略委员会特别专家组在一份题为"Shaping our National Competency in Additive Manufacturing"的专题报告中,也把航空航天作为增材制造技术的首要应用领域。我国增材制造技术从发展初期就积极探索航空航天应用,特别是金属增材制造技术,完全是在航空航天制造需求的驱动下而开始了其早期发展。目前,航空航天制造业是国内最积极开拓增材制造产业应用的工业部门,所有重要的航空航天工业部门中大量的研究所和工厂都积极开展增材制造应用研究,其中一部分已经购买了先进的增材制造装备。

本篇分两章:第10章介绍增材制造的技术原理与方法,在介绍增材制造共性技术原理的基础上,简要介绍了几种技术上比较成熟,已经在航空制造中获得应用或具有潜在应用前景的增材制造工艺方法;第11章介绍增材制造航空应用的几个重要方向和典型应用案例,包括金属高性能增材制造、飞机风洞模型增材制造和复合材料铺放增材制造等三个方向。

10　增材制造的技术原理与方法

增材制造（additive manufacturing，AM）技术是通过 CAD 设计数据，全程由计算机控制将材料逐层累加制造实体零件的技术，相对于传统的材料去除（切削加工）技术，是一种"自下而上"材料累加的制造方法。自 20 世纪 80 年代末增材制造技术逐步发展，期间也被称为"材料累加制造"（material increase manufacturing）、"快速原型"（rapid prototyping）、"分层制造"（layered manufacturing）、"实体自由制造"（solid free-form fabrication）、"3D 打印技术"（3D printing）等。名称各异的叫法分别从不同侧面表达了该制造技术的特点。目前，"3D 打印"这一更加通俗的概念被越来越多的人熟知。然而，"增材制造"这一术语更好地描述了这一新技术的制造原理，从而被业界普遍接受为这一技术的专业术语。本章介绍增材制造的技术原理和已经得到较普遍应用、相对较为成熟的一些主要的增材制造技术方法。

10.1　增材制造的基本原理

基于材料累加原理的增材制造技术实际上是一层一层地离散制造零件。增材制造有很多种工艺方法，但其基本原理都是逐层地制造零件，区别是制造每一层的方法和材料不同。图 10-1 表示了其一般的工艺过程原理，具体内容如下。

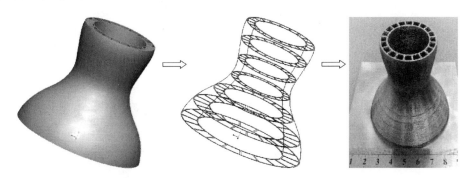

图 10-1　零件从三维模型、分层离散到制作成形的过程

1）三维模型的构造

在三维 CAD 设计软件（如 Pro/E、UG、CATIA、SolidWorks、SolidEdge、CAXA、AutoCAD 等）中获得描述该零件的 CAD 文件（见图 10-2 所示的三维零

图 10-2 模 型 建 造

件),再输出格式为 STL 的数据模型[1]。

2) 三维模型的面型化(tessallation)处理

目前一般增材制造支持的文件输入格式为 STL 格式,进行 STL 转化是对实体进行近似处理,即所谓面型化(tessallation)处理,是用大量小三角形平面近似表示模型表面。由于它在数据处理上比较简单,而且与 CAD 系统无关,所以 STL 数据模型很快发展为增材制造领域中 CAD 系统与增材制造机之间数据交换的准标格式[1]。

以 Pro/E 为例,在制作完成如图 10-2 所示的模型以后,在文件下拉菜单中,选取保存副本,如图 10-3 所示的保存副本对话框,选取后缀. stl 格式,确定后,显示如图 10-4 所示的输出 STL 对话框,将弦高度和角度控制值尽可能取小,可以获得较好的输出效果。点击确定,STL 文件已生成。模型显示如图 10-5 所示[1]。

图 10-3 副本保存对话框图　　图 10-4 输出 STL 对话框

3) 分层处理

分层是通过一簇平行平面,沿制作方向与 STL 模型相切,所得到的截面交线就

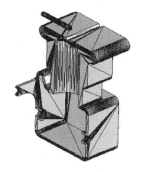

图 10-5　STL 模型

是薄层的轮廓信息,填充轮廓的信息是通过一些判别准则来获取的。平行平面之间的距离就是分层的厚度,也就是成形时堆积的单层厚度。分层后所获得的每一层信息就是该层轮廓信息及填充信息。在这一过程中,分层所得到的模型轮廓线是近似的,分层又破坏了切片方向 STL 模型表面的连续性,所以不可避免地丢失了模型的一些信息,导致零件尺寸及形状误差的产生。层厚越大,误差也就越大,所以分层的厚度直接影响零件的表面粗糙度和整个零件的型面精度。为提高零件精度,应该考虑更小的切片层厚度[1]。但片层厚度过小会降低成形效率。片层厚度的选取还受到成形材料及工艺因素的影响。

　　4) 层截面的制造与累加

　　根据分层处理的截面轮廓,单独分析处理每一层的轮廓信息。由一系列数控指令,控制成形机构对每一层进行成形。图 10-6 显示了在熔积成形中喷头在一个截面的工作路径。多数增材制造系统在计算机控制下,成形头(激光扫描头、喷头、切割刀等)在 $X-Y$ 平面内自动按截面轮廓进行逐层制造(如激光固化树脂、烧结粉末材料、喷射黏接剂、切割纸材等),得到一层层截面。每层截面成形后,下一层材料被送至已成形的层面上,进行下一层的成形,并与前一层相黏接,从而把一层层的截面累加叠合在一起,形成三维零件。

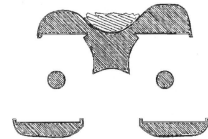

图 10-6　截面加工的挤压路径

　　5) 后处理

　　成形后的零件原型一般要经过打磨、涂挂或高温烧结等后处理过程(不同的工艺方法处理工艺也不同),提高表面光洁度或进一步提高其强度[1]。

10.2　增材制造的工艺方法

　　增材制造适用的材料和技术方法非常广泛。任何材料,如果能够用某种适当的方法逐点、逐线、逐面地累加结合成三维实体,都可以构成一种增材制造技术,因此增材制造的工艺方法可以是极为丰富的。本章只能概要地介绍一些比较成熟，有可能在民用飞机的制造中得到应用的主流的增材制造工艺方法。

10.2.1　光固化法

光固化法(stereo-lithography，SL)是最早实现商业化，也是目前应用最为广泛的一种增材制造工艺。光固化的原理是将液态光敏树脂或者其他光固化材料固化(硬化)到特定的形状。以光敏树脂为原料，在计算机控制下，激光按零件各分层截面的轮廓及其填充线对液态树脂逐点扫描，使扫描区的树脂薄层产生光聚合反应，从而形成零件的一个薄层截面。

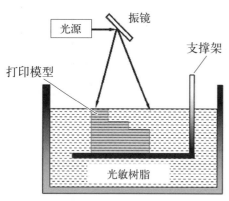

图 10 - 7　光固化成形原理(西安交通大学)

如图 10 - 7 所示，成形开始时工作台在它的最高位置，此时液面高于工作台一个层厚，激光发生器产生的激光在计算机控制下聚焦到液面并按零件第一层的截面轮廓进行快速扫描，使扫描区域的液态光敏树脂固化，形成零件第一个截面的固化层。然后工作台下降一个层厚，在固化好的树脂表面再敷上一层新的液态树脂然后重复扫描固化，与此同时新固化的一层树脂牢固地粘接在前一层树脂上，该过程一直重复操作，直至产生所需的几何形状。周围的液态树脂仍然是可流动的，因为它并没有在光束范围内。零件就这样由下而上一层层形成，而没有用到的那部分液态树脂可以在下次制造中再次利用，实现无废料加工。在零件形状上大下小时，光固化成形需要支撑，通常采用网状结构进行支撑。零件制造结束后从工作台上取下，去掉支撑结构，即可获得三维零件。

光固化法是第一个投入商业应用的 AM 技术。目前全球销售的 SL 设备约占 AM 设备总数的 70% 左右。SL 工艺优点是精度较高，一般尺寸精度控制在 ±0.1 mm；表面质量好；原材料的利用率接近 100%；能制造形状特别复杂、精细的零件[1]。图 10 - 8 为某民机的气弹风洞试验的结构模型。该模型由金属骨架、塑料外壳两大部分组成。金属骨架位于模型内部，分为机身和机翼两大部件，提供主要的强度和刚度，通过机身内腔安装在位于模型尾部的天平上；塑料外壳分为机身和机翼两大部件，安装在相应金属骨架上，为模型提供全部气动外形。左右机翼外壳均为一体化的整体结构，由 3D 打印(SL 工艺)一次加工完成。因其具有较大的刚度，对机翼整体刚度的影响不可忽略，因此在刚度设计中，需要计入塑料外壳的刚度。为尽量保持气动外形的连续性，与机翼连接的机身部分也融入了机翼，一体设计和加工，这得益于 3D 打印技术对内外复杂结构的强大制造能力。其他的塑料外壳还包括机身前后两段——机头和机身，因本项目中不需要模拟机身刚度，该部分的设计变得简单,只需要保持正确的气动外形和与模型其他部分的可靠安装。风洞试验方案如图 10-8 所示。树脂-复合模型吹风速度可达 Ma 数为 0.65,模型安全,符合强度要求;Ma 数范围为 0.6～0.65 时,升阻比曲线有明显的下降趋势,与实际飞行器的扭转发散速度基本相一致,表明模型实现方法具有可行性。

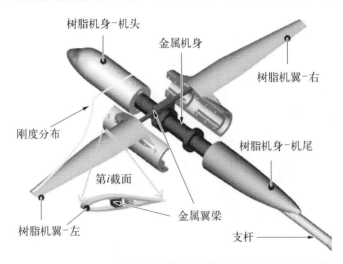

图10-8　基于 SL 的复合气弹模型的结构方案(西安交通大学)

借助增材制造技术的制造能力和所用树脂材料的特性,发展了可提高模拟相似度的飞机风洞试验模型的设计和制造方法[2]。测力模型和静弹性模型方面,该技术已经具备实用化条件,可替代常规风洞模型服务于型号飞机研制(见图 10-9);测压模型的主要难点在于管道布置-模型强度的协调设计和微细测压管道的高精加工[3];随着增材制造技术本身加工精度的改善和材料选择范围的扩大,该技术也有望实用化;结构相似颤振模型等满足更高相似度风洞试验模型的设计和加工有望实现新的风洞试验技术,为飞机提供更全面可靠数据。总之,基于增材制造技

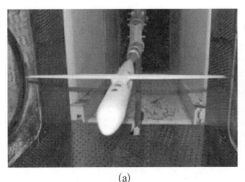
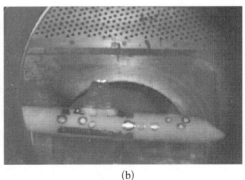

(a)　　　　　　　　　　(b)

图 10-9　SL 成形飞机模型的风洞试验(西安交通大学)

(a) 模型安装在 FL-24 风洞中　(b) 攻角为-2°时试验情况

术的新型风洞试验模型实现方法在设计灵活性、加工成本和效率等方面具有极大的优势,使得更高相似度风洞试验模型的发展成为可能,促进了风洞试验技术的发展,为大型飞机的研制提供新的选择[4]。

随着数字微镜设备(digit micromirror device,DMD)的发展,光固化法中的光

源由图 10-7 所示的激光发生器替换为 DMD 芯片,激光光斑扫描固化液体光敏材料的方式更改为面图案成形方式,一层层固化制造出三维立体结构零件,并发展形成了面曝光投影光固化法技术(mask projection stereolithography,MPS)。2015 年 Carbon3D 公司在此基础上进一步推出了连续液态界面制造技术(continuous liquid interface production,CLIP)。利用自由基光敏树脂在光照条件下会因氧气的介入而无法固化,通过在液态光敏树脂的表层形成一定厚度的富氧层,使得可以在液态树脂内部直接连续固化打印,而不是等待 3D 物品一层层地固化。不仅大大加快了固化过程,提高了

图 10-10　CLIP 打印树脂件
(Carbon3D 公司)

产品的打印效率,同时也能打印出更顺滑的 3D 物品,制作出来的物品可以和注塑零件媲美(见图 10-10)[5]。

10.2.2　熔积成形法

熔积成形法(fused deposition modeling,FDM)的工艺原理如图 10-11 所示,龙门架式的机械控制喷头可以在工作台的两个主要方向移动,工作台可以根据需要向上或向下移动[1]。

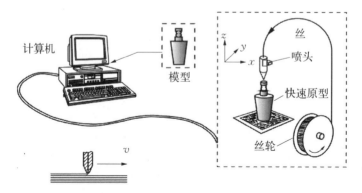

图 10-11　熔积成形法工艺原理(选自《3D 打印未来》机械工程学会编著)

热塑性塑料或蜡制的熔丝从加热小口处挤出。最初的一层是按照预定的轨迹,以固定的速率将熔丝挤出在泡沫基体上形成的。当第一层完成后,工作台下降

一个层厚并开始叠加制造下一层。FDM 工艺的关键是保持半流动成形材料处在最适当的温度状态,使新挤出的材料能够与已经成形的上一层材料之间充分熔融后结合在一起。

FDM 制作复杂的零件时,必须添加工艺支撑。如图 10-1 所示零件很难直接加工,因为一旦零件加工到了一定的高度,下一层熔丝将铺在没有材料支撑的空间。解决的方法是独立于模型材料单独挤出一个支撑材料,支撑材料可以用低密度的熔丝,比模型材料强度低,在零件加工完成后可以容易地将它拆除[1]。

在 FDM 机器中,成形层的厚度由挤出口的直径和扫描速度共同决定。市场上大多数桌面 FDM 机器通常采用 0.4 mm 的挤出口直径,但工业级 FDM 机器则根据成形精度和效率的需求而在一定的范围内改变挤出口直径。

FDM 工艺的优点是材料的韧性较好,设备成本较低;工艺干净、简单、易于操作且对环境的影响小。缺点是精度低,不易制造结构复杂的零件,表面质量差,成形效率低,不适合制造大型零件。该工艺适合于产品的概念建模以及它的形状和功能测试,以及中等复杂程度的中小原型,可用于 FDM 的甲基丙烯酸 ABS 材料具有较好的化学稳定型,可采用伽马射线消毒,所以 FDM 工艺又可用于医疗器械的增材制造[1]。

以聚酰亚胺(PI)、聚醚醚酮(PEEK)为代表的高性能材料,这些材料具有适用温度广、耐化学腐蚀、高强度等优点[6,7],但受制于材料本身高熔点(如聚醚醚酮的熔点高达 343℃)、难加工等因素的限制,难以直接成形复杂结构的功能塑料零件(见图 10-12)。针对以上问题,西安交通大学设计了分离式高温型喷头,喷头可加热温度最高可达 400℃,保证了多种高性能材料的熔化和挤出;通过精确控制整体成形腔的温度(±5℃),减小材料在成形过程中从半熔融状态向固态转变过程中产生的翘曲和变形,提高了零件的成形精度,最大拉伸力学性能超过 75 MPa,接近传统注塑成型强度的 3/4。

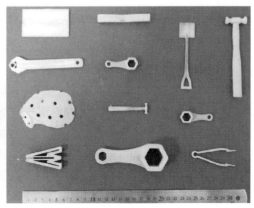

图 10-12 高性能 FDM 成形零件(西安交通大学)

随着航空航天和机械工业领域创新设计的大型构件增多，FDM 装备向着大型化和高效化发展。例如图 10-13 所示的是西安交通大学自制的大尺寸 FDM 装备（成形尺寸为 2.5 m×3.0 m×2.0 m），利用分区域数据处理及并行加工工艺，将整体打印任务统筹分配到各个打印头，通过合理的路径规划，同时使用多打印头加工同一零件，大幅度提高成形效率。

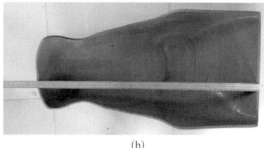

(a)   (b)

图 10-13 大尺寸 FDM 装备(a)及其成形的座椅(b)(西安交通大学)

10.2.3 粉末床增材制造技术

粉末床增材制造技术（powder bed additive manufacturing，PBAM）包含了多种基于粉末床成形的十分重要的增材制造技术，如选区激光烧结（selective laser sintering，SLS），选区激光熔化（selective laser melting，SLM），选区电子束熔化（selective electron beam melting，SEBM），三维印刷（3 dimentional printing，3DP）等。所有的粉末床增材制造技术共有的工艺原理是，在一个平台上平整地铺放粉末材料（可以是高分子材料粉末、陶瓷粉末、金属粉末等任何类型的粉末材料或它们的混合料），然后采用激光、电子束等高能束以数控方式选择性地扫描粉末床上选定的区域，使该区域的粉末材料或其中的低熔点材料熔化、软化后黏结在一起。扫描填充完一层的二维区域（待成形零件在该高度位置的完整截面）后，铺上一层新的粉末材料重复以上过程，如此逐层制造出完整的三维立体零件来。也可以采用类似于二维打印机的喷墨打印头，喷射出黏结剂到粉末床上选定的区域将该区域的粉末材料黏结起来，逐层制造出三维立体零件来。

10.2.3.1 选区激光烧结

选区激光烧结技术（selective laser sintering，SLS）[8]借助于计算机辅助设计与制造，利用高能激光束的热效应在选定的局部区域使铺放平整的粉末材料软化或熔化而黏接成形一系列薄层并逐层叠加，获得三维实体零件。SLS 具体工艺原理如图 10-14 所示。首先将零件三维 CAD 模型文件沿 Z 轴按设定的层厚进行分层切片；然后在工作台上用铺粉辊铺一层粉末材料，激光器在计算机的控制下，根据各层截面的 CAD 数据，有选择地对粉末层进行扫描，在被激光扫描的区域，粉末颗粒发生软化或熔化而黏接成形，未被激光扫描的粉末仍呈松散状，可作为支撑；

一层加工完成后,工作台下降一个截面层(设定的层厚)的高度,再进行下一层铺粉、扫描,同时新烧结层与前一层黏结为一体;重复上述过程直到加工完成为止。最后,将初始成形件从工作缸取出,并进行适当后处理(如清粉、打磨、浸渗等)获得最终功能零件[9]。

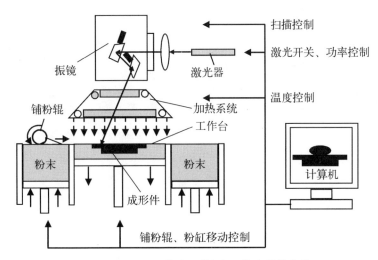

图 10-14　SLS 技术工艺原理(华中科技大学)

　　SLS 工艺的优点包括无需设计和构建支撑,可制造复杂结构;可选用的材料种类多(如塑料、耐用合成橡胶、砂、陶瓷、金属等)[10],原材料的利用率接近 100%。缺点是制件表面较粗糙,精细结构不易实现;制件易产生疏松、孔隙和变形缺陷。由于成形材料的多样性,决定了 SLS 工艺可成形不同特性、满足不同用途的多类型零件。例如,成形塑料手机外壳,可用于结构验证和功能测试,也可直接作为零件使用;制作复杂铸造用熔模或砂型(芯),辅助复杂铸件的快速制造;制造复杂结构的金属和陶瓷零件,作为功能零件使用。精度可达±0.2 mm,较机加工和模具精度低,与精密铸造工艺相当[11]。

　　大型飞机发动机机匣,最大外形尺寸由 900 mm 增至 1 200 mm 以上,最小壁厚由 5 mm 降到 3 mm,异形气流通道由单层变成多层结构,由多个空心翼型支板相连组成,外型面上具有几十个安装节,90% 以上的部位是薄壁结构。由于极端复杂的结构,导致机匣铸造用熔模制作十分困难。图 10-15 是利用华中科技大学自制四激光大台面 SLS 装备(1 400×1 400 mm²)成形的聚苯乙烯(PS)材料整体式熔模与精密钛合金铸件[12]。SLS 成形的熔模平均尺寸偏差 0.3~0.7 mm,最大弯曲强度 6.89 MPa,残余灰分 0.1%,满足精密铸造生产要求。SLS 相比较传统模具工艺,熔模开发周期由传统的 5~6 个月缩短至 10 天以内,单件或小批量熔模的制造成本降低了 90% 以上。

　　SLS 工艺在制作陶瓷或金属件时,通常是在陶瓷或金属粉末中添加作为黏结

图 10-15　SLS 成形的复杂机匣熔模及其钛合金铸件(华中科技大学)

剂的高分子材料粉末,激光的能量只熔化高分子粉末而不熔化陶瓷或金属粉末,通过冷却固化后的高分子粉末将陶瓷或金属粉末黏结起来。在后续的高温烧结中高分子材料将被烧蚀而留下许多微小孔洞,使成形的陶瓷或金属制件致密度很低,从而不能获得足够的力学性能。通过向这些孔洞中浸渗低熔点材料以提高制件致密度,可以在一定程度上提高制件的力学性能。

10.2.3.2　选区激光熔化

为了能够成形高性能的金属结构件,在选区激光烧结技术基础上发展出了选区激光熔化(selective laser melting,SLM)技术[13]。SLM 技术的工作方式与 SLS技术类似,但采用更高能量的激光器,使不添加黏结剂和任何其他材料的成分准确的合金粉末直接熔化凝固形成充分致密的金属零件(致密度可达 99.9%)。由于激光光斑直径可以小至 0.1 mm,SLM 成形时的金属熔池非常小,零件是通过极快的熔化和凝固过程成形的,因此成形件的力学性能非常好,一般远高于相同合金材料铸件的综合性能,其静载力学性能甚至可高于锻件性能。

相比较 SLS 工艺,SLM 工艺最大的优势是直接制造具有极端复杂结构,包括复杂内腔结构的高性能金属零件,在航空航天结构件、带有内冷腔的复杂结构模具、个性化医疗植入体等高端制造领域具有突出的技术优势。原则上,所有可焊性良好的金属材料都可以采用 SLM 技术成形,但目前在实际上应用于 SLM 成形的合金材料数量只有 40 余种,包括钛合金、铝合金、镍基高温合金、钢类合金和铜合金等主要的结构金属合金系列。这是因为 SLM 成形的技术门槛很高,如需要特殊制备的球形度很好、粒度分布范围严格、成分准确、杂质与含氧量低的粉末;需要非常严格、精确的成形工艺控制,即使粉末特性稍有变化,成形工艺也需要仔细调整才能顺利成形。

图 10-16 是西安铂力特激光成形技术有限公司采用自行研制的 SLM 装备成形的一些金属结构件。图 10-16(a)是铂力特公司为第四军医大学制做的钛合金植入骨假体,已经在临床上得到试验性应用,是肩胛带不定型骨重建的世界首次应

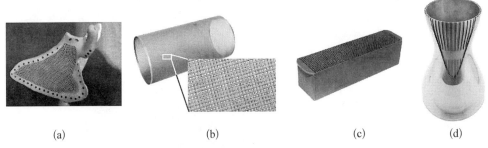

(a)   (b)   (c)   (d)

图 10-16　SLM 成形金属零件(西安铂力特公司)

(a) 钛合金植入骨假体　(b) 钛合金纱网及局部放大　(c) 钨光栅　(d) 铜喷管

用。采用镂空结构与致密结构相匹配的特殊设计结构,使金属植入假体在具有足够力学强度的同时,还具有同人骨一致的密度及模量,这是采用传统制造技术几乎无法实现的技术难题。图 10-16(b)是钛合金纱网,尺寸为 $\phi 100$ mm×200 mm,重量只有 23 g。该纱网结构属于微小特征结构件,可通过调节孔隙实现一定尺寸介质的过滤与收集。图 10-16(c)是钨光栅。钨材料的硬度高,脆性大,熔点高达 3 400℃且导热性极高,传统的热加工和机械加工都十分困难。铂力特研制出专门针对难熔金属和高导热高反射金属的专用 3D 打印装备 BLT-S300T,打印出了该钨合金零件,其最小壁厚仅 0.1 mm。图 10-16(d)是铜合金尾喷管(尺寸 $\phi 210$ mm×295 mm)。该零件的内外壁之间设计了 50 条随形冷却流道,增大冷却接触表面积,降低温度达到快速冷却的效果,有效提高了该零件的使用温度。铜合金的高导热和高反射特性对采用激光作为加工热源的 SLM 技术是一个技术挑战,该零件是国内首件 SLM 成形大尺寸铜合金尾喷管,突破了铜材料的 SLM 成形的技术难题。

　　SLM 技术在成形大尺寸金属零件上十分困难,目前比较成熟的 SLM 装备通常将成形尺寸限制在 300 mm 以内,这既是由于扫描振镜有效扫描尺寸范围的限制,更因为是在此尺寸范围内,工艺上比较容易实现稳定可靠的成形。目前也有一些 SLM 设备厂商采用多激光器、多振镜拼接方法推出了大幅面的 SLM 成形装备,但采用这些大幅面装备成功制造出大尺寸金属零件,在工艺上还面临巨大的挑战。SLM 技术最大的困难在于,为了精密成形,高能激光束作用在极小的空间尺度上($\phi 0.1$ mm 或更小),使成形零件中的温度梯度非常高,导致成形时零件内的应力非常大,即使添加非常复杂的支撑结构来加强成形零件的刚性,也难以从根本上抑制零件变形或开裂。这个问题导致 SLM 技术非常难以成形大尺寸零件。图 10-17 是铂力特公司采用自行研制的大幅面 SLM 装备成形的目前世界上尺寸最大金属零件。

10.2.3.3　选区电子束熔化

基于粉末床成形的选区熔化技术,不仅可以采用激光作为热源,还可以采

(a)　　　　　　　　　　　　　　　　　　(b)

图 10 - 17　SLM 成形大尺寸金属零件（西安铂力特公司）

（a）镍基高温合金航空发动机中空叶片，尺寸为 50 mm×300 mm×933 mm　（b）镍基高温合金多层薄壁圆柱体结构件，尺寸为 ϕ576 mm×200 mm

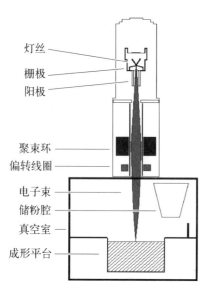

灯丝
栅极
阳极

聚束环
偏转线圈

电子束
储粉腔
真空室
成形平台

图 10 - 18　SEBM 成形原理（西北　　　图 10 - 19　采用 SEBM 制备的高压压气机 TiAl
有色金属研究院）　　　　　　　　　叶片（西北有色金属研究院）

用电子束作为热源，形成选区电子束熔化（selective electron beam melting，SEBM）技术。SEBM 技术采用电子透镜来控制电子束的偏转，实现电子束在金属粉末床上的选区熔凝成形，图 10 - 18 是 SEBM 工艺的成形原理示意图。SEBM 技术相对于 SLM 技术的优点,在于其可以很方便地预热金属粉末床,使其达到 800℃的高温,大大降低成形过程零件中的温度梯度,显著减小成形零件中的应力。由于这个技术特性,SEBM 技术甚至可以成形室温脆性的金属间化合物。图 10 - 19 是西北有色金属研究院采用自行研制的 SEBM 装备制造的钛/铝金属间化合物叶片零件。SEBM 需在真空下工作,这对于成形件的洁净度是有利因素,因此 SEBM 成形件通常具有良好的力学性能。由于电子束对粉末有较大的冲击力,SEBM 工艺比 SLM 工艺所用的金属粉末粒度显著更粗,因此 SEBM 成形件相比 SLM 成形件的表面显著粗糙。

10.2.3.4 三维印刷

三维印刷(3 - Dimentional Printing,3DP)[14]的方法原理如图 10 - 20 所示。材料使用粉末和黏接剂,采用了与喷墨打印机类似的技术,喷头在每一层铺好的粉末材料上有选择地喷射黏接剂,喷到黏接剂的地方材料被黏接在一起,其他的地方仍为粉末,这样层层黏接后就得到一个空间实体。

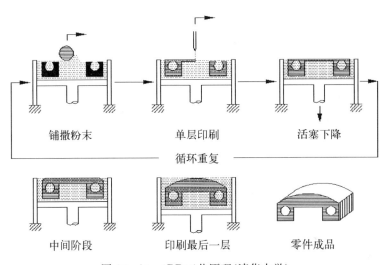

铺撒粉末　　　　单层印刷　　　　活塞下降

循环重复

中间阶段　　　　印刷最后一层　　　　零件成品

图 10 - 20　3DP 工艺原理(清华大学)

各种商业化的 3DP 技术往往采用"喷射打印(jet printing,JP)"的名称,如 3D Systems 公司的 CJP(colour jet printing)和 MJP(multi jet printing)技术。惠普公司最近推出的一款新的 3DP 技术装备取名为 MJF(multi jet fusion)。这种喷射打印,一般采用阵列式打印头,可以有多至上万个微小的喷嘴,达到 2 000 dpi 或更高的打印精度。与 SLS 采用单个或数个激光束逐点烧结材料相比,3DP 技术的大规模阵列喷嘴喷射黏结剂可以达到高得多的制造效率。3DP 技术还可以打印彩色零件,图 10 - 21 是 3D Systems 公司采用 CJP 技术打印的彩色零件。

3DP 的一个重要的工业应用是打印铸造砂型。在这一技术中,粉末材料是铸造用砂,大规模阵列喷嘴高效率地喷射树脂黏结剂到选定区域,逐层制造出树脂砂

图 10-21 采用 CJP 技术打印的彩色零件（3D Systems 公司）

型和砂芯。这种方法省去了木模制造和从木模翻造砂型的工序,可以快速制造出结构十分复杂的铸件。由于砂型是由 3DP 直接成形,因此具有无需拔模斜度、铸型设计更加自由、型-芯可以一体化成形等优势,铸件的复杂度和精度都得到了提高。这一方法也称为"无模铸型制造"(patternless casting manufacturing, PCM),相比于直接金属增材制造方法,这是一种间接获得金属零件的增材制造技术,比金属直接增材制造的成本要低很多。在 3DP 打印铸造砂型技术推向工业化应用之前,人们一般采用 SLS 方法来打印铸造砂型,在复杂结构铸件的工艺研究方面很早以来就有了很多应用。但由于打印效率和成本方面的限制,SLS 打印铸造砂型一般只应用于新产品研制过程。3DP 打印铸造砂型的效率较 SLS 方法提高了两个数量级以上,可打印尺寸也要大很多,所以 3DP 打印砂型已经可以应用于中、小批量高端复杂结构铸件的实际生产中。随着 3DP 打印效率的进一步提升和成本的进一步下降,3DP 在铸件批量生产中的应用将会越来越多。国内已有一些单位开发了 3DP 砂型打印装备,并在实际生产中得到了应用。图 10-22 所示的 4 缸发动机灰铸铁缸体结构十分复杂,佛山峰华卓立科技有限公司采用 3DP 砂型后铸造,整个制造周期仅为 15 天。宁夏共享集团自行研制的砂型 3DP 设备,打印效率达到 350 L/h,该设备采用双工作箱同时打印,单箱打印尺寸达到 2.5 m×1.8 m×1 m,其打印尺寸与效率都是当前世界之最。

3DP 方法也可以应用于金属零件的制造。向金属粉末床喷射黏结剂,将金属粉末黏结起来,形成金属坯件,然后去除粉末进行烧结就得到所要求的零件。这样

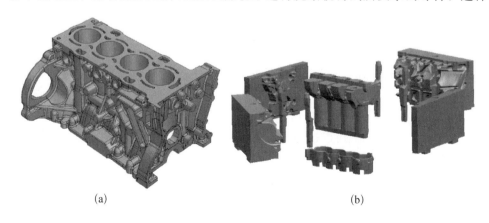

(a)　　　　　　　　　　　　　　(b)

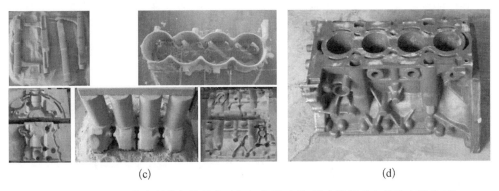

（c）　　　　　　　　　　　　　　　（d）

图 10-22　PCM 技术制作灰铸铁发动机缸体的过程（佛山峰华卓立科技有限公司）

（a）发动机缸体 CAD 模型　（b）铸造砂型设计　（c）3DP 打印制作的铸造砂型　（d）最后得
到的发动机缸体灰铸铁件

制造的金属零件致密度不是很高，可以采用浸渗低熔点材料的方式提高致密度，从
而提高力学性能。图 10-23 是 ExOne 公司采用这一技术制造的一些结构十分复
杂的金属零件。

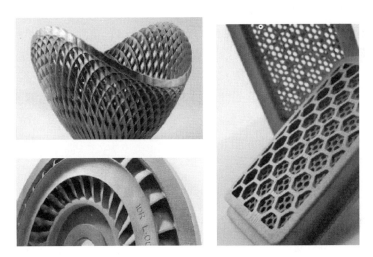

图 10-23　采用 3DP 技术制造的金属零件（ExOne 公司）

10.2.4　同步送进材料的金属增材制造技术

与粉末床增材制造技术相对的另一大类金属增材制造技术是同步送进材料的
增材制造技术，即把粉末状或丝状金属材料同步地送进到高能束辐照在基材上形
成的移动熔池中，随着熔池移出高能束辐照区域而凝固，把所送进的金属材料以冶
金结合方式添加到基材上，实现增材制造过程。采用的高能束包括激光、电子束和
电弧。同步送进材料的金属增材制造技术不能像粉末床技术那样制造极端复杂结
构的金属零件，但却有其他一些粉末床技术不具备的优点，包括：① 可制造零件的

尺寸范围极宽，可以从毫米级到数米级以至更大，原则上在大尺寸制造方面没有限制；② 可以采用万瓦级大功率激光，或更大功率的电子束或电弧作为热源，因而成形效率比粉末床技术高得多，可以达到数 kg/h 或更高；③ 成形零件可以达到100%致密，因此可以达到比粉末床技术所制造零件更高的动载力学性能；④ 可以用多个材料送进装置按任意设定的方式送进不同的材料，实现多材料任意复合制造；⑤ 可以方便地应用于金属零件的成形修复，而且修复件的力学性能可以非常优越，一般非常接近锻件的性能；⑥ 制造成本比粉末床技术显著更低，特别是采用电弧作为成形热源的场合，制造成本可以非常低。

10.2.4.1 激光熔覆成形

激光熔覆成形(laser cladding forming，LCF)技术采用多道多层同步送粉激光熔覆的方法进行金属零件的增材制造，其成形原理如图 10 - 24 所示。高功率激光束(通常为数百瓦至数万瓦)聚焦成直径很小的焦斑(通常为 0.1~5 mm)辐照到金属基板上，形成一个液态熔池；一个与激光束保持同步移动的喷嘴将金属粉末连续地送进到熔池中，金属粉末在熔池中熔化，当激光辐照区域移出后，不再受到激光辐照的原熔池中的液态金属将快速地凝固，而与下方的金属基板以冶金结合的方式牢固地结合在一起；点状的熔池在基板上移动，把金属成线状堆积到基板上，下一道熔覆线与前一道熔覆线之间保持一定宽度的搭接，使新熔覆上的金属线不但与基材冶金结合，还同前一道熔覆线冶金结合在一起，如此逐线叠加熔覆而覆盖一个选定的二维平面区域(即对零件 CAD 模型分层切片所获得的第一层截面形状)；完成一层金属的熔覆之后，成形工件相对于激光焦斑下移一层的高度，重复以上过程进行零件第二层截面形状的熔覆制造；如此逐层熔覆制造，形成一个在三维空间

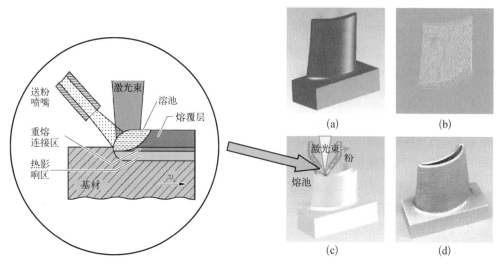

图 10 - 24　激光熔覆成形(LCF)技术的成形原理(西北工业大学)

(a) 三维 CAD 模型　(b) 分层切片　(c) 逐层堆积　(d) 近净成形件

中完全以冶金方式牢固结合的金属零件。激光束相对于成形工件的移动，一般通过 CNC 数控机床或机器手来实现。

　　LCF 技术可以用于高效率地制造零件毛坯（见图 10‐25），留下很大的加工余量，但也可以实现精密成形，如图 10‐26，尺寸精度达到 ±0.05 mm，表面粗糙度达到 Ra4.2（西北工业大学）。

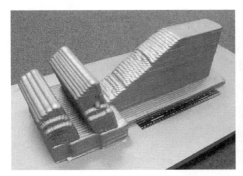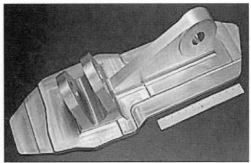

图 10‐25　LCF 技术高效率制造零件毛坯（AeroMet 公司）

图 10‐26　LCF 技术制造精密成形件（西北工业大学）

　　前述的 SL，SLS，FDM，3DP 等技术，在提出初期其应用方向主要都是快速原型制造，所以一度统称为"快速原型制造（rapid prototyping，RP）"技术，以及"快速成型（rapid forming，RF）"技术，突出其应用于原型的快速成型制造的技术特征。LCF 技术则是从提出伊始就主要针对金属零件的高性能直接制造，其发展历史可以追溯到 20 世纪 70 年代末期关于激光多层熔覆的研究。早在 1979 年，美国联合技术研究中心（united technologies research center，UTRC）的 D. B. Snow 等人[15]就进行了采用激光多层熔覆的方法制造镍基高温合金零件的研究并取得了相关的专利[16]，形成了 LCF 技术的雏形，比较完整地提出了 LCF 技术的主要工艺原理。但由于当时计算机技术，特别是微型计算机技术的水平还很低，对于形状复杂的零件，采用该技术进行制造存在较大的难度，主要是零件的三维计算机建模及分层切片等图形处理技术在当时还十分困难。因此这项研究工作在以后的十多年间没有引起广泛的关注。随着快速原型制造技术的发展,到 20 世纪 90 年代初期,零件的三维计算机建模、分层切片以及利用分层二维数据控制数控系统实现逐层制造的方法逐渐完备,复杂形状零件的成形控制不再是难题。这时,以直接成形高性能致密金属零件为主要技术目标的 LCF 技术迅速成为制造领域一个众所瞩目的研究热点,在全世界很多地方相继在很短的时间之内发展起来。由于这是一个全新的技术领域,许多机构是分别独立进行研究而将 LCF 技术发展起来的,因此,虽然各家机构发展的 LCF 技术都具有如本书所述的同样的技术原理,但命名却各不相同,如:

英国利物浦大学和美国密西根大学——金属直接沉积(direct metal deposit,DMD)[17,18];

加拿大国家研究委员会集成制造技术研究所——激光固化(laser consolidation,LC)[19,20];

瑞士洛桑理工学院——激光金属成形(laser metal forming,LMF)[21];

美国 Sandia 国家实验室和 Optmec 公司——激光近净成形制造(laser engineered net shaping,LENS)[22,23];

美国 Los-Alamos 国家实验室——光控制造(directed light fabrication,DLF)[24];

美国 AeroMet 公司——激光成形(laser forming,LF)[25];

美国宾夕法尼亚州立大学——激光实体自由成形制造(laser solid free-form fabrication,LSFFF)[26];

英国伯明翰大学——直接激光制造(direct laser fabrication,DLF)[27];

国内首先发展 LCF 技术的西北工业大学将这一技术命名为"激光立体成形"(laser solid forming,LSF)[28,29]。

这些名称中,影响最广泛的当属"LENS",这可能与 Sandia 国家实验室的影响力和 Optomec 公司很早就推出了以"LENS"作为其注册商标名称的非常有名的系列 LCF 装备有关。但"LENS"这个名称其实并不能很好地描述这一技术的本质特征。这一技术的本质特征,在于把早已存在的激光熔覆技术用作增材制造技术普遍的数字化增材成形原理的具体的技术实现方式,来实现金属零件的高性能增材制造。因此,本书采用能够最好地描述这一技术内涵的"激光熔覆成形(LCF)"这一术语。

10.2.4.2 高能束熔丝沉积

高能束熔丝沉积是一种利用丝材作为填充金属,以电弧、电子束或激光等高能束为热源,对大型复杂金属结构进行低成本近净成形的增材制造技术,具有数字化制造与传统熔敷、堆焊相结合的技术特征[30],其工艺原理如图 10 - 27 所示。以高能量密度的载能束为热源加热金属表面,并形成熔池,通过送丝装置将金属丝材送入熔池并熔化,同时利用数控运动装置(数控机床或机器手),使熔池按照预先规划的二维路径运动,通过金属材料逐层凝固堆积,形成致密的金属零件或毛坯,其典型成形形貌如图 10-28 所示。成形过程中,因热输入较高,熔池尺寸大且物质输入快,逐层堆积产生的"台阶效应"显著,一般要经后续机械加工,或与机械加工方法结合实现在线复合制造而获得最终零件。几乎所有焊接性良好的金属及其合金均可作为成形材料。

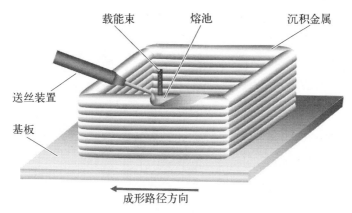

图 10-27　高能束熔丝沉积原理[31]

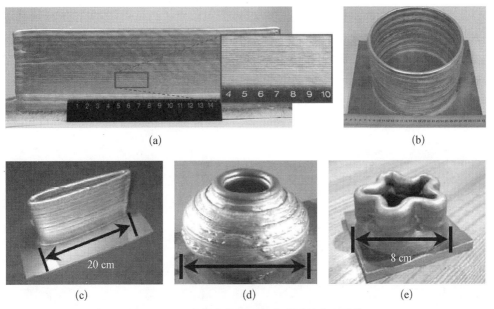

(a)　　　　　　　　　　　　　　　　　　(b)

(c)　　　　　　　　(d)　　　　　　　　(e)

图 10-28　高能束熔丝沉积成形零件典型形貌

(a)和(b)电弧熔丝沉积成形 5A06 铝合金直壁和圆筒结构(西北工业大学)　(c)、(d)和(e)电子束熔丝沉积成形 2219 铝合金复杂曲率结构[32]

　　美国 SCIAKY 公司是世界上最主要的发展电子束熔丝增材制造技术的公司,其技术命名为 EBAM(electron beam additive manufacturing)或 EBF³(electron

beam freeform fabrication）。SCIAKY 公司重点发展针对航空航天大型或超大型
金属结构件的 EBAM 技术，图 10-29 是 SCIAKY 公司的超大型 EBAM 装备和采
用 EBAM 技术制造的大型航天器金属结构件。国内主要是北京航空制造工程研究
所在发展 EBAM 技术。

图 10-29   美国 SCIAKY 公司的超大型 EBAM 装备和采用 EBAM
技术制造的大型航天器金属结构件

由于采用丝材作为原材料，高能束熔丝沉积相比送粉沉积的 LCF 增材制造技
术具有更高的成形效率、材料利用率以及更低的成本。尤其是电弧熔丝增材制造
（wire and arc additive manufacturing，WAAM），其设备成本低廉，成形效率更高，
且具有开放性的成形环境，成形件尺寸不受限制。WAAM 技术首先是由英国
Cranfield 大学发展起来的，他们采用 WAAM 技术达到了相当高的制造精度和表
面质量，并且实现了小角度悬垂结构的成形和圆拱直接成形（见图 10-30）。

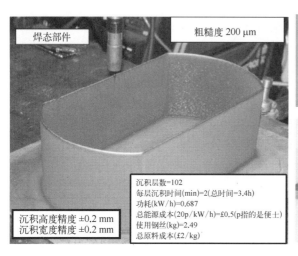

图 10-30   英国 Cranfield 大学采用 WAAM 技术制造的金属零件[33]

在材料组织与力学性能方面,高能束熔丝沉积零件全部由焊缝组织(弯曲的柱状晶)逐点外延生长形成,化学成分均匀、致密性高,与铸造组织相比具有更高的强度与塑性。但是,高能束熔丝沉积成形的零件的尺寸精度与表面质量较差,一般需较大的后续机加工量才能满足最终的设计要求,且所制造结构的复杂性显著低于SLM技术的制件。此外,由于高能束熔丝沉积采用高热输入的移动热源,这将形成显著的非均匀温度场,进而导致成形件内部产生较大的残余应力。对于大尺寸构件,其残余应力场所导致的变形甚至开裂倾向还将进一步增强[34]。因此,高能束熔丝沉积往往需要精心设计的工艺过程(如随焊碾压)或去应力处理(如去应力退火)。

尽管高能束熔丝沉积仍有许多科学和工程问题需要研究解决,但是,其作为一种大尺寸金属构件的低成本增材制造技术,将为大型复杂筋板、框架等金属结构的快速制造提供有力的支撑,特别是对于目前买飞比极高的航空、航天用大型构件,此技术提供一种极有价值的高效率、低成本的制造途径。

10.2.5　薄材叠层制作

薄层叠材制作,又称分层实体制造技术(laminated object manufacturing, LOM),是增材制造各种工艺方法中最早产生的一种技术原理。1892年的一个美国专利[35]提出用叠层制造的方法来制作立体地形图:将纸板或蜡板沿军用地图的等高线裁剪下来并叠加到一起,就构成了一个立体的地形图(见图10-31)。此后,类似的叠层制造的专利有数百个之多。

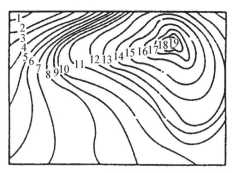
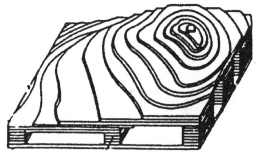

图10-31　用叠层制造方法构成立体地形图[35]

原则上,任何材质的薄层材料,只要能够裁剪成任意的形状,并且能够牢固地黏接到一起,就可以形成一种LOM技术,但工艺上比较成熟并进入实际应用的LOM技术,主要有以有机材料为主的黏接式LOM技术以及以金属材料为主的焊接式LOM技术。黏接式LOM技术由美国Helisys公司于1986年研发,其技术原理如图10-32所示。该技术主要采用纸、塑料薄膜等薄片材料作为原材料,在加工时,薄膜背面先涂上热熔胶,由激光切割系统按照对CAD实体模型分层切片所得到的横截面轮廓线切割出一层工件轮廓,切割完成后,工作台下降一个与薄层材料厚度相应的高度，送料系统将新一层薄片叠加上去，利用热压辊热压将已切割层与新层粘合在一起，再在新层上切割截面轮廓。如此反复直至所有截面切割、黏接完成[36]。粘接式 LOM 技术多用于模型制作，其力学性能与应用有限。

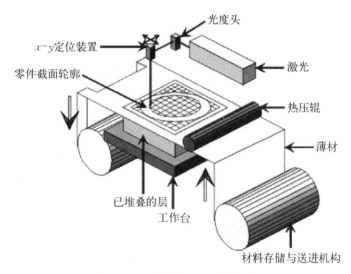

图 10-32　粘接式 LOM 技术原理

　　焊接式 LOM 技术最早由美国的 Aerojet 公司在 20 世纪 60 年代提出。利用激光切割或电化学蚀刻方法，将许多金属薄片材料按照零件 CAD 实体模型分层切片所得到一系列二维轮廓数据进行切割，再叠加起来，通过真空扩散焊（焊接温度 $0.6 \sim 0.8 T_{\mathrm{m}}$，焊接压力 $0.5 \sim 20$ MPa）这一精密、高强的固相焊接方法，将这些金属层片材料牢固地焊接到一起，形成一个高性能的三维实体零件，如图 10-33 所示。

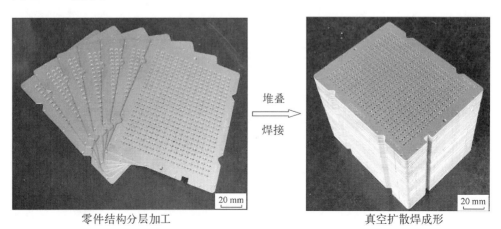

图 10-33　焊接式 LOM 成形原理

相较于黏接式 LOM 方法,焊接式 LOM 继承了扩散焊接工艺的优点,使 LOM 方法适用于复杂结构的金属零件的高性能制造。焊接式 LOM 技术具有如下优点[37]:① 金属扩散焊的焊缝组织与母材一致,其力学、物理性能也与母材相当,强度可达锻件强度;② 扩散焊工艺具有很高的精度,焊后零件整体变形小于 2%,保证了零件结构的精确性;③ 零件内部结构在加工层板造型结构时,由机械加工、蚀刻等方法加工成型,其精度能够达到加工方法限制的最佳精度,相比其他金属增材制造技术具有显著的成形精度优势;④ 非常适合于复杂精细的内部结构的制造,包括其他增材制造技术难以实现的复杂结构封闭内腔的制造。

图 10-34 所示为一些通过 LOM 制造的零件。LOM 方法制造这类结构件具有质量小、效率高、强度高等特点,在航空[38]、航天发动机[39]、热沉等冷却结构[40,41]、电子通信[42]、医疗化工[43]等领域有着重要的应用,如热管理系统换热器、层板喷注器、微流道结构冷却器与反应器、微波信号传输器件、模具随形冷却结构等零部件等。

焊接式 LOM 技术并不限于金属层片材料的增材制造,还可用于陶瓷、玻璃等层片材料,以及异质层片材料之间的增材制造。

但是,扩散焊工艺也有一些限制,例如工件的结构必须上下表面平行或者能通过夹具做成上下平行面以便施加焊接压力,大型零件的制造以及生产效率等都受到设备能力的限制。

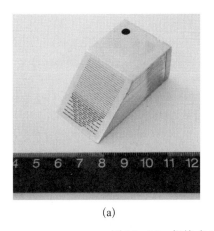

(a)　　　　　　　　　　　(b)

图 10-34　焊接式 LOM 制造的零件

(a) 不锈钢微通道冷却器　(b) 发汗冷却鼻锥(TechSystems)

参考文献

[1]　中国机械工程学会. 3D 打印:打印未来[M]. 北京:科普出版社,2008.

[2]　Zhu W, Li D, Zhang Z, et al. Design and fabrication of stereolithography-based aeroelastic

wing models[J]. Rapid Prototyping Journal, 2011, 17 (4): 298 - 307.

[3] 张威,李涤尘,赵星磊,等. 基于光固化快速成型技术的测压风洞模型孔道制造与性能评价 [J]. 航空学报,2011,(12):2335 - 2340.

[4] 朱伟军,李涤尘,张征宇,等. 飞行器风洞模型的快速制造技术[J]. 实验流体力学,2011,25 (05):79 - 84.

[5] Tumbleston J R, Shirvanyants D, Ermoshkin N, et al. Continuous liquid interface production of 3D objects[J]. Science, 2015, 347: 1349 - 1352.

[6] Wenzheng Wu, Peng Geng, Guiwei Li, et al. Influence of layer thickness and raster angle on the mechanical properties of 3D - printed PEEK and a comparative mechanical study between PEEK and ABS [J]. Materials, 2015, 9(8): 5834 - 5846.

[7] Schmidt1M, Pohle D, Rechtenwald T. Selective laser sintering of PEEK[C]. Annals of the CIRP, 2007, 56(1): 205 - 208.

[8] Deckard C R. Method and apparatus for producing parts by selective sintering[P]. US, 4, 863,538, October 17, 1986/September 5, 1989.

[9] Zhu W, Yan C Z, Shi Y S, et al. A novel method based on selective laser sintering for preparing high-performance carbon fibres/polyamide12/epoxy ternary composites[R]. Sci. Rep, 6 (2016) 33780.

[10] Liu K, Shi Y S, Li C H, et al. Indirect Selective Laser Sintering of Epoxy Resin - Al_2O_3 Ceramic Powders Combined with Cold Isostatic Pressing[J]. Ceramics International, 2014, 40: 7099 - 7106.

[11] Wen S F, She Q W, Wei Q S, et al. Material optimization and post-processing of sand moulds manufactured by the selective laser sintering of binder-coated Al_2O_3 sands[J]. J. Mater. Process. Technol, 2015, 225: 93 - 102.

[12] Wen S F, Yan C Z, Wei Q S, et al. Investigation and development of large-scale equipment and high performance materials for powder bed laser fusion additive manufacturing[J]. Virtual phys. Prototype, 2014, 9: 213 - 223.

[13] Kruth J P, Mercelis P, Vaerenbergh J V, et al. Binding mechanisms in selective laser sintering and selective laser melting[J]. Rapid Prototyping Journal, 2005, 11(1): 26 - 36.

[14] Sachs E M, Haggerty J S, Cima M J, et al. Three-dimensional printing techniques[P]. US, 5,340,656, April 9, 1993/August 23, 1994.

[15] Snow D B, Breinan E M, Kear B H. Rapid solidification processing of superalloy using high power lasers[C]. Proceedings Fourth International Superalloys Symposium. Baton Rouge: Alaitors Publishing Div. , 1980: 189 - 203.

[16] Brown C O, Breinan E M, Kear B H. Method for fabricating articles by sequential layer deposition[P]. US, 4,323,756, October 29, 1979/April 6, 1982.

[17] Koch J L, Mazumder J. Rapid prototyping by laser cladding [C]. Laser Material Processing, ICALEO'1993, Mccay T D, Matsunawa A, Hugel H (Eds.), Orlando FL: Laser Institute of America, 1993: 556 - 557.

[18] Murphy M, Lee C, Steen W M. Studies in rapid prototyping by laser surface cladding[C]. Proceeding of ICALEO'1993, Mccay T D, Matsunawa A, Hugel H (Eds.), Orlando FL: Laser Institute of America, 1993: 882 - 891.

[19] Xue L, Islam M. Free-form laser consolidation for production functional metallic

components[C]. Proceeding of ICALEO'1998, Duley W, Shibata K, Poprawe R, (Eds.), Orlando FL: Laser Institute of America, 1998: E15 - E24.

[20] Xue L, Purcell C J, Therialuit A, et al. Laser consolidation for the manufacturing of complex flextensional transducer shells [C]. Proceeding of ICALEO'2001, Chen X, Fujioka T, Matsunawa A, (Eds.), Orlando FL: Laser Institute of America, 2001: 701 - 711.

[21] Gremaud M, Wagmiere J D, Zryd A, et al. Laser metal forming: process fundamentals [J]. Surface Engineering, 1996, 12(3): 251 - 259.

[22] Griffith M L, Keicher D M, Atwood C L, et al. Freeform fabrication of metallic components using laser engineered net shaping LENS[C]. Solid Freeform Fabrication Symposium Proceedings, Marcus H L, Beaman J J, Barlow J W, Bourell D L, Crawford RH, (Eds), Austin, TX: University of Texas at Austin, 1996: 125 - 132.

[23] Griffith M L, Schlienger M E, Harwell L D, et al. Understanding thermal behavior in the LENS process[J]. Materials & Design, 1999, 20: 107 - 113.

[24] Richard M. Directed Light Fabrication[J]. Advanced Materials & Processes, 1997, 151 (3): 31 - 33.

[25] Arcella F G. Laser forming of near shapes[C]. Titanium'92: Science and Technology, Vol. 2, Frose F H, Caplan I L, (Eds.) Warrendale, PA: TMS, 1992: A1 - A5.

[26] Whitney E. Advances in Rapid Prototyping and Manufacturing Using Laser-Based Solid Free-Form Fabrication [M]. Handbook of Advanced Materials, Wessel J K, (Ed), Hoboken, NJ: John Wiley & Sons, Inc., 2004: 611 - 631.

[27] Wu X, Sharman R, Mei J, et al. Direct laser fabrication and microstructure of a burn-resistant Ti alloy[J]. Materials and Design, 2002, 23: 239 - 247.

[28] 李延民. 激光立体成形工艺特性与显微组织研究[D]. 西安: 西北工业大学, 2001.

[29] 黄卫东, 等. 激光立体成形[M]. 西安: 西北工业大学出版社, 2007.

[30] 耿海滨, 熊江涛, 黄丹, 等. 丝材电弧增材制造技术研究现状与趋势[J]. 焊接, 2015(11): 17 - 21.

[31] 巩水利, 锁红波, 李怀学. 金属增材制造技术在航空领域的发展与应用[J]. 航空制造技术, 2013, 433(13): 66 - 71.

[32] Taminger K, Hafley R A. Electron beam freeform fabrication: a rapid metal deposition process [C]. Proceedings of the 3rd Annual Automotive Composites Conference, September 9 - 10, 2003, Troy, MI. Society of Plastics Engineers. 1 - 6.

[33] Kazanas P, Deherkar P, Almeida P, et al. Fabrication of geometrical features using wire and arc additive manufacture[J]. Proceedings of the Institution of Mechanical Engineers, Part B: Journal of Engineering Manufacture, 2012, 226(6): 1042 - 1051.

[34] 熊江涛, 耿海滨, 林鑫, 等. 电弧增材制造研究现状及在航空制造中应用前景[J]. 航空制造技术, 2015, 493(Z2): 80 - 85.

[35] Blanther J E. Manufacture of contour relief-maps [P]. US473901A, 1892.

[36] Ahn D, Kweon J H, Choi J, et al. Quantification of surface roughness of parts processed by laminated object manufacturing [J]. Journal of Materials Processing Technology, 2012, 212(2): 339 - 346.

[37] Robbers B A, Anderson B J, Hayes W A, et al. Platelet Devices — Limited Only by

One's Imagination[C]. 42nd AIAA/ASME/SAE/ASEE Joint Propulsion Conference & Exhibit. 2006: 4542.

[38] Mueggenburg H H. Platelet injector design and development history [C]. AIAA/SAE/ASME ASEE 27th Joint Propulsion Conference, 1991.

[39] Keener D N. Investigation of boundary layer and performance effect of transpiration cooling through a porous plate in a rocket nozzle [R]. ADA 289393, 1994.

[40] Basuki W W, Kraft O, Aktaa J. Optimization of solid-state diffusion bonding of Hastelloy C-22 for micro heat exchanger applications by coupling of experiments and simulations [J]. Materials Science and Engineering A, 2012, 538: 340-348.

[41] 何艳丽,李京龙,孙福,等.扩散焊吸液芯结构对热管传热性能的影响[J].化工学报,2014, 65(4): 1229-1235.

[42] Mueller B, Kochan D. Laminated object manufacturing for rapid tooling and patternmaking in foundry industry [J]. Computers in Industry, 1999, 39(1): 47-53.

[43] 焦向东,佟泽民,贾永田.分层快速原型制造技术原理及应用[J].石油化工高等学校学报, 1997,10(4): 47-48.

11　增材制造的航空应用

近年来,随着增材制造技术的快速发展,其所具有的自由实体成形特征,为实现先进飞机结构的轻量化、紧凑性和多功能设计,提升飞机设计和研发效率创造了重要条件。这也使得增材制造在航空领域的应用日益增多。根据 Wohlers 报告统计[1-3],2015 年,增材制造航空航天应用占增材制造全部应用的份额,已由 2013 年时的 10.2% 提升到 16.6%,增长 62.7%,在增材制造的所有应用领域中居于领先地位。

本章重点阐述了金属增材制造的航空应用、增材制造应用于飞机风洞模型制造和复合材料铺放增材制造等三方面的内容。

11.1　金属增材制造的航空应用

11.1.1　金属增材制造的航空应用概况

金属零件的直接增材制造的技术构思,是由美国联合技术研究中心(United Technologies Research Center,UTRC)在 1979 年首先提出的,其应用对象就是针对航空制造领域,并且是航空核心部件——航空发动机涡轮盘(见图 11-1)[4]。自

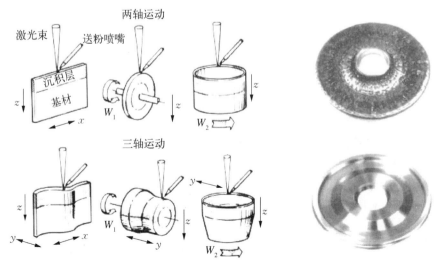

图 11-1　美国 UTRC 公司 LCF 技术概念示意及采用此技术成形的
航空发动机涡轮盘模拟件[4]

20 世纪 90 年代中期,美国 Boeing 飞机公司、GE 航空发动机公司、Sandia 国家实验室和 Los Alomos 国家实验室、欧洲 Airbus 公司、英国 Rolls－Royce 公司、法国 Safran 公司、意大利 Avio 公司等航空航天领域大型公司和国家研究机构都已开始对金属增材制造技术及其在航空航天领域的应用进行了大量研究工作。参与这项研究的世界著名大学更是数不胜数。

1994—1999 年,国际三大航空发动机公司之一的英国 Rolls－Royce 公司开始通过英国 Crandfield 大学探索航空发动机机匣等零件的电弧送丝增材＋铣削减材复合制造技术[5]。不过直到 2000 年,美国 Boeing 飞机公司才首先宣布采用激光熔覆成形增材制造技术制造的三个钛合金零件在 F－22 和 F/A－18E/F 军用飞机上获得应用(见图 11－2)[6]。这个事件在全球掀起了金属零件直接增材制造的第一次热潮。

 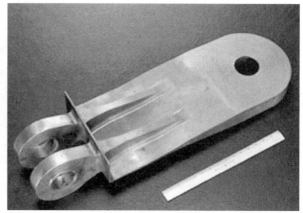

图 11－2　Boeing 飞机公司采用 LCF 技术制造的飞机钛合金结构件[6]

在增材制造技术发展的早期,激光熔覆成形技术的应用对象更多的是针对军用飞机的钛合金零件,如钛合金支架、吊耳、框、梁等,以及航空发动机零件如镍基高温合金单晶叶片。除了激光熔覆成形技术,随着电子束熔丝沉积成形增材制造技术的逐渐成熟,其在航空制造的应用前景也日益得到重视。美国 Sciaky 公司已采用锻造＋电子束熔丝沉积成形组合制造技术为 Lockheed Martin 公司制造了 F－35 联合攻击战斗机的垂尾、襟翼副梁和 F－14 喷气战斗机的翼盒等测试件(见图 11－3),采用这项技术后,预期零件成本可降低 30%～60%[7]。

美国 Boeing 飞机公司和欧洲 Airbus 公司都非常重视金属增材制造技术在民用航空领域的应用。随着金属增材制造技术逐渐成熟,增材制造技术对航空材料和结构优化设计的支撑也日益凸显。无论 Boeing 飞机公司,还是 Airbus 公司,都非常重视面向增材制造的材料和结构优化设计方法,并将增材制造与一体化轻量化设计的结合作为金属增材制造技术在航空领域应用的一项核心发展目标。如 Air Bus 公司针对金属增材制造的技术特征,对 A320 和 A380 飞机所使用的发

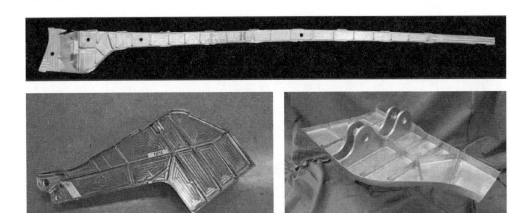

图 11-3 美国 Sciaky 公司采用 EBF³ 技术制造的飞机钛合金结构件[7]

动机短舱铰链进行了材料和结构拓扑优化设计,解决了原有设计高应力集中的问题,使最终制造的零件减重 60%[8]。

目前,Boeing 飞机公司已在多款飞机机型开始进行金属增材制造零件的考核,并制订了一套为增材制造技术量身定做的技术成熟度等级指南,将设计、材料、制造、质量、成本、耐久性、保障性等作为重要指标。在 2015 年,Boeing 飞机公司提交了一份增材制造飞机零部件的专利申请,该专利涵盖了通过中央数据管理系统将 3D 设计转变成增材制造部件的完整过程[9]。欧洲 Airbus 公司自 2006 年在集成机翼计划(Integrated Wing ATVP)中启动飞机起落架激光熔覆成形增材技术研发以来,逐渐开展了各类金属增材制造技术在航空制造中的应用考核。2016 年,Airbus 公司所采用钛合金选区激光熔化增材制造工艺流程通过了欧洲航空安全局(EASA)认证。此项认证打开了金属增材制造零件在航空系列产品应用的大门,清除了增材制造非重要金属飞行部件在现有民用客机型号应用的障碍[10],A350 XWB 飞机支架等增材制造件随即获得应用。实际上,早在 2015 年,美国 GE 航空发动机公司采用选区激光熔化增材制造的用于 GE90-94B 发动机的 T25 压缩机进气口温度传感器的外壳(见图 11-4)就已经获得了美国联邦航空局(FAA)认证,该发动机主要用于波音 777 飞机[11]。与 GE 公司相比,欧洲 Airbus 公司此次获得的认证不是针对单一增材制造的零件,而是针对所采用的增材制造方法和装备,不是单纯的技术驱动而是商业价值驱动。由于相比军用飞机应用,大型商用客机对制造技术和产品的可靠性要求更为苛刻,此次认证的通过将极大地提振全球范围内金属 3D 打印技

图 11-4 美国 GE 公司采用 SLM 制造的航空发动机传感器外壳[11]

术发展和商业应用的信心。

　　在中国航空制造领域,金属增材制造技术和应用研究最具代表性的单位主要是北京航空航天大学和西北工业大学。北京航空航天大学针对我国军用飞机大型钛合金结构件的激光熔覆成形增材制造开展了大量研发工作,并已经在多个型号中获得应用(见图 11-5)[12]。在民用飞机应用方面,西北工业大学采用激光熔覆成形增材制造技术制造了长约 3 010 mm 的 C919 飞机钛合金中央翼 1♯ 肋缘条(见图 11-6)[13]。目前,装备这些激光熔覆成形增材制造缘条的 C919 飞机翼身组合体已通过了静强度研究偏航机动 100％限制载荷试验测试。

图 11-5　北京航空航天大学采用 LCF 技术制造的飞机加强框

图 11-6　西北工业大学采用 LCF 技术制造的 C919 大型客机中央翼肋上、下缘条

除了直接制造航空零件外,采用增材制造技术对航空零件进行成形修复,以及将增材制造与传统的铸、锻和机械加工相结合形成组合制造技术以提高零件的成形精度和效率也是目前航空制造领域的一个发展亮点和未来的重要发展趋势之一。目前欧美以及我国都已经把增材制造成形修复技术应用于飞机零件加工和服役损伤的修复,取得了显著的时间和经济效益。在组合制造方面,国内外都在探索将金属增材制造技术与传统的铸造、锻造、机械加工和电加工相结合,以克服增材制造固有的精度/效率矛盾,实现航空复杂构件的低成本、高效、高精度制造和加工。

11.1.2 金属增材制造的力学性能

金属增材制造技术在航空领域应用的驱动力,一方面来自其所具有的高自由度成形特征,理论上可以成形近乎无限复杂结构的零件,从而可以充分发挥材料和结构优化设计的潜力;另一方面,同样重要的是,金属增材制造在提升零件力学性能上具有极大潜力。表 11-1 分别给出了激光熔覆成形增材制造典型钛合金、镍基高温合金及钢的室温拉伸力学性能[14]。可以看到,这些材料,无论是拉伸强度、屈服强度还是延伸率,普遍满足锻件标准。尤其是对于 α 钛合金(如 TA15)和 α+β 钛合金(如 Ti-6Al-4V),由于 β→α 相变的体积变化效应小,相变应力值低,且因体心立方 β 相自扩散系数高,β→α 相变迅速,使得若激光熔覆成形的工艺恰当,可利用往复熔覆沉积对已熔覆沉积层进行充分的退火和回火热处理,实现成形和热处理一体化,使得这些钛合金在沉积态的情况下也可以满足锻件指标。而对于镍

表 11-1 LCF 典型金属合金的室温力学性能

材　　料	成形工艺及状态	σ_b/MPa	$\sigma_{0.2}$/MPa	δ/%
Ti-6Al-4V 钛合金(TC4)	沉积态	955～1 000	890～955	10～18
	LCF+热处理态	1 050～1 130	920～1 080	13～15
	锻造/退火态标准	≥895	≥825	≥8～10
TA15 钛合金	沉积态	1 030～1 190	955～1 150	10～14
	LCF+热处理态	1 160～1 330	1 040～1 140	8～9.5
	锻造/退火态标准	930～1 130	≥855	≥8～10
Inconel718 镍基高温合金	LCF+热处理态	1 325～1 380	1 065～1 165	16.5～30
	锻造标准	≥1 240	≥1 030	≥6～12
Rene88DT 镍基高温合金	LCF+热处理态	1 440～1 450	1 060～1 080	20～23
	粉末冶金标准	1 520～1 600	1 080～1 210	17～25
316L 不锈钢	LCF+热处理态	～605	～400	～53
	锻造/退火态标准	≥586	≥241	≥50
300M 超高强钢	LCF+热处理态	1 895～1 965	1 748～1 849	5.5～8
	锻造标准	≥1 862	≥1 517	≥8

基高温合金和一些高强钢来说,由于合金化程度较高,凝固过程中容易在枝晶间产生有害的低熔点元素、化合物相或共晶偏析,同时在激光往复熔覆沉积的快速加热和冷却导致的应力作用下,若工艺控制不当,极易产生热裂等冶金缺陷,导致力学性能的降低。如对于 Rene88DT 粉末冶金高温合金,尽管其激光熔覆成形构件的室温力学性能已经十分接近粉末冶金(加热等静压)的技术标准,但仍然存在一定差距;而对于 300M 超高强度钢,尽管拉伸强度和屈服强度已基本满足锻件标准,但延伸率相比锻件还有一定差距。

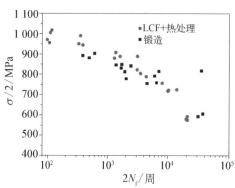

图 11 - 7　经固溶时效处理的 LCF Ti-6Al-4V 合金光滑试样的低周疲劳 S-N 曲线[14]

图 11 - 7 给出了激光熔覆成形 Ti-6Al-4V 合金构件的 S-N 疲劳曲线[14]。可以看到,激光熔覆成形构件的高周疲劳性能与退火态锻件的性能基本相当,但是中低周疲劳性能稍低。Ti-6Al-4V 合金 LCF 构件所具有较好高周疲劳性能应与其所具有的晶内细化魏氏或网栏状 α 板条相关,但是激光熔覆成形 Ti-6Al-4V 合金构件所具有的粗大初生 β 晶粒可能在一定程度上导致其低周疲劳性能的弱化。

表 11 - 2 给出了选区激光熔化成形增材制造的 Ti-6Al-4V 钛合金和 Inconel718 镍基高温合金的室温拉伸力学性能[15,16]。与激光熔覆成形构件相似,选区激光熔化成形的 Ti-6Al-4V 钛合金和 Inconel718 镍基高温合金的拉伸强度、屈服强度和延伸率同样满足锻件标准。另外,相比一般的激光熔覆成形过程,由于选区激光熔化成形通常采用更小的激光焦斑和更短的光束作用时间,其成形过程中熔池的冷却速率显著更高,造成其沉积态的晶粒尺寸要远小于一般激光熔覆成形构件的晶粒尺寸,这使得沉积态选区激光熔化成形件的拉伸强度、屈服强度要高于沉积态激光熔覆成形构件,但是,经过热处理后,选区激光熔化成形件和激光熔覆成形构件的力学性能基本相当。需要指出的是,由于选区激光熔化成形件难以完全消除孔洞,使得选区激光熔化成形件的延伸率要比激光熔覆成形构件稍低,这也将导致选区激光熔化成形件的疲劳性能要明显低于激光熔覆成形构件及锻件。通常材料的静载拉伸强度对微小缺陷不敏感,因此,选区激光熔化成形件中的微小孔洞并未对选区激光熔化成形件的拉伸强度产生明显影响。图 11 - 8 给出了美国波音公司的 Edwards 等人所测试的选区激光熔化成形 Ti-6Al-4V 合金构件的疲劳寿命[17]。由于选区激光熔化成形件中难免会存在细小未熔颗粒及孔洞,导致选区激光熔化成形件的疲劳性能相比锻件和激光熔覆成形构件有所降低。同时,选区激光熔化成形件中所存在的细小的杂乱取向晶粒使得其成形件仅存在较弱的力学性能各向异性。

表 11‑2　**SLM 成形典型金属合金 SLM 的室温力学性能**[15,16]

材　　料	成形工艺及状态	σ_b/MPa	$\sigma_{0.2}$/MPa	δ/%
Ti‑6Al‑4V 钛合金 （TC4）	沉积态	1 267±5	1 110±9	7.28±1.12
	SLM＋热处理态	1 082±34	1 026±35	9.04±2.03
	锻造/退火态标准	≥895	≥825	≥8～10
Inconel718 镍基高温 合金	沉积态	1 137～1 148	889～907	19.2～25.9
	SLM＋热处理态	1 280～1 358	1 102～1 161	10～22
	锻造标准	≥1 240	≥1 030	≥6～12

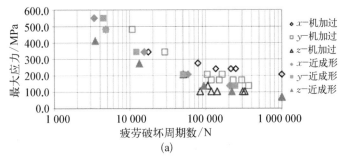

(a)

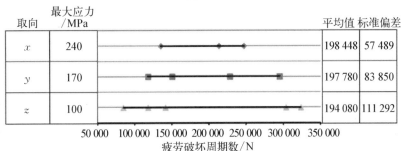

(b)

图 11‑8　SLM Ti‑6Al‑4V 合金构件的疲劳寿命（Boeing 公司）[17]

　　目前激光增材制造对于铝、镁等一类低熔点高活性合金的成熟度还较低，较为成功的案例主要集中于 AlSi10Mg 合金的选区激光熔化成形。AlSi10Mg 合金相当于我国的 ZL104 合金。表 11‑3 给出了选区激光熔化成形 AlSi10Mg 合金的力学性能[18,19]。可以看到，选区激光熔化成形 AlSi10Mg 合金的力学性能远高于铸造 ZL104 合金 T6 态的力学性能。这一方面来源于选区激光熔化成形过程中 AlSi10Mg 合金的沉积组织相比铸态合金会显著细化，同时选区激光熔化成形过程中激光多层往复沉积的再热处理也使得合金在成形的同时还经受了充分的时效处理。

　　表 11‑4 给出了采用电子束熔丝沉积、选区电子束熔化和电弧熔丝沉积增材制造所成形的 Ti‑6Al‑4V（TC4）合金的室温力学性能[5,20‑21]。可以看到，采用这些

表 11-3 SLM 成形典型金属合金的室温力学性能[18,19]

材料	成形工艺及状态		σ_b/MPa	$\sigma_{0.2}$/MPa	δ/%
AlSi10Mg (ZL104)	退火态(EOS 公司)	水平方向	430±20	245±10	9.5±2
		垂直方向(沉积方向)	430±20	220±10	7.5±2
	退火态(Renishaw 公司)		332～341	173～212	4～10
	铸造 T6 态标准		≥235		≥2

表 11-4 金属增材制造 Ti-6Al-4V(TC4)合金的室温力学性能[5,20,21]

材料	成形工艺及状态	σ_b/MPa	$\sigma_{0.2}$/MPa	δ/%
Ti-6Al-4V (TC4)	电子束熔丝沉积,沉积态(NASA)	907	837	11
	选区电子束熔化(Arcam 公司)	1 020	950	14
	电弧熔丝沉积(Crankfield 大学)	918～965	805～865	8.2～14.1
	锻件,退火态	≥895	≥825	≥8～10

方法所成形的试件的室温静载力学性能同样能满足锻件标准,但相比激光熔覆成形和选区激光熔化成形的 Ti-6Al-4V 合金性能有所降低。这主要是由于电子束和电弧在成形过程中输入的能量相比激光为高,沉积过程中热影响区较大,使得载能束在往复扫描沉积过程中对已沉积部分产生了较为充分的退/回火效应,导致最终成形件的性能有所降低。由于丝材的比表面积要比粉末材料小得多,使得高活性的铝合金在电子束熔丝沉积和电弧熔丝沉积增材制造过程中具有较好的成形性。

需要指出的是,目前金属增材制造所采用的合金大多是传统的铸造合金或锻造合金,所采用的热处理方式大多数是沿用传统铸件和锻件的热处理方式。之所以把这些合金称为铸造合金和锻造合金,是因为这些合金的成分设计、热处理方式的制订都是针对合金在铸造和锻造过程的工艺特征、组织及合金化特征和强韧化机制,而金属增材制造的工艺特性决定了其组织和合金化特征必然与传统的铸件和锻件有较大差别,使得这些合金的设计及热处理方式通常无法充分发挥金属增材制造构件的力学性能。因此,为了充分发挥金属增材制造的高力学性能特性,发展具有最佳工艺特性和最合理的材料组织结构的金属增材制造专用合金,将是未来金属高性能增材制造最重要的技术发展方向之一。

11.1.3 金属增材制造民用航空应用的典型案例

11.1.3.1 C919 飞机机翼缘条增材制造

C919 大型客机中央翼缘条是飞机机翼与机身连接处的关键主承力构件,如图11-9 所示。由于机翼翼型流线、承载性能要求、装配要求和轻量化设计等多方面

图 11-9 C919 中央翼肋缘条

因素的综合考量,缘条结构往往设计为空间异型结构,加之尺寸较大,给后续的制造加工带来了很大的难度。

缘条构件通常使用的材料为钛合金、铝合金。传统的加工制造方法为:首先采用自由锻造的方法制备毛坯,然后采用数控铣进行粗加工,之后热处理消除加工应力,最后完成数控铣精加工到位。采用这一制造方法,通常自由锻料相对于最终缘条有着很大的余量,因此,需要去除的材料往往高达 95% 以上,造成极大的材料浪费和加工时间成本。为了减小加工余量,人们采用模锻代替自由锻,从而使加工余量大大减小,但余量仍然在 15 mm 以上。除此之外,缘条模锻还存在两大难题。第一,大型客机缘条一般在 3 m 以上,需要 4 万吨以上液压锻机才能实现模锻,然而,国内满足需求的装备较少;第二,模锻件模具的设计与制造成本很高,模具的加工周期也很长。如果飞机处在研制阶段,如此时间及成本的投入对于新机研制来说难以想象。实际上,在大型客机的研制中,有很多类似的复杂零件都存在同样的问题,即采用传统加工技术成本高、时间周期长,原材料的利用率较低,进而对民机的研制进度产生重要的影响。激光熔覆增材制造技术能够实现高性能复杂结构致密金属零件的无模、快速、近净成形,给民机大型复杂结构件的高效制造提供了一种解决途径。

1) C919 钛合金中央翼缘条激光熔覆增材制造方案

完整的激光熔覆增材制造过程主要包括以下几个方面的工作:① 对零件结构特点进行分析;② 建立毛坯零件三维 CAD 实体工艺模型;③ 制订激光熔覆增材制造工艺方案;④ 激光扫描路径生成及优化;⑤ 工艺参数选取与优化;⑥ 激光熔覆增材制造零件毛坯;⑦ 后续处理。

(1) 缘条结构特点分析。

C919 飞机的中央翼上下缘条长近 3 m,为类十字和丁字双弯曲板筋结构(见图 11-9),弯曲最大倾斜度约 20°,同时筋板主要为变壁厚结构,各部分主要板厚 6~18 mm,采用 Ti-6Al-4V 合金进行制造,设计零件的净重为 50 kg 左右。

(2) 激光熔覆增材制造实施方案。

根据 C919 飞机缘条的结构特点拟采用整体激光熔覆成形制造方案。从变形最小化和工艺最简化的角度考虑,由于缘条整体结构的弯曲曲率不大,拟沿缘条长度方向进行立式整体成形,如图 11-10 所示。成形制造的总体流程如图 11-11 所示。

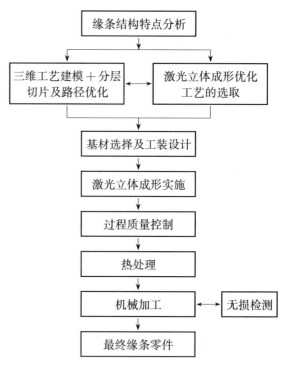

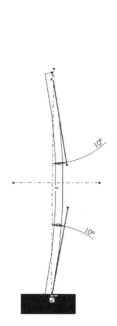

图 11-10　C919飞机缘条激光
立体成形方案

图 11-11　缘条整体激光立体成形制造流程

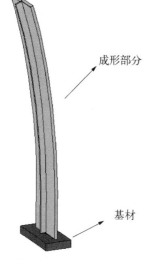

图 11-12　缘条整体激光立体
成形工艺模型

（3）近形件三维 CAD 实体模型建立。

从经济适用性的角度,考虑制造效率和成形精度的平衡以及后续无损检测的需求,激光熔覆增材成形的缘条相比原设计零件需要单边设计 3 mm 余量。同时考虑后续的数控加工要求,在成形件的 CAD 建模时,需要同时考虑成形基材的装夹和数控加工的定位,明确成形基准和加工基准的转换策略,确定工艺模型,如图 11-12 所示。

（4）工艺过程控制。

a. 激光扫描路径生成:

根据缘条的结构特点,为了保证外部轮廓以提供准确的加工余量,以及减轻局部过热的影响,剖分工艺模型时采用轮廓偏置路径和起始位置随机的填充方式。

缘条激光熔覆增材成形过程中,为了保证制造效率和适当的精度,通常需要采用大光斑和厚熔覆沉积层的方式进行成形制造。在立式熔覆沉积过程中,熔池凝固收缩易沿高度方向发生,为此,采用沉积高度监控系统同步调控成形件高度和沉积层厚度。

b. 后续处理：

由于成形过程中零件经历了巨大的温差变化，缘条经激光熔覆增材成形后，后续需要采用适当的热处理工艺来优化微观组织结构和去除残余应力。针对缘条所采用 Ti-6Al-4V 合金，基本热处理工艺包括：固溶时效和去应力退火。

2) 关键问题的解决思路

成形过程的质量控制是激光熔覆增材制造满足缘条设计要求的重要环节，其包括几何性能的控制，冶金质量的控制以及应力变形的控制三个方面。

(1) 几何性能控制。

对于大型构件的成形，微观的表面精度并不是主要关注的问题。成形件形位尺寸是决定能否最终加工出零件的关键。为此需要通过两方面来确保形位尺寸。

a. 沉积高度控制：

可结合沉积高度的实时检测系统及离线高度测量，采用优化的工艺参数组合，确保沉积高度均匀稳定。

b. 成形过程中关键位置和结构设计尺寸保证：

成形过程中需要对关键位置和关键的结构设计尺寸进行在线和离线监测，确定其与成形件工艺模型的形位偏差，并以此为参考修正成形工艺参数。

(2) 冶金质量控制。

对于大型构件成形来说，如何在长时间的成形过程中保证整个构件内部的冶金质量是一个必须解决的问题。需要从以下几方面来解决这一问题：

a. 优化工艺保证单道沉积冶金质量；

b. 根据熔覆沉积层的宽高比严格控制搭接率，确保搭接部分冶金质量；

c. 尽可能配置加工区域激光功率、熔池温度或熔池尺寸的实时监测系统，实时调整优化工艺，保证成形过程的稳定性。

(3) 应力变形模拟及控制。

对于大型构件的激光熔覆增材成形来说，成形件的应力变形控制是一个不可忽视的问题。它关系成形件与设计尺寸的形位偏差，影响工艺模型的余量设计及后续能否机械加工成最终零件。而对成形过程的应力变形情况进行适当的模拟仿真是优化工艺策略、调控成形过程应变分布和变形的一个重要手段。

图 11-13 为采用有限元分析仿真的轮廓偏置、长光栅、短光栅和交叉光栅 4 种沉积路径激光立体成形的 Ti-6Al-4V 合金 T 型缘条和基板的最终变形情况[22]。可以看到，4 种沉积路径下基板最大变形量在基板长边的两侧，产生向上的变形，基板中心位置变形最小。采用轮廓偏置路径沉积的 T 型缘条最大变形量在熔覆层顶端横向缘条尾部，最大变形量为 2.1 mm，其次是纵向缘条尾部，变形量约为 1.67 mm，基板上最大变形量为 1.4 mm。采用长光栅和短光栅路径沉积时，最大变

形都在熔覆层顶端横向缘条头部,其最大变形量分别为 2.429 mm 和 2.424 mm,基板两侧最大变形量分别为 0.16 mm 和 0.1 mm。采用交叉光栅路径沉积的 T 型缘条,沉积结束后最大变形量是在基板上,基板上最大变形量为 1.9 mm,T 型缘条上最大变形量在熔覆层顶端横向缘条头部,最大变形量为 1.653 mm,相对其他路径,采用交叉光栅路径沉积的 T 型缘条上变形量最小,这是由于采用交叉光栅路径沉积时,相邻熔覆层冷却时凝固收缩方向发生了改变,使得收缩引起的内应力的方向分散,相应的翘曲变形减小。

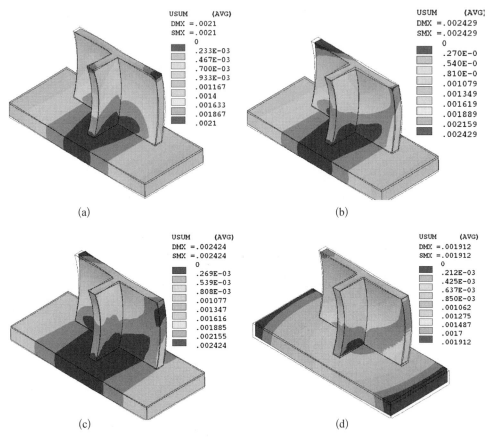

图 11 - 13　T 型缘条激光立体成形后的最终变形情况
(a) 轮廓偏置　(b) 长光栅　(c) 短光栅　(d) 交叉光栅[22]

图 11 - 14 为沉积结束及冷却后,采用 4 种沉积路径沉积所得 Ti - 6Al - 4V 合金 T 型缘条等效应力场分布[22]。沉积结束后,T 型缘条的最大残余应力都分布在横向缘条两端靠近根部位置,且由外向内应力迅速减小;基板上应力值较小,主要集中在缘条轮廓周围。采用轮廓偏置沉积路径,缘条端部应力从下到上呈 V 字型分布,且最大等效应力达 779 MPa,位于横向缘条背面端部与基板连接处。横、纵缘条连接处的背面底部也存在明显的应力集中,最大应力值达 690 MPa,随高度的增

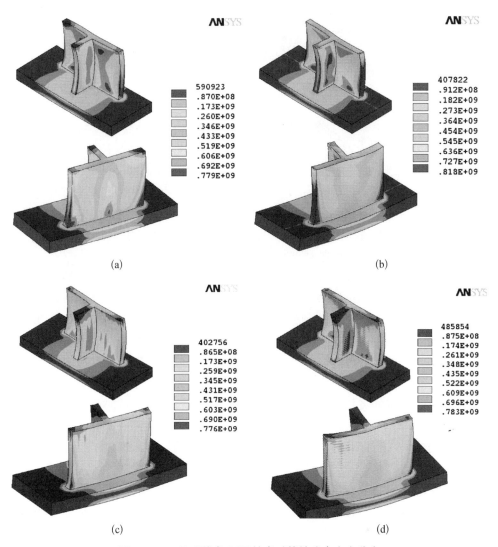

图 11-14 T型缘条 LSF 结束时等效残余应力分布

(a) 轮廓偏置 (b) 长光栅 (c) 短光栅 (d) 交叉光栅[22]

加应力值逐渐减小至 300 MPa。除去端部和背部应力集中位置,缘条整体所受应力水平较低。采用长光栅路径沉积的缘条端部则存在更大范围的应力集中,且最大等效应力高达 818 MPa,横、纵缘条连接处的背面最大应力约为 450 MPa。除去端部位置,采用轮廓偏置和长光栅路径沉积时,缘条底部与基板连接位置也产生较大拉应力,熔覆结束后缘条顶部应力变大。相比前两种沉积路径,采用短光栅沉积的缘条整体应力分布最均匀,只有缘条端部与基底连接的根部出现应力集中但范围非常小,最大等效应力为 776 MPa,背面应力也更均匀,应力水平维持在 250 MPa 左右。采用交叉光栅沉积路径的缘条上整体应力分布也比较均匀,但是端部应力比短光栅略大,最大等效应力为 783 MPa。

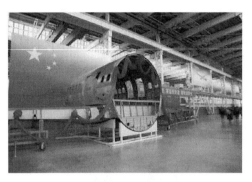

图 11-15 装配了 LCF 上、下缘条的 C919 中机身翼身组合体

3）缘条的激光立体成形

基于前述分析，最终 C919 飞机中央翼缘条构件采用轮廓偏置＋光栅混合路径进行扫描沉积，最终激光立体成形的零件如 11-6 所示。超声检测表明无孔洞和熔化不良缺陷，满足设计要求。同时，抽样拉伸测试结果表明，增材制造件不同部位强度性能波动小于 2%。图 11-15 为采用激光立体成形增材制造的上、下缘条组装的 C919 中机身翼身组合体部段。该部段已完成了载荷考核，最终测试的承载能力超过设计要求。

11.1.3.2　空客大型客机整体结构设计与增材制造

民用客机一般服役时间超过 30 年，飞行中处于多样化、极端复杂的载荷谱条件下，导致飞机不仅要承受基本的静态应力，而且服役过程中所存在的极端温度波动还会进一步导致复杂的应力状态。飞机产生应力的过程贯穿起飞、降落和飞行过程，持续不断的应力变化是影响其零部件使用状态的决定性因素，这就需要民用客机零部件能够充分发挥其自身最优的性能。这也使得制造出满足以上苛刻要求的飞机零部件具有重大的挑战性。受制于大型客机苛刻的工况载荷、尺寸、安全可靠性限制等，传统的飞机结构无论从材料选择、构型设计，还是加工工艺等方面考虑，整体都非常"强壮"，特别是受加工工艺约束很大，往往无法充分发挥构件的应用和功能潜力。增材制造技术对大型客机结构带来的好处是解放了以往制造工艺对设计师的约束，是设计师在进行设计时可以不受构件形状、后续工艺等限制，充分进行基于构件功能驱动的结构设计，甚至是产生一些"颠覆性"的设计理念。目前，面向增材制造工艺特征的设计方法正在飞机材料、结构轻量化和仿生结构制造等方面发挥着越来越重要的作用。这种转变将有望进一步提高大型客机燃油效率，减少 CO_2 排放，从而使得民用客机制造实现环境友好的可持续性发展，并实现资源节约，改善社会与经济成本结构。

本节以 Airbus 公司在飞机零部件增材制造方面的研究为例，探讨了面向增材制造的结构优化设计、材料设计和应用制造，及其对大型飞机高性能轻量化制造的促进作用。

1）拓扑优化与增材制造

增材制造的一大潜力是重塑产品设计，使得很多我们原来所熟悉的传统构件设计变得跟原来"长"得几乎完全不一样，使用更少的材料，达到同样甚至更好的力学性能，增材制造为设计师们打开了一个全新的领域，在这方面最常用的设计方法就是拓扑优化。

拓扑优化是一种设计的数学方法，主要用来帮助工程师们找到能够满足要求的最佳概念设计。该技术能够在一个确定的设计领域内实现最佳的材料分布,包括边界条件、预应力以及负载等,并可以通过拓扑优化来确定和去除那些不影响零件刚性的部位。拓扑优化和增材制造的联姻为实现传统制造方法无法处理的复杂结构构型创造了可能性。两者的结合可以重构造型,以精确的方式布局材料、减轻重量、减少零件数量、降低制造成本和组装要求,与此同时,还可在结构制造过程中,实现在零部件中直接植入传感器和进行布线,或者添加功能部件等,显著节省生产时间和金钱、减少生产节点或者其他可能导致失败的接口数目。这一切在大型客机的设计安全领域是一个相当关键的优势。

以 A320 铰链为例,Airbus 公司在保证铰链安全使用前提下,通过拓扑优化的方法,结合增材制造技术大幅度降低了该零件的重量,并在保证刚度的同时大幅度降低了零件中的最大应力[8]。Airbus A320 铰链的原始零件及工作负载状态如图 11-16 所示。根据设计强度需求,初始材料采用的是 HC 101 钢,密度为$7.7 \mathrm{~g/cm^3}$。零件采用砂型铸造+三轴机床加工到位。初看的话,设计非常简单、直观,但是从结构和使用的角度看,这种结构显得很笨重,并且应用状态达不到最理想。

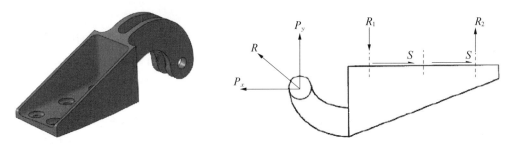

图 11-16　铰链传统设计模型与受力验证约束[8]

通过对该零件受力约束及疲劳性能的验证,设计寿命 400 000 周期时,能达到最大加载强度的 80%,因此疲劳性能是主要的设计驱动因素。表 11-5 是选区激光熔化增材制造 Ti-6Al-4V 合金的相关性能数据。可以看到,如果将零件的制造材料从 HC 101 钢改为 Ti-6Al-4V 合金,材料密度降低到了$4.42 \mathrm{~g/cm^3}$。尽管 Ti-6Al-4V 合金的弹性模量低于 HC 101 钢的 193 GPa,替换后需要通过增加一定 Ti-6Al-4V 合金用量保证刚度,但是在同等设计条件下,零件的重量仍然会明显降低。

表 11-5　SLM 增材制造 Ti-6Al-4V 合金铰链材料性能[8]

性　　能	测试值的下限
杨氏模量/GPa	116
屈服强度/MPa	1 008
拉伸强度/MPa	1 085
延伸率/%	13%

图 11-17 是对传统设计的铰链进行有限元应力分析所获得的结果。可以看到,在极限载荷情况下,最大应力达到 836 MPa;疲劳载荷工况下,最大应力达到 701 MPa。同时,传统设计的铰链中存在较大的应力集中,使得在负载条件下产生的拉伸和弯曲应力不能有效地分布在铰链中,并存在大范围的无/低应力区域。一方面,应力集中限制了这个零件的最大使用强度,并且对刚性具有负面效果,另一方面也说明,无/低应力区域的存在意味着可以从这个零件结构中去除掉一些材料。

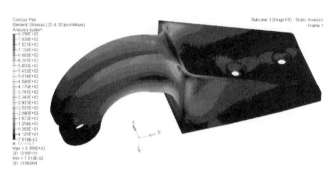

图 11-17　铰链传统设计 FEA 应力分析[8]

对这种铰链零件进行拓扑优化轻量化设计,首要的约束来自零件的刚性,其次的约束来自铰链服役时的最大应力不能超过所用材料的临界值,如最大静态加载应力不能超过 1 000 MPa(Ti-6Al-4V 材料的屈服强度),疲劳最大载荷不能超过 350 MPa。同时,铰链和螺栓连接孔等一些非设计范围在优化过程中也需考虑。

图 11-18 显示了铰链的拓扑优化设计过程。由于拓扑结构中的应力都很低,所以设计中实际上可以降低对应力的约束。零件的刚度就成为主要设计驱动。在优化设计过程中,还结合实验测量,添加了所有螺栓孔的应力约束作为新的约束边界。与初始设计的应力分布情况相比,最终优化设计后的零件内部应力分布比原

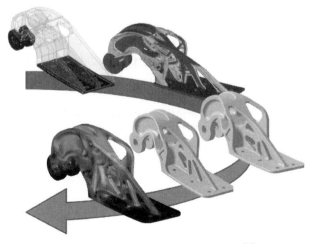

图 11-18　铰链第二次拓扑优化过程[8]

始零件均匀得多,最大应力也减小到 310 MPa。同时,拓扑优化后的设计重量只有
326 g,相比原有的 918 g,减少了 64%,尽管通过材料变化占到减重效果的一半左
右,但是通过拓扑优化设计在满足铰链基本使用性能的前提下,确实降低了该零件
的重量,达到了设计目的(见图 11 - 19)。

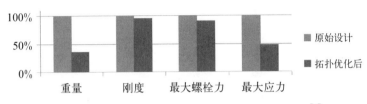

图 11 - 19　原始设计与拓扑优化设计前后性能对比[8]

除了铰链,Airbus 公司一直以来还持续通过包括拓扑优化设计的各种工业设
计方法对大型客机结构件进行减重目的的开发,例如图 11 - 20 所示的 A380 客机
前缘肋(leading edge ribs)和翼盒(aircraft wing box)结构等。早期传统的加工方
法对拓扑优化的结构件制造比较困难,随着增材制造的发展,目前,Airbus 公司正
在和世界上主流的增材制造科研机构和相关公司进行合作,试图采用激光、电子
束、电弧等金属增材制造技术,打通一条从优化设计—性能验证—部件考核—整体
构件一体化制造的新途径。

2) 仿生设计与增材制造

经过长时间的进化过程,自然界已经对于飞行的轻质构型以及如何利用最小
的能耗进行飞行给出了非常清晰的答案,而这些构型在工业应用中的实现目前在
很大程度上依托于高性能金属增材制造技术。现有的分析已经显示,仿生结构在
飞机零部件构型中的应用,对解决飞机的安全性问题具有巨大的潜力,预计在以后
飞机结构设计和生产中,随着金属增材制造技术的日益成熟,结构构型向仿生结构
模式的转变将会越来越受到重视。

针对各种制造模式的转换,Airbus 公司除了开展飞机零部件拓扑优化设计外,
同时也在探索应用结合了仿生结构设计的"仿生 3D 打印(bionic 3D printing)"技术
进行飞机零部件设计和制造的可行性[24]。Airbus 公司正在尝试通过选区激光熔
化增材制造技术,成形极其精细,包含骨骼状多孔结构,以制造结构、硬度和性能最
优化的,具有仿生结构的飞机零部件。

以机舱隔离结构为例,Airbus 公司基于选区激光熔化增材制造技术,正在为
Airbus A320 飞机开发一个大尺寸的"仿生"机舱隔断(见图 11 - 21)。这组隔断将
用于分隔客舱后部的厨房区域。Airbus 公司在对大型机舱隔断的结构单元的设计
中,模仿了生物体中有机的细胞结构和骨组织的生长形态。并基于刚度和强度要
求,进行了从零件—部件—整体的逐步递进设计,整体验证。另外,从高强度轻量
化的角度,针对该零件结构,还专门开发了一种称为 Scalmalloy 的新型超强、轻质

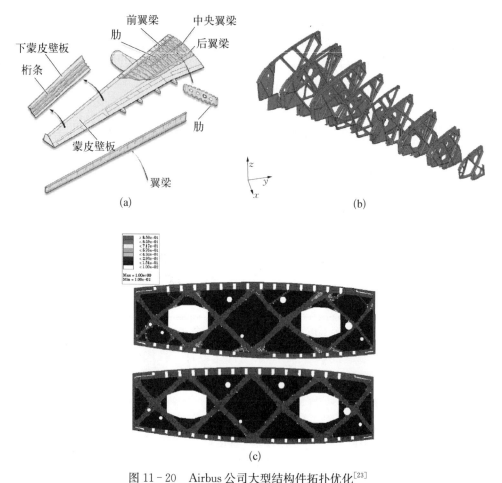

图 11 - 20　Airbus 公司大型结构件拓扑优化[23]

(a) 商用大型飞机中翼盒结构主要构件　(b) A380 前缘肋零件尺寸和形状的拓扑优化设计
(c) 拓扑优化设计的机翼筋肋结构形态

铝合金。最终,所有零部件采用选区激光熔化增材制造技术制造而成。

对乘客来说,这个机舱隔断似乎只是 A320 飞机内部不起眼的一部分。但是,对于 Airbus 公司而言,如何在保留原 A320 飞机核心设计和基础设施安全的前提下来进一步减少零件的重量,却一直是 A320 飞机效能提升中的一个非常困难的工程难题。此机舱隔断零件实际上是隔离乘客座位区和飞机的厨房区域的一堵隔墙。该隔断具有不可思议的设计和结构需求,包括特定切口和重量限制。从安全角度考虑,在面向乘客区域范围内,飞机起飞和降落过程中,在这个隔断上需要为乘务员配置座位,因此,它的强度和刚度要求也很高。这使得采用传统的材料和制造工艺进行制造时,机舱隔断通常是非常笨重的。

这种创新的机舱隔断仿生分区结构设计代表了一种高性能金属增材制造与仿生设计的融合,是一种全新的尝试,免除掉了许多传统设计制造过程中所导致的过多的材料、重量和体积。在设计方面,零件最初的设计目标是要减少 30% 的重量,

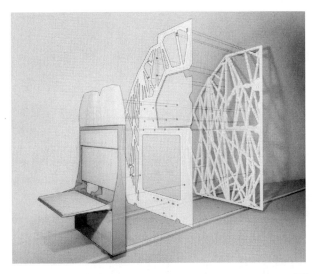

图 11 - 21   A320 客机 3D 仿生设计制造的舱门隔断结构[24]

采用生成式设计(generative design)方法进行设计。通过生成式设计,该隔断分解成一系列单独的组件,针对每种结构、工艺、尺寸的要求,采用不同的激光增材制造方式进行成形制造(见图 11 - 22)。

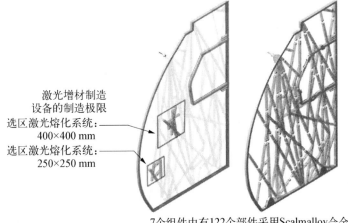

激光增材制造
设备的制造极限
选区激光熔化系统:
400×400 mm
选区激光熔化系统:
250×250 mm

7个组件中有122个部件采用Scalmalloy合金
40个部件采用钛合金

图 11 - 22   A320 客机 3D 仿生设计制造的舱门隔断分区设计[24]

这个零件有非常清晰的目标和约束条件。该隔断只能通过四个点连接到飞机机身上。在飞机工作期间,还需要能够满足在必要时可以拆掉该隔离结构,从而使担架能够进入机舱。为此在设计中将仿生学与算法设计相结合(见图 11 - 23),首先根据零件的负载条件,通过生成式设计分区优化内部应力分布,以达到应力分布均匀且可靠分布的目的;其次从宏观到微观设计零件、部件级的结构,通过多部件的组合,以实现宏观整体零件的综合性能。

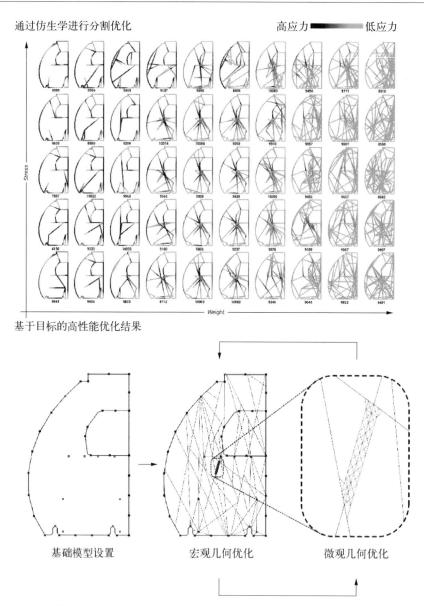

图 11 - 23　面向增材制造的 A320 客机舱门隔断分区仿生设计[24]

　　据了解,这个仿生结构的设计思路实际上是将结点像蛛网那样相互连接,使得材料的用量达到最小。更重要的是,这种结构设计能够保证如果有多个节点因受到冲击而断裂的话,其整体结构还将保持在正确的地方。为了适合航空零件的高强度、轻量化的要求,Airbus 公司的研究人员还使用定制的算法为所有零件设计了多种形式的蜂窝式结构。总体上,一个独立的隔离结构总共需要 122 件激光增材制造的零件(见图 11 - 24)。

图 11 - 24　采用激光增材制造技术制造的 A320 客机仿生舱门隔断[24]

　　在空中旅行中,减少重量意味着减少燃油使用。Airbus 公司设计的这种仿生机舱隔断在单个部件减重方面,比目前设计减轻了 45%(约 30 kg),为飞机客舱设计创造了一个新的纪录。Airbus 公司估计,如果将同样的方法应用到整个客舱,每年可减少 465 000 t 的 CO_2 排放量——相当于 96 000 辆汽车从路上消失。

　　显然,用于激光增材制造的材料也是此次提升结构效率的关键。新的仿生机舱隔断采用第二代铝-镁-钪合金,称为 Scalmalloy 合金,是由 Airbus 公司针对增材制造专门开发的材料,具有优异的力学性能。表 11 - 6 给出了 Scalmalloy 合金的相关性能数据。这也是该材料首次用于大尺寸飞机部件的制造。

表 11 - 6　Scalmalloy 合金的相关性能数据[24]

常　规　性　能	
性　能	数　值
密度/(g/cm³)	2.70
典型成形精度/μm	±100
最小壁厚/mm	1.0
沉积态表面粗糙度/μm*	Ra 10/Rz 80
力　学　性　能	
性　能	数　值
杨氏模量/GPa	65
屈服强度/MPa	450
拉伸强度/MPa	490
延伸率/%	8
维氏硬度（HV0,3）	177

从上面的例子可以看出,仿生设计、增材制造和新材料的发展正在改变 Airbus 公司的制造形态。目前增材制造在飞机结构件的应用上,已经逐渐从物理样件过渡到金属零件的直接数字化制造。随着设计、材料、流程、仿真和建模技术不断向前推进,优秀的设计将逐渐成为增材制造的基础,软件与数据的应用将是增材制造的核心。先进工业设计和增材制造相结合的方式正在变革飞机零部件的制造模式。

11.2　增材制造应用于飞机风洞模型制造

风洞试验模型是风洞试验的测试对象,根据相似理论设计生产的物理模型,是被试验飞机在风洞中的替代物。风洞试验模型的设计和制造对飞机研制的质量和效率具有重要影响。受限于传统加工方式及所采用的材料,满足几何、刚度、质量、动力等相似准则的模型难以设计和加工,使得设计人员无法在飞机研制的早期评估飞机结构参数对气动特性的影响,不利于飞机气动-结构耦合并行设计的开展。增材制造技术的应用为风洞试验模型设计和加工给提供了新的可能。按照模型的类型进行组织,风洞模型大体分为传统模型和新型模型两大类,其中传统模型又分为测力、测压和弹性模型等,新型模型则是以结构相似的颤振模型为代表。因获取数据、相似性、模型结构、试验速度等类型的不同,风洞试验模型有多种分类方法,如表 11-7 所示。

表 11-7　风洞试验模型的类型

分 类 标 准	风 洞 试 验 模 型
获取数据类型	测力模型、测压模型、动态特性模型
相似性要求	几何相似、刚度相似、质量相似、动力相似、结构相似
模型完整性	全机模型、半模、部件模型
试验风速	低速、亚声速、跨声速、超声速、高超声速
模拟对象	飞机、导弹、火箭

如图 11-25 所示,模型设计的主要要求包括相似要求、测试要求、强度要求和加工性要求。相似要求指在风洞中的模型与在大气中的飞机具有相似性,包括流场相似和对象相似两方面。其中流场相似由风洞的吹风参数和模型的气动外形决定,而对象相似即模型设计需要满足的相似条件,常用的模型相似性要求有几何相似、刚度相似、质量相似、动力相似等。几何相似指模型的外形与原型(缩比后,下同)保持一致,以保证绕流的相似性,这是所有模型要满足的基本准则;刚度相似要求模型的结构具有与原型相同的刚度分布,静弹性模型等要求模拟满足该准则;质量相似的模型具有与原型相同的质量分布,对于尾旋自由飞模型等,该准则需要满足;动力相似是对模型动态特性的要求,适合该准则的模型包括颤振模型、抖振模型等;结构相似是对模型传力结构和路径的相似要求,对于精确预测流固耦合效应

影响具有重要意义。

风洞试验模型常使用的材料包括金属（高性能钢和铝合金）、木材、玻璃纤维复合材料等，其中以金属模型为主[25-27]。金属模型的机械加工方式包括线切割、电火花加工机床、数控车床、数控铣床、坐标镗床等精密加工设备。工装准备是机械加工必要步骤，特别对于风洞模型这类具有内外结构、加工精度要求高的产品，这是一项必不可少的复杂工作。现有方法经历长久的发展，有长久的技术积累，设计方法及流程、材料选择、工艺准备、零件加工等过程都已成熟，使用高精度机械加工技术实现的零件具有很高的尺寸精度和表面质量，在超高精度模型（如标模）的实现上具有不可替代的

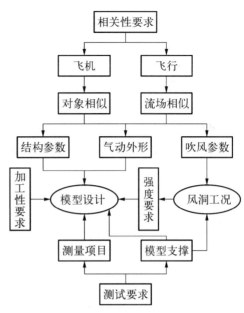

图 11-25　风洞模型的设计要求

地位。然而，从风洞试验技术发展趋势来看，现有的方法在如下方面需要改进：① 轻量化设计：在满足设计要求的前提下，试验模型要尽量轻，目前风洞模型大量采用金属材料使用数控加工而成，材料密度较大，减重结构加工困难，因此难以实现模型轻质化；② 加工效率：风洞模型的外形与内部结构复杂，而且零部件一般都是单件生产，在 1 套模型中，少则几十个零件，多则数百个零部件。工艺人员要根据每个零部件的特点进行加工方案设计，工作量极大，耗时长。上述不足阻碍了新型飞机的研制、延长了飞机研制周期。其关键问题在于常规模型加工技术对设计方法等的限制，主要表现为工装准备等造成的工艺限制和材料限制，如图 11-26 所示。为改变这一现状需引入新的加工技术，以探索风洞模型的新实现方法。

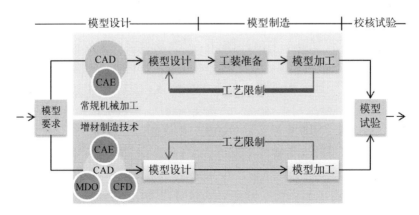

图 11-26　传统和新型风洞试验模型实现方法对比

国内外航空航天相关部门正在寻求一种为了减少风洞模型制造的时间和成本的新制造技术，其中主要方向是增材制造技术（additive manufacturing，AM）在风洞试验模型制造上的应用[28]。由于加工精度等方面的优势，光固化成形工艺（stereolithography，SL）是广泛采用的增材制造工艺。基于增材制造技术，将模型设计和模型制造作为整体，建立一种飞机风洞试验模型的新实现方法，其原理如图11-27所示[29]。

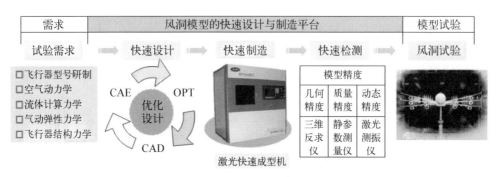

图 11-27   基于 SL 的风洞模型快速设计与制造平台

这种新的模型实现方法拓展了模型设计的工具选择，利用增材制造的成形优势和高分子材料的性能特点（SL 非金属增材技术），能提高风洞试验模型的相似度，改善现有模型类型的实现效率，为新型飞机研制技术发展提供支持。其特点主要在于：① 快速性。将虚拟零件（CAD 完成）转换为加工数据，直接驱动设备生产实体零件，可实现产品的快速制造，适合于对产品周期要求严格的领域。② 高度柔性。免去了工装准备，设备不做任何改变和调整即可完成不同类型的零件的加工制作，适合新品开发或单件小批量生产。③ 与复杂程度无关性。零件制造周期和制造成本与零件的形状和复杂度无关，而只与其净体积有关。适合于具有内外复杂结构产品的加工。

风洞模型快速制造是极具发展潜力的一种方式，特别是在飞行器气动选型设计阶段。由于光固化增材制造工艺的优越性，对于测压、尾旋、颤振等风洞实验模型制造具有突出优势（见表 11-8），但现有 SL 树脂材料的强度很难满足高速风洞实验条件下的高承载能力要求。由此可见，利用 SL 增材制造技术制造风洞模型必须解决的关键问题是如何提高模型的强度和刚度，使其适用于高速风洞模型的制造。

测力模型方面，美国航空航天局（NASA）的 Springer 团队[30,31]，美国 Alabama大学的 Landrum 团队[32]，加拿大 McGill 大学的 Chuk 团队[33]，俄罗斯中央气动研究所（TsAGI）的 Azarov 团队[34]等于 20 世纪 90 年代最早开展了相关研究，并证明了增材制造技术在用于初步气动研究中风洞模型设计和制造中的可行性；美国空军已经将该方法用于 E-8C 预警机[35]、X-45A 无人机[36,37]等型号的研制中，取得

表 11-8 模型制造方法及其模型要求比较

风洞模型	制造方法			模型要求				
	铸造	数控加工	SL增材制造	低速	高速	测压	尾旋	颤振
外形精度	较低	高	较高	一般	高	一般	较高	较高
表面质量	低	高	较高	较高	高	较高	一般	一般
制造速度	慢	较快	快	快	快	快	快	快
强　度	较高	高	较低	较低	高	一般	较低	较高
重　量	较重	重	轻	轻	轻	轻	特轻	特轻
刚　度	较高	高	低	较低	高	一般	较低	较低
内部结构加工难易	难	较难	容易	容易	容易	容易	容易	容易
刚度相似模拟难易	难	难	较易	—	—	—	—	容易
质量分布实现难易	难	难	容易	—	—	—	容易	容易

了良好效果。以上研究大都采用较简单的飞行器结构作为对象(导弹、飞机翼身、标准模型等)[30,31,38,39]。测压模型方面,美国空军研究实验室(AFRL)和约翰霍普金斯大学应用物理实验室(JHU/APL)合作研究 SL 增材制造技术在风洞测压模型制造上的应用[36,40],该研究小组设计并采用 SLA7000 成形机(Accugen100 树脂)加工低成本的 UCAV X-45A 无人战斗机低速测压模型,证明该技术可缩短测压模型的制造周期,并大幅降低成本;英国帝国理工大学 Heyes 等人[41]证明了 SL 增材制造技术不仅缩短模型制造周期、降低成本,可以在保证模型精度和表面质量的要求下,快速制造出具有复杂内部结构的测压流道和模型。弹性模型方面,HONDA JET 公司利用 SL 制造跨声速颤振模型的气动框段[42];该模型采用梁架-框段结构,其中,气动外形分割成互不相连的框段;试验表明,采用 SL 加工的塑料框段可以承受跨声速载荷,能够得到满意的数据。

西安交通大学在国内最早开展了相关研究[43],并与中国空气动力研究与发展中心[44]、成都飞机设计研究所[45]等合作,以客机、运输机、战斗机等不同大小的军民用飞机为对象[46],进行了基础研究、可行性测试、工程应用等系统研究。

11.2.1　模型气动外壳的加工技术

气动外壳是所有类型风洞试验模型均要具备的构件。由于可加工任意复杂结构,增材制造技术在气动外壳的加工中具有极大的优势。为满足风洞试验的测试要求和突破增材制造加工范围的限制,需进行模型的分割和装配设计。

11.2.1.1　模型的分割和装配设计

1) 模型分割

(1) 面向测试要求。

风洞模型的分割首先是面向测试要求的分割。模型设计时,应根据试验大纲所规定的试验内容将模型分解成零部件。要求零部件分解合理、拆卸方便；连接可靠、定位准确；工艺性好，制造费用低；互换性好，采用不同的装配形式能满足试验各种要求。例如在飞机选型试验中，模型除了能用于测量全机的空气动力特性外，还要求测量各部件对空气动力的贡献。因此，应使模型各部件（如机翼、机身、尾翼、发房、起落架、外托物等）可方便地拆卸和组装。在做单独部件试验时，要求各部件本身能保持光滑的空气动力外形；做全机试验时又能方便地安装，并能保证零部件的重复定位精度；当进行无机翼的实验时，可将机翼拆下来，装上一个机翼堵块，使机身表面保持外形光滑。风洞模型应减少分割数量，以降低装配误差的影响，一套典型的模型结构分割为如图 11 - 28 所示的组成结构。

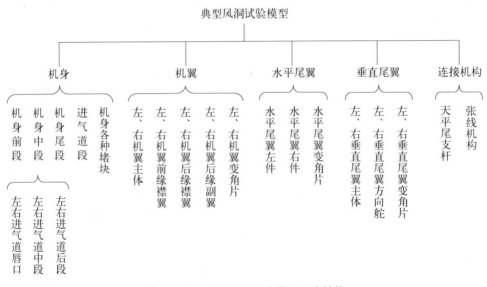

图 11 - 28 典型风洞试验模型组成结构

（2）面向增材制造的结构设计。

现有的 SL 增材制造设备的最大加工尺寸为 600 mm×600 mm×450 mm，目前空气动力学模型制作正朝着大尺寸的方向发展，由于受到树脂槽的尺寸的限制，对于一些体积较大的原型零件无法一次加工出来，这就需要将大的原型零件分割成若干个较小的子零件分别制作，最后再粘接或装配成为一个整体。另一方面，由于原型零件不同的外形特性，有时沿一个方向进行成形时很难保证零件的各个部分都达到较高的精度或形成较均匀的误差，这时如果对零件进行分割制作，还能大大提高一些形状和结构比较特殊的原型的表面质量和成形精度，从而提高原型的整体制造精度。

大型模型增材制造之前首先要将 CAD 模型分割成若干子模型，根据大型模型的几何特征和组合特点，结合成形机工作范围确定子模型分割的数目，整体上进行分块布局。由于子模型的装配不可避免地会带来一定程度的精度损失，子模型的数目每增加一个,这种误差可能就会增大一些,因此应该尽量避免不必要的分割,使子模型的数目尽可能少。在成形参数一定时,子模型的变形主要由子模型的结构和制作方向决定,因此具体分割时就要考虑好子模型的制作方向。对于大型零件的分割制作,为了保证同一条分割线两侧变形量相同和变形方向一致,相邻两子模型制作时应尽量保证分割断面空间方向一致,以减小装配后的总体变形量。为了减小子模型的变形,制作方向还应尽量使分割后的子模型结构在成形时具有变形量小或以 z 方向变形为主的易于控制的截面,如优先使用非细长截面、环状截面等。分割截面的大小应适中,不宜过大,尽可能选在形状比较规则或是尺寸要求不太严格的地方,否则平面的平整度将难以保证,不利于子模型的装配和粘接;也不宜太小,尽量避免在薄壁处切割,否则定位结构将无处添加,同时也影响零件的装配强度。

2) 连接与装配

(1) 舵面连接结构。

模型分割设计需要考虑加工的可行性,在数控加工时,为了制造的方便,常将机翼、襟翼和变角片等单独加工,通过更换不同偏角的变角片来实现操纵面的偏转。面向增材制造的制造模式里,不存在模型的复杂程度问题,可将数控加工时需要分割而实际上没有必要的模型用增材制造的方法整体成形。树脂-金属复合变角片的设计分割成上下两部分,如图 11-29 所示。与弦平面贴合部分采用金属材料,外形规则设计,方便加工;与飞机翼面配合部分采用树脂增材制造方法加工,树脂外形易于修磨,方便与翼面配流线。金属与树脂粘接成变角片整体,可通过改变粘接面的粗糙度增加粘接强度,同时采用金属设置通孔结合树脂设置凸台的方式完成上下部分的粘接定位,如图 11-29 所示。

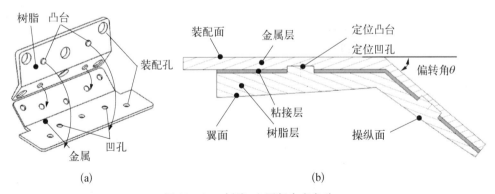

图 11-29 树脂-金属复合变角片
(a) 变角片连接定位 (b) 复合变角片剖面

(2) 树脂装配部位的增强方法。

由于树脂材料的脆性和易磨损的缺点,可在装配部位镶嵌金属件,克服树脂的脆性,改善连接强度并能保证各部件的重复使用而不损坏连接面。金属嵌件用于螺钉等的连接,因而还需要保证装配时孔的同轴度,避免螺纹连接时产生严重的倾斜或错位,因此采用如下两种装配孔的定位方法。

a. 辅助定位增强法:

如图 11-30(a)所示,连接孔轴线方向垂直弦平面,因而以弦平面作为套筒和模板的轴向定位面,以变角片的安装边界面辅助模板的孔位来确定套筒的径向位置。将定位模板与树脂模型弦平面、变角片安装边界面贴合,模板定位孔数控加工而成,装入销钉、套上套筒来确定连接套筒的径向方向。套筒最大长度应不高于粘接孔所在的飞机翼面,防止对翼面形状造成影响,而后在销钉上插入轴套,对粘接剂流入套筒沉孔起预防作用。套筒外表面滚网纹,加大胶体与表面的镶嵌作用,以增强粘接性能;套筒外表面与粘接孔的间隙取为 1~3 mm,为了方便黏性树脂的注射流动或对光敏树脂进行充分的紫外光照射,而同时还要保证粘接强度,可根据粘接孔的高度调节连接间隙。

b. 直接定位方增强法:

如图 11-30(b)所示,以增材制造模型自身的阶梯孔面作为定位基准,直接将金属套筒涂上胶接剂后压入定位孔,因此在非定位面处需留出一定的间隙便于黏结剂的固化连接。

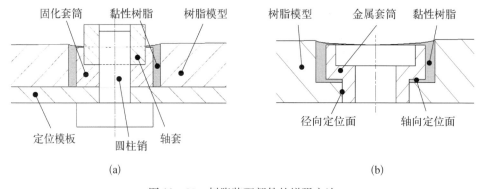

(a)　　　　　　　　　　　　　　　　　(b)

图 11-30　树脂装配部件的增强方法

(a) 辅助定位法　(b) 直接定位法

11.2.1.2　模型的外形补偿

风洞模型尤其需要保证气动外形,所以对表面误差有较高的要求,而采用增材制造时所存在的台阶效应和模型后处理会对表面质量有很大的影响,但可以在设计中进行一定的修正,以最大限度地降低相应的误差。因此,面向增材制造的设计中可针对台阶效应所引起的型面误差以及可预见的后处理误差做出相应的结构修正和设计补偿。

1) 增材制造的误差

由于增材制造是基于材料累加原理的制造方法,即将三维实体在材料累加方向上离散成有限数目具有厚度的切层。经过分层处理后,模型原来在分层方向上连续的表面被离散化了。分层的结果仅获得了每一层切片的轮廓信息及实体信息,而丢失了相邻两切层的外轮廓形面信息,是一种近似表达方法。分层的厚度表示离散后所表达模型的分辨率,分层厚度越大,分辨率越低,所丢失的信息越多,成形过程产生的误差也越大。尤其是相对成形方向倾斜的表面以及曲面外形,由于台阶效应的存在,使曲面精度明显的降低,另外,台阶效应也是引起后处理误差的一个因素。

从成形机上取出已成形的工件后,需要进行剥离支撑结构,有的还需要进行后固化、修补、打磨、抛光和表面处理等,这些工序统称为后处理。在此过程中若处理不当都会影响原型的尺寸及形状精度,产生后处理误差。后处理可分为以下两种。

(1) 提高表面质量的后处理:工件成形完成后,不仅需要去除支撑,而且需要进行修补、打磨、抛光,例如制件表面不光滑,面上存在因分层制造引起的小台阶、小缺陷等。

(2) 提高表面性能的后处理:制件的表面状况和机械强度等方面还不能完全满足最终产品的要求,且由于温度、湿度等环境状况的变化或成形残余应力的影响,工件可能会继续变形而导致误差。可通过表面涂覆改变制品表面颜色或提高其强度和其他性能。本节后续所述的电沉积制造也可看作是后处理工艺。

2) 偏移补偿设计

增材制造时不同的摆放角度会使模型上的不同位置形成不同的表面类型。向上水平面不会产生台阶效应,也不需要支撑;向下水平面不会产生台阶效应,但是此种面片的总面积越大,则需要的支撑的可能性越大或需要的支撑越多;向上倾斜面会产生台阶效应,不需要支撑;向下倾斜面会产生台阶效应,可能需要支撑,也可能不需要支撑,是否需要支撑取决于该面片周围的整体形状;垂直面不产生台阶效应,一般也不需要支撑;近似垂直面产生的台阶效应很小,一般也不需要支撑。

增材制造时,采用不同的加工方向会形成不同的外形位置,从而形成不同的精度要求。因为不同的机型及同一机型上的不同部分也有不同的准确度要求。一般高速飞机比低速飞机要求高;在同一飞机上机翼部件比机身类部件要求高;在同一部件上,在最大截面以前比最大截面以后要求高。可根据不同部位的准确度要求来分割或布置模型的成形方向,并结合不同的成形方向对风洞模型进行一定的补偿设计。如果在增材制造中沿着翼展方向进行加工,使机翼表面在增材制造时形成向上的近似垂直面,可以提高模型的曲面精度。另外,各关键表面的成形误差方向相同,都为负偏差,便于整体偏移补偿。但是在翼梢由于曲率方向由水平过渡到垂直的缘故,会产生较大的台阶效应,将该部位局部放大,可对切层轮廓进行相应的偏移,形成较好的误差形式。若已经对整体模型进行偏移补偿设计,使模型总体趋于正偏差,可以在后处理工艺中适当控制曲率过渡部位的打磨量,以形成较好的曲面质量和型面精度。飞机风洞模型的机翼普遍存在薄尖特征甚至零厚度区域,其尾部薄尖部分很可能因增材制造制作工艺的影响而造成加工特征的丢失,或者翼尖形成锯齿状而不是成一直线,因此为了保持其薄尖特征,偏移设计不能仅补偿台阶效应造成的误差,还应该增加一些补偿量用于修配翼尖形成的线性特征,因而需要将修正模型的翼尖切除到趋于理论线位置,保证修磨时的位置控制。

在模型设计时可根据向上倾斜曲面的最大体积误差进行局部偏移补偿,由于后处理去除支撑以及台阶效应后仍需要光顺型面的打磨量,则预留 0.1 mm 左右的修磨量,各零件进行组装后还需要对外形面修配流线,因此仍需要预留 0.1 mm 左右的修磨量。金属风洞模型一般预留 0.1 mm 的余量,树脂模型的打磨比金属更便于操作,可预留较大的修磨量使后处理时有较自由的操作余量,所以对于增材制造而言,曲面偏移补偿值取为 0.3～0.5 mm。模型的补偿设计可以在风洞模型设计时就加以考虑,也可以对 CAD 型面进行设计或对转换格式后的 STL 风洞模型进行适当的编辑。

11.2.1.3　成形工艺的选择

1) 成形方向

在增材制造过程中,零件的成形方向对零件的成形精度有较大的影响,特别是飞机模型对其表面的成形精度要求较高,为了尽量减少台阶效应对模型表面制造精度的影响,不同的树脂部件要选择不同的成形方向。

图 11-31 为典型模型外形部件的加工示意图,树脂机头、前机身、机翼及机尾的成形方向选择模型的纵轴线方向,这样可以保证模型外形曲面的制造精度,使机身外形流线一致,同时也保证了模型内轴孔的制造精度,保证了树脂机头、前机身、机翼及机尾与金属骨架的装配精度。

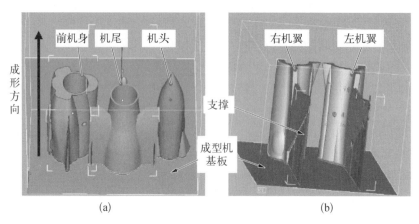

图 11-31　树脂外壳加工
(a) 机身成形　(b) 机翼成形

2) 支撑结构

在光固化成形过程中,支撑结构可以认为是与原型零件同时制作的工装夹具,以便保证原型零件在制作时相对于加工系统的精确定位,同时零件中的孤立轮廓和悬臂轮廓也需要通过支撑结构定位。另外,为了使成形件易于从工作台上分离开来,不损坏制件,必须在成形件底层添加支撑。支撑可分为十字支撑(是一种最普遍的支撑方法,适用于一般特征及区域内部填充)、多边形支撑(具有较好的稳定性及强度)、斜支撑(适用悬臂结构的悬臂支撑)、手绘支撑(根据需要生成支撑)。支撑的设计原则如下:

(1) 保证成形精度和成形稳定性的前提下,尽量减少支撑添加面积;

(2) 添加辅助支撑平衡收缩应力,减小零件变形;

(3) 支撑应便于去除,降低零件表面的破损。

如图 11-32 所示,模型树脂机头、前机身、机翼及机尾的支撑加载在模型的装配面上,避免破坏模型的外形曲面特征,支撑去除后经适当打磨,可以保证装配面平整,保证模型在装配后间隙较小。另外为了使机翼在成形过程中保持平稳,支撑也需要加载在机翼前缘上。如图 11-32(a)所示,模型前襟、副翼、后襟、平尾及方向舵的支撑都选择在其装配面上,并且装配面均为平面,既保证了各操纵面边缘的外形精度,又方便装配面的后处理修配。特别是对前襟这样又长又薄的部件,采用沿翼展竖立的成形方向加工制造时,由于树脂收缩应力的影响,前襟沿翼展容易产生拱形的变形,这样就改变了模型的前缘外形特征。为了减少这类部件的加工变形,采用对称组合的布局方式,在部件容易产生变形或变形较大的部位添加辅助支撑。如图 11-32(b)所示,两个前襟部件对称布局,在变角片配合面之间添加辅助支撑,使两个加工部件组合成一个加工部件,相对增加了前襟的刚度,减少了部件的加工变形。

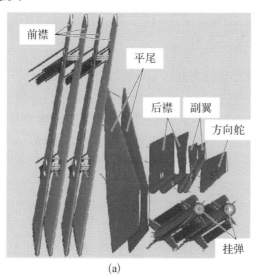

(a)   (b)

图 11-32　树脂操纵面及挂弹加工布置

(a) 操纵面及挂弹成形　(b) 前襟成形

11.2.2　树脂模型的电沉积强化技术

由于增材制造得到的树脂模型不导电、不导热、不耐磨、易变形、不耐污染以及缺乏金属光泽,从而在一定程度上限制了使用范围,因而考虑使用电沉积的方法来改善树脂模型的局限性。电沉积是在金属和非金属模型的表面通过电化学的方法使金属化合物还原为金属,并形成符合要求的平滑致密的金属层的过程。电沉积时可通过控制工艺条件(电镀时间、电流密度等)得到所需要的镀层厚度。如果在树脂上镀一层金属,就能大大提高其使用性能,一方面增加功能性,另一方面增加防护性。其主要优点如下:

(1) 提高树脂模型表面的硬度、刚度、强度等性能;

(2) 使树脂模型具有耐磨性导电性及高温抗氧化性等,延长其使用寿命;

(3) 使树脂模型对光和大气等外界因素有较高的稳定性,可防止老化;

(4) 使树脂模型表面具有金属光泽,美观且不易污染。

针对较薄的机翼、襟翼和副翼等模型组件,提出树脂模型表面电沉积金属的方法,以提高模型的力学性能和使用性能。主要通过工艺实验研究树脂表面电沉积工艺参数对模型表面质量的影响,并通过力学实验研究分析沉积厚度和树脂-金属界面的结合强度对复合试样力学性能的影响,研究化学粗化对提高界面结合强度的作用和效果,最后以机翼测压模型电沉积制造实例分析模型制造的经济性。

11.2.2.1　面向电沉积的模型设计

需要电沉积的模型,形状越简单越好,模型的几何形状会对电镀质量产生很大的影响,因此模型设计时应注意如下一些问题:

(1) 要避免采用大面积的平面。采用略带弧形的造型,表面设计成拱面,中心拱起。

(2) 要避免直角和尖角。棱角部位容易局部电流密度增大,镀层增厚而容易造成结瘤现象。因此,方形的轮廓尽量改为曲线形轮廓,或用圆角过渡。

(3) 不要有过深的盲孔。这些部位不仅电镀困难,而且容易残存溶液污染下道工序的溶液。深孔或非圆柱形深腔底部应设计成球形,中上开排泄小孔,使电镀液流通,有利于镀层均匀。狭窄而细长的孔洞应尽可能改成通孔,虽不一定能形成镀层,但便于电镀后的孔道清洗。

(4) 厚度不应太薄,也不要有突变。太薄的零件在电镀过程中受热或受镀层应力的影响容易变形;厚度的突变容易造成应力集中,一般来说厚度差不应超过两倍。

(5) 留有必要的电镀工艺孔。便于装卸导电的夹具,方便悬挂于镀槽阴极上,并有较大的导电接触面。装挂位置设计在不影响外观的部位,并注意防止薄壁零件变形。

飞机的形状特点就是流线型的曲面外形,不利于电沉积的形状主要在于装配部位的边角、各操纵翼面的翼尖和测压模型上的测压微孔道。边角可以圆角过渡，翼尖部位和测压微孔道应结合工艺进行设计保留，以免影响气动性能。由于镀层具有一定的厚度，零件进行表面处理之后，必然会引起零件尺寸的变化。通常设计图纸上规定的模型尺寸及公差，都是指电镀前模型的最终尺寸及公差，应结合最终尺寸事先预留镀层的厚度及其电镀的尺寸偏差。因而装配界面之间不仅是与两倍于沉积厚度的关系，还存在装配误差的影响，模型偏移设计时应整体考虑。一般电沉积厚度为 0.1～0.2 mm，面向增材制造的外形偏移补偿量为 0.3～0.5 mm，则基于增材制造的电沉积偏移补偿量约为 0.1～0.4 mm。

11.2.2.2 电沉积工艺

树脂模型表面电沉积工艺包括表面粗化、导电化以及电沉积，其过程如图 11‐33 所示。

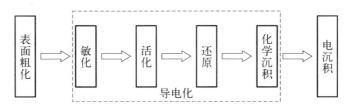

图 11‐33 树脂模型表面电沉积工艺过程[43]

1) 表面粗化

粗化处理的效果对树脂‐金属界面结合强度及其力学性能具有较大影响。粗化的方法有机械粗化、化学粗化、有机溶剂粗化等。考虑风洞模型的型面复杂以及表面积大，砂纸修磨等机械粗化不易操作，耗时且成本较高。针对光固化树脂材料和风洞模型外形复杂的特点，可选择化学粗化方法作为其表面粗化处理方法，它具有成分简单、维护方便、粗化速度快、效果好的特点。由于树脂材料的化学配方属于商业机密，因此树脂表面的化学粗化工艺通常只有通过大量实验来获取较佳的表面化学粗化处理方法和工艺。

2) 导电化

化学沉积导电化的处理过程包括清洗、敏化、活化、还原、化学沉积等，它们对化学沉积层的质量起着关键作用。由于采用光固化增材制造的树脂风洞模型外形零部件材料是绝缘体，不能直接进行电沉积，需要进行导电化处理以便进行后续电沉积，导电化工艺主要由敏化、活化、还原及其化学沉积过程组成。非金属导电化处理方法主要有：化学沉积金属、涂抹导电胶、表面石墨化等方法。风洞模型要求金属和基体有足够的结合力以及充分的覆盖性，本节选择化学沉积作为树脂模型导电化处理方法。化学沉积具有精度高、表面平整、成本低的特点，是最可靠、最稳定的镀覆方法，而且树脂表面通过化学粗化处理后具有较好结合力，适合后续的电场作用下的金属加强层沉积。

3）电沉积

树脂模型在经过化学沉积导电化处理后，采用通常的电沉积工艺加厚金属层。电沉积阴极为需要电沉积的树脂模型零件，阳极为电沉积使用的金属材料板。通过带有温控功能的加热器控制电沉积液的温度，并通过空气搅拌器搅拌电沉积液，使得电沉积槽内的液体进行对流，保持各处离子浓度的稳定均匀，使得金属能够尽量均匀地沉积到模型表面。由于金属镍具有高强度、高刚度、易沉积且具有较高的硬度和耐磨性等特点，因此选用镍作为树脂表面电沉积材料。

11.2.2.3　电沉积树脂的性能

1）表面质量分析

模型表面质量对风洞实验数据有较大的影响，主要与粗糙度类型、大小以及模型当地边界层状态有关。因此镍电沉积的风洞模型表面质量主要通过表面粗糙度测量和微观形态观察来评价。从图 11-34 中可见，树脂件会因为台阶效应的影响而产生较大的粗糙度以及偏差，修磨过的树脂和电沉积样件粗糙度较小并与修磨程度有关。同时发现，硫酸镍沉积的表面粗糙度比氨基磺酸镍要好，Ra 值为 1.48 μm。而相对风洞模型的表面粗糙度要求来说，树脂模型的粗糙度依赖于修磨的程度，一般来说，基于光固化增材制造的模型制造可以满足其要求，同时树脂模型表面修磨处理简单方便，特别适用于对气动外形表面质量要求高的模型制造。

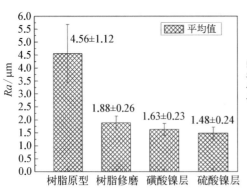

图 11-34　表面粗糙度 Ra 平均值对比

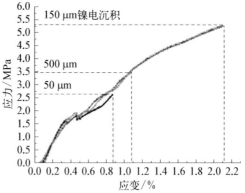

图 11-35　结合强度应力-应变曲线

2）界面结合强度

采用黏结拉伸法测试样件直径为 20 mm，长度为 40 mm，将被测试样与对应样件粘接后进行拉伸实验。为了分析树脂表面化学粗化方法和电沉积厚度对界面结合强度的影响，将试样测试表面化学粗化工艺进行粗化处理后，进行树脂-镍层界面结合强度拉伸测试，图 11-35 为结合强度拉伸测试应力-应变曲线。由此说明，结合强度并不是一直随着镍涂层厚度的增加而增加，在达到最大值之后会随着沉积层厚度的增加而降低。这主要是由于随着沉积层厚度的增加，镍沉积层上的残余应力随之增加,导致结合强度反而下降。

3) 拉伸弯曲实验

由于针对树脂-镍层复合型试样的力学性能实验没有固定的测试标准,因此参照 ISO 和 ASTM 塑料拉伸弯曲测试标准,进行相关的力学实验。按照 ISO-527 塑料拉伸和 ISO-178 塑料弯曲标准制作树脂-镍复合型的拉伸和弯曲试样。光固化增材制造的树脂拉伸试样总长 180 mm,用于测试的截面基本尺寸规格为 10 mm×4 mm,弯曲试样总长为 160 mm,用于测试的截面基本尺寸为 15 mm× 4 mm,并且都根据预设电沉积镍的厚度相应测量其截面尺寸。制作实验样件并测量其截面尺寸,进行力学性能实验。

图 11-36(a)的镍-树脂复合试样拉伸与弯曲强度曲线表明,随着沉积厚度的增大,拉伸与弯曲强度都不断增加。当镍沉积厚度为 0.1 mm 时,复合试样拉伸和弯曲强度分别为 89 MPa 和 131.6 MPa,较纯树脂材料的拉伸强度(45.7 MPa)和弯曲强度(68.9 MPa)分别提高了 1.95 倍和 1.91 倍。当镍层厚度为 0.5 mm 时复合试样拉伸、弯曲强度较纯树脂材料分别提高 4.7 和 5.9 倍。图 11-36(b)所示为镍-树脂复合试样拉伸与弯曲弹性模型随沉积厚度变化的曲线,由图可知,弹性模量随沉积厚度增加而增大。当镍沉积厚度为 0.1 mm 时,复合试样杨氏模量和弯曲模量分别为 10 GPa 和 15.4 GPa,较纯树脂材料的杨氏模量(2.5 GPa)和弯曲强度(2.3 GPa)分别提高了 4 倍和 6.7 倍。当镍层厚度为 0.5 mm 时复合试样拉伸、弯曲模量较纯树脂材料分别提高 14.5 和 22.3 倍。

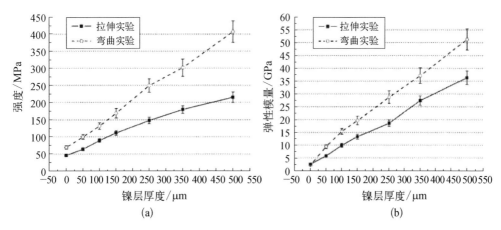

图 11-36 复合试样的强度和弹性模量随镍层厚度的变化规律
(a) 拉伸和弯曲强度 (b) 拉伸和弯曲弹性模量

11.2.2.4 经济性分析

图 11-37 为镍电沉积的机翼测压模型制造实例,经过测试测压孔道在电沉积后仍为导通状态,如图 11-37(a)所示为组成机翼模型的各电沉积零件,图 11-37

(b)为主翼梢表面测压孔。由于电沉积后模型装配部位的截面形成多层电沉积镍层,非常有利于增加装配连接强度,图 11-37(c)为电沉积机翼测压模型装配效果图。

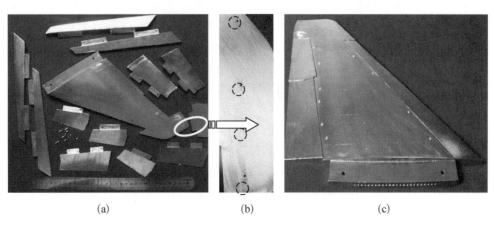

（a）　　　　　　　　　　　（b）　　　　　　　　　　　（c）

图 11-37　镍电沉积的机翼测压模型制造实例

（a）机翼测压模型组件　（b）表面测压孔　（c）机翼测压模型装配效果图

传统机械加工方法制造金属风洞模型是一个复杂的过程,其中的工艺设计流程就需要耗费大量的时间,国内一套模型工艺设计时间约占整个生产工期的25%～30%。以工程应用的机翼测力模型(320 mm×350 mm×30 mm)和测压(210 mm×240 mm×16 mm)试验模型为制造经济性分析对象,将各制造方法的时间和成本对比分析如表 11-9 所示。

表 11-9　风洞模型制造时间和成本分析表

模型类型	制造方法	时间/h	成本/元
机翼测力模型	光固化 SL	16～18/1～2(成形/后处理)	16 000
	电沉积 ED	2/13(化学沉积/电沉积)	2 000
	数控加工 NC	40～50	20 000～25 000
	SL 相对 NC	减少 50%～65%	降低 20%～35%
	SL+ED 相对 NC	减少 15%～35%	降低 10%～30%
机翼测压模型	光固化 SL	16～18/3～5(成形/后处理)	15 000
	电沉积 ED	2/13(化学沉积/电沉积)	3 000
	数控加工 NC	100～120	30 000～35 000
	SL 相对 NC	减少 75%～85%	降低 50%～60%
	SL+ED 相对 NC	减少 60%～70%	降低 40%～50%

增材制造技术与数控加工相比,制造机翼测力模型的时间约减少60%,成本约降低25%;制造机翼测压模型的时间约减少80%,成本约降低55%。增材制造和电沉积复合制造技术与数控加工相比,制造机翼测力模型的时间约减少30%,成本约降低20%;制造机翼测压模型的时间约减少65%,成本约降低45%。对于测压模型的数控加工,模型越小,制作难度越大,特别是襟翼等的测压孔加工,制作时间越长,制作成本越高,所以使用增材制造技术有很大的优势。以上制造时间和成本分析仅处于实验研究阶段,若将风洞模型的快速制造方法完善为统一的制作规范,并将各制造环节专业化,可以系统地保证风洞模型制造的快速性和准确性,增材制造的时间成本和经济成本还将进一步降低。

11.2.3　测压管道一体化模型制造技术

表面设置管道和连接压力传感器是目前风洞测压模型的主要方式。测压模型表面测压孔直径一般为0.4~1.2 mm,模型内部的测压管道一般由相同内径的紫铜管或经退火处理的不锈钢管连接测压孔和压力传感器。通常在机翼模型上需要安置几百个测压孔,测压模型孔道结构复杂、数量巨大,采用传统的机械加工方法加工困难,而且其制造成本高达百万元,耗时半年以上。光固化增材制造技术能制造出任意复杂形状的测压模型孔道结构和外形,无需考虑孔道结构的复杂程度,并具有成形速度快、精度高、表面质量好,处理简单省时等优点。本节将介绍相关的关键技术问题,包括测压管道设计、加工工艺优化和管道流动特性测试等。

11.2.3.1　测压管道设计

设计的机翼测压模型如图11-38所示[43]。机翼分割为主机翼、前襟(偏转角度:0°、+20°)、外侧升降小副翼(偏转角度:0°、±20°)、内侧升降小副翼(偏转角度:

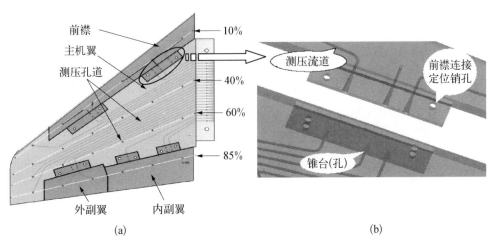

(a)　　　　　　　　　　　　　　　　　　　　(b)

图11-38　机翼测压模型设计示意图[43]

(a)测压孔道布置　(b)测压孔道连接

0°、±20°)。在弦向 10%、40%、60%、85%位置和展向 6 个剖面布置测压点,从而共设计 24 组测压孔道,主机翼上测压孔直径为 1.0 mm,襟翼上测压孔直径为 0.6 mm 和 1.0 mm,所有传压流道直径均设计为 1.0 mm。前襟、副翼与主机翼测压流道连接方式采用锥台与锥孔配合连接并采用腻子填料密封。

11.2.3.2　面向孔道的工艺优化

模型制作完成后,表面吸附着未固化的液态树脂。如果这些树脂发生固化,不仅会破坏零件表面的光洁度,而且还会导致零件产生尺寸以及形状误差。因此当零件制作完成后应该在托板升起后等待一段时间再取出,使模型表面尤其孔道内吸附的液态树脂回流到树脂槽中。此外,模型取出后必须在第一时间用酒精或丙酮清洗吸附在测压孔道内部的树脂。在孔道导通过程中,采用了针管注射、压缩空气注入的方法。成形结果得出孔径和成形方向对测压孔道导通与否的影响如表 11-10 所示,孔径和流道长度对测压孔道导通与否的影响如表 11-11 所示。根据表 11-10 以及表 11-11 得到的结果,可以得出以下结论:① 0°方向成形的孔道最难导通,90°最容易;② 随着孔道半径的减小,孔道的导通难度增大;③ 随着流道长度的增加,孔道的导通难度增大。

表 11-10　孔径、成形方向和测压孔导通与否的关系(流道长度 50 mm)[45]

半径 $R/\mu m$ ＼ 成形方向 $\alpha/(°)$	0	10	20	30	90
300	×	×	×	×	×
350	×	×	√	√	√
400	×	√	√	√	√
450	√	√	√	√	√
500	√	√	√	√	√

注:√和×分别表示导通和不导通。

表 11-11　孔径、流道长度和测压孔导通与否的关系(成形方向 90°)[45]

半径 $R/\mu m$ ＼ 流道长度 l/mm	50	100	150
300	×	×	×
350	√	×	×
400	√	√	×
450	√	√	√
500	√	√	√

注:√和×分别表示导通和不导通。

根据流道长度设计孔道半径时,应遵循以下原则:当流道长度≤50 mm 时,可导通的最小孔道半径为 350 μm;当流道长度为 50～100 mm 时,可导通的最小孔道半径为 400 μm;当流道长度≥100 mm 时,可导通的最小孔道半径为 450 μm。多孔零件的成形方向应该最大限度地沿着孔轴线的方向,将同一表面分得越细,曲面表面质量越好。因此,当分层厚度是定值时,成形方向应该使曲面分层数最大化。另外,零件的高度越高,相应的制作时间越长,带来的激光功率损耗越大,制作成本就越高,因此试验制作方向一般取 20°～30°。在进行工程应用时,由于对表面质量的要求很高,应将零件沿尺寸最大的方向进行堆积成形。

11.2.3.3　管道流动性实验

传统测压模型内部使用金属管进行压力传导,而使用光固化增材制造方法使模型内部的测压孔道直接成形。当风洞模型的尺寸超出光固化增材制造机制造零件的尺寸范围时,有时需要将模型拆分为几部分分别成型后装配,模型内的孔道之间需要进行连接,同时孔道要与外部的测压管连接,如图 11-39 所示。气密性和通透性是孔道加工和连接质量的主要评价标准,测试结果如表 11-12 和表 11-13 所示。根据《GJB 180A-2006 A 低速风洞飞机模型设计规范》,当孔道内外有不小于 3 200 Pa 的压强差时,60 s 内孔道内外压强差损失 $\Delta P < 8$ Pa,则符合测压孔道气密性要求;测压管路输入端和输出端出现不小于 3 200 Pa 的阶跃压强差时,2 s 内孔道两端的压强差值 < 8 Pa,符合测压孔道通气性要求。实验结果表明带有三种接口的测压孔道模型气密性和通气性均符合测压风洞实验标准。

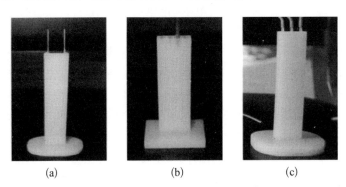

(a)　　　　　　　　　(b)　　　　　　　　　(c)

图 11-39　测压孔道连接方式[45]

(a) 树脂孔+金属管　(b) 树脂孔+软管　(c) 树脂管+软管

表 11-12　气密性实验结果[45]

接口方式	压强/Pa	ΔP/Pa
金属管接口	104 995	−5
软管接口	104 994	−6
树脂接口	104 998	−2

表 11 - 13　通气性实验结果[45]

接 口 方 式	压力表 A/Pa	压力表 B/Pa	$|\Delta P|$/Pa
金属管接口	104 995	104 994	1
软管接口	104 994	104 990	4
树脂接口	104 998	104 995	3

综上所述,借助增材制造技术的制造能力和所用树脂材料的特性,我们可以发展具有高模拟相似度的飞机风洞试验模型的设计和制造方法。测力模型和静弹性模型方面,该技术已经具备实用化条件,可替代常规风洞模型服务于型号飞机研制;测压模型的主要难点在于管道布置-模型强度的协调设计和微细测压管道的高精加工,随着增材制造技术本身加工精度的改善和材料选择范围的扩大,该技术也有望实用化;结构相似颤振模型等满足更高相似度风洞试验模型的设计和加工有望实现新的风洞试验技术,为飞机提供更全面、可靠的数据。总之,基于增材制造技术的新型风洞试验模型实现方法在设计灵活性、加工成本和效率等方面具有极大的优势,使得更高相似度风洞试验模型的发展成为可能,促进了风洞试验技术的发展,为大型飞机的研制提供了新的选择。

11.3　复合材料铺放增材制造

自动铺丝技术(automated fiber placement，AFP)是一种复合材料构件的自动化制造技术,它结合了纤维缠绕(automated fiber winding，AFW)和自动铺带技术(automated tape layup，ATL)的优点,能够将纤维缠绕中柔性丝束的输送、张力控制和自动铺带技术的剪切、重送、压紧和加热等技术结合。铺放时把多束一定宽度的预浸纤维丝束并排输送至出丝口,通过对每束丝束的独立控制进行丝束增减,以便集束成不同宽度的纤维预浸带;同时,预浸丝束经过加热软化并逐层铺放,用压辊将纤维预浸带压实在芯模表面。因此,纤维铺放技术较纤维缠绕和自动铺带技术灵活性更大,受芯模曲率和型面影响小,能够实现大型复杂(凹形面、异形面、大曲率)复合材料构件的成形。并且能够对复杂构件进行一体化成形,以减少装配零件数目,减少制造工时和废品率,有效降低复合材料构件的制造成本[47,48]。

典型的自动纤维铺丝系统如图 11 - 40 所示,包括铺丝头、丝束纱架、芯模、芯模支撑系统和多自由度运动工作台。其中,铺丝头是纤维铺丝系统的核心部件,系统工作时,预浸丝束由丝束纱架引出,经张力控制系统传送到铺丝头,预浸丝束在铺丝头中合并后铺放在芯模上,并通过压辊压实成形。在铺层过程中需要对铺层丝束进行加热,以确保铺层间的粘接。经过若干层的铺放,实现具有一定厚度的复杂复合材料构件的预成形。最后,预成形构件经过固化,制成复合材料成品。

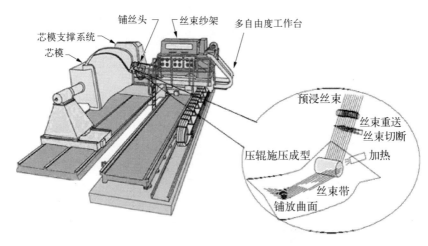

图 11-40　自动纤维铺丝系统

最早开始研制自动纤维铺放技术的有 Boeing 公司、Cincinnati Milacron 公司和 Hercules 等公司。Boeing 公司的机械工程师 Quentin Wood 提出了"AVSD 铺放头"(automated variable strained dispensing head)设想,解决了纤维束压实、切断和重送的问题。1985 年 Hercules 公司研制出了第一台原理样机。1989 年 Cincinnati Milacron 公司设计出其第一台纤维铺放系统并于 1990 年投入使用;1995 年 Ingersoll 公司研制出第一台铺放机[49,50]。随着自动铺放技术的不断发展,控制系统从模拟控制升级到全数字控制。20 世纪 90 年代还开发了专用的 CAD/CAM 软件与硬件配套,使其功能日臻完善。设备制造商和飞机部件制造商也不断开发出自动铺放新技术,包括双向铺放头技术、丝束重定向控制技术、张力控制技术、预浸丝束整形技术、Fiber Steer 技术、柔性压辊技术、热塑性自动铺放技术、超声固结成形技术和 CAD/CAM 软件技术等。目前铺丝机的单丝剪切、夹紧和重送等动作均可在计算机协调控制下完成,所使用的纤维束主要是由预浸长纤维组成,标准宽度有 3.18、6.35、12.7、25.4 mm 等,以适用不同曲率复合材料构件的铺放加工。铺丝宽度调节靠裁剪纤维束的根数完成,由 32 根纤维丝集束组成的丝束宽度可达 300 mm。铺丝张力约为 1～3 N,铺放精度可达到 0.5 mm。

目前国际上主要的纤维铺丝机生产商有美国的 Cincinnati 公司、Ingersoll 公司以及 Electrocimpact 公司,法国的 Forest - Line 公司,西班牙的 M - Torres 公司,以及马其顿的 Mikrosam 公司。经过 30 余年的发展,国外纤维铺丝装备已经基本成熟,如图 11-41 所示。

Cincinnati 公司(MAG 公司)开发的 VIPERS 自动铺丝系统,不仅具有可编程的 7 轴运动灵敏度,还可以控制 24 根宽 0.125 in(约 3.18 mm)的纤维丝束的启动/停机/切割。VIPER 系列自动铺丝机最大长度可达 27.4 m,适用于更加大型的复合材料构件,如 Horizon 喷气飞机的长机身芯轴。

(a)

(b)   (c)

图 11 - 41　大型自动铺丝机

(a) Ingersoll 公司自动铺丝机　(b) EI 公司自动铺丝机　(c) 西班牙 M - Torres 自动铺丝机

　　Ingersoll 公司研制的 Mongoose 自动铺丝机具有双向铺放的功能,能够铺放的丝束数量最多可达 32 束,宽度为 0.125 in(3.18 mm),0.250 in(6.35 mm),0.500 in(12.7 mm),1 000 in(25.4 mm)等尺寸的预浸丝束。最大铺丝速度为75 m/min,最大切断速度 60 m/min,最大传送速度为 60 mm/min。采用动态红外加热系统,该系统能够根据铺放速度调整加热功率。

　　Electroimpact 公司开发的自动纤维铺丝机能够在 1 ms 内完成切割,其稳定性很好,能够保证高速铺放过程中的精度和可重复性,用于生产机身、翼下复合材料结构及机翼等大型商用飞机复合材料结构件。它具有全模块化及自动铺放头,为了制造大型飞机零部件,其可以控制纤维铺放的 x、y 和 z 方向的运动,该设备重量为 175 t,能够以 0.2 g 的加速度加速。为了提高生产效率,在同一零件上碳纤维丝束(预浸碳纤维窄带)可采用多种材料形式进行铺放。碳纤维预浸丝束通过 x、y 和 z 轴及旋转轴等多自由度运动铺放在模具表面,以确保被制造复合材料零件的表面轮廓形状。同时,通过优化铺层和预浸丝束铺放角度来优化零件的强度。由于碳纤维的拉伸强度较高,所以铺层优化的目标是使作用在复合材料构件上的所有载荷都为拉伸形式。x 轴方向的移动范围为 $2\sim30$ m，移动距离根据所制造的复合材料构件尺寸而定[51]。

西班牙的 M-Torres 公司生产的自动纤维铺放机用于生产波音 787 的整体机身部件。该装备可以同时铺放 24 根 0.5 in（约 12.70 mm）宽的丝束。而在 GKN Aerospace 公司和 Spirit AeroSystem 公司用于生产翼梁的自动纤维铺丝机，能够沿着翼梁周围铺放 16 根 0.25 in（约 6.35 mm）宽的丝束，包括翼梁尖锐的曲面边缘。在对这些边缘进行自动铺丝时，需要仔细设定 M-Torres 的纤维铺放机，对多种参数进行调整。该纤维铺丝机能够铺放多种材料，以适应对不同复合材料构件的制造。

法国 Forest-Line 公司的纤维铺放设备最大铺放速度为 60 m/min，采用超声波切割技术，最大切断速度 60 m/min，可进行宽度为 $50\sim150$ mm 的预浸带的铺放，具有制造过程视频监测和全自动化废料处理等功能。

而限于技术的复杂性和高成本，国内尚无工程化大型丝束铺放设备，对于自动纤维丝束铺放技术的研究的单位较少，主要研究单位集中在高校，如西安交通大学、南京航空航天大学、哈尔滨工业大学等，其工程化成熟度有待于进一步提高和完善。西安交通大学经过多年技术攻关，目前已经研制成基于工业机器人的独立纱架和集成纱架自动纤维铺丝机工程样机，如图 11-42 所示。该自动铺丝机系统能够实现 16 束 6.35 mm 预浸丝束的独立剪切、夹持、重送、预热和压紧等铺放动作，最大压紧力 2 000 N，加热温度 50℃，丝束张力 $0\sim10$ N，铺丝精度 ±0.2 mm，已经能够实现基本的铺放加工。

由于西方发达国家对中国禁运自动纤维丝束铺放这种先进复合材料制造装备，实行技术封锁，以及纤维铺丝装备技术的复杂性和高成本，国内尚无大型丝束

(a)   (b)

图 11-42 自动铺丝机

(a) 独立纱架式自动铺丝机　(b) 集成纱架式自动铺丝机

铺放设备。针对这种具体情况,国家机床重大专项在 2009 年立项"大型复合材料丝束铺放机",以期解决纤维丝束铺放设备的研制,该课题主要通过和国外设备厂商进行技术合作,来实现自动铺丝设备的国产化。但由于发达国家的自动铺丝设备对中国禁运,合作不能顺利进行。即使通过技术引进来实现铺丝装备国产化,仅进行工艺消化吸收就需很长时间,而且少量设备很难满足航空工业对复合材料制造的批量化要求。因此研制具有自主知识产权的纤维铺丝设备已经成为一个必须攻克的技术难题。开展先进复合材料构件制造技术的高端自动纤维丝束铺放机及相关技术研究,将有效提升我国航空复合材料制造企业的产品自主创新能力,提升航空复合材料制造企业的制造水平、产品性能,推进大飞机等重大项目的顺利进展,对打破国际封锁、保障国家安全、提高装备制造业水平等具有重要意义。

11.3.1　自动纤维铺丝机的技术特色

自动纤维铺丝机对复合材料构件制造的重要性相当于加工中心对金属材料零件制造的重要性。随着飞机的大型化,复合材料构件尺寸的不断增大及用量增多,复合材料制造的先进专用设备得到迅速发展和广泛应用,自动化程度较高的制造技术如纤维自动铺带技术、纤维自动铺丝技术等在西方发达国家快速发展并得以工业化应用。纤维自动铺丝技术由于兼具纤维缠绕和自动铺带的优点,极大地提高产品质量和可靠性、降低产品报废率和辅助材料消耗,可以制造出复杂型面的复合材料构件,实现了复合材料结构的"低成本、高性能"制造。

纤维铺丝已经成为制造整体化机身的最佳技术,很多大型纤维自动铺丝设备分散在世界各地的飞机制造工厂,应用于各种型面的复合材料构件的整体化制造。如 F-22 飞机的后机身,战斗机 S 形进气道和无人机整体机身[52]、大型客机机头[53]、飞机发动机叶片[54]以及空客 A350 机身板等复合材料构件(见图 11-43),均采用纤维丝束自动铺放技术制造。

可见国外纤维丝束自动铺放技术已经在飞机结构制造上得到广泛应用,这些高效自动化设备显著提高了复合材料生产效率和制件内部质量,降低了成本,使复合材料性能最优和低成本兼备成为可能。大型纤维铺放设备主要有卧式和龙门结

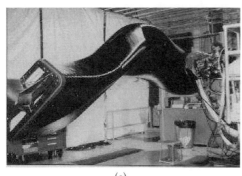
(a)

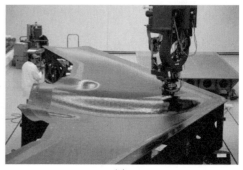
(b)

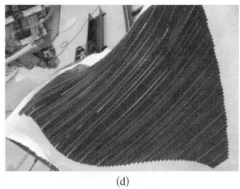

(c)　　　　　　　　　　　　　　　　(d)

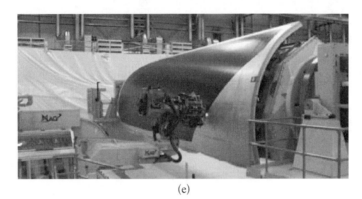

(e)

图 11-43　各种型面的复合材料构件的整体化制造

(a) 战斗机 S 形进气道　(b) 无人机整体机身　(c) 大型客机机头　(d) 发动机叶片
(e) MAG 纤维带铺放机生产空客 A350XWB 的机身板

构式两种,如图 11-44 所示。卧式纤维铺放设备主要用于制造回转类复合材料构件,如机身等;龙门式纤维铺放设备主要用于制造非回转类复合材料构件,如机翼等。

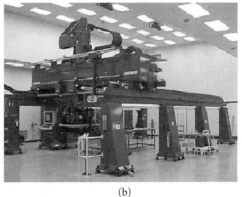

(a)　　　　　　　　　　　　　　　　(b)

图 11-44　纤维铺放机

(a) 卧式纤维铺放机　(b) 龙门式纤维铺放机

11.3.2　自动纤维铺丝技术发展方向

自动纤维铺丝技术实现了大型复合材料构件的自动化制造，为了进一步提高制造效率，降低复合材料应用成本。自动纤维铺放技术正在发展多丝束、多铺丝头机构，以提高制造效率。同时，采用工业机器人作为自动铺丝机主体运动机构，采用无热压罐固化技术，如辐射固化等新工艺方法，以进一步降低复合材料构件制造成本，扩大复合材料的应用范围。

11.3.2.1　高效自动化制造

为了提高有效铺放时间，减小因为故障引起的停机，美国 EI 公司和 Ingersoll 公司的新一代自动铺丝机都采用了双头设计（见图 11－45）。如此一来，当铺丝头出现故障时可以及时更换铺丝头，更换时间不超过 3 分钟。而对故障铺丝头的维修和维护离线进行，不占用实际铺丝加工时间，大大提高了铺丝效率。Ingersoll 公司自动铺丝装备的铺放效率从早期的 4.9 lb/h，大幅度提高到 83.3 lb/h，铺放效率提高了 16 倍以上[55]。另外，采用双头自动铺丝装备，能够灵活更换所铺放丝束的规格和材料，既能够进行自动铺丝加工，也能够进行自动铺带加工，提高了复合材料自动铺放加工的适应性。同时，当需要更换采用先进技术的新型自动铺丝头时，只需要更换铺丝头装置，而不需要更换整个机器设备，大大节约了投资，增加了设备的灵活性。

(a)　　　　　　　　　　　　　　　　　(b)

图 11-45　双头自动铺丝机

(a) EI 公司双头自动铺丝机　(b) Ingersoll 双头自动铺丝机

11.3.2.2　基于工业机器人式的自动纤维铺丝机

近年来，随着工业机器人技术的不断进步，成本低廉、加工适应性更高的工业机器人式纤维铺丝机在国外快速发展起来。美国 Composite Systems 公司、瑞典 ABB 公司和澳大利亚 Monash 大学等机构较早地开展了工业机器人式纤维铺丝机的研究(见图 11-46、图 11-47)[56,57]。美国 AutomatedDynamics 公司和法国的 Coriolis Composites 公司所研发的工业机器人式纤维铺丝放机已经应用工业生产中(见图 11-48、图 11-49)。目前,机器人式铺丝机能够达到的重复定位精度约为 ±0.1 mm,剪切和重送精度 ±0.3 mm,轨迹最小间隙 ±0.5 mm,生产效率约为 60 m^2/h(1 m×1 m 平面,16 束 6.35 mm 宽预浸带)。机器人式自动纤维铺丝机能够采用工业机器人作为铺丝机的机械运动执行载体,不仅可以提高纤维铺丝机的加工自由度,增加铺放动作的灵活性,改善复合材料构件制造质量,而且可以大大降低纤维铺丝机的复杂程度,降低生产成本。

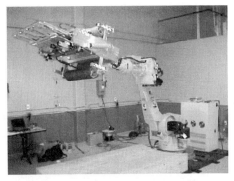

图 11-46 Composite system 的
自动纤维铺丝机

图 11-47 Monash 大学机器人式纤维铺放系统

图 11-48 美国 Autodymanic 公司纤维铺丝机

图 11-49 法国 Coriolis 公司机器人式铺丝机

图 11-50 EI公司机器人式大型铺丝机

由于工业机器人的运动范围有限,它的工作半径一般不超过 3 m,所以需要通过增加运动自由度的方法扩大工业机器人式纤维铺丝机的工作范围,以提高它的加工制造能力。美国的 EI 公司计划以工业机器人式铺丝机为基础建造大型复合材料构件制造装备,如此一来,得益于工业机器人的成熟技术和低廉成本,大型复合材料构件的制造成本将大大降低[58],如图 11-50 所示。美国的 Cincinnati 公司计划采用多台机器人式铺丝机组成一个生产单元,以提高生产效率,进一步降低复合材料构件生产成本[59]。可见,工业机器人式自动纤维铺丝机制造单元将是复合材料构件低成本制造的重要发展方向之一。

11.3.2.3　自动干丝纤维铺放工艺

随着复合材料构件的整体化带来复杂程度的增加,纤维铺放技术表现出其技术本身的局限性,纤维自动铺放技术虽然可以满足大型化复合材料构件的制造要求,但对于复杂形状构件如机身框架、高速列车车头主体等大曲率构件整体铺放非常容易产生褶皱,为了防止褶皱产生,需要采用单根纤维(3.15 或 6.35 mm 窄带)进行铺放,导致铺放效率极低,而且有些拐角或直角特征根本无法铺放。褶皱与铺放不完整造成复合材料产生很大的缺陷,进而非常容易引发复合材料构件的破坏。此外为了防止发生树脂基体交联反应失效,预浸带需要在低温下储存,且储存寿命只有 6 个月左右;同时在预浸带在铺放过程中,由于树脂的高黏度会对铺放设备造成污染,损害设备寿命。这些问题都极大地阻碍了复合材料构件性能的进一步发挥与应用[60]。

树脂注射成形技术的原理是将干纤维预制体或者纤维逐层放置到模腔内形成具有一定厚度的干纤维网,然后用专用压力设备将树脂胶液注入模腔,浸透纤维增强材料,然后在室温或加温条件下进行固化,脱模得到一定形状尺寸和纤维体积分数的复合材料制品。与其他复合材料成形方法相比,注射成形工艺适合大尺寸复杂构件制造,而且成形后的复合材料构件纤维体积分数较高,空隙率较低,成形表面效果好。虽然树脂注射成形工艺具有制造大型复杂复合材料构件的优势,但由于预制体制备/干纤维层铺放都是以手工为主完成的,因而在树脂注射成形工艺中预制体制备占到 90% 以上的时间,生产效率很低,更为严重的是由于预成形体中纤维张力控制不均匀导致预成形体内空隙分布一致性差,容易在树脂注射过程产生气泡和渗透阻力过大等问题,这些问题严重影响了树脂注射成形工艺的效率与质量[61]。

干丝纤维铺技术结合自动铺丝和树脂注射成形技术的优势,它的原理是用带有极少量定型胶黏剂的干纤维丝束代替预浸带,用自动化铺放设备将干纤维按照规划的角度逐层铺设在芯模上,铺放同时激活纤维表面的胶黏剂使纤维丝束定型得到复合材料构件预成型体。然后通过树脂注射成形工艺对预成型体进行树脂注射、固化,最终完成复合材料构件成品的制造。干纤维铺放技术最早由欧洲"Fibre Chain"计划 2010 年提出,该计划涉及欧洲 7 个国家,包括 18 个欧洲复合材料研制机构共同进行研究。该项目由德国的 Frauhofer 生产技术研究院(IPT)总体负责,其研究内容包括铺放干纤维进行预成形,再将预成形试件进行注射成形,干纤维铺放后的预成形件可以适合不同的注射工艺,包括有真空辅助树脂传递模塑

(VRTEM)、共注射树脂传递模塑(CIRTM)、树脂膜渗透成形(RFI)、西曼复合材料公司树脂渗透成形法(SCRIMP)。目前该项目已经开发了单丝束机器人式干纤维铺放实验机,目前正在研究多丝束铺放技术[62]。

此外西班牙 DANOBAT 公司作为欧洲机床的主要生产厂家,目前也正在开发干纤维铺放系统,该系统由进料系统、剪切系统、粘接系统、铺放系统以及检测系统构成,相对于原有的预浸带铺放系统,复合材料成形效率提高 10 倍以上,铺放效率达到 350 kg/h;西班牙 M‐Torres 工业公司目前正在与俄罗斯 MS‐21 航空复合材料计划进行合作,研究将干纤维铺放技术应用到航空复合材料的构件制造。德国的 BROETJE 自动化有限公司作为航空机械装备提供商,也投入了很大经费致力于开发干纤维铺放设备与相关技术[63]。

干纤维铺放技术作为一种全新的复合材料构件预成形技术,国内还未有此方面的研究报道。采用干丝自动铺放技术,能够使干纤维带纤维之间无相互约束而具有较好的顺应复杂结构外形的适应性,该技术可以解决纤维预浸带铺放复杂结构或 S 型铺放产生褶皱与效率低的工程技术问题,同时也可以克服树脂注射成形工艺中预成形体制造效率低与一致性差的技术问题,因而是一种可以兼顾成形效率与质量的复合材料制造新方法。西安交通大学先进制造技术研究所已经开始进行相关技术装备和工艺的研究工作。研究内容包括:干纤维铺放机构设计;定型胶黏剂及涂覆工艺研究;干纤维铺放基础工艺研究。期望能够研制一套适合于工程应用的干纤维铺放复合材料构件预成形体自动化制造装备实验样机,建立复杂复合材料预成形体干纤维铺放制造的相应理论体系及工艺方法,为我国大型复杂化复合材料工业化应用实施提供新型制造方法与基础理论。

11.3.2.4 低能电子束原位固化自动纤维铺丝工艺

随着复合材料构件的大型化及对性能要求越来越高,复合材料制造技术和高制造成本制约了树脂基复合材料进一步发展和应用。树脂基复合材料构件制造分为两个阶段,即预成形和固化阶段。预成形技术包括手工铺放、纤维缠绕、树脂传递模塑和自动铺放成形等,其中自动铺放成形技术效率高、操作灵活,能够实现大型复杂复合材料构件的制造。目前,先进树脂基复合材料预成形后一般都是采用热固化成形(热压罐固化技术),图 11‐51 是波音 787 机身段及固化用的热压罐。传统的热固化工艺存在能耗高、工艺周期长、控制难度大、成本高等问题,另外,热固化复合材料须采用毒性较大的固化剂和有机溶剂,对工作人员及环境会造成危害[64]。

因此,近年来出现了 X 射线、γ 射线、紫外光、微波以及电子束等新型辐射固化技术,其中电子束固化具有能效高、制造成本低、复合材料构件尺寸稳定、可以实现不同材料的共粘接固化等,成为复合材料新技术发展的一个重要方向。电子束辐射固化是指电子加速器发射的高能电子束流高速撞击树脂基复合材料,树脂分子吸收能量后形成如离子、电子、自由基及激发态的原子或分子等活性粒子,从而引

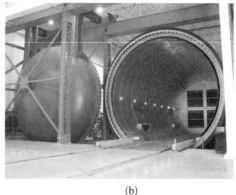

(a)　　　　　　　　　　　　　(b)

图 11-51　波音 787 机身固化热压罐

(a) 机身　(b) 热压罐

发树脂发生聚合交联反应而固化。电子束固化最早应用于油墨、装饰涂层及电子封装元件等领域,自 20 世纪 60 年代中期,Brenner 和 Oliver 对电子束固化复合材料进行了初步探索以来,引起了复合材料领域极大的研究兴趣。80 年代初,法国宇航公司(Aerospatiale)利用 10 MeV 高能电子束成功地制造了纤维缠绕固体火箭发动机壳体(见图 11-52),由原来约需要一周的固化时间缩短到了 8 小时。90 年代中期,美国启动了两个有关电子束固化树脂基复合材料的研究计划:一是美国国防部高级研究计划局(DARPA)资助的电子束固化低成本制造飞机复合材料技术,项目包括:诺斯罗普格鲁曼公司(Northrop Grumman)负责的可行性聚酯基复合材料系统(APCS)研究及洛克希德马丁公司(Lockheed Martin)负责的复合材料整体机身工艺可行性(IATA)研究,成功地利用高能电子束固化制造了 F/A-18E/F 战斗机后机身,JAST/ASTOVL 联合攻击机机翼、机身等,并证明电子束固化制造飞机零部件显著地降低了制造成本。二是能源部资助的由橡树岭国家实验室和桑地亚国家实验室及十个工业伙伴一同参加的合作研究与发展协议(CRDA),主要是为促进电子束固化复合材料的进一步发展,在电子束固化树脂体系和电子束固化复合

图 11-52　10 MeV 高能电子束固化纤维缠绕固体火箭发动机壳体

材料性能上取得了很大成果[65]。

国内对于电子束固化树脂基复合材料技术尚处于探索研究阶段。我国于1998年开展了国家自然科学基金重点项目,研究树脂基复合材料的电子束固化技术。北京航天材料研究院、北京航空航天大学、上海航天技术研究院810所都在开展此项研究,对适于电子束固化树脂体系方面的研究取得了一些成果。北京航天材料研究院已研究了多种电子束固化复合材料树脂体系,其中最高 T_g 已达240℃。表11-14列出了其研制的电子束固化树脂的性能指标。而对于电子束固化复合材料工艺研究还不够成熟,航空材料研究院包建文等对高能电子束固化工艺进行了初步研究,并利用高能电子束固化了复合材料中机身下壁板口盖。国内电子束固化复合材料的性能指标如表11-15所示[66]。

表 11‐14 电子束固化树脂性能

树 脂 名 称	C610	C611	C612	C6412	C412
玻璃化温度/℃	120.6	152.1	191.4	205	240.1
拉伸强度/MPa	—	60.3	51.1	—	45.6
拉伸模量/GPa	—	3.3	3.56	—	3.84

表 11‐15 电子束固化复合材料性能

材 料 名 称	AS4/C612	AS4/C412	AS4/C612P	M40/C612P
层间剪切强度/MPa	120.6	152.1	191.4	205
弯曲强度/MPa	—	60.3	51.1	—
弯曲模量/GPa	—	3.3	3.56	—

西安交通大学在国内率先提出了一种低能电子束辐射与自动铺放技术相结合的电子束原位分层固化复合材料构件成形制造工艺。该工艺方法克服了高能电子束辐射大,屏蔽设施需要巨额投资(3～10 MeV高能电子束需要1.5～3 m混凝土墙屏蔽),且操作不灵活的缺点。低能电子束分层固化工艺集树脂基复合材料自动化成形技术和高效、低成本固化方式为一体,把整体固化分解成逐步分层固化,降低对电子束辐射能量的要求。因此,该工艺具有能耗小、灵活性强、工艺易于控制等优点。并且,预浸带铺放与辐射固化同时进行,复合材料构件残余应力小;由于不使用热压罐固化,低能电子束分层固化可以实现大型复杂复合材料构件制造,此外,低能电子束设备无需在辐射屏蔽设施上进行巨额投资,可大幅度降低制造成本。因此,低能电子束分层固化能够实现树脂基复合材料构件低应力、低成本制造,可以解决树脂基复合材料构件大型化、复杂化问题,促进我国树脂基复合材料先进制造工艺和成形装备的发展,为树脂基复合材料在我国航空航天、军事装备、

交通运输和民用等领域的进一步应用提供良好的制造方法和技术支持。

11.3.2.5 紫外光原位固化自动纤维铺丝工艺

光固化纤维增强复合材料,是以紫外光直接照射树脂固化,即在复合材料成形的同时进行紫外光辐照固化,不需要在复合材料定型后在热压罐中固化成形,缩短了复合材料的制造周期,降低了制造成本。光固化与热压罐固化技术相比有如下的优势。

可以实现室温或者低温固化。由于能够进行室温/低温固化,使这种工艺具有许多优点:一是材料的固化收缩率低,有利于制件的尺寸控制;二是减小了固化复合材料的残余应力。制件中的残余应力会导致其装配困难,因此减小复合材料的残余应力能降低制件的工装成本,同时也能提高复合材料热疲劳性能;三是由于低的固化工艺温度,可以采用低成本的模具材料,如泡沫、石膏和木材等作为模具材料,以代替价格昂贵、加工困难的钢、INVAR 合金和复合材料等。

紫外光固化复合材料技术具有以下优点:

固化速度快,成形周期短。一般可在数分钟内固化,故可大大提高生产率,满足大规模自动化生产的需求。

能耗低。光固化为光源照射,无需蒸发溶剂和加热基材,其能耗一般仅为热固化的 10%～20%。

适于制造大型复合材料制件。由于紫外光固化工艺不需要热压罐,因此可以用紫外光固化很大的复合材料制作。

可选择区域固化。热固化工艺提供的是一个球形工艺温度场,而紫外光固化工艺所实施的是一个由点到线组成的固化区域。因此,紫外光可以在构件上选择需要固化的区域进行紫外光辐射固化,而不必对整个构件进行固化处理,这也有利于降低制造成本。

随着玻璃纤维增强树脂基复合材料在大型风电叶片、潮汐发电叶片、轨道交通工具、航空航天等领域的大规模应用,传统热固化制造工艺能耗高、污染大、制作效率低、制造大型构件成本高等问题越来越突显出来。而紫外光固化工艺是一种低能耗、环境污染小、制造效率高,能够适用大型复合材料构件加工制造的新型制造工艺。Decker 较早的通过紫外光实现了玻璃纤维层合板的固化[67]。Yuan Q 采用真空树脂注入方法制作了紫外光固化复合材料,并对其力学性能进行了实验研究[68]。Li G Q 等人研究了采用紫外光固化复合材料修复损伤混凝土结构的方法,该方法具有操作简单,修复效果好等特点[69,70]。P. Compston 等的研究表明光固化复合材料不但具有优良的机械性能,而且环保效果明显[71]。Endruweit 等详细研究了 UV 在玻璃纤维织物中的传播及其对复合材料固化过程的影响[72]。刘成武等采用光固化复合材料对飞机蒙皮进行修复,认为该技术具有简单易行,修补强度高,通用性强等特点[73]。目前,风力叶片的制造及修复,大型船舶船体的制造等已经开始采用 UV 固化工艺[74-76]。

但是,由于树脂基体对紫外光的吸收,使紫外光的穿透深度有限(一般的穿透深度为 2~5 mm),较厚的复合材料构件很难固化。另外,要使复合材料构件上下表面达到一致的固化度,需要较长的固化曝光时间(一般为 10~30 min),使复合材料构件获得较大的曝光量,而大曝光剂量会产生大量的固化热,使构件在热应力作用下产生变形和收缩。

为了更好地发挥紫外光固化的优势,西安交通大学提出并研究了一种基于纤维铺放技术的原位分层光固化复合材料构件制造工艺。该工艺采用高强度 LED 紫外光对复合材料试件进行分层原位固化,材料成形与固化一步完成,无需热压罐。固化过程中能耗小,无溶剂挥发,绿色环保;相比于紫外光整体式固化工艺,发热量少,复合材料构件热变形、热收缩小,固化效率高。同时,该方法能够与纤维铺放自动化制造工艺结合,用于生产大型、曲面复杂的复合材料构件。

分层原位光固化制造原理如图 11 - 53 所示。首先,纤维铺放装置将浸润有光敏树脂的玻璃纤维预浸料输送至芯模/已固化铺层表面,然后压紧装置将预浸料压紧,接着由高强度紫外 LED 光源对预浸料进行照射使其固化,经过若干层的铺放和固化,完成复合材料构件的制作,实现原位光固化复合材料制造。

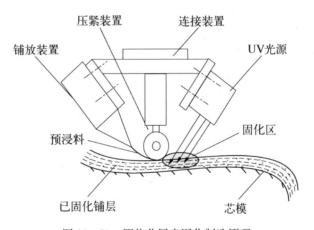

图 11 - 53 原位分层光固化制造原理

目前,西安交通大学已经研发出一种基于工业机器人和光固化技术的纤维铺放机样机,它包括在制构件支撑机构、铺放执行机构、原材料供给机构、控制及辅助机构、铺放头机构五大部分。对树脂含胶量的控制,曝光量、压紧力工艺参数对玻璃纤维增强光固化树脂复合材料力学性能的影响,复合材料固化过程中的应变等工艺内容进行了详细研究。掌握了紫外光原位固化自动纤维铺放工艺的基本规律,并在此基础上,开发了一种整体式风电叶片制造方法(见图 11 - 54、图 11 - 55)。该方法将紫外光分层原位固化和自动纤维铺放技术相结合,叶片整体成形与固化一步完成,无需二次固化。其优势在于可以实现预浸丝束任意角度的铺放和叶片的整体成形,从而使叶片的整体强度增加,因而可以进一步减轻叶片重量;同时,自动纤维铺放技术采用预浸料制造风电叶片,叶片内部树脂分布均匀,缺陷少,质量

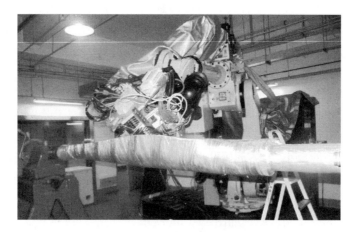

图 11 - 54　整体叶片多角度铺放成形试验

图 11 - 55　整体叶片原位 UV 固化

稳定，可靠性高。此外这种整体式高强度风电叶片能够降低维修及维护成本。

参考文献

［1］　Wohler Report 2013［R］. Wohler Associates Inc，Fort Collins，Colorado，USA.

［2］　Wohler Report 2014［R］. Wohler Associates Inc，Fort Collins，Colorado，USA.

［3］　Wohler Report 2016［R］. Wohler Associates Inc，Fort Collins，Colorado，USA.

［4］　Snow D B，Breinan E M，Kear B H. Rapid solidification processing of superalloys using high power lasers［C］. In：Tien J K，Wlodek S T，Morrow III H，et al. ，eds. Superalloys 1980：Proceedings of the Fourth International Symposium on Superalloys. Ohio：ASM Metals Park，1980：183 - 203.

［5］ Williams S W, Martina F, Addison A C, et al. Pardal G & Colegrove PWire ＋ Arc Additive Manufacturing［J］. Materials Science and Technology, 2016, 32 (7): 641 - 647.

［6］ Arcella F, Abbott D, House M. Titanium alloy structures for airfram application by the laser forming process(AIAA 2000 - 1465)［C］. 41st Structures, Structural Dynamics, and Materials Conference and Exhibit, Structures, Structural Dynamics, and Materials and Co-located Conferences, Atlanta, Georgia, USA, 2000.

［7］ Hank Phelps. Electron Beam, Direct Manufacturing of Large Scale Aerospace Components ［C］. in AEROMAT 2014, Orlando, Florida, 2014.

［8］ Matthew Tomlin, Jonathan Meyer. Topology optimization of an additive layer manufactured (ALM) aerospace part［C］. in the 7th Altair CAE Technology Conference UK, 2011.

［9］ The Boeing Company. Three dimensional printing of parts［P］. US patent application publication, US 2015/0064299 A1, 2015.

［10］ Innovative 3D printing solutions are "taking shape" within Airbus［R/OL］. ［2016 - 04］. http://www. airbus. com/newsevents/news-events-single/detail/innovative-3d-printing-solutions-are-taking-shape-within-airbus/.

［11］ The FAA Cleared The First 3D Printed Part To Fly In A Commercial Jet Engine From GE ［R/OL］. ［2015 - 04］. http://http://www. gereports. com/post/116402870270/the-faa-cleared-the-first-3d-printed-part-to-fly/.

［12］ 王华明. 高性能大型金属构件激光增材制造: 若干材料基础问题［J］. 航空学报, 2014, 35 (10): 2690 - 2698.

［13］ 林鑫,黄卫东. 应用于航空领域的金属高性能增材制造技术［J］. 中国材料进展,2015,(9): 21 - 25.

［14］ 林鑫,黄卫东. 高性能金属构件的激光增材制造［J］. 中国科学信息科学,2015,45(9): 1111 -1126.

［15］ Vrancken B, Thijs L, Kruth J-P, et al. Heat treatment of Ti6Al4V produced by selective laser melting: microstructure and mechanical properties［J］. J Alloys Comp, 2012, 541: 177 - 185.

［16］ Wang Z M, Guan K, Gao M, et al. The microstructure and mechanical properties of deposited-IN718 by selective laser melting［J］. J Alloys Comp, 2012, 513: 518 - 523.

［17］ Edwards P, Ramulu M. Fatigue performance evaluation of selective laser melted Ti - 6Al - 4V［J］. Mater Sci Eng A, 2014, 598: 327 - 337.

［18］ EOS Aluminium AlSi10Mg, Material data sheet ［R］. EOS GmbH, München, Germany, 2013.

［19］ AlSi10Mg - 0403 powder for additive manufacturing, data sheet［R］. Renishaw plc, Staffordshire, UK, 2015.

［20］ Karen M Taminger, Robert A Hafley. Electron beam freeform fabrication for cost effective near-net shape manufacturing (NASA/TM - 2006 - 214284)［C］. NATO AVT 139 Specialists Meeting, Amsterdam, 2006.

［21］ Ti6Al4V Titanium Alloy［R］. Arcam AB, Mölndal, Sweden, 2014.

［22］ 姜亚琼,林鑫,马良,等. 沉积路径对激光立体成形钛合金 T 型缘条热/应力场的影响［J］. 中国激光,2014,41(7): 0703003.

[23] Lars Krog, Alastair Tucker, Martin Kemp, et al. Topology optimization of aircraft wing box ribs[C]. in The Altair Technology Conference 2004, UK, 2004.

[24] Pioneering bionic 3D printing, Learning from nature[R/OL]. [2016 - 12 - 31]. http://www. airbusgroup. com/int/en/story-overview/Pioneering-bionic-3D-printing. html.

[25] 王勋年. 低速风洞试验[M]：北京：国防工业出版社,2002.

[26] 恽起麟. 风洞试验[M]：北京：国防工业出版社,2000.

[27] 王发祥,徐明方,李建强. 高速风洞试验[M]. 北京：国防工业出版社,2001.

[28] 战培国,杨炯. 国外风洞试验的新机制、新概念、新技术[J]. 流体力学实验与测量,2004,18 (4)：6.

[29] 朱伟军,李涤尘,张征宇,等. 飞行器风洞模型的快速制造技术[J]. 实验流体力学,2011, (05)：79 - 84.

[30] Springer A C K, Roberts F. Application of rapid prototyping models to transonic wind-tunnel testing[C]. Reno, NV：AIAA 97 - 0988, 1997.

[31] Springer A. Evaluating aerodynamic characteristics of wind-tunnel models produced by rapid prototyping methods [J]. Journal of Spacecraft And Rockets, 1998, 35 (6)：755 - 759.

[32] Landrum D, Beard R, LaSarge Paul A, et al. Evaluation of stereolithography rapid prototyping for low speed airfoil design[C]. Reno, NV, 1997.

[33] Chuk R N, Thomson V J. A comparison of rapid prototyping techniques used for wind tunnel model fabrication[J]. Rapid Prototyping Journal, 1998, 4(4)：185 - 196.

[34] Azarov Y A, Vermel V D, Kornushenko A V, et al. Experience in laser stereolithography and its application in manufacturing wind-tunnel aerodynamic models of various purposes [C]. Suzdal, Russia：SPIE, 2002：433 - 440.

[35] Reeder M F, Allen W, Phillips J M, et al. Wind-tunnel measurements of the E - 8C modeled with and without winglets[J]. Journal of Aircraft, 2008, 45(1)：345 - 348.

[36] Tyler C, Braisted W, Higgins J. Evaluation of Rapid Prototyping technologies for use in wind tunnel model fabrication [C]. Reno, NV, United states：American Institute of Aeronautics and Astronautics Inc. , 2005：5081 - 5088.

[37] Tyler C, Schwartz R J, Fleming G, et al. Rapid prototyping-unmanned combat air vehicle (UCAV)/sensorcraft[M]. Air Force Research Laboratory, 2008.

[38] Aghanajafi C, Daneshmand S, Nadooshan A A. Influence of layer thickness on the design of rapid-prototyped models[J]. Journal of Aircraft, 2009, 46(3)：981 - 987.

[39] Yang Dang-guo, Z Z-y, Sun Yan, et al. A preliminary design and manufacturing study of hybrid lightweight high-speed wind-tunnel models[J]. Rapid Prototyping Journal, 2011, 17(1)：10.

[40] R J H, R C E, C T. Development of a low cost, rapid prototype, lambda wing-body wind-tunnel model[C]. Orlando, Florida, 2003.

[41] Heyes A L, Smith D A R. Rapid technique for wind-tunnel model manufacture [J]. Journal of Aircraft, 2004, 41(2)：413 - 415.

[42] Fujino M, Oyama H, Omotani H. Flutter characteristics of an over-the-wing engine mount business-jet configuration[C]. Norfolk, VA, United states, AIAA, 2003：4925 - 4936.

[43] Zhou Z, Li D, Zhang Z, et al. Design and fabrication of a hybrid surface-pressure airfoil

model based on rapid prototyping[J]. Rapid Prototyping Journal，2008，14(1)：57 – 66.

[44]　Zhu W J，Li D C，Zhang Z Y，et al. Design and fabrication of stereolithography-based aeroelastic wing models[J]. Rapid Prototyping Journal，2011，17(4)：298 – 307.

[45]　张威，李涤尘，赵星磊，等. 基于光固化快速成形技术的测压风洞模型孔道制造与性能评价[J]. 航空学报，2011，(12)：2335 – 2340.

[46]　朱伟军，李涤尘，任科，等. 基于 3D 打印的舵面可调实用化飞机风洞模型的设计与试验[J]. 航空学报，2014，(02)：400 – 407.

[47]　肖军，李勇，李建龙. 自动铺放技术在大型飞机复合材料结构件制造中的应用[J]. 航空制造技术，2008，1：50 – 53.

[48]　Pasanen M J，Martin J P，Langone R J，et al. Advanced composite fiber placement：Process to application[C]. Japan Chapter of Sampe，1997：1055 – 1060.

[49]　Hinrichsen J，Bautista C. The challenge of reducing both airframe weight and manufacturing cost[J]. Air & Space Europe，2001，3 (3 – 4)：119 – 121.

[50]　Lamontia M A，Funck S B，Gruber M B，et al. Manufacturing flat and cylindrical laminates and built up structure using automated thermoplastic tape laying，fiber placement，and filament winding[J]. Sampe Journal，2003，39(2)：30 – 38.

[51]　Dave Regiec，Andantex Peter Vogeli. 大型复杂结构的快速纤维铺放[J]. 航空制造技术，2012，414(18)：64 – 65.

[52]　http://www. lockheedmartin. com/us/news/press-releases [EB/OL].

[53]　Evans D. Automated Processing of Aerospace Composite Components[R]. Cincinnati LAMB.

[54]　http://www. automateddynamics. com/automation-equipment/fiber-placement[EB/OL].

[55]　Ingersoll machine tool，increasing productivity in fiber placement proceess[C]. Sampe China 2012，Tianjin，China.

[56]　DavidGroppe. Robotic "layup" of composite materias[J]. Assembly Automation，2003，23 (2)：153 – 158.

[57]　Bijan Shirinzadeh，Chee Wei Foong，Boon Hui Tan. Robotic fibre placement process planning and control[J]. Assembly Automation，2000，20(4)：313 – 320.

[58]　Jeffries K. Enhanced robotic automated fiber placement with accurate robot technology and modular fiber placement head[J]. SAE Int. J. Aerosp. ，2013，6(2)：774 – 779.

[59]　Boge C. Innovative Systems for Manufacturing of Composites[R]. 2011.

[60]　Belhaj M，Deleglise M，Comas-Cardona S，et al. Dry fiber automated placement of carbon fibrous preforms[J]. Composites Part B：Engineering，2013，50：107 – 111.

[61]　赵晨辉，张广成，张悦周. 真空辅助树脂注射成形(VARI)研究进展[J]. 玻璃钢/复合材料，2009(1)：80 – 84.

[62]　Kim B C，Potter K，Weaver P M. Continuous tow shearing for manufacturing variable angle tow composites[J]. Composites Part A：Applied Science and Manufacturing，2012，43(8)：1347 – 1356.

[63]　DANOBAT Composites. Dry Composites[R/OL]. http://www. drycomposites. com/.

[64]　James M Sands，Bruce K Fink，Steven H McKnight，et al. Environmental issues for polymer matrix composites and structural adhesives[J]. Clean Products and Processes，2001，2：228 – 235.

[65] Berejka A J, Eberle C. Electron beam curing of composites in North America [J]. Radiation Physics and Chemistry, 2002, 63: 551 – 556.

[66] 益小苏. 先进复合材料技术研究与发展[M]. 北京：国防工业出版社, 2006.

[67] Decker C, Moussa K. UV-curable acrylic resins for producion of glass laminates[J]. Journal of Applied Polymer Science, 1995, 55: 359 – 369.

[68] Yuan Q, Yang M, Mai Y. Ultraviolet curing of glass fibre reinforced polyester composites [J]. Advanced Composite Letters, 2000, 9(5): 341 – 346.

[69] Li G, Maricherla D, Singh K. Effect of fiber orientation on the structural behavior of FRP wrapped concrete cylinders[J]. Composite Structures, 2006(74), 475 – 483.

[70] Li G, Pourmohamadian N, Cygan A. fast repair of laminated beams using UV curing composites[J]. Composites Structures, 2003(60): 73 – 81.

[71] Compston P, Schiemer J, Cvetanovska A. Mechanical properties and styrene emission levels of a UV-cured glass-fibre/vinylester composite[J]. Composite Structures, 2008 (86): 22 – 26.

[72] Endruweit A, Ruijter W, Johnson M S. Transmission of ultraviolet light through reinforcement fabrics and its effect on ultraviolet curing of composite laminiates[J]. Polymer Composites, 2008: 818 – 829.

[73] 魏东, 刘成武. 光固化复合材料补片在飞机蒙皮修复中的应用[J]. 航空制造技术, 2003 (7): 65 – 67.

[74] Auscomposites. Auspreg UV for wind energy products[Z]. 2010.

[75] Livesay M A. UV-cruing US NAVY: 44th International SAMPE Symposium[Z]. 1338 – 1344: 1999.

[76] Wood K. Wind blade repair: Safety and quality[Z]. 2011.

索　引

大飞机出版工程
书　　目

一期书目（已出版）

《超声速飞机空气动力学和飞行力学》（俄译中）

《大型客机计算流体力学应用与发展》

《民用飞机总体设计》

《飞机飞行手册》（英译中）

《运输类飞机的空气动力设计》（英译中）

《雅克-42M和雅克-242飞机草图设计》（俄译中）

《飞机气动弹性力学和载荷导论》（英译中）

《飞机推进》（英译中）

《飞机燃油系统》（英译中）

《全球航空业》（英译中）

《航空发展的历程与真相》（英译中）

二期书目（已出版）

《大型客机设计制造与使用经济性研究》

《飞机电气和电子系统——原理、维护和使用》（英译中）

《民用飞机航空电子系统》

《非线性有限元及其在飞机结构设计中的应用》

《民用飞机复合材料结构设计与验证》

《飞机复合材料结构设计与分析》（英译中）

《飞机复合材料结构强度分析》

《复合材料飞机结构强度设计与验证概论》

《复合材料连接》

《飞机结构设计与强度计算》

三期书目（已出版）

《适航理念与原则》

《适航性：航空器合格审定导论》（译著）

《民用飞机系统安全性设计与评估技术概论》

《民用航空器噪声合格审定概论》

《机载软件研制流程最佳实践》

《民用飞机金属结构耐久性与损伤容限设计》

《机载软件适航标准 DO‐178B/C 研究》

《运输类飞机合格审定飞行试验指南》(编译)

《民用飞机复合材料结构适航验证概论》

《民用运输类飞机驾驶舱人为因素设计原则》

四期书目(已出版)

《航空燃气涡轮发动机工作原理及性能》

《航空发动机结构强度设计问题》

《航空燃气轮机涡轮气体动力学：流动机理及气动设计》

《先进燃气轮机燃烧室设计研发》

《航空燃气涡轮发动机控制》

《航空涡轮风扇发动机试验技术与方法》

《航空压气机气动热力学理论与应用》

《燃气涡轮发动机性能》(译著)

《航空发动机进排气系统气动热力学》

《燃气涡轮推进系统》(译著)

五期书目(已出版)

《民机飞行控制系统设计的理论与方法》

《现代飞机飞行控制系统工程》

《民机导航系统》

《民机液压系统》

《民机供电系统》

《民机传感器系统》

《飞行仿真技术》

《民机飞控系统适航性设计与验证》

《大型运输机飞行控制系统试验技术》

《飞控系统设计和实现中的问题》(译著)

六期书目(已出版)

《航空发动机高温合金大型铸件精密成型技术》

《民用飞机构件先进成形技术》

《民用飞机构件数控加工技术》

《民用飞机热表特种工艺技术》

《民用飞机自动化装配系统与装备》

《飞机材料与结构检测技术》

《民用飞机复合材料结构制造技术》

《复合材料连接技术》

《先进复合材料的制造工艺》(译著)

《聚合物基复合材料：结构材料表征指南(国际同步版)》(译著)

《聚合物基复合材料：材料性能(国际同步版)》(译著)

《聚合物基复合材料：材料应用、设计和分析(国际同步版)》(译著)

《金属基复合材料(国际同步版)》(译著)

《复合材料夹层结构(国际同步版)》(译著)

《夹层结构手册》(译著)

《ASTMD30 复合材料试验标准》(译著)

《飞机喷管的理论与实践》(译著)

《大飞机飞行控制律的原理与应用》(译著)

七期书目

《民机航空电子系统综合化原理与技术》

《民用飞机飞行管理系统》

《民用飞机驾驶舱显示与控制系统》

《民用飞机机载总线与网络》

《航空电子软件工程》

《航空电子硬件工程技术》

《民用飞机无线电通信导航监视系统》

《综合环境监视系统》

《民用飞机维护与健康管理系统》

《航空电子适航性设计技术与管理》

《民用飞机客舱与信息系统》